实用应急大全

编　著：周范林

参编人员：袁晓春　周　洁　童　琦
　　　　　张勇华　董　芹　朱新娣
　　　　　汤丽英　袁　婷　童　沁

东南大学出版社
·南京·

内 容 简 介

在日常生活中,不免会出现一些难以预料的突发事件,诸如:突然发生火灾或水灾怎么办、电器起火怎么办、油锅起火怎么办、汽车轮胎打滑怎么办、高速行车时制动器失灵怎么办、旅游时发生高山反应怎么办、困在电梯内怎么办、风雨中迷路了怎么办、异物入眼怎么办、误吞异物怎么办、游泳时抽筋怎么办、被毒蛇咬伤怎么办、食物中毒怎么办、食物过敏怎么办、洗澡时突然晕倒怎么办、患急性阑尾炎怎么办、女性遇到性讹诈怎么办、遇到醉汉骚扰怎么办、被歹徒偷袭怎么办、被人绑架怎么办……这些,都在书中介绍了相应的最佳处理方法。

本书由抗灾解救篇、交通安全篇、遇险求生篇、意外创伤篇、动物伤害篇、中毒急救篇、突发急症篇、男女保健篇、自我防护篇、核化武器篇 10 个篇章和附录组成。内容全面实用,是普通家庭不可多得的一本实用工具书。

图书在版编目(CIP)数据

实用应急大全/周范林编著. —南京:东南大学
出版社,2014.4
ISBN 978-7-5641-4802-7

Ⅰ.①实… Ⅱ.①周… Ⅲ.①安全教育 Ⅳ.
①X925

中国版本图书馆 CIP 数据核字(2014)第 053552 号

实用应急大全

出版发行:东南大学出版社
社　　址:南京市四牌楼 2 号　邮编:210096
出 版 人:江建中
责任编辑:史建农
网　　址:http://www.seupress.com
电子邮箱:press@seupress.com
经　　销:全国各地新华书店
印　　刷:常州市武进第三印刷有限公司
开　　本:787mm×1092mm　1/16
印　　张:23.5
字　　数:572 千字
版　　次:2014 年 4 月第 1 版
印　　次:2014 年 4 月第 1 次印刷
书　　号:ISBN 978-7-5641-4802-7
定　　价:46.00 元

(本社图书若有印装质量问题,请直接与营销部联系。电话:025 - 83791830)

目 录

第一章　抗灾解救篇

在学校遇到地震怎么办

学校在正常的教学情况下，人员密集，而且未成年的学生又占绝大多数，因此，在地震发生时，易出现慌乱、挤压、踩伤等现象。震前，要安排好学生转移、撤离的路线和场地；地震时，领导和老师要沉着地指挥学生有秩序地按疏散路线撤离，切不可慌乱从事，以免挤伤、踩伤。

【应急措施】　正在授课时，如果校舍比较坚固，不论是老师还是学生都应冷静地抓起书包或书本护住头部躲避在桌椅下。楼上的学生千万不可跳楼，而应就近转移到面积小、有管道支撑（如洗手间等）的房间里。

上实验课时，要立即切断电源、火源，关闭水、气，迅速处理掉有害物，躲到实验桌下或墙角等处。但要避开玻璃橱窗、药品陈列架等危险部位。

在室外活动时，应离开围墙、烟囱、楼房等危险建筑，跑到操场中间，双手抱头，蹲下等待地震平息。地震后，应迅速组织抢救和疏散。

在公共场所遇到地震怎么办

影剧院、候机室、候车室、商场、体育馆、文化宫、地铁站等公共场所，人多，车多，发生地震时，疏散困难，容易发生大混乱，因此避震时要因地制宜。在公共场所发生地震，应听从现场工作人员的指挥，不要慌乱，避免拥挤，尤其是不要被挤到墙根附近或栅栏处。

【应急措施】　在影剧院里遇上地震时，应沉着镇定。首先出现的将是断电，场内漆黑一团，若乱喊、乱拥、乱挤、乱踩，必然会导致人为大祸。如果所坐的座位离门较远，那么就不要挤进蜂拥在门口的混乱人堆里去。因为影剧院的观众数以千计，平时散场也需要十来分钟，而地震时发生了混乱，就更难以很快散尽。在这样一段拥挤的时间里，既容易被倒塌物砸伤，又容易被混乱的人群挤伤、踩伤。影剧院里的舞台脚下和乐池内也是很好的避震地方，前排的观众可以躲到下面去。如果距出口处较近，可以视情况夺门而出。

在候机室、候车室等场所遇到地震时，最好的办法是尽快逃到门外，如来不及就躲在椅子下面。

在商场和超市里遇到地震时，不要慌乱，要选择结实的柜台、桌椅或柱子边以及内墙角等处就地蹲下，用手或其他东西保护头部，等待地震平静后，再有秩序地疏散。要避开玻璃门窗、玻璃橱窗或柜台；避开高大不稳定的重物、易碎品的货架；避开广告牌、吊灯等高耸的物件或悬挂物。

在地下商场里，因为地下商场商店较密集，往往会出现与大商场地震时一样混乱的情况，所以，保持镇静是极为重要的。可以用皮包等柔软物品保护好头部，迅速靠近粗大的柱子或坚固的物品,然后再仔细地寻找出口。在因停电四周漆黑一片的情况下,应该寻找紧急备用灯或指示灯,以灯光来确定自己的位置和出口的方位。

当在体育馆观看比赛时发生地震,应该听从指挥,有秩序地从看台向场地中央疏散。但往往很少会有这种理想的情况,大多数是一片混乱的景象,整个场面乱作一团。这时极易发生挤压踩踏等伤亡事故。当被卷入混乱的人流中不能动弹时,首先要正确呼吸,用背和肩承受外来的压力。随着人流的移动经常使身体活动活动,特别应该注意不要被挤到墙壁、栅栏旁边去。如有可能,要尽快远离人流。最好趁早将领带和衬衫解松。手插口袋是极其危险的,双手应随时做好防御的准备。在处于混乱状态的人群中,最必要的自我防御方法是要与自己的恐惧心理作斗争。在这种情况下,要判断出怎样才能不被卷入混乱的人流中去。要冷静地观察,选定自己的避难路线,然后再采取行动。

地震时,由于自来水管遭受破坏,地铁站等地下建筑很可能发生浸水,此时不要惊慌失措,应该沿着墙壁朝出口处移动。如果停电一片漆黑时,应该按照应急指示灯的指示来确认自己的位置和出口的方位。

地震后,要注意收听广播和通告,迅速而有秩序地撤离,并马上开展自救、互救;抬出重患者,对被玻璃划伤或砸压伤者要立即进行止血、包扎,对呼吸困难者立即进行人工呼吸。

在厂矿企业遇到地震怎么办

在车间生产岗位上遇到地震时,应该当机立断,就地避震。迅速关闭易燃、易爆和有毒气体的阀门,及时降低高温、高压管道的温度和压力,关闭运转设备。立即躲在车床、机床及较高大设备下,不可惊慌乱跑。

【应急措施】 地震时在井下作业的,千万不可站在洞口、井口、洞内交叉口、丁字接头、断面变化和通道拐弯等部位,支撑的巷道也比那里安全。地震时不要急于向外跑,否则人们拥塞在井口处,一旦塌方,或井口倒塌,就会造成更大的伤亡。

地震发生后,矿井下可能会引起其他的次生灾害,如动力机械系统及通信、照明系统破坏而引起的井下水灾、井下瓦斯浓度升高等,将直接威胁着井下人员的安全。因此,地震后井下人员要尽快撤离,转移到较高的相对安全位置。

【友情提醒】 地震时,在矿井下身处绝境的人,只要意志顽强,头脑冷静,采取得当的行动,就有可能延长生命,得到救援。

在楼房内遇到地震怎么办

地震发生时,从感到大地震动到发生强烈地震,常常只有几秒钟的时间,开始是发生小规模的纵波震动,接着是横波震动。人们要想从楼上特别是高层下到楼下开阔地带,时间肯定不够,尤其是在拥挤的城市,房屋鳞次栉比,很少有空地可躲避。

【应急措施】 大地震来袭时,为确保逃生通道的畅通,首先应立即打开门窗并用椅子、家具卡住。一定要把避难处门扇打开,以免门扇被震歪。

大声提醒周围人员以保护自身安全为首任,勿慌张进出建筑物,远离窗户、玻璃、吊灯、高大家具等危险坠落物,并就地寻求避难点。

千万不要盲目外逃,更不可跳楼。由于楼房设计具有一定的抗震性,地震时多不会发生全面倒塌。所以应该降低重心,就近躲在各种支撑墙附近可形成三角空间的地方,轻易跳楼、盲目外逃,只会造成更多意外的损伤。

尽量避免接近外墙和墙体薄弱处,如门窗附近。避免站在房间中央,不要把身子伸出窗外,更不要往阳台上跑。因为,发生地震时,建筑物的地基可能下沉,整个建筑物将会倾斜,屋檐和阳台等附属建筑塌落的可能性很大。可以缩身躲在牢固的桌子或床下,或紧靠沙发趴下。趴下时,头靠近墙,闭上眼、嘴,用鼻子呼吸。选择走道站稳靠在墙边,要尽量降低重心。或者到有一定支撑物的小房间、厨房、卫生间躲避,因为这些地方的结合力强,尤其是管道的经过处,有较大的支撑力,抗震系数较大。

高层建筑,地震摇晃剧烈时若要走动,应该抓住某些固定物,如管道、柱子或某件固定的家具,以免晃倒受伤。避险的过程中,不要忘记保护头部,可利用毛毯、棉垫、书刊等遮盖住头部,以免被震落下的屋顶灯、高处放置的杂物等砸伤。

地震过后,要迅速撤离。撤离时要走楼梯,千万不要乘电梯,防止被困和被挤压。如恰巧在电梯间内,应该立即在最近的楼层停下来,并马上离开。停下之前,应迅速蹲下并靠电梯间壁,以免被撞伤。

随手关闭使用中的电源及火源,以防火灾发生。使用中的电熨斗、烤面包机等电器用品,要立刻拔掉插头。照明要用手电筒,不能用油灯、火柴、蜡烛、打火机等,特别是发现有液化气或煤气泄漏时,更不能点火。同时,要用浸湿的手帕、毛巾、衣物等捂住口鼻,以免发生中毒。

若地震时被砸伤或压在倒塌物体下面时,应撕下衣物包扎止血并在震后设法脱离困境。

【友情提醒】　不使用电梯,要远离高大建筑,不要再返回建筑物内取物品,因为可能发生余震,使建筑物坍塌。

在单门独院的房屋内遇到地震怎么办

单门独院的房屋通常是木造或砖木结构的,也不很高,如果房屋倒塌,其倒塌向下的力量不是很大。如果发生地震,可视情况紧急躲入坚固的桌子、台子或床下,即使天花板掉落,也不至于将桌子或台子都压破。

【应急措施】　一定要关闭火源。因为在这类房屋中发生火灾的危险比地震本身还要可怕。

确保安全出口很重要,在躲过第一次地震后,应迅速开启门或窗户,有时候,门窗会因房子歪塌而打不开,这时应将门、窗的玻璃击碎,并将玻璃碴剔除干净,迅速逃出室外,以躲避可能发生的余震和房屋事后倒塌。

若在洗浴中途发生地震,一般来说,浴室空间狭小,有柱子和墙壁支撑,其安全性要高于客厅或卧室。如果没有很好的逃出机会,可就近在浴盆或墙角蹲下,用硬物保护头部,警惕地观察四周的情况,并机智地采取躲避措施。在厕所中的情况与在浴室里相同。但应将门打开,防止震后门打不开而失去逃生的机会。

如果是在睡梦中惊醒,应迅速躲进床下,并扯床上的被、褥、枕头等物保护头部。

在平房内遇到地震怎么办

一般来说,平房和居民自建的小楼,大多抗震能力较差,发生地震时,极易倾倒。发生地震时要镇静沉着,不要惊慌失措,更不要恐惧。

【应急措施】 如果正在用火做饭时发生地震,应先关掉气阀或将火熄灭后再就近避震。在看电视或用其他电器时,应先切断电源,再迅速躲避,以防发生火灾。

可从门口、窗户尽可能冲出房屋,逃到户外,以免被房梁砸伤。来不及逃出时,应立即缩身躲到坚固的桌下、床下或蹲到墙根下(勿靠近窗户)。如果房屋、围墙、门垛不高而院子又比较宽敞,那么也可头顶被褥、枕头或安全帽,到院子中心躲避,防止被砖瓦砸伤。

在大地抖动一阵之后的短暂平息中,要迅速拉断电闸、浇灭炉火,关闭煤气、液化气阀门,然后向安全区域转移。

户外的人要停留在较宽阔的地带,应注意避开高压线、变压器及高大建筑物,不要进入小巷。在地动时间内或建筑物倒塌时不宜入室救人,更不可再回到室内取物品。

如果不幸被建筑物压埋,由于平房埋压物有限,首先要稳定自己的情绪,等震后立即呼救或自己扒开一个洞,爬出逃生。

在室外遇到地震怎么办

在城市地震中,室外最主要的危险是广告牌和玻璃等物的坠落,以及建筑物倒塌引起的砸伤。现代城市越来越拥挤,建筑物与建筑物之间间距也越来越小,这种危险与室内相比毫不逊色。

在野外遇到地震时,应避开山边的危险环境,如陡崖、山脚、河边、海边等,找空旷的地方避难。如果在海边,应迅速离开海滩向高处奔跑。

【应急措施】 在商业街或繁华路段,建筑物一般很集中,广告牌和玻璃幕墙很多,一旦发生地震,就会下雨般的掉落,所以一定要往路中央跑。切不可跑回商场等建筑的大厅内,因为这种大厅柱子很少,天花板上的建材与吊灯很易坠落,大厅内的商品陈列柜及大型展示窗等极易倒下。

就地选择开阔地避震,蹲下或趴下,以免摔倒。不要乱跑,避开人多的地方。若遇道路毁损或车流拥塞以致影响乘车避难时,请记住“切勿慌乱,随机应变”。

发现建筑物起火并有浓烟溢出时,要立即采取爬行方式往相反方向或确定之逃生口避难。

如果在路上步行中遇到地震,会使人失去重心,站立不稳,应抢先离开危险地带。在空旷地方或公园里,应该立即躺在空地上,这是比较安全的。千万不要四处奔跑,以免地震时失去平衡而造成伤害。

要避开危险场所,尽可能远离楼房等高大建筑物、有玻璃幕墙的建筑、狭窄的街道、危旧房屋、危墙、过街桥、立交桥、高烟囱、电线杆、变压器、围墙、水塔、路灯、广告牌等,迅速跑向比较宽阔的空地,以免被震倒、震落的危险物砸伤。

在易燃、易爆、有毒等危险品附近,应该立即判断发生地震时的风向,迅速向上风处转移。如避难时,可将手帕、毛巾等用水浸湿,捂住嘴和鼻子以减少毒气伤害。

在野外要防止山崩、滚石、泥石流、地裂、滑坡等。遇到山崩、滑坡,要向滚石前进方向垂直的侧方跑,切不可顺着滚石方向往山下跑;也可躲在结实的障碍物下,或蹲在地沟、坎下,特别要保护头部。

地震时如果人在森林和树木旁边,应尽快躲到森林中去,树木越多越安全,即使有树木倾倒也会因相互交错而不致倒下伤人。

在山区,尽量跑到所在地的最高点。如果不可能时,可寻找山坡上岗的地方,暂时躲避在后面。千万不要选择危岩下、山洞内和有较大裂隙的地方躲避,以免山崩、塌方时受伤,更不要顺着山坡随滚滚而下的岩石一同往下跑。

在沟渠或江河旁边,应该立即往后撤退,以免地震时被震入江河、溪流之中,同时,这些地方在地震中也容易发生较大的地滑或塌陷。在海边和湖边的人员,更要注意提防海啸和湖震的伤害。在低洼的人员要注意被水淹。

虽说桥梁是比较稳固的建筑物,但也不是绝对安全,应抓紧时间逃到河岸的开阔地带。不可跳入水中,一是有溺死的危险,二是一旦有可燃物漂在河上,几乎就没有逃生的希望。因此,应该立即离开桥身,停留在桥上或躲避于桥下都是十分危险的,因为大桥可能随时被震塌而坠落河中。

车辆行驶过程中遇到地震怎么办

在公共汽车上注意不要跟其他乘客拥挤,因为车内是很安全的,拥挤反而可能会造成事故。待汽车停稳后再有秩序地下车,找一处安全的地方躲避。

【应急措施】 正在驾驶小车若感觉车在莫名其妙地摇晃,应有地震的判断。这时不要急于刹车,应逐渐减慢速度后停在路边。车门不要上锁,可打开一条小缝,防止车顶被砸后车门无法打开。不能存在"开车去避难"的想法。因为在地震中开车是非常危险的事。

高速公路上的处理方式与一般城区的处理方式相同。但由于在高速公路上汽车速度很快,容易造成连环追尾事故,因此刹车时要格外小心稳妥。若在高架桥上,应慢速至下一出口处驶下高架桥。

在行驶的电车、汽车内发生地震,抓牢扶手,以免摔倒或碰伤;降低重心,躲在座位附近,等地震过后再下车。

司机开车时遇到地震,不要在桥上或桥下停留,不要在灯杆、电线、高大建筑下面停留。要小心路上的裂缝、滚石和鼓起的路面。

当地震发生时,列车司机会紧急刹车,疏散旅客。人们朝行车方向坐着时,要将两脚蹬住座椅,身体向前倾,两臂护面,双手抱头并且提防上面物体坠落。背朝行车方向坐着的,要两手护住后脑部,抬腿收腹,紧缩身体。也可以迅速躺下,滚进坐席下拉住钢管,脚蹬座椅或车厢,护住头部。

铁轨的耐震性极好,因此地震时的列车或电车是相对安全的地方。如果你遇到这种情况,不可惊慌失措,更不能冒险跳出车外。注意外面的铁路输电线是否已落在地上,以防触电。

地震时地铁是非常安全的地方。逃生的关键是不能跟着人流拥挤。有些铁轨上可能有输送电流,要防止触电。如果你正在月台,逃生的方法与地下商场相同。注意头部上方是否有沙土落下。

如果乘客在地铁列车中,在没有乘务员和有关人员指示下,不要急于下车,以防高压线路造成触电事故。

当骑在自行车上遇到地震时,会使骑车者重心不稳,左右摇摆,难以控制,此时要敏捷地观察周围的动向,一经确定是地震要赶快下车,按上下道方向顺序停车,就地蹲下。这时一定要注意防止上空飞落物的袭击。

地震后要自救怎么办

地震导致人体损伤及死亡的重要原因有塌方、煤气泄漏、触电、溺水和火灾,其中最多的致伤原因是塌方。伤者被建筑构件砸伤、砸死,甚至掩埋或围困在土石、瓦砾之中,不少伤情严重者还来不及抢救即早期死亡,也有不少人是因为被沙土掩埋窒息而死。若能保持镇静,采取正确的自救方法,可使因地震造成的死亡、伤残大大降低。

【应急措施】 地震波引起的地面水平晃动和上下跳动,致使建筑物有些部分被震松或破坏,此时不要急于转移或搬运东西,以免引起横梁、砖瓦、墙、家具等倒塌而致伤。

要充分利用主震前十几秒钟和主震后的空隙快速行动。地震过程一般是先上下颠,后左右晃,再房倒屋塌。从上下颠开始到房倒屋塌一般只有十几秒钟的时间,要充分利用这十几秒钟的时间采取果断、快速的避震措施。

万一地震时被废墟埋着,首先要沉住气,有坚定的生存毅力,树立生存的信心,千方百计坚持下去,要消除恐惧心理,相信能脱离险地。在地震中有不少人并不是因房屋倒塌而被砸死或挤压致死,而是由于精神崩溃,失去生存的希望,乱喊、乱叫,在极度恐惧中"扼杀"了自己。这是因为,乱喊乱叫会加速新陈代谢,增加氧的消耗,使体力下降,耐受力降低;同时,大喊大叫必定会吸入大量烟尘,易造成窒息,增加不必要的伤亡。

要自查一下身体各处是不是在流血。如果是一般的皮肉小伤,可以不予理睬。但如果身体某处有大量流血,应就近找一些布条、毛巾等物进行自我包扎止血。如果随身带有"防震包"或能找到药的话,可敷一些止血、消毒的药物对伤口进行处理。

拍一拍胸腔、腹部等处,自我感觉一下体内器官有否受伤。如有较强的痛感,应对受伤部分进行有意识地保护,等摆脱现场后,尽快寻找医务人员或医疗机构进行及时的救治。

活动一下脊椎、腰部和四肢,感觉活动时这些部位有没有强烈的错痛感(可能骨折)。如是骨折,可就地寻找一些衣服,加一些硬物,对骨折部位进行临时的夹板处理,待找到专业医护人员再重新处理。如已无法挪动,可就近寻找安全处休息,等待救援。

要仔细观察周围的环境,判断是否仍处在危险中。地震的规律是主震之后还会有较强的余震,有时持续余震的时间还会较长。因此,最好找到一处没有倒塌建筑物或悬挂物的场所,或有比较稳固的三角形支撑结构的场所躲避。

被埋压人员首先要将周围的情况回忆清楚,伺机采取相应的措施,做到充满信心、保存体力、主动脱险。先试着把双手从压埋物中抽出来。如果身边还有空间的话,可以从下面爬出去,或仰面蹭过去。注意不要在不明情况下随意移动身旁的支撑物,以免引起大的坍塌。倒退时,要防止衣服被物体挂住。脱险时要朝有光线和有空气的地方移动。当一人脱险后,应设法施行互救。

如果你所处的部位离地面不高,可试着沿建筑坚固的楼梯、倒塌物的顶部走下去,同时要用硬物保护自己的头部。

不能脱险时,应设法将手脚挣脱出来,想方设法支撑可能坠落的重物,消除压在身上的物体,应尽量减少体力消耗,不要盲目行动,尽量闭目休息;维持生命,寻找食物和水,无饮用水,可用尿液解渴。尽快捂住口、鼻,防止烟尘窒息,等待救援。

如天气寒冷,要设法御寒保暖,非到万不得已时,不要生火取暖,以免引起火灾。如天气炎热,要设法使自己避免中暑。

保护自己不受新的伤害,如余震发生,环境进一步恶化,等待救援,需要时间,注意保护呼吸道通畅,清除口、鼻的灰土;闻到煤气及起火燃烧的异味,或者灰土太大时,设法用湿的物品捂住口鼻。

如果发现废墟外或楼下有人,应及时向他们发出呼救请求救援。假如你什么也看不见,可以试着呼救,或用石块、砖块等物有规律地敲打预制板、梁柱、下水道铁管等物,发出有节奏的声音以引起救援人员的注意。

【友情提醒】　当接到正式通知有发生地震的可能时,要加固房屋,增设室内支撑物,采取防火、防电措施。要准备食品、手电筒、锤子、撬棍、药品等应急物资。

要迅速而有秩序地离开车间、矿井、剧院、商场、课堂等。疏散时,不要在狭窄的胡同里停留,不要站在高大建筑物、烟囱、围墙以及悬崖陡壁下,也不宜倚靠在电线杆或大树的旁边。不要站在离河流、水渠、水库岸边太近的地方。不要站在加油站、煤气罐、液化气站、高压电线、变压器附近。离开室内时,要迅速关闭煤气、切断电源,随手带上一些食品和水。如不在夏季,最好还能顺手捎上一些御寒保暖物品,以备在外过夜御寒防冻用。

震后通常会发生一定程度疫情,尤其是天气炎热的夏季。因此外伤必须通过消毒处理以保持不受感染。如果没有药物,也可用盐水、浓酒等进行处理,尽管这可能有些疼痛,但都是必需的。

震后的食品和饮水都是极宝贵的物资,可以按少量进食、少量饮用的原则使用,以延长等待救援的时间。

地震后要救人怎么办

地震致伤中死亡率最高的是头、面部伤和颅脑损伤,早期死亡率可达30%。上下肢骨折和挤压伤多发,占40%～60%;脊柱骨折占10%～15%。骨折一般是多部位、复合性的,抢救比较困难。腹部外伤只有4%,但易造成内脏大出血而致早期死亡,需及早检出送医院手术急救。

【应急措施】　对开放性创伤、外出血应首先止血,抬高患肢,同时呼救。对开放性骨折,不应做现场复位,以防止组织再度受伤,一般用清洁纱布覆盖创面,做简单固定后再进行转运。不同部位骨折,按不同要求进行固定,并按伤势、伤情进行分类、分级,送医院进一步处理。

遇到大面积创伤者,要保持创面清洁,用干净纱布包扎创面;怀疑有破伤风和细菌感染时,应立即与医院联系,及时诊断和治疗。对大面积创伤和严重创伤者,可口服糖盐水,预防休克发生。

解救被压人员时,应首先快速使其摆脱被压状态,然后再设法使其摆脱困境,并作医疗急救处理。

救助被埋人员必须争分夺秒,可利用周围器具,竭尽全力清除覆盖物。在救出被埋人员后,应注意清除其口中秽物,不论其呼吸停止多久,均不要放弃作复苏急救的努力。

救人时,要注意听被困人员的呼喊、呻吟、敲击声。要根据房屋结构,先确定被困人员的位置,再行抢救,以防止发生意外伤亡。

先抢救建筑物边沿瓦砾中的幸存者,及时抢救那些容易获救的幸存者,以扩大互救队伍。

救援需讲究方法,首先应使头部暴露,快速清除压在伤者头面部、胸腹部的沙土和口中异物,保持呼吸道通畅。

轻拉患者双足或双手,从缝隙中缓慢将其拽出,注意保持患者脊柱水平轴线及稳定性。对于颈椎和腰椎受伤的人,施救时切忌生拉硬抬。外伤、骨折给予包扎、止血、固定。

从瓦砾中救出患者后及时检查伤情,遇颅脑外伤、神志不清、面色苍白、血压下降、大出血等危重症优先救护,尽快送医院。

因地震的震动和恐怖心理,原有心脏病、高血压病可加重、复发甚至猝死,对此类患者要特别关照。

对于那些一息尚存的危重患者,应尽可能在现场进行救治,然后迅速将其送往医院和医疗点。

【友情提醒】 解救被困人员时,要注意自己所在位置的安全性,尽量避免被已破坏的建筑物砸伤自己和待救人员。

对于埋压废墟中时间较长的幸存者,首先应输送饮料,然后边挖边支撑,注意保护幸存者的眼睛。

地震后发生海啸怎么办

海啸是一种破坏力很大、范围很广的灾害,它对于海岸及船上人员的安全具有严重的威胁,需要及时防范。海边的居民及其他人员,平时应注意收听广播、电视的预报消息,观察海边的潮流动向,把船舶、浮桥等海上漂浮物牢牢地系在坚固的柱子上。

【应急措施】 感觉到强烈的地震或长时间震动时,需要立即离开海岸,快速到高地等安全处避险。

发现有海啸的危险时,如果正在驾车行驶,应尽快离开低洼海岸开到高地上。

万一被海啸卷进海中,需要沉着、冷静、见机行动,因为有可能会被第二或第三次涌浪推上岸来。如果正巧被浪推上岸来,应及时抓住地面上牢固的物体,以免被再次卷入海中。

地震海啸发生时假如你在船的甲板上,应马上蹲下并抓住物体,以免被抛入海中。一旦被抛入海中,而又没有可抓之物时,可以将身上衣物作漂浮物,用皮带、领带或手帕将衣服的两个手袖部分或裤子的裤管部分紧紧扎住,使衣服和裤子能够存积空气,然后踩水,将衣服从后向前使劲一摔,使其充气浮起。如果用裤子作浮袋,将身子卧在浮袋上,采用蛙泳是很省力的。如果穿的是裙子,落水后不要将它脱下来,要使裙子的下摆漂到水面,并使其内侧充气即可充当漂浮物。

【友情提醒】　在海上漂泊时，要想尽一切办法呼救，比如喊叫、吹口哨、挥动颜色鲜艳的衣物等。

遇到泥石流怎么办

泥石流的发生常有一定的地域性。山洪暴发、地表植被破坏以及地震等均可引发泥石流。其经过之处，万物都被破坏，人被卷入其中，几乎无生还的可能。一些依山傍水的村庄或建筑物以及建在山上的房屋，遇到连续的暴风雨后应格外防范，采取有组织的防范措施。

【应急措施】　在山区、半山区旅行时，如听到异常响声，看到有石头、泥块频频飞落，向某一方向冲来，表示附近可能有泥石流发生；如果响声越来越大，泥块、石头等已明显可见，提示泥石流就要流到，要立即弃丢重物尽快逃生。

尽可能逃离发生泥石流的区域，切勿穿越低洼地区或者桥梁，逃离危险区域后，马上跑到最近的一个制高点。

与避雪崩一样，人逃生要向泥石流卷来的两侧（横向）跑，如泥石流由北向南或由南向北，要向东西方向跑。要向山坡的两边或向坚固的高地迅跑，不要在山坡下的房屋、电杆、池塘、河边等处停留。

如来不及避难，一定要设法从房屋里跑出，来到街道、公路或宽阔地带，尽可能防止被压埋。

泥石流的面积一般不会很宽，可根据现场地形，向未发生的高处逃避。

在山区扎营，不要选在谷底泄洪的通道、河道弯曲、会合处等。

假如必须经过可能发生泥石流的地段时，要听当地的有关预报。例如我国滇藏、川藏公路某些地段易发生泥石流，设有监测点，进入这些地区要听从指挥。

逃生时，切勿惊慌失措，应从容观察泥石流可能前进的方向，不要顺着泥石流可能倾泻的方向跑，不要在树上和建筑物内躲避，泥石流不同于一般洪水，其流动途中可摧毁沿途的一切障碍，要向泥石流倾泻方向的两侧高处躲避。

应避开河、沟弯曲的凹岸或地方狭小、高度不足的凸崖，因为泥石流有很强的掏刷功能及直进性，这些地方很危险。

不要回房屋搬运物品，以免房屋倒塌被砸伤或被泥石流冲走。

逃生时尽量多带些衣物和食品，由于滑坡使交通不便，救援困难，泥石流过后一般天气阴冷，要防止饥饿和冻伤。

不要再闯入泥石流发生过的地方，因为有时泥石流会间歇发生。

如果泥石流使江流堵塞，那么洪水迟早会泛滥，因此必须在洪水来临之前疏散人员。

万一不幸陷入泥石流，应当立即将整个身体抱成一团，用自己的双手保护好头部。若人全部被埋住后，应尽量爬出来。实在爬不出来时，要防止窒息，把头部露出来，或者挖孔通气，以待救援。

【友情提醒】　不宜在陡峭的山脚下安家。在土质松软有可能滑坡的危险的山腰和山脚处，也不宜建筑房屋、村舍。

当发现山谷有异常的声音或听到警报时，应立即逃离现场。

遭遇滑坡危险怎么办

山坡或斜坡的岩石或土体在重力作用下失去原有的稳定性而整体下滑的现象,称作滑坡。滑坡发生的过程一般比较长,阶段性明显,在滑坡发生显著位移之前,就有裂缝发生和沟豁扩大的现象,然后出现滑坡体明显下滑变形的过程,最后达到暂时稳定的阶段。但地震造成的滑坡则往往使滑坡的整个发展过程大为缩短。一般滑坡并无裂缝出现,而在地震的刹那间就由于坡体震松而出现裂缝,直接发展至下滑和坡体变形。

【应急措施】 发现有山体滑移现象时,切勿惊慌失措,应从容观察山泥可能前进的方向,然后想方设法避开。因为在滑坡灾害中,财产损失是不可避免的,所以在逃离住宅时只能携带一些细软、贵重的东西,如存折、现金、金银首饰、保险证明、证件及简单衣物等。

发生山体滑坡逃生时,要向垂直于滑坡轴方向或山泥可能倾泻方向的两侧高处逃避,这样时间短,效果好,不可顺着山泥可能倾泻的方向奔跑。冬天应尽量多穿些衣服,多带些食品,防止饥饿或冻伤造成的威胁。

在转移疏散的过程中,应让老弱妇孺先走,青壮年随后。当形势稳定后应设法主动与外界联系,并在高处做出明显的标记,如白天燃浓烟,晚上点篝火,以便让营救者及时发现,迅速前来营救。

坐火车或汽车时如遇到山坡滑移现象,应弃车而逃,因为爬在车顶上或躲在车厢里是无法躲过灾难的,其后果不是被淹没便是被埋在车厢里窒息而死。

抢救滑坡掩埋的人和物时,首先要把后缘的水排开,从滑坡体的侧面开挖,否则在开挖时后缘的滑坡会影响抢救效率,甚至再次发生危险。

由于滑坡的速度稍慢,采取相应的处理方法和措施可以从容考虑,只要躲避得当,人是完全能绝路逢生的。

【友情提醒】 对于大型滑坡或多个滑坡集中的地区要采取躲避的方法,把居民迁移到安全的地方;对于房前屋后可能发展成小型滑坡的,可将整个滑坡体清除。

被塌方掩埋身体怎么办

在修水利、建桥梁、挖窖洞或发生地震时,由于泥土、石头突然塌陷,使身体被松土或石块埋住。人被埋后一定要争分夺秒地进行抢救,才有获救的希望,否则往往因窒息、缺氧或呼吸停止而丧生。

【应急措施】 假如被塌方压埋,应稳定情绪,分析所处的环境,努力寻找出路,同时要注意节省体力,等待救援。

如果有肢体部分被压埋,应想办法推开或挖开上面的土层石块等,不能用力抽拉,以免损伤皮肤,造成感染。如果仅凭个人的努力无法摆脱困境,不妨减少挣扎、保持清醒(不要睡觉,以免冻伤,饿伤,特别是冬天),随时向出现在附近的人求救。

假如发现他人被埋入土中或被重物所压,应该将土或重物迅速搬除,使人外露。绝不能从土中或重物下将伤者生拉硬拽。

由于石头塌方被掩埋的患者,往往容易导致严重的外伤,如发生颅脑、内脏损伤或骨折等,必须尽全力奋力抢救。在搬弄石头时要倍加小心,避免因石头滚动而造成生命危险。当患者抢救出来后,应迅速检查心跳、呼吸、血压及出血等情况,有外伤出血者需马上进行止血;若有四肢骨折须给予固定;病情极其危重者,须在现场一面进行抢救,一面派人请医生赶到现场协同抢救处理,以免发生意外危险。

发生骨折的患者被送往医院时,应将骨折处加以固定。脊椎骨折的患者应放在硬板上;软组织受伤者,可用冷水毛巾(千万不可热敷)敷于伤处(伤处不能按摩,伤肢也不能抬高),并尽快送往医院救治。

在搬运患者中,防止肢体活动,不论有无骨折,都要用夹板固定,并将肢体暴露在凉爽的空气中。

【友情提醒】　被埋入时,要积极寻找一切可用的东西,如石块、木块、木棒、木棍,用它们拓展并固定生存空间。

寻找有无与外界相通的建筑结构,如水管、暖气管等,长时间有规律地敲击它们,以发出求救信号。

发生水灾怎么办

严重的水灾通常发生在河谷、沿海地区以及低洼地带。如果住在这些地方,遇到风暴吹袭或久雨,必须格外小心。

【应急措施】　发生水灾时,如果来不及大转移,请不必惊慌,可向高处(如结实的楼房顶、大树上)转移,等候救援人员营救。

为防洪水涌入屋内,首先要堵住大门下面所有空隙。最好在门槛外侧放上沙袋,沙袋可用麻袋、草袋、布袋、塑料袋,甚至用被单等,里面塞满沙子或泥土。

如果洪水不断上涨,应在楼上储备一些食物、饮用水、保暖衣物以及烧开水的用具。还要携带打火机,必要时用来生火。

如果水灾严重,水位不断上涨,就必须自制木筏逃生。任何入水能浮的东西,如床板、箱子及橱柜、门板等,都可用来制作木筏。如果一时找不到绳子,可用床单、被单撕开代替。在爬上木筏之前,一定要试试木筏能否漂浮。收集食品、发信号用具(如打火机、哨子、手电筒、镜子、旗帜、鲜艳的床单)、划桨等是必不可少的。离开房屋漂浮前,要吃些含较多热量的食物,以增强体力。

人遭雨淋湿后要防止感冒。雨淋之后,要及时擦干头发、身体,并换上干净的衣服,气温低时应注意取暖和保暖。如无替换衣服,则脱下衣服拧干后再穿上,切忌湿衣服裹身,使身体丧失大量的热量。有条件的,可喝些姜汤和热茶祛寒,也可吃些预防感冒的药。

如果在野外遇水灾,必须过河时,请遵循下列步骤。选择渡河处、河面宽阔处、河水分叉处,切勿在河弯、河流交汇处过河。

单人渡河时,脱掉袜子,穿上鞋子,松绑背包的背带,持180厘米的长木棍作为手杖,侧身在水中一步一步慢慢地横走。若多人欲过河,可利用绳子。一人将绳子系在腰间过河,另一人将绳子绑在岸边的树干或大石块上。等第一个人到达对岸后,其余的人紧抓绳子、手柱或手杖过河。

【友情提醒】　在水中呛水或遭溺水时,必须努力保持镇定,尽量仰浮,头部后屈,口向上方,不可动作惊慌,应呼喊引人注意,并迅速划向建筑物或树干等。

如果有人掉进水里,岸上的人须赶快扔去泡沫塑料、绳子、木板、圆木或竹竿等。岸上救助如果无效,游泳技术好的人可直接下水救助,但必须带上救助物品,如绳子、衣物等,在离溺水者一两米远的地方,把救助物品扔给他。让他拉住救助物品的一端,救人者拉住另一端,把溺水者拉到岸上。

突遇暴风雨怎么办

暴风雨是很常见的自然现象,一场暴风雨短的只有几分钟,长的则可持续数天。暴风雨能使树倒房塌,持续暴雨可带来洪水灾害。

【应急措施】 将门窗关好,尤其是迎风的那面门窗必须关得严严实实,必要时玻璃可用胶带或纸条粘成"米"字形加固,但背风面的窗户可微微留条缝或稍开一些,以便平衡屋内外的压力。

路街被水淹时,最好不要涉水而过,以免误跌入阴沟,或踩踏上碎玻璃、铁钉等物,或碰触被风雨刮断的电线等造成伤亡。

一阵狂风后,有时会有短暂的无风无雨间隙,通常后面很快会有暴风雨,不可大意。此时,可抓紧时间,在外的赶快回家,在家的应抓紧维修和加固房屋门窗。

【友情提醒】 准备好蜡烛、打火机或手电筒,一旦风吹断电线而发生停电,即可应急自用。

遇到山洪暴发怎么办

山洪暴发一般都发生在山区大雨、暴雨之后,故雨后需提防。

【应急措施】 一旦遇上山洪暴发,要赶快向两边高地躲避,离开泄洪路线。洪水水位高时可爬上坚固的屋顶或高大的树上,以保安全。不要躲入结构不牢的屋内,以免山洪冲倒房屋而致伤亡。也不要盲目躲入山洞深处,以免被淹。

在洪水中,尤其是在水位齐腰以上时,应寻找一些能漂浮的东西如木梁、箱子、木板等制成木筏,以便转移使用。

人如浸在水中或弃屋转移时,应先吃一些含热量较高的食品,如巧克力、甜糕饼等,也可喝些热饮料,以增强体力和在水中的耐寒能力。

【友情提醒】 野外生活会遇到水灾,特别是在雨季。要特别注意在下雨时或雨后,突发的暴雨水流将冲向山谷和河床,不要待在山脚下,否则会被冲下山的洪水淹没。不要在山谷和河床地带宿营。洪水携带的泥沙、树木及岩石的残渣碎块也能置人于死地。

发现洪水来临,应赶紧跑到高处洪水没有到达的地方。

洪水进入室内,不要再去使用任何家用电器和照明用灯,应该马上将总电闸关上,以防触电。

遇到台风袭击怎么办

台风是最巨大、最猛烈的风暴。台风往往带来暴雨,甚至引起潮浪,淹没广大沿海陆地,冲毁道路。知道有台风来临,要做好预防工作。

【应急措施】　不要启程远足或到海滩游泳,更不要驾船出海;外出的人应该尽快回家。

海边、河口等低洼地区的居民在台风吹袭前,尽可能到台风庇护站暂避;水上人家和渔民应把船艇驶入避风港;木屋区居民要用铁丝把屋顶绷好,以防狂风把屋顶掀起,以策安全。台风会吹倒电线杆,这时不但要防被砸,更要防止触电。

在外行走时,要弯腰将身体紧缩一团,把衣服纽扣扣好或用带子扎紧,以减少受风面积,并应就近找坚固的房屋避风。

在建筑物密集的街道,尤其是在大楼密集的街道行走,要特别注意落下物或飞来物,以免砸伤,因为这样的地区较难弄清风的方向和强度。

台风吹袭时,切勿靠近窗户,以免被强风吹破的窗玻璃碎片弄伤。并准备毯子和大毛巾,万一窗玻璃破碎时,可以用来堵住风雨。

【友情提醒】　要适量贮存食物和饮用水,备好手电筒、蜡烛照明,因为台风的缘故,水电供应可能中断数天。

遇到龙卷风袭击怎么办

龙卷风对人类的威胁极大。龙卷风经过的地方,常会发生拔起大树、掀翻车辆、摧毁建筑物等现象,有时会把人吸走。当龙卷风袭来时,能否求得生存,在很大程度上要靠个人的积极躲避。躲避得当,就能安然无恙,反之则不然。

【应急措施】　龙卷风袭来时,在公共场所的人应服从指挥,向规定地点疏散。理想的掩蔽所是建筑物的底层、底层走廊、地下室、防空洞和山洞。暴露在地上的一切活动必须停止,千万不可骑自行车、摩托车或利用高速交通工具躲闪龙卷风,应立即离开活动房屋和活动物体,远离树木、电线杆、门、窗、外墙等一切易于移动的物体,并利用钢盔、棉帽等东西保护好自己的头部。

要牢牢关紧面朝旋风刮来方向的所有门窗,而相对的另一侧门窗则统统打开,这样可以防止旋风刮进屋内,掀起屋顶,并且可以使屋内外的气压得以平衡,以减少房屋倒塌的危险。

如在公路上,可迅速转移至桥梁下或涵洞中。不要待在大篷车或轿车内,风暴会将其掀上半空。

在无固定结实的屏障处,则应立即平伏于地上,最好用手抓紧小而坚固、不会被卷走的物体和打入地下深埋的木桩等物体。在田野空旷处遇上龙卷风,应躲避在注地处,但要注意勿被水淹或被空中坠物击中。

在野外易受随风乱飞杂物的伤害或被卷向空中。当听到或看到龙卷风即将到来时,避开其行进的路线,与其路线成直角方向转移。避于地面沟渠中或凹陷处,脸朝下平躺下来,闭上嘴巴和眼睛,用双手、双臂保护头部。

困在暴风雪中怎么办

在暴风雪的天气下出车可能会遇到意想不到的危险,所以如无特别重要的事情,应在暴风雪过去后才出行。但万一非走不可,或是在中途遇到暴风雪,不巧又陷进了雪堆中,那么如何脱险呢?

【应急措施】 车轮陷在结实的雪地或冰面上不要猛踏油门。车轮打空转,只会压实雪层,更难有附着力;这样还会迫使地上的雪塞进胎面花纹内,更减低轮胎的附着力。车轮回正,使胎面更能抓牢地面。找些东西垫在轮胎下,加强附着力,如垫子、碎石、树枝等。为避免车轮打空转,用三挡开动,减少施于车轮的扭力。轻轻踏下油门,能缓缓开动车子就够了。必要时稍微踩下离合器踏板,让引擎以较高速旋转。

开动时可请同行的人帮忙推车。要站在车侧推,以防汽车向后溜撞倒人;别走近驱动的车轮,否则车轮转动时会把雪块、污物等溅到身上。

驾车时如果遇到暴风雪,或雪深超过 30 厘米,通常无法前行。这时,最重要的是保持温暖,保持清醒。不要下车徒步求救,否则可能栽在雪堆里或在风雪中迷路,甚至冻死。

将可保暖的衣服、毯子从行李箱中搬到车内,并找一根棍棒之类的长条物,万一雪将车子掩埋时可以用来捅透气孔,以免窒息。用衣服、毛毯将自己从头到脚裹起来,每小时开动引擎 10 分钟,暖暖身体,但不能长久开启空调,一是节省燃油,二是引擎久开,产生的废气不可避免地会涌入车内,对身体有害。不时活动四肢,以保持清醒,促进血液循环,例如扭扭手指、脚趾,伸伸肩膀、脖子和膝盖。不能喝酒,酒精会使血管扩张,体热散失,而且喝酒后容易产生睡意。

如有几辆车同时被困,应联合起来,同坐在一辆车上,既可取暖,又能互相帮助,提起精神。

【友情提醒】 风雪天驾车随车携带物品主要有铲子、防滑链、及膝长靴、额外的衣物及毯子、手电筒及后备电池、食物、饮用水、燃料、照明和生火用具等。

爬坡时要避免中途停下或换挡。必要时可停在坡下,等去路无阻再开车。下陡坡时用低挡慢驶,踩制动踏板必须谨慎,动作要平顺。在遍地积雪的郊野行车,轮胎可装上防滑链,增强附着力。

发生雪灾怎么办

如在野外突遇雪灾,最要紧的是要预防冻伤。首先要找好避难场所,如加强帐篷的牢固性,或建造窝棚,但要注意选择恰当地点,应建在大树下或山脊上,如建在雪崩会经过的地方则会非常危险。

【应急措施】 准备燃料,生火取暖。选择一块平地,清除周围的积雪,将火点燃烧旺。但要注意避开低垂的树枝,以免树枝上融化的雪水滴于火上,将火浇灭。

穿上干燥的衣服,尽量活动身体的各个部位,比如摸一摸鼻子,揉一揉脸,抚一抚耳朵,伸一伸手指和脚趾,站起身来跳一跳等,但一定要注意,活动身体时不能太剧烈,以免出汗。

食物是维持生命的必需品,携带的食物要有节制的食用。如果能携带巧克力、核桃仁、葡萄干等富含糖分的食物最好。

被雪灾困在野外时,还应该注意预防雪盲,应该戴上墨镜。

一些房屋如简易房、草房、牲口棚等的建筑材料差,经不起重压,常因大雪而塌陷。应及时清除房顶上的积雪,以防房屋被压坏。

在积雪环境中修补房屋,要注意防滑。如房屋破坏严重,则应果断撤离或马上维修,以免因积雪、大风等造成房毁人亡。

【友情提醒】 遇险之后要及时与外界联系,或者发出呼救信号,以便及时得到援救。

部分雪融化而会使地面冰雪交融,如此时地面温度再升高,又造成地面潮湿积水而易打滑,此时出门行走,最好穿防水防滑的高帮保暖鞋,以防脚趾在湿冷环境中冻伤。

发生雪崩怎么办

山坡雪下滑时,有时像一堆尚未凝固的水泥般缓缓流动,偶尔会被障碍物挡住去路;有时大量积雪急滑或崩泻,挟着强大气流冲下山坡,形成板状雪崩。

【应急措施】 发生雪崩时,不论发生哪一种情况,必须马上远离雪崩的路线。出于人的本能,往往会直朝山下跑,但冰雪也向山下崩落。雪崩倾泻而下时,应该立即向与雪流呈垂直的方向逃离,或者躲在较安全的大石块或大冰山下,千万不能朝山坡下奔跑,以免被冰雪埋住。

立即抛掉身上携带的重物,如背包、滑雪板等,轻装避险。因为一旦被埋,可以较轻松地钻出雪堆。如处在雪崩的上方,也要把握时间避险,不可大意,应该先用滑雪杖、冰镐等插入山坡,稳住身子,然后要努力往山坡上爬或尽量往旁边移动,以求脱险。

逆流而上时,要用手挡开下滑的石头和冰块。发觉雪崩速度减低,就要努力设法破雪而出,不然,停止下滑的碎雪会很快结成硬块。双手抱头,尽量造成最大的呼吸空间。

受到雪崩冲击来不及躲避时,应该立即将冰镐等插入雪层及土中,并牢牢抓住,尽力使自己不被雪崩卷走。如果不能固定,或被雪浪推倒后,应该尽力活动双臂,作游泳姿势,尽量使自己保持在雪面上。如果给雪崩赶上,无法摆脱,切记闭口屏息,以免冰雪涌入咽喉和肺部引致窒息。

如果被冰雪埋压在下面时,正确的姿势是弯腰弓背,保持犬状弯曲,并要清出面前冰雪,留出空隙,以保持呼吸道畅通,以待救助。等待救助时,不要胡乱地摇动身体,重要的是要确保自己呼吸畅通,尽最大努力延续自己的生命,不要轻易放弃求生的欲望。临危保持冷静,就有可能逃生。

若被雪堆埋住,发觉雪崩速度减低,就要破雪而出。因为冰雪一停,只需数分钟,碎雪便会积结成块。要双手抱头,尽量扩大呼吸空间,让唾液从口中流出来。检查身体是否倒置,若唾液流向鼻子就表示身体倒置了。弄明白后,要尽力冲出雪堆。如果冲不出去,就尽量别动,放慢呼吸,节省氧气,争取在雪堆中多活一些时间,等待救援人员到来。

雪崩发生后,如有人被雪崩卷走,在雪崩没有完全停止以前,不要急于抢救,而应密切注视遇险者的位置,待雪崩完全停止,则应迅速进行急救。立即从四周尽快挖开裂隙,以便增加空气的进入量。遇险者被救出后,立即将塞进口中和鼻内的雪清除干净,放在厚软的被褥中,解开领子和腰带,用毛织物揉擦他的身体和四肢,注意保暖。如遇险者呼吸停止或呼吸微弱时,应立即进行人工呼吸和胸外心脏按压,待遇险者开始均匀呼吸后才能停止。当被救护者恢复知觉,就设法给他饮些温暖的饮料如热茶、米汤等,待完全恢复知觉和呼吸、心跳后,再设法送往附近医院治疗。

【友情提醒】 雪崩前通常都会有前兆,如大雪崩前常先有细雪块或雪片落下,当然有时是突如其来的坍崩,但一般雪崩都有前兆。如果发现有雪崩的现象,应赶快离开。如果来不及躲避,就先找遮蔽处或较安全的地方避难,但一定要弄清雪崩的方向,往反方向逃跑。

雪地遇阻怎么办

在冰天雪地里行走,也会遇到进退两难、饥寒交迫的时刻。一旦在雪地中遭受阻拦,应想方设法进行自救。

【应急措施】 在雪地上受阻时,应该及时用枯枝干叶烧起篝火,发出求救信号,争取及早得到营救。

以树枝作支架,再盖上一层帆布,然后往上面铺雪压实盖严,即能建造一所简易的雪屋,有挡风防寒的作用。

由于四肢是距离心脏最远的部位,所以最容易受冻,因此要保持四肢干燥,如能涂上一些油脂,保护的效果最为理想。如果能采集一些枯枝干叶生火取暖,可以御寒。

如果食物缺乏,只能捕捉雪地上的动物充饥。

【友情提醒】 雪天外出要防止摔倒,不要穿硬底的塑料鞋,不要去那些陡峭的地方。雪天走在马路上最好能穿着鲜艳的外衣,以防交通事故的发生。

发生雪盲怎么办

人们在白雪茫茫的原野,或者在烈日炎炎的沙漠上长时间行走,强烈的紫外线照射可使眼睛刺痛、迷盲,这叫"雪盲"。

【应急措施】 眼睛受到这种强烈的紫外线损伤,经过 2～12 小时,眼内有沙子样摩擦感,并觉得刺痛。然后疼痛越来越重,怕光和流泪也渐渐出现,经过 6～8 小时,症状可逐渐减轻,一般经过 48 个小时症状可消失。

如发生雪盲,要让眼睛休息,并使用抗菌素眼药水止痛、防感染;也可口服维生素 B_2、维生素 C,促进结膜上皮修复。

点几滴可的松眼药水,可以保护眼睛。双眼用干净纱布盖住或戴有色眼镜,可使眼睛得到休息。

到黑暗地方,蒙住双眼,高温会加剧疼痛,放条冰凉的湿布在前额冰镇。良好的环境会及时治愈雪盲,同时戴上眼罩防止眼睛外露。

【友情提醒】 为了防止雪盲,可戴上墨镜或太阳帽,自编草、树叶帽遮阳;将手帕、毛巾或其他衣物开个"一"字形口,遮在脸部也可遮挡强烈光线;当眼睛怕光、疼痛、流泪时,可用滴眼液滴眼,也可用凉水浸过的毛巾湿敷;为了防止感染,眼内可上氯霉素眼药膏或磺胺眼药膏保护。

遇到冰雹灾害怎么办

突遇冰雹的袭击,应该立即跑到就近的房屋或坚固的建筑物中躲避。如果人在室内,应迅速离开窗户,以免冰雹击碎玻璃而伤人,并且不要出门。

【应急措施】　如周围没有建筑物,就应该用随身所带的硬物遮挡住头部,避免头部被砸伤。

如周围既没有建筑物可躲避,又没有硬物可遮挡,应立即双膝跪倒在地,用双手护住头部,脊背向里弯曲,尽量不让雹块击中头部。这样做,虽然身体有可能被大雹块砸伤,但可以免去性命之危。

航行的船舶遇上风暴怎么办

若知道航途中将有较大风浪,应视船的吨位、防范设施和航向,尽可能停泊在港区或绕过风暴。若避之不及,风暴中只能迎风行驶,这样较为安全。但前提条件是这样行驶不会进入危险海域。

【应急措施】　行驶中的船如遇上风暴,要系牢船上一切可移动的东西,关紧舱内门窗,取下所有放在上面或桌上的行李物品,放在地上或放入大口袋中,与床脚等固定物捆在一起,以免船身大幅度摇晃时掉下来砸伤人。

晕船呕吐不止者应趴下,双手抓住床脚,最好到底舱或趴在中间过道上,趴的方向与船行的方向一致。

风暴中,航船摇摆不定,此时人员必须立即回到客舱内,不要停留在甲板上,以免剧烈摇晃中站立不稳,被甩出甲板,跌入水中。

小船遇上风暴,最安全的做法是减低马力,使船身稳定,较易操纵,并且系牢船上一切可移动的东西。

帆船遇上风暴时,要卷缩船帆,系牢甲板上的设备;在风暴中尽可能迎风行驶,因为这样不致驶入危险水域,通常最安全;检查救生索和帆支索(扣系安全装备的绳),穿上救生衣,系上安全装备;排去舱底积水,检查船尾排水管是否通畅,关上所有舱盖、通海旋塞、通气管和排气口;如有引擎,检查一下能否正常运转,然后关上,节省燃料,以备后用。

【友情提醒】　风暴中不宜进食,即使饥饿也要忍一下。进食会加剧呕吐。如呕吐不止,昏眩难忍,不宜睁眼,可试服抗晕动病药物。

遇到火山喷发怎么办

不论是休眠火山还是活火山,都有随时喷发的可能。火山喷发是巨大的灾祸。在巨灾来临时,一团团的火山灰把天空遮蔽得黑沉沉的,石块从高空飞坠,熔岩冲下山坡,火山口和火山侧面的裂缝喷出大量毒气。不过,灾难来临之际如能当机立断,采取适当行动,也可绝处逢生。

【应急措施】　如果身处火山区,察觉到火山喷发的先兆,应使用任何可用的交通工具立刻离开,如果火山灰越积越厚,车轮陷住无法行驶,这时就要放弃汽车,迅速向公路奔跑,离开灾区。

逃生中应护住头部,以免遭飞坠的石块击伤,最好戴上防护帽,在帽子里塞些报纸团后戴在头上。

利用湿手帕、湿毛巾或湿围巾掩住口鼻,可以过滤尘埃和毒气。戴上墨镜,以保护眼睛。穿上厚重的衣服,可保护身体。

不要进入一般建筑物内躲藏,防止屋顶给火山灰和石块砸塌。

如果看到山上有一团炽热火山云(其时速常常超过 160 千米)正在向你滚滚冲来时,只有两条逃生途径:一是最好躲进砖石砌筑的地下室;二是赶紧跳进附近的河里,屏住呼吸。通常一团炽热的火山云在 30 秒钟内便会掠过。如在一次喷发完,平静下来后,必须赶紧逃离灾区,因为火山随时可能再度喷发。

遭遇沙尘暴怎么办

春天正值阳光明媚的时候,原本晴朗的天空忽然一下子昏暗下来,空气中充满了尘土的气味,强劲的大风在突然间刮得天昏地暗,甚至看不到 10 米以外的物体,这种现象就是沙尘暴。

【应急措施】 如果在室外遇到沙尘暴,不要惊慌,要冷静,以最快的速度到安全的避风处去,如商店、餐馆等。

如果离建筑物较远,应该用衣服蒙住头,以免吸入空气中的沙尘或被大风卷起的东西砸伤。同时蹲下身子,尽可能抓住一个牢固的物体或者干脆趴在路边等沙尘暴过去。

如果沙尘暴来临时在家中,应该以最快速度关闭所有门窗和家用电器,只留下灯来照明就行了。

遭遇雷击怎么办

闪电通常会击中最高的物体尖顶,然后沿着电阻最小的路线传到地面。孤立的高大树木或建筑物往往最易遭雷击。但人若触及或接近遭雷击的物体,或者人在附近一带是最高的,也可能遭雷击。

【应急措施】 遭雷击不一定致命,有些人曾逃过大难,只感到触电和遭受轻微烧伤而已。如果雷电击中头部,并且通过躯体传到地面,就很可能致命。死因大多是窒息或心脏停止跳动。雷击可能导致骨折(因触电引起肌肉痉挛所致)、严重烧伤和其他外伤。

如伤者衣服着火,马上躺下,使火焰不致烧及面部。往伤者身上泼水,或者用厚外衣、毯子把伤者裹住,以扑灭火焰。

立即就地进行抢救,迅速使雷击者仰卧,并不断地做人工呼吸和胸外心脏按压术,直至呼吸、心跳恢复正常为止。由于雷击患者往往会出现失去知觉和发生假死现象,这时千万不要以为已停止呼吸和心跳就没有救了。在未完全证实患者已经死亡之前,不应停止人工呼吸和胸外心脏按压术,同时应及时通知医生前往现场抢救。对雷击者的现场抢救若能及时、正确、有效,部分雷击者的生命有被挽救的可能。

遭雷击后即使看似没有受伤,也应该马上找医护人员救治。在医护人员到达前,应该尽量安慰伤者,使伤者保持温暖、舒适。

【友情提醒】 在雷电交加时,若感到皮肤刺痛或头发竖起,是雷击将至的先兆。如果身在空旷的地方,应该马上趴在地上,这样可减少遭雷击的危险。如果靠近树木、楼房等高大的物体,应该马上走开,走到低处,然后伏在地上。

远离铁栏及其他金属物体。闪电击中导电体后,可向两旁射出较小的电弧,可达好几米。炽热的电光使四周空气急剧膨胀,产生冲击波。这些冲击波发出的声音,就是电击。若在近处听到,强大的声波可能震伤肺部。

如正在驾车,应留在车内,车壳是金属的,有屏蔽作用,就算闪电击中汽车,也不会伤人,因此,车厢是躲避雷击的理想地方。

在雷雨中行走,如打着金属柄的雨伞,必须注意伞柄的手把处应有绝缘物,否则将有很大危险。雷电时不要使用电话,因为闪电可能击中外面的电话线。

如在家中,应将电视的室外天线插头和电线拔掉。不要靠近窗口,要尽可能远离电灯、电线、电话线等引入线。在没有装避雷装置的建筑内则要避开钢柱、自来水管和暖气管道,以防雷电电流经它们窜入人体。

发生森林大火怎么办

森林火灾随时可能发生,我们在森林中旅行就要格外注意了,如果遇到森林大火如何逃生呢?

【应急措施】 在野外探测或旅游,突然遇上了森林火灾。如果火势不算大,可立即设法将其扑灭。浇水是灭火最好的办法,如果一时找不到水源,可立即就近取下树枝来扑灭火焰。不要用树枝快速击打火焰,这只会煽风点火扩大火势。正确的做法是将树枝用力压在火苗上,窒息火势,宽大扁平的树叶在窒息刚开始的火苗时特别有效。也可用大衣或毯子沾水压盖火焰,切断火苗的氧气供应也是可行的。扑打时应注意站在上风位,背着风,以防火焰一下子窜到自己身上。万一火势增剧,也可迅速撤离。一定要把火完全扑灭,包括灰烬中的炭火、火星。为保险起见,可挖掘一些潮湿的植被或泥土,覆在灰烬火星上,防止死灰复燃。

如果火势较大,一时控制不住,要立即拨报警电话。同时,为了保证人身安全,在火场中奔跑逃生之前,必须尽快判断当时情况,采取最适当的行动。

最佳的逃生方法,是朝河流或公路的方向逃走,也可跑到草木稀疏的地方。同时,要边跑边避开火头,以免被大火烧伤。

逃离时不要慌不择路,四处乱跑,应选择好脱险的路径,注意观察周围的地形以及风向,估计火势扩展的趋势。浓烟的方向预示着风向,同时也向你表明火势蔓延最快的方向。如人在火中,则只能顶风逃出火海。

如果被大火挡住去路,就应该走到最开阔的空地中央,千万不要走近干燥的灌丛或其他枯死的植物,这些植物一触火星就会起火。

如有可能的话,挖出一个合适的凹形坑,将泥土盖在大衣或布料上,然后将被泥土覆盖的大衣盖到身上,手曲成环状放在口鼻上以利于呼吸。当火焰通过时,屏住呼吸。

如果火焰逼近时跑也跑不掉,应该马上俯伏贴近地面,以免吸入浓烟,缺氧窒息。

如火势很旺,四周并无自然屏障,迅速找一块开阔的空地,躲避在空地中央,用衣服遮盖身体裸露部分。如果能把衣服先行浸湿,保护皮肤免受灼伤则更理想。或将厚厚的潮湿泥土,覆盖在衣服外。

如附近有河流或公路,迅速向这些地方逃去,但应避免逃跑中被火灼伤或被烟呛而跌倒。如河流足够宽,能有效阻挡火势,应涉水过河。如溪河不很宽,火势很快会蔓延过来,不妨待在河中央,俯曲头身,外露在水面的部分用浸透水的衣服保护起来。如公路两侧都是树,沿着公路逆风而跑,待跑到两边树丛低矮之处,趴在公路尚无火势的一边。

如果条件许可,无法脱离火势或穿越火场,而大火仍有一段距离,可采用此法以火攻火。其方法是在大火主体到达前点燃一片,使其没有残留可燃物,火苗自然无法前进,这样就给自己提供了一个避难所。注意与大火主体必须间隔一段距离,有时间烧出一块空地。点燃的火带尽可能宽,至少宽 10 米,它将同火灾火势向同一方向燃烧,产生一条足以避难的隔离带。

【友情提醒】 在野外工作或旅游,火烛要当心,以防引起火灾。如果发生火情,要立即组织扑救,并拨报警电话。在一时孤单无援的情况下,要设法逃生,坚定信念,不要耽搁,蒙住口鼻避开浓烟跑出去。

尽管身上的衣服可能妨碍行动,但不可以脱下。衣服可以提供一定庇护,使身体免受猛烈的辐射热的侵袭。如有水,将衣服浸湿,用潮湿的衣服遮住鼻和嘴。

住的宾馆发生火灾怎么办

住的宾馆一旦发生火灾,整幢大楼会被烟雾充斥,目力所及非常有限,这时就可凭触觉和感觉打开通往安全之地的大门,很多宾馆和酒店的房间或走廊都贴有火警逃生路线图,进房后应仔细看一遍,并切记从客房到安全出口的最佳路线,否则灾情紧急时就会延误最佳逃生时间。

【应急措施】 旅客住进宾馆或酒店后应试着推开防烟门,如果上了锁,应该把锁打开。看看客房浴室是否有排气孔,一旦着火,即打开排气孔排烟,打开窗户看看外面是否有阳台;将旅行中带的手电筒放在床头柜上,一旦宾馆起火电路中断而一片漆黑时,便可用上。

一旦发现自己所住客房起火,要及时撤离,不要考虑行李,否则会因延误时间而丧生。如果在熟睡中被烟呛醒,不要急着坐起,这样很可能使你的头伸入密度较小的烟层。如烟是从房外传来,不要急着打开房门,可以通过门上窥视孔或用手触摸门(试温度)等手段来判断。如果看到门外有火苗,千万别打开门,这样可使自己不受涌入的火焰和浓烟的危害。如果房外火情严重,打开门后要爬行逃离,因为烟层已将新鲜空气压在靠近地面的地方。

从客房逃出后,迅速赶到安全门,进去后将门关上,以防浓烟充满安全楼梯竖井。假如安全楼梯竖井没有烟,要迅速下到楼底,逃离建筑物;如果楼梯遭浓烟或大火封锁,切勿试图过去,应折返房内或及时冲向楼顶,到达楼顶,打开安全门,并让它开着,然后站在通风处等待救援。要记住楼顶是第二安全避难所。

一定要想方设法同外界联系。如有电话应拨电话求援,从楼上往下扔不会砸伤人的软东西引起救援人注意。如被困高处,呼救无效,可在窗前挥动被单、枕头套、毛巾或彩色布条。通过各种方法让人注意到客房里还有人，以便救生人员及时营救。

【友情提醒】　不管情况如何，最好的方法是保持头脑冷静，随机应变。

消防部门总结高楼失火后的逃生经验有：进入高层建筑后，特别是宾馆，应注意观察紧急通道、警铃、灭火器所在位置。如发生火灾，应立即按警铃或打电话报警。起火后，如封锁了通道，应关好自己的房门，迅速打开窗户；不要去顾及自己的行李或贵重物品，应设法从大火中逃出来，保命要紧。千万不要从窗口往下跳。关上房门后，用湿毛巾捂鼻，等待救援人员，也可以敲门或打电话报警。大火浓烟起后，应在地上爬行找出路。因为爬行在地面上不易遭烟熏。

高层建筑发生火灾怎么办

高楼建筑的特点是功能复杂，内装修和房内陈设使用的可燃材料多，用电量大，人流活动多，火种也多，这些因素构成了高层建筑火灾危险性大的特点。高层建筑发生火灾后，人员、物资疏散困难，火灾又不便于扑救。高楼发生火灾时，住在楼上居民的生命安全常常受到严重威胁，尤其是起火部位在楼梯处或底层时，人员疏散更加困难。高层建筑失火容易，逃生却很困难，遇难的机会要比普通建筑高得多。但如果一个人有很好的应变能力，一旦遇到火灾，存活下来的可能性还是很大的。

【应急措施】　火灾发生时，千万不可惊慌失措，要冷静地观察火情和环境，不可盲目行动。如果有人组织疏散，应听从指挥，及早离开危险区；如果无人指挥，应迅速分析判断火势趋向和灾情发展的可能，选择合理的逃生路线和方法，争分夺秒逃离火灾现场。

自己逃生时，应敲门通知其他人，特别是在晚上或深夜，有人可能还在睡梦中。如有警报器，应迅速拉响。

楼下着火切忌往楼下跑，如果着火点位于自己所处位置的上层，此时应向楼下逃去；如果着火点位于自己所处位置的下层，且火和烟雾已封锁向下逃生通道，应尽快往楼上逃生。楼顶平台是一个比较安全的场所。

不要轻易乘坐电梯逃生，因为发生火灾后，都会断电而造成电梯停运，逃进电梯容易被困。另外，电梯口直通大楼各层，火场上烟气涌入电梯并极易形成"烟囱"效应。人在电梯里随时会被浓烟毒气熏呛而窒息。

楼梯等安全通道都配有应急指示灯作标志，火灾发生时，人可以循着指示灯逃生。

每过一道门，都应先用手背试一下门把是否烫手，并随手关门，门是遏制火势袭击的有力屏障，通常需要半个小时才能被烧坏。假如用手摸房门已感到烫手，此时一旦开门，火焰与浓烟势必迎面扑来。此时，可采取创造避难场所，等待救援的办法，首先应是躲开迎火的门窗，打开背火的门窗。固守待援，用窗帘、垫子或其他厚东西塞紧门周围的缝隙，然后不停地用水淋透房门，防止烟火涌入，固守在房内，直到救援人员到达。

如果浓烟或大火封锁了去路，不要贸然乱闯，可以返回房间，或想办法躲到火还未烧到的地方再采取行动。

现在的高层建筑大多使用新的材料，这些新型建材遇到燃烧而温度升高时，大多会释放出有毒气体。因此，在许多火灾中，真正被烧死的人还不如被烟熏死的人多。由于大火使温度升高，浓烟的比重小，流动于空间的上半部，而含有氧气的新鲜空气因比重大，流动于空间的下半部。所以趴在地面上匍匐前进,得救的机会就大。当然,如果有防烟面具就不必趴在地上匍匐前进了,可以迅速沿着墙壁行走,得救的机会也就更大了。

逃离火场,带孩子的人最好抱起孩子,不要用手拉着孩子跑;穿高跟鞋的女性,应该把鞋换掉。当发现无法从火场中脱离时,要设法尽量延缓自己所处位置的燃烧,可把屋门或内通气孔封死。

楼房着火时,居住在高层的居民切勿盲目跳楼,可以用湿毛巾捂住口鼻顺楼梯而下;当楼梯内火焰升腾,无法穿过时,可以将用凉水浇透的厚重的棉布衣服或棉毯裹身,然后屏住呼吸,从楼梯火道冲出去。

如果小孩、老年人、患者被火包围在楼上,更应及早抢救,如用被子、毛毯、棉被等物将人包裹好,再用绳子或布条将人用粗绳子放下来。

如果大火眼看要破门而入,而救援仍遥遥无期,这时得设法从窗外逃生。3层楼以下者,可以先将大量的棉被、衣物抛至窗外地上,然后将床单、毯子、窗帘等东西系成一根绳子(即使不能垂到地面,也可以降低跳下的高度),把"绳子"上面固定在暖气管道、自来水管道或笨重的家具上,人拉着"绳子"缓慢而下就比较安全。不要直接往下跳,除非消防队员已在地面接应,否则冒险跳下的生存机会微乎其微。

如果所有安全通道均被切断,这时唯一的选择是退到相对较安全的卫生间内。被困者进入卫生间后将门窗关紧,缝隙堵严,拧开所有的水龙头放水,特别是浴缸中应不断放水。一方面便于取水浇门窗降温,另一方面火势发展到卫生间时,人还可以躲到浴缸中暂时躲避一下。

如果被困在房间内或阳台上出不去,应尽量跑到阳台、窗口等易于被人发现和能避免烟火近身的地方。白天,可以晃动鲜艳衣物;夜里,可以用手电筒不停地向外发求援信号。也可用电话告诉救援人员自己的方位。

逃出火场时,千万不要再折返火场抢救财物,即使是住在一楼的居民也不能冒险。

【友情提醒】 高层公寓发生火灾,一般都是从下往上扩大火势。如高楼上部出现火灾,一般火势不会马上往下转移,这样楼下的住户就有充裕的时间可以转移。但需要镇定、冷静地确定先做什么,后做什么。救护梯的最高限度只有33米。如果事先了解自己居住或工作的楼房的高度,在救护梯还未赶到之前,应立即跑上楼顶避难。为此,事先了解楼房的高度是非常重要的。

地面商场发生火灾怎么办

商场等场所通常存放着大量的可燃介质,通风较好,一旦起火,火势将非常凶猛。由于逃生人员出现恐慌情绪,对场所的结构也不太了解,极易导致挤撞、踩踏事故。有些商场处于高楼,给出逃和救援造成了一定的困难。一旦发生火灾,后果也较严重。商场火灾中多数死亡人员是因不懂疏散逃生知识,选择了错误的逃生方法或者错过逃生时机而造成的,因此要了解基本的逃生方法。

【应急措施】 进入商场,应留心看一看太平门、楼梯、安全出口的位置以及灭火器、消防栓、报警器的位置,以便发生火灾时及时逃出险区或将初起火灾及时扑灭,并在被动的情况下及时向外报警求救。

火灾初期,室内外楼梯、自动扶梯、消防电梯都是很好的逃生通道,但不要乘坐普通的电梯逃生。

在无路可逃的情况下,寻找避难处所。如到阳台、楼层平顶等待救援,选择火势、烟雾难以蔓延的房间,如厕所、保安室等;关好门窗,堵塞间隙,房间如有水源要立即将门窗和各种可燃物浇湿,以阻止或减缓火势和烟雾的蔓延速度。

地下商场发生火灾怎么办

地下游乐场、地下商场等建筑物发生火灾的情况与地面上大不相同,主要问题是地下灭火困难,而且不能自然排烟,因而产生大量浓烟和有毒气体,使人失去行动能力,容易发生窒息和中毒死亡。

【应急措施】　地下商场一旦发生火灾,要立即配合工作人员关闭空调系统,停止送风,防止火势扩大,同时,要立即开启排烟设备,迅速排出地下室内烟雾,以降低火场浓度和提高火场能见度。

关闭防火门,以防止火势蔓延和窒息火灾,把初起火控制在最小范围内。初起火灾应采取一切可能措施将其扑火。

为了做到有效避难,首先在进入地下建筑之前先看一下人口处的地下布局简图,记住安全出口及避难指示等,只有熟悉周围环境,才能做到处险不乱。

火灾刚发生时,可以用浸湿的毛巾、手帕或衣袖捂住嘴和鼻子呼吸,不要乱喊乱叫,要争取尽快到达地面,这是避免陷入大混乱的最好办法。

一旦灾情严重,建筑物倒塌,被困在地下室时,千万不要绝望,要提高求生意志,大商场火灾往往都是许多人被困在一起,如果被围困较深,不能在短期内获救,就应该采取"近地面呼吸法",以减少干渴,必要时要利用小便,小口喝下,以保持人体水分。

如果浓烟翻滚,眼睛和呼吸受到侵害,寻找出口困难时,应顺着烟气流动的方向,沿着墙壁,边移动边寻找出口。因为烟气总是朝出口处流动的。

若地下为多层建筑,而上一层发生火灾无法通行时,可利用地下通道绕到附近建筑而到达地面。

如火灾现场有疏散指挥人员,当然应该听从疏散指导,以便尽快脱离险境。

【友情提醒】　采用自救和互救手段迅速逃生到地面、避难沟、防烟室及其他安全区。

逃生时,尽量采用低姿势前进,最好用毛巾、手绢掩住口鼻,不要做深呼吸。

影剧院发生火灾怎么办

影剧院里都设有消防疏散通道,并装有门灯、壁灯、脚灯等应急照明设备,用红底白字标有"出口处"或"紧急出口"等指示标志。发生火灾后,观众应按照这些应急照明指示设施所指引的方向,迅速选择人流量较小的疏散通道撤离,最大限度地保全生命。

【应急措施】　当观众厅发生火灾时,大火蔓延的主要方向是舞台,其次是放映厅,逃生人员可利用舞台、放映厅和观众厅的各个出口迅速疏散。

当放映厅发生火灾时,由于火势对观众厅的威胁不大,逃生人员可以利用舞台和观众厅的各处出口进行疏散。

【友情提醒】 若烟气极大时,宜弯腰行走或快速匍匐前进。

厂矿发生火灾怎么办

厂矿起火,原因很多,情况复杂,处理棘手。如火势较大,首先须报警,然后抢救困在火场的人员,迅速清除火场附近易燃易爆物。报警时必须说清起火性质和厂矿特点,是化学物起火,还是有毒气体或油类起火,起火地点是仓库还是车间,以便消防队在出发前就能做好针对性的充分准备。

【应急措施】 任何人发现了烟雾或明火,都要立即向领导或调度室汇报,请求救护队救援或进行自救。

位于火源进风侧人员,应迎着新风流撤退。位于火源回风侧人员,如果距火源较近,且火势不大应迅速冲过火源撤到回风侧,然后迎风撤退;如果无法冲过火区,则沿回风撤退一段距离,尽快找到捷径绕到新鲜风流中再撤退。

如果巷道已经充满烟雾,也绝对不要惊慌,要迅速地辨认出发生火灾的地区和风流方向,然后俯身摸着铁管有秩序地外撤。

厂矿内起火,有时会引起有毒气体大量外泄,此时救火人员要注意自我保护,最好能尽早用湿毛巾捂住口鼻,然后再行救火。

如火场附近有压力容器或锅炉仍处于工作状态,应在保证现场安全的情况下,迅速减压,以免发生爆炸。

如有毒气体泄漏较多,应及时通知附近居民和当地政府,以便及时采取防范措施,减少人员伤亡和财产损失。

【友情提醒】 疏通厂区交通要道,以便消防车和救护车通行。

旅客列车行驶过程中发生火灾怎么办

旅客列车每节车厢内都有一条宽约80厘米的贯通人行通道,车厢两头有通往相邻车厢的手动门或自动门,当某一节车厢发生火灾时,这些通道是被困人利用的主要逃生通道。火车车厢内助燃材料很多,又常因旅客抽烟或违章夹带易燃、易爆等危险品,故车厢起火、爆炸屡有发生。

【应急措施】 列车一旦起火,火势较小时,应迅速将其扑灭。若火势已大,想扑灭已不可能时,应迅速撤离现场。

运行中的旅客列车发生火灾,在时间允许的情况下,要立即关闭车窗,因为列车在运行中风量相当大。这样做既减缓了火灾燃烧的速度,也为人们逃生留下了宝贵的时间。列车乘务人员应迅速扳下紧急制动闸,使列车停下来,并组织人力迅速将车门和车窗全部打开,帮助人员疏散。

若车速已减慢或列车已停下,须看清楚窗外情况再决定是否跳窗。若离着火处还有一段距离,时间允许的话,可用背包带、绳子乃至皮带等扎在一起,套住茶几固定处,拉着绳带,爬出窗外,以免跌伤。若车窗外已有人,可相互接应,爬出窗外。切不可贸然下跳,以免摔伤。

人员疏散时,要顺列车行进方向撤离,因为通常列车在运行中,火是向后面车厢蔓延的,火势越大蔓延越快。

【友情提醒】 行驶中的列车起火,火势蔓延很快,应迅速组织所有乘客撤离。此时,切不可不顾安危地去抢搬各自的行李。若带着大包小包,撤离速度受限,而且相互挤撞,容易堵塞通道。尤其是幼童、老年人及体弱者易被推倒,即使不被大火吞没,也容易在拥挤的人流中被踩踏致死。

旅客列车发生火灾,威胁相邻车厢时,应采取摘钩的方法脱离未起火的车厢。

客船发生火灾怎么办

在船上一旦发现火警,必须立即作出判断,如估计能迅速扑灭,应立刻采取果断措施,将其扑灭;如系局部物品起火,恐火势蔓延,可将燃烧之物抛入江海之中。若舱内起火,估计用简单扑打方式已不可能扑灭,应迅速关闭着火的那间舱门,并通知船上其他人员,如船上配备有自动灭火装置或带有灭火器,应迅速启动消防系统或运用灭火器灭火。

【应急措施】 利用客船内部设施逃生,如利用内梯道、外梯道、舷梯、缆绳、逃生孔、救生艇或其他救生器材逃生。

当客船前部某一楼层着火,还未延烧到机舱时,应采取紧急靠岸或自行搁浅措施,让船体处于相对稳定状态。被火围困人员应迅速往主甲板、露天甲板疏散,然后借助救生器材向水中和来救援的船只上及岸上逃生。

当客船上某一客舱着火时,舱内人员在逃出后应随手将舱门关上,以防火势蔓延,并提醒相邻客舱内的旅客赶快疏散。若火势已窜出房间封住内走道时,相邻房间的旅客赶快疏散,关闭靠内走廊房门,从通向左右船舷的舱门逃生。

当船上大火将直通露天的梯道封锁,致使着火层以上楼层的人员无法向下疏散时,被困人员可以疏散到顶层,然后向下抛放绳缆,沿绳缆向下逃生。

如果是甲板下失火,船上的人须立即撤到甲板上,关上舱门、舱盖和气窗,阻止空气进入,然后在甲板上或其他容易撤退的地方进行扑救。

如果是小型机动船,应迅速关闭发动机;大型船只火势一时无法控制时,也应关闭发动机,切断燃油供应,并停机抛锚。

起火船若在港口内或航运繁忙的要道上,宜驶离其他船只。除消防船和救援船外,其他船只均不得靠拢。

放救生筏或救生艇时,应让老弱病残者先行撤离,每个救生筏上应配备一两个强壮者,以便应付不测事件。

【友情提醒】 当客船大火还未延烧到机舱时,应采取紧急靠岸或自行搁浅措施。

汽车行驶过程中着火怎么办

因相撞、用火不慎、电路故障,以及携带易燃易爆危险品等均可引起行驶过程中的汽车起火。起火后,必须迅速扑灭,否则燃油箱加温受热后有可能爆炸,后果极为严重。

轿车起火的主要原因是水箱缺水,车辆在缺水条件下行驶,会使发动机温度骤升,一旦超出临界点,化油器必会出现回火;油管渗漏,油管接口处螺丝松动,油持续渗出,被高温引燃;电路短路也是造成汽车着火的主要原因。

【应急措施】 汽车火灾发生时,驾驶员应立即切断油源,关闭油箱开关或取走汽车上的燃油,尽可能拔掉蓄电池两极的电线,截断电流;关闭点火开关(但不要抽出钥匙,以免锁住方向盘)后立即设法离开驾驶室。因为驾驶室内有许多易燃品,一旦着火,火势有可能迅速蔓延。如果驾驶员被困在里面无法打开驾驶室门,可以从挡风玻璃处逃离。当火焰逼近自己无法躲避时,应用身体猛压火焰,冲出一条路。冲出时,要注意保护好暴露在外面的皮肤。不要张嘴或高声呐喊,以免火焰灼伤上呼吸道。当火势贴近面部时,甚至连呼吸都应该屏住。

当公共汽车发动机着火后,驾驶员应尽快驶到路边停下,开启车门,令乘客从车门下车,然后组织乘客用随车灭火器扑灭火焰。如果着火部位在汽车中间,驾驶员可打开车门,让乘客从两头车门有秩序地下车。在扑救火灾时,重点保护驾驶室和油箱部位。如果车门开启不了,乘客应砸开就近的车窗翻下车。

在火灾中,如果乘车人员衣服被火烧着了,可以迅速脱下衣服,用脚将火踩灭。如果来不及脱下衣服,可以就地打滚,将火滚灭。如果发现他人身上的衣服着火时,可以脱下自己的衣服或用其他布物将火捂灭。

如果汽车失火,司机应马上将车子移至路旁,停车熄火,切断油源,关闭油箱开关和百叶窗,并立即离开车厢。如果车厢门无法打开,可以从挡风玻璃处逃离。若着火范围较小,可用车载灭火器或车上现有的物品扑灭或覆盖,在火扑灭之前,不可打开发动机盖;如果着火面积大,火势过于猛烈,不能或不肯定是否能加以控制,又无灭火器材,要马上下车,迅速把货物从车上卸下,与车辆保持安全距离,向来往的车辆示意,并电话求救。但无论何种情况,都必须做好油箱防火防爆工作,在灭火的同时,必须驶至安全区域。

如果汽车在油库加油之际发生火灾,应先将着火车辆迅速驶离油库,以防引起爆炸。如果高压线引起着火,应迅速切断电源。如果几辆车在一起或是在停车场汽车发生了火灾,应先疏散其他车辆再行救火。其目的也在于防止引起更大的火灾事故。

如果撞车碰到油箱、火灾中油箱被烧烤时间过长以及危险品装运不当都有可能引起汽车爆炸。此时应迅速离开危险区,爆炸发生时应迅速就地卧倒,尽量选择爆炸物飞进的死角躲避,如凹地、土坡后、房屋墙角下等处,不要让身体暴露在危险的空间,以免遭受伤害。

火势较大时,应迅速拨打火警119电话。

【友情提醒】 若引擎罩内着火,打开引擎罩时要提防刮风,使火烧得更旺,应掀起引擎罩少许,向里面喷射灭火剂。灭火剂应对准火焰基部横向扫射,再由外而内逐渐包拢。彻底扑熄火焰,提防死灰复燃。

夏季行车时,要检查各电线和燃油管道的接头,预防因接触不良引起火花或燃油渗漏引起火灾;不要用塑料桶盛装易燃油料,以防静电起火;油箱加油不得过满,以防外溢引起火灾。

电器失火怎么办

发生电器火灾时,电器设备和导线往往是带电燃烧,蔓延很快,同时扑救工作也较困难。

【应急措施】 扑灭电器火灾的方法有断电灭火和带电灭火两种。通常应该采用断电灭火,迫不得已时才采用带电灭火的方法。断电灭火就是迅速切断发生电器火灾线路上的电源,如拉开闸刀开关,拔掉熔断器插头,或用绝缘钳剪断电源线。断电灭火能保证扑救人员的安全,并能防止火势继续蔓延。电气设备和布线在切断电源后的灭火方法与扑救一般的火灾相同。带电灭火就是在没有切断发生电器火灾线路上的电源的情况下进行扑救。在时间紧迫来不及断电,或电源无法切断,或不能肯定确已断电的情况下,只能采用带电灭火。带电灭火必须采用二氧化碳、四氯化碳、"1211"干粉灭火器,不可采用泡沫灭火器,也不能用水扑火,否则会造成触电事故。

电视机、电炉、电热毯等家用电器有时会因故障而起火。使用中,如见有火花一窜一窜,或有浓烟,或有焦臭味,或出现明焰,都说明电器已有故障,起火在即。此时切忌用水浇电器,这时的电器温度很高,骤然遇水会引发显像管等元器件爆炸。有时,虽已切断电源,但仍有剩余电流,泼水可引起触电。当务之急是切断电源。最好拔下插头或者拉下电闸。可用湿的毛毯、地毯或毛巾等盖住电视机,这样既能阻止烟火蔓延,还能防止爆炸时玻璃碎片飞溅伤人。覆盖湿地毯或毛巾时,最好站在电视机后面,以防显像管突然爆炸而伤人。

电烤箱等起火,应立即切断电源。不要急于打开烤箱门,以免火焰窜出,引起火灾。

电热毯起火后应切断电源,向床上盖湿衣被,不可匆忙地去揭床单,以免扇进空气,引起火苗蔓延、变旺。

【友情提醒】 在一条电线回路上,不要连接过多的电气装置,以免电线过载、发热而引起火灾。耗电量大的电器,应单独使用一个插座。不使用电器时应拔掉插头,这比关掉电器上的开关更安全、更保险。不要滥用临时接的电线。切勿让电线从地毯下穿过。人走断电,用毕断电,临时停电切断开关。

使用高档家电连续时间不宜太长,中间应有停机冷却时间;电器开关要单独控制;使用共用天线的电视机,打雷时应脱开天线插座,以防感应雷击。

防止电线接头引起火灾。电阻的大小与导线的横截面积有关,面积越小,电阻越大。在电线与电线、电线与电器接头的地方,两者之间的接触面积往往偏小,这些地方的电阻普遍偏大。当电流流过时,其产生的热量就比电线其他部分的热量要大。时间一长,温度不断升高,很容易将绝缘层烧坏,并会引起火灾等事故。值得注意的是,电线与电线接头的地方,应去掉电线头上的绝缘层,露出一定长度的裸露金属线,用手钳绞紧拧牢并焊住,再用绝缘胶布包好;电线与开关、保险器或电器相接的地方,线端处应焊上接片,或把裸线部分弯成钩状,勾在用电设备的接线端上,加金属垫圈用螺帽旋紧拧牢;木槽板内的电线不应有接头。电线接头附近不要放置易燃易爆物品,也不要靠近木器家具等;经常检查线路情况,防止接头松动和绝缘胶布脱落。

家中失火怎么办

每天,世界各地发生的失火事件数不胜数。特别是家中失火,轻者身体受伤、财物被毁,重则性命不保。

现代家具的材料一般选用泡沫塑料、塑料或其他合成物,有的虽是木制,但也喷涂了各种化学漆料。这些材料不但易于燃烧,而且燃烧时极易产生大量浓烟以及有毒气体。因此,一旦家具着火,短时间内产生的烟雾及有毒气体便会使人昏迷甚至死亡。

【应急措施】 立即拨打火警电话 119 请求消防队救火。即使火焰看似不太大,也应呼叫消防队。

发现家中失火时,不要惊慌失措。首先应迅速切断电源,关闭煤气总开关。如果火势尚小,应抓紧叫人扑救。一般物品失火,可以水浇,或用浸湿的棉被捂住火苗令其缺氧而熄灭。煤气、油类、化学品着火时应用灭火器灭火。

烟往往比火更危险。因家中失火致死的,多半不是烧死,而是被浓烟呛死。要确保没有危险再救火。与火焰保持一段距离,避开浓烟。靠近逃生通道,以免大火截断退路。切勿在火场中取出着火的物件,以免火势蔓延。救火时,从火的外围逐步向内推进,可用水、沙、厚毯子、地毯或灭火器灭火。

睡觉时被烟呛醒,应迅速下床匍匐爬到门口,把门打开一道缝,看门外是否有烟火,若烟火封门,千万别出去,应改走其他出口。通过其他房间后,将门窗关上,这样可以起到隔烟隔火、延缓火势蔓延的作用。如果开门时门烫手,请不要打开房门,不必惊恐,可从窗口或其他出口逃生。住在一楼或二楼时,可以打开窗户跳出去,但注意应选择松软的土地作为落脚点,也可以对准花坛、树丛等落地。住在高层时,除非万不得已,不要贸然跳下,可以将床单、被罩、衣裤等撕成长条,连接成绳索,在室内拴牢顺绳索而下。需要破窗逃生时,可用椅子或脚踢砸玻璃,如需徒手破窗,可用衣服裹住胳膊,用肘关节击碎玻璃,然后用木棍或手钳弄掉窗框四边残留的玻璃,或者将身体裹上毯子或衣物,从洞口爬出去。

如果从家中逃走已不可能,也切勿惊慌,应设法求援,同时采取自救措施。如向木制门窗上泼水以遏止火势蔓延,用湿衣被堵塞门缝以防烟雾从缝隙间进入引起窒息等。如果房间内已有烟雾,则应匍匐在地,爬到无火的窗口前,等待救援人员的到来。

不要为了抢救家中的贵重物品而冒险返回正在燃烧的房间,这样很容易陷入火海;从睡梦中惊醒后,不要等穿好了衣服才往外跑,此刻时间就是生命。

当人们被烟火围困在屋内时,应用水浸湿毯子或被褥,将其披在身上,尤其要包好头部,最好能用湿毛巾或布蒙住口鼻,做好防护措施再向外冲,这样受伤的可能性要小得多。

向外冲时,假如衣服着火,应及时倒地打滚,用身体将火压灭。如果衣服着火者只顾惊慌奔跑,别人应将其拽倒,用大衣、被子、毛毯等覆盖其身体,使火窒息。

【友情提醒】 燃着的香烟随处乱放、烟蒂没有彻底熄灭、躺在床上吸烟,都会烧着衣服、书报、床铺,引起火灾;若烧着沙发,更会产生有毒气体。如屋内的人未能及时发觉,就可能窒息而死。

火柴、打火机应小心放置,勿让儿童拿去玩耍,否则极易酿成火灾。同时,要教育儿童在遇到火灾时绝对不可躲在床铺下或橱柜里面。

使用炊具不正确或粗心大意(如已点燃的炉具无人看守)、炉具积满油污等,都会招致厨房失火。

燃着的蜡烛无人看守,容易烧着周围的东西,酿成火灾。

暖炉过分接近衣服、易燃物品,或衣物盖住暖炉都会引起火灾。

家庭制作家具要注意防火。现在有相当一部分人自己在家中制作家具或请人到家中做家具。做家具的现场往往充满各种易燃物品,如木屑、刨花、油漆等。这些物品遇火极易燃烧成灾,有的还具有较强的挥发性,与空气以一定比例混合后,遇火会发生爆炸。所以在制作家具时,必须选择好场地,远离火源及其他易燃、可燃物品。不论在室内还是在庭院,都不能在工作现场吸烟和动用明火。在室内油漆应保持良好的通风条件。制作家具如需加热胶料，一般要用蒸气。及时清除刨花、锯末屑及漆垢、残渣等可燃废料，不要堆积过多。每天收工时将工作场所打扫干净。

居民在家中油漆房间、家具，使用的油漆量尽管不大，但同样存在着较大的火灾隐患。因为现在使用的油漆基本上都是化工产品，常用的稀释剂如香蕉水等多属易燃液体。在油漆房间或家具时，空气中散发着大量的这种易燃蒸气，当它们与空气混合达到一定浓度时，遇到明火就会燃烧或爆炸。一般居民家庭油漆房间或家具时空间比较小，挥发出来的易燃蒸气往往充满整个室内，容易形成爆炸性的混合物；加上配料、调漆、用漆都在同一场所，还常在地上或台子上摆满了盛装油漆、溶剂等的瓶瓶罐罐，这更增加了几分危险，起火后它们会助长火势的蔓延和扩大。因此，居民在家中油漆房间、家具时，要打开门窗，加强自然通风，降低易燃蒸气的浓度。用过的油漆、稀释剂以及汽油等要盖好，并把它们随时移放到安全的地方，以免倾倒后挥发易燃物质，增加危险。油漆过程中或油漆刚刚完毕时，室内易燃蒸气气味较浓，在其尚未完全排除时，切忌在室内动用明火如生炉子、吸烟等。

油锅起火怎么办

锅内的油过热，会迸出火焰引致失火。若油面冒起白烟，锅很快就着火，这时不要慌乱。

【应急措施】　家里炒菜的时候油锅起火了，只要迅速用锅盖盖住油锅，然后把锅子端开就没事了。这是因为锅盖把着火的油和空气隔开了，油得不到足够的空气，也就得不到必要的氧气，没有氧气，油就不能继续燃烧。

如果是在煎炸食物时油锅着火，此时锅内温度很高，油量也大，火势便相当猛烈。这时，不要急于把油锅从炉上取下，因为此时油锅很烫，而且冒着火，慌乱中会把油锅打翻，促使火势蔓延，也有可能将手和脸灼伤。也不要向起火的油锅泼水，这样做非但灭不了火，反而会扩展火势，甚至会引起爆炸。正确的做法是，关掉煤气开关，盖上锅盖，用湿布或湿毛巾等罩在锅上。火熄灭后等油冷却后再拿走，以免再次起火。

【友情提醒】　油锅起火，可直接把锅盖迅速盖上，隔离空气灭火，同时关闭煤气等火源或将油锅平稳地端离炉火。油锅起火忌用水浇，以免助长火苗蹿出，引起火灾。

煤气、液化气管路着火，要先关闭阀门，用围裙、衣物、被褥等浸水后捂盖。

当家中的液化气瓶口或煤气管道、厨房灶具失控泄漏起火，可以将湿毛巾盖住起火部位，然后迅速关闭阀门，就可以化险为夷。

液化石油气着火怎么办

液化石油气着火通常是气瓶喷嘴与减压阀连接外、输气管、灶具或气瓶总阀等处漏气引起的。如果液化石油气因漏气而着火，千万不要手忙脚乱，应迅速采取相应的措施。

【应急措施】　当发现液化石油气着火时，应迅速关闭气瓶阀门，以断绝气源，熄灭火焰。如果气瓶四周布满火焰，为防止烧伤，在关闭阀门时应戴上蘸水的手套或用湿毛巾裹手，侧着身子，使脸部避开火焰。

如果气瓶阀门失灵，石油气连续喷出，应立即用湿毛巾或肥皂、黄泥临时堵塞漏气处。

然后,将气瓶挪到室外空地,使其自然排空。此时,一定注意不能让气瓶接触火源。

气瓶漏气着火时,如果家中备有干粉灭火器,用它可以迅速将火焰熄灭。要立即关掉角阀,打开门窗通风,避免液化石油气聚集。如果气瓶胀裂,大量的液化气泄漏出来,在地面上会形成一片白色雾状气层。此时你所能做的是尽快通知周围的人,断绝附近的一切火种、火源,不要开动任何电器,以防引起爆炸。

在室内没有引燃物的情况下,可以迅速用一条毛巾盖住钢瓶护栏,并立即关闭角阀,这样可以迅速灭火。

如果由于钢瓶漏气过大而造成火灾者,要先将钢瓶上的火苗熄灭,让钢瓶冷却后迅速把钢瓶转移到安全地点,以免发生爆炸。

【友情提醒】 为保证安全,气瓶不能放在环境温度超过40℃的地方。因此要求气瓶与灶具之间距离不得小于50厘米,应放在易于搬动的地方,以便遇有紧急情况时能迅速关闭阀门,及时搬走气瓶。液化气瓶应竖直放好,不能倒置、横放,不能接近明火、炉子、暖气片、热水管、火墙、烟窗等。更不能暴晒、水烫、火烤或用硬器敲击,以防气瓶爆裂而发生爆炸事故。

输送石油气的软管应放在明显处,不要穿墙,不要隐蔽,以防受到损坏、腐蚀而漏气。防止老化、烧损、开裂,注意不要放在地上以防踏瘪而漏气,经常检查接口是否紧固。

使用液化气时应先点火,后给气。因为液化石油气在空气中达到一定比例时就会形成爆炸性混合物,一旦遇火便发生爆炸,甚至引起火灾。如果先给气,气体扩散到空气中,形成上述爆炸性气体,再点火是相当危险的。

使用液化气灶时不要离开人。火焰有可能被溢出的汤水熄灭,也有可能被风吹灭,如果人员不在附近,没有采取相应措施,液化气源源不断地漏泄并布满空间时就会发生危险。因此烧水做饭时,应随时有人在场,以防发生意外。

身上衣服着火怎么办

衣服着火如不立即加以处理,就会引起大面积的严重灼伤,造成休克,甚至可能死亡。如果在室内发生这种意外而急于冲到室外,衣服上的火就会得到充足的新鲜空气,火就会更猛烈地烧起来。同时,也会将火种带到经过的地方,有可能扩大火灾。

【应急措施】 身上着火,一般是先着衣服、帽子,这时最重要的是先设法把衣帽脱去,如果一时来不及,可把衣服猛撕扔掉。脱去衣帽,身上的火也就灭了。如果衣服在身上烧,不仅会使人烧伤,而且会给以后的抢救治疗带来困难。特别是化纤服装,受高温熔融后会与皮肉粘连,而且还有毒性,会使伤口更加恶化。

起火时应尽快躺下,使火势无法向上延烧,立刻泼水扑灭火焰。用大衣、帘幕、毛毯(不可用塑胶制品)或地毯将起火人紧裹住,然后让他平躺在地上,也有同样效果。但不要让烧伤人在地上滚,以免使其他正常部位也遭到灼伤。

如果身上火势较大,来不及脱衣,旁边又无人帮助灭火的话,则可尽快跳入附近的池塘、水池、小河中。虽然这样做对以后的烧伤治疗不利,但是这样做至少可以减轻烧伤程度和面积。

【何时就医】 如烧伤严重,应立刻去医院让医生处理。

【友情提醒】 火熄灭后,不可以马上脱下黏在皮肤上的衣物。如果人体已被烧伤,且烧伤面积很大,则不宜跳水,以防感染。

失火现场有人要救怎么办

在火场救人,若有人被困或遭浓烟呛晕而必须相助,必须迅速行动,不要先替伤者护理伤势,应迅速救人离开火场。救人前先打119电话请消防队救援。

【应急措施】 进火场前,把绳子一端拴紧腰间,另一端叫人在外面拿着。万一迷失方向,可凭绳子循原路走出火场;即使被烟呛晕,外面的人也可以把自己拖离火场。先与火场外的人取得默契,如预先说好自己会一直轻轻拉紧绳子,绳子一软下来,他们就应拖自己出火场。

用湿手帕掩住口、鼻,或戴上口罩,以抵挡浓烟,但仍会吸进有毒气体。

进入火场时,每开一道门,先用手背触碰门把,假如烫手,切勿进内。若门把不烫手,开门时就紧握门把,以免房内的热气流把门拉开。假如门是向外开的,应用脚顶住门,以免它忽然弹开。

深呼吸几下,打开一道门缝,先让热空气散掉,然后进去。进入浓烟密布的房间时,身体尽量俯屈靠近地面,必要时匍匐而行。

找到伤者时,迅速带他到安全地点,脱离险境后才可施行急救。

被烟雾围困怎么办

无数例火灾事故表明,火灾中的受害者很多不是死于火烧,而是死于有毒烟雾造成的窒息。因此,最重要的是应该及时发现火灾,根据烟雾状况和通报马上开始避难行动。应该尽快地朝近处的太平门(特别是还没有火和烟的出口)跑去,标准的避难时间在90秒钟左右,原则上不用电梯。

【应急措施】 火灾刚发生时,可以用浸湿的毛巾和手帕捂住嘴和鼻子,从烟雾弥漫的出口逃出。但是,若浓烟翻滚,眼睛和呼吸器官会受到侵袭,有被烟雾吞没的危险,所以从浓烟中脱险是很困难的。在这危险时刻,应朝着上风处沿墙壁边移动边寻找出口。

要选择烟雾少的出口避难,但对于近处的避难出口,即使浓烟滚滚,也应该屏住气一冲而出,此时要尽量避免呼吸烟雾。一般人屏住气在10~15秒钟内可跑25米左右。

越过烟雾,逃离火场。当楼梯间或走廊内只有烟雾而没有被火封锁时,最基本的方法是将脸尽量靠近墙壁和地面。因为此处有少量的空气层。避难姿势是将身体卧倒,使手和膝盖贴近地板。用手支撑,沿着墙壁移动,从而逃离现场。

当楼梯和走廊中烟雾弥漫、被火封锁而不能逃离时,首先要关闭通向楼道的门窗,用湿布或湿毛毯等堵住烟雾侵袭的间隔,打开朝室外开的窗户,利用阳台和建筑的外部结构避难。应将上半身伸出窗外,避开烟雾,呼吸新鲜空气,等待救助。

【友情提醒】 在火灾逃生中,除了要掌握以上逃生知识外,最重要的是要保持镇静,并能根据不同的环境条件,灵活地采取不同的逃生策略。此外,在人多的火灾现场,还要注意保护自己,不受踩踏挤轧的侵害。

第二章　交通安全篇

遭遇车祸怎么办

在旅行或外出乘车时,汽车发生车祸是时有发生的事。应竖起警告标志后立刻报警,然后关掉出事汽车引擎,拉紧手刹车以防汽车溜动,再开始急救伤者。

【应急措施】　撞车是较为严重的交通事故之一,虽然不能绝对避免撞车的发生,但只要驾车人员精力集中、反应灵敏,许多撞车事故还是可以避免的。有时,即使避免不了,也可尽量减少损失和自身伤害。如果撞车势在必然,作为司机应保持冷静,掌握好方向盘以尽可能将自己及他人的损失降至最低限度。为了减速,可以冲向能够阻挡的障碍物。较软的篱笆比墙要好,灌木丛比参天大树要好,它们可使你逐渐减速直至停车。

坐在汽车上,万一遇到两车互撞事件,这时人的前部极易撞到前面玻璃上,胸部冲击方向盘的情况也较多,大约达 26%。在遇到这种情况时,如是单独驾车,那么应该立即倒向助手座位,同时以双手抱头;如果坐在计程车上,应该迅速倒向脚下并做同样姿势;若坐在副驾驶位置,因不便做此行动,应立即向前伸出双脚顶住并以手臂掩住头部。

在两车就要相撞的一刹那间,司机首先要保持冷静的头脑,可猛转方向盘,并将两肘覆盖在方向盘上,以缓冲对脸、胸的冲击。这样你就有可能在事故中幸免,仅受一点轻伤。

在两车相撞时,乘客能否幸免,与其在车上的坐法有直接关系。汽车在受到猛烈地冲击时,随着惯性运动,人体会向前倾倒,接着又会向后反弹,脖子也会跟着向后碰去,因此,颈椎极易受到撞击,造成严重的损伤。如果你这时是侧着身子深深地坐在椅子内,就能有效地保护颈椎,使之不受到严重的伤害。

汽车相撞时向前的冲力以及向后恢复原位的身体随惯性再向前猛倒时,头、面部会撞着前面座椅的背面,张开手掌,保护头面部,这样,即使发生了较严重的撞车事故,也能把损失减至最低程度。

如行走时,遇前面一辆超速行驶的汽车向你冲过来时,刹那间挺出一边的肩膀,就有可能在刹那间与来车擦身而过。即使不能完全闪开而被撞倒时,做这种向前挺出一边肩膀的姿势,也可望在被撞而坠落地上时,肩膀先落地,这样,伤势会轻微些。

行人若被汽车碰倒,头部最容易受伤。因此,当行人判断有可能被汽车撞倒时,首先要注意保护头部。当汽车已经逼近,来不及躲闪,估计肯定会被碰撞时,即使几分之一秒的刹那间,亦要作"用手抱头"的保护措施。假如汽车是翻倒或翻滚,那么一定要记住:不要死抓住某个部位,只有抱头缩身才是上策。

如果遇到车祸发现受伤者倒在地上或倒在车厢中,不要随便动手,因车祸而受伤者,常有肋骨被折断,也可能有异物插入心脏的情形,所以绝不能随便移动受害者,人工呼吸也不可轻易施行。如果参加抢救者不是医疗人员而是门外汉,那么应以数人分别抱住头部、胸部、腹部、手脚等慢慢移动,尽量不使其变换姿势运入车上,送医院急救。

车祸伤者可能被压在自己的车内,譬如被方向盘夹住了。这时,应该仔细检查,如果伤者已失去意识,他的舌头可能会向后堵住呼吸道。因此,必须让他的头维持在呼吸道畅通的姿势。应该一直留意这样被压住的伤者,直至救援人员赶到。

如果是胳膊、腿脚被卡住了,不能单独考虑救人,而要先清除障碍物;不能生拉硬拽,而要搬座椅以整体移动伤者。

如果是颈部损伤或脊椎有移位,应托住伤者的脖子与肩保持平衡;几个人共同托住伤者的肢体和躯干,整体搬运。

如果发生了开放式骨折,不要试图将露出的骨头恢复到原位。骨茬很尖锐,容易将血管扎伤。

如果是腹部发生创伤,患者感到腹部持续性疼痛,阵发加剧,不敢深呼吸,腹壁紧张如板状,压痛明显,甚至休克,要考虑有空腔脏器(如胃、肠)破裂,或实质性脏器(如肝、脾、肾)破裂出血,引起腹膜炎。注意保持平卧体位,千万不要试图垫高局部,以免造成腹腔穿孔。避免进食、饮水或用止痛剂,速送医院诊治。

伤者因猛踩刹车减速时,头部撞击方向盘或玻璃、坐椅靠背,造成头皮破裂出血,重的可能发生脑震荡,甚至脑挫裂伤。若仅仅是头皮出血,用纱布覆盖伤口,紧紧包扎,止血即可。

伤者因紧急刹车,人受惯性的力量前冲碰硬物致伤。如司机胸部撞在驾驶盘上形成胸部组织创伤,胸伤患者感觉胸闷,呼吸困难,痰中带血或咳血,有的人胸骨、肋骨断裂。此类伤者可仰躺在地上或担架上,让其平静呼吸,不要让他吃东西或者喝水。

如果伤者被压在车下,而在救难单位赶到以前必须移开伤者时,应先尝试移开汽车。如果做不到,则应先使车辆固定后,尽可能轻轻地移动伤者。这时,记下伤者或汽车的确实位置,因为稍后警察可能需要这些资料。无论如何必须记住,除非伤者的情况恶化或有其他危险的顾虑,否则不要轻易移动伤者。

意外发生时如有危险液体漏出,或有毒气溢出,都使情况更为复杂,而急救者在接近现场时尤其需要小心。除非确实安全,否则绝不要做任何救援的尝试。要记住毒气有散发出的可能性,必须站在上风处,避免毒气的吹袭。

【友情提醒】 车祸的发生多半归因于驾驶者没有严格遵守交通规则,而导致意外的发生。因此,小心谨慎的驾车态度是避免车祸发生的最上策。避免车祸发生的注意事项是:开车前做好行车检查;勿酒后上路,酒后应请未饮酒者驾车(喝酒不开车,开车不喝酒);勿超速驾车,勿违规超车;严格遵守交通规则,尤其不可闯红灯;开车时要心无旁骛,如不可边开车边看地图,或边开车边吃东西等;开车时要系好安全带;行车时与前车保持安全距离。

如出事车辆的发动机未关,应帮助关闭,并拉上手制动。但钥匙不要拔掉,以便移动方便。

在车辆前后相贯的交通要道和高速公路上,切不可贸然停车抢救车祸受伤者,以免引发前后车相撞的更大惨祸。要先示意后面车辆,告诉驾车者注意减速,然后驶离主干道,将车缓慢停下。

如引起交通堵塞或涉及人身伤亡,必须立即报警。

坐在驾驶室后排或客车座位上的乘客应尽量猫下腰,抓住任何足以支撑的车上固定物。

▶ 汽车翻车怎么办

如果在弯道上车速太快,或山道上驾车疏忽,以及避让不当,方向盘失灵,前轮故障等,都有可能造成翻车事故。

【应急措施】 一般翻车,常发生在短暂的几秒钟内,驾车者意识到有此征兆时,双手迅速紧抱方向盘,低头屈颈。胸部靠在方向盘上,直到车辆翻滚停当后再抬起身来活动活动肢体,设法迅速离开汽车。

车辆翻滚时,油箱易破损,而车辆撞击又常引起火星,故翻车常常伴有起火燃烧。因此,一旦车辆翻滚停止,应迅速砸开车窗爬出去。若一时尚未起火,应迅速帮助其他受难者,首先把他们从受挤压中解救出来,拉他们迅速离开车厢。

如汽车在山道上行驶而翻车,常会滚入很深的山沟。急速翻滚时,车内的人应尽量低头屈颈,猫着腰,保护好头部、颈项和胸部,牢牢抓住车上某固定物,等翻滚停下,迅即砸窗跳离车厢。但不要在下冲或翻滚中试图跳出车厢,这样做危险性很大。

当汽车翻入沟底时,如果还有行驶能力,可以对着公路或通向公路的地方挖一斜坡,使车辆沿斜坡驶上公路。如果斜坡的坡度较大,车辆行驶会有危险时,可在车上拴系绳索,绳索的另一端可以拴在公路上坚固的自然物或木桩上,然后使车辆上驶。上驶过程中,根据需要调整绳索的长短,以帮助车辆保持平衡,防止发生翻车事故。如果车辆掉入的沟较深,难以驶上来时,或者车辆损坏不能驾驶时,应立即设法报警,请求有关部门拖吊翻入沟中的车辆。

当汽车半侧翻或侧翻时,应立即卸下蓄电池,放出油箱内的燃油,以防引起火灾,然后设法将车身放正。

【友情提醒】 弯道和山道驾车,一定要注意标识,控制车速,谨慎驾车。

▶ 汽车掉进水里怎么办

汽车掉进水里,通常不会立刻下沉,可把握下沉前的时间从车门或车窗及时逃生。即使汽车沉下水底,也有办法逃生,因为车厢注水可能需半小时。确切时间应视车窗是否打开、车身是否密封及水深程度而定。汽车下沉越深,水压越大,注水也就越快。

【应急措施】 汽车坠落水中时,应该用手护住头部和胸部,尽可能将身体倒在座席上,并紧闭嘴唇,咬紧牙齿。冲击一过,要迅速冷静地作出判断,弄清汽车下沉后的状况,一般汽车入水大多为正方向。

引擎所在一端会首先下沉,另一端的车顶部会存有少量空气,可借以活命。

如果还能从车窗中逃出,应该尽快打开车窗逃出;如果不可能,就应该关闭车窗,控制水的浸入,打开全部车灯,待车内稳定后再决定从哪个门、窗逃出。这时要解开安全带,脱掉外衣,待水位到达下腭时,深深地吸一口气,打开车门或车窗游出去。上升浮起时,要慢慢地呼气,然后打开门、窗逃出。不会游泳的人只要憋住气,便可跟随上浮。

如有多人被困,逃离时要手拉着手,直到大家都浮上水面或游到岸边再松手。

由于外部水的压力,或者由于车体歪斜,车门可能难以打开。不过,水灌满车体必然需要一定的时间。即便是将要灌满时，在车内一定还有一丝空气，因此必须面临危险而从容不迫。在需要打破车窗逃出的情况下，如果事先在工具袋里装上应急用的螺丝刀和扳手是很有用的。如没有工具，可用皮鞋打碎车窗，或将手缠上布再砸车窗逃生。

【友情提醒】　若系密封性能很差的公交汽车或卡车驾驶室，就不能等到完全沉到水底才逃脱，可立即打开车门或车窗游出去。因为这种车辆进水很快，常无空气层形成，延误时机的话陡增危险。

机动车撞人了怎么办

若是自己驾车撞了行人，被害者如被弹上汽车前面的罩子上，应立即停车，使其不致坠落地上。这样受伤程度大多很轻。

【应急措施】　机动车驾驶员发生交通事故后应立即停车，抢救伤者，保护现场（因急救患者移动现场时必须设标记），并及时报告当地公安机关，听候处理。如果现场有危险因素，还必须设法尽快消除，防止事态扩大。

导致人员重伤的事故，现场指挥员应迅速组织抢救，同时通知急救中心派救护车前往急救。如果事故发生在远离城镇的路段如山区公路等，抢救、运送患者工作会有一定难度，这时应先抢救危重患者，如颅脑损伤，胸、腹腔内脏损伤，深度昏迷、休克以及肢体开放性骨折、大出血的重患者等。必要时，指挥员可以直接请求有关部门派直升机参与救护工作。

现场救护人员一定要沉着、冷静，如果伤者被压在车轮或物体下，绝对不能拉拽伤者的肢体，以防损害伤者的神经或血管；需移动车辆时，要用人推动，避免驱车不慎，造成伤者第二次受伤。

在抢救时，如果伤者神志清楚，应问清伤情，护送到现场就近的医院救治。如果伤者昏迷不醒，要认真观察，确认伤情后，按救护方法，就地取材，利用一切可用的物品，如竹板、木板、树枝、三角巾、厚纸板、画报等物固定伤位，寻找车辆将伤者护送到医院抢救。

在运送途中，护送人员对伤者要全面细致地观察，因车祸致伤并非单一伤，有些伤症互相掩盖，因此不能只顾明显伤，而忽略其他致命伤，如只顾头部伤，忽视下肢骨折，倘若下肢骨折伤及动脉血管大出血，将会造成失血性休克致死。

车祸后救人与自救怎么办

车祸所致的伤害大多分为减速伤（如紧急刹车、两车相撞的车内致伤）、撞击伤、碾挫伤、压榨伤及跌扑伤等，如各类骨折、软组织挫裂伤、脑外伤、各种内脏器官损伤。

【应急措施】　车祸发生后，应立即拨通相关电话（交通肇事122，急救中心120，以及各地所设的有关交通急救、交通救援的电话），报告出事地点、受伤人员及伤情，同时应根据具体情况对患者进行现场急救。

如果伤者神志恍惚或昏迷，有可能是脑损伤。脑震荡是闭合性颅脑损伤最轻的一种，无神经系统器质性损伤，有暂时性功能障碍。休息几天后功能可完全恢复，不遗留其他障碍。如果脑组织受到不同程度的损伤，或有颅内血肿压迫，则昏迷时间较长，或清醒后又陷入昏迷，说明情况十分严重，应立即处理，否则有生命危险。将患者平放，头稍垫高，耳鼻有溢液者切不可加压填塞。应急叫救护车送医院进一步处理。

如果是胸部剧痛,呼吸困难,有可能是肋骨骨折刺伤肺部。在车祸中,撞击是驾驶员最易受到的伤害。如果怀疑骨折,伤者千万不要贸然移动身体,避免碎骨对内脏造成新的伤害。如果手臂仍可以移动,接触到手机,就打急救电话求救,或者呼喊请别人帮助。

如果是腹部疼痛,有可能是肝脾破裂大出血。假如肝脾破裂,发生大出血时会有腹痛出现。但这种疼痛并非难以忍受,很多伤者的神智仍会清醒。伤者在等候急救车时不要随意走动,并避免进食、饮水或用止痛剂。

如果是肢体疼痛、肿胀、畸形,有可能是骨折。搬动骨折伤者前一定要确定伤肢不会发生相对移动,否则血管和神经都可能在搬动时受到伤害,对以后的痊愈造成不良影响。如果帮助别人包扎伤肢,最好找木板或是较直、有一定粗度的树枝,同时用三根固定带将两至三块木板在伤肢的上、中、下三个部位绑扎结实。

如果是脖子疼,有可能是颈椎错位。车祸中,如果感觉自己的颈椎或腰椎受到了冲击,应保持平卧位,坚持等专业医护人员搬动。

【友情提醒】 坐车的人一般都比较放松,很少有人会系安全带。特别是坐在副驾驶座位上的人,司机会在遇到危险时本能地躲避,将副驾位置置于直接撞击的地方,发生车祸时的危险性更大,所以系好安全带对副驾乘员更重要。

汽车在铁路道口抛锚怎么办

汽车过铁道时,偶然熄火于铁轨上,卡在铁轨上是非常危险的,应立即重新启动迅速离开。

【应急措施】 万一汽车在铁路道口火车行驶区域熄火,发动机又无法启动时,可采取以下紧急措施:置空挡,请人协助迅速将车推离道口。挂低速挡,以电瓶电转动启动机驱车离开。挂低速挡或倒挡,用手摇柄摇动曲轴使车辆脱离轨道。在电瓶电力不足或无手摇柄时,可在传动轴万向节处用撬胎棒撬转传动轴(不需挂挡),迫使车辆移动脱离险区。

迎着火车驶来方向,边奔跑,边将两臂高举头上向两侧急剧摇动,如能同时手持颜色鲜艳的布料或物品则更好,夜间可手持白色灯光,上下垂直急剧摆动,示意火车紧急停车。

一旦发现火车驶来,而汽车已肯定无法推出道口,应马上弃车走开,撤离铁路越远越安全。火车和汽车撞击的碎片,有时甚至能飞出几百米远而砸伤人。

如确信一时无火车驶来,可松开手制动,挂入空挡,众人一起用力将车推离道口。如系重车,可请其他车牵引;也可启动马达驱动抛锚的车,驶离道口。可换入一挡,放开离合器踏板,然后点火启动,汽车也会缓慢地向前移。

【友情提醒】 驾车穿越铁路道口时应注意安全,做到:接近铁路道口时降低车速(通过无人看守道口须停车),仔细观察道口标志,并同时观察两边有无火车过来,确认无火车时再穿越;只要观察到火车驶来,不论距离远近,都应当机立断停车避让,决不可与火车抢道;在阴雨、雾雪、黄昏等视线不良情况下穿越道口时,更应停车观察,确认安全后方可通过;为确保穿越过程中发动机不熄火,应采用低速挡一气通过。

汽车在公路上抛锚怎么办

车辆抛锚的原因很多,较复杂的可能是发动机出了毛病,较简单的则可能是风扇皮带断裂,蓄电池电量不足或燃油已耗尽。

【应急措施】　保持镇定,不要惊慌,将车移至公路或高速公路的右边允许停车的地方。亮起应急信号灯,然后电话求救,并在车后 60 米处醒目的位置上放三角危险警告牌(如没有,也可打开车子的后厢及发动机盖代替)。如果车在夜晚抛锚,必须将危险警告灯放在车顶上以示意。

为了安全起见,不可让乘客留在车内或站在车子四周。若需留下来帮忙,应该站在距离来往车辆较远的另一边。

如属一般故障,争取修复后开(也可请求过路车拖)到附近汽车维修部门进行修理。

【友情提醒】　汽车抛锚需要拖车时,牵引车司机起步要慢,需要拐弯时,尽量提前打灯,切忌急刹车。被牵引车司机也不是把着方向盘就行了,除了要注意牵引车,尽量保持绳子绷紧外,还要多观察前方的交通状况,能提前判断前车是否要刹车、转弯,就主动得多了。

高速行车时制动器失灵怎么办

高速行车时,因前面有十字路口或障碍物而要刹车,却发觉制动器失灵,那就只好利用发动机、路边障碍物等消减车速和冲力。

【应急措施】　缓缓地拉手刹车,并反复踩制动踏板,或许制动系统能恢复正常,同时把稳方向盘。高速行车时使用手刹车,汽车可能因后轮锁住而打滑。不要关上引擎,否则不能转入低挡以利用引擎刹车,要滑行长距离才能停下。此外,装有动力辅助制动器的汽车,引擎一关上,制动器就不能如常操作。

如果是手动变速的汽车,用手刹车减速后,换入 3 挡,然后尽可能逐步换入最低挡。如果换挡太快,汽车会剧烈颠簸。在高速行车时如需换入低挡,可利用两脚离合法。若是自动变速的汽车,车速减慢时就把操纵杆换入 1 挡(低速锁定挡)或 2 挡。大多数汽车需要车速约 30 千米时才能这样换挡。

如下坡时制动失灵,车速常越来越快,若系笔直的坡道,行人和车辆不多,也许问题不是很大。如在盘山弯道,或遇人车很多,必须尽早设法停车。可靠向有山体、墙壁的一边行驶,借车体与山体或墙壁的擦撞而减速停车;也可紧擦着路边的一棵棵大树等行驶,使车速减慢、停下。与此同时,打开黄灯,不断按喇叭,警告前方的行人与车辆,示意他们尽量避让。

在下陡坡、弯道坡时制动失灵,与其撞车、撞人后再翻车人亡,不如瞅准机会,紧擦着障碍物,甚至侧着驶向障碍物以减速停车,这样,至多车辆严重损坏,但却可避免一连串惨祸。

在到冲撞点的瞬间应尽可能早地离开方向盘,双臂夹胸、手抱头。后排乘客也应以同样姿势并向后躺,以避开前排的座椅靠背。

如果跳车才能求生,可做好必要的准备:打开车门,解开安全带,身体抱成团,从车中滚出,可以顺势滚动。

乘客若遇翻车或坠车时,应迅速蹲下身子,紧紧抓住前排座位的座脚,身体尽量固定在两排座位之间,随车翻转。

【友情提醒】 在夏季到来时,液压制动的车辆,要检修制动总泵和分泵,更换刹车油,彻底排净制动管路的空气,并且经常检查刹车踏板高度,如出现变化应及时调整;气压制动的车辆,要检查调整最大制动工作气压,检查制动皮碗和制动软管的良好程度,发现不足应予更换。

留下充裕的制动距离,轻踩刹车踏板,逐渐适当用力(适可而止,保证车辆在前方空间能够停住即可),不要完全踩死。待基本停稳后(尚未完全停定),立即放松刹车再轻轻压下。此时你会发现,如果车上放一碗水也不会泼洒,乘客没有前倾后仰的感觉。

下坡、沙土、雨天、冰雪路面等不良条件下,刹车动作更应表现得具有预见性。需要做出刹车反应,将右脚置于刹车踏板的同时,利用后视镜迅速观察后方、侧面车道车辆。如无阻碍,可轻转方向变道通过,避免不必要的刹车动作;如有阻碍,尽可能不要采用一脚急刹(紧急情况例外),应充分利用前方空间,尽量给后方留有余地。

▶ 汽车轮胎打滑怎么办

汽车轮胎附着力不够,常会发生打滑。打滑的原因:一是路面情况不佳,如有雨雪、冰霜或湿滑物体;二是车速过快或急剧改变方向及车速;三是轮胎磨损厉害,胎纹已很浅。

【应急措施】 后轮打滑时,车尾会滑向一侧,甚至车身猛力旋转。驶入弯路时速度太快,常常发生这种情况。在平滑、粗糙不一或高路拱的道路上行驶,刹车太猛,后轮也会打滑。前轮驱动汽车的后轮打滑最普遍。不论是前轮驱动汽车还是后轮驱动汽车,应付的办法都是一样的。放开油门、制动和离合器踏板,紧紧把住方向盘;把方向盘朝车尾滑行的方向转动,如车尾滑向右,就转向右边,但不可转动过度,否则汽车会朝反方向打滑;纠正打滑后,缓缓加速。

前轮打滑时,无论怎样转动方向盘,车头都会直冲。原因通常是拐弯时加速太猛。应付办法视后轮或前轮驱动而定。后轮驱动汽车,放开油门踏板,也不要踩制动器或离合器踏板。转动方向盘把前轮回正,前轮与车身方向相同,但不要转动过度,以免后轮打滑;前轮附着力恢复后,轻轻踩下油门,转回正确方向行驶。

前轮驱动汽车,缓缓放松油门踏板,但不要放开,保持汽车继续行驶。如果骤然减速,可能引致后轮也打滑。不要踩下离合器或制动器,也不要转正方向盘;继续缓缓转动方向盘,转入意欲行驶的方向,但不要转得太急或过度;汽车行驶方向校正后,回正方向盘,然后缓缓加速。

四轮同时打滑的情况常常由猛然刹车造成。四个车轮虽然锁紧,汽车却依然向前滑行,速度不减。打滑时大致向前直溜,但如果路拱高,则会滑向路旁。遇到这种情况时应注意:不缓不急地放松制动踏板,直至四轮回复滚动,不要踩离合器踏板;把定方向后,再回正方向盘;平稳地一踏一放制动踏板,减低车速而又不会锁住车轮。

在冰雪上行车,极易打滑。如在郊外,轮胎可装上防滑链,加强附着力。同时,轮胎充足气,也可增加附着力。在冰雪中行车,为防打滑,车速要低,而且尽量用高挡,以减少车轮的扭力。在冰雪地中的上坡、下坡要格外小心。上坡时,避免中途停车或换挡,宁可等在坡上或坡顶,待无阻碍时再启动,尽量不要在坡上相互避让。下坡时,应该用低挡慢驶。

可平稳地一踏一放制动踏板,减低车速但又不锁住车轮,直到纠正打滑后再缓缓加速。

不可同时刹车和转向,加大油门和踏刹车的动作都要缓和平顺。车距要拉开。

路面湿滑,特别是在路面被油类等污染后或下了小雨或大雾时,要控制车速,保持车距,随时留意路上情况。

【友情提醒】　防止车轮打滑的办法主要有:开车前要检查挡风玻璃是否明净,如果看不清楚,就难以及时察觉危险;行车要平稳;留意前面的路况,及时调整车速,以免发生危险;要观察路面情况,如遇下雨天,制动距离应较长,路面若湿滑或有冰雪,制动距离则应更长;在结冰、泥泞、碎石散布、满地湿树叶或干沙尘等会使车轮打滑的路面驾驶时,必须提高警惕;持续干旱后下起雨来,路面很滑,要特别留神路上的油污及橡胶粉末,若与雾气或雨水混合,路面会格外滑;随时留意其他车辆的驾驶情况,遇到表现犹豫或鲁莽的驾驶者应尽量避开;要保持汽车部件的完好正常,轮胎或制动器接触、转向系统调校不准,都会增加车辆打滑的几率。

汽车在泥泞的道路上行驶时应注意:选择泥泞较少、比较坚实的地方或沿前车车辙行驶;尽量避免中途换挡、停车;不要急转方向盘或转动角度过大;不用或少用制动器,避免紧急制动;如果车轮空转打滑,应挖去泥浆铺上砂石草木。

汽车陷在泥坑和雪堆中怎么办

车轮陷在泥坑中或雪地、沙地时,不要拼命踩油门,因车轮会打空转,这只会越陷越深,而泥巴、沙料或雪花等嵌入胎纹后会进一步降低轮胎的附着力。

【应急措施】　可找些石块、树枝或麻袋片等垫在陷下的车轮下。如系重车的后轮,可先卸下部分货物,而后用千斤顶支起车轴,在泥坑中填进碎石、干土、木板、树干或麻袋等。

用二挡启动,减少作用于车轮的阻力,避免车轮空转。回正车轮,使轮胎更好地抓住路面。轻轻踏下油门,能缓缓开动车子就够了,必要时稍微踩下离合器踏板,让引擎以较高速旋转。

开动时可请同行的人帮忙推车,要站在车侧推,以防汽车向后溜撞倒人;不要走近驱动的车轮,否则车轮转动时会把雪块、污物等溅到身上。

如果汽车陷在30厘米深的雪堆中,可将其前后开动,压出车辙,然后驶离积雪堆。换入一挡,轻轻踏下油门,以便向前开少许,必要时稍微踩下离合器踏板,以免引擎熄灭。

如果车子无法再向前开,迅速换入倒挡,缓慢倒退少许。反复前后开动,直至驶上雪堆,离开雪沟。如此法不行,则清扫四个车轮前面的雪,再用上述办法驶离坚硬的冰雪地。

【友情提醒】　汽车在冰雪上驾驶时,轮胎要依照指示充气,倘若充气不足就会减低附着力,径向帘布层轮胎胎面槽纹较阔,只要气压比平常稍高,附着力就会更佳;要低速行车,在冰上所需制动距离可能为平常的10倍;低速行车时尽量减少车轮的扭力,从而避免轮胎打空转;尽量远离前面的车辆,以免刹车不及而撞上去;加速和刹车动作都要轻柔平顺;不要同时刹车和转向;刹车时应一踏一放地减速,以免锁住车轮,刹车灯闪亮,也容易引起后面的驾车者警觉;不要换挡利用引擎减速,否则会锁住车轮,导致打滑;爬坡要避免中途停下或换挡。

汽车突然驶进雾浓的地方怎么办

当开车途中遇浓雾时,因视线不良或路况不明,均应小心驾驶,以免发生意外。

【应急措施】 雾天行车时,要开小灯示意车宽,开防雾灯增大视距,勤鸣喇叭警告车辆和行人,时速不得超过 20 千米。雾大视距很短时,打开前灯,视觉效果仍不理想,可将车停在路边安全地带,亮起应急灯,待大雾散去后再上路行驶。

【友情提醒】 在大雾中行车,不论白天或还是晚上都要亮着近光灯或防雾灯。当能见度低于 100 米时,要打开后雾灯,这是为了让其他司机看见你。当能见度提高到 100 米以上后,请记住不要忘记关掉后雾灯,否则其他司机容易误认为是刹车灯。

在大雾中驾驶,要与前面的车辆保持相当的距离以防止前车突然急刹车。

行车时不要超车,不妨跟随大型车辆行驶,因为大型车辆的驾驶室较高,司机视线较好,相对安全一些,但也不能跟得太近。

汽车行经积满水的道路怎么办

在暴雨过后行经积满雨水之处时应特别谨慎小心,防止车子熄火而陷于水中。

【应急措施】 "紧走沙,慢走水"是行车老手的经验之谈。过沙漠时由于沙地松软,容易陷车,应快速通过;过漫水路段则恰恰相反,车速越快,水的阻车越大,越容易熄火。挂上低挡,缓缓行车是涉水的最佳选择。

涉水时,应稳定方向,不要停车。一定要控制住油门,千万不可猛踩油门让发动机负荷在短时间内猛增,这样会使水的阻力增大,轮胎打滑,还可能会因发动机进气量猛增而将水滴吸入。

若不知水多深,应先停车观察,若水深高于 30 厘米则不宜驶过,以免引擎发生故障。如果看着其他车辆驶过,明知漫溢的水不深,就不必停车察看。等前面的一辆车通过后,再慢慢驶过。

若路面呈弯曲形,则沿着外侧弯道水浅处行驶。切勿换挡,因为引擎若改变速度,水可能从排气孔进去。

【友情提醒】 涉水后,应停车对汽车进行检查。低速行驶一段路程,连续使用几次手、脚制动器,使之摩擦蒸发制动鼓上的水分,恢复制动效能后再正常行驶,并迅速到专业的汽车养护中心进行全车检查,以防一些机械故障的发生。

乘长途车急刹车怎么办

长途旅行,乘车时间长,旅客容易疲劳,打瞌睡。车速往往较快,当发生异常情况,司机紧急刹车是常有的事。

【应急措施】 乘长途车瞌睡时,头不要靠在车窗玻璃,要尽量将头和身体靠在椅背上,防止发生事故时被玻璃划伤。尤其不要在副驾驶的位置上睡觉,防止头撞前箱或冲出车外。

行驶中,乘客不要站、靠、坐在车门附近,防止汽车急刹时无意中碰到门锁,将车门打开,从行驶的车上掉下。

坐在汽车后排的乘客,可将轻便衣物放在靠背后上方的架子上。这样,紧急制动前冲后仰时可避免头部与玻璃或车体直接相撞。

突然发生刹车时,乘客要立即用手保护好头部和胸部。

【友情提醒】　当长时间乘坐汽车时,常习惯在汽车上闭目养神,这种做法对身体是不利的。因为汽车在行驶过程中启动、刹车、加减速十分频繁。人在清醒状态时,万一出现意外,敏锐的神经反射会在短暂的瞬间作出正确的选择;而处于闭目养神之态或昏昏欲睡之时,无异于坐以待毙,发生危险的可能性大大增加了。再说,汽车行驶时车身剧烈地震动,这种震动如果长时间作用于人体,会使脑部血管强烈地痉挛而收缩,产生头痛、目眩、恶心、耳鸣等症。如果人们清醒,大脑处于兴奋状态,加上不断地接收窗外景物的刺激,血液循环速度加快,上述震动对人体的影响就不会太大。

汽车行驶过程中轮胎漏气、爆裂怎么办

汽车行驶过程中如果发生轮胎爆裂和漏气,常会使车辆偏向一边,驾驶者会难以控制方向。这时最要紧的是避免因偏向而碰撞其他车辆。

【应急措施】　在高速行驶中如果发生爆胎,尤其是前轮发生爆裂时,绝对不能踩刹车,否则将造成车子旋转或翻车。此时要双手紧握方向盘,尽量控制前进方向,使车直向行驶,并松开油门让汽车慢慢减速。等到车速完全降下来后慢慢踩下制动踏板,操作方向盘停在路边安全的地点,亮起危险信号灯,更换轮胎,重新前进。

如后轮胎爆裂,车尾会滑向一边,这时轻轻刹车,勿太急或过度用力,把稳方向盘保持正确方向。不要换挡。如果可以,就按亮转向指示灯,然后驶到路边停下。若是在高速公路的快车道上,不妨驶进中央分隔带,也许比较安全。最好停在硬地上,不要停在路边松软的泥地上,在硬地面上方便更换轮胎。

【友情提醒】　在高速行驶中汽车发生爆胎的主要原因往往是充气不足,除此之外,还可能因轮胎有裂纹、脱皮和其他损伤,或者因公路不净,轮胎碰到尖硬的东西等意外情况。所以,上高速公路行驶以前或行车途中休息时,要及时检查轮胎的温度和压力。夏季车轮胎内的气压会随着温度的升高而升高,很容易产生爆胎事故。出车前应适当降低车胎气压。若行车中胎温过高,要及时将车停于荫凉处休息降温,切勿采用泼冷水的办法降温。

掉在路上的铁钉、螺丝等尖物刺破轮胎,轮胎就会爆裂或漏气,下雨天较多发生,须经常检查。

经常检查轮胎,如果发现胎面花纹嵌进石子、铁钉或其他尖物也可能刺穿轮胎,须予清除。如外胎被刺破,应该把轮胎换下来修补。

轮胎侧壁如有切口、裂纹或鼓起可能导致爆裂,因此发现轮胎磨损或有毛病就必须更换或修补。侧壁有鼓起而爆裂同样会使车辆失去控制,但事前必有一些征兆,如行驶时轮胎屡屡发出扑打路面的声音。

轮胎充气压力应该完全依照制造商的指标要求。

旅途中遇到交通意外怎么办

乘坐交通工具时,一旦发生意外事故,不要惊慌失措,采取一定的应急措施可助你转危为安或减少伤害。

【应急措施】 火车发生意外,往往都是讯号系统发生问题所致,故大多在火车进出站时发生。此时车速不快,伤害也较轻。如果是你乘坐的车厢发生意外,你应迅速下蹲,双手紧紧抱头,这样可以最大限度地减少伤害。

在所有交通工具中,汽车的事故率最高,伤亡的人数也最多。为避免意外,乘坐汽车时应注意:乘坐的大客车万一发生事故,千万不要急于跳车,否则很容易造成伤亡。此时应迅速蹲下,保护好头部,看准时机再逃离车厢。若乘坐的汽车有安全带,应及早佩戴上,这样一旦遭遇意外,受伤害的程度就会减轻。

相对于其他交通工具,乘坐飞机遭遇意外的机会并不多。但一旦发生意外,伤害程度却往往是最重的。因民航飞机没有降落伞,在紧急救援时,常采用软梯帮助旅客脱险,此时你应将身上的硬物(如手表、钢笔甚至鞋等)取下,以求尽可能减少对身体的伤害。

乘坐轮船是最安全的交通工具,如果发生意外,一般都有时间逃生。乘船危险性只在于当时轮船所在位置和附近有无救援。为了增强安全性,在乘船前要做的准备工作有:学会游泳,知道如何找到救生工具,尽量多穿衣服,注意保暖。

骑摩托车发生交通事故怎么办

当高速行驶的摩托车眼看着就要与他物相撞时,要及时应变,记住逃生的方法。

【应急措施】 不管是单独开车还是乘车,都要戴上质量好的头盔。

如果撞车在所难免,以抛弃车辆逃生为上策,灵活地落地,保护好头部。尽量像球体一样滚到一边。落下的时候要灵活,这是最基本的。双臂和双腿都不能够伸得太开。

如果路边有一堆土或麦垛,可驾车撞上去。

【友情提醒】 摩托车驾驶员和乘坐人员都应佩戴安全头盔与墨镜。阳光下以茶色镜为宜,可防止强光刺激眼睛而产生眩目;但夜间以戴无色墨镜为佳,它透视度高,且不易被小虫、风沙迷眼。为防止出汗,应戴手套。上身着装应以颜色醒目、目标明显为宜,衣袖不要过于肥大,以免兜风而影响操作;不能穿拖鞋,以防操作时出现滑脱现象。冬天应穿着轻便、紧身、保暖性强的防护衣,手和脚应特别注意保暖,膝盖应加以特别保护。

发生紧急情况时,如果轮胎"爆炸",不要使用刹车,应紧关油门,让摩托车滑行直至停车;当油门发生阻塞无法关闭时,应立即握紧离合器杆踏制动式减速,关上电门,以便停车修理;车身左右摆动时,立刻减速滑行,不要使用刹车,否则会加剧摆动,也可以慢慢放松油门,使车速减慢。这些措施都能有效地应付上述情况,避免出现交通事故。

骑自行车遇到紧急情况怎么办

骑自行车时首先要精神集中,小心谨慎。但由于交通状况千变万化,紧急情况还是难免碰到。

【应急措施】 一旦出现紧急情况将要跌倒时,与其拼命保持平衡,还不如索性摔倒。因为勉强保持平衡就忽视了自我保护,当终于未能平衡而摔倒时,常常会导致严重的挫伤、脱臼或骨折等。所以,遇到紧急情况而难以控制时,应果断、迅速地把车子抛掉,人从另一侧跃下,此时全身肌肉要绷紧,尽可能用身体的大部分面积与地面接触。不要用单手、单脚着地,更不能让头部首先着地。

为了应付紧急情况,应该注意自行车座的高度要合适,要根据自己的身高和腿长来调整,一般应将车座调到不致使腿完全伸直的程度;如果车把太低,仍会造成骑车的不舒适,车把的高度比车座略高比较合适;女性不宜骑男式车,由于男式车有横挡,在上下车、急刹车、被撞击时易跌倒,会使女性的阴部碰撞横挡、车座等处而发生外伤。

【友情提醒】 骑自行车转弯前须减速慢行、向后瞭望、伸手示意,不能突然猛拐;超越前车时,不能妨碍被超车辆的行驶;通过陡坡或横穿4条以上机动车道以及途中车闸失效时,须伸手上下摆动示意停车,然后下车推行;不能双手离把或手中持物;不能牵引车辆或被其他车辆牵引;不能扶身并行、互相追逐或曲折竞驶;大中城市市区不能骑自行车带人。

要躲避迎面来车怎么办

行走时,突遇前面车辆冲来时,要迅速看一下旁边,是否有空地和大树,如果有的话,应迅速侧身闪到一边,或就地滚到一边,来不及闪身躲到一边时,可在刹那间挺出一边的肩膀,这就可在闪身间与来车擦身而过。即使不能完全闪开而被撞倒的时候,作这种姿势,也可望在被撞而倒落地上时肩膀先落地,这样伤势会轻微些。

【应急措施】 万一等你发现时车子已飞到眼前来不及闪避,就干脆跳到汽车引擎盖上,再从汽车侧面滚下来。身体着地时,最好是臂部先着地,双手要护住头部。做不到主动跳避时,就干脆冒险跳跃起来,像运动员一样,用力向上跳起,以这种姿势被车子撞上,可能被撞到车顶或被车撞到一边,如此可能可以逃过死神的魔爪,只是受伤而已。

【友情提醒】 行人行走必须在人行道上(道路施工不能通行时除外);在没有人行道的路段上,行人必须靠边走;在步行街上,虽然可以在道路中央行走,但也应注意有可能仍有车辆通行;高速公路、汽车专用公路上行人禁止进入。

行人横过马路时,应站在路边,看清来往车辆后选择离自己最近的人行横道通过;通过时仍需先看左后看右,确认有无危险,不要突然改变行走路线、突然猛跑、突然向后退,以防驾驶员措手不及而发生危险。

火车上遇有紧急情况怎么办

乘坐火车时遇有紧急的意外情况如何保护自己,才能免遭身体和财物的损失。

【应急措施】 当在火车上遇到火灾时,应选择比较封闭的区域暂时躲避一下,不要在有通风的地方,防止火烧伤。

当遇到车匪时,应向周围的乘客求援,特别是车厢中有军人、乘警时,应向这些人求救。

依靠众人力量制服歹徒,同时应向车上的警务人员求助。

当遇到突然发病时,可以请求车内的广播员寻找有没有医生与你同乘一趟车,可在医生的帮助下得到医治。

深夜搭乘火车时,不要独自在空的车厢,应选择人较多的地方。

【友情提醒】 提高警惕性,克服麻痹大意的思想,对自己携带的行李及现金要切实保管好。每到一个站停车前后都要认真检查一次自己的行李,一旦发现自己的行李失踪,应立即向乘警报告,及时破案。

不要乱吃别人的东西或抽不相识人的香烟,因为犯罪分子常常在食物或香烟里掺有麻醉药品,食进或吸了这些毒品后就会有暂时的麻醉作用,这样容易被罪犯抢劫一空。

在车上进餐、上厕所或睡觉时,不要叫不相识的人保管行李,行李包上最好多加一道长锁链扣在行李架上,这样就不易被盗。

遇到火车相撞事故怎么办

火车车厢翻倒的时候,你可能只有几秒钟的反应时间。火车本身也是各式各样的,一列火车可能比另一列火车给予你更大的生存机会,而且任何事先对火车的了解都有可能救你一命。

【应急措施】 如果火车头相撞、出轨或翻车,这些严重事故发生以前一般没有先兆,有时只是觉察到剧烈的紧急刹车。具有应急常识的人,应利用紧急刹车这短短的几秒钟做些准备。如紧紧抓住或靠住牢固的物体,如车椅子的坐板或靠板,固定椅子、桌子的铁杆、支柱等,以防被抛出车厢外。低着头,下巴紧贴胸口,尽可能压低重心,并防止颈部受损。

若停留在车厢连接处或车门口的应尽快离开,并顺势抓住任何牢固的固定物体。

在坐厢中,如果火车发生倾斜、摇动或侧翻,而且有足够的反应时间,就应该平躺在地上,面朝下,手抱后脖颈。此时,快速反应是防范由于金属扭曲变形、箱包飞动、玻璃破损飞溅而受伤的最佳求生方法。在人多的车厢里如何求生取决于你的反应,动作一定要快,必须马上反应,背部朝火车引擎方向的乘客如果太晚接触地面,应该赶紧双手抱颈,然后抗住撞击力。

在走道上,如果反应时间允许,应马上躺在地上,面部朝地,脚朝火车头的方向,双手抱在脑后,脚顶住任何坚实的东西,膝盖弯曲。

在卫生间时,如果有时间反应,赶快采取行动,坐在地上,背对着火车头的方向,膝盖弯曲,手放在脑后抱着,就这样支撑住(希望卫生间有防冲撞功能)。

【友情提醒】 一般说来,紧靠机车的前几节车厢,出轨、相撞时危险性大,而最后几节车厢除非停车或慢速行驶时被后面列车撞上,危险性要小得多,翻车等的可能性也较小。

地铁发生意外事故怎么办

一般来说地下铁道比地面更为安全,但也不能麻痹大意。地下铁道有时会发生构筑物破损、车辆碰撞、浸水、火灾等事故,因此也不能说是绝对安全的。

【应急措施】 地下铁道的架线断落、受到外来烟雾的侵袭、发生火灾或产生有毒气体时,靠各自的防御技术是无能为力的,只有听从乘务员的正确指挥才能妥善处理。如果发现地铁车厢有了烟雾,而且闻到类似烧焦的异常气味,应立即按响位于每节车厢前部的报警装置通知司机,以便及时采取必要的处理措施。车厢内如果因起火而产生大量有毒烟雾,人吸入后会发生中毒。这时应尽量移往车厢前部和中部,因为前部的顶风扇为进气扇,后部的顶风扇为排气扇,而有毒烟雾多集中于后部。有条件的应用湿布、湿毛巾、湿手帕捂住口、鼻,以减少有毒烟雾的吸入,没有水源时,干毛巾等也能起一定作用。

不管在什么情况下,发生大混乱都是最危险的,要注意不要被卷入人流中。乘地铁时朝着通道坐着或站着的,在还没有发生混乱的情况下,两脚要朝着行车的方向。双手护住后脑部,紧缩身体,在车内躺下来,然后屈身用膝盖贴住腹部,将脚蹬住椅子或墙壁。若车内一片混乱,就应该立即紧缩身体,在人群中用双手抱住后脑部做好防御姿势。

地铁路轨上通有电流,电气化线路因失事也可能造成路轨带电,故爬出车厢后,不宜行进在路轨上,以免被电击伤。地铁出事若非车厢内起火等逼迫撤离,仍以待在车厢内为好。

如果车厢内出现明火,乘客应在报警的同时立即取出车厢座位底下的灭火器实施灭火,不要在慌乱之中乱扑乱打或敲砸车厢的门窗,以免乱中生乱,造成更大的险情。

乘坐地铁时,应尽量坐或站在车厢的中部。不要在车厢的两头,不要倚在车门上,车厢两头和车门附近是撞车事故发生时容易受损伤的部位。

遇到突发事故时,不论在车站还是在车厢内,当有工作人员指挥疏散时,一定要听从指挥,不能前拥后挤、抢先乱跑。混乱无序有可能将自己置于更加危险的境地。

随身携带的物品不慎失落在地铁站台下,不要自己擅自下去拿,一定要请车站服务人员帮助捡起。因为地铁轨道是带有高压电的,一不小心会发生触电的危险。另外,地铁列车速度很快,若你自己下站台去捡东西,不知列车突然来到,由此会酿成严重的事故。

【友情提醒】　面对地下铁道这一特殊环境,首先需要我们临危不乱,保持安静和清醒的头脑。只有做到这一点,才能有顺利脱离险境的机会。

地铁列车行驶速度很快,乘客在车内要抓稳扶牢,勿将手放在开启的车门上,以防擦伤和轧伤。儿童和老年人、残疾人、孕妇上车一定要有人相伴;禁止儿童在站内乱窜乱跑,更应禁止儿童跳下站台玩耍;上车后应使他们坐稳立牢,防止摔倒碰伤。

在站台、候车大厅、电梯等处遇到意外情况发生时,乘客一定要听从站台工作人员和救援人员的指挥,迅速而有秩序地脱离事故现场,切不可乱跑。

等车时,一定要站在安全线以内,不要向地铁轨道上抛掷物品;车来时不要抓车门随车奔跑、拥挤,以免摔倒,或被挤下站台。

遭遇歹徒劫机怎么办

劫机事件并不常见,一旦遇上,如处置不当,会造成重大伤亡。因此,需格外谨慎、冷静地对待,宁可听任事态发展,也不可无把握地采取对抗性措施,以免发生机毁人亡的恶性事件。

【应急措施】　劫机歹徒有多人时,除非各歹徒身边都有人能一下子就把所有歹徒制服,否则千万不可作出冒险举动。在反劫机战斗中,如自己身边有一歹徒利用某种有利地形在负隅顽抗,应设法迅速将他制服,或至少将其击昏,以减少伤亡和危险。劫机者定下的期限逼近时,气氛常会更紧张,这时万万不可挑起事端而引发灾难。

双方僵持不下之时,很可能就是反恐怖、反劫机的地面部队援救即将开始之时,一旦发现有攻击飞机的信号或征兆,应迅速动员所有乘客伏在地板上,躲在椅子之间,尽可能蜷曲身体,不要乱动。枪声、爆炸声大作时不要惊呼,不要乱窜,不要直立。

一旦战斗平息,应尽快离开飞机,因为机上可能装有炸药,或者油箱被击穿,随时有可能爆炸、起火。撤离时不要顾及行李,应首先帮助老弱妇幼残者,并有秩序地进行。

【友情提醒】 一旦发生劫机,劫机者、乘务人员和乘客都高度紧张,这时,言行切勿过于冲动,以免引起劫机者的特别注意,危及自己和他人安全。乘务人员大都受过反劫机训练,劫机事件发生后,乘客应注意观察他们的神情、动态,以便随时配合他们采取必要的反劫机措施。

遭遇劫机事件,要鼓起勇气,敢于面对现实,以减少恐惧心理。

发生空难事故怎么办

空难事故的后果很严重,但如果能掌握一些自救互救的本领,对减轻事故的危害程度能起到一定的作用。常见的空中紧急情况有密封增压舱突然失落、失火或机械故障等。一般机长和乘务人员会简明地向乘客宣布紧急迫降的决定,并指导乘客如何采取应急处理,如要求取下随身携带的锋利、坚硬物品放在椅背后的口袋内,以及紧急出口的选定。水上迫降时,乘务人员会边讲解、边表演救生衣的用法。

【应急措施】 飞机的紧急迫降多在海上进行,但如果离海岸线太远,有时也不得不在荒郊野外或在撒满消防剂的飞机场跑道上强行迫降。飞机着陆前,乘客必须保持沉着、镇定的态度,听从指挥,保持清醒的头脑,切不可惊慌失措、各行其是。按照规定竖直坐椅靠背,系好安全带,屈身向前,脸贴在垫有枕头之类柔软物的双膝上,两臂抱住大腿,使整个身体处于最低水平位,以减少因惯性而造成的损伤。迅速地将鞋袜、眼镜、假牙或牙托脱下,摘除身上或身体周围的利器、坚硬的物品,紧闭嘴唇,咬紧牙齿(根据当时情况,采用各种不同的避难姿势)。这样可避免不必要的伤亡事故。

若是降落在水中,最好等待时机让救生艇来救援,但有时不得不穿上救生衣在海中随浪漂浮。救生衣放在坐椅的下面,用时将它取出来,从头上套下去,把衣服后面的两根带子绕到前面,用带子上的金属扣子系紧,然后拉一下装于救生衣下部左右两边的拉手,它就会自动鼓起来。在海上避难时它是很有效的工具。此外,不要忘记飞机上的坐垫也可以作为浮袋使用。

如果飞机高度在 3 600～4 000 米,密封增压舱突然失密释压,旅客头顶上的氧气面罩会自动下垂,此时应用力拉下立即吸氧。要绝对禁止吸烟。

如果机舱内失火,由于舱内的泡沫塑料、坐椅的人造革、橡胶及油类等物质燃烧会生成有毒气体一氧化碳、二氧化碳、氮氧化物及氢氰酸等,最易造成急性中毒或呼吸道的吸入性损伤和烧伤等。在失火区内,乘客要听从指挥,根据身体强弱情况调整座位,并尽量蹲下,使身体处在"低水平"位,屏住呼吸或用湿毛巾堵住口鼻,有秩序地迅速撤离失火区。切忌大喊大叫,以免吸入更多的有毒气体。

有事故征兆时,乘务人员大多会提出警告或指示,要听从指示,不可慌乱,也不可自行其是,否则会把事情弄糟。舱内出现烟雾时一定要使头部尽可能处于最低位置,因为烟雾总是向上的,屏住呼吸用饮料浇湿毛巾或手绢,捂住口鼻后再呼吸,弯腰或爬行至出口。机舱门一打开,充气逃生梯会自行充气膨胀,可迅速跳到梯上,滑到地面。

若降落或起飞时失事,飞机滑到地面,必须立即远离飞机。这时不能再折回机上取行李,因为飞机随时有可能爆炸、起火。

大型客机每个座位上都配备有救生装置,若事故征兆发生在高空飞行时,仔细聆听乘务人员的讲解,迅速、正确、牢固地穿上救生装置,并尽可能腾出时间,帮助周围老年人和孩子穿好救生衣。穿好救生衣离开机舱后,降落伞很快会自行张开,这时最好靠拢其他遇险者,以便相互照顾。

万一空中脱离机舱,没穿降落伞或降落伞没打开,要保持冷静,设法收缩腹部,使自己不断在空中前后翻滚,这是唯一可以降低下跌速度,有可能死里逃生的措施。到达地面后,设法与其他乘客取得联系,汇聚在一起,等待救援。这时,要安慰各位难友,保持求生意志,同时积极抢救患者。

当飞机撞地轰响的一瞬间,要迅速解开安全带系扣,猛然冲向机舱尾部朝着外界光亮的裂口,在油箱爆炸之前逃出飞机残骸。因为飞机坠地通常是机头朝下,油箱爆炸在十几秒钟后发生,大火蔓延也需几十秒钟之后,而且总是由机头向机尾蔓延。

现场救护原则是先抢后救,救护人员应尽快把乘客救出险区,然后由医务人员从速给予医疗急救。医疗急救原则是先救命后治伤,先重伤后轻伤。对于一类危重伤者(挂有红色标记)要抓紧就地抢救,待有所好转即迅速送往医院做进一步治疗,这对减少空难死亡十分重要;二类伤者(挂有黄色标记)为中等伤势,允许稍缓抢救;三类伤者为轻伤(挂有绿色标记)。

【友情提醒】 应提早赶到机场,留有充裕时间,以免匆忙赶机,紧张过度。

飞机起飞后的6分钟和着陆前的7分钟内,最容易发生意外事故,国际上称为"可怕的13分钟"。因此乘坐飞机应按要求,仔细听取乘务人员的讲解,知道怎样应付紧急事件,了解飞机上各种安全设施的性能及使用方法,包括靠自己座位最近的安全门在哪个方位,怎样开启;把前面椅背袋子中的紧急措施说明拿出来看一遍。升空和降落时应注意听从乘务人员吩咐,系上安全带。

飞行途中应多喝水,因为空中飞行时,机舱内空气非常干燥,身体容易失去水分,表现出疲劳、困倦,甚至轻度脱水。

飞机在起飞及降落时,由于气压的急剧变化,中耳耳鼓室内的压力不能很快地随之变化,可以引起耳内胀满不适,甚至疼痛难忍,应吃点糖果、口腔张合、咀嚼吞咽,可促使咽鼓管的开口开放,让空气自由进出鼓室,调节其内的压力与气压平衡,消除不适感及疼痛。

第三章 遇险求生篇

发生矿难怎么办

井下瓦斯、煤尘爆炸事故以及井下透水等都属于矿难。井矿等地下作业坍方，或发生地震，或建筑施工发生意外等，都可使人突然陷于坍塌物重压之下，重者当场致死，轻者损伤躯体。在坍陷重压下求生，既需要勇气，又要能忍耐。

【应急措施】 坍陷或倒塌是有一定征兆的，如矿井中有石块掉落、支架有异常声响、墙和脚手架倾斜、大地微颤等，发现这些迹象，应马上撤离现场；来不及撤离的，应迅速躲到较为安全之处，如矿井中的支架旁、矿车边、墙的直角处，并顺势下蹲或下屈，双手紧紧抱住头部，头部曲向胸口，保护好重要脏器。

坍塌发生后，如躲在大石块或断墙角等地，不要急于冲出现场，以免被掉落的物体砸伤砸死。坍塌停止后，轻轻活动一下肢体，看看有否被压住、卡住或压伤，若无受伤受压，可小心翼翼地抽出身体，但不可触碰周围物体，任何触碰都会引发新的坍塌。如身体被卡住、压住或严重受伤，千万不要动，宁可等待救援。

要迅速戴好自救器，辨清方向，沿避灾路线尽快进入新鲜风流，离开灾区。

避灾中，每个人都要自觉遵守纪律，听从指挥，严格控制矿灯的使用，要时时敲打铁道或铁管，发出呼救信号，并派有经验的老工人出去侦察。

当瓦斯爆炸发生后立即胸贴地面卧倒，头要尽量低些，用衣服等物盖住身体，使身体的外露部分尽量减少。瓦斯比重小，CO、CO_2 均在上层，卧倒可以减轻烧伤，尤其可以避免肺部爆震伤；掩住口鼻以免呼吸道烧伤和吸入有毒气体；若有衣服着火，就地滚动灭火。

假如出路已经被水隔断，就要迅速寻找井下位置最高，离井筒或大巷最近的地方暂时躲避。

若坍塌严重，出事处离出口很远，要作长期等待打算。遇险者尽可能节省体力，平稳呼吸，也不要呼叫啼哭。如有几盏矿灯，应熄灭多余的，仅留一盏，以便能交替使用，延长照明时间。

要设法不时地有节奏地发出声响，如用石块敲打物体，或向水潭中抛石等，以此告诉营救者塌陷现场还有生存的遇险者，以及所处的方位等。特别是当听到附近有异常声响时，估计可能是营救者发出的信号，更要想办法给外面的人传递信号。

【友情提醒】 身处重压下不宜惊慌，关键是先保住重要脏器和生命，其次才是脱险。

下矿井或进行地下探险，必须告诉地面人员下去的人数、返回的时间，以便万一逾时不归能及时组织抢救。

发生沉船事故怎么办

船舶在江、河、湖、海上航行，会受到气象、水文和周围环境的影响。如果操纵人员对各种因素估计不足，判断不准确，措施不妥当，或者遇到自然灾害、意外情况，航行的船舶就可能发生失控、搁浅、触礁、失火、碰撞、倾覆、沉没等危及生命的严重事故。

【应急措施】　万一发生了沉船事故，船舶遇险后，要保持镇静，不能惊慌失措，船上人员要奋力自救，迅速发出呼救信号，并不间断地、准确地向外界报告遇险船舶的船名、船籍、呼号、装货港、遇险经纬度、损害程度等情况。

若船已翻沉，不要挤作一团，应该分散撤离船只，游向岸边、岛上或其他救生物（救援船艇等）。离船在海水中漂流或乘救生器材漂流要辨别好方向，安定情绪，迅速离开险船。

要有坚强的意志及克服困难的决心，只有这样才能激发无穷的智慧，克服重重困难。组织船员和乘客奋力抗险，防止船舶舰艇烧毁、覆倾、沉没，摆脱险境。如果船长认为船舶的沉没、毁灭不可避免，可以作出弃船的决定，并采取一切措施，首先让旅客离船，然后船员离船。离开大船前，要穿戴暖和，最好选择毛织品，穿戴好后再穿救生衣，并带上救生圈。若没有救生衣、救生圈的，则应以船身或其他能浮动的物体作为救生用具。

弃船时，如无法登上救生艇或救生筏，就选择较低的位置，如船头或船尾跳进大海，然后尽快游动，离开大船。弃船跳水时，可用左手紧握右侧救生衣，夹紧并往下拉；右手五指并拢捂住口鼻；双脚并拢伸展，身体保持垂直，头向上，脚向下起跳。跳下后马上抓住漂浮的木板、泡沫、塑料等东西。如下水前船上有漂浮物，就先扔进水里，然后跳下。

船舶在海上遇险需跳水时，如船舶四周海面上漂浮着燃烧的油火时，千万不要惊慌，要看清周围情况，在船舶的上风侧选择适当位置，然后深吸一口气，以一手掩鼻口，另一手遮着眼睛及面部，两腿伸直并拢，侧身垂直向下跳入水中。入水后要向上风方向潜游，如需露出水面换气，应先将手伸出拨动水面，拨开火焰，头露出水面后立即转向下风，作一深呼吸再下潜，向上风方向游去。如此反复，直至游出着火海面。如遇有未燃烧的漂浮油时，必须将头部高高抬出水面，并要紧闭口，防止油进入鼻口。另外还要特别注意不让油溅入眼内。

若在海上遇险，海水是不能饮用的，有许多遇害者由于过量地饮用了海水，导致身体脱水而死。但是，人在万不得已的情况下，少量饮一点海水有利于延长生命。有人做过试验，从落海的第一天开始饮海水，每隔 1.5 小时喝一次，每次喝 50 毫升左右，一天最好不超过500 毫升，这样可以维持 4～5 天。当然，如果能接到雨水喝，那是最理想的。此外，吃鱼或浮游生物都要比喝海水安全。

海洋中能充饥的食物是很多的，如鱼、海鸟蛋、海龟、海蛇等，应想方设法捕捉。

暂时解决了饮水和食物问题后，关键就是要设法获得救援。通常在比较平静的海面上，视线良好的条件下，用肉眼或望远镜观察，只能在 1 海里内发现落水者。若有风浪、大雾，或在黑夜，情况就更糟了。因此，白天落水的遇难者最好把颜色鲜艳的衣服穿在外面，必须适时地使用各种信号，才能引起救助者的注意。一般使用的信号有气球、电筒、发光或闪光的东西等。如果什么器材也没有的话，一面小镜子也行。将镜子对准太阳，将光线反射到救生船或直升机上，搜寻的人也能很容易地发现落水者的位置。

【友情提醒】　乘船遇到暴风骤雨或因遇上暗礁而致翻船时，应该镇定沉着，绝不能惊慌失措，如果精神紧张，行动必乱，容易导致船只迅速沉没，难以逃生。

服从船内负责人的指挥，统一行动，不能自作主张。会游泳的要照顾不会游泳的，不要只顾自己生存而殃害他人。

乘船不慎落水怎么办

当自己的身体失去平衡，并意识到会掉入水里的一刹那，要立刻大声呼救，让船上的其他人知道有人落水。

【应急措施】 如穿有救生衣，掉进水里后，应迅速给救生衣充气，如果其有永久浮力，则不必充气，就会浮到水面上。

把双膝屈到胸前蜷身成腹中胎儿状，以保持温暖；并举起一只手臂，以便船上的人容易寻到你的踪迹。尤其是波浪汹涌的时候更为重要。即使自己已看不见船在何方，但船上的人却可能发现你举着的手臂。

如果没穿救生衣，应迅速脱去笨重的靴子或鞋子，并丢掉口袋里的重物，但不要脱掉衣服，尤其是在冷水里，即便衣服湿透，也具有保持身体温度的作用，避免冻僵，而且落水者身上的湿衣服不会造成拖累，相反因湿衣服的纤维中有一些极细小的空气泡，会产生一定的浮力，即使过一段时间气泡消失，湿衣服也没有多少重量。但要注意需把衣领解开，以免影响呼吸。

尽可能仰面浮在水面，必要时常踩水助浮，但不要迎着海潮游泳，也不要进行不必要的游动，以免消耗体力，失去被营救的机会。

应避免水上油污。尽力找到漂浮物并脱离水面。如无漂浮物可利用，则采用仰泳姿势，以免眼、鼻、口受到油污沾染。在遇到油面水域燃烧时，应潜泳越过。

要设法发出声响（例如救生衣上配备的哨笛）和显示视觉信号（例如摇动色彩鲜艳的衣物），以便岸上或其他船只发现你的踪影。

如果穿救生衣或持有救生圈在水中，那么应采取团身屈腿的姿势以减少热量散失。除非离岸较近，或是为了靠近船舶、其他落水者，以及躲避漂浮物、漩涡，一般不要无目的地游动，以保存体力。

一旦发生有人落水的意外，马上大叫掉转船头，大声呼叫，抛一个救生圈或其他会浮的东西给落水者。抛时要考虑风力，紧盯落水者，如突然失去其踪影，可能难以复寻，尤其是波浪汹涌时或在大海上。

船从落水者背后驶近，以防撞及。放松甲板四周栏杆的铁丝或绳子，以便把落水者拖上船来。

如属帆船，应逆风驶近落水者，让帆船飘动使船停下。如属汽艇帆应关掉引擎。

如果风平浪静，可从船尾拉落水者上船，但须记住先关掉螺旋桨；如果波浪汹涌，则从船舷拉。不然的话，船尾受到拉力会使船身横转，船舷对着风浪，有翻船之虑。

如落水者太重或不能动弹，无法徒手拖上船，用绳子打一个单套结，套在其腋下。必要时，把绳子绑在扬帆索上，利用杠杆原理，这样更容易将落水者拉上船。

【友情提醒】 要保持镇静、清醒，坚定获救信心。无数实例证明，对于求生者来说，意志往往比体力更为重要。

不慎掉进冰窟怎么办

冰上运动是北方许多人喜爱的运动项目。但美中不足的是初冬早春时节，冰层脆薄，常有落入冰窟的危险。即使水性很好的人,在寒冷刺骨的冰水中几分钟就会冻得浑身麻木无力,这是非常危险的。

【应急措施】　在冰面上滑冰时,由于冰面破裂而使同伴掉入水中。这时,不要凭借个人的力量在冰面上援救,切勿踩在附近冰面上营救,以免自己也掉下去。而应该一面大声呼叫,一面找绳索,从陆地上或推着船进行搭救。

从岸上可触及落水者时,首先鼓励对方不要害怕,不要慌张,然后让对方抓住手、衣服、绳索或木板等坚固的东西。注意,如果对方年龄比自己大、体重比自己重的话,可让对方握住自己的一只手,自己的另一只手一定要把住岸上牢固的东西,否则会连自己一块掉入水中。对方被拉出水面后应俯卧并以滑行的方式前进,绝对不要站起来。

若岸上或安全地带有多人,可组成人链进行营救:为首的一人趴在冰面上爬向遇险者,第二人拉住他的足踝,第三人抓住第二人的足踝,直到靠近遇险者。

若河面较窄,也可在两岸间拉上一根绳子,让遇险者抓住绳子爬到岸边。

若附近有轻便的梯子,用来营救跌入冰窟者最为理想,只要把梯子推向遇险者,嘱其抓住梯子向上爬,然后趴在梯子上,营救者将他拉向岸边。

如遇险者已处于昏迷状态,营救者应迅速在自己身上系根绳子,另一端交给岸上的其他人或系在树根上,爬过去把遇险者拖出冰窟,并拖到安全地带。

如果不慎落入冰窟窿,应迅速采取自救措施,争取在最短的时间内脱离危险。因为冬季人们穿的衣服较干燥肥厚,内有大量空气,初入冰水中,衣服尚未湿透,浮力很大,这是自救的最有利时机。应尽快抓住未破裂的冰面,利用浮力,使身体上部浮出冰面。如果冰面较薄,那么只能采用破冰上岸的方法。身体边游动,边用胳膊击碎薄冰向岸边靠近。注意上下击冰的动作幅度要小,以破冰为限,并注意节省体力。直到上岸或者到达足以承担你身体重量的冰面,再利用以上方法爬上冰面,脱离险境。注意动作要轻,以减小身体对冰面的冲击造成冰破,然后用肘部支撑自身重量,身体倾斜将一条腿抬上冰面,然后爬行或滚动到安全地区。

如果附近有人,应大声呼救以获得别人救助。在救援人员未到之前,应使上部身体置于水面之上,稳住情绪,保存体力。

救护人员要尽量减少在冰洞附近的人数,以减轻冰面载重,避免扩大落水面积;救护人员在接近冰洞时,应用四肢爬行,减小身体对冰面的压强;接近被救者时,要将木棍、树枝、绳子等物送到被救者手中,让其抓牢后将其拉上岸;如果遇险者已无力抓紧绳子,可结一个圈,让遇险者穿过头和肩臂,套在腋下,营救者用力把他拉上来。如果需要下水救人,应将长绳一端系下水人的腰部,另一端由岸上人员抓住,当收到下水人员信号或者下水时间过长时,岸上人员应将下水人员拉上岸,以免发生危险。

营救者或遇险者脱离冰窟,爬到安全地带后,迅速找个温暖之处,换上干衣服,裹上毯子、棉大衣等。同时不断活动身体,保持温暖。如没有干衣服,宁可仍穿着湿衣服,不要贸然脱下,不然会冻坏。可找些树枝,在避风处燃起篝火,靠着篝火,脱下衣服烤干,并让其喝一些温热的饮料(如姜糖水)或热汤。

营救者也可以紧紧拥抱遇险者,用体温温暖他,以免冻伤。若发现被冰块刺伤,应进行消毒包扎。若遇险者呼吸困难,必须立即抢救。

预防感染,减少并发症。迅速将冻伤肢体放入40℃的温水中加温。患肢颜色转红,复温后,再离开温水浴。

冻伤肢体肿胀较剧或已有炎症时,则将健侧肢体放入温水浴中(若双脚冻伤,则双手放入温水浴中),通过反射作用,改善冻伤部位的血液循环。

冻伤清洁处理后,局部可涂有扩张血管作用的软膏,用消毒敷料包扎保温。

【何时就医】 机体受到严重寒冷侵袭引起的全身性功能障碍和组织损伤,当机体深部体温降至32℃以下时肌肉由寒战进入僵硬状态,表现为呼吸、心跳微弱,导致停止。若抢救不及时,可危及生命。

帆船搁浅怎么办

帆船万一搁浅,只要船身吃水线以下部分没有破洞或损坏,应迅速设法再浮起来。具体做法有时要视风向及龙骨的种类而定,如在沿岸海域,还须弄明白潮水状况。涨潮中应防止潮水把船冲至离岸更近的水域;退潮中应设法迅速浮起驶开,以免搁浅。

【应急措施】 搁浅的帆船如要再浮起来,可试用连着绳子和铁链的小锚,拖帆船回到深水处;绳子一端绑在帆船的绞盘上或绕过滑轮,绳子的余段和铁链盘起来放在一只舢板或小艇上,小锚悬在艇尾;划到深水处,边划边放绳子,抛下小锚,使在水底稳住;折返搁浅帆船上,转动绞盘,把船拖出浮起。必要时,重物可搬到小艇上,减轻帆船的负荷。

让船员从船舷一侧跑到另一侧,摇动船身,摆脱泥沙对龙骨的吸附力,可使龙骨从泥沙中松脱,帆船再浮起。

【友情提醒】 船遇险时,要冷静地听从船长的指令和安排,配备好救生艇、救生圈,穿好救生衣,与其他乘客一道共向努力,相互帮助脱离危险,切勿只顾自己、一意孤行。

小船翻船后怎么办

小型船只承受不住大风浪的袭击,往往会发生翻船事故。一旦遇有风浪袭击时,千万要保持镇静,要在船舱内分散坐好,使船保持平衡,千万不要站起来或倾向船的一侧。

【应急措施】 木制船只发生翻船,人被抛到水中后,应该立即抓住船舷并设法爬到翻扣的船底上,因为木制船只一般是不会下沉的。

玻璃纤维塑料制成的船翻了以后会下沉。但有时船翻后,因船舱中有大量空气,能使船漂在水面上,这时要设法抓住翻扣的船只并要尽量使船只保持平衡,避免空气跑掉,千万不要再将船正过来。

小型船只翻船后,可以再将它正过来,正确方法是:先由一人爬上船底后,站于船的一侧用力,其他两三个人将另一侧的船舷努力抬起来,或者用救生带将船拉正过来。

海上漂流出现危险怎么办

如果在海上漂流出现危险,没有可抓之物,此时,只有随机应变,采取应急措施自救。

【应急措施】 可利用身上穿的衣服(用皮带、领带将衣服的两个袖口部分或裤子的裤脚部分紧紧扎住,使衣服和裤子能够存积空气)代替浮物,然后踩水。如果用裤子作浮袋,将身子卧在浮袋上,采用蛙泳是很容易的;如果穿裙子,不要将它脱下来,应设法使裙子的下摆漂到水面,并使其内侧充气。游泳时可采用消耗体力不大的蛙泳或仰泳。

如果气温低,海水冰冷,最重要的是脱离水面。蜷缩身体保持体温,用可能的物品包裹身体,如帆布等。如遇险的人数较多,大家拥靠在一起可保持体温,防止肌肉或关节僵硬,保持血液流通。

【友情提醒】 适度活动身体,如伸腰、绕动手臂等,注意不能剧烈或突然运动,以免木筏或小船失去平衡。

潮水断路后怎么办

徒步到海湾或小岛游玩,遇涨潮截断了归路,可能要等12个小时以上潮水才退落,因为两次低潮之间,平均相隔12个小时。

【应急措施】 爬上高处,但勿爬得太高,只要能避开潮水就够了;也不要攀登悬崖,摔下或被困半道上,不易营救。

避开潮水之后,或被困在沙洲上,要密切注意四周,挥舞颜色鲜艳的物件,发出求救信号。

【友情提醒】 为避免潮水截断归路,出发前应该查明涨潮时间。

海上遇险者落荒孤岛怎么办

海上求生者发现岛屿时的激动心情是可以想象的,但接近岛屿准备登陆时必须冷静、谨慎。

【应急措施】 登岛之前应先注意观察,如果岛上有人,要用一切可行的方法进行联系,争取其救援;如果岛上无人,则要格外注意是否存在危害人类的动物,以便早做准备。

要选择安全登陆点,一般不宜在夜间而应在白天涨潮时实施登陆。对岛屿周围的暗礁必须加倍小心,应该耐心观察清楚再靠近。太阳位于头上或背后的时候最利于观察,在接近岛屿时,艇首应有专人探测水深。

到达岛屿边沿时,艇上人员应分编为两组,一组留守艇、筏上,另一组上岛探明情况。

当探明岛上可以驶留时,应将物资及艇、筏移至岛上,艇、筏要妥善保存,以备再次使用。

当确认荒岛可以停留后,应设法安排好栖身之所,如使用艇、筏或树枝叶、藤蔓等搭棚,以避风吹雨打。

【友情提醒】 最重要的是,要避免风吹雨淋,适应环境,确保身体健康,坚定求生信念,不要忘记适时发出求救信号,以待救援。

遇上海盗怎么办

在公海中航行,有时会遇到海盗。海盗船航速常很快,并配备有轻重武器,故一旦发现有可疑船只高速向自己船只驶来时要提高警惕。

【应急措施】 碰上海盗船,如本身船速很快,且系轻载,以走为上策,加大马力,向岸边或可能有较多船只驶过的水域飞速撤离。同时,发出警报。如本身船上也配备有武器和训练有素的水上战斗人员,可不露声色地做好准备,等对方驶近,完全暴露海盗行径时,打他个措手不及,消灭其有生力量,争取主动。

立即用无线电或靠岸后迅速向有关的海上安全部门如实汇报。要记住海盗船的特征、海盗人数、武器配备、各人的相貌特征等,以及出事的时间、地点,海盗逃离的方向,以便安全部门采取措施剿盗灭匪。

▶ 水中遇到鲨鱼怎么办

鲨鱼侵袭人的主要原因并非饥饿,而是因受了刺激,属于一种自卫性行为。艇船相撞、爆炸、食物抛入海中和血腥味等,都会把鲨鱼从很远的地方吸引过来,所以失事船只附近常会有鲨鱼。如果能熟悉鲨鱼习性,并携带一定器材,是有办法对付鲨鱼袭击的。

【应急措施】 鲨鱼是海洋中凶残贪食的动物,它的嗅觉极为灵敏,能根据人的汗、血的气味追踪而至。

保护身体不损伤流血,尽量少活动以减少出汗。受伤者必须登上救生筏(艇),如条件许可,所有的人都应坐在救生筏(艇)上。不要把手臂或腿等垂放在救生筏(艇)舷边,以免不防备被咬伤。鲨鱼绕圈子游动常是发起攻击的先兆,此时应争取时间登上救生筏(艇)或上岸。

发现鲨鱼切勿惊慌逃避,否则会被鲨鱼更快地发现。不要主动攻击它,鲨鱼有可能会自行离去。如果在海中一旦被鲨鱼发现,千万不要慌乱,可把头浸在水里用力呼喊,或用手脚击水,鲨鱼感到声音在水里的振动,只要敢大胆地向鲨鱼挑战,就会把鲨鱼吓跑。

遇到鲨鱼攻击时,可尽快施放驱鲨剂,或打击鲨鱼的鳃、眼、鼻子等要害、敏感部位。千万不要用刀与鲨鱼搏斗,因为一旦刺不死,受伤的鲨鱼就会凶猛地向你袭击。

鲨鱼的胆量很小,如果可能的话,可以将驱鲨带(2米左右长的黄色带子)的一端系在裤带上,让它在海中漂动,使鲨鱼不敢接近。当然,这也不是绝对安全的。

已被咬伤者,应立即抢救出水。出水后,抢救工作主要是控制休克和止血。若出现休克,让患者取头低位平卧,注意保暖和安静。尽可能在现场立即输血浆或输液,禁止随意搬动患者。情况改善后尽快送医院。大出血者应上止血带或压迫绷带控制出血,伤口应用消毒敷料覆盖。

【友情提醒】 不要把带血的东西和有血腥味的食物抛入海中,以免招引鲨鱼。

在海水较深的地方不要停留。一是深水中看不清鲨鱼活动,易受突然袭击;二是深水(特别是雨后江海汇合处)中食物较多,鱼类较多,鲨鱼喜在这些地方捕食,受袭击的可能性增大。

在水中,不可丢弃或脱去衣服,因为衣服不仅可以保温,还能防止被鲨鱼的粗糙皮肤擦伤,而且裸露的皮肤容易激起鲨鱼的攻击意识。

鲨鱼常袭击光亮的物体,所以求生者应把手表、首饰、徽章、钥匙等摘下收入衣袋内。

在水中要保持安静,必须游泳时,要轻轻地击水,不要猛烈动作,这样既可避免激惹鲨鱼,又可节省体力。

如多人在一起时受到鲨鱼威胁，应在水中围成一圈，大家都面朝外注视鲨鱼动向。如鲨鱼靠近，可用拳头猛击其鼻子，或伸出两指用力戳它眼睛。

独自一人发现有鲨鱼向自己游近时切勿慌张，也不要快速游开。慌张逃窜只会激起鲨鱼的攻击，何况人无论如何没有鲨鱼游得快。此时可面朝鲨鱼倒退着游，把头浸在水中，紧紧盯住鲨鱼，防备其突袭。

【友情提醒】 研究人员发现，洗衣剂是驱吓鲨鱼的有效武器。即使饥饿凶恶的鲨鱼一旦发现猎物附近有衣物清洁剂，也会立即逃之夭夭。因此在鲨鱼出没的海域活动，可以随身携带少量洗衣剂，既可以用它清洗衣物，必要时又可以用它驱赶鲨鱼。

在海滨要生存无食物怎么办

为了减轻饥饿的痛苦，吃少量食物是应该的，但是任何食物的摄入，特别是蛋白质，可明显地加重脱水，食物量应减至正常热量摄入的10％～20％。

【应急措施】 当晚上龙虾和蟹出来时，你可去抓，它们是很容易捕捉的。如果你把一条死鱼作饵拴在一条绳上，系上一个坠，可在水中慢慢拉这条绳，并经常检查，看看是否钩住什么东西。抓住龙虾和螃蟹后将其打昏，以免它们从你身边再逃回水中去。要随时留心，不要抓龙虾和蟹锋利的钳子。当然，如果能捕捉到的话，鱼是可食用的，用一根线和用别针做一个钩，弄些鱼片做饵，你或许可钓到它们。

多数贝类鱼都可生食，但最好还是煮一煮。龙虾和蟹可活着放入开水中煮，15分钟即可食用。

被河水所困怎么办

在荒野遇险或外出，被泛滥的河水困住时，常须涉水过河，这需格外小心。

【应急措施】 首先决定是否必须涉水过河，如果必须，最好能找到船或桥，或绕过河道，万不得已时再涉水。

需要徒步过河时，应选择水流平缓、河面较宽的地方涉过，因为这种地方往往水位较浅，且水流缓慢，比较安全。而尽管有的地方河面较窄，看似容易通过，但实际上水流湍急，极易把人冲倒。

河流较急较深时，向上游走，最好走到上游河水分叉处，此时过河常较安全。

切勿在河湾处过河，弯曲处外侧水流常较急、河床较深，而且可能有暗流。

不要在河流与湖泊或河谷盆地交汇处过河，这些地方常河水较深，水流较急。

不能在湿滑的高岸、急滩或低坝等处过河，这些地方不容易站稳，危险性较大。

溪流中若有石块，可用手抓扶，帮助支撑躯体，但不宜作为踏脚石贸然用脚踩上去。因为上面很可能长满苔藓，即使无苔藓，也很湿滑；石基也可能不稳，弄不好反而失足跌入水中，甚至扭伤足踝。

涉水时，先脱掉袜子，再穿上靴子或鞋子，以便行走时脚步较稳。如惯于赤脚的，可卷起裤腿，赤脚过河更为安全，鞋袜等可系在背包上。

过河时，可以找一长杆拿在手中，长杆在水中可以用来帮助保持平衡，以免被水冲倒。

在水流平稳的地方,长杆可以用来探查水的深浅。

如果河流水深及膝时,就要找一树枝等来当做拐杖,支撑在上游的方向以便稳固身体。拐杖和两脚构成的三个点中心必须随时保持有两个点是在稳固的状况,而一步一步地斜向下游方向渡到对岸。

水深如果超过膝盖,就要使用绳索,这时一个人可能就较难做到。如有同伴同行,可借助绳子相互策应。如河不太宽,绳子足够长,可让先行者将绳子一端系在腰中,不要背带任何东西,轻装试探过河,万一跌倒,绳子另一端的同伴马上把他拉起来。先行者过了河后,抓紧绳子,其余人一手紧握绳子,一手拄着棍子,逐个过河。也可把绳子一端系在树上,跌倒者可拉着绳自救。或者用绳索来确保前者过河,接着把绳索固定在两岸,人员就可以绳索依次渡河,等最后那个人就像第一位那样由已过河的人用绳索拉过去,顺便将绳索收起来。

如有行李,不要丢弃,以背卷式捆结,使双肩均匀受力。不然,单肩受力,加上水流冲击,加剧身体不稳定因素。背包应尽量背得高些,以免被河水浸湿。但腰部的背包系带不宜结上,以便万一跌入深水时能迅速卸下背包。

可直接或向上游斜穿过河,但身子应该侧着横走,面向上游。棍子也拄在偏向上游这只手,以免被水流冲走。可让膝盖部迎着水流,不至于因急流冲弯膝盖而使人跌倒。先站稳一只脚后,再移动另一只脚。切勿交叉举步,以免失去平衡而跌入河中。

集体涉渡时,两三个人或三四个人应彼此环抱肩部,身体强壮者应处于上游方向,相互搀扶过河。

河面不宽,但水深过顶时,会游泳者可脱下衣裤鞋袜包成一包,用塑料布或塑料袋套上包好,踩着水,头顶着衣裤过河。但如水流湍急,切不可冒险。水温太低时过河也不行,低温中即使水性很好的人也很快会被冻僵。

河水深过胸部,不会游泳者不能冒险过河。除非河很窄,同伴已将绳子紧紧系在两岸树干上,并有水性好的同伴在身边扶着护送,才可双手拉着绳子,一步步涉水过河。

过了河,迅速倒出鞋中的水,换上干的衣裤,穿上干袜子,找个地方休息一下。也可生堆篝火,烤干衣服,以免受潮湿寒冷而致病。

冬季涉渡冰河,应将棉衣和棉鞋脱下,涉水过河后再立即穿上,应注意不能穿棉衣裤和棉鞋过河,水湿后容易造成冻伤。涉渡冰河时,最好在早晨通过,因为河水主要是由冰川消融形成的。夜间气温低,消融量小;早晨河水最浅,容易涉渡。遇有较大的河流,不要轻易涉渡,可就地取材制作漂渡工具,如竹筏、木排或简易救生衣等。

困于荒野怎么办

无论在哪里,应该立即离开寒冷或炎热的地方,选择防风、防雨雪,离水源或树木较近的高地、山洞避难。如果可能,不妨做简易帐篷。

【应急措施】 因种种原因置身于陌生的荒野,为了躲避风雨,抵御寒冷、炎热和虫兽侵袭,以及休息的需要,都要找个或搭个栖身之处。天然的山洞、树洞最为理想,只需适当地加以改建。不得已时,岩石下凹陷处、各种可避风的地理屏障、大树的树杈处,都可稍作改造后用来暂时栖身。

选两棵树,中间绑上绳子,将塑料布挂在绳子上并用小木桩固定,底下再铺上一层塑料布,就成了一间简屋。也可以将绳子一头扎在树上,另一头拉直固定在地上。巧妙利用地形和现成材料可以搭成临时住所,方法很多。

飞机失事或汽车抛锚时,若已无爆炸或燃烧危险,不宜离飞机残骸或抛锚汽车太远。机身内或车身下等都是较理想的暂时栖身之地,一则目标大,易被营救,二则可御寒或防炎热。

在寒冷区域中燃料不足时,栖身处最好小一点,可几个人挤在一起,以免冻伤。

荒野中,火往往是度过危难的救星,既可取暖御寒、烧煮食物和烘干衣服,又能驱赶蚊虫、野兽,还可作为求救信号。因此,野外活动时,打火机或火柴是必须携带的。点火前应先寻找引火物及燃料,干草、小树枝、树叶、碎树皮、小木块都可用来引火。若是雨天,则可在岩石下或茂密树叶下寻找干燥的引火物。在山林、荒野、沼泽地点火要特别注意安全,以免引起大火。切不可不清理场地和除掉易燃物就冒失地在山林、荒野或沼泽地点火,这很有可能引发山火,不仅造成财物的巨大损失,而且危及人身安全。

如无火柴和打火机,有汽车在旁的,可利用车上的蓄电池点火。先在引火物上点上几滴汽油,然后用电线连接蓄电池两极,互相接触后激起电火花,引燃引火物。

点火前要考虑并准备好火堆的方式,可用圆木、泥土或石头堆一个长30～40厘米,一头宽些(20～30厘米)、一头窄些(7.5～10厘米)的灶,窄的那端背风。宽的一端生火,窄的一端最热,上面搁两根潮湿的木条或金属棒,可用来置锅、烧烤。也可用刀或其他工具,在地上挖出两道较深的口子,挖出的土堆在两旁,形成一个土灶,下面生火,上面置锅或烧烤食物。

因取暖、驱兽等的需要,火堆应保持彻夜不熄。可用泥土或石块堵住四周,以减少空气流动,然后再添上耐烧的硬木或湿木块。为了尽量获取燃烧物的热量,可用石块作屏障,使热能充分折射到栖身处,或直接反射到身体有关部位。

找寻饮水比找寻食物更重要,一般人没有水只能活几天,热天时则更短,寻找藏身之处及发信号、生火等活动,会使体内水分大量消耗,须予以补充。

人不饮水,只能生存6～7天,在夏季或沙漠地只能生存2～3天,故饮水比一般食物更重要。体内缺水的主要表现是口渴。中度失水可出现全身不适、恶心、皮肤潮红、烦躁不安等;重度失水可见头痛、四肢刺痛、皮肤紫绀、语言不清、说胡话、抽搐、昏迷不醒等。

可寻找的自然水源主要有地面水(江河、湖泊、溪流)、地下水(井、泉)以及雨水、雪水、露水和生物水(植物中的水分)。一般循动物足迹常可找到水源。

在干涸的河床及潮湿的低洼地或植物根部四周向下挖掘,常可找到地下水。

夜间,水会凝聚在玻璃、金属、石块等光滑表面。清晨时分,用干净布吸取,然后拧干布,可收集到一些水。

雨水、泉水、井水、溪流水可直接饮用,但有条件的最好煮沸后再饮用。凡静止的水或流动缓慢、有异味的水,必须经过滤煮沸后再饮用,否则会引起腹痛、腹泻,加重脱水。有冰雪即有水,但冰雪须融化了饮用。因雪中含有空气,直接饮用会引起腹泻,导致脱水。一般说来,冰的利用价值比雪大,因为融冰所消耗的燃料要比融雪省得多。

一些植物含有较多水分可饮用。如热带丛林中的一些藤类,北方的五味子、山葡萄、野蔷薇果实,沙漠地的仙人掌、沙枣等,都会有一定的可利用的水分。

如水不多，以少量多次为宜，每隔2~3小时饮一口，可先含在口中一段时间再咽下，以缓和口渴。但最热的时候应尽量少喝，因为此时多喝水反而多出汗，体内水分损失加快。

缺水的情况下一般不宜进食，以免体内水分丧失更快。饮水不足时，应避免吃高蛋白质食物，因为蛋白质分解要消耗大量的水。

成年男子通常至少可挨饿一周才会开始出现不适症状，因此，困于荒野，短时期内食物并非维持生存的关键，只有营救无望，需作较长时间求生自救考虑时食物才成为问题。

远足前带些救生口粮，既可消除遇险后饥饿时的恐惧心理，也能少量补充所耗热量。救生口粮一般以糖类为主，脂肪、蛋白质含量不宜多。

野生动物是重要的食物来源，各种兽类、鱼类、鸟类、爬虫类（蛇、蜥蜴等）及大的昆虫（如蝗虫、蚂蚁）均可捕来食用。捕鱼方法很多，可张网，亦可垂钓。

狩猎和捕鱼是获取食物的最主要途径。没有武器时，可用各种绳子、带子、弯曲的金属丝做成套环，设在动物经常出没之处，并连续设置多个，以增加捕获机会。也可以设置陷阱，放些诱饵，让诱饵与触发器相连，然后准确击中猎物或使猎物陷落于洞中，然后捕杀。

捕到大的动物，屠宰后尽快去掉内脏，将肉擦干切成片，置风中吹干，便于保存，或埋于海滩及沙漠的沙子下，可置放数日。

食物要煮得熟透后再食用，宜用文火煮，加水熬煮比烧烤更安全。

必要时要试试附近的植物是否可食用。除十分熟悉的或肯定无毒（如有动物吃过的残迹）的植物外，其他都要进行可食性试验。每人每次只可尝试一种植物，选定后，用手指紧捏叶子或茎部，看流出的汁液是什么颜色，呈乳白色的大多有毒（蒲公英除外，它尽管有白色乳汁，还是可吃，而且营养丰富，还可治疗腹泻）。以汁液涂在下嘴唇，并把一小块植物放在舌尖上，约10分钟后，如有发麻、涩口、火烫样感觉的，不能食用。

如没有出现上述症状，咀嚼并吞下较大的一块，在两个小时内没有明显不适，可再多吃一点。如胃部感到不适或有恶心呕吐感，说明植物可能有毒，不能食用。经多次加大剂量试验后确信是无毒的植物，可在煮熟后倒掉汁液再煮一次，以防万一。除叶子与茎干外，根、果实和花朵也可试食，方法同前。无论植物还是动物，有火的话，皆以煮熟食用为宜。煮透食物既可杀死细菌，又可破坏某些毒素。

【友情提醒】 常见的可食用野果主要有山葡萄、酸枣、桑葚、狗枣子、枸杞、君迁子、沙棘、蓝靛果忍冬、沙枣、野栗子、木瓜、番木瓜等。

常见的可食用野菜主要有野芹菜、蕨、苔、虎杖、山蒜、笔头菜、苦苣苔、菱、莲、虎耳草、土当归、白藜、山芋、松蘑、玉蕈等。

常见的可食用淡水动物主要有河蟹、鳌虾、虾、泥鳅、青蛙、鲇鱼、石斑鱼、鲑鱼、鳗鱼等。

常见的可食用树皮主要有桦树皮、榆树皮、椴树皮、松树皮等。

鉴别植物是否有毒的最简单的办法是在植物上割一口子，撒一点盐，观察割口处，如果变色通常为有毒，不能食用；将植物煮熟后尝味，或取植物幼嫩部分口尝，如有明显的苦涩或其他怪味，则表示有毒；用植物熬汤，将汤摇晃时，如产生大量泡沫，则可能含有皂苷类物质，在汤中加入浓茶，若产生大量沉淀物，则表示内含金属盐或生物碱，这两种情况均不可食用；注意观察，牲畜或其他动物喜爱食用的，人一般可以吃；少量尝尝，如8~12小时内无中毒症状，可适量食用。

被困山地怎么办

如果攀岩者被困在山顶，又没有被营救的可能，只有想办法自救。相对而言，被困山地，求生并不很困难。水、食物和隐蔽场所都不难寻找，关键是寻找出路，尽快走出山地。

【应急措施】 白天要想办法下山，到附近的村落中，那里可以得到食物和栖身之地。下山时要一点一点地挪动，用一只脚探着走路，防止小石子把人滑倒，以及误入长在崖边上的草丛中去。在夜晚能见度极低的情况下，每一次下脚都是非常危险的。下山走"之"字形较稳妥。

如果山顶极度寒冷，岩石外无法藏身，可以在凹地雪里挖洞，用衣服或大一点的塑料袋包裹在身上御寒。

下雨天应找个隐蔽所暂时躲避一下，但不能躲在低洼处或有可能滑坡的山脚处，以免大雨引起山洪或滑坡，逃避不及，被埋于土下或葬身于山洪中。布满碎石的斜坡，往往提示有山崩可能，在下面躲避栖身是不明智的。

要判明自己所在的方位，寻找走出山谷的路。宜爬上山顶，在山顶不仅视野广阔，能找到正确的出路，而且可在山顶发信号，包括用颜色鲜艳的布铺在地上，或在山顶踩草地或割草，形成一定的求援信号，也可燃烟点火。在山顶发出的信号，容易被很远处的人们发现。

【友情提醒】 攀岩的基本姿势是保持头和脚踝的一致，即平常站立的姿势，尽可能地保持正直和背部挺直。假如不得不弯曲，必须保持身体平衡，调整姿势弯曲的部位是膝、臀部和脚踝而不是背。

野外露营遇险怎么办

现代的帐篷既牢固又轻便，但与其他野外栖身之所一样，也易受风、雨、雪、火的侵袭。

【应急措施】 如果帐篷着火，应马上离开。留意有没有燃着的碎布落在身上，有的话就要扫掉，然后用衣服或睡袋扑灭。只要动作敏捷，衣服就不会烧着。

如雨水漏进帐篷，可采用溶化了的蜡或胶布封住孔洞。漏水不止，可用防水夹克或塑料布包裹衣服和睡袋。

如果帐篷被水淹了，应带上干衣服，丢下帐篷移往干燥的地方。寻找不到干燥地方时，可用树枝搭一个临时性的座位用以休息。

睡袋若是人造纤维的，即使湿了，也能保暖，所以应立刻截断水流，在帐篷四周挖一道沟，把水流引向他处，弄干帐篷地面，拧干睡袋，然后留在帐篷里面，等到天明。

帐篷已被风吹塌，而风仍未停止，要重新搭起帐篷是困难的。这时如果没有汽车之类的栖身之处，而天气又是恶劣的，就应留在帐篷内。这时应用重物或身体压住帐篷边缘以防止帐篷被风吹走，用背囊架或木棍等撑起帐篷，以扩大里面的空间，设法坚持到情况好转。

一旦发现野兽在帐篷外走动，最好不要去理它，也别出帐篷，同时做好有效出击准备，但不能让它们察觉。野兽有个最大的弱点，就是怕火。如果半夜有野兽进到帐篷内，就当做没看见，别出声，它们没饿到极点，一般是不会无故伤人的。如果毒蛇进入帐篷后，人要不动声色,手脚不要随便乱动,否则蛇会向人扑来。假如毒蛇极远,可轻轻地溜走。如果人与蛇相距不远,人手中有东西,可将东西向远方掷动。蛇追掷出的东西时就趁机逃出。帐篷扎好后,在周围喷洒一些风油精之类的芳香物,或在入口处点上蚊香,都有驱蛇的作用。蛇怕人的汗臭味,如果是夏天,把该换洗的汗臭衣服放在帐篷内围一圈,蛇就望而却步了。

【友情提醒】 露营地的选择和搭建应考虑遮挡日光,防风避雨,并保持一定的室温,保障人的休息睡眠和安全。只身野外的人需要建造一个临时宿营地。建造宿营地的理想地点应该是可以防风防雨,山洪淹不着的较高处,而且此地不会受到落石或雪崩的威胁。理想的地点还应该离水源较近。

野外遇险需求救怎么办

旅游在野外,万一遇到自然灾害或其他紧急情况,在无法自救的情况下,就必须设法求救。

【应急措施】 从远处或空中很难看到郊野的旅行者,但旅行者可利用下面不同方法使自己较易被人发现。

国际通用的山中求救信号是哨声或光照,每分钟6响或闪照6次,间隔1分钟重复同样信号。

点起火堆,烧旺后加入湿树枝或青草,使之升起浓烟,以便使远处的人或飞机发现有人在求救。

穿着颜色鲜艳的衣服,戴一顶颜色鲜艳的帽子。也可拿颜色鲜艳且阔大的衣服当旗子不断挥动。

如果有白色或近似白色的东西,如衬衫、手巾、被单等物代替旗子挂在附近引人注目的地方,如果能飘动,那就更好。如果有带子或线,可以用手帕、树枝和针线制作一个风筝放上天去。

用树枝、石块或衣服等物在空地上砌、画出"SOS"或其他求救字样,每字最少长6米。如在雪地,则在雪上踩出这些字。

日光反射信号器能利用日光向远处传递信息。出门前可在家中自行制备一个,遇险时临时制造也可以。有阳光时,可利用这种信号器向远处的人发出信号。制作和使用方法如下:找一块两边都能反光的金属片,例如锡箔或擦亮了的铁罐盖子。在金属片中央打一个小孔。从小孔望过去,须看见接收信号的目标。拿稳金属片,看着自己的反影,就会发现脸上有一点光,那是阳光穿过小孔投射在脸上造成的。少顷摇金属片,直到反射的光点落在小孔中。这时反射光就对准目标了。慢慢摇晃金属片,发出连续闪光。持续、稳定的反射光会令人误作积水或别的反光,连续闪光则较易引起注意。

【友情提醒】 旅游等外出时,应带上一大块红色的醒目的塑料布,既可作宿营、防雨用,也可用作求救信号。

野外求生无水怎么办

野外生存最基本的需要是食品、火、庇护所和水。对求生来说,水比食物更重要。生命离不开水。俗话说,人往高处走,水往低处流。寻找水源的首选之地是山谷地带的底部地区。其他一些地方也能找到水,如在绿色植物的分布带向下挖能找到水;干涸的河床或沟渠下面有可能发现泉眼;高山区域沿着岩石裂缝也可找到水。

【应急措施】 凭借灵敏的听觉器官,多注意山脚、山涧、断崖、盆地、谷底等是否有山溪或瀑布的流水声,有无蛙声和水鸟的叫声等。如果能听到这些声音,说明你已经离有水源的地方不远了,并可证明这里的水源是流动的活水,可以直接饮用。

根据地形地势,判断地下水位的高低。如山脚下往往会有地下水,低洼处、雨水集中处,以及水库的下游等地下水位均高。另外,在干河床的下面,河道的转弯处外侧的最低处,往下挖掘几米左右就能有水。但泥浆较多,需净化处理后方可饮用。

根据气候及地面干湿情况寻找水源。如在炎热的夏季地面总是非常潮湿,在相同的气候条件下,地面久晒而不干不热的地方地下水位较高;在秋季地表有水汽上升,凌晨常出现像薄纱似的雾,晚上露水较重,且地面潮湿,说明地下水位高,水量充足;在寒冷的冬季,地表面的隙缝处有白霜时,地下水位也比较高;春季解冻早的地方和冬季封冻晚的地方以及降雪后融化快的地方地下水位均高。

利用植物寻找水源。在许多干旱的沙漠、戈壁地区,生长着怪柳、铃铛刺等灌木丛,这些植物告诉我们,这里地表下6~7米深就有地下水;有胡杨林生长的地方,地下水位距地表面不过5~10米;芨芨草地下水位于地表下2米左右;茂盛的芦苇指示地下水位只有1米左右;如果发现喜湿的金戴戴、马兰花等植物,便可知这里下挖50厘米或1米左右就能找到地下水。在沙漠地带的一些植物,如把水树、沙漠橡和血木的根部挖出来,剥去根皮,可吮吸汁液,或直接刮树根髓部挤出树汁。扁形棕榈、椰子树和夏柏桐含有丰富的树汁,可以饮用。仙人掌类植物的果实和茎干都含有丰富的水分,饮用时注意不要被仙人掌的刺刺伤,还要注意区分有毒的仙人掌。

利用哺乳动物导向找水源。绝大多数哺乳动物定期补水,食草动物通常不会离水源太远。跟踪食草性动物的足迹经常能找到水源。

利用鸟类导向找水源。食谷性鸟类如雀类、鸽类一般不会离水源太远,当它们径直低飞时是在寻找水源。留意它们的飞行方向,会找到水源。

利用昆虫类导向找水源。昆虫是很好的水源指示者,蜜蜂的蜂巢或蜂房通常离水源不超过650米;蚂蚁、蜗牛、螃蟹等喜欢泥土潮湿的地方,在不深处就会有水。

利用人类踪迹导向找水源。人的脚印通常引导你走向一口井或水坑。

利用土地取水。在沙漠中没有自然水源,也没有植物,水的取得更为困难。可以利用凝结的办法,把沙地中的潮气汇成微量的水。晚上在沙地上(最好能选择比较潮湿的地方)挖一个直径为15厘米、深为1米的坑,坑底放一个盛水的容器,大坑用塑料布或雨衣等覆盖,压实周边,并在塑料布的中央(坑内容器的上方)放一小的重物,使之略略下凹。这样,夜晚沙地温度高,空气温度低,沙中微量水分蒸发,凝结于塑料膜上,并滴入当中的容器中。用类似的办法,可以在盐碱地中取得淡水。如果盐碱地是比较潮湿的,上述办法还可以在白天进行,而且采用透明的塑料膜,利用太阳光的能量加速潮土中水分的蒸发,能更快地获取更多的水。

利用日光取水。日光愈强烈,愈容易取到水,所以很适合在沙漠地区使用。所收集的水类似蒸馏水,实验报告显示,这是沙漠中收集水最有效的方法。这种装置必须有两种器具,储水的容器(锅、杯、壶等)只要能装水即可,还需要一块面积约 2 平方米的塑胶布(最好是透明的),如果没有容器,可利用铝箔片、塑胶袋埋在地上成凹状即可,开口愈宽愈方便,因为水滴会顺着流入容器内。如能找到一根长约 1.5 米的塑胶管,这个装置将更完备。首先挖一个直径 1 米、深度 50 厘米的凹形洞。在沙漠中如果没有工具,用手挖即可。然后将储水的容器放入,如有塑胶管,就将其一端固定在容器底部,另一端拉到洞口的一边,将管口扎紧,是为了避免泥土掉入管内。接着用塑胶布将洞完全盖住,四周用泥土压紧,轻按塑胶布,使中央微微下凹,凹处最好在容器的正上端。凹下的倾斜度约 25～40 度最适当,距离洞的斜面 5～10 厘米左右,可以在塑胶布中央放一石块以防风吹掉,在塑胶布四周压土有隔绝空气的作用。日光透过塑胶布将土晒热,水分蒸发后会凝结在塑胶布的内侧,风把塑胶布吹冷后,水滴就会流向圆锥形塑胶布的尖端而流进容器中。从水分蒸发到变成水滴的过程约需 1～2 个小时,如有塑胶管,即可直接吸饮;如果没有,也可直接从容器中将水倒出,但却需 1～2 小时的时间。这种装置最适合设在全天太阳可以照到的砂石堆积地,其次是下雨时会积水的洼地、雨季后的高地等,这些地方积存地下水的比率较高。如果在洞的斜面铺上植物(仙人掌),效果当然更好。将仙人掌的切口并排,使水分蒸发出来,经过这种过滤作用,即使含盐分高的海水也能净化。

从动物中取水。动物的眼眶里贮含着水,应急时可吮吸,所有鱼类的体内都有可饮的流汁。可将鱼剖开,取出内脏,保留脂肪,除去骨架,直接饮用。沙漠动物也可成为流汁的来源,如沙漠中的青蛙体内贮有水分,可以榨取饮用。

收集雨水、露水。通常情况下,除因污染而形成的酸雨外,一般的雨水可以饮用。下雨时可用雨布、塑料布、各种容器、衣服、挖坑等方法收集水。在日夜温差大的地区,会有很多露水。即使在沙漠环境中,于清晨时分,用布在玻璃、金属、鹅卵石等光滑的表面上吸露水,然后拧入容器,就可得到水源,稍加处理即可饮用。另外,收集冰雪,加热融化,可得到水。

在实在无水的情况下,小便也可以应急解渴。可以做一个过滤器,在竹筒的底端开一个小孔,由上顺序放入小石子、沙土、碎木炭。将小便排泄于此,小孔下就流出过滤的水。

【友情提醒】 如果得到的水浑浊不清,可以取一块新鲜的仙人掌,在上面划一道口子,轻轻揉压至有液体流出,在水中滴入一滴(或两滴)搅动水 10～20 秒钟,水中杂质就会沉淀,水可澄清。也可以在浑浊的水中放入少量明矾,搅拌一会儿,水也会变清。

在净化过的水中倒入一些醋汁,搅匀后,静置 30 分钟后便可饮用。只是水中有些醋的酸味。

值得一提的是,在水源紧缺的情况下,要合理安排饮用水,不要为一时口渴而狂饮。在野外工作或探险中,喝水也要讲究科学性。如果一次喝个够,身体会将吸收后多余的水分排泄掉,这样就会白白浪费很多水。如果在喝水时,一次只喝一两口,然后含在口中慢慢咽下,过一会儿感觉到口渴时再喝一口,慢慢地咽下,这样重复饮水,既可使身体将喝下的水充分吸收,又可解决口舌咽喉的干燥。

身置寒冷地带怎么办

大多数寒冷地带遇险者,常因体温下降,局部冻伤而丧失功能,难以进行各种生存活动,最后死于低温症。夏季登山骤遇风寒亦可导致类似结果。寒冷环境中求生,关键是保持体温。

寒冷地带遇险,必须身着防寒服。头部和颈项部尤其要注意保暖,以免脑部低温而出现健忘、精神错乱和昏迷,跌倒在冰雪中。

【应急措施】 陷入寒区险境的人,必须以勇敢、现实、平静、乐观的心情来排除对寒冷的恐惧。

防寒服宜稍宽松些。穿防寒服后尽可能少做剧烈活动,以免出汗太多后不易发散,造成防寒服内过湿,防寒作用大减。若必须剧烈活动,可脱去厚衣服。

在严寒中,头、手指、手腕、膝盖、足踝都是最容易散失体温的裸露部分,这些部位应该充分保暖。应该将毛衣、背心和开襟羊毛衫塞进裤腰里保护腰部。如果衣服湿了,想办法把里面的衣服烘干,而外面衣服湿着冻起来,则可以多一层保护。

在又湿又冷的地方,如果时间待久了,应该尽量使脚部干燥,每天晚上都应该干燥一下袜子,任何硬帆布、粗抹布都可以一层层包脚,各层之间用干草隔起来。

估计没有可能自行脱险而需等待营救者,在入夜以前,须先找个栖身处所。干燥、避风的岩洞最理想;带有帐篷的,搭个帐篷;也可挖个雪坑,用冰雪垒个雪屋。隐蔽所附近必须有充足的燃料,以便燃起篝火,既作取暖用,又作求救信号用。

多人同时遇险时,不要各自为战,而应尽可能挤在同一隐蔽所中,既可相互照应,又可保持暖和。若无睡袋,应轮流打盹,清醒者不时添加燃料,保持火势。同时,也要不时叫醒同伴,与他说说话,以免他们因过于寒冷而在不知不觉中昏睡过去。

如脸部、手部出现白色斑点,提示有可能被冻伤,要及时搓揉颜面、耳鼻部位,搓揉双手。一旦发生冻伤,切忌用雪团揉搓冻伤部位,这样会加快散热,使冻伤的范围扩大。同伴可以将冻伤者的受伤部位置于自己温暖的怀中或腋窝下。若有条件,也可浸泡在 43℃ 左右(手试感到不冷不热)的温水中。

寒冷环境中,遇险者一旦处于神志欠清醒状态是非常危险的,必须立即抢救,关键是提高体温。生火,用躯体温暖患者,给予热饮料和甜食,唤醒他活动活动肢体等,都是可取的方法。最好能使患者尽快脱离寒冷环境。

【友情提醒】 生火御寒是寒冷地带求生的重要措施,所以务必小心保留火种,包括火柴、打火机等。

在冰冷刺骨的地带要多运动,只要环境允许就要不停地动。搭造宿营地,积极寻食和进食。

登山遇险怎么办

奇峰异山空气清新,气候宜人,景色优美,是大自然给人类的恩赐,但山高路险,地形复杂,很容易遇到危险。

【应急措施】 登山时,背包里应备有防寒服等,必要时可以将整个人包起来。穿着挡风、温暖的衣服,外衣裤须完全防水,牛仔裤和普通防水夹克都不能抵御狂风暴雨,并带一套干衣服备用。

途中若感到热,应该脱下衣服,以免身体给汗水沾湿,因为水分从身体吸取热量的速度比空气快。

不论在什么地方爬山,一般都应选择从清晨4点钟左右开始,这样可以顺利地越过岩石区,避免滚石。因为一般向阳的岩石经太阳照射之后,在2～3小时之后就会有滚石滑动。沿山坡攀登时,要尽量选择最高的地方,最好是沿着山脊前进,因为这些地方不易发生滚石。

在攀登过程中,遇到暴风雨,或因野兽受惊而引起乱石时,必须采取避险措施。一般当发生滚石时,往往带有很大的声音,最初是"叭叭"的冲撞声,慢慢地变成巨大的"隆隆"声。当滚石向下滚动时,开始是左右斜冲跳跃的,进入斜槽后则成直线滚落,这时要仔细地观察滚石的方向,迅速地躲到安全地带,万一来不及,切记不能慌张。在判明滚石的方向后,当滚石快要到自己跟前时迅速躲开。

当攀登者不慎发生滑坠时不要惊慌,要冷静地观察滑坠路线上一切可以救助的事物,并适时采取相应的自救措施。

【友情提醒】 一般来说,山顶与山脚温差较大,山的高度每上升100米,温度就会下降0.7～0.9℃,而且山顶雾气弥漫,晴雨无常,在这种气候条件下登山,如果所带衣物不足,极易受凉感冒。

登山时心跳加快,血压上升,氧气消耗增加,而烟酒会加速心跳,提高血压,增加了心脏的负担,降低心脏的功能,减弱了体力,对身体有极大的害处,所以要忌烟酒。

准备绷带、三角巾或急救包,以及清凉油或跌打万花油、蛇药等以备应急用。另外,还需带上小刀、指南针、地图、绳子(5～10米)、手电筒、电池、哨子(遇险呼救)等。

不要携带过重的物品,天气寒冷时尤其容易导致疲劳和受寒,为了保持体力,脚步不要太大。

▶ 旅游时发生高山反应怎么办

高山反应的症状有头昏、头痛、心悸、气短、恶心、呕吐、失眠、腹胀、胸闷、面部浮肿、口唇轻度发绀、疲劳、呼吸急迫、食欲不振、头重脚轻,严重者出现感觉迟钝、呼吸困难、情绪不宁等,也可能发生浮肿、休克或痉挛等现象。

【应急措施】 如果到达高处有呼吸困难、脉搏跳动加快、四肢无力等反应,这是一般体力的人一下子攀登高山时容易出现的症状,过一段时间就会自然消失。

发生反应严重的有剧烈咳嗽、呼吸困难、尿少、手脚发紫、脉搏微弱等现象,甚至会造成血压升高、视线模糊、意识不清等情形,应立刻将患者移到较低的地方或吸氧气。

长期住在高山上,很容易出现临时高山障碍现象,症状有体重减轻、浮肿、肺水肿、心脏衰弱、神经失调、静脉血栓病、肝机能障碍等。对此,最有效的处理法是吸氧气或药物治疗,如乳酸性生理食盐水、甘露糖醇等静脉点滴注射,其次也可服用利尿剂或强心剂。

头痛、头昏者可服用去痛片、安乃近、复方阿司匹林等止痛药物;恶心呕吐者可服用巅茄片、阿托品、维生素B_6等药物止吐;烦躁不安者可给予苯巴比妥、安定等镇静剂;有较明显水肿或反复出现水肿者,可进低盐饮食。

【何时就医】 一般而言,高山病患者到达平地后即可不治而愈。虽然如此,严重的患者仍需送医院处理。

遇下列情况之一者,应立即进行急救治疗并护送下山:严重昏睡或神志不清者;乱说乱叫,精神病样反应者;抽搐或半身不遂者;类似心绞痛者;脉率不齐;严重的头痛、上腹痛、恶心呕吐、腹泻且服药无效者;无其他原因而出现视力、听力等感觉障碍者;类似肺水肿症状者;下肢浮肿,全身浮肿或颈静脉怒张,肝脏肿大疼痛者;皮肤黏膜出血不止或胃肺出血者;极度体力衰弱者;眼底镜检查有视神经乳头水肿者;尿内出现大量蛋白、红细胞、白细胞者。

【友情提醒】　注意合理分配体力,脚步不宜过大并配合呼吸,同时要视坡度的急缓而调整,使运动量和呼吸成正比,尤其应避免急促的呼吸,前进途中要做到劳逸结合,始终保持充沛的体力。登山上升的速度不宜太快,最好步调平稳,上升的高度应逐渐增加,每天攀爬的高度应控制,以适应高山气压低、空气稀薄的环境。行程不宜太紧迫,睡眠、饮食要充足正常,经常性地作短时间的休息,休息时以柔软操及深呼吸来加强循环功能及高度适应,平常应多做体能训练以加强摄氧功能。

攀登途中,如果感觉闷热,应适当脱减衣服,以免身体出汗过多,因为汗水从身体吸取热量的速度比空气快,出汗时严防吹风受凉。

在初入高原时,要避免做过于剧烈的体育运动和过于繁重的体力劳动。睡眠要充足,睡时枕宜高,乘车步行途中要戴口罩、风镜,以防灰尘和紫外线等不良影响。

由于高原地区风速大,日照强,雨量少,相对湿度低,人体由肺及皮肤蒸发的水分多于平原,因此每人每日需水量应不少于 3.5 升。

被困在沙漠中怎么办

沙漠地最大的特点是干燥,日夜温差大,风沙大,沙质松,行走困难;最大的危险是急性脱水致死。气温超过 40℃,即使白天躲在阴凉处,若无足够饮水补充,一般只能生存 2～3 天。

【应急措施】　穿轻便长袖衣裤,颜色以浅白色为宜,既隔热防辐射,又宽大通风,便于散热。

戴上帽子或简易头巾,完全遮蔽头部、颈项和背部,减少暴露面,预防中暑。

必要的体力劳动应在夜间进行,行走时间也应选择清晨或傍晚。

沙漠地找水特别困难,可根据下列标识找水:比较潮湿的地面,长有芦苇的地底下,动物足迹的走向,低洼处,干涸的河床深层,废弃的牛羊圈旁。

一旦发现有飞机从空中掠过,可用反射镜借助阳光发出求救信号;晚上可用帐篷、衣物、木柴蘸上汽油燃烧,以引起营救者的注意,争取早日获救。

【友情提醒】　缺乏食物时可试食周围的植物,但除非到万不得已,不宜采集,因为这要消耗大量体力和汗液,常得不偿失。

在沙漠中行走要注意流沙,有时会整个人陷进去。为此,在沙地、沙滩上行走时应带一根棍棒探路。

身陷沼泽怎么办

在湖边、江畔、草地、泥潭的某些地方会有危险的沼泽,万一不小心掉进去,就会有生命之忧。

【应急措施】　如果发觉双脚下陷,不要挣扎,否则会越陷越深,顷刻之间就有灭顶之灾。应将身体后倾,轻轻躺下,身体放平,张开双臂,这样可以有效地分散体重,减小人体对沼泽表面的压强,使身体浮于表面。

移动身体时必须小心谨慎,每做一个动作都应让泥土有时间流到四肢底下。急速移动只会使泥土之间产生空隙,把身体吸进深处。

如有人同行,应躺着不动,等同伴抛一条绳子或伸一根棒子过来拖拉自己脱险。

如果周围没有其他人,只好躺着,手脚动作要小,用背泳姿势缓慢移向硬地。身旁有树根、草叶时,可以借助它们移动身体。移动时,千万不要慌乱;疲倦时,可以保持背泳姿势休息片刻。然后坚持慢速平稳移动,直到脱离危险。

若有同伴陷入泥潭,不可贸然向前营救,应先告诉同伴沉住气,向靠近自己的方向平卧。然后仔细试探前面的路面,只有肯定路面较结实时再一步步靠拢下陷者。自己站在结实的地基上,抛出绳子或递上棍棒,让同伴接住,让他借助绳子或棍棒一点点地移向安全地带。若营救者脚下也不很结实,可卧倒营救,以增加身体与地面的接触面,不致下沉。

若附近有树或灌木,可用绳子一端系在树干或灌木根部,另一端抛给下沉者或系在自己身上再去营救。

【友情提醒】　在荒野中有一些潮湿松软的泥泞地带,称为泥潭。如要走过布满泥潭地区,应沿着有树木生长的高地走,或踩在草丛上走,因为树木和草丛都长在硬地上。如不能确定走哪条路,可向前投下几块大石,试试地面是否坚硬,或大力踩脚,假如地面颤动,很可能是泥潭,应绕道而行。也可随身带一根手杖,随时试一试地面的软硬程度,以免发生危险。

行走时不要脱下雨披、背包等。万一陷入泥潭,这些东西常可增加浮力。

陷于野外洞穴中怎么办

旅游探险或野外工作的人,都有可能深入洞穴。人迹罕至的洞穴大都尚未开发,里面高深莫测,不辨方向,因而极易迷路,一旦在这些洞穴里迷路,很难被人发现,应冷静地考虑一下,设法脱险。

【应急措施】　如洞中见到光亮,应循光亮而行。行走时,随时注意头顶有无易脱落的石块,脚下有无深洞或绊脚的物体。

在洞穴中,如没带电筒,或电筒熄灭四周漆黑一团时,可先停步下蹲或坐下,闭上眼睛,至少休息 10 分钟,让眼睛适应黑暗环境,然后朝有一丝光亮处行进。若四周仍漆黑一片,可按记忆中进来的方向和路,一手向正前,另一手向左右摸索,屈着双腿,爬行似的向前走。

如洞外有人接应,可叫接应者把绳子结圈抛入洞中,遇险者以绳圈套在脚上,屈膝,用力蹬着绳子向前爬。

如困在窄洞内,先要明确身体能否钻出去。如果可以,放松身体,平稳呼吸,抓住可以抓住的任何东西,也可用脚蹬着任何足以支撑的东西。如有同伴,先行者在前面爬,后面的同伴可托住他的脚,让他先爬出,然后其他人再陆续爬出。

若几个人同时困在洞穴中,千万不要走散,可手拉着手或以绳相系一起行动。

如果在洞穴内迷路了,或怀疑自己迷了路,就应马上停下来,想想究竟在什么地方走错了路。计算一下在地底逗留了多久，从而估计走出洞外需时多少。在停步的地方做个记号，最好在泥上刮一个符号或叠起一堆石头；也可在洞壁上用小刀刻记号或用蜡烛熏一个黑印。设法从原路走出去。

如走了很远仍未见原路，应循记号走回去，再试另一条路，直至找到出路为止。即使洞穴通道甚多，也能把范围逐渐缩小。

困在溶洞完全放松身体，呼吸恢复正常之后，设法慢慢钻出洞口。要有耐性，而且保持轻松。

【友情提醒】　不要冒冒失失地到各种洞穴中去探险，要去的话，一定要结伴同行，并事先告知家人或同事、领导等，这样即使遇上险情也可以得到救援。

如无法自行营救，洞外的人应迅速报警，以便组织力量营救。

临行前，对将要面临的困难和危险要有充分的思想和物质准备。要有充分的休息，保证精神抖擞、精力充沛，准备充足的食物、饮用水、照明用具、防寒衣物、防身物品等。

入洞后随时做好标记，可以在泥地上画一个符号，或垒一堆石头，也可以用小刀在洞壁上刻出记号等，这样可以在迷路时顺原路返回。

在洞内应经常休息，以节省体力。休息时要关上手电筒或其他照明用具，以免浪费电力。电池电力紧张时，可把电池靠近身体烘暖，这会使电池的使用寿命延长一些时间。

碰上狂热人流面临被踩踏怎么办

挤轧踩踏事故通常发生在人多、场面突然失控而陷于混乱，人群相互拥挤，夺路而逃。主要是发生在体育场馆等地方，观众因突然情绪激动向前拥挤，或双方球迷相互挑衅时形成混乱，造成事故。还有像参观灯会或庙会或赶集、电影院、剧场等有集体统一时间出入的狭窄通道、楼道等，往往人潮如海，你挤我拥，很容易出现混乱局面，此时，稍有闪失，轻者会挤掉鞋、踩伤人，重者可以遭挤压致死。

【应急措施】　如果发觉慌乱的人群正向着自己行走的方向拥来，应该马上避到一旁，但是不要奔跑，以免引人注意；如果躲避不及，马上到最近的商店、民居去躲避，或者藏身在适当的角落；留在原处不动，直至人群走过。

如果身不由己而陷入人群之中时，要远离店铺的玻璃窗，双脚站稳。如有可能的话，要抓住一个坚固的东西（如路灯柱之类），待人群拥过之后，迅速而镇静地离开现场。

如果被人群拥着前进，要用一手紧握另一手腕，双肘撑开，平置于胸前，腰向前微弯，形成一些空间，使呼吸畅顺，避免受人挤压，以致呼吸困难而晕倒。

若被推倒，要设法靠近墙壁。面向墙壁，身体缩成球状，双手在颈后紧扣，以保护身体最易受伤的部位。

如果你正在汽车内，群众情绪愤怒、激动或满怀敌意时，不要驾车穿越人群，否则更容易受到群众的袭击，打破车窗门、翻转汽车，自己可能受重伤；如果自己的汽车正与人群同一方向前进，不要停车观看，应马上转入小路、倒车或掉头，不动声色地驶离现场；如果根本无法避开前进的人群，应把车停好，锁上车门，然后离开，躲入商店或民居；如果来不及找停车处，情况紧急时，只好停在路中心，同时关掉引擎，锁好车门，静静地留在车内，直至人群走过。

一旦发生场面混乱时,要及时往人少的地方转移。可以躲到障碍物的后面、门背后或贴在墙边,若有可以拉手的地方,应用手紧紧拉住,防止跌倒。如有可攀援的树木、台阶等,要尽快向高处攀登,尽快脱离人群。

万一被卷入狂热的人流中,切记:即使鞋被踩掉,衣扣被挤掉,皮包挤丢了,均不可强行蹲下身去寻找,这将会被活活踩死,必须伺机向边缘移动。

人流十分拥挤,自己被拥着向前走时,可屈膝,略微踮起双脚,以免脚趾被人踩踏。但一旦人流较缓,即双脚平踏,不然易被人挤推摔倒在地。

情侣同行,在狂热的人流中不应手挽着手。因为人流移动速度不一,很可能导致手臂骨折,甚至被绊倒、踩踏致伤残。

青年女性在拥挤的人流中要特别注意,不可高声喧叫而惹人注目,人流中难免有歹徒或不良分子,有时他们会挤到姑娘旁,暗中进行性骚扰,甚至用利刃割划女性裤子、裙子,或划伤大腿、臀部等。可能时,尽量走在中壮年或比较正派的人员中间。

怀抱孩子或手拉着幼童者,更要注意,最好不要去凑热闹,远而避之。万一已被卷入人流,可让孩子骑在自己颈项上,避免被挤压或走散。

万一被推倒在地,应设法靠近墙壁,身体迅速蜷成球状,双手护着头部。重点保护头部和胸腔,并尽可能很快站立起来。

人流中万一被推倒,很可能第二、第三个人便会接连绊倒在你身上,此时要镇静,一般后面人看到前面人接二连三倒下去后会很快醒悟起来,绕过而走,此时迅速站起,并扶起其他绊倒者。

如骑自行车遇到人流,切勿横向堵在人流前,这有可能造成惨祸,自己也会被惹怒的人群揍打。如推车被夹在人流中间,应趁早躲避一旁,或停留在坚固固定物(如电线杆、大树等)里侧,待人群过后再作计议。

【友情提醒】 在场馆观赏球赛时尽量选择后排的座位,虽然距离稍远一些,但要安全得多。观赏比赛时要注意控制自己的情绪,一旦发生人群向前拥挤的情况,不要随波逐流跟在人群中,而要镇静地坐在后排位置上。

如发现狂热人流正向着自己这边拥来,应马上退避,但切勿奔跑,以免引起误解,引发更大骚乱。如人流在前面,自己身后人群已不很多,可停留原地不动,静观事态。尽可能不要逆人流而行,否则,出现意外的可能性将大大增加。

在通过有集体统一时间出入的狭窄通道时,不要制造恶作剧或开恶意的玩笑,以免场面混乱。不妨等候人流高峰过后,通道不太拥挤时再通行。

电影、戏剧散场后,可以耐心地等一会儿,等出入口不再拥挤时再离场。

面对寻衅闹事者怎么办

在夜间或白昼某些偏僻之处,若见几个"混混"在一起,口出秽语,而且漫无目的地逛来逛去,应小心提防。尽可能不去惹他们,对他们的污言秽语装着没听见,即使对方言不逊也应尽可能忍耐。

【应急措施】 万一闹事者注意到了自己并有意寻衅,自己的答话要冷静,不卑不亢,既不要厉声夺人,也不必唯唯诺诺,而要有理有节,让对方无口实可抓,觉得你不太好对付。

要尽快中止争执，即使吃亏几句话也无妨。若是单行的青年女性，则以不作理会为上策。

如果发现寻衅者在欺凌女性或弱者，周围并无他人相助，这时要估计一下自己和对方的力量。如相差悬殊，以好言相劝方式为主，给对方一个台阶下。寻衅者看见有人出来说话，只要言语不过分刺激他，有时是会有所收敛的。

如情况较严峻，可迅速报告附近的治安部门或派出所，并注意记住寻衅者的身高、年龄、语言和面部等特征，以便追捕。

【友情提醒】　挺身而出时，要有接受对方的武力挑衅、进行正当防卫的心理准备。如有几位同伴同行，可事先略作分工。

困在电梯内怎么办

如果电梯坏了或突然停电困住人，千万别惊慌，保持镇定，电梯不会掉下电梯槽，而且有几种方法救援。

【应急措施】　利用警铃或对话机求援。如不能立刻找到电梯技工，可请外面的人或用手机打电话119呼叫消防员。消防员通常会把电梯绞上或绞下到最接近的一层楼，然后打开门。就算停电，消防员也能用手动器械把电梯绞上绞下。

如果外面没有受过训练的救援人员，千万不要尝试强行扒开电梯内门，即使能打开，也未必够得着外门，想要打开外门安全脱身更难。

电梯天花板如有紧急出口，也不要爬出去。出口板一打开，安全开关就会使电梯刹住不动。但如出口板意外关上，电梯就可能突然开动，使人失去平衡。在漆黑的电梯槽里，可能给电梯的缆索绊倒，或者因踩着油垢而滑倒，从电梯顶上掉下去。

【友情提醒】　进出电梯须观察，电梯停稳后，乘客进出电梯时注意观察电梯轿厢地板和楼层是否水平。如果电梯门开着，要看一下轿厢是否在本层。夜间光线不清的时候更要注意，否则可能造成伤害。

乘电梯时，电梯门没关上就运行，表明电梯有故障，乘客不要乘坐，同时向管理部门报告。不要随便按应急按钮，应急按钮是为了应付意外而设置的，电梯正常运行时不要按动，否则会带来不必要的麻烦。

乘电梯时不能吸烟，严禁强行扒开电梯的门；不能在电梯内玩耍打闹，不能乱动电梯开关。乘坐滚动扶梯，必须遵守乘梯规定，特别要注意防止被电梯夹挤伤人的事故。

乘电梯过程中，如发现电梯有异常时应手扶电梯壁并侧身双腿保持弯曲，以减轻对电梯突然停止时的不适应。

白天迷路了怎么办

白天在野外、森林、沙漠赶路时，如果相同的地点已是第二次出现，可以断定这是迷路了。一旦怀疑自己迷了路，如果仍然盲目前行，处境会更加糟糕。此时，应立即停下来稍事休整，等找出正确的方向后再继续前行。

【应急措施】　如果有地图，可利用地图与实地地理特征作比较，找到正确方向；也可利用指南针所指正确方向，重新调整自己的前进路线。

没有地图或指南针时,可观察周围环境,寻找到房屋、电线、炊烟等,可朝它们走去。没有这些特征时,可考虑往回走,返回较为熟悉的大路,再重新确定去向。

利用太阳判断方向。正午时北半球太阳在天上靠南,南半球相反。如太阳被阴云遮挡,可以用小刀刃、剪指刀、火柴梗、钢笔尖等竖放在信用卡、小镜子等光洁物的表面上,并从中找出淡淡的阴影,据此可推断太阳的方位。

如果你戴的手表是有指针的且已校准过当地时间,把手腕平放,时针指向太阳,时针与12点方向所成角的角平分线方向就是正南正北方向。在北半球时,角平分线指向正南,南半球时则指向正北。

在浓密的森林或其他看不见太阳的地方,可通过观察树干或岩石上的苔藓判断方向。苔藓多长在背光处。在北半球,朝北或朝东北一面的苔藓较多;在南半球,则朝南或朝东南那一面的苔藓较多。另外,朝向太阳的阳面树干上的树皮一般会比阴面的树皮粗糙一些,因此,树皮粗糙的一面一般指向南方或西南方(南半球相反)。

没有手表或其他工具时,可在原地停留一段时间,将一根木棍垂直地竖在平地上,在太阳的照射下形成一个阴影。取一石块放在杆影顶点 A 处。随着太阳的移动,杆影也在移动,十几分钟后再取一石块放在杆影顶点的新位置 B 处。A 与 B 的连线指示方向就是东西方向。其中 A 点在西边,B 点在东边。更简单的方法是:在一块平地上找到一棵树的投影,选择树影中一处比较明显的部位,如树尖或某一枝杈的影子,记录这一部位的移动情况,以此确定出东西方向。

【友情提醒】 在旅馆住下后,应向前台服务员要一个该旅馆的地址和电话号码,备在身边。迷路时,可凭此问路,或者直接乘车回到旅馆。避免迷路的方法就是要常常观察地形和位置。一个人在街上行走时,应不时向周围观望,记住有特征的景物或一些标志性建筑物。团体出游时,注意不要脱离队伍。即使迷路,也要有归队的信心。

如果是乘车到远地旅行而迷路时,最好坐出租车回来,你可以告诉司机所住旅馆的名称。如果没有旅馆的地址且司机也不知道确切地址时,你就告诉他最初下车的地方。

黑夜迷路了怎么办

在野外旅游或工作的人遇到特殊情况时需要晚上赶路,而在夜晚人的方位感明显降低,容易迷失方向。

【应急措施】 如果月色依稀可见,可据此观察周围环境,寻找公路、农舍,以求帮助。

如果没有指南针,可利用星星辨别方向。在北半球,北斗七星有助于找到位于正北方的北极星。在南半球,南十字星座大致指向南方。此外,无论在南半球或北半球,都可利用猎户星座辨别方向。猎户星座的腰带是 3 颗并排的星,设想有一直线连接中间那颗和头部中央,头部那端指向正北,脚部一端则指向正南。

如果既无月光,又没有星辰,四周漆黑一片,看不见周围环境,这时应停止前进,找一个栖身之地。一段残垣断壁或山脚岩石后面,都可以暂避风寒。多穿几件随身携带的衣服,钻进睡袋(如果有)以取暖。人多时可以抱成一团来取暖,中间位置留给弱者或女性,隔一段时间应互相易位,以免外围有人冻伤。等熬过黑夜到了白天,再按白天判断方向的办法寻找正确的路线。

雪天迷路了怎么办

在茫茫无边的雪原上，如果又赶上暴风雪，这时天地之间一片白雪皑皑，地形变得模糊不清，地平线、山川、树木、悬崖已在人的目光中隐去。人在这种情况下最容易迷路，如果贸然硬闯，那是相当危险的。

【应急措施】 找一个现成的雪洞或树洞躲避一会儿。如果没有现成的藏身之处，可以找一个背风的地方，也可自己动手挖一个雪洞。

找好地方后，找一件颜色鲜艳的衣服或帽子等物品系牢在木棍或树枝上，插于附近，以便救援人员及时发现。

没有睡袋以及被褥、羊皮大衣等御寒保暖时切勿睡着，以免不知不觉间被冻僵。应保持清醒，直到天气好转可以上路为止。

如果确需冒险赶路，可以利用地图和指南针寻找方向。一边走一边向前扔雪球，留意雪球落在何处和滚向何方，据此可以探测斜坡倾斜方向。如果雪球一去不回，前面可能有悬崖，应当心。

风雨中迷路了怎么办

风雨天，树木飘摇，道路泥泞，天空昏暗，行人稀少，此时极易迷路。

【应急措施】 穿好雨衣，或用塑料袋等保护好身体离开高地、大树，到稍低洼的地方暂避一时。注意，不能到深沟大壑处，以防洪水暴发，使你陷入更加危险的境地。

如果在山上，可以沿着溪流的流向下山，但不要贴近溪流而行。因为山洪冲击力极大，河岸两侧一般非常陡峭，而且雨季山洪随时有可能暴发。因此，正确的做法是循着水声沿溪流下山。

随时注意前方道路情况。不能走近浅绿色穗状草丛的洼地，那儿很可能是沼泽。

留意路旁有没有住家及其他可避风雨的藏身之所。一般而言，有路的地方就有可能找到人家或藏身之处。

暴雨中驾车遇险怎么办

2012年7月21日，北京突降暴雨，有的司机受困遇难。那么，在暴雨时车辆被困积水中该如何自救呢？

【应急措施】 趁水位浅时赶快打开车窗或全力打开车门逃生。如水位已经较深，可在手上裹些衣物、靠垫之类或用车内锋利的工具打碎车侧窗玻璃。由于前挡风玻璃是夹胶玻璃，在水中无法砸碎，因此，一定要选择侧窗玻璃的四个角进行敲打。也可以将坐椅头枕拔出，用其后端的钢制插头对准侧窗的窗角猛击，然后从侧窗逃生。

如果汽车被水淹已经较深，而人又无法从车窗逃出，应将面部尽量贴近车顶上部，以保证足够空气，并冷静等待水从车的缝隙中慢慢进入（在水进入车内时要用手拉紧车内门把手，这样水进入车后人就不会漂浮而离开车门把手），车内外的水压保持平衡后车门即可打开了。打开车门游出时，一定要头先出来。

暴雨时，最应躲避低洼处。如果车辆附近水浅、距离安全地带近，通过初步判断，能够很快到达安全区域的条件下，应采取自救，避免越陷越深，水越积越多。

有些开车的人在遇到前方积水时都想猛踩油门冲过去，而事实上积水从车下涌入发动机，常常会造成熄火，发动机一旦熄火（一旦熄火，车玻璃就再也摇不下来），在雨水中很难再次发动，此时雨水会很快涌到车边。遇到这种情况，事先必须打开车窗，以便迅速从车窗游出去，获得更大的逃生机会。

【友情提醒】 进入雨季，车内必须备有安全锤等应急物品，可用来砸碎车窗逃生之用。在被积水围困时，应当砸车窗玻璃的四角，而不要砸挡风玻璃。挡风玻璃的厚度是车窗玻璃的 2 倍，不易砸碎，并且必须赶在水没过玻璃最下线之前砸开，一旦水位高过玻璃下线就难以砸开。

第四章　意外创伤篇

异物入眼怎么办

除非你从早到晚都戴着防护性墨镜，否则，风沙、虫子等异物掉入眼睛内引起不适是在所难免的。这些东西在眼睛里滞留的时间越长，你的眼睛就越红、越痒、越肿。

【应急措施】当沙尘随风飞入眼内时，产生的刺激往往使人们不由自主地用手或手绢揉擦眼睛，这不仅无法解决问题，反而使异物嵌入组织内而难以取出。正确的方法是：眨眼可分泌泪水，利用泪水将异物"冲"出。如果眨眼无效，可用手指抓住上眼睑的睫毛，盖向下眼睑。如此一来，下眼睑的睫毛可"刷"向上眼睑内侧，迫使异物排出。有时这种方法会使异物跑向眼角，此时可用湿手帕的一角或手指轻轻拨出异物。也可用两个手指头捏住上眼皮轻轻向前提起，救助者向眼内轻吹，刺激眼睛流泪，将沙尘冲出。这一方法如不奏效，则翻开眼皮直接查找异物。先让患者眼睛向上看，救助者用手轻轻扒开下眼皮寻找异物，应特别注意下眼皮与眼球交界处的皱褶处，此处易存留异物。如果没有，可翻开上眼皮以及眼皮的边缘和白眼球寻找。找到异物后用干净手绢的一角将异物轻轻沾出。如果进入眼内的沙尘较多，可以试着用水冲眼，把异物冲出。先在水里加少许食盐，用淡盐水轻轻冲眼，可把异物冲出。也可用普通自来水把眼睛里的异物冲走。去水池边，或弯腰凑近水龙头，让水溅到眼睛里，用清水冲洗。

家庭炒菜或炸鱼时可能热油会溅起，如果躲闪不及，锅内滚烫的热油不慎溅入眼内，疼痛流泪，不敢睁眼。如果烫伤不重，在家中自行滴一些抗生素眼药水或眼药膏即可，一般24小时烫伤的角膜上皮可痊愈。如果烫伤面积大而深，需去医院检查治疗，避免眼睛感染影响视力。

如果是小铁屑入眼，可拨开眼睑，暴露铁屑，用磁石吸出。若铁屑等异物嵌入组织取出困难时，不要勉强反复沾拭和来回擦拭，这样会损伤眼组织，尤其是嵌在黑眼珠（角膜）上的异物绝不能盲目自行剔除，应立即去医院接受眼科医生的治疗。

当眼睛进入了洗洁剂时，首先要做的就是要将洗洁剂冲洗出来。为此应迅速侧卧，用水壶的水不停地冲洗眼睛，这是处理这一情况最为迅速而有效的方法。这种方法应持续10～15分钟。

当眼睛被异物刺痛，或者配戴隐形眼镜致使眼睛红肿充血进而无法取出时，不要自行处置，应用干净的纱布盖住眼睛，找眼科医生诊治。

一旦农药入眼，要马上清洗。在搞不清农药的酸碱性质时，可用清水冲洗。一般来说，目前常用的农药，如敌百虫、敌敌畏、稻瘟净、触杀灵、杀草丹等，多属于酸性物质，采用碱性液体冲洗效果更好。可用2%的碳酸氢钠（小苏打）液反复冲洗眼睛，或将脸面浸入盛有小苏打液的脸盆中，用手分开上下眼皮，转动眼球。冲洗时间应在15分钟以上。眼睛清洗之后，眼内应滴入氯霉素或新霉素眼药水以预防感染，滴可的松眼药水或涂可的松眼膏，对眼睛受到的损害有治疗作用。

异物取出后,可适当滴入一些消毒眼药水或挤入眼药膏以预防感染。

【何时就医】 有时用肉眼找不到异物,而眼球仍可转动,这样异物在眼内可能磨伤角膜引起感染,甚至有失明的危险,此时最好的办法是用纱布轻轻覆盖眼睛,然后快速去医院诊治。

如果异物嵌在黑眼球上,就不要再自己硬取了,以免造成角膜擦伤,应到医院就诊,眼科医生会给眼内滴麻药后取出,并进行一些消炎处理。

【友情提醒】 翻上眼皮的方法:患者眼球向下转,看自己的鼻尖,检查者以左手拇指和食指轻轻捏住其上眼皮的皮肤,提起眼皮,拇指向上同时食指向下,缓缓捻转所捏住的上眼皮皮肤,这样上眼皮就很容易被翻转过来,以食指按住,固定,不使其翻回。

有时异物排出或取出后眼睛仍感磨痛不适,好像还有异物,这是因为角膜上有伤,只要检查确实无异物,滴些抗生素眼药水及眼药膏很快就可恢复正常。

运动或粉刷油漆时切记戴眼镜,以防异物或油漆溅入。游泳时戴防水蛙镜,以防游泳池内消毒水刺激眼睛。

异物入耳怎么办

外耳道异物系指外耳道存在除耳屎以外的物体。任何可以进入外耳道的物体都可以成为外耳道异物。儿童多因玩耍将小物体塞入耳内,成人多为挖耳时遗留小物体如棉球等,或昆虫飞入耳中。尽管异物有多种多样,但一般将其分为非动物性异物和动物性两种。前者多见于小玻璃球、金属小玩具、果核、纸团和豆类等,后者多为蚊虫、臭虫、蟑螂等。大的异物可引起听力障碍、耳鸣、耳痛和反射性咳嗽;豆类遇水膨胀可刺激外耳道皮肤发炎、糜烂和感染;异物嵌顿在耳道的骨性部分时可有剧烈的疼痛。异物塞入耳中可堵塞耳道,损伤耳膜,引起听力下降。而昆虫等动物性异物在耳内爬行可引起剧烈耳痛、噪声,患者常惊恐不安,严重时会损伤鼓膜。外耳道有异物,如乱抠乱挖,会导致鼓膜的破裂,造成严重后果。

【应急措施】 活的昆虫入耳,可到暗处用光照外耳道,虫见光后会自动出来。向耳内滴入少许米醋或生姜汁,活的昆虫也能自己出来。若虫不出来,向耳内滴入3~5滴植物油,过2~3分钟,虫浸死在油内再把头侧向患侧,虫会随油淌出,不随油淌出时可用镊子取出。也可将温盐水盛在干净的小杯内用来冲洗耳道,使虫子淹死而冲出。如果是稍大的虫子进入耳道,可用食指紧压住耳屏,以断绝耳内的空气,迫使虫子回转。等到感觉耳道口有虫子蠕动时,即把手指松开,虫子一般就会掉出来。将香烟的浓烟直吹入耳内,小虫被熏后即会自行逃出。

耳内的豆、谷粒和玉米等忌用水剂类药物滴耳,以免异物膨胀嵌顿;切不可盲目地用镊子取,以防异物被推向更深处而损伤鼓膜。若这类植物类异物在外耳道膨胀嵌顿,可用95%以上乙醇滴耳,使异物脱水,或用热风吹耳(电吹风),将异物水分蒸发,解除嵌顿。豆入耳道,也可选一根细竹管,其直径与耳孔一样大小(如毛笔竹套),轻轻地插入耳道,然后嘴对着竹管外口用力吸气,豆子会被吸出来。还可将患侧向下,轻拍耳部,使其掉下。小豆等被塞入耳道,可让患者头倾向有异物的一侧,踮起同侧的脚,反复地跳,在重力作用下,圆形异物也许会掉出来。取一小棉签，包上胶带纸(胶面朝外)粘取误入耳道的麦粒、稻谷、小虫或虫尸等异物。

铁屑入耳后，可将患耳向下，用手轻轻拍击耳郭，使其掉出；也可让患耳向下，单脚弹跳，有时异物会掉出；还可试用细条形磁铁伸入耳道内将其吸出。

如果异物为纸屑等柔软的东西，可以用细麻绳或琴弦，把断头散开，粘上黏胶一类的胶质物，伸入耳道，将异物取出。

耳道进水时，将头侧向患侧，用手将耳朵往下拉，然后用同侧脚在地上跳数下，水会很快流出。也可用牙签卷缠着棉花轻轻擦入耳中，将水分吸干。

化学性的异物，若为碱性(如生石灰等)，切不可用水冲洗，以免发生化学反应而损伤外耳道及鼓膜，此时可用干棉签将其轻轻拭出。

【何时就医】　若采用以上方法都无效，应将患者送往医院，请耳鼻喉科医生处理。

如果小虫粘在耳垢中难以取出，要请医生在耳镜下用特殊的镊子取出。异物进入耳道多日或疼痛较重时不宜延误，立即赴医院治疗。

【友情提醒】　不要养成随便挖耳垢的不良习惯，因耳垢能保持耳道的适宜温度，还可防止灰尘、小虫等直接接触鼓膜。

游泳或洗澡时不慎耳道进水，应及时使耳道内水流出，以免引起中耳炎。

当发现儿童将各种豆类、果核、纽扣、钢珠、玻璃球等塞入或放入耳内时切不可盲目乱掏，以免越掏异物进入得越深。

异物入鼻怎么办

孩子常无意中将异物如豆类、纽扣、蜡笔等塞入鼻腔，成人则多半因意外事故导致异物如金属片、玻璃片等进入鼻腔。光滑小珠或其他金属物进入鼻腔，数周或数月可不产生症状。而尖锐、粗糙异物，可损伤鼻腔，发生溃疡、出血、流脓和鼻塞。豆类进入鼻腔因膨胀，可突然引起鼻塞、喷嚏，腐烂时有脓性分泌物及异臭味。

【应急措施】　异物刚进入鼻腔，大多停留在鼻腔口，成人可自己压住健侧鼻孔，用力擤鼻涕。听话的儿童也可用此法。但2～3岁儿童不宜采用，否则有可能将异物吸入。

在取鼻腔异物前，首先询问患儿将何种东西塞入鼻孔，然后让患儿坐在椅子上或大人腿上，头部后仰，检查者用手电照射患儿鼻孔，观察异物的大小、形状、位置，两侧鼻孔都要查看，以免遗漏。同时要告诉患儿用嘴呼吸，不要用鼻子呼吸，以免将异物吸入气管。

如果鼻腔内异物较小，位置不深，可通过擤鼻动作将异物擤出。擤鼻前，大人要对患儿详细交待擤鼻的方法，并给患儿做示范动作，使患儿正确掌握擤鼻的要领。擤鼻的要领为：大人先用一个手指将患儿无异物一侧的鼻孔堵住，使其不漏气(有异物一侧的鼻孔不可堵住)，然后让患儿用口深吸气(不可用鼻深吸气，以免将异物吸入气管)后做擤鼻动作，让气流将异物冲出鼻腔。或捻一个小纸条，刺激鼻腔黏膜；也可让患儿嗅胡椒粉，以诱发打喷嚏，有时也能将异物排出。

如是部分露出鼻腔，露出鼻腔的异物属圆形且表面光滑，可用大拇指压迫患侧鼻翼，将异物挤出鼻腔。对于圆滑的东西，即使看到也不要用手或用镊子夹取，因有可能使异物滑脱和推向鼻咽部，而误吸入喉腔或气管内产生危险。

　　如鼻腔的异物属纸团、棉花、纱条或菜叶等柔软带纤维的,可用镊子将其夹出。对于年龄较小不会擤鼻涕的孩子,不要勉为其难,否则会将异物吸入鼻腔深处。

　　如果异物是纽扣、豆类、花生米、弹珠等,可用一个曲别针,将外圈打开,保留内圈的回形端,弯曲朝下,从鼻腔上方轻轻伸入到异物的后方,向前、向下慢慢地将异物钩出。用上述方法必须小心,不要弄伤鼻腔黏膜,否则会引起黏膜出血,或将异物捅进气管口引起窒息而造成生命危险。

　　当发现儿童鼻腔里有异物后,千万不能用手去抠或挖,这只会促使异物更加深入。

　　异物取出后,应给予1‰麻黄素或抗生素滴鼻,以防炎症粘连。

　　【何时就医】　对于无法取出的鼻腔异物,家长及幼师不要强行取出,以免损伤鼻腔或形成呼吸道异物,而是应设法劝阻儿童不要哭闹,改用口腔呼吸,然后迅速抱送医院治疗。

　　如鼻腔内异物较大,应立即送专科医院钳取。在送医院途中,应避免患儿哭闹不止,否则异物将可能被吸入喉和气管,造成更严重的后果。

　　【友情提醒】　当家长及幼儿园教师发现孩子鼻腔内有异物时切勿紧张急躁,更不能严厉训斥和打骂孩子,以免孩子惊慌哭闹将异物吸入呼吸道,形成呼吸道异物的严重后果。大人要冷静,耐心地做好孩子的工作,使其能够合作。

▶ 异物卡喉怎么办

　　有些人进食时不小心被鱼刺、鸡骨、鸭骨、竹签、钉子、针等异物卡刺在咽喉部,可出现咽部疼痛、咳嗽、血痰、呼吸困难和吞咽受阻,有的还可能出血。有的人被骨刺卡喉以后,往往采用大口吞饭团、馒头和韭菜的办法试图将骨刺带下去。这样做虽然有可能将细软的鱼刺侥幸带入胃内,但对大而坚硬的鱼刺或鸡骨却无能为力,反而会因此越扎越深,甚至刺破血管或大血管,造成严重后果。还有的人将手指伸入咽喉乱捣乱抠,这样做也是很不合适的,甚至会适得其反,轻则加重局部组织损伤,重者可造成食管穿孔或损伤大血管引起大出血,是非常危险的。

　　【应急措施】　如果儿童误吞的小异物卡在咽喉部位,要鼓励其用力咳嗽,争取将异物咳出来。

　　将孩子颠倒悬垂着,稍用点力拍拍背脊,让其反吐出来。

　　抱着孩子,让其头部倒向前方,使劲地按压胃部,令其反吐。

　　如果仍然不能将异物吐出来,可将孩子夹在腋下,然后用食指伸入喉咙部位刺激喉部,令其反吐出来。

　　通常鱼刺最易刺在咽部扁桃体或其附近组织上,这时应让患者张大口,另一人借助自然强光或用手电筒照射咽部,迅速地用筷子或匙柄将舌向下压,让患者说"啊",充分暴露咽部,然后用镊子将鱼刺取出。

　　一旦发生鱼骨鲠喉,首先要立即停止饮食,不要咽口水,吐出口中剩余的食物后,用力"哈气"。利用气管内空气冲至喉部,表浅的鱼骨一般都可"哈"出来。

　　用洗净的筷子伸进嘴去压住舌根部,使患者恶心呕吐,最好能大吐,把吃进去的东西都吐出来,异物也就随食物一起出来了,这种方法极其有效。用勺子压住舌头,用手电照明,检查一下异物还在不在。如吐后还在,在什么位置?如还未呕出,其位置又明显可见,就可用筷子或勺子压住舌体,用另一双筷子或镊子将异物夹出。

【何时就医】　如果上述方法处理无效,或异物进入气管时,可能会引起剧烈的咳嗽或变成嘶哑声,遇到这种情形不要胡乱采取措施,应尽快请求专科医生将异物取出。

咽喉部位异物有时不易取出,如咽喉或气管进入异物时危险是很大的,必须立即处理,此时应让患者保持冷静,如发现吞咽后胸骨后疼痛,说明鱼刺在食管内,应立刻到医院治疗。

【友情提醒】　如咽部有了异物,切不可用吃干馒头或吞咽米饭的办法硬往下吞咽,以免使鱼刺等异物进入深处,更难处理。也不必用大口喝醋的办法来除去异物,因为这是无效的。

平时让孩子注意进食时不要说话及哭闹,以免将异物吸入。

对于孩子的看管,往往是稍为疏忽时就会出现意想不到的意外事故。特别是刚开始学爬到2岁左右的婴儿,抓到东西都会乱塞到口中,因而在这段时期,经常会发生喉咙堵塞、异物进入气管或异物进入食道等意外。

异物进入气管怎么办

气管异物常因异物刺激气管壁黏膜而引起剧烈呛咳、呼吸困难及气喘,有时可咯出血丝。假若异物较小,可随呼吸上下活动,而致阵发性咳嗽及典型的异常呼吸声。有时在颈前可触及异物上下活动的震动感或听到拍击音。大的异物可引起呼吸困难甚至窒息。支气管异物可出现轻度的呼吸困难或胸部不适感,仅有轻度咳嗽。

【应急措施】　清除鼻内和口腔内呕吐物或食物残渣。

如果发生食物阻塞气管,旁边又没有人时,阻塞者可采取立位姿势,下巴抬起,使气管变直,然后使腹部上端靠在一张椅子的背部顶端或桌子的边缘。突然对胸腔上方猛力施加压力。或者自己做推压上腹法,一手握拳,拇指一侧贴在肚脐以上的上腹,另一手抓紧握拳的手,用力向内、向上推几次,这会使气管中的食物被气顶出。

如果患者意识清醒,可采用立位或坐位,救助者在患者背后环抱患者。一手握拳,使拳眼顶住患者腹部正中线脐上部位,另一只手的手掌压在拳头上,连续快速向内、向上反复推压冲击四次。尽量把上腹部推到肺部以下,驱出体内空气,帮助患者把异物取出。这时候患者身体应尽量向前倾。

如果患者已经昏迷,应让其仰卧,头偏向一侧。再跨跪在其大腿部。左手掌根抵住腰带的上缘位,右手掌置于左掌上,快速朝上后猛地一压,这样冲击上腹部,等于突然增大了腹内压力,可以抬高膈肌,使气管瞬间压力迅速加大,肺内空气被迫排出,使阻塞气管的异物上移并排出。

让患者弯腰,头垂到胸部以下,救护者用掌在患者背后肩胛骨间用力拍打数次,使患者咳嗽,排出异物。

救护者抱住患儿腰部,用双手食指、中指、无名指顶压其上腹部,用力向后上方挤压,压后放松,重复而有节奏地进行,以形成冲击气流,把异物冲出。

【何时就医】　上述方法未奏效时,应分秒必争尽快送医院耳鼻喉科,在喉镜或气管镜下取出异物,切不可拖延。如呼吸停止则给予口对口人工呼吸。

发现异物进入气管或支气管后,必须立即送患儿到附近医院处理。如果延误时机,患儿有窒息死亡的可能。

儿童发生异物哽咽、哽喉后,家长不要盲目地去取,如果不得法,还会使异物进入更深,应立即去医院让医生取。

【友情提醒】 家长教育孩子不要随便将东西放入口中,也不要将一些较小的东西放在孩子身边,以免孩子放入嘴里。

家长给孩子喂食时不要喂易成为气管异物的食物,如花生、豆类、瓜子等,并且在喂食时不要逗孩子笑或打骂孩子。

误吞异物怎么办

日常生活中,误吞各种异物的事情常有发生。有的异物能幸运地在胃肠道内被消化掉或顺利地从粪便排出,有的则损害人体,甚至会造成生命危险。这些事多发生在小孩和精神病患者身上。知道误吞异物时,首先要辨明该异物是什么,不能明辨时也应辨清异物的形态、性状,以便及时作出相应的处理。

【应急措施】 如果有人不慎将硬币、纽扣之类的东西误吞入消化道后,只要多吞咽一些用猪油炒熟的海带丝即可。也可给儿童服 200 毫升食用油,促使其从大便排出。还可将适量的韭菜洗净,不切断,用滚水余熟,拌以麻油服下。因韭菜有大量纤维性物质,又不易为肠胃吸收消化,可将异物裹住;并能保护肠壁,使异物顺利排出。

在误吞异物的情况下,不要慌张地立即呕吐,重要的是先使胃中的毒物中和,使浓度变淡,然后再呕吐。在误吞滴滴涕、六氯化苯、红汞和水银时,要吃一些牛奶和鸡蛋的蛋白后再呕吐。误吞酸性物时,要立即喝一些水或肥皂水,然后再呕吐。在误吞碱性物时,要喝一些用水冲淡的醋,使胃中的毒物中和以后再呕吐。

在误吃了老鼠药和其他有毒物质时要立即吃鸡蛋白,或者用 2 000 倍的高锰酸钾溶液冲洗肠胃,然后再呕吐。

如误吞异物容易被人体吸收、毒性不大的(如洗涤剂、肥皂粉或肥皂等),则应迅速用牛奶或浓茶灌入 100～200 毫升后即予催吐,直至呕出物中无异味为止。

装了假牙的人,在不慎将其咽下后如果没有引起呛咳、气急、口唇发青等现象则不需过于惊慌。过分勉强地想使咽下的假牙吐出,有时反而会发生误吸入气管的危险。一般来说,假牙被吞入胃内后,除了一些特别大或尖锐的之外,绝大部分都会与胃内的食物混在一起,此时可以多吃一些青菜、韭菜之类蔬菜,以促进其随粪便一起排出。

【何时就医】 凡是误吞了异物,经应急措施后,都要及时到医院请医生诊治。

误吞尖锐带刺异物,进食饭团、馒头、面包之类食物,以固定异物,然后送医院请医生帮助。

误吞药物及毒物时,及时反复催吐,立即送医院处理。

误吞的为腐蚀性异物,可口服豆浆、牛奶、蛋清、米糊等,然后用较温和的手法刺激咽喉催吐,反复几次后再喝豆浆、牛奶、蛋清、米糊等,随后送医院处理。

如误吞卫生球,要大量灌蛋清或温开水并催吐,此时切忌灌牛奶等含脂肪类的液体,然后速去医院诊治。

如误吞的是汽油或消毒药品,由于能引起胃和食管溃烂,不能催吐,应用毛毯将患者保温,速去医院急救。

如吞入的是尖锐的或较大的硬物,如钉子、大头针、玻璃碎片、玩具娃娃部件等,不要强行抠出,也不可催吐和用导泻药,以速送医院为好。

如果咽下的假牙比较锐利,由此引起了腹痛,呕吐暗红色的液体或鲜红大便,则应及时去医院接受医生的诊治和 X 光检查。必要时可在胃镜下取出假牙或手术治疗。

【友情提醒】 即使将异物吐出,胃壁和食道也已受到严重损伤,所以要请医生洗净肠胃(灌肠)和治疗。

应注意不能让幼童随手拿到各种药片、玻璃片、硬币等物品。教师要教育学龄儿童在写字时不要将笔帽、橡皮、弹珠塞入鼻腔和口中,以防突然说话时误吞异物。

购买玩具要注意大小和牢固程度。不要给 1~2 岁的幼儿玩玻璃弹子或各种棋子,防止其塞进嘴里。

孩子误吞异物后,催吐时可能不听话,可用毛毯把四肢裹起来,使其手足不能乱动,用水壶直接灌服。孩子不张口时,只要捏住他的鼻子,嘴就自然张开。然后立即把食指或无名指伸进嘴中,即能引起呕吐。若呼吸停止,应立即进行人工呼吸,不能只等待救护车。

需要照顾的老年痴呆患者尽量帮助进食,同时管好家里零碎小物品,防止误吞。

不慎噎食怎么办

食物团块完全堵塞声门或气管引起的窒息,俗称"噎食",是老年人猝死的常见原因之一,近年来屡有报道。阻塞气管的食物常见的有肉类、芋艿、地瓜、汤圆、包子、豆子、花生、瓜子、纽扣等。有 80% 的人噎食发生在家中,病情急重。抢救噎食能否成功,关键在于是否及时识别诊断,有否分秒必争地进行就地抢救。如抢救得当,可使 50% 的患者脱离危险。

【应急措施】 迅速取出口中食物或松脱的假牙,令患者咳嗽,借咳嗽之气将堵塞物冲出。如无效,则令患者向前弯腰,使其头部低于胸部,用掌根用力拍打背部,令其咳嗽,借咳嗽和重力作用以清除堵塞物。

噎食后,患者常较紧张,拼命用力呼吸,常使梗塞物越陷越深,故要及时安慰患者,让其弯腰,取头向下体位,同时叩击其背部。

【何时就医】 如果采用上述方法无效,应急送医院诊治。

【友情提醒】 预防噎食,除了及时治疗诱因,还应做到"四宜":食物宜软,进食宜慢,心宜平静,食宜适量。

异物进入尿道怎么办

异物进入尿道是非常危险的,即使异物未进入膀胱而刺激尿道,也可引起尿道发炎,出现小便痛、小便急和小便带血等症状。若异物损伤尿道,还可引起尿道狭窄、小便变细等现象,故家长应对青少年加强教育,避免这种事情发生。

【应急措施】 一旦异物塞入尿道后,可适量多饮水后用力解小便,小的异物往往可以被小便冲出来。

【何时就医】 若上法无效，应立即到医院找泌尿科医生用膀胱镜取出。

【友情提醒】 切不可用钩子、夹子之类的东西掏取尿道内异物，因为这样做有时反而会将异物推入深部或造成尿道损伤，引起尿道狭窄。

异物进入阴道内怎么办

异物进入阴道内并不少见，她们大都是手淫者、堕胎女性、好奇女孩子以及精神变态者。进入阴道的异物主要有药物、小玩具、避孕套、瓶盖、瓶塞等。患者往往爱面子，不愿求医，自己试着取，常会造成阴道壁损伤或处女膜撕裂。如果异物长期滞留在阴道内，则出现白带增多且伴有腐臭味，还会出现阴道疼痛、糜烂出血。

【应急措施】 成人阴道内异物可在窥视下用小镊子夹出。小儿如有阴道异物，用小指插入直肠，扪及异物后，用手指往外推出，最后固定不动，用小镊子取出。如是锐边的异物如玻璃，不要勉强推出，可在麻醉下细心夹出。

【何时就医】 患者发现异物进入阴道后，立即找妇科医生并准确报告异物的形状及大小，不要不好意思。

如疑有因锐边物引起邻近脏器损伤时应住院治疗。入院后注意有无膀胱或直肠损伤，如有腹膜刺激征应剖腹探查。

颅底骨折怎么办

头颅突然受到外力的作用，极易造成颅底骨折。即使着力部位在头顶，骨折却往往发生在颅底。这主要是因为头顶部骨质较厚，致密，坚实，整个头颅呈"拱桥形"，受力后易将力分散；而颅底骨质较薄，疏松，有许多孔道（有神经和血管通过），头顶传来稍大的力足以使颅底骨折。有时，人不慎摔倒明明是枕部着地，表面看来局部无任何皮损和骨折，而颅底却发生了骨折。

【应急措施】 颅底骨折后，很快会出现颅内出血，患者出现呼吸困难、昏迷等症状。急救者应清除患者口腔内的呕吐物和血块，使患者头偏向一侧，牵拉出舌头，以防止呕吐物反流到气管，造成窒息。

取头高位卧床休息，不要用力咳嗽、打喷嚏、擤鼻涕。

脑脊液耳、鼻漏不要封堵或冲洗，一般1～2周即可自行停止漏液。

口服消炎药（若已神志不清者则不可乱服，以免使药物误入气管）。

【何时就医】 立即拨打120急救电话将患者送医院抢救。病情严重者到医院做CT检查及进一步治疗，必要时尚需手术修补治疗致命性的耳、鼻大出血。

颅内血液可渗入组织疏松的眼眶周围，形成血肿，并使眼球突出。此时，切勿用棉球、纱布或其他物品填塞，因为这样可造成血液反流，引起颅内压升高，细菌也能趁机逆行到颅内引起炎症。此时，急救者应用消毒棉花或纱布轻擦流出的血液，保持局部清洁，速送医院。

【友情提醒】 在将患者送往具备开颅手术条件的医院途中，要密切注意患者的神态、呼吸和脉搏，如有反常，及时采取相应的急救措施。

颈椎骨折怎么办

颈椎骨折一般由间接暴力所致,多见于高空坠落伤,游泳跳水姿势不正确或汽车突然刹车造成的颈部的挥鞭样损伤等。颈椎骨折后轻者可无明显症状;稍重者可有局部疼痛、活动不利、骨折处有肿胀压痛等症状。如果有颈脊髓损伤,可表现出不完全截瘫、完全截瘫,甚至呼吸心跳骤停。颈椎骨折为严重创伤,抢救要及时、正确。

【应急措施】　如果患者的意识已经丧失,最基本的紧急处理措施是保证呼吸道畅通(此时千万不要让头扭动,只让颈部向前伸即可)。若没有呼吸,应进行人工呼吸。

颈椎骨折时,最重要的是不要随便搬动患者。如随便搬运,伤者会有生命危险。在搬运颈椎骨折患者时,一定要有专人托扶头部并沿身体方向向上略加牵引。搬运时宜用门板或硬板床做担架,使患者头和身体作为一个整体、一个平面搬到担架上。千万不要让颈部活动,可把毛巾、枕头、毛毯、硬纸板、沙袋等放到患者头周围,旁边再用砖块等将头固定,避免因颈部的扭转和移动而加重损伤。如果骨折时已把神经切断,那是毫无办法的。但是如果由于粗暴的搬动而切断了神经,那就太遗憾了。搬运时最好请专家处理。

【何时就医】　发现患者颈椎骨折后,应立即呼叫"120"。将患者转运至附近有条件的医院作进一步检查治疗。

【友情提醒】　假如发生颈椎骨折时周围没有人,这时应在保温的前提下耐心等待来人。要注意,这种骨折只要稍微一动就可能致命。因为颈骨骨折也就是颈部脊椎骨的骨折,在脊椎骨中央有神经通过,这些神经像电缆一样能把大脑的命令传达到全身,又能把身体的感觉传向大脑。如果骨折切断或压迫脊椎骨中的神经,颈以下的躯体就会完全麻痹,有时会使呼吸停止。

不要使身体,尤其是颈部发生扭曲。不要忽略患者其他部位损伤。不要用软担架转运患者。

锁骨骨折怎么办

锁骨骨折常见于侧位摔倒、肩部着地或直接暴力所致,表现为骨折处肿胀、淤斑,肩关节活动时剧痛,锁骨局部畸形。

【应急措施】　用手触摸锁骨与对侧未受伤处比较,可初步判断有无骨折。

锁骨骨折时不需托板,用三角巾吊着,以宽布条固定胳膊和身体就行了。吊好三角巾的秘诀是吊得使手比手肘高约5厘米,手指向外侧。

单锁骨骨折时,应在伤侧腋下加垫,然后用三角巾悬吊前臂,位置高于肘部,最后再用另一条三角巾或宽带将臂膀固定于身躯,吊起患肢3~6周即可。

双锁骨骨折时,应用两条窄带分别绕扎双肩,在背后各打一平结;再在背部中央加垫,利用左右平结的4条带尾相互拉紧打结加以固定。然后,将患者前臂交叉放于胸前,用宽带托住手臂,绕过身躯于背部打结。

【何时就医】　有明显的骨折征象者,若出现局部畸形、不正常的活动,应速到医院检查。

有骨折移位者需行手术复位,用八字绷带固定。

肋骨骨折怎么办

肋骨骨折多由暴力挤压、冲撞、钝器击伤或从高处坠落所致,表现为局部疼痛,以深呼吸、咳嗽或转动身体时为重,受伤处胸壁肿胀。如果为多根肋骨骨折可表现为局部胸壁塌陷、呼吸困难等症状。

【应急措施】 辨别单纯性的肋骨骨折:若是单纯性的肋骨骨折,伤处会剧痛、肿胀;任何动作(如深呼吸或咳嗽),都会使疼痛加剧;肋骨可能发出摩擦的声音;但伤者并无其他不适;即使为避免胸痛而呼吸变得短浅,也不会发生呼吸困难。

多根肋骨骨折有明显反常呼吸时,用厚敷料或急救包压在伤处,外加胶布绷带固定。

【何时就医】 如只是单纯性的肋骨骨折,可用汽车将伤者送往医院,尽可能让伤者坐汽车后座。

如果伤者不能正常呼吸,看起来有窒息征象,吐出的血液鲜红、带泡沫,烦躁不安,感到口干,即显示伤者的肺部可能严重受伤,应立刻叫救护车。

【友情提醒】 救治伤者时,宜用悬带吊起受伤一侧的手臂,然后将伤者送往附近医院的急诊室诊治。

上肢骨折怎么办

上肢骨折主要包括手腕部及前臂骨折、上臂骨折。在遭受外力直接打击或摔倒时手掌着地可导致上肢骨折。

前臂由尺骨和桡骨组成,有时可单纯发生尺骨骨折或桡骨骨折,但较常见的是尺、桡骨同时骨折。典型骨折表现为:前臂受外力作用后发生疼痛、肿胀、畸形,手腕不能旋转。有的前臂骨折为不完全折断,如青少年、儿童发育期发生的青枝骨折,可以没有典型的骨折表现。

上臂骨折是指肱骨骨折。肱骨骨折可分为上段、中段、下段的骨折。具体表现不完全相同。典型骨折表现为上臂受外力打击后,患者从肩到肘出现疼痛、肿胀、短缩、成角状或有异常活动。当活动前臂时,可引起上臂受伤部位的剧烈疼痛。如果肱骨骨折合并桡神经损伤,可表现为手腕下垂,拇指不能伸直,手背、虎口部位的皮肤无感觉等症状。上臂骨折时切不可猛力牵拉伤肢,以免加重对神经和血管的损伤,必须加以妥善固定。必要时可贴胸包扎固定。

腕部骨折在老年人中比较常见,因为人到年老以后,特别是女性,骨质明显疏松,而腕部骨质疏松尤为明显,因此腕部受到外伤后即可发生骨折。腕部骨折后,可出现局部肿胀、压痛,腕关节活动功能部分或完全丧失,手指做握拳动作时疼痛。

【应急措施】 肱骨(上臂骨)骨折固定时,用两条长带和一块夹板将伤肢固定,然后用一块三角巾兜住小臂,绕颈后打结,最后用一条长带绕固定好的患肢及胸背部于健侧腋下打结。

肘关节骨折固定,当肘关节弯曲时,用两条长带和一块夹板把关节固定,然后用一块三角巾把肘关节固定在胸前;当肘关节伸直时,可用一块三角巾把肘关节固定在身体上。

桡骨、尺骨(前臂骨)骨折固定时,用一块合适的夹板置于伤肢下面,用两条长带或绷带把伤肢和夹板固定,然后用一块三角巾悬吊伤肢。

手指骨骨折固定时,以冰棒棍、笔或短筷子等作为小夹板,用胶布或带子将夹板与伤指固定。若无固定物品,可用胶布或带子把伤指固定在健指上。

怀疑患者腕部骨折后,应立即让患肢腕部停止活动。注意检查手部感觉及循环,防止手部缺血坏死。如果腕部有伤口应进行包扎止血,如有大血管损伤应立即用直接压迫止血或用止血带止血。用一块或两块有垫的夹板放在掌背侧固定前臂,屈肘 90°,手掌心向胸部,用三角巾将前臂悬吊在胸前。

【何时就医】 应急处理后立即送往医院行 X 线检查。

上肢骨折固定后,还要在急救处理后及早请专科医生治疗,以免遗留关节活动功能障碍。

上肢骨折如有开放性伤口,应包扎后再固定。急送医院进一步检查治疗。

【友情提醒】 在医院行石膏固定等后,均须进行功能锻炼,配合理疗、中药等治疗。

不要忽略无移位腕部骨折,不要活动腕部,不要将手部下垂。

下肢骨折怎么办

下肢骨折包括大腿骨折、小腿骨折。在遭受暴力的直接打击、运动中跌倒、从高处坠落、车辆撞击等情况下经常发生。

【应急措施】 大腿骨折是指股骨骨折,股骨是全身最大的长骨。股骨骨折时,下肢不能活动,不能站立行走。骨折处严重肿胀、疼痛,还可出现肢体短缩或成角等畸形。骨折后如不及时处理,可引起大出血、神经损伤等严重并发症。必须迅速明确地进行包扎固定。股骨骨折如为开放性骨折,常合并有大动脉的损伤,引起大出血,必须进行有效的止血,必要时采用止血带结扎止血为宜。股骨骨折固定时,用一块长夹板(长度应跨过伤肢的踝关节与骨盆)放在伤肢外侧,另用一块短夹板(长度为会阴至踝关节)放在伤肢内侧,至少用 4 条绷带或长的毛巾在腰部、大腿根部、膝盖、踝部环绕伤肢包扎固定,没有夹板时,可用三角巾或绷带把伤肢固定在健侧肢体上。

小腿有胫骨和腓骨。有时是单纯发生胫骨骨折或腓骨骨折,有时是胫、腓骨双骨折。胫骨较腓骨粗大,起主要支撑作用。因此,单纯胫骨骨折或双骨骨折病情较严重。胫、腓骨骨折后表现为小腿局部肿胀、疼痛,患者不能站立,有时肢体缩短,发生畸形。小腿骨折在很多情况下是开放性骨折。

胫骨、腓骨骨折按骨折一般急救原则进行急救处理,包括止血、包扎、固定。

胫骨、腓骨(小腿骨)骨折固定时,将两块夹板分别放在伤肢的内、外两侧,夹板应跨过踝关节与膝关节,在夹板的两端用长带将伤肢及夹板包扎固定。没有夹板时,可以用长带把伤肢固定在健侧肢体上。

下肢骨折固定好后,可找些棉花、衣物塞入膝关节、踝关节周围,以免骨性凸起与固定的木板相挤压而引起疼痛。

【何时就医】 下肢骨折后要立即将患者送到医院拍片检查后诊治。

【友情提醒】 车祸时最容易发生小腿骨折，又因膝盖猛受撞击，力量往后传到大腿关节（髋关节），使关节脱位，伤者小腿痛，大腿关节不能动弹，一动就痛。急救时应由两人抬出车外，仰卧于地上或木板上，尽量不要动患者的伤肢。

骨盆骨折怎么办

骨盆骨折多由车祸或高处坠落伤引起。骨盆的完整结构被破坏，会引起严重的盆腔脏器的损伤，如膀胱破裂、尿道断裂、直肠破裂、大血管破裂出血引起休克、腹膜后血肿、骶神经损伤引起排便及性功能障碍等。

【应急措施】 骨盆骨折后患者应立即平躺在硬板床上，禁止活动。检查患者是否有皮肤伤口，有无活动性出血，如有伤口应立即进行伤口包扎。检查患者是否有血尿、肛门排血便及阴道出血，注意患者双下肢有无瘫痪。

抢救时应仔细检查血压和脉搏情况，如有休克，应紧急大量输血和输液。注意下述情况：骨盆环有两处以上的骨折，骨盆骨折不稳定者（检查时可听到骨折片移动的响声），挤压引起的骨盆骨折，骨盆环后部发生骨折脱位，易损伤髂总动、静脉。此时，即使血压暂时不稳定，也应积极准备输血。

注意询问受伤后有无排尿困难、尿痛、血尿或血便等现象，注意检查骨盆部的腹部及会阴部；了解是否合并有膀胱、尿道及直肠等盆腔脏器的损伤。

骨盆骨折患者在搬运前应给予包扎固定，以减少因骨折块声移动引起更多的出血。固定骨盆时要求患者仰卧，将两块软垫放置于骨盆两侧，并用两条长带或卷起的三角巾将软垫与骨盆一起固定在平板下。在患者臀部及下腰部用一宽布带将骨盆轻轻悬吊，以减轻患者疼痛。

开放骨盆骨折的处理。骨盆骨折合并有会阴、阴道、肛门断裂伤而有大出血者，死亡率高达 50％，死亡原因为出血无法控制（开放后自行填塞止血的机会丧失）和感染，所以输血的同时应给予大量抗菌素，并尽快送有条件的医院进行彻底的清创止血，结扎出血的血管，如为弥漫出血不易控制时，可用宫腔纱条填塞止血。有直肠破裂的患者应作结肠外置造瘘术，有膀胱破裂者应放置导尿管。尿道断裂合并有尿潴留者，可在耻骨上作膀胱穿刺抽尿或作膀胱造瘘术。

搬运尤为重要，一般采用平托法。用宽绷带或多头带（长约 60 厘米、宽约 30 厘米的厚布带，并在长方向上的两个边有多个细带以便于缚扎）包扎骨盆，在双踝及内踝部夹以软垫，把两腿捆在一起，然后把患者抬到担架上，后用布带将膝上下部捆住，固定在硬担架上。

当休克、内脏损伤和血管损伤获得控制、处理后，再考虑进行骨盆骨折本身的治疗。常用方法为骨盆悬吊及下肢牵引，亦可使用骨盆外固定支架治疗。

【何时就医】 骨盆骨折往往出血量大，应密切注意患者是否有神志淡漠、周身湿冷、脉搏细弱，若出现上述症状则为休克，须大量补液，并尽快送往医院。

让患者平卧，用担架平托，送往医院进行 X 线检查，明确骨折及脱位等情况。

【友情提醒】 不要将患者随意搬动，也不要让患者站立行走，更不要忽略患者的并发症及合并伤。

腰部扭伤怎么办

腰部扭伤俗称闪腰，是腰背痛中最常见的疾病。是由于过度用力、挑提重物时失足、身体失去平衡以致重心突然转移、猛然弯腰动作不协调导致腰部肌肉、韧带、关节损伤。表现为腰部剧痛、不能活动，或不能挺直、转侧。腰部扭伤后，患者感到腰部疼痛很剧烈，患者自己常能用手指准确指出疼痛的部位。腰肌紧张，不敢活动，咳嗽、大声说话、腹部用力都会使疼痛加剧，甚至不能起床。腰部有明显压痛，压痛部位是固定的。

【应急措施】 急性期要保证良好的休息，这是最基本且有效的治疗。床铺宜选取加有厚棉垫的硬板床，自由体位，以不痛或轻痛为宜。也可请医生给予骨盆牵引，这有利于解除肌肉痉挛和保证卧床休息。要尽量坚持卧床休息，保证腰部损伤组织充分修复，以免遗留慢性腰痛。

在手穴腰腿点附近寻找压痛敏感点，在此点上按揉3～5分钟。手穴腰腿点位于手背，有两穴：一穴在手背第二、三掌骨间近第二掌骨后1/3处；另一穴在手背第四、五掌骨间后1/3处。

在腰部压痛点和穴位命门、肾俞、腰阳关拔火罐疗效很好。

急性腰扭伤多为突然"闪"、"扭"所致。患者俯卧，下腿伸直，委中穴在膝窝横纹中央处。术者用右手拇指在委中穴上用力点转一圈，患者大叫一声为好，连点两次，腰痛多可消失，活动灵活如常。

局部可用消炎止痛膏、关节镇痛膏、伤湿止痛膏或麝香止痛膏等，每3日换1次。还可内服三七药片、云南白药和跌打丸。

在患处涂红花油后，用手掌根部擦摩患处3～5分钟。

试用：让扭腰的人和健康者背靠背站立，两人肘弯相勾，然后将患者弯腰背起。这时，患者全身放松，贴靠在救治者身上。健康者将腰髋左右摇摆，同时让患者双足向上空踢。经过5～7分钟，放下，休息几分钟后再重复以上动作。这样经过几次，腰痛就会好转。

【何时就医】 轻微腰部扭伤，只要休息1～2天可自动痊愈。但若疼痛持续或愈来愈痛，则需尽早就医。此外，不仅是筋肉疼痛，椎间盘突出也可能引起腰痛，所以腰痛时还是应到医院检查。

立即让患者平卧在硬板床上休息，以减轻伤痛和肌肉痉挛。在急救现场如无硬板床，则可直接平卧在地上，再设法找到门板、宽木板等，将患者水平地搬上，腰部两侧塞垫衣物固定使腰部制动，然后转送医院治疗。

去医院时，尽可能不要让伤者走动，最好使伤者保持最舒服的姿势，用车辆送去医院。

【友情提醒】 平时要加强腰部肌肉锻炼，使腰背肌肉强壮。改正不良的劳动姿势，搬重物时要两腿分开蹲下，再慢慢站起；抬东西时，起身时要半蹲位，挑担换肩要缓慢，不要用力过猛；搬动东西前先做些腰部的准备活动，如扭扭腰，转转身，拍打拍打腰部，让血液流通开后再干活，切忌莽撞；干重活前束一根宽腰带也有好处。此外，要防范身体突然失去平衡，如滑倒、绊腿和踏空等。

扭伤后有的患者即采取热敷，以起消肿作用，其实这不利于扭伤处痊愈。热敷可使血管扩张，局部出血，肿胀更严重。正确方法是：扭伤后24小时内应冷敷，这样可使血管收缩，减少局部出血肿胀。具体方法是:在塑料袋内装入冰水或冰块放在扭伤部位,如无冰水,也可以用冷水,但需要频繁更换。

在扭伤24小时后,扭伤处的小血管出血基本停止,即可用热敷,以促进血管扩张,帮助渗出液吸收,促进肿处消退。热敷方法是:用热毛巾、热水袋或产热中药袋放在局部,每天2次,每次20～30分钟。温度不宜太高,凉时再加热。同时,可以配合局部轻度按摩和关节活动。按摩可缓解肌肉痉挛,改善血运,防止粘连。

膝部扭伤怎么办

膝部扭伤,可引起局部疼痛、积水和肿胀。

【应急措施】 膝外侧扭伤,用一只手的拇指和中指用力抓住小腿近膝关节端的胫、腓两骨;另一只手抓住踝关节,然后轻轻地向内侧慢慢地边扭动边屈曲,当屈曲到有"咔嚓"的感觉时即可停止。

膝内侧扭伤,先用一只手抓住膝关节,使膝关节屈曲,再用另一只手抓住踝关节,轻轻地向外侧边扭动边拉直屈曲的膝关节。随后,再边扭动边屈曲,反复数次。

腘窝部(膝关节后方)扭伤,令患者俯卧,把患侧膝关节屈直呈90°,脚心朝上,一只手用力抓住膝部,另一只手抓住踝关节,左右轻轻扭动查明无痛感的方位,然后向无痛方位边扭动边推压足跟,同时拉直屈曲的膝关节。

【友情提醒】 经过上述治疗后可嘱患者立即步行,以便观察疗效。

急性踝关节扭伤怎么办

在体育运动或劳动中,甚至有时在高低不平的路上行走或上下楼梯时不慎踏空,都可能引起脚踝关节突然向内或向外翻转,轻则韧带被拉长、扭伤,重则韧带撕裂、发生骨折,这就是踝关节扭伤。脚踝扭伤后,轻者踝关节出现淤血、肿胀和疼痛,重者不能行走、疼痛难忍。

不可轻率对待踝关节扭伤,若处理不当,韧带不能很好修复,可形成不稳定性关节,容易发生反复扭伤,甚至产生创伤性关节炎或畸形。故伤后宜卧床休息,抬高受伤肢体,并避免负重。

【应急措施】 轻度踝关节扭伤,待剧痛过后,可以脚尖作支点,分别按顺时针方向和逆时针方向转动,如此稍加活动后还可行走,但局部疼痛可能还会持续数日,可用伤湿止痛膏等贴敷。

重度踝关节扭伤,早期使用冰袋或冷水湿敷肿痛处,这样可以使受伤部位的毛细血管收缩,不会继续向外渗血或渗液,从而起到消肿、止痛的作用。局部肿胀处可以涂搽正骨水、消肿止痛膏或敷贴伤湿止痛膏。受伤36～48小时后用热水或用热毛巾敷,可促进血液循环,有利于组织对淤血的吸收和修复。民间秘方用热食醋浸泡患处,每天2～3次,每次15分钟。

急性扭伤后,先找地方坐一下,内翻的,用手在外踝附近寻找压痛点;局部有肿胀、皮肤颜色改变的,估计有出血,用手指或掌根用力按压一段时间,以起到止血作用。按压时间要稍微长些,至少 10～15 分钟。

用弹性绷带包扎患部,可防水肿并固定关节。但切记弹性绷带不宜绑太紧,以免影响血液循环。

抬高受伤肢体,以利血液回流至心脏,可防水肿与疼痛,也有利于固定。24 小时后肿胀逐步减轻,要尽量活动扭伤的关节,但是不要使其勉强承受重力,不活动时再把它抬高,以加速肿胀消除。

用白酒将云南白药调成糊状外敷伤处,每天或隔天换一次药。

用鸡蛋清调七厘散或三七粉外敷,每天或隔天换药 1 次。

外搽舒筋药水或贴敷伤湿止痛膏、麝香虎骨膏等。

口服一些活血化淤的药物如三七药片、云南白药等。

【何时就医】 如扭伤后肿胀明显,疼痛剧烈,脚踝畸形,疑有骨折,无法着地,需到医院检查,包括摄 X 光片等,以排除并发骨折、脱位、韧带断裂等。

【友情提醒】 扭伤后,尽可能少走动,较严重的足踝扭伤,伤后几天内局部最好绑扎一下,可找些有一定硬度的塑料板、硬底板或竹片等贴着内侧足踝部。接触皮肤部位垫上一层柔软的纸或布类,在内外踝突起处也要垫上一层柔软的垫布。如系内翻,内侧多垫些,以使脚略偏向受伤的外侧;如系外翻,外侧多垫些,然后用绷带或三角巾绑扎。固定踝关节每天临睡前可以松绑,以便清洗和热敷。

扭伤 2 天后肿胀逐步消除,可进行自我按摩治疗:先用手掌轻轻摩擦伤部 50 次,再用拇指择按 50 次,使局部发热。用拇指由踝部向腿部推揉 10 次,家人一只手握住患脚脚掌,另一只手抓住足跟向下牵引踝部,并轻轻摇动踝关节。患者双手合掌于踝关节上,合掌按压踝关节半分钟。双手合掌于踝关节以下,自下向上推 10 次。以上活动由少到多,力量由轻到重。

足踝扭伤后,躺在床上,足要抬高(下垫枕头,使足高出心脏)。如果坐起,伤足也要平放,不要下垂,下垂会加重肿胀。

下地走路,脚要平起平落,不能像正常一样地行走,宁可走得慢些,不要再次受伤。

足踝易扭伤者不可穿高跟鞋,平时可经常按揉足踝部。

头皮撕脱伤怎么办

头皮撕脱伤多系发辫被卷入转动的机器中,或车祸的拖拉所致。往往伤口很大,出血很多,患者常因大量出血和伤口疼痛或合并颅骨骨折、脑损伤而发生休克。

【应急措施】 不要慌乱,应立即关掉机器,尽快用消毒过的纱布或干净的毛巾、手帕等将创面覆盖、加压包扎止血。

如果患者呼吸、心跳已停止,应立即行心肺复苏术。

【何时就医】 将撕脱的头皮连同头发用干净的布包好,及时与患者一同送往医院行植皮术。如果离医院较远,最好把撕脱下来的头皮放在两层新的塑料袋内,将外口扎紧以防漏水,然后放在保温瓶内,周围放一些冰块以降温,尽快将保温瓶随同患者一起送到医院。

头皮血肿怎么办

头部被钝性外力如石头、木棒、铁器等打伤,外伤处表皮无破损,而很快起个大包,这就是头皮血肿。

【应急措施】 发生头皮血肿的当时,可在局部用纱布绷带加压包扎或用冰块、冰水、冷水袋等冷敷,以促使血管收缩,阻止继续出血。切勿立即用跌打药涂搽、揉按伤处。

24 小时后可涂跌打药酒、红花油,以及用热敷促使血肿吸收。较小血肿几天后多能吸收而愈。

【何时就医】 要让患者安静地休息,24 小时内认真观察病情变化,如发现有越来越明显的头痛、恶心、呕吐、烦躁不安或逐渐失去意识,瞳孔不等大,耳、鼻出血等症状出现,就应及时送医院诊治。

【友情提醒】 发生头皮血肿,应警惕有无颅内血肿、脑震荡或脑挫伤。

头皮裂伤怎么办

头皮裂伤多为锐利器械所伤,由于头皮血管非常丰富且不易收缩,往往小伤口也出很多血,常血流满头,严重者可引起失血性休克。

【应急措施】 处理头皮裂伤时,最主要的一点是及时止血,可在血迹最多的地方分开头发认真查看,在出血点一侧或伤口周围用手指压迫止血,也可用干净纱布或手帕压迫止血,或用云南白药、三七粉止血。

【何时就医】 尽早到医院清创缝合(8 小时之内),肌注破伤风针。

重点检查有无颅脑损伤,进行 CT 检查并进一步治疗。

【友情提醒】 要密切观察病情变化。

头部意外受伤怎么办

头部受重力打击、自高处跌下、发生交通意外都有可能使脑部受到震动或发生外伤,引起脑震荡,严重的会致人死命。掌握一定的急救知识,有很大的可能使受伤者转危为安。

【应急措施】 发现受伤者,应尽快检查头部有无外伤,是否处于危险状态。受伤后光有头痛头晕,说明是轻伤;除此之外还有瞳孔散大、偏瘫或者抽风,那至少是中等以上的脑伤了。

发现脑受伤最重要的是不要随便移动患者,首先要让伤者侧卧,头向后仰,保证呼吸道畅通。若呼吸停止则进行人工呼吸,若脉搏消失则进行心脏按压。头皮出血,可用纱布等干净布料直接压迫止血。

头部受伤后,有血液和脑脊液从鼻、耳流出,就一定要让患者平卧,患侧向下。即左耳、鼻流出脑脊液时左侧向下,右侧流时右侧向下。如果喉和鼻大量出血,则容易引起呼吸困难,应让受伤者取侧卧体位,以使其呼吸方便。

受伤后如有脑脊液流出时最好不要用纱布、脱脂棉等塞在鼻腔或外耳道内,因为这样会引起感染。

　　将毛巾等织物弄湿或用冰块冷敷淤血或肿胀处，这样可消除肿胀和疼痛。

　　用双氧水消毒伤口；如有出血，可覆盖干净的纱布加压止血。

　　垫高头部平躺，尽量不要移动。如需要移动，可由 2～3 人平稳地抬起患者，轻轻搬运。

　　保持安静，细心观察。头面部受伤的患者，表面上虽没有什么症状，但有时经过一段时间后情况会恶化，所以要让患者安静休息 1 日左右以便观察。

　　严重的脑外伤可引起神经质，周围的人要注意观察受伤者的状态，以免忽略危险情况。

　　【何时就医】　头部受伤后要立即拨打 120 急救电话，或直接送医院处理。脑外伤患者一旦出现频繁呕吐、头痛剧烈和神志不清等症状，那就决不可大意，应速送医院诊治。

　　头部受伤常有颅骨骨折的危险，因此伤者应该看医生或进医院的急救部门检查，即时用手或用清洁纱布（也可用手帕折向内的干净一面）按住伤口止血。

　　【友情提醒】　冷敷只有在头皮起包时才有效。因为脑外有颅骨包围，而且还有几层膜样组织保护，如果脑内产生病变，而只在表面上冷敷是没有任何作用的。

▶ 面部出血怎么办

　　面部受伤往往出血极多，实际伤势可能并不如表面所见那样严重。

　　【应急措施】　可用干净的手帕或用一叠纸巾盖在伤口上借以止血，切勿把棉花压在伤口上。

　　按压伤口 15 分钟后可能减少出血。用另一块手帕或纱布垫盖在原来的手帕上，然后用胶布加以固定。如果血液往外渗透，可用另一块垫子放在上面。

　　【何时就医】　如果伤口较深，须到医院缝合伤口。如果头部受撞击后出现伤口，也应立即到医院求治。

　　【友情提醒】　送伤者到医院时，用三角巾扎住下巴，在头顶上打结，使下颌得到支持固定。

▶ 颅脑外伤怎么办

　　脑是神经中枢，脑组织最脆弱，难再生修复。颅脑损伤易造成患者死亡或留下残疾。颅内出血、脑挫裂伤，两者相互关联，均会发展形成脑疝，脑疝形成 2～3 小时后则可使患者致残，时间越长，抢救成功的可能性越小；脑疝超过 6 小时的救活的机会渺茫。脑出血的疗效优于脑挫裂伤，而脑出血中的硬膜外血肿疗效最佳，抢救及时可完全恢复。

　　【应急措施】　颅脑外伤后有一段昏迷时间，有的在受伤后即有意识丧失，神志不清。但有的昏迷时间很短，在几分钟到 30 分钟内清醒的多是脑震荡；有的无昏迷但对受伤前的事件丧失记忆，医学上称为逆行性遗忘。对这类患者要绝对卧床，并严密观察，因为少数患者会再度昏迷，需要急诊抢救。至于一直清醒的患者因脑水肿而有头痛症状的可给予脱水剂治疗，轻微头痛症状有时会维持 1～2 个月，不必紧张，以后会逐渐消失。还有的昏迷一直不醒，说明有脑挫伤、脑裂伤、颅内出血或脑干损伤，要送医院治疗。

　　送医院前让患者平卧，去掉枕头，头转向一侧，防止呕吐。不要弄醒患者，以防止加重脑损伤和出血的程度。头皮血管丰富,破裂后易出血,但只要垫一块纱布用手指压住即可。

【何时就医】 当头部外伤后,尤其是有过伤后短暂昏迷,无论有无头皮裂伤,都应严密观察 24 小时或更长时间,以便及时发现有否硬脑膜外血肿的迹象,有利于进行早期诊断和及时手术,抢救患者的生命。

【友情提醒】 要加强心理护理,鼓励他们勇敢地面对现实,尽可能调动患者的求生欲望,树立战胜病魔的信心。加强患者记忆唤起训练。每天让患者看过去的照片,并尽量让他回忆自己的往事。这样,患者记忆力的恢复比预期的要快得多。

肢体运动的恢复既需要被动运动,更需要患者的主动运动,以保持关节的灵活,防止肌肉萎缩。

脑震荡怎么办

头部受到撞击或暴力打击,发生一过性的神志恍惚或意识丧失,脑组织没有破坏性改变,这种损伤叫脑震荡。脑震荡是头部外伤中最轻的一种损伤,可单独发生,也可与其他头部伤同时存在。患者表现为一过性神志恍惚或意识丧失,通常不超过 30 分钟,意识清醒后,对受伤当时的情况和经过常回忆不起来,并在一段时间内可有头痛头昏,但进一步检查,发现无其他异常,脉搏和呼吸也都正常。

【应急措施】 轻度的脑震荡一般不需要住院,在家卧床休息即可,如头痛可用去痛片等止痛药,如头晕头昏可用地西泮、三溴片等镇静药治疗,1 周左右即可治愈。

【何时就医】 单纯性脑震荡并不可怕,可怕的是不能及时发现其他更严重的头部外伤。如患者头部受伤以后,昏迷时间超过 30 分钟,清醒后再次出现昏迷,或有剧烈头痛,频繁呕吐、躁动不安,眼、耳、鼻流血,两眼瞳孔不一样大,一侧下肢不能动时,应立即到医院进一步检查。

眼睛被灼伤怎么办

在需要接触氨水、石灰水及其他强酸、强碱溶液时,如果疏于保护或防护不当,溅入眼内即可造成眼灼伤。酸性溶液进入眼内会立即引起眼组织蛋白凝固,但一般不会向周围或深部组织扩散。碱性溶液进入眼内会引起眼组织内的脂肪皂化和蛋白质溶解,继而深入组织,造成更大的伤害。

【应急措施】 如果不慎被氨水溅入眼睛内灼伤后,现场抢救的首要措施最好是用弱酸液(3%硼酸液)冲洗。如果现场没有,为了争取时间,可用一般清洁水冲洗。冲洗时务必拉开上下眼睑,因为闭眼冲洗不仅毫无治疗作用,还可促使氨水向深部渗入。也可以把患者面部浸入一盆清水中,拉开眼睑,摆动头部清洗。一般冲洗要持续 10 分钟左右,然后送往医院做进一步处理。

若是生石灰溅入眼睛内,一不能用手揉,二不能直接用水冲洗。因为生石灰遇水会生成碱性的熟石灰,同时产生大量热量,反而会灼伤眼睛。正确方法是用棉签或干净的手绢一角将生石灰粉拨出,然后再用清水反复冲洗伤眼至少 15 分钟,冲洗后勿忘去医院检查和接受治疗。《健康报》曾刊载医家的文章,称蛴螬(金龟子的幼虫)用于石灰灼伤眼睛者,可有起死回生之效。方法是将活蜻蜒洗净擦干,再用酒精棉球擦拭虫体,用消毒剪刀剪去头部,速将流出之黄白体液 0.5～1 毫升点入眼内,包眼,3～4 小时更换 1 次。轻者很快可治愈,重者也可挽救角膜。此法还可用于角膜炎和角膜溃疡。可供病家和基层医务人员参考。

若被电焊、气焊的闪光灼伤(称为"焊光眼"或"弧光眼"),或在白雪茫茫的旷野、烈日炎炎的沙漠上长时间作业而未有保护下,眼睛会因久受强光照射和反射发生急性眼炎。表现为眼睛剧烈疼痛,眼中似有"沙子"摩擦,强烈畏光而不敢睁眼,眼睛发红,流泪不止。这时应让患者躺下,闭眼,用冷水毛巾冷敷眼睛。冷毛巾及时更换,确保冷敷,直到疼痛明显减轻为止。冷敷有减轻眼睛充血及快速止痛功效。包扎伤眼,使眼睛得到充分休息。同时送伤者去医院。

如果是因为节日燃放鞭炮而发生意外,千万不要使劲揉眼睛,先稳定情绪,看眼睛有没有出血,有灰进眼睛时,可用常规的消炎或抗菌眼药水冲洗,然后试着目测一下视力。很多爆竹炸的眼外伤,如果能在 24 小时以内由眼科医生经过及时、正确、合理地诊治,常可获得较好的疗效。

当硫酸、烧碱等具有强烈腐蚀性的化学物品不慎溅入眼内时,易对眼内组织造成严重的损伤。现场急救中对眼睛及时、正规的冲洗是避免失明的首要保证。事故发生时,无论是患者还是救助者,要立即就近寻找清水冲洗受伤的眼睛,越快越好,早几秒钟和晚几秒钟,其后果会截然不同。对于选用的水质不必过分苛求,有什么水就用什么水,凉开水、自来水、井水、河水都可以,绝不能因为寻找干净水而耽误了时间。如果就近能找到自来水,将伤眼一侧头向下方,用食指和拇指扒开眼皮尽可能使眼内的腐蚀性化学物品全部冲出。若附近有一盆水,患者可立即将脸浸入水中,边做睁眼闭眼运动,边用手指不断开合上下眼皮,同时转动眼球使眼内的化学物质充分与水接触而稀释,此时救助者可再打来一盆水以便更换清洗。必须注意的是:冲洗因酸碱烧伤的眼睛,用水量要足够多,绝不可因冲洗时自觉难受而半途而废。伤眼冲洗完毕后,还应立即去医院接受眼科医生的检查和处理。

【何时就医】　作了上述的初步处理后,还需把患者送往医院治疗,绝不能耽误时间,拖延治疗,以免引起眼睛失明。

【友情提醒】　冲洗因酸碱烧伤的眼睛,用水量要足够多,绝不可因冲洗时自觉难受就半途而废。伤眼冲洗完毕后,还应立即去医院接受眼科医生的检查和处理。

在应用氨水的作业时,应在作业者身旁安放一盆清水,以防万一。使用氨水时,作业者应在上风处,防止氨气刺激面部。操作时严禁用手揉擦眼睛,操作后洗净双手。

眼睛外伤怎么办

眼睛外伤的原因多为眼部受拳头、工具、弹弓、鞭炮、木棒、球类、石块等物体打击或高压气体和液体冲击等所致。眼部受到重物打击,会使眼球、眼眶及周围组织损伤。轻度挫伤,可使眼睑皮下、结膜下淤血;严重挫伤,可引起眶骨骨折、眼底出血、晶状体和视网膜损伤,甚至眼球破裂。眼外伤时可出现伤眼剧痛、眼睑痉挛、流泪、畏光、完全或部分丧失视力。

【应急措施】　一旦眼部受到外伤,应即想到眼内存在异物的可能性,要及时求医排除全部异物，切勿忽视小异物。如果进入眼内的异物是铁(铜)之类的物质，若不及时排除，待到铁(铜)锈症形成，异物不易吸出，眼球受到的损伤难以治愈，其后果是不堪设想的，严重者会导致失明。

让受伤者仰面躺下，尽量保持头部不动。让受伤者不要转动眼球，保持两眼不动。因转动未受伤眼睛，伤眼也同样转动，这样会造成进一步损伤。

冷敷眼部，消退肿胀，缓解疼痛。制作冷敷袋时可敲碎冰块，放入塑料袋内，加入一点盐使冰块加速融化，把袋口绑好，外面用布包住。另一个办法是将小毛巾浸入冷水或冰水内，拧干后敷在患处。冷敷眼部至少 30 分钟。如果冰袋变暖，就要另换一个。

在伤眼上轻轻加盖清洁敷料捂住眼睛，以防伤病者转动眼睛及预防感染。用布盖住另一只眼以避免健眼运动带动患眼的运动。或在伤眼加盖清洁敷料的基础上用绷带包扎双眼。切忌加压，因加压会加重患眼的损伤。

眼睛挫伤对视力无影响时，如果是红肿早期，可以先用冷水毛巾或冰块冷敷，让其周围血管收缩，1～2 日后可改为热敷，以促进红肿吸收；同时可口服一些抗生素药物，促进炎症消退。

角膜上皮擦伤时，应局部涂油膏将患眼遮盖，一般 24 小时即可愈合；角膜水肿者可用 50％葡萄糖高渗液滴眼。

【何时就医】　眼部受伤要尽快到医院挂急诊，检查眼球有没有严重损伤，颅骨是否破裂等。

眼睛受伤，眼睛发红超过半小时，视力丧失，均需到医院诊治。

眼眶和眼睑受到外力撞击后引起内出血，皮肉变得青肿。如果眼睛周围变黑，可能是眼球或头部已经受伤，应该请医生检查。

伤口中如有一团黑色的虹膜或胶冻状的玻璃体等内容物溢出，绝对禁止将其送回眼内。应在伤眼上加盖敷料后送往医院。避免伤病者用力；途中减少颠簸，以防内容物溢出增多。

如果眼中嵌入异物，不要擅自取出，要到医院请医生处理。伤眼禁止用水冲洗，只能用干净的棉球、纱布等将眼外的脏物轻轻拭去。

结膜挫伤时，如果只是少量出血可自行吸收，同时局部点滴抗生素眼药水；如损伤较重影响视力，应到医院作结膜黏膜移植修补术，以防眼球粘连。

瞳孔散大、变形时，可带黑色眼镜避光。前房积血者，双眼应遮盖，半卧位休息，应去医院治疗。如出现复视，应立即去医院诊治。局部使用抗生素及降眼压药物，以防止继发性青光眼的发生。

眼眶挫伤、晶状体损伤、视网膜及脉络膜挫伤以及视神经挫伤时，应立即将患眼用消毒纱布遮盖后送往医院救治。

【友情提醒】　怀疑发生眼球穿透伤者，禁止上眼药，因可能对医生的手术造成麻烦。

如果眼睛红肿只是轻度外伤，眼球内仅少量毛细血管破裂，出血很少，一般淤血也可自行被吸收，不久便可痊愈。如在眼上热敷，就会使眼部血管扩张，血液循环加快，造成再次大出血堵塞眼角，导致眼压增高，继发青光眼，严重者可致失明。

鼻子受伤怎么办

人们在生活中,常因不慎跌跤、意外碰撞及斗殴时损伤到鼻,临床上多见鼻软组织挫伤、裂伤,鼻骨骨折。

【应急措施】 鼻软组织损伤早期(一般在 24 小时内),可用毛巾冷敷或用毛巾包裹冰块冷敷,以防出血,还能减少肿胀疼痛;后期采用局部热敷,以利于血液循环,促进吸收。

鼻软组织裂伤,应进行止血,暂用干净布条填塞鼻孔,抬头后仰,尽快到医院做进一步清创缝合、止血等处理。

【何时就医】 鼻骨骨折的患者,若有出血、疼痛,可先平卧,用干净布条填塞鼻孔,症状缓解后到专科医院进行复位治疗。

口腔受伤出血怎么办

牙齿咬到舌头、嘴唇或口腔内的黏膜,或者脸部遭到撞击,或者被撞掉了牙,都可能造成口腔受伤与出血。由于口腔的血管丰富,而覆盖血管的皮肤又薄,很容易引起严重出血。

唇部受伤后会感觉到非常疼痛,因为唇部分布着许多神经末梢,而且血管分布也非常丰富,所以受伤后出血量会很多,应及时采取措施。

小儿刚刚会走,走路不稳,常常跌倒。同时,小儿好手拿羹匙、木尺、筷子等器具玩耍。当不慎跌倒时,手中的木尺、匙把、筷子一般朝向上方,加上小儿哭啼张口,常常会扎伤口腔上腭。上腭的前半部分有腭骨,后半部分仅仅是软腭。扎伤如果在前半部,常常损伤黏膜或肌肉层,穿透腭骨的机会极少;如果扎伤了后半部即软腭部位,则会造成软腭穿孔、出血。

牙齿部位损伤常因直接碰撞、间接上下齿相互撞击而发生,以上前牙为多见。

【应急措施】 让患者坐下,头部略向出血侧前倾,使出血易流出。

用一块干净的纱布、手帕等物盖住伤口,用手指按压住伤口 10 分钟以上,注意不要揉伤口。如果还在出血,则可再更换一块。同时将口腔内血液吐出,以防咽下后呕吐。出血停止后 12 小时内不要进食热的食物。

上腭被扎伤后,可用手指缠绕一块纱布或洁净的手帕压紧穿孔出血的部位,令小儿坐直张口轻轻呼吸。一般经压迫 2～3 分钟出血均可止住,再送往医院治疗,并注射破伤风抗毒素或破伤风类毒素。

牙齿部位受伤后要保持呼吸道通畅,立即用手指清除患者口腔中的碎牙及血块。如果患者神志清醒、身体无其他部位严重损伤,可扶患者坐在椅子上前倾俯首,对着洗手盆清洗口腔。如果患者神志不清,应将其摆放呈昏迷侧卧位。

【何时就医】 口腔内经常出血,且伴全身多处出血,如鼻出血、皮肤出血点或淤斑及面色苍白有明显贫血貌的患者,应到血液科进一步检查。

如果创口继续流血,不要拿开纱布,可以在上面再盖一块。由于该部位不便包扎,需要用手一直按住,使患者保持平静,然后护送患者到医院进一步治疗。

凡遇到齿部受伤,都应尽快请牙医诊治。如整颗牙脱落、齿槽流血不止,可将消毒纱布、棉球叠制成比齿槽稍大的垫放在齿槽上,让患者紧咬该垫 15～20 分钟。若仍渗血,应让患者将血吐出。若仍出血不止,可再换另一块纱布、棉垫紧咬 15～20 分钟,并立即请医生治疗。

【友情提醒】 在取下布垫时,要尽量不要拉掉已形成的血痂。

若患者想保存脱下的整颗牙齿,必须用唾液保持齿根湿润,可将一块清洁纱布放在口内浸湿后包裹牙齿,然后放进火柴盒等容器内送交医生处理。

下巴脱臼怎么办

颞颌关节征候群即俗称掉下巴。其症状包括头颈部疼痛,嘴巴合不上也打不开,其成因是过度使用牙齿,致使颞颌关节与负责咀嚼的肌肉过度拉扯而受伤。

【应急措施】 要使脱臼的下巴复位,可找一只小方凳放倒,让患者靠墙坐好,头靠着墙,下巴的位置要低于复位人的肘部。复位人的两手拇指用手绢裹好,伸进患者的嘴里,放在两边后牙的咬合面上,其余 4 个手指放在嘴外边下颌骨的下缘。复位动作实施之前先设法转移患者的注意力,然后用力向下压下颌,同时将颏部向上端,再轻轻地向后推动一下,下巴就复位了。动作完毕,复位人的双手拇指要迅速滑到后牙外边,避免咬伤。下巴复位后要用绷带将下巴托住,在数日内不要张大嘴,防止再次脱位。

受伤后 24 小时内冰敷,可缓解疼痛。若超过 24 小时或是慢性患者时可改热敷。

【何时就医】 如果使用上述方法后两星期症状依然存在而未见改善,脸部与嘴巴疼痛,牙齿咬合改变,均需到医院诊治。

【友情提醒】 吃东西请细嚼慢咽,切勿大口大口地吃,可先将食物切成小块后再食用。

颈部外伤怎么办

颈部是人体头部与躯干连接的通道,其内包含很多重要的组织器官,如颈总动脉、颈内动脉以及与动脉伴行的颈内静脉、颈外静脉,还有颈部神经、副神经、迷走神经、喉返神经等。此外,还有气管与食管组织通过这里。颈部受伤后,会出现颈不能扭转,呼吸困难,肢体麻木、瘫痪,大量出血等症状,有些伤者会立即死亡。

颈部损伤分为闭合性损伤和开放性损伤。闭合性损伤多见于拳击、绳子勒缢等,可引起血肿、皮下气肿,往往可导致意识消失、脉搏缓慢、血压下降,同时可出现声门痉挛等现象。

开放性损伤如被刀砍伤、剪刀刺伤、枪弹伤、弹片伤等,这种损伤的主要危险是大血管被损伤而引起大出血,导致发生失血性休克而死亡或因血液进入气管而窒息。

静脉损伤,空气进入血液循环造成肺、脑的空气栓塞。颈部皮下气肿可侵及纵隔,发生纵隔气肿。继发感染时,可引起严重的化脓性纵隔炎。如刺伤神经,可引起肩、上臂肌肉瘫痪。若损伤颈部交感神经链还可出现眼球下陷、瞳孔缩小、上眼睑下垂、同侧面部无汗症。

【应急措施】 立即清除气管内的血液等阻塞物。

颈部损伤的急救,首先是解除呼吸道的阻塞和制止大出血;其次是处理呼吸道或消化道的穿透伤,以减少感染。

患者平卧,切勿抬高或垫高患者头部。呼吸困难、呼吸麻痹提示颈髓损伤。无呼吸时立即开放气道,施行口对口人工呼吸。开放气道时将伤者头部缓慢后仰并慎重施行。

在抢救颈背部损伤的患者时,不仅要注意明显的外伤,而且也应警惕不易察觉的颈椎、脊柱骨折,若处理不当可导致终生瘫痪,甚至死亡。除非事发现场有进一步损伤的危险,如火灾、楼房坍塌,否则绝不可轻易移动患者。伤者的主要症状是伤处疼痛,手脚可有刺痛感,呼吸困难,受伤部位以下身体无知觉,轻捏皮肤无痛感,肢体在无骨折情况下不能活动。

处于危险场所时或需紧急救护时,尽可能叫人帮忙移动患者。搬运时不要在颈椎及脊椎骨处施加压力。患者身体应呈伸直仰睡状卧于硬平板上,头颈两侧可用枕头固定。不可躺在软床垫上。

颈部大静脉的损伤虽然也能引起大量出血,但其主要危险在于空气栓塞,尤其是颈根部的大静脉。由于静脉壁与颈筋膜有粘连,损伤后不易塌陷,反而促使空气进入。当空气进入大静脉时,可听到吸吮声,患者有恐惧、呼吸急促、脉搏快而不规律、胸痛等症状;如大量气体进入心脏,可致心跳停止而死亡。大静脉损伤后,应立即用手指压迫,并加压包扎,以防止空气进入。

【何时就医】　颈部损伤多数情况较严重和复杂,对于颈部大血管出血者,在急救时,只能用无菌纱布填塞止血,然后将受伤一侧的上肢上举过头,施行单侧加压包扎法。对颈部伤不宜在颈部做环形加压包扎,以免压迫气管引起呼吸困难,或压迫静脉影响回流而发生脑水肿。此外,应保持呼吸道通畅,若有血块堵塞呼吸道,应想方设法清除。对于颈部割伤、刺伤等开放性损伤,应迅速送医院进行救治。

【友情提醒】　四肢不能活动时,尽量不要移动患者。

落枕怎么办

落枕多因睡眠时头部姿势不当,或枕头过高、过低、过硬所致,或局部受风寒所致,扭伤也可引起本病。患者常在起床后感到颈部活动受限,有牵拉、酸痛等不适感,颈项强直,俯、仰、转头不便,动则疼痛更甚,患部僵硬并有明显压痛。

【应急措施】　让落枕的人坐好,帮忙的人站在其背后。先用一个指头,在落枕一侧的颈部,以上往下地顺次轻轻下按,直至肩背,找出最痛、最硬的地方作为重点按摩部位。再用拇指从上到下挨次揉动(即自颈的上部直到肩背部为止),至重点按摩部位,要用力揉动,这样揉动2～3遍,可改为轻弹、轻叩的办法,重复2～3遍;然后再揉按2～3遍。经过这样按摩,发硬的肌块逐渐松弛,疼痛也会减轻。好转后,就可进行下一步。

帮忙的人站在落枕者身后,稍偏右。右手把住患者的右下颌,左手按住患者的右后枕,使其头微向前屈。然后,双手协调用力,以右手为主,将其下颌往右迅速一转(但不粗暴)。然后再往左,以同样手法将颈转动。这时,如果听到或感到"咯噔"一声,转动可以停止。最后再揉按颈部2～3遍,症状即可减轻。

在左右手掌的背面,第二和第三掌骨间隙下1/3处各有一落枕点,用大拇指直立切压、顺着掌骨间隙上下移动按压2～3分钟后症状会立即消失。

在疼痛部位放一块蒸热的毛巾或用毛巾包裹热水袋包在颈肩部,热敷20分钟以上,同时轻轻转动头部,疼痛和僵硬会明显好转。

用手捻提患侧颈部肌肉10～20次。

头颈向前、后、左、右摆动或旋转,或轻轻地在患侧颈部敲打 20～30 次,每日 3 遍。

由风池穴向下沿后颈部下行至肩背部以画圆圈的方式按摩,在风池、天柱、肩井、膏盲穴略施加压力。按摩的同时配合颈部转动。

拔罐对落枕治疗效果很好,选穴大椎、风池、疼痛处及悬钟。每穴留罐 15 分钟。

按揉双侧天宗穴(肩胛骨内下窝中央处)。患者取坐位,头部前后左右活动,活动时以痛侧为主,尽量加大活动角度。术者以两拇指揉按天宗穴,重按痛侧,每分钟揉速应达 140 次左右,按压力以患者能耐受为度,每次 5～10 分钟。轻者按揉 3～5 分钟,颈项部疼痛即可基本消失;重者可于中间休息 30～60 分钟,再进行第 2 次。

发生落枕后,切不可用"端脖子"或"拔萝卜"的手法强转硬扭,否则有导致四肢瘫痪的危险。这里介绍指压速效治疗法:在左右手掌的背面,第二和第三掌骨间隙下 1/3 处各有一落枕点,用大拇指直立切压、顺着掌骨间隙上下移动按压 2～3 分钟后症状会立即消失。但对有颈椎病的人,应避免推拿按摩。

在患处涂上少许风油精后,用手在患处轻轻揉、搓 2～3 分钟。

取跌打丸 2 粒,加白酒适量,蒸发成膏状,洗净患处,将膏药摊于纱布上,外敷患处,并用热水袋定时加热,12 小时换药 1 次,连续 2～3 天。

贴伤湿止痛膏也有效果,最好在热敷后贴膏药。

将食醋 100 克加热至不烫手为宜,用纱布蘸热醋,在颈部疼痛部位热敷。保持痛处湿热 20 分钟,在热敷过程中同时活动颈部,每日 3 次,2 日内可愈。

将适量的葱姜捣烂、烘热,用布包好热敷患处。每次 30 分钟,3～4 次可愈。

【何时就医】 反复落枕者,年龄在 40 岁开外的,宜到医院作进一步检查,有时需 X 光摄片排除颈椎病。

外伤后,或突然快速转动颈部后引起的颈部疼痛、活动不利,多属颈部扭伤,最好能及时去医院就诊。

【友情提醒】 注意睡眠姿势,放松颈部肌肉。

易落枕者,颈项部须注意保暖,不宜用高枕头睡觉。最好枕头高低与躺下时颈项部的弧度差不多,或略高一点。枕头过高过硬常可诱发落枕。

长期伏案工作者要注意伏案姿势,颈部不宜长期前屈。可工作一段时间后活动一下全身,包括按揉一下颈项部,以免积劳成疾。

急性期,患者不要强行转动头颈以图活血,否则会有加重肌肉拉伤的危险。

肩关节脱位怎么办

肩关节脱位十分常见,常见于运动性损伤,如手把公共汽车的把手时突遇急刹车引起,表现为肩关节部位疼痛、不能活动,用手托着患肢才能减轻疼痛。

【应急措施】 肩关节脱位有时也可请人帮助配合治疗。患者仰卧,用拳头大小的软布垫于患侧腋下,治疗者立于患侧,用两手紧握臂腕部,用脚顶在腋窝下软布垫上,缓慢向外旋转肩臂,同时作有力的牵拉,利用足跟为支点,将肱骨头挤入关节盂内。足蹬时,不可用暴力。当有回纳感觉时,复位即告成功。此时可用三角巾加以固定,固定时间为 2～3 周。

【何时就医】 以上应急措施如果有把握最好,否则宜将患侧肢体用三角巾固定后送医院复位。

【友情提醒】　注意禁止进食,因为有可能进行麻醉后复位。

脊椎损伤怎么办

从高处跌下,或腰部被重物压伤,常会导致脊椎骨断裂。脊椎骨断裂属一种严重性骨折,因为脊椎骨内有一条叫"脊髓"的神经通过,它是管理身躯和下肢活动的主要神经,一旦遭受损伤或断裂会引起大小便潴留,下肢瘫痪,不能走路,造成终身残废,甚至死亡,因此对脊椎断裂的伤者必须给予及时抢救治疗。

【应急措施】　保持呼吸道通畅,特别是颈脊髓损伤患者,如有痰多呼吸困难,应及时作气管切开术。

必须进行现场急救,现场急救包括止血、止痛、保温等。固定脊椎,防止进一步的伤害。除非绝对必要,否则应避免移动伤病者,尽快送往医院治疗。

在将患者送往医院时应使用硬担架,尽量维持住伤病者最初的姿势,并注意保持呼吸道通畅。如果送往医院的路程太长,路况又不佳,应设法支撑患者的双肩和骨盆,并在双腿间小心地放置一块软垫,在脚部以8字形系上绷带,并扎住大腿和膝部,这样可以减少断裂的脊椎骨摆动,能维持原有的姿势。

【何时就医】　立即拨打120急救电话,送往医院救治。

【友情提醒】　在搬动患者时,应由3~4人分别用双手托住患者的腰部和下肢,然后动作一致地抬起,放在硬担架上,或一致转动90°,用担架凑到患者的背部,再慢慢转回来,让患者平躺在担架上。在搬运和转送患者的过程中,应尽量保持平稳,避免颠簸、晃动,否则会加重脊椎损伤而产生严重的不良后果。

脊柱是体后背正中的骨性支柱,分为颈椎、胸椎、腰椎、骶椎等部分。最易犯病的颈椎、腰椎病是人们熟悉的常见疾病之一,对中老年人威胁最大。如能经常坚持做跪拜运动,即模仿磕头作揖的动作,使脊柱的关节、肌肉、韧带在有节奏的伸缩中得到锻炼,就能使脊柱得到充分的氧气及养料供应,进而强健少病。

胸部受伤怎么办

胸部遭受挤压、撞击或严重车祸时,会使肋骨多处骨折。车祸是导致胸部受伤最常见的原因,驾车者和乘客如果不系上安全带,遇上事故,胸部更易受伤。此外,戳伤和压伤也常是胸部受伤的原因。由于胸廓失去了原有的稳固性,致使呼吸正常运动无法进行而出现反常的呼吸运动,即呼气时胸廓扩张,吸气时胸廓反而缩小,患者会发生严重的呼吸困难,而感觉极端疲劳状态,同时口呕血丝泡沫,如果得不到及时的急救处理,就会因氧气供应不足而死亡。

【应急措施】　急救者迅速用手支撑住伤病者伤侧的肋骨,并协助伤者保持半坐的姿势,使整个身体略倾向于受伤一侧,这样可以避免呼吸突然窒息。

胸壁如果为利器刺穿,或折断的肋骨凸出胸壁外,称为吸气性创伤。伤者呼吸时,空气不经过呼吸道,改从伤口吸入胸内,使肺部缩陷。未受伤一侧的肺部也可能受影响。由于肺内没有足够的空气,伤者可能窒息而死。吸气性创伤的症状主要有胸部疼痛、呼吸困难、嘴唇和皮肤发绀、呼气时带血的液体由伤口冒泡而出,吸气时可听见空气吸进伤口的声音。

应尽快把伤口盖住,使伤者恢复呼吸。先用手掌按住伤口,可即时减轻伤者痛苦;其后尽量改用敷料密封伤口。密封的方法是取一小块聚乙烯薄膜或包裹食品的塑料薄膜盖在敷料上,然后用胶布把边缘粘牢。

将一块软质护垫放在伤处,将受伤侧的手臂屈曲护住护垫,利用较宽的绷带缠住胸部或用大片条状胶布像叠瓦式贴于胸廓肋骨骨折处,以此来固定胸廓,可减轻反常呼吸的发生。

肋骨折断可能损害内脏(如肺部),但没有刺穿胸壁。此时可引起胸内出血,伤者会咳出红色带泡沫的血液。主要症状是胸部有淤血及出血、咳嗽时胸痛加剧、气息微弱、胸部感到绷紧等。如有几根肋骨折断,断骨相互碰撞时还会发出声音。

【何时就医】 尽快叫救护车。用三角巾固定受伤一侧的上肢,以保护折断的肋骨。

如果伤者呼吸困难,口唇发紫,或者失去意识,这意味着病情严重,应将患者立即送往医院急救治疗。在用担架运送时,要将患者保持半卧位或头高足低位,这样可减少呼吸窒息的发生。

如果胸部骨折只是裂纹,断端未错开,问题不大,只要紧裹胸部即可。要是断端成叉,就要警惕,万一叉端又戳破了胸腔,甚至伤及血管和肺,那么血积在胸腔里就成了血胸;肺破气泄,气积在胸腔里就成了气胸,进而把心肺压迫向对侧。此时,应让患者向下平卧。若呼吸停止,则进行人工呼吸,注意保持呼吸道畅通,等待救护车。

【友情提醒】 心肺是维持生命的重要脏器,都位于胸腔,当胸部受伤时,要尽快地做急救处理,如密封伤口等,以防万一。

腹部受伤怎么办

刀伤,车辆、外力撞击和高处失足等都有可能导致腹部受伤。腹部受伤有可能是外有伤口、出血,甚至腹腔内容物流出;也有可能是内脏破裂受损,有内出血。两者都可以致患者于死地,必须立即进行抢救。

【应急措施】 腹部有伤口者,伤口若是纵向的,嘱患者平直仰卧,双脚用东西稍稍垫高,借腹壁肌力,相互接触压迫而止血。若是横向伤口,嘱患者仰卧,膝部弯曲,头部和肩部垫高,使伤口尽可能闭合。

轻轻解开伤口周围的衣服,使其安静休息。松开伤者头部和腰部的衣物,以利于呼吸和血液循环。腹痛时松解腰带,膝下放枕头、坐垫、衣物等,使膝保持一定屈曲度以放松腹部。

用敷料或叠好的清洁布块盖在伤口上止血,然后用绷带或围布扎好。

如伤口中有内脏漏出,不要试图用手推回腹内。可找干净布块,在开水中浸湿后轻轻敷在内脏上。不要用干布直接敷上去。如救护车一时无法赶到,可用绷带围腰绑上几圈,固定敷料或纱布。

不要向伤口咳嗽、打喷嚏或喘气,更不可触揉腹部,以免伤口感染。

【何时就医】 腹部受伤,应立即拨打120急救。有些意外事件中,伤者没有表面伤痕,但可能有内出血。如怀疑有内出血，应尽早请医生检查。

若受重力或从高处跌落，腹部外面并无伤痕，腹痛却厉害，腹部不能触摸，触摸后痛，面色苍白，皮肤湿冷，昏迷，有恶心呕吐等症状者，很可能是内脏破裂或损伤出血，应立即拨打120电话召救护车或用车急送医院。护送者应随时注意患者呼吸和脉搏，必要时立即进行人工呼吸或心脏按压。

【友情提醒】　不要让伤者饮食，因为送进医院后可能要施行全身麻醉。如果伤者口干，可用水替他润一润嘴唇。

如果伤者咳嗽或呕吐，轻按敷料以保护其伤口，防止内脏脱出。

不要拔出刺入腹腔的异物（如刀、弹片等）。

背部受伤怎么办

高处失足、背部受撞击等都可造成胸、腰椎骨折。主要表现为受伤部位以下的身体失去知觉，动弹不得。部位较高的胸椎骨折，严重程度类同于颈椎骨折。部位偏低的腰椎骨折虽不一定致死，却常易导致终生残废。

长时间重复背部的运动，如打高尔夫球，或是背部突然遭到撞击，或是运动时脊椎盘或脊柱受伤，都会造成背部的运动伤害，表现为背部隐隐作痛，严重者甚至感到背部麻木或刺痛。

【应急措施】　不可随意搬动，不要强行让患者转侧或活动下肢等。移动时，要托起其受伤部位，平行地搬动，患者只能平躺在硬板床或硬的担架上，严禁使用弹簧床。

冰敷患者背部，可以减轻肿胀感。待肿胀处消退后热敷患者背部，促进血液循环。

【何时就医】　病情严重者应立即送医院抢救。

【友情提醒】　运动前，先拉拉背肌，可以预防背部的运动伤害。

要精心加以护理，此类患者常有大小便失禁，要及时加以清洁，同时防止褥疮。

腰部损伤怎么办

交通事故、坠落或运动时均可发生腰及外阴（生殖器）创伤，不仅造成内出血、骨盆骨折，还易合并肾脏、直肠、膀胱、子宫、阴道、尿道等脏器损伤。主要症状是腰部及阴茎、阴囊或外阴部肿胀、淤斑、疼痛；骨盆骨折时轻轻挤压下腹两侧凸起的髂骨处，骨盆明显疼痛；肾脏及膀胱损伤时出现血尿等。

【应急措施】　强力撞伤骨盆时无论是否有骨盆骨折，都应让患者采取仰卧、膝部稍弯曲的体位，脚下垫放30厘米高的物品。疑脚踝骨折时不可弯曲膝部。

疑有骨盆骨折时，在骨盆周围用大浴巾固定，同时注意患者呼吸及脉搏状况。不要任意移动患者，尽快呼叫救护车。无呼吸及脉搏时施行基本生命支持。

检查有无内出血，内出血时，腰、会阴或外阴部肿胀、青紫伴强烈疼痛。

局部冷敷，保持安静。撞伤腰、阴茎、阴囊或阴唇时，可用冷毛巾冷敷伤处。

男性外阴及尿道损伤怎么办

阴部可因暴力打击或碰撞而招致外伤,如骑自行车不当常会引起这类疾病。然而,阴部外伤往往是在思想无准备的情况下发生的,预防比较困难。一旦阴部有外伤,要去医院检查处理,不要羞于就医,如一时条件不允许,可自行处理。尿道损伤多因会阴部骑跨伤或骨盆骨折的合并伤所致,出现尿道挫伤、裂伤、完全断裂,表现为会阴部、阴囊、阴茎肿胀,尿道出血、疼痛、排尿困难、休克等。

【应急措施】 外阴损伤,阴囊发生血肿后,宜暂时卧床休息,并在局部用冷水或冰块进行冷敷,使破裂处的血管遇冷收缩,以停止出血。出血停止后,可改用热敷,促使淤血尽快被身体吸收。适当服用止痛、止血药,如云南白药,每服 1.5 克,日服 2 次。

受伤后的 1～2 天应减少阴囊部的悬垂与活动,避免因震荡而加重出血。如果一定要下床活动,最好能佩戴一个布托带将阴囊托起,减少阴囊的活动幅度,减轻疼痛。

【何时就医】 尿道损伤,要立即压迫会阴部止血,平卧,勿随意搬动。严重者立即送往医院抢救治疗。有骨盆骨折者应预防及抢救休克的同时急送医院。对于轻度尿道损伤排尿不困难者,仅需多饮水保持尿量。使用止血和抗菌药物。

在观察期间,一旦发现阴囊迅速增大且伴有大汗淋漓、四肢冰冷、面色苍白或发现阴囊已经破裂或睾丸已经外露等情况,必须立即送到医院急救处理,切勿延误病情。

【友情提醒】 为了防止阴囊在运动中受伤,应该积极地采取一些预防措施:在参加足球、长跑、体操、骑马、骑自行车等项运动时要带上兜带以固定和保护阴囊。踢足球时要避免粗野的动作。做单双杆练习时要循序渐进,掌握正确的技术动作,动作不要过急过猛。骑自行车时要选用合适柔软的坐垫,避免使用过硬的坐垫。

女性外阴血肿怎么办

女性外阴部于大阴唇处有很厚的皮下脂肪层,其内含有丰富的血管、淋巴和神经。当局部受伤后可发生内出血,形成大阴唇血肿,其原因多为从高处跌下或跳下时外阴部碰撞在突起的硬物上,骑自行车跌倒后撞伤外阴部等也可引起。

【应急措施】 外伤后常引起外阴部剧烈疼痛,有的因皮下出血产生血肿。如遇到这种情况,若无其他严重外伤,血肿直径在 5 厘米以下,应给予局部冷敷,可达到止血目的,并可减轻疼痛,亦可应用丁字带压迫止血,或以沙袋压迫,72 小时后给予热敷,促进血液吸收。

如血肿较大或继续增大,应立即到医院手术切开取出血块,找到破裂血管予以结扎,缝合血肿腔隙,常放置引流条,缝合皮肤后加压包扎。

【何时就医】 若出血量多或外阴部血肿较大,需立即去医院进行处理。

手指甲受伤怎么办

指甲断裂的真正原因是缺水。做家务常用到的洗洁精、浴厕清洁剂等物品会使干燥断裂情形更为严重。另外,在日常生活中,常有指甲被挤掉的意外事故发生,但更多的时候,常常因意外而发生指甲破裂出血现象。

【应急措施】　指甲被挤掉时，最重要的是防止细菌感染。应急处理时，首先把挤掉指甲的手指用纱布、绷带包扎固定，再用冰袋冷敷，然后把伤肢抬高，立即去医院。如果是夜间不能去医院，应对局部进行消毒，如家里有抗生素软膏，应涂上一层，第二天一定要去医院诊治。

指甲缝破裂出血，可用蜂蜜兑一半温开水，搅匀，每天抹几次，就可逐渐治愈。如果指甲破裂者是球类运动员，在治疗期间，如果需要继续打球，在打球之前，一定要用橡皮膏将手指末节包2～3层加以保护，打完球后立即去掉，以免引起感染。

如果因外伤引起甲床下出血，血液未流出，使甲床根部隆起，疼痛难忍不能入睡时，可在近指甲根部用烧红的缝衣针扎一小孔，将积血排出，消毒后加压包扎指甲。

【何时就医】　如果指甲经常断裂而又不知原因时，就该上医院的皮肤科诊治。切记告诉医师你最近服用哪些药物，或其他不适症状。因为贫血也会引起指甲断裂，所以，医师可能会为你做进一步检查。

指甲或指甲肉出现肿痛、断裂等细菌或霉菌感染的症状，指甲颜色变黄、白或绿，均需到医院诊治。

【友情提醒】　平时不要把指甲剪得太"秃"，否则会造成指甲缝破裂出血。指甲也别留太长，以免断裂。取半茶杯温橄榄油，浸泡双手15～30分钟，保证你的玉手又滑又嫩。

不要剪指甲两侧的茧皮，如此容易引起发炎。如果有糖尿病，若发现指甲两侧发炎，应看医生，因为这种感染可能传播到其他地方。

做家务时应戴上手套，尤其是洗碗、洗衣等接触化学洗剂时。如果将手浸泡于过量的肥皂水中，可能引起指甲松弛。水使指甲膨胀，当指甲脱水干燥后又容易收缩，导致指甲松动及易碎。

指甲是手指的保护层，它使富含神经的指尖免受伤害。指甲由蛋白质、角质素及硫组成，一周可生长0.05～1.2毫米。指甲的变化或不正常往往是缺乏营养或某些疾病所造成的。长期生病、生活紧张、使用尼古丁、过敏、糖尿病都可能使指甲变黑。

和脸部一样，你的双手也同样需要精心呵护。有条件的话，定期到美容院做手部护理，或自己在家定期护理。可以一个星期做1～2次，方法是：将双手浸泡在温水中10分钟，然后用中性洗手液清洗并按摩双手，用温水洗尽洗手液，涂上美容面膜并用塑料薄膜包裹双手，30分钟后揭去（或洗去）面膜，给双手涂上护肤霜，然后戴上棉质手套（保湿和滋润双手）即可。

指甲涂凡士林护手乳可锁住水分，以防干燥。睡前涂上凡士林并戴上手套，保护更周到，尤其是干冷的冬天，更是不可少的保护工作。

每天将双手泡在稀释过的沐浴油5分钟之后，再涂上护手乳。

有指甲破裂出血史的人，还应在日常的膳食中注意多吃些含维生素A比较多的食物，如白菜、萝卜、韭菜和猪肝等，以增加指甲的弹性。高蛋白饮食是维持健康指甲所必需的，蛋黄是蛋白质的好来源。燕麦片、核果、种子、谷物、豆制品等均富含植物蛋白。多吃蔬菜和水果，水果和蔬菜应占每日饮食的50%。

打排球戳伤了手指怎么办

在日常活动中,特别是在打排球时,一旦戳伤了手指,伤者会感到手指疼痛,同时有肿胀、青紫等表现,甚至会发生畸形。

【应急措施】 手指关节轻度的戳伤,可先用冷水毛巾冷敷,24 小时后改为热敷。休息几天即可恢复。

用伤湿止痛膏或麝香风湿膏环形贴好,但切忌贴得太紧,以防影响手指血液循环。贴药膏后,万一出现手指末端变紫发凉,应立即撕去膏药。

如果伤情较重,出血肿胀,早期处理应以止血为主。手指伸直位,内衬棉花用绷带加压包扎,放在冰水中 15～20 分钟(或用冷水冲),再换干的棉花、绷带加压包扎于伸指位。有的用新摘下的鲜韭菜适量捣烂敷于患处,伤后 24 小时换 1 次,收效较好。48 小时以后可在伤处周围轻柔按摩,三天后可蘸药酒或白酒直接轻柔地按摩患处。以后用推拿法治疗,效果较好。推拿疗法可以加强患处的血液循环,消肿止痛,促进恢复。

如果手指关节脱位畸形,则以一手握住脱位的手指远端作持续牵引即可复位,然后用干净的棉布或纸揉成拳头大小的团块,外用手帕包好,让伤手轻轻握住,再将手用绷带包扎好。

【何时就医】 如果损伤时听到清脆响声,疑有关节脱位,韧带及肌腱断裂以及骨折等,应将手指伸直,内衬棉花用绷带包扎固定,及时送医院处理。

【友情提醒】 伤者须抬高受伤的手指,或用宽绷带将伤手固定在胸前。

手上生了倒刺怎么办

倒刺是由甲床边的皮肤产生小面积裂口而形成的。再小的倒刺也会给人带来疼痛感,有时甚至会出血。

【应急措施】 如果手上出现了倒刺,不要用指尖拔或用嘴咬,这样做可能会使其感染。正确去除倒刺的方法分下面三个步骤:倒刺干的时候不宜去除,应该将它泡在热水或橄榄油中软化;用指甲刀或指甲钳去除倒刺,只要不伤及周围的皮肤,尽量将倒刺剪短;剪掉倒刺之后,在指甲周围的皮肤上抹上润肤霜,然后进行按摩,最后用胶布包好,不要再去碰它。

手指被夹伤怎么办

在日常生活中,家庭和学校的门户、铁闸、窗框、抽屉或者汽车门等最容易夹伤手指。夹伤后轻者出血肿胀,重者可引起手指切断、指甲脱落或关节出血等。

【应急措施】 手指夹伤可能伤及指关节,先用未受伤手的两个手指夹住患指,轻轻推摇,以查明哪个部位受伤,一个关节必须检查三个方向。以拇指为例,以指甲为中心作一垂直准线,若第一节的中心线偏离的方向是 1、2、3(从指尖观察)时,可捏紧并固定患指第二节手指,同时握紧弯曲的第一节手指,边扭动边慢慢伸直,扭动的方向应是无痛感的方向。若是第二节以上的部位受伤,需加强固定,采取同样的方法治疗。如果第一节中心线同第二节中心线发生偏离的方向是 A、B、C,治疗方法与上述方法相同,但应当是将伸直的手指弯曲,而不是将弯曲的手指伸直。这一点在实施治疗时切勿混淆,否则会影响疗效。

没有破皮流血和骨折的,可以将"七里散"或"五虎丹"用酒或茶水调成糊状敷在伤指上。另外,还要经常把手举高。睡时,身旁可放高枕,把伤手搁在上面,这样可以减轻肿胀。

用厚纸板等物件支撑起手臂部,然后用绷带扎好,不可包得过紧,再将手臂用三角巾固定,然后送往医院。

【何时就医】　如果夹伤处呈紫色或肿胀,有可能是手指部的骨骼发生了骨折,应及时去医院诊治。

如出血不止,可将受伤的手指抬高超过心脏,以减轻疼痛和出血,并去医院。

若指甲变成紫黑色,出现甲下积血,少量积血数日可吸收,较多出血可能日渐疼痛,应由医生处置。

不可强行将未完全撕脱的指甲剥下,需将指甲放置原位,用纱布包扎请医生治疗。

如指甲脱落,可用双氧水等消毒后用纱布加压包扎止血,数日后疼痛消失,指甲自然愈合、生出新甲。若疼痛感不断,也需接受医生诊疗。

【友情提醒】　治疗手指被夹伤期间避免洗浴。

手部损伤怎么办

由于不按操作规程办事或不慎,手被机器轧伤,严重者可留下残疾,给生活和工作带来很大困难。而现场急救处理是否得当,与手指再植能否成功和手功能恢复的程度关系极大,对此,应该充分予以重视。

【应急措施】　事故一旦发生,切勿忙乱紧张,应该叫同伴立即使机器停止转动,并尽快将机器拆开,使伤肢从机器中解脱出来。但绝不能用倒转机器的办法解救,以免使受伤的手受到更大的损伤。

若伤肢部分组织仍被嵌扎在机器中,也不应将相连的组织割下或强行撕下。对已损伤的手指,应尽快用干净的纱布或消毒过的敷料包扎好,有骨折者尚应用木板、竹片及塑料板作适当的固定。

如果伤口出血较多,可用包扎加压法止血;若是血管断裂出血不止,应在伤口上部近心端用橡皮管扎紧止血。但上止血带止血时,切记每半小时至 1 小时要将止血带松解 1 次,每次松解的时间为 1~2 分钟,否则会使肢体因长期缺血而坏死。

损伤的手给予良好的制动也是十分需要的,这不仅可以防止加重组织的损伤,也可减轻伤者的痛苦。如果不予制动,伤者在转送途中,骨折断端的尖角,因重力的牵拉、运输工具的震动、肢体的扭转,均有可能加重重要的血管或神经损伤。在现场,应该就地取材,利用现有的木板、竹条、硬纸板、铁片或塑料板等将伤肢作适当固定,以防在转运中发生新的损伤。

减少伤口的污染,这是处理开放性手部损伤的突出任务。应用清洁的(最好是消毒过的)纱布或干净的布类将伤口尽早包扎起来,以达到伤口隔离、减少污染的机会。这里需提醒急救者注意,不要将伤口置于不清洁的水(包括河沟水)中洗刷,以免污染伤口和增加患者痛苦。

【何时就医】 及时有效地止血和迅速安全地转运。估计伤者在转送中需时较长,而附近又具备清创的基本条件,则可应用生理盐水或其他洁净的水冲洗伤口,迅速将污染的组织初步清创、止血、包扎、制动,然后再转送上级医院进一步处理。

【友情提醒】 经现场处理后的患者,则应迅速、就近而安全地转送医院作进一步处理。转送途中,尽量使患者保持平卧体位,置受伤的肢体高于心脏水平为好,切不可让伤手下垂。

手腕脱臼怎么办

人的肘关节是由上臂肱骨与前臂的尺骨和桡骨组成的,桡骨上的桡骨小头与尺骨的环状韧带相互形成关节。主要表现为有牵拉或跌倒的事实;牵拉后伤肢就不能活动,并不让别人触碰;上肢往往微屈,前臂略转向前,只要前臂一转动就会感到疼痛。5 岁以下的小儿在穿衣或扶持上楼梯时,若其手臂经猛力牵拉,有时会出现肘关节不能活动和哭闹不安,这可能是孩子发生了桡骨小头半脱位。幼儿的桡骨小头发育不全,当前臂被过分牵拉时桡骨小头即可出现脱位现象。成年人也有脱臼的情况出现,表现为手提重物时,有时突感手腕无力,物件脱落,严重的还可丧失抓握力,有时某一个手指不能活动,这多半是手腕骨发生错位、腕关节功能障碍所致。

【应急措施】 发生了桡骨小头半脱位,可用一只手的拇指压住小儿肘关节下外侧的突出部,另一只手握住孩子的手腕,逐渐屈曲肘弯使成直角,同时将前臂向远端略作牵引,并作前后轻轻旋转,这时可能听到轻微的"咯嗒"一声弹响,疼痛也随之消失,这说明复位已经成功。此时弯曲肘关节,孩子不再哭闹叫痛。

成人以左手腕脱臼为例,用右手拇指、中指、无名指和小指紧紧抓住左手腕的尺骨和桡骨骨端,同时用食指抵住左手掌心的下方,并轻轻向上推压,压到有"咔嚓"的感觉时即可停止。这是脱臼复位的信号,治疗时应注意患手不可用力,手指自然弯曲。如果反复几次后仍有痛感,说明右手的手法不正确,应改正手法后再行治疗。

【何时就医】 如果用上述方法没有把握和经验,应尽快送医院诊治。

【友情提醒】 孩子在施行上法后,还得用三角巾将前臂悬吊在胸前 3 天,并要记住以后不要再猛力牵引孩子的手臂。

割脉受伤怎么办

割脉引起大量出血,使肢体循环血量骤减,若延误抢救时间则会出现休克而死亡。

【应急措施】 将自杀者取头低足高位,以保证脑部和重要脏器的血液供应。

迅速用干净的纱布覆盖伤口,用手于患部上方用力按住,并用绷带包扎好伤口。

加压包扎后出血仍不止者,应在心脏近端按规定方法用止血带止血,或在血管搏动明显处采用血管钳止血。

若大量出血则以止血带止血,绑止血带的位置是由伤口向心脏 3 厘米处,宽度约 5 厘米,绑上止血带后每隔 15～20 分钟放松 15 秒钟,以免肌肉坏死。

【何时就医】 迅速送医院抢救,伤愈后进行心理治疗。

膝部受伤怎么办

在体育比赛或奔跑中常会出现膝部受伤。因膝部为活动关节,所以受伤后一般会出较多的血,此时应立即止血并进行急救。

【应急措施】 膝部受伤后需彻底清洗创口,用一块清洁干燥的纱布包在伤口上,用手指挤压10分钟使伤口闭合。如果有必要加敷另一块纱布。用绷带包扎伤口,应围绕膝盖一上一下地包扎,这样可使膝部伸直,促进伤口愈合。

膝关节损伤,可用大垫子或类似敷料处理伤口出血,但不要直接压迫伤处。应尽快请求医疗救助。于伤者双腿间双踝部至膝以上置一长垫。用绷带、皮带、头巾等类似物将双踝固定在一起,用宽绷带、头巾或类似物将双大腿固定在一起。先于大腿上部将绷带系紧,然后将绷带向下退至接近伤处。于伤部下方,用一条绷带将胫腓骨固定。

【何时就医】 立即拨打120急救电话,将伤者送到医院抢救。对于软骨撕裂及韧带撕裂者,可能需要动手术才能痊愈。

【友情提醒】 运动时戴上护膝,骑车时速不要太快,都可以预防膝部的伤害。

肘关节脱位怎么办

在全身各关节脱位中,肘关节脱位最为多见。肘关节脱位是因跌倒时手掌撑地所致,表现为肘关节部位疼痛、不能活动,用手托着患肢才能减轻疼痛,患侧肘关节不能伸直。

【应急措施】 肘关节脱位手法复位:伤者呈坐位,助手握住上臂作对抗牵引。治疗者一只手握患者腕部,向原有畸形方向持续牵引,另一只手手掌自肘前方向肱骨下端向后推压,其余四指在肘后将鹰嘴突向前提拉,即可使肘关节复位。复位后将肘关节屈曲90°,用三角巾悬吊于胸前,或用长石膏托固定。2～3周后去除外固定,辅以积极的功能锻炼,以恢复肘关节的功能。

【何时就医】 如果有人救助,但救助人员对骨骼不十分熟悉,不能判断关节脱位是否合并骨折时,不要轻易实施肘关节脱位复位法,以防损伤血管和神经,用三角巾将患者的伤肢呈半屈曲位悬吊固定在前胸部送往医院治疗。

【友情提醒】 发生肘关节脱位时,如果无救助者,伤者本人根据肘关节的伤情判断是关节脱位,不要强行将处于半伸位的伤肢拉直,以免引起更大的损伤。

髋关节脱位怎么办

髋关节脱位多因强大的暴力引起,如车祸、高处坠落等,表现为髋关节处肿胀、淤斑、活动时剧痛,患肘有明显的畸形,患肘活动障碍。

【应急措施】 预防休克,若已有休克时应取平卧位,保持呼吸道通畅,注意保暖并急送医院进行抢救。

【何时就医】 髋关节脱位,必须立即送医院摄片诊断后治疗。

经X片证实为髋关节脱位时,在全身麻醉下进行复位:让患者仰卧,有一助手固定骨盆,术者站在伤侧,握住伤侧的小腿,屈膝、屈髋90°,然后用一只前臂套住伤肢腋窝,上抬;另一助手下压患者小腿,用这个杠杆作用拔伸股骨头,拔伸后,慢慢内收、外旋,这时可听到"咔嗒"的响声,说明髋关节已经复回原位,接着再将伤肢伸直。复位后患者不能活动,需平卧,3～4周后只可扶拐杖步行,但3个月内不能负重行走,这样才能保证股骨头血液供应良好,防止缺血坏死。

【友情提醒】 非专业人员不能自行复位,可用担架将患者平卧,注意不能用力牵动患肢。

跟腱断裂怎么办

跟腱断裂损伤,多由重物直接打击、不恰当的起跳、落地时小腿肌肉剧烈收缩引起,也可由玻璃、刀割伤引起,表现为在受伤时可以听到跟腱断裂的响声,立即出现疼痛、肿胀、皮下淤斑、行走无力、不能提起足跟部等症状。

【应急措施】 怀疑伤者为跟腱断裂,要立即平卧禁止活动。如为部分断裂,伤者可在肿痛部位轻柔按摩,并在小腿肚做按揉,使小腿肌肉松弛,减轻近端跟腱回缩。

用木板或硬纸板等物作夹板,将患肢的大腿根部至脚尖固定,脚踝部下方垫以毛巾或衣物。

立即进行冷敷,减少局部出血和肿胀。伤口出血应用无菌纱布或清洁毛巾包扎伤口。

【何时就医】 应将跟腱断裂者送到医院行B超检查,明确有无韧带断裂等情况。

【友情提醒】 部分断裂者,可用石膏靴外固定4～6周,后加强恢复活动。

完全断裂者需手术切开修复,石膏靴外固定4～6周,后加强恢复活动。

脚跟被皮鞋磨破了怎么办

穿着不合适的鞋子或新鞋常常磨破脚跟,为此,长距离行走或旅游时,应选择合适的鞋子,避免穿着新鞋,尤其是新的高跟鞋。

【应急措施】 如果脚跟受磨发红,可以在袜子外面擦上一层肥皂,并在鞋子与脚跟接触的部分贴上一块胶布条,这样可以防止已发红的脚跟进一步摩擦破溃。

脚跟已经磨破并出现水泡时不需弄破,可用消毒纱布包扎后让其自行吸收;大水泡可用碘酒涂擦一下、酒精涂擦两次消毒后,用经过火烧消毒过的针尖刺破,再用消毒纱布包扎好。注意保持伤口清洁,以防发炎。

肌肉拉伤怎么办

人们在体育活动或体力劳动时由于用力过度或用力不协调,使某一部分肌肉受力过大,造成肌肉拉伤。患者在用力后肌肉立即出现疼痛、僵硬,按压受伤的肌肉,则疼痛、发硬。严重的肌肉拉伤可使肌肉完全断裂。

【应急措施】 立即让受伤的肌肉休息,以免进一步损伤,加重肿胀。就近找一些冰块放在塑料袋里,做成冰袋,放在受伤部位,注意不要冻伤。用冰块直接对受伤部位皮肤摩擦,效果也很好。如果没有冰块,可用冷水进行冷敷,用湿冷毛巾缚在伤处,每两分钟换一次。也可用凉水直接喷淋、浸泡。冰敷和冷敷的目的是使受伤部位尽快止血,从而制止进一步的肿胀和淤血。

对拉伤的肌肉局部进行加压包扎,包扎得不要过紧,以使局部有压迫感,包扎以下部位无发紫、发凉、发麻为度。包扎的目的是为了抑制肿胀进一步加重,同时给这个部位的肌肉以支撑的外力。

肌肉拉伤初始 24 小时内不宜进行热敷,也不要对局部进行按压、揉捏,以免加重出血、肿胀。对于不太严重的肌肉拉伤经过以上处理后病情会趋于稳定,24 小时后可以进行热敷。

【何时就医】　对于肌肉拉伤,如果受伤部位疼痛、肿胀很明显,应该及时就医。

【友情提醒】　如果是许久不运动,忽然剧烈运动将使肌肉酸痛得坐立难安。这种情形不是病,却会让你很不舒服。酸痛发生后,应立刻休息至少 24 小时。24 小时内局部冰敷,每小时 20 分钟,可缓解疼痛、肿胀与酸痛,同时可减轻肌肉血管出血现象。因过度休息可能反而使受伤的肌肉僵硬,所以适度动一动,如散步,反而可使肌肉复原更快。若疼痛依旧,可局部热敷,以促进血液循环并使肌肉松弛。但一次热敷不可超过 20 分钟。

小腿抽筋怎么办

小腿抽筋又称腓肠肌痉挛,主要是指脚心和腿肚抽筋。发作时不仅疼痛难忍,而且还不能活动。发病原因多与寒冷刺激或缺钙有关。患者多在夜间小腿肚突然发生抽筋疼痛,睡中痛醒,下肢不能伸直。女性易小腿抽筋,多因气血不足和风寒湿邪侵袭所致。

【应急措施】　当右小腿抽筋时,就用力举左手,左小腿抽筋时则用力举右手,这样就可以立即停止抽筋、解除痛苦。

腿抽筋不用按摩,也不用吃药,马上用手指按压上嘴唇和鼻子下沟中间的人中穴,一直按到不再抽筋为止,时间 1 分钟左右。此法不仅对腿抽筋管用,对身体其他部位抽筋也管用。

日常生活中,小腿抽筋的病症时常发生,此时,可迅速地用手按摩,同时掐压手上合谷穴(即手臂虎口、第一掌骨与第二掌骨中间陷处)和上嘴唇的人中穴(即上嘴唇正中近上方处)。掐压 20～30 秒钟之后疼痛即会缓解,肌肉会松弛,有效率可达 90%。如果再配合用热手巾按揉局部,效果会更好。

如果是腿肚子抽筋,面对墙壁,离墙一臂长站立。弯曲未抽筋那条腿的膝盖,另一条腿向后伸直,两腿之间的距离为 60 厘米,两脚全部着地。两手扶墙,臀部向墙的方向运动,同时让颈部和脊椎在一条直线上,坚持 30 秒钟,然后站起来。

如果是腿后腱抽筋,坐在地板上将抽筋的腿伸直在你的面前,弯曲另一条未抽筋的腿,使脚碰到抽筋的腿的膝盖,从腰部开始,身体向前倾直到你感到抽筋的大腿被拉伸了,保持20～30 秒钟,然后放松身体。

平时即可做小腿肌肉伸展运动:站在离墙 1 米处,膝盖打直并往墙壁方向前倾,同时用双手撑住前倾的上半身。停留 1 分钟后恢复原状,重复 3 次,这个动作可以有效地伸展小腿肌。

【何时就医】 走几小步路小腿就疼痛,休息时仍然疼痛,腿痛得半夜惊醒,腿或脚突然感到冰冷以及麻木或疼痛,都必须及时到医院诊治。

【友情提醒】 请注意饮食均衡(包括大量谷类、麦片、豆子、蔬菜、水果、少量动物性脂肪或糖分)与充足的水分。平时即应注意钙与钾的摄取,低脂乳制品富含钙,而番薯、火鸡、香蕉与柳丁汁富含钾。

晨练时将一条腿搁在搁腿架上,另一条腿直立,上身一下一下地向前弯曲,做压腿动作,以增强腿部关节、筋骨的承受力。两条腿轮换搁,高度根据自己能承受的程度决定,每天只需锻炼半小时左右即可。坚持此项锻炼,不仅可以使腰腿部的韧带拉松,筋骨功力增强,而且整个白天都会感到腿脚利索,精神爽快。

皮肤烧烫伤怎么办

烧烫伤很常见,多是因火灾、热油、沸水、滚粥和石灰水等强热物质接触皮肤后所表现出的损害性体征。红、肿、热、痛,甚至起水疱,是烫伤的典型症状。厨房是烫伤发生率最高的地方,连热发卷也会引起烫伤。

【应急措施】 小面积的轻度烫伤,早期未形成水疱时,有红热刺痛者,可擦用菜油、豆油、清凉油等,或用消毒过的凡士林纱布敷盖,可起到消肿、止痛作用。已形成水疱者,先用75%酒精涂拭周围皮肤,创面用生理盐水或肥皂水冲洗干净,在无菌条件下,将疱内液体用注射针抽出(不必弄破水疱,以防感染),涂上油膏,数日即可痊愈。

一般情况下烧伤后应立即采用以下急救方法,以最大限度地保证烧伤人的安全:立即脱掉着火的衣服;倒地压灭、棉被覆盖或用水浇灭火焰,用大量清洁冷水冲洗烧伤创面,直至疼痛消失或减轻。据国内文献报道,伤后即刻用冷水冲洗者,伤部红斑范围迅速缩小,疼痛明显减轻。对于大面积二度或三度烧烫伤禁用此法,以免引起严重并发症。用干净布类包裹创面,防止污染,不随便涂药。

如果是被热油、热汤或电池酸溅上,先将被沾湿的衣服脱下,洗去皮肤上的油脂,然后将伤部浸入冷水中。降低患部温度后,就已复原一半了。冲冷水可阻止伤部蔓延,且可充当临时的止痛剂。24小时后用肥皂及清水轻轻地清洗烧伤部位,一天一次,洗后仍以纱布覆盖,并保持干爽。

烧伤后2~3天可用新鲜的芦荟汁抹患部,会起到止痛的功效,使伤部舒服些。但如果心脏有问题,请不要使用芦荟。

将食盐1份放入凉开水2份中,溶解后放入纱布一块,然后敷于伤处,随时更换。用此法治疗烧、烫伤,不仅能防止感染,而且还能保护伤处的组织细胞,有利于创面愈合。据国内文献报道,用冷盐水敷法治疗二度烧、烫伤,可不起水疱,并且有显著的止痛作用。

万一不慎烫伤,用豆腐一块,加白砂糖拌匀敷患部,干后反复更换,可止血、消肿、止痛。如伤口溃破,则加入大黄粉3克,效果颇佳。

视烫伤大小,取绿葱叶一段或数段,劈成片状,将有液的一面贴在烫伤处并轻轻包扎,可止痛,防起泡,1~2天即痊愈。

【何时就医】 若伤处剧痛,很可能仅伤及外皮层。皮肤发红、肿胀,并可能长水泡。如果浅伤面积较大,会有感染的危险,应去医院处理;也可先用冷水冷却,盖上干净敷料,然后迅速将伤者送往医院。

大面积烧伤,必须迅速查明是否有危及生命的复合伤,如大出血、窒息及开放性气胸等,如有则应迅速抢救。用敷料或干净被单、衣服等身边材料简单包扎和保护创面,以防止创面的污染和再损伤。口服或肌注镇静、镇痛药物。迅速将患者送到附近医院,进一步进行处理和治疗。在送往医院途中,应密切观察患者的血压、脉搏和呼吸情况,一有异常应行心肺复苏。

严重烫伤时创面不要涂药,用消毒敷料或干净被单等简单包扎,防止进一步损伤和污染。在寒冷季节要注意身体的保暖,尽快送医院。

请切记烫伤急救的口诀:冲、脱、泡、盖、送。烫伤面积较大且较深,面积不大但很深、很痛、很肿且起水疱,烫伤发生在脸、手脚、关节部位或生殖器官,烫伤伤口化脓或有黄色液体流出,烫伤伤口周围皮肤又红又痛,发烧,难以忍受的疼痛,化学药物灼伤或电灼伤,五岁以下儿童与老年人(免疫系统较弱者)之烫伤,应到医院诊治。如果烫伤面积过大,或程度较深,情况严重,甚至还有恶心、呕吐等全身反应,应及时去医院诊治。

【友情提醒】　当烧伤部位正在逐渐复原时,可将维生素 E 胶囊涂在受伤的皮肤上,能起到缓解不适、预防疤痕的作用。

伤口结痂后,可在局部涂不含香料的保湿乳液,以促进皮肤弹性,以免留下难看的疤痕。

多吃高蛋白质食品可以促进组织修复,如脱脂牛奶、瘦肉、豆类、坚果、鸡蛋、花生酱等。

维生素 C 可加速胶原蛋白的生成,促进伤口愈合,故宜多吃含维生素 C 的蔬菜和水果。

不管伤面大小和深浅,切不可在伤面上涂紫药水、红药水,更不能往伤面上撒香灰、黄土等。

在转送医院的过程中要注意观察病情变化,如有呼吸、心跳停止,应做人工呼吸和胸外心脏按压。

皮肤被割伤与擦伤怎么办

小外伤是指小的皮肤外伤,如擦伤、割伤等。擦伤如小儿不慎跌倒,擦伤膝盖前、肘、小腿、手臂等处的表皮,一般都是浅表的皮肤损伤,伤口会少量出血,有烧灼痛。割伤是指被刀、剪等锐器不慎割破了表皮。女性因为常做家务,反而比孩子更容易割伤。

【应急措施】　如果伤口很脏,而且只是往外渗血,则应先清洗伤口,可用清水或生理盐水。如果未将伤口处的泥沙洗干净,会在皮肤上留下色素沉淀,影响美观,而且可能引起感染。

如果伤口流血很严重,则应先止血,最快的止血方式是直接按压。在伤口处放一块清洁、吸水的布或毛巾,以手压紧。如果找不到布或毛巾,可以用手指取代。通常会在 1~2 分钟内止血。如果还有血液渗出,再加一块毛巾压紧。

如果伤口是在腿上,要抬高下肢,以免血液滞留腿部而引起肿胀,或穿过膝弹性袜来支撑腿部组织,但切记别穿得太紧。

如果户外锻炼使皮肤出汗并刺痛的话,赶紧洗个淋浴,冲洗擦伤部位。用抗菌皂杀灭细菌及真菌,并彻底冲洗掉肥皂残余,以免加重伤势。然后打开吹风机,定在低挡,吹干被擦伤的皮肤。

轻微的擦伤,如伤区清洁,只需涂用红药水或紫药水,几天后即可愈合。

当伤口暴露在空气中,容易结痂,这会减慢新细胞的生长。可以用浸透凡士林的纱布来保留伤口的水汽,只允许少量空气通过。细胞在潮湿的情况下再生较快。

可在伤口处敷点糖以加速伤口复原,糖可以使细菌缺乏生长或繁殖所必需的养分。因此伤口通常复原快速,不生痂,且不易产生疤痕。但需要注意的是:在伤口处用糖以前,确保伤口已清洗干净,并且不再流血。糖会使流血的伤口更加流血。勿使用糖粉或黑砂糖,它们也有效果,但所含的淀粉质会中和碘。而且用这些糖治疗伤口,易结痂。

用清水冲净创面,如创口较清洁,可直接用 75% 酒精搽洗消毒。

创面上涂 2% 碘甘油或聚维酮碘(碘伏),然后贴上创可贴。

较深的、污染严重的擦伤则需用凉开水、肥皂水清洁伤口,再涂以红药水、紫药水或抗生素软膏,然后包扎,几天后即可愈合。

作为绷带的替代品,可以试用到处有卖的称为胶质敷料的产品。这种多渗水、类似凝胶的东西会黏住你的皮肤,在伤口形成一种透气的隔膜。另外,它还包含杀菌药物,可防止感染。专家称这种敷料可将康复时间缩短一半。

茶树油是保健食品,能保护皮肤免受感染并加速伤口的愈合。用棉球蘸上水,滴上几滴茶树油,然后将棉球敷在擦伤处,一日数次,直至皮肤康复。如果你的皮肤非常敏感,先做个皮试,在胳膊的干净处滴 1 滴茶树油,若 24 小时内没有任何刺激反应,就放心地使用。

【何时就医】 伤口红、肿、热、痛、污染或有脓,发烧、淋巴结肿大,多数伤口上有沙子、煤炭等异物,脸上有伤口,你若患有二尖瓣脱垂、人工心脏瓣膜或人工髋关节又遭割伤时,可能需服用抗生素以防感染。

如果伤口处有鲜红色的血液涌出;无法将伤口的泥沙等脏物完全冲净;割伤或擦伤发生在脸部或其他你不希望产生疤痕的部位;伤口流脓,或伤口周围一个指头宽之处出现发红现象;伤口很大,可以直接看到骨头,均需到医院诊治。

伤口又深又大(超过 1 厘米长)时,应急送医院缝合。

如果伤口血流不止,需要立即就医。但在去医院的途中,可以在伤口及心脏之间找到离伤口最近的动脉,压住动脉,可以起到缓解流血的作用。注意 1 分钟左右松开一次。

【友情提醒】 因伤口的愈合必须环境湿润才有效,所以在伤口上涂抹抗菌软膏既杀菌又保湿,可加速愈合。

面部的擦伤要注意防止感染、处理及时,以免留有疤痕组织。

▶ 皮肤被刮刀刮伤怎么办

夏天一到,迷你裙、无袖上衣与小可爱纷纷出笼,当然,刮腿毛、腋毛也成为爱美女性每日必做的美容步骤。但是,刮毛后因毛囊受到刮刀的刺激而发红、刺痛的问题却也困扰着爱美的女性。

【应急措施】 如果皮肤被刮伤,局部可涂抹 10% 的类固醇软膏去除红肿,但千万不要天天涂抹,因为过度使用的结果反而使皮肤更红更痛。

局部涂抹 2.5%~5% 的过氧二苯甲醯,可预防毛囊炎。

【何时就医】　红肿现象数日未消,甚至出现化脓等发炎现象,请到医院诊治。

【友情提醒】　刮毛后涂抹保湿乳液,可防干止痒。

在洗澡后刮毛,此时毛发因浸水而变得柔软,比较容易刮除。

刮毛时合并使用含芦荟成分的刮毛膏,可使刮毛更顺利。

顺着毛发生长方向刮除才不会伤害毛囊。

如果刮毛令你的皮肤又红又痒,毛囊变粗大,不妨改用脱毛膏。虽然它不会使毛孔变粗大,但可能会使某些人产生发红、烧灼感等过敏反应,此时即应停止使用。

一旦刮刀片用钝了应立即更新,因为用钝的刀片只会使毛囊更容易受伤。

改用电动刮刀,因它较不易伤害毛囊。

被刀砍伤怎么办

发生刀伤后,不要拔出伤口中的刀或其他器械,因为刀插入体内后,肯定刺破了局部血管、神经和肌肉,此时刀正好嵌在创口内,临时起到了"压迫止血"作用。如将刀拔掉,创口立即暴露,引起出血,甚至会遭到细菌感染。所以此时应尽快使伤者得到合理的治疗。

【应急措施】　让患者躺下,并安慰患者使他保持安定,保持一种不牵拉伤口的体位。如腹部刀伤时应使伤者躺下,垫起腿部,以免因腹壁张力扯动伤口。

将成卷的纱布或别的东西垫在伤口周围,这样在包扎时有助于压迫止血,并促进伤口闭合,但应注意避免直接压在刀上。

用绳、带或绷带包扎固定伤口,这样有助于伤口闭合,并可固定插入伤口的刀子。如果伤口在肢体,应抬高以减缓出血。

【何时就医】　立即拨打120急救电话,将伤者送到医院抢救。

被歹徒殴伤怎么办

如果在外出差或旅游,被歹徒殴打致伤,必须采取相应的应急措施,以防生命危险。

【应急措施】　人体的头部即使受到小伤也容易流血,此时便应进行压迫止血。

头部被打伤时,即使没有什么特别的症状出现,也一定要接受治疗,尽可能安静地休息24小时为佳。如可能的话,最好是在医生或护士的照顾下安静地休息。

应让伤者平躺,或以头部稍高的舒适姿势躺着,不要让伤者步行,慢慢地观察伤者的状态。

【何时就医】　严重的殴伤可能会引起出血或骨折,如果出现受伤时失去意识,眼睛周围、鼻和耳部有出血,受伤后有恶心、呕吐,渐渐失去了意识,出现痉挛、麻痹或语言障碍的现象,应立即拨打120急救电话送医院救治。如果头、胸、腹等部位被打伤,虽然没有外伤,也可能会出现内出血或内脏损伤的危险,应特别小心注意。

【友情提醒】　不要乱用止痛、止吐等药物。

在饮食方面,不要一次给予太多的食物。应逐步少量地给予食用,同时要特别注意是否有恶心或呕吐现象。

中枪弹伤怎么办

枪弹伤是指被手枪或步枪子弹击中人体某部位而造成的较小的穿入伤。伤口周围的伤痕是闭合性创伤。子弹也可以射入并穿透人体组织,在射出部位造成更多组织和皮肤的损伤。子弹还会造成体内损伤与出血。

【应急措施】 穿入伤的伤口通常较小、较整齐,伤口周围的伤痕表示是闭合性创伤(这是重要的警方证据)。如果存在出口,伤口通常较大,组织破坏和出血也较多。故应先处理子弹射出的伤口,尤其是胸部,并寻求急救处理。

用大块衬垫或粘贴膏包住子弹穿出的伤口以止血或预防感染,如果伤在胸部,应该用一块不透气的东西比如塑料布盖住伤口,最后包扎固定。

使患者处于舒适的姿势并保持安定。监测患者的呼吸与脉搏,预防休克。

【何时就医】 立即拨打120急救电话,将伤者送到医院抢救。

被挤压致伤怎么办

因暴力挤压或土块、石块等压埋,引起身体一系列的病理性改变,甚至引起肾脏功能衰竭的严重情况,称为挤压综合征。受伤部位表面无明显伤口,可有淤血、水肿、紫绀,如四肢受伤,伤处肿胀可逐渐加重,皮肤出现小水泡、发黑变紫,尿量减少,心慌,恶心,甚至神志不清。

【应急措施】 尽快解除挤压的因素,如被压埋,应先从废墟下将患者扒救出来。

若为手和足趾的挤压伤,指(趾)甲下血肿呈黑紫色,可立即用冷水冷敷,减少出血和减轻疼痛。如果甲下积血,可用烧红的缝衣针垂直按压在积血的指(趾)甲上,稍用力将甲壳灼通,再从灼孔挤出积血。

【何时就医】 若怀疑患者已有内脏损伤,应密切观察有无休克先兆,应呼叫"120"急救医生前来处理,并护送到医院进行治疗。

由于挤压综合征是在肢体埋压后逐渐形成的,因此要对患者进行密切观察,及时送医院治疗,千万不要因为受伤当时无伤口,就认为问题不大而忽视治疗。

【友情提醒】 在转运患者途中应减少肢体活动,不管有无骨折都要用夹板固定,并让肢体暴露在凉爽的空气中。切忌按摩和热敷,以免加重病情。

被刺伤怎么办

日常生活中,不小心碰了尖锐的东西(针尖、铁钉、铁屑、竹刺、碎玻璃、碎木片、金属片、植物刺或其他碎片等),会嵌入皮肤,造成刺伤。刺伤的特点是伤口小而深,不可因出血不多、范围不大而忽视。手指或指甲被刺伤后,由于伤口比较小,出血也不多,所以常常被忽视,只是到因疼痛而影响工作或生活时才引起注意。其实,刺伤的伤口大小或出血多少倒是次要的,主要应该注意有无刺入后残留在伤口里,因为刺残留就有可能发生伤口化脓或发炎。由于刺伤的伤口往往又深又窄,因此特别有利于破伤风细菌侵入后繁殖感染。

【应急措施】　如不小心扎进仙人掌之类的植物软刺,只要用一块伤湿止痛膏贴在有刺的部位,在电灯泡上加热后,快速地将伤湿止痛膏揭去,刺即会被拔出来。

机械工人如不慎将铁屑刺入肉中,可先将有刺的皮肤表面用针挑拨一条细缝,然后将磁铁放在皮肤表面的细缝上,即能将刺吸出来。

洗鱼时手上扎进鱼刺,只要用棉球蘸上醋,放在有刺部位,然后贴上橡皮膏或伤湿止痛膏,刺会自行软化消失。

如扎进木刺或竹刺,可先在有刺的部位滴上一滴风油精,然后用针将刺轻轻挑出,既不痛也不出血,由于风油精有消炎作用,因此一般不会发炎化脓。

被刺刺伤后,要轻轻挤压伤口,把伤口内的血挤出来,以减少伤口引起感染的机会。

如果没有刺残留在肉里,可先用碘酒消毒伤口周围一次,再用酒精涂擦两次(注意不要将这些消毒药水涂入伤口),然后用消毒纱布包扎。

如果伤口内留有刺,在消毒伤口周围后,还应用经过火烧或酒精涂擦消毒的镊子设法将刺完整地拔出来。

如果刺外露部分很短,镊子夹不住时,可用消毒过的针挑开伤处的外皮,略为扩大创口,使刺尽量外露,再用镊子夹住轻轻地向外拔出,然后用消毒药水对伤口消毒一遍。如果伤口不清洁,可用凉开水冲洗清洁后再消毒伤口周围皮肤,然后用干净纱布包扎。

如果在手指甲间扎了刺,自己较难取出,最好是请医生帮助取出。但如果到郊外旅游或进行露营时被刺伤,需要较久的时间才能得到医生的诊疗,如扎入的刺在较浅的地方,即可以自己将指甲切去一部分成"V"字形,便可以将刺取出。

皮肤被戳伤后,可用清洁纱布或其他布料(干净手帕也可以),甚至用双手按住伤口四周以止血。使受伤部位抬高,要高于心脏。如果疑有骨折时,切勿抬高受伤部位。如果刺入伤口的物体较小,可用环形垫或用其他纱布垫在伤口周围。用干净的纱布覆盖伤口,再用绷带加压包扎,但不要压及伤口。

脚底被利器或铁钉刺伤后,最重要的是不要惊慌,把伤口消毒干净,小心地将扎入肉中的钉子完全拔出来(拔时用力要均匀,不要左右晃动,以减少周围组织损伤)。踩到钉子时,往往伤口较小而深,最容易化脓,应将淤血挤净后再一次消毒。

如果伤口较浅,刺伤的异物已经被拔出,可用力在伤口周围挤压,挤出淤血与污物,以减少伤口感染,然后用干净的水(冷开水或生理盐水)冲洗,擦干后涂上碘酒或红汞,再用消毒纱布或干净的手帕、布条包扎。

一旦细小的碎玻璃屑嵌进肉里,不要用手指甲硬抠,因为指甲垢内藏有很多细菌,这样容易引起伤口发炎。另外,还可能使玻璃屑越抠越深。对看得见的玻璃屑,可以找一根新的缝衣针,针尖在火上烧一下,再用75％酒精或白酒消毒损伤处皮肤,然后用针尖小心地将玻璃屑挑拨出来,最后在伤口及周围皮肤涂擦酒精。

【何时就医】　如果不能全部取出扎在肉中的刺而余下一部分时,应及早请医生取出余下的部分,以免发生感染。

如果被针或金属片刺伤,而怀疑有针头折断残留在肉中时,应立即用拇指和食指捏紧针眼处的肌肉,速去医院请外科医生处理。因针头移位后更不容易取出来,所以尽量不要变换姿势,使局部肌肉收缩。到医院,医生可以在 X 光下取出针头。

遇到较深的刺伤,如果不在重要器官附近,可以拔除异物,挤净淤血,再用消毒纱布包上,然后去医院诊治。

如果玻璃屑嵌入较深,无法看见,只感觉局部刺痛而不能明确嵌入部位,那么盲目乱取是难以成功的,应到医院请医生取出。

严重的刺伤应速去医院,经医生检查后,确定未伤及内脏及较大血管时再拔出异物,以免发生大出血而措手不及。

【友情提醒】 无论刺伤大与小,都容易发生化脓。如在土壤中被刺扎伤,则容易引起破伤风,故对刺伤不可轻视。被铁钉扎伤者一定要在 12 小时以内注射破伤风抗毒素,因为一旦染上破伤风,治疗是非常困难的。据临床统计,破伤风患者的死亡率在 70%～80%。

从高处跌落怎么办

从高处坠落,受到高速的冲击力,使人体组织和器官遭到一定程度破坏而引起的损伤,多见于建筑施工和电梯安装等高空作业。高空坠落伤除有直接或间接受伤器官表现外,尚可有昏迷、呼吸窘迫、面色苍白和表情淡漠等症状,可导致胸、腹腔内脏组织器官发生广泛的损伤。高空坠落时,足或臀部先着地,外力沿脊柱传导到颅脑而致伤;由高处仰面跌下时,背或腰部受冲击,可引起腰椎前纵韧带撕裂、椎体裂开或椎弓根骨折,易引起脊髓损伤。脑干损伤时常有较重的意识障碍、光反射消失等症状,也可有严重合并症的出现。

有人从高处落下,如果没有弄清患者什么部位着地,加之一时没有车辆运送到医院或一时救护车还不能赶到,救护者千万不要惊慌,也不要随便乱动,否则会因帮倒忙而带来不良后果,严重的还会造成终身残疾甚至死亡。

【应急措施】 立即叫救护车,以便进行紧急治疗。

如果是头颅着地,造成颅脑损伤,当看到伤者的耳朵、鼻子出血,千万不可用手帕、棉花或纱布去堵塞。因为流出来的液体,除了血液外,还可能有脑脊液,如果把它塞住,可能造成颅内高压,同时也可导致感染,后果极为严重。

如果是腰背部着地,可能造成椎骨骨折或是椎体错位。如果处理不当,可致脊神经受伤,造成下肢瘫痪。胸腹部或骨盆着地也可造成骨折或内出血。如遇到以上情况发生时,最好将患者平卧在平板上,头侧向一侧,并尽快将患者送到医院,途中应避免震动。

如果是四肢着地,应立即观察有无骨折,骨折最明显的标志是疼痛和肿胀,不能维持正常的生理位置。一旦发觉有骨折可疑时,应将骨折的肢体固定在患者自己的身上。如腿骨骨折,即固定在另一好腿上,将两腿包扎在一起。上肢骨折,可固定在躯干上,以防断肢摇来摇去;或者用一根木棍将受伤的肢体固定,主要是固定断肢的上下关节。对骨折的处理是十分重要的,如果处理不当,可损伤附近的血管或神经,使伤情复杂化,甚至影响正常的生理功能。

万一头部被撞伤而失去意识时,要马上让患者平躺下来安静地休息,不要随意移动。

去除患者身上的用具和口袋中的硬物,将衣服纽扣和皮带解松,并用软枕垫在颈后,尽可能将下颚托高,使患者舒适地进行呼吸。

颌面部患者首先应保持呼吸道畅通,摘除假牙,清除移位的组织碎片、血凝块、口腔分泌物等,同时松解患者的颈、胸部纽扣。若舌已后坠或口腔内异物无法清除时,可用 12 号粗针穿刺环甲膜,维持呼吸,尽可能早做气管切开。

周围血管伤,压迫伤部以上动脉干至骨骼。直接在伤口上放置厚敷料,绷带加压包扎以不出血和不影响肢体血循环为度。当上述方法无效时可慎用止血带,原则上尽量缩短使用时间,一般以不超过1小时为宜,做好标记,注明上止血带时间。

【何时就医】 凡是从高处跌落的患者,不管情况如何,都要急送到医院诊治。

【友情提醒】 正确运送高处跌下的伤者的方法是应使患者两下肢伸直,两上肢也伸直放身旁,然后三人用手同时将患者平直托至木板上,平稳运送。正确安全迅速地运送患者,有时是抢救和康复成功与否的关键。

在搬运和转送过程中,颈部和躯干不能前屈或扭转,而应使脊柱伸直,绝对禁止一个抬肩一个抬腿的搬法,以免发生或加重截瘫。

家中有幼童,窗户不易开得太低。窗下不要放桌子或椅子,门窗上装上栏栅,同时用插销固定,不要让孩子随意开关。

增加和加强高空安全防护的设施,如在高层建筑工地作业时设救生安全网;在大型商场电梯传递带外一侧设护栏或安全网;在高塔、大烟囱、高层建筑物顶上的电视天线等处作业中设置防护设备。

熟悉高处作业的作业方法,掌握技术知识,执行安全操作规程。作业时要确定专人进行现场监护。

高处作业时要系好安全带,戴好安全帽,不能穿硬底鞋,以防滑倒而导致坠落事故。

作业前要检查护栏、架板是否牢固,有洞、口的地方要盖好,在较危险的部位应在下方装设平网。

在建筑施工中做好"五临边"的防护工作。"五临边"是指高处作业中尚未安装栏杆的阳台周边,无外架防护的屋面周边,框架工程楼层周边,上下跑道、斜道两侧边,以及卸料平台的外侧边。

肢体断离怎么办

四肢、颈部被机器辗轧或被利器割伤后,可能发生伤肢断离。遇到这种情况,急救者应对断肢妥善保存,同时迅速地把患者和断肢送到有条件进行断肢再植的医院急救。

【应急措施】 让伤者躺下,用一块纱布或清洁布块(如翻出干净手帕的内面)放在断肢伤口上,再用绷带固定。如果找不到绷带,也可以用围巾包扎。

用绷带把断臂挂在胸前,固定好。若是一条腿断了,则与另一条腿包扎在一起。安慰伤者,叫其不要动。

现场急救时若断肢仍在机器中,切勿强行将肢体拉出或将机器倒转,以免增加损伤。应立即使机器停止转动,设法拆开机器,取出断肢。

立即将伤肢伤口进行消毒包扎,出血多者还需上止血带,有条件者还应进行抗感染、止痛、上止血药等处理。

如是不完全性断肢要将断处放在夹板上固定,迅速转送到有条件的医疗机构进行紧急处理。对断离的伤肢进行恰当又合理的处理,不要试图自行安上断肢,这除了增加患者痛苦、加剧损伤、使再植困难外,别无益处。可将断肢放入不透水、干净的塑料袋内,然后在断肢周围放些冰块,但不能让冰块直接接触断肢,以防将断肢冻伤。注意,切勿把断肢放入生理盐水或新洁尔灭中浸泡,因为这样浸泡会使细胞发生肿胀,影响断肢再植的成活率。断肢创面及断肢各处也不能涂各种药物(包括消毒剂)。保存断肢的室温最好在 20℃左右,再植的时间最宜在 8 小时以内,这样再植的成活率最高。

【何时就医】 发生肢体断离的情况下,要立即拨打 120 急救电话,将患者送医院抢救。

【友情提醒】 断肢再植不是一般医院都能进行的,因此应将患者送到专业医院或条件好的大医院。

老年人跌倒怎么办

老年人跌倒除了因路面不平、失足绊倒的外界因素外,许多是由自身机体的衰老和疾病所引起的,所以情况比较复杂,不要急于把他们轻率鲁莽地扶起,以免带来严重的不良后果。

【应急措施】 见老年人跌倒,可先让他们就地平卧并呼唤一下,看其有无反应,神智是否清醒。如反应迟钝或神志不清,可能是急性脑血管病变,需立即送医院救治,以减少生命危险。

对神志清醒的老年人,可询问其有何不适。有的头晕眼花,这可能是心血管疾病引起脑贫血。通常平卧一会儿后头晕就会好转。但起身时应注意缓缓而行,先起上半身,无昏晕感觉后再慢慢扶立试步行走。

神志清醒,四肢局部疼痛的,应考虑是否有骨折,在扶起前先让其自行活动一下四肢,活动困难、疼痛剧烈的,绝对不要勉强辅以外力促使其活动,否则会使损伤更为严重。这种情况应用硬板床立即将其抬送医院检查诊治。

【何时就医】 若老年人平日步态不稳,举足缓慢,拖跋行走,经常发生跌倒,别误以为年老了总是如此,不以为然。这些现象常与脑部病变有关,如脑动脉硬化、帕金森症、小脑或前额叶病等。所以早些到医院查明原因,及时治疗。

治疗相关老年慢性疾病也是减少跌倒的重要措施。如加强老年脑血管病的防治有助于减轻老年人平衡功能的损害,从而减少跌倒的发生;针对引起视力障碍的不同原因进行治疗,如远视或近视者可配戴眼镜,白内障者可行白内障手术摘除术等,尽可能减少因视力障碍引起的跌倒。

【友情提醒】 老年人的生活环境布置要注意简略、安全,地面须平坦、无障碍物,以避免跌倒而招致意外。

老年人在活动时动作不要太快,穿合脚的鞋以维持走路的平衡。严禁爬高取物、抬举重物等有危险的活动。

坚持体育锻炼,增加体力活动,有助于防止跌倒。每周 2 次、每次 1 小时的太极拳有助于增加老年人的平衡性及稳定性。

高龄老年人应该备有手杖、四脚杖等,可以防止滑倒。马桶配备马桶扶手架,大便后应缓慢起身,避免体位性低血压晕倒。老年人洗澡应采用坐式淋浴,水温不宜过高,时间不宜过长,如厕和入浴不宜锁门,以防万一出现意外家人难以救助。

生活环境布局尽量合理,设施要符合老年人习惯,家具摆设应相对固定,及时清理杂物,以防绊倒。

跌跤肿痛怎么办

走路跌跤撞伤，伤部又肿又痛，重者难以忍受，有的疼痛数日。

【应急措施】 用冷茶叶水将患处洗净，再将茶叶放嘴中嚼烂后吐在碗中，加入 1 小匙硫磺，搅拌后再敷贴患处。12 小时换 1 次，2 天见效。

中药黄珠珠粉 50～100 克，用高粱酒加面粉少许调匀地贴在痛处，用纱布包好，12 小时后取下。如未好，再敷 1 次即愈。

用醋调面粉涂于患处，干后再换，破皮处不要涂，此法有奇效。

【何时就医】 肿痛严重者需到医院诊治。

【友情提醒】 突然从楼梯上被猛推而滚落时，要采取圆形身体的姿势。以从上往下投球的摔球投手姿势倒下，如此身体也会圆圆地滚下去，这样做不至于受很大的伤害。不过，如果维持这种姿势会一直滚到下面。可在滚一圈后，即刻把脸转向侧面，贴在肩膀上。这时身体会倾向一侧，自然发生煞车作用而停止。

突然向后倒时，要看自己的肚脐，只要牢记"若两脚离地腾空就必须看肚脐"的原则，至少能够避免撞到后头部。当然，由于反弹作用，也许仍会再次撞击后头部，但第二次的打击伤害性较小，所以不会碍事。此外，这时也要记住，如果腾空的两脚像芭蕾舞演员的脚尖般伸直，就能立刻起身。

青肿淤伤怎么办

青肿淤伤是由于皮肤受到撞击后皮下的小血管破裂出血而引起的，随着伤口的愈合，这种颜色会逐渐变为黄色；血肿则是由较粗的血管破裂引起，一些血液淤积在皮下组织中，并使皮肤红肿，这种损伤比淤伤恢复得慢一些。

【应急措施】 先用冰敷。撞伤以后立即敷上冰块，这样可以减少青肿的面积和严重性。将冰块包在毛巾里，抬高青肿部位，然后用冰块在青肿处敷上 20 分钟。

然后热敷。热敷青肿部位可以扩张该部位的血管，使其清除血细胞和流液。撞伤后至少等 24 小时，将毛巾在温暖舒适的热水里浸透，在青肿处敷 20 分钟。一天 3 次。

外伤后局部皮下有青紫出现，首先用压迫止血法。范围不大的，可用手指或掌跟部用力压住受伤局部，如在四肢部位。也可用绷带、布条等绑扎止血，绑扎十来分钟后放松一下。如已止住（肿胀不再扩大），不必再绑，吃不准的可再用绷带绑上十来分钟，也可立即敷上冷毛巾或冷敷布，帮助止住出血。

外伤后若干小时内一般都能止血，此时应设法促进组织对淤血的吸收，如取当归 10 克泡茶代饮，每日 1 次；在浴盆里用温水泡，借助物理机制促进淤血吸收，同时还可缓解局部疼痛；把受伤而有淤血的肢体置高一点，以体位来促进血液循环，加快吸收；如四肢有淤伤，可配温经膏、消淤膏外敷；局部可用热敷袋；如淤伤范围并不很大，也可用手掌搓揉，促进吸收。

外敷山金车酊乳液、软膏或油脂，一日 2 次，共 2～3 日。皮肤破了不能用药，否则会引起皮疹。

润肤霜形式的维生素 K 可将血液堵在青肿部位并重新吸收血液。发生青肿后立即涂搽维生素 K 润肤霜,一日 2 次,直至青肿消失。

【何时就医】 如果撞击力很猛,连衣服的纹理也压到淤伤部位,则可能伤及体内器官,应该去看医生。有以下几种情况应立即求医:剧痛,或是遭受撞击 24 小时之后,移动淤伤部位仍有困难;身上无故出现淤伤;老年人下肢出现淤伤,或患循环系统疾病的人下肢出现淤伤;眼部淤伤,皮肉青肿,可能导致视力受损。

【友情提醒】 治疗青肿淤伤之前,应检查有无其他损伤,特别是骨折。

让伤者采取舒适的姿态,护理前及护理期间让伤者托住受伤部位,这样可减少组织内的出血量。

立即敷上冷敷布,使肿胀消退。如有需要,用弹性绷带把敷料固定在患处,自下而上包扎。

用悬带吊起伤臂,如下肢淤伤,让伤者躺下垫高下肢;如躯干淤伤,让伤者躺下垫高头部和肩部。

被鞭炮炸伤怎么办

"劈里啪啦"的鞭炮声带来了热闹、喜庆,也潜伏着一种不安全因素,这就是鞭炮所致的炸伤。每年的春节期间,医院里总会"接待"许多被鞭炮炸伤的患者。

【应急措施】 一旦有人被鞭炮和焰火炸伤,除应立即脱离现场外,还要迅速脱掉着火的衣服,用自来水冲。

如果穿的衣服很紧,就穿着衣服做冷水浴,难脱的衣服勉强脱会增加损伤的程度。

如果是头部烧伤,可取冰箱中冷冻室内的冰块,用浸湿的干净毛巾包住做冷敷。

如果没有消毒纱布,马上用熨斗熨过几次或用电吹风吹过的干净手帕代替,轻轻盖在伤口上。

【何时就医】 当发生烧炸伤后除做上述处理外,还应检查一下鼻毛有无烧焦,如被烧焦,有可能会烧伤呼吸道,可能会发生肺水肿而引起呼吸困难。另要注意有无睫毛烧糊变卷,如有则可能烧伤眼球。这些情况均要及时告诉医生。如果炸伤眼睛,千万不要去揉擦和乱冲洗,也不要涂眼药膏,否则会给医生观察和判断病情带来很大的难度,还增加了清创的难度。如果仅仅是面部烧伤,可用清水使局部组织进行降温,也可以清除眼中杂质;如果炸伤致眼球破裂的话不要自行处理,要急送医院,千万不要用清水冲,不然会加重眼球的负担,影响病情。很多鞭炮所致眼外伤,如果能在 24 小时以内由眼科医生经过及时、正确、合理地诊治,常可获得较好的疗效。

被鞭炮炸伤手部或足部,应迅速用双手为其卡住出血部位的上方,有云南白药粉或三七粉可以撒上止血。如果出血不止又量大,则应用橡皮带或粗布扎住出血部位的上方,抬高患肢,急送医院清创处理。但捆扎带每 15 分钟要松解一次,以免患部缺血坏死。

【友情提醒】 不要购买劣质鞭炮,不要购买火药量超标的鞭炮。一些不正规的小厂家为了牟取利润,生产了一些像手榴弹大小的鞭炮,威力巨大,震耳欲聋,此类鞭炮一旦出事后果严重。

在存放时,不要将鞭炮放在高温高压的环境中,如不要放在土炕的热炕头上或灶口旁、电源插口处等,更不要带鞭炮上火车、汽车等。

燃放时,不要手拿鞭炮;不要把大鞭炮扔进旺火里;不要把鞭炮放进玻璃瓶中点响;出现"哑炮"要格外小心,不要贸然靠近或拿起来端详。

注射后臀部有硬块怎么办

注射后出现的硬块属良性肿块,对身体一般无大碍。有些人的肌肉吸收功能较差,在臀部注射后常有久不消散的硬块,无论采用热敷还是揉摩等手段均难消退,以致惧怕注射。

【应急措施】　硬块初起时,只要在局部做热敷10分钟左右,硬结可很快吸收。

要想消除硬块,将雄黄1克和软松香9克和匀,用75%的酒精(或50度的白酒)调成糊状,平摊于洁净的纱布上,敷于红肿的硬块处,一般1次即愈。如果硬块较大,可加适量的艾叶和三七粉,连敷数次。

可用50%硫酸镁溶液100毫升,加温后用纱布浸湿,贴敷在硬结处,上面再压暖水袋,湿热敷20分钟左右,每日2~3次,数天后可痊愈。

采用局部艾条灸3~5分钟,一般3~4次硬结可消除。

采用红外线或超短波照射局部,效果更佳。

【何时就医】　若经上述处理无效,或硬块越来越大,以至于无法进行肌肉注射了,可上医院请医生处理。

发现有人自缢怎么办

自缢(即上吊)是自杀行为。如发现自缢者仍悬吊着,应先抱住其身体后再剪断绳索,以防断绳后使之坠地摔伤;如自缢者站立吊颈,应先扶住其身体后再剪断绳索,否则会因其站立的身体突然倒下而摔伤。解脱后将其身体平放,以便实行抢救。

【应急措施】　如自缢者已呼吸停止,但心脏还有跳动,应立即行人工呼吸;如呼吸与心跳均已停止,可立即进行人工呼吸和心脏按压。

如自缢者虽有呼吸、心跳,但神志不清或昏迷时,应迅速解开其衣扣、腰带,打开门窗,并使其饮用温浓茶或咖啡,还可针刺或指掐其人中穴;如其躁动不安或哭叫不停,应让他口服十滴水2~4毫升或口服地西泮5毫克(2片),或针刺其百会、合谷、涌泉、内关、十宣等穴位(每次2~3个穴位即可),使其安静休息。天冷时防止患者受冻,注意保暖。

凡在进行人工呼吸抢救时,如发现自缢者呼吸道不通畅,可轻轻地将其下巴向前提,不要强行扭动其脖子或向后扳头。因自缢者往往已造成喉头骨折或颈椎脱位,如强行扭动其颈部会造成高位截瘫等严重后果。

【何时就医】　如抢救成功(即自缢者呼吸、心跳、意识均已恢复)应给予安慰并劝其去医院继续检查治疗。还应防止其再次自杀。

发现有人刎颈怎么办

刎颈造成颈部动静脉或气管、食管断裂,致脑部无血供及过多失血而休克死亡,其中血管断裂远较气管断裂更为致命。

【应急措施】 刎颈最重要的现场急救是止血,无论是动脉还是静脉破裂,均应迅速将无菌棉垫或消毒纱布多层压迫止血。

若出血不多,而气管、食管破裂,则应及时擦尽血污或食物残渣等,防止从气管断裂处吸入气道而造成窒息。

【何时就医】 迅速将患者送医院抢救。

发现有人触电怎么办

由于人体是一种导电体,当遭受强烈电流通过时可感到局部或全身发麻,肌肉抽搐,严重者可导致呼吸、心跳停止。因此必须争分夺秒地进行抢救。

【应急措施】 要让触电者脱离电源,这是抢救的关键。抢救者不能惊慌失措,冒失蛮干,也应防止触电。否则,非但不能救人,自己也会搭上性命。

如果触电者还有知觉,应奋力跃起,离开地面。因为手脚脱离了带电的导体和地面后,流经人体的电流就失去导电的线路,触电者就自行摆脱了危险。

抢救者应立即关闭电源开关或拔掉电源插头。若一时拉不开电源开关,就应该用带绝缘把的钳子、带木柄的刀斧等刀具将电线截断。

若触电者是被漏电电线或被断损的电线击倒,抢救者可用木棍、竹竿或塑料杆等将电线挑开,或戴绝缘手套,站在干木板或木凳上将电线拨开。

如果触电者离开电源后自己还能呼吸,但因触电时间较长或曾经一度昏厥,可将其抬到温暖安静的地方躺着休息,并速请医生诊治或送往医院诊治。

如果触电者呼吸、心跳微弱而不规则甚至停止,在脱离电源后应立即进行人工呼吸、胸外心脏按压等心肺复苏抢救。不要轻易放弃抢救。触电者呼吸、心跳停止后恢复较慢,有的长达4小时以上,因此,抢救时要有耐心。施行人工呼吸和胸外心脏按压不得中途停止(即使在救护车上也要进行),一直等到急救医务人员到达,由他们接替,并采取进一步的急救措施。

如果触电者有皮肤灼伤,可用干净的水冲洗拭干,用干净的纱布或手帕等包扎好,以防感染。

【友情提醒】 使用各种电器都需注意安全。如电热毯不宜彻夜通电,以免因温度太高而引起触电和火灾,入睡前一定要关闭电源;电炉使用时间不宜过长,也不宜置放在易燃的木板上,否则,高温可烤焦木板,引起火灾;使用电熨斗时切勿离开,离去时一定要切断电源,否则过热不仅会烧毁衣裤,而且可导致火灾;亮度较大的白炽灯泡,点亮时间一长,局部温度很高,如用灯罩,就需考虑其阻燃性,或相隔相当空间的保险距离;各种家用电器如出现冒烟、有焦臭味,必须尽快切断电源,等冷却后请电工或专业技师维修与检查,防止烧毁、引燃,甚至爆炸。

跌入井中怎么办

行走或骑车,有时不小心会跌进未加盖的窨井或水井中,或在雪地里跌入深沟、猎人埋设的陷阱中。这时,就要根据具体情况呼叫求救或自行脱险。

【应急措施】　若周围行人较少,又较安静,当听到脚步声走近时即大声呼叫求救。跌入井中后,如没听到附近有脚步声或说话声,不要声嘶力竭地叫喊。这不仅无济于事,而且会使人很快筋疲力尽。

若罕有人烟,井洞又不是很大,双腿又开能踩到两旁井壁,可叉开双腿,撑开双臂,一步一步地向顶部移动。移一会儿,背靠井壁休息一会儿,休息时两脚踩脚点一定要牢固。

如发现同伴跌进洞中,或听到洞中有异常声响,或见有人跌进水井或窨井中,可找根结实的绳子,一端系在地面牢固物体(如树干、电线杆)上,另一端抛入洞中,让遇险者接住,拉着绳子往上爬,营救者在洞口接应。如遇险者身体较弱,无力抓着绳子自己爬上来,嘱其把绳子紧紧拦腰捆住,或系在两腋下,两手抓住绳子,洞口的人用力把他拉上来。

井有水井,也有枯井。人如果落入水井,除坠落过程中撞击可造成损伤外,还可发生溺水。应迅速将患者救出井外,立即清除患者口、鼻腔内的泥沙、异物,使呼吸道通畅。迅速将患者俯卧,头部及上身下垂。呼吸停止时,同时进行俯卧压背法人工呼吸。呼吸恢复后,根据不同情况,做骨折固定暂时包扎止血,尽快送往医院救治。

人如果落入枯井,除坠落过程中撞击造成的损伤外,还可因硫化氢等有毒气体吸入中毒,引起眼刺痛、畏光流泪、咳嗽、呼吸困难、意识障碍等表现。应想方设法使患者离开枯井,安置到空气新鲜处。在救患者出井的过程中,有时会使抢救人员中毒。下井前,先用绳将蜡烛放入井下,如蜡烛熄灭,说明井内缺乏氧气,下井人员要携带氧气和防毒装备。

【友情提醒】　在夜晚没有街灯的路面行走时要格外小心。驾驶机动车时要随时注意车灯照不到的黑暗凹陷地段并放慢车速,使用远光近光交替照射,待看清路面时再小心通过。

步行、骑自行车、驾驶机动车在雨天行进时,遇到积水的路面要格外小心。步行者最好绕过积水路面,骑车者要下车,从人行道上推行,一般不宜趟水而过。机动车要减速,也尽量不要在水里驶过。如不得不从水中驶过,行进中一定要注意前轮的情况,一旦发现凹陷,应紧急制动,下车后查清路面再继续行驶。

▶ 游泳时抽筋怎么办

炎炎夏日,游泳的确为消暑的最佳良方,但游泳时,有的人会感到小腿、脚趾等部位突然疼痛,这是由于下水前暖身运动做得不够或是长时间浸泡在水中,又冷又疲倦造成肌肉过了紧缩而引起痉挛所致。

【应急措施】　游泳时发生抽筋,最重要的是保持镇静,动作千万不能乱,在呼人救援的同时可以自己设法解脱。先吸气沉入水中,用手将脚的拇指弯曲拉长。放松身体,浮上水面,伸直抽筋的脚,并用手拉扯腿,使其向后屈,反复数次。仰首浮在水面,并伸直抽筋的腿。

两手抽筋时,应迅速握紧拳头,再用力伸直,反复多次,直至复原。如单手抽筋,除做上述动作外,可按摩合谷穴、内关穴、外关穴。

手掌抽筋时,另一只手掌用力猛压抽筋的手掌,同时做震颤动作。上臂抽筋时,紧握拳头,并尽量屈肘,再用力伸直,反复做几次。

小腿或足趾抽筋时,可先吸一口气,仰浮于水中,使抽筋的小腿弯曲,然后用双手抱住小腿,使其紧贴大腿,并用力牵引抽筋的肌肉,这样就可以使抽筋的小腿或足趾自行在水中解脱。

大腿抽筋时,可先深吸一口气,然后潜入水中,用手揉捏抽筋的大腿肌肉,同时用力把脚掌向上翘;也可以用手将抽筋的肌肉压在健侧的膝盖上,并使劲将小腿伸直,这样反复坚持几下就能缓解。

腹部抽筋时,先吸一口气,仰浮水上,快速弯曲两大腿靠近腹部,用手轻抱膝盖,随即向前伸直,这样连做几次。

上腹部肌肉抽筋,可掐中脘穴(在脐上 4 寸),或掐足三里穴,还可仰卧水里,把双腿向腹壁弯收,再行伸直,重复几次。

【友情提醒】 游泳者发生抽筋应马上上岸,把脚伸直坐下,反复用手捏住大足趾向后拉,并按摩小腿肌肉。如不能上岸的话,应吸着气,让背浮起在水中做上述动作。

预防游泳时抽筋的方法是游泳前一定要做好暖身运动;游泳前应考虑身体状况,如果太饱、太饿或过度疲劳时不要游泳;游泳前先在四肢撩些水,然后再跳入水中,不要立刻跳入水中;游泳时如胸痛,可用力压胸口,等到稍好时再上岸;腹部疼痛时,应上岸,最好喝一些热的饮料或热汤,以保持身体温暖。

发现有人溺水怎么办

一旦有人溺水,其生命就危在旦夕。如果你在溺水现场,必须尽一切可能去紧急救护。溺水常常发生在游泳或乘船时,也可因洪水时发生意外。溺水者面部青紫、肿胀、双眼充血,口腔、鼻孔和气管充满血性泡沫,肢体冰冷,脉细弱,甚至抽搐或呼吸、心跳停止。

溺水者从水中被救出时常呈呼吸浅速、不规律,呼吸困难,发绀,咳嗽,甚至呼吸、心跳停止。溺水主要是因为窒息而死亡,溺于淡水者水自肺泡进入血循环,可引起血液稀释、血容量增加和溶血,造成急性肺水肿和电解质紊乱;溺于海水者可因血液浓缩、血容量减少而导致肺水肿,严重减低肺泡换气功能,因而造成血液中含氧量过低,最后导致酸中毒而死亡。

【应急措施】 当发生溺水时,不熟悉水性时可采取自救法:除呼救外,取仰卧位,头部向后,使鼻部可露出水面呼吸。呼气要浅,吸气要深。因为深吸气时,人体比重降到 0.967,比水略轻,可浮出水面(呼气时人体比重为 1.057,比水略重),此时千万不要慌张,不要将手臂上举乱扑动,那样反而会使身体下沉更快。

救护者若不识水性,也不会游泳,应立即大声呼叫周围的人一齐抢救,同时找些木板或大件木制品、救生圈,丢在溺水者便于拿取的地方。

救人时不要正面接近溺水者。因此时溺水者求生心切或神志不清,必定会死死搂住你,其力超人,无法挣脱,反而有两人一起下沉的危险。只有从溺水者的背后靠拢,推动或夹住溺水者才是最安全而有效的救护方法。

要争分夺秒,立即对溺水者进行人工呼吸和胸外心脏按压(最好同时进行),且必须连续、持久。有时需持续做数小时才能见效,最好是两人轮流做。

救护溺水者,应迅速游到溺水者附近,观察清楚位置,从其后方出手救援,或投入木板、救生圈、长杆等,让落水者攀扶上岸。溺水者被救上岸后,应当迅速清除其口鼻中的淤泥、水草等异物,发现有假牙的应摘除。然后将溺水者卧于地上,用你的膝盖垫在溺水者腹下,倒出其腹内的水。

如果溺水者呼吸、心跳微弱而不规则甚至停止,必须立即进行人工呼吸和胸外心脏按压。如果现场只有急救者一人,可先做胸外心脏按压 15 次,再做口对口吹气 2～3 次(不超过 5 秒钟),两者同时进行。如果现场有两人急救,则一人做胸外心脏按压,另一人做口对口人工呼吸。

【何时就医】 做口对口人工呼吸和胸外心脏按压时,必须及时、连续、持久(在医生来到之前或急送医院途中都不能中断)。为防不测,在紧急处理的同时,应请人立即叫救护车,让医生前来抢救。

【友情提醒】 饮酒能刺激中枢神经系统,使之处于过度兴奋或抑制状态,酒后游泳容易发生溺水事故。

在深水海河中游泳不要逞强好胜,过高地估计自己的体力而远游,否则会无力返回造成溺水。

饥饿使人体内血糖含量降低,这时游泳就会出现头晕、昏厥以致溺水。饱食后游泳也会出现头晕,造成险情。过度疲劳后游泳容易造成抽筋或因体力不支而溺水。

游泳前要做好准备活动,可使身体各部分肌肉、关节及内脏器官、神经系统都进入兴奋状态,使身体适合游泳活动和适应低温水的刺激。否则,容易出现头晕、恶心和心慌等不适应感觉或发生抽筋等事故。

被溺水者缠住怎么办

救护溺水者一定要掌握正确的解救方法,如果方法不当则是非常危险的。救护者下水救溺水者,尽量不要让溺水者缠上身来,如果溺水者忽然与救护者相缠,就必须立刻用仰泳迅速后退,退至溺水者抓不到处,把一块布、一条毛巾或一个救生圈扔过去,让溺水者抓住一头,自己抓住另一头拖他上岸。

【应急措施】 由于有许多人是被溺水者"拖累"而遭到不测的,因此为了自救,必须知道该如何"解套"。

拯救溺水者时,自己被慌乱的溺水者抓住,要马上挣脱,如给抓住一只脚,把脚深插进水里,用另一只脚踹其肩膀。如头颈给溺水者从后面搂住,低下头来,以保护咽喉,然后抓住其上面一只手腕往下拉,同时另一只手托起其肘部。这样既能摆脱身,又能抓住他。如别无他法,深深吸一口气,然后任他按下手里。溺水者多半是一心想要浮出水面,若往下沉了,自必放手,脱身后从稍远处浮出来,再从后面抓住他。

救护者的一只手被溺水者的一只手正面握住时,被抓住的手应立即紧握成拳头状,并向溺水者拇指方向外展,从其虎口处向下用力,同时,用另一只手向上推溺水者手臂,被抓的手即可抽出。救护者的一只手被溺水者双手正面握住时,被抓住的手动作同前,另一只手推溺水者下臂,同时肘部用力撞击其另一臂的肘关节部位,这样则可解脱。

救援者的双手被溺水者从正面用两手握住时,被抓双手立即成紧握拳状并向溺水者的拇指方向外展,同时两肘向内收,被抓双手即可解脱。

救护者的颈部被溺水者从正面用右手抱住时，可以用右手握住溺水者的右手腕往下拉，同时用左手撑着溺水者上臂靠近肘关节往上推，这样一拉一推就可以使头部脱出。救护者的颈部被溺水者从后面用左手抱住的，应该立即将下颏收至胸部，以免被溺水者的手臂压迫颈部，妨碍呼吸，同时用右手握住溺水者的左手腕向下拉，左手托其肘部向上推，使头部从溺水者的腋下脱出。

救护者的头发被溺水者从正面用右手抓住时，可以用左手抓住溺水者的右前臂，右手用力压在其右手臂上，然后低头，同时左手用力推其右前臂，使头发解脱出来。

救护者的上身被溺水者从正面抱住，但两臂未被抱住时，可以用一只手抱住溺水者的腰部，用力向自己身边拉，而用另一只手用力推其下颏，迫使溺水者松手。如果上身和两臂同时被从正面抱住时，两手可以互握在一起，两腿用力向下蹬夹抬高自己的身体位置，溺水者会一起被抬高，然后双肘用力猛然向两侧张开，再突然下沉，身体就能解脱出来。

救护者的腰部被溺水者从后面抱住，但两臂未被抱住时，两手可以分别抓住溺水者两手食指或任何一个手指，向两侧用力掰开，同时挺胸仰头，双臂用力外展，即可使身体解脱。如果被溺水者从后面抱住腰及两臂时，应该抬头挺胸，上体尽量贴近溺水者的身体，两臂要向外向上用力展开，同时一脚用力蹬溺水者的膝关节，身体即可解脱出来。

腿被抱住时，可以用一只手握着溺水者的下颌，另一只手按着溺水者的后脑，两手同时用力，使其头向一侧扭转，溺水者会立刻松手，即可解脱。

【友情提醒】 下水救人虽然应尽力避免被溺水者抓住，但有时仍难免被抓住不放，此时必须采用合理的方法脱离溺水者，解脱动作既要迅速又要熟练。溺水者都不愿意沉到水底去，而愿浮出水面多吸一口气，所以若被溺水者缠住而不能迅速解脱时，只能一同沉入水中，溺水者一憋气就会自行松手。因此，解脱抓缠多在水下进行。

游泳时遇到激浪怎么办

游泳时遇到激浪，首先不要慌乱，要弄清方向，如浪从正面或侧面打来，可把脸转向背浪的一侧，注意吸气，以免呛水。

【应急措施】 可以借助波浪的冲力尽快游回岸边，当浪头未到时歇息等候，快来时则奋力向岸边游，同时不断踢脚，尽量在浪头上乘势前冲。

采用所谓"身体冲浪技术"，以增加前进速度。浪头一到，马上挺直身体，抬起头，下巴向前，双臂向前平伸或向后平放，身体保持冲浪状。

浪头过后，一面踩水，一面等下一个浪头涌来。双脚能踩到底时，要顶住浪与浪之间的回流，必要时弯腰蹲在水底。

波浪拍岸之前，要破浪往海中游，或不让浪头冲回岸去，最好的办法就是跳过、浮过或游过浪头。

游泳发生意外怎么办

游泳可以健身解暑，但有时也会出现一些意外，因此学会一些科学的应急方法是非常必要的。

【应急措施】　头痛,多因呛水或暂时性脑血管痉挛供血不足造成。发生头痛时应迅速上岸,用大拇指对准头部太阳、百会等穴位进行旋转按摩,并用热毛巾做头部保暖。喝杯热茶,头痛可以很快缓解。

头昏,多因游泳时间过长,机体能量消耗过大,导致血糖降低,加上身体疲劳、饥饿而引起。此时要立即上岸休息,给予全身保暖,用中指按压印堂、人中等穴位,并喝淡盐糖水,头昏很快就能消除。

无论是天然还是人工游泳场所,其水中多少带有一些致病物质,导致急性结膜炎,引起眼睛痒痛。有的人在海滨游泳,眼睛承受不了咸水的刺激,也会使眼睛发涩,红肿痒痛。此时应马上用清洁的淡水冲洗眼睛,然后用毛巾擦干,点些氯霉素眼药水。临睡前还可以做热敷。

耳痛、耳鸣,多数由耳内灌水或鼻子呛水所造成。出现这种情况时应上岸用盐水漱口,以疏通鼻腔、清洁耳道。

恶心呕吐,多由于鼻子呛水、喝进脏水、疲乏劳累、精神烦躁、情绪紧张等造成,从而出现一时性的反胃而恶心呕吐。口服人丹7~10粒即可止吐。

【友情提醒】　游泳时间不宜过长,如感到身体不适,应立即上岸,擦干身体,排出灌入耳中、鼻中的水,晒晒太阳,做些放松的活动。有时,水中泥沙多,海水中含盐量大,游泳场所杂菌多,所以,要用清洁的水冲洗身体。

在江河中游泳遇险怎么办

游泳中常会遇到一些险境,这时必须冷静,尽快设法脱离险境。

在江、河、湖、泊等水情复杂的地方,常会有漩涡出现。漩涡是由于水中地形的复杂变化、水流的不同速度而形成的。在水情复杂的地方,水花翻滚、旋转、水流湍急,误入其中是非常危险的。

水草长于水底,在水中随水流漂浮不定。游泳者在有水草的地方游泳,稍不注意,就可能被水草缠住。

呛水是指水从鼻道或口腔吸入呼吸道。一般初学游泳者,由于没能很好地掌握游泳呼吸技术或精神紧张,风浪较大,容易发生呛水。

【应急措施】　在水中,一旦感到身体不适即应考虑游向岸边,不可勉强行事。如体力有所不支,可以仰泳式浮在水面休息片刻,待体力恢复后尽快游向岸边。

在江河中游泳,不要逆流而游,见激流、漩涡需远远避开,万一卷进漩涡,要冷静,不可死命挣扎,而要瞅准方向,协调身、手、脚,用力一鼓作气地游出漩涡,快速游到安全地带,稍稍休息后尽快上岸。

河道突然放宽和收窄处、急弯处,水底有突起的岩石等阻碍物,有凹陷的深潭,河床高低不平等地方,都会出现漩涡。山洪暴发、河水猛涨时漩涡最多,江边也常有漩涡。如果已经接近漩涡处,切勿踩水,应立刻平卧水面,沿着漩涡边用爬泳快速地游过。因为漩涡边缘处吸引力较弱,不容易卷入面积较大的物体,所以身体必须平卧水面,切不可直立踩水或潜入水中。

如果不幸被水草缠住或陷入淤泥中,不要紧张慌乱,停住被缠绕的脚或腿的运动,尽量减少另一条腿的动作,以防双腿被缠。同时,用手臂作划水运动,保持头部浮于水面之上。迅速仰卧水中,两腿伸直,用手掌倒划水,顺原路慢慢退回,或者平卧水面,使两腿分开,用手解脱,像脱袜子那样把水草从手脚上脱下来。如果脱不开,则可以深呼吸、憋足气,保持身体直立下沉,用手将缠绕在腿上的水草拉断,这时动作应慢,身体应稳,入水深度以手能去掉水草为限,防止身体乱动,被水草进一步缠绕而加重险情。一旦险情解除,应采用仰泳姿势马上远离危险区上岸。

在水中游泳时,救生圈突然漏气,对不会游泳的人来说是十分危险的。此时如果离岸近,应立即向岸边划去,并向他人呼救。如果在离岸较远的地方且附近无人,那就更加危险。但如果身边带有口香糖,可迅速用手指或手掌堵住漏气孔,将口香糖快速咀嚼后取出口香糖残留黏性物堵住漏气孔,然后划救生圈快速靠拢上岸。

一旦在游泳时发生呛水,应尽力保持镇静,如果离岸不远,应到岸边休息,调整好呼吸后再游。若离岸较远,可先采用踩水姿势使口鼻露出水面,按呼吸要领调整呼吸,一般可在短时间内排除呼吸障碍。如果呛水严重,自己不能排除,应及时呼救。

【友情提醒】 有漩涡的地方一般水面常有垃圾、树叶杂物在漩涡处打转,只要注意就可及早发现,应尽量避免接近。

为防止水草缠身的危险,游泳爱好者应到指定的游泳区游泳,不要到水情不明的江、河、湖、泊等地方冒险,出外游泳时宜多人一起,如此可以相互照应,万一发生不测也可以互相帮助。

水吸入呼吸道会阻塞呼吸道的某一部分,很快造成呼吸困难。另外,喉头和气管由于受到水或异物的刺激,会发生反射性痉挛,以致呼吸道不通畅而引起窒息。如果发生呛水,易造成慌乱,身体不能保持平衡,接二连三地呛水,就可能使身体下沉,造成溺水。

滑雪出现意外怎么办

滑雪出现意外有可能是滑雪板坏了,也有可能意外受伤。滑雪胜地通常设有救护站,如果在经常滑雪的斜坡上不幸受伤,救援人员很快就会赶到。若在偏僻的地方滑雪,就应采取相应的自救或互救措施。

【应急措施】 滑雪板的功用是把人体重量分散到较大的面积上。如摔倒时掉了雪板或雪板绑带断了,可找两根松树枝,松叶越浓密越好;使其中间弯曲分置于雪地,前后翘起;较阔的一端向前,枝梗在鞋跟后面。滑雪板绑带断了无法滑雪,可做成临时木马以滑下山坡,比徒步快得多。用布条捆拼滑雪板,雪杖应横置滑雪板后端绑牢。跨骑滑雪板上(滑雪板前端置于身体后面雪地上),双手抓着雪杖,用双脚控制滑行,循"之"字形下山。

万一腿部骨折了,可先把衣服撕成布条,然后包扎伤口止血。但为了身体保暖,应撕衬衣袖子或内衣,不要撕外衣。在伤口敷些雪,可减轻肿胀。不要再在雪地行走,以免陷入雪中再度受伤。应俯卧在一块或两块滑雪板上,用双手撑地前行,寻求援救。以"之"字形或对角线方向滑行下坡。

如果同伴受伤,可用滑雪板、雪杖和夹克(或围巾)做一个临时担架,但不要用伤者的夹克,因为伤者需要保暖。小心地拉担架向有人的地方慢慢走去。若非滑雪能手,则应该徒步行走。

【友情提醒】　应尽量避免独自滑雪,因为发生意外受了重伤还得自行寻求援救。到偏僻地方滑雪时,即使有人同行也不妨把滑雪板放松些,万一摔倒滑雪板容易松脱,不易扭伤脚踝或折断腿骨。

大雾天气要外出怎么办

大雾弥漫时外出应更加注意安全,由于视野相当狭小,事故也就在所难免。

【应急措施】　雾天外出应听其声辨其向,要注意周围的声响,有车声或其他声音应迅速躲避。要走自己熟悉的路线,注意脚下和前方,防止绊倒、摔倒。老年人外出最好能手持拐杖作为探路之用,儿童勿单独外出。

由于能见度差,一切交通车辆的行驶都应放慢速度并打开防雾灯。雾天骑车应尽量慢速行驶,要不停地打铃,严格遵守交通规则,切勿抢道。

雾天上街最好能身着红色的服装,由于红色在雾天能为人们远距离所分辨,所以能减少事故发生的几率。如在陌生地为雾所困,又没有地图或指南针,应该留在原地,等待大雾消散,以免迷失方向。

被冻伤怎么办

冻伤,是寒冷受冻而出现的皮肤红斑、水肿、水泡或溃疡。冻伤的病程很复杂,早期主要是代谢障碍,复温后则出现微循环的变化,从而发生局部组织的损伤和坏死。冻伤早期有皮肤苍白、刺痛和麻木的感觉,肿胀一般不明显。局部冻伤可分3度:Ⅰ度很轻,仅出现皮肤肿胀、充血、热痒、灼痛;Ⅱ度伴有水泡,疼痛较剧,但感觉迟钝,2~3周后痂皮脱落而愈,不留瘢痕;Ⅲ度常发生坏死,伤口不易愈合,愈后留有瘢痕。神经、内分泌系统通过产热或散热来调节外界环境温度对人体的影响,以保持体温的相对稳定。如若低温侵袭过久,超过人体的调节限度,体温就会显著下降,发生全身性和局部性的冻伤。全身性的冻伤又称"冻僵",极少发生,局部性冻伤很常见。发病原因主要有:寒冷;身体缺乏对寒冷的耐受力;身体同时患其他慢性疾病,如贫血等。

【应急措施】　冻伤局部要妥善保护,避免机械性损伤后导致感染。

局部有水泡者,可用酒精消毒后用无菌针管抽吸泡内渗出液,再予以包扎。

水泡和溃疡冻伤需采取抗菌消炎措施,防止污染,水泡破溃后外用甲紫液,溃疡面外用抗菌药。

如果是红斑、水肿性冻伤,可将尖头辣椒6克用60度的白酒24克浸泡10天,去渣留液,擦患处,次数不限;或将十滴水擦患处,每日3次;或将姜汁擦患处;或将胡椒10克浸入100毫升95%酒精中,一周后擦患处;也可将食醋煮热,趁温湿敷,每日2~3次;还可将柚子皮水煎后洗患处。

将从芦荟植物中提取的凝胶体擦于患处。芦荟可以消除凝血,是一种紧缩血管的物质。当血管放松时,被冻伤的部位就会康复得快一些。

将甜菜条包扎在患处用来止痛,到甜菜干的时候再取下来,必要时重复数次。

将桑寄生30克用水煎半小时,晾温后将冻伤患处放进药汤中泡洗10分钟。此药汤不要倒掉,可以连续使用3天,每天温热后即可使用,每日泡洗一次。此方治疗顽固冻伤效果较好。

将面粉放进火里烧,这时会冒出烟来,看到冒烟后把脚伸进烟里。所需的时间是2～3分钟。轻症只需熏1次,严重的也只要熏3次就能够治好。

【何时就医】 用37℃左右的温水慢慢地使患部温暖,若出现红肿,用纱布包后去医院处理。注意:冻伤后不能用火烤或用热水洗,也不可以按摩患部。若冻伤较严重或上述处理无好转者应去医院治疗。

【友情提醒】 有计划地进行预防性的耐寒锻炼,以增强体质,提高耐寒能力。这种锻炼应从天气暖和时即开始,可用冷水洗脸、洗脚和擦浴。

穿着温暖,松紧适度。鞋袜保持干燥,潮湿时及时更换。

受冻部位切忌立即用火烤或用冷水及雪擦,以免加重损伤。

局部复温后肿胀,应在温肥皂水清洗后用无菌生理盐水冲净。拭干后再用无菌棉垫保暖。

促进血液循环,防止继发感染,止痒。

加强营养,增强机体的抵抗力,以促进局部组织的愈合。

全身冻僵怎么办

在狂风肆虐的寒夜,尤其在野外,体弱或老年人只要体温下降到33℃左右就会冻僵。如果体温继续下降,到28℃上下,心脏可能停跳,生命即会陷入极度危险。

【应急措施】 发现冻僵的人倒卧在野外,要赶紧把患者抬送到温暖的室内,或抬上暖炕,脱去湿衣,盖上棉被,使体温上升。可给患者喝些热茶或姜汤,吃些热粥或热食,有助于增加身体的热量。经过一段时间便会恢复。

已经昏迷的冻僵者,要是身体强壮、肛门温度不到30℃,而且知道被冻僵的时间很短,应该立刻脱去患者衣服,将身子浸泡在温水内,头和四肢不要浸泡。水的温度以42℃左右为宜,室内要暖和。

随时观察插入肛门内的温度表,只要体温上升到34℃,或者呼吸和心跳恢复得很规律,就可以中止浸泡。擦干身体,穿衣后盖被而卧。如果四肢还很凉,可以用热毛巾揉擦,使冻僵的四肢也逐渐恢复。

如果冻僵的人年迈体弱,即使不昏迷或身体温度不算太低(30℃)也有危险,急救时不能急于使体温上升,只能逐渐恢复,可在颈旁、腋窝、大腿根、膝弯下及身旁等处放置暖水袋(水温不超过45℃),盖上棉被保暖。

【何时就医】 对所有冻僵的人,应随时注意血压、呼吸、脉搏和体温的变化,并拨打120急救电话。

脚被自行车轮钢丝轧伤怎么办

小孩的脚被车轮钢丝轧伤,最常见于脚踝部,轻者皮肤表面擦伤、出血,重者脚踝处皮肤发紫、肿胀,有的甚至发生骨折变形。

【应急措施】　小孩的脚被自行车轮钢丝轧伤后不要惊慌失措,不可强行把受伤的脚从车轮中拽出,以免加重局部损伤。

对仅是皮肤擦伤的,应首先清洗伤口周围的皮肤,清洗用具最好经过煮沸消毒(煮沸时放一双筷子同时消毒)。然后用筷子夹取消毒药棉,蘸凉开水擦洗伤口周围皮肤。如果皮肤很脏,也可用肥皂水擦洗皮肤,再用凉开水冲净。

待伤口周围皮肤洗净以后用凉开水冲洗创口,最后用干药棉吸干伤口内的水分。如果伤口非常清洁,一般不需冲洗。如伤口内有渗血时可用药棉压迫一段时间,再用碘酒、酒精涂擦伤口周围皮肤,但不要将药液流入伤口中,以免影响伤口愈合。

如果发现皮下血肿,在伤后24小时内宜给予冷敷,以后再改为热敷,促进血肿吸收。

对局部肿胀而无骨折者,可用红花油类药涂擦患处,以消肿止痛,并适当限制走路活动1周。

对创伤严重的,应予以注射破伤风抗毒素。伤愈拆除小夹板或石膏后,受伤脚需要1~2个月的适应性锻炼过程。

【何时就医】　一旦发生脚绞伤,应紧急刹车,必要时剪断钢丝,轻轻地将脚从车轮内托出。如有出血,可用干净的手帕包扎,然后急送医院。医生将根据不同情况采取不同的治疗方法。

对骨折患儿可用小夹板或石膏固定3~4周,若伴有肌肉撕裂则需缝合修补后再作固定包扎。

【友情提醒】　用自行车带孩子时,可以在车后轮上安装市场上出售的安全挡板,这样可以防止孩子把脚伸入车轮内被自行车辐条绞伤。同时,应教育孩子坐车时注意安全,脚不能乱伸,手不能乱动,以免发生意外损伤。

第五章　动物伤害篇

被毒蛇咬伤怎么办

人们在旅游、田间劳动或日常生活当中如不注意,随时有可能被蛇咬伤。蛇有毒蛇和无毒蛇之分,常见的毒蛇有眼镜蛇、五步蛇、金环蛇、银环蛇、蝰蛇、蝮蛇等。被毒蛇咬伤后最关键的是"时间"二字,如延误治疗,常可危及生命;反之,若能及时治疗,则可避免或减轻中毒。

毒蛇咬人时,蛇毒液便从毒牙注入人体,人就会发生中毒。被蛇咬伤后,如果从外形上一时辨别不清是否为毒蛇,或者在夜间根本没有看到蛇,那么只要细心观察伤口便可知道。无毒蛇咬人后,在咬伤的皮肤上留下一排至两排均匀而细小的牙痕。毒蛇咬人后,除了两排均匀而细小的牙痕外,还有一个以上(一般为两个)大而深的毒牙牙痕。另外,毒蛇咬伤后,在短时间内会出现局部或全身中毒症状。而无毒蛇咬伤后,不会出现中毒症状。

【应急措施】　被蛇咬后切勿惊慌、乱跑,应就地休息,减少体力活动,使伤处垂到低于心脏的位置,否则会加速血液循环,吸收毒素更快。不可饮用酒、浓茶、咖啡等兴奋性饮料。

被毒蛇咬伤后,最要紧的是尽可能阻止蛇毒向体内扩散。迅速找一根带子(如止血带或绳子、腰带、领带、手帕、布带等),在伤口上方(近心脏端)紧紧扎住,以阻止蛇毒随血液向心脏方向扩散。若手指被咬,带子应扎在指根处;若前臂咬伤,就结扎在肘关节上方;若小腿咬伤,则结扎在膝关节上方。结扎后每20~30分钟放松1~2分钟,以防肢体因循环障碍时间过长而坏死。

立即用冷开水、泉水、自来水、生理盐水、肥皂水冲洗伤口,有条件的可用0.1%~0.2%高锰酸钾液或过氧化氢液、1%新洁尔灭等冲洗伤口,把伤口浅表处的毒液冲走。如果伤口中尚有毒牙存在,应及时拔出。

万不得已时(如独自一人时被咬伤,或不可能急送医院等)可用口吮吸伤口,尽可能吸出毒液,边吸边吐,边用清水漱口,冲洗伤口。但若口腔内有破损、溃疡或龋齿等,绝对禁止这样做,因为通过这些伤口,毒素会扩散更快。也可点燃火柴或打火机烧灼伤口局部,借高温可破坏蛇毒,但要注意避免被烧伤。

如在野外,可采集七叶一枝花、半边莲、田基黄、白花蛇舌草、墨旱莲等一至数种,洗净、捣烂,用汁敷在伤口周围,干了即换。

服用南通蛇药(又叫季德胜蛇药),首次口服10片,以后每4小时服5片,重者药量可加倍,连服至消肿为止。同时,可将药片以白酒适量加温开水溶化后涂于伤口周围。

用雄黄和大蒜各适量捣烂外敷。外敷药只能敷于伤口周围,不可直接敷盖伤口,以免妨碍毒液排出。

将白菊花25克、金银花25克和甘草10克加水煎服。

【何时就医】　经过上述初步处理后,应尽快将患者送往医院救治。入院后还将根据病情需要,选用抗蛇毒血清等治疗。在转运途中要注意患者保暖,多给予水喝,并密切观察患者的呼吸、脉搏,以防猝死。伤口部位应保持不动,如是脚伤,应抬着去医院。

眼镜蛇(又名膨颈蛇),即使远隔1～2米也会喷射毒液,如射入人眼内、口腔内或伤口处,同样会引起中毒,应立即采取措施予以抢救。

【友情提醒】　预防蛇咬伤的方法是在野外露宿,必须住在帐篷之中,将周围野草拔除,乱石搬走,并在外围四周喷洒杀虫类药物;在爬山和过草地、森林时,随身携带树枝、棍棒或手杖,边敲打边前进可事先赶走蛇虫;夜间行走时须穿上长裤(扎紧裤脚管)、靴子、套鞋或球鞋,并带好手电筒;随身携带蛇药以备急用;平时应熟悉各种蛇的特征及毒蛇咬伤急救法。

蛇大多是胆小的,只是在受惊或陷于困境时才会作出攻击。因此,看见蛇,切勿紧张,应立即停步,而后小心迅速地退到离蛇数米之外。

若要走过可能有蛇出没的地方,应穿长裤,穿上袜子和靴子,不可赤脚或穿凉鞋。若穿过可能有竹叶青等毒蛇出没的竹林、树丛等,须戴草帽,着长袖衣衫,扣好上衣衣领和衣扣,在颈部和耳周围围上一条毛巾,并随身携带蛇药。

尽可能不要穿越有蛇出没的草丛,尤其是在夜间。万不得已时,可手持一根3～4米长的竹竿,先用竹梢横扫前方草丛,稍候片刻再慢慢行进。如遇到前方有蛇爬行,手中无物不能将其打死,则应迅速小心地后退,或从蛇爬行的垂直方向走开。

卧床休息,注意保暖,多进茶水(以绿茶为好),给高蛋白质、高糖、富有营养、易于消化的食物。

被蜂蜇伤怎么办

蜂的种类有很多,如蜜蜂、黄蜂、大黄蜂、土蜂等。雄蜂是不伤人的,因为它没有毒腺及蜇针;刺人的都是雌蜂(工蜂),雌蜂的腹部末端有与毒腺相连的蜇针,当蜇针刺入人体时随即注入毒液。人被蜂蜇伤后,轻者仅局部出现红肿、疼痛、灼热感,也可有水疱、淤斑、局部淋巴结肿大,数小时至1～2天内自行消失。如果身体被蜂群蜇伤多处,常引起发热、头痛、头晕、恶心、烦躁不安、昏厥等全身症状。

【应急措施】　被蜂蜇后,应仔细检查伤处,若皮内留有毒刺,应先将它拔除。拔除蜇针时不宜用手指挤压,这样会使更多的毒液进入皮肤,应该用手指甲挟出或用针尖将蜇针挑出。

因蜜蜂毒液是酸性的,故可选用肥皂水或3%氨水、5%碳酸氢钠液、食盐水等洗敷伤口。

如果被黄蜂蜇伤,要用食醋洗敷,也可将鲜马齿苋洗净挤汁涂于伤口。

将花生油放入锅内烧热,放凉后以不烫手为宜,直接涂抹在患处,很快就可达到止痛消肿的效果。

刚开始在患处冰敷10分钟,休息几分钟,再敷几分钟,可减轻肿痛症状。但是小心别一口气敷1个小时,否则皮肤会冻伤。

若有南通蛇药(季德胜蛇药),可将药片用温水溶化后涂于伤口周围;或用紫金锭或六神丸等药研末湿敷患处,有解毒、止痛、消肿之功效。

将大蒜或生姜捣烂或取汁涂敷患处。

将鲜茄子切开涂搽患处；或加白糖适量，一并捣烂涂敷。

将鲜紫花地丁、半边莲、蒲公英、野菊花、韭菜等一同或单种捣烂敷患处。

若有过敏反应，轻者可口服阿司咪唑 1 片，每日 1 次；或氯苯那敏 4 毫克，每日 3 次。

症状严重者应尽快送医院救治。

【何时就医】 有些人因蜂叮咬引起的过敏反应导致呼吸窘迫，此时将会有生命危险。当被蜂叮，肿胀情形由患处不断往身体其他部位蔓延，或觉得呼吸困难时，都应立刻到医院挂急诊。

即使不会过敏，被一大群蜂叮，也应即刻就医。蜂叮处红肿加剧、化脓即表示该处感染，也应就医。如果被蜂蜇的人属于过敏体质，曾对多种物质过敏过，应立即将患肢伤口上端 5～10 厘米处用布带绑扎，以减慢毒液吸收，迅速就医，以便对可能出现的严重的过敏反应及时抢救。被蜂蜇后，如果出现恶心、抽搐等症状是危险预兆，要马上去医院。

【友情提醒】 一旦不小心惹恼了蜂群或捅了蜂窝，撒腿就逃是无济于事的，应迅速蹲下，头紧靠胸部，着长袖衣衫的话，立即用衣领把头部包住，手放胸前，静待着不动，尽可能减少皮肤的裸露。直到嗡嗡声消失方可小心起立，观察周围动静，确实安全后才可迅速离开现场。

被蜈蚣咬伤怎么办

蜈蚣，俗称"百脚"，有一对尖牙。小小蜈蚣咬伤人体后，会将其体内的毒汁注入人的肌肤，使局部出现剧痛（可致疼痛性休克）、瘙痒、感染等。被蜈蚣咬伤后，重者可出现全身症状，如头痛、高热、头晕、恶心、呕吐等，甚至可危及生命。

【应急措施】 被蜈蚣咬伤后，应立即用碱性肥皂水或 3％的碳酸氢钠溶液反复冲洗伤口。

用等量雄黄和枯矾粉以浓茶调匀后外敷，同时给予局部冷敷，以延缓毒汁的吸收。

将生姜汁调雄黄末敷伤口周围；也可将新鲜扁豆叶、鲜蒲公英、鱼腥草、苋菜、生蒜头、南瓜叶、鸡冠花叶、苦瓜叶、马齿苋等任意一种捣烂外敷伤口周围，以期收到理想的止痛、止痒、消肿、排毒解毒效果。

用适量的公鸡冠血、公鸡唾液（将雄鸡倒提，唾液即可流出）涂擦患处。

将鱼腥草 30 克、桑叶 30 克和蒲公英 40 克捣烂后敷于患处。

将甘草 20 克和雄黄 20 克研末，加入适量的菜油，调成糊状涂于患处。

用南通蛇药调成糊状涂搽在伤口周围。

剧痛时可针刺后合谷穴，也可服用止痛药。有过敏征象者，可口服氯苯那敏 4 毫克，每日 3 次。

局部可用冷敷，如用冰块、冰水浸湿毛巾等敷在伤口附近以减轻疼痛。

【何时就医】 在医生指导下酌情应用抗毒药物，控制局部感染。必要时可口服和外用蛇药片，疗效更明显。

疼痛剧烈者，应由医生作普鲁卡因局部封闭，并及时注射强镇痛剂（如哌替啶等），以防疼痛性休克。

被蝎子蜇伤怎么办

蝎子的尾端呈囊状,长着一根与毒腺相通的钩形毒刺。当蝎子毒刺蜇人时,可将毒液注入人体。被蝎子蜇伤后,局部可出现一片红肿,有烧灼痛,中心可见蜇伤痕迹,轻者一般无全身症状。如果中毒严重,可出现头晕、头痛、嗜睡、流涎、畏光、流泪、恶心、呕吐、口与舌肌强直、大汗淋漓、呼吸急促和肌肉痉挛等。

【应急措施】　迅速拔除刺入人体的尾刺,用冷毛巾敷盖伤处周围。用碱性溶液冲洗伤口。

在蜇伤处上端(近心端)2～3厘米处,用止血带或布带、绳子扎紧,每15分钟放松1～2分钟。

可将明矾粉调醋外敷伤口;也可将大蜗牛1只连壳捣烂外敷伤口;还可将鲜马齿苋捣烂外敷伤处。

将蛇药敷伤口周围(勿进入伤口),并口服。

伤口周围可用冰敷或冷水湿敷,以减少毒素的吸收和扩散。

用蒲公英的白色乳汁外敷伤口。

取雄黄和枯矾各等份,研成粉末后用茶水调成糊状涂于伤口,每天涂3次,1～2天可愈。

将白矾和半夏各适量研末,醋调贴患处,痛止毒出。

将大青叶和半边莲各适量,捣烂外敷或煎服。

取大蜗牛1个,洗净连壳捣烂涂伤口。

用3%氨水、石灰水上清液、0.1%高锰酸钾液、5%碳酸氢钠液等任何一种清洗伤口。

【何时就医】　经过上述处理,局部红肿不退,甚至出现呼吸困难等症状,应立即去医院请医生治疗。

被蚂蟥咬伤怎么办

蚂蟥多生长在稻田、池塘、沟渠、河流等处。蚂蟥身上长有吸盘,常以吸盘叮咬在人的皮肤上吸血,同时分泌有阻止血液凝集作用的水蛭素和组胺样的物质,使伤口麻醉、血管扩张、流血不止,并使皮肤出现水肿性丘疹,稍有痛感。有时,蚂蟥还会钻入人的鼻腔、口腔、肛门、阴道、尿道等部位,引起相应部位的痛痒、出血。

【应急措施】　身上叮了蚂蟥,千万不要硬性将蚂蟥拔掉。因为越拉蚂蟥的吸盘吸得越紧,一旦蚂蟥被拉断,其吸盘就会留在伤口内,容易引起感染、溃烂。

可在蚂蟥叮咬部位的上方轻轻拍打,使蚂蟥松开吸盘而掉落。也可以用烟油、食盐、浓醋、酒精、辣椒粉、石灰等滴撒在虫体上,使其放松吸盘而自行脱落。

蚂蟥掉落后,如果伤口没出血,可用力将伤口内的污血挤出,用小苏打水或清水冲洗干净,再涂以碘酊或酒精、红汞进行消毒;如果伤口流血不止,可先用干净纱布压迫伤口1～2分钟,血止后再用5%碳酸氢钠溶液洗净伤口,涂上碘酊或龙胆紫液,用消毒纱布包扎。若再出血,可往伤口上撒一些云南白药或止血粉。

如果蚂蟥钻入鼻腔,可用蜂蜜滴鼻使其脱落。若不脱落,可取一盆清水,患者屏气,将鼻孔浸入水中,不断搅动盆中之水,蚂蟥可被诱出。

如果蚂蟥侵入肛门、阴道、尿道等处,要仔细检查蚂蟥附着的部位,然后向虫体上滴食醋、蜂蜜、麻油、麻醉药(如1‰丁卡因、2‰利多卡因),待虫体回缩后再用镊子取出。

【何时就医】 如果采取了上述方法蚂蟥仍未取出,则应到医院就诊。如有严重症状者必须请医生帮助。

【友情提醒】 蚂蟥常生活在水田、河沟、池塘里,为防叮咬,不要到蚂蟥多的水里洗澡、洗衣。在去有蚂蟥的水田里劳动时,可在脚上、腿上涂点肥皂、风油精、烟油或驱蚊油。

被毒蜘蛛咬伤怎么办

人被一般的蜘蛛咬伤后,除了伤口局部轻微的疼痛外,一般不会发生严重不良反应。但是,如果被红斑蛛咬伤,则会发生较严重的全身反应。红斑蛛又叫"黑寡妇",它第一对附肢上端部尖细的部位有蜇牙,当其咬人时,能把人的皮肤刺伤,然后将毒腺中所分泌的毒液注入伤口,使人中毒。人被"黑寡妇"毒蜘蛛咬伤后,伤处会发生肿胀、肤色变白,有剧烈痛感,同时会引起严重的全身反应,表现为全身软弱无力、头晕、恶心、呕吐、腹肌痉挛、发热、盗汗、畏寒等,严重者呼吸困难、神经反射迟钝、神志不清、惊厥、昏迷、休克,甚至死亡。

【应急措施】 如果伤口在四肢部位,立即用止血带或绳子、手帕、裤带等紧扎伤口上方(肢体近心端),每隔15分钟左右放松1分钟。

对伤口做"十"字切口,或用三棱针或大号缝衣针刺扎伤口周围皮肤,然后用力将毒液向外挤出,或用吸奶器、拔火罐将毒液吸出。

将扁豆或桃叶或草药半边莲捣烂敷患处;也可将生姜捣烂取汁,加清油调和后搽患处。

将南通蛇药涂敷伤口周围。

用石炭酸烧灼伤口,放松止血带。也可局部涂以2‰碘酊。

用鲜桃叶捣烂取汁,敷患处。

用半边莲30克、白花蛇舌草150～300克,捣烂外敷或水煎服。

可用针刺后合谷,或指压伤口上部止痛,也可服止痛片。

伤口周围可用半枝莲、大青叶等捣烂敷用。

【何时就医】 如果伤口在躯体部位,应立即请医生处理。症状严重者,尤其是儿童,须送医院治疗。

【友情提醒】 要经常清扫房屋,特别是木结构房屋的墙角和屋顶等处。

被蜱蜇伤怎么办

蜱又叫壁虱、扁虱、马鹿虱、鹿子虱、竹虱子、八角虱、狗豆子等,是吸血的体外寄生虫。蜱吸血时,以口叮人,可以较长时间叮在一处不动。蜱叮人时会分泌唾液,使血液不凝固及局部血管周围发炎。其唾液中还含有神经毒素,会使人发生严重的神经毒性反应,表现为易激动,全身乏力,下肢行动不稳。

【应急措施】 一旦察觉蜱已叮在皮肤上，不要慌张，先观察蜱是刚叮上去还是已叮了很久。

如果是刚刚叮上去的，应迅速抓住蜱的腹部快速往外拉，通常可以将蜱拔掉。

如果蜱已在皮肤上叮了较长时间，则不可快速猛拉，因蜱的头部进入皮肤后，其前部的螯肢已紧紧地钩在皮肤里，用力猛拉会将螯肢拉断留在皮肤里。螯肢细小，不易察觉，常在皮肤里引起发炎，患处经常化脓红肿。

对于在皮肤上叮咬了很长时间的蜱，要拉一下，放一下，反反复复轻轻地往外拉，直到把蜱完整地拉出来为止。如果不小心把蜱的螯肢和假头拉断留在皮肤里，应用消过毒的手术刀片把伤口略微扩大，用镊子或针把蜱的螯肢和假头取出来，然后用碘酒或消毒酒精对创口进行消毒。

用燃着的香烟头烘炙，或用烧酒（乙醇或碘酊也可）对准蜱滴几滴，让蜱自动退出，然后打死。

用食油滴在蜱身上，以堵塞它的呼吸孔道。如果蜱仍没有掉下，可在滴油后半小时后小心地用镊子把它夹去。

用棉花蘸上温和的肥皂水擦洗伤处后，由上至下向外轻轻地抹干。然后再涂上消炎药膏，使红肿消退，减轻疼痛。

【何时就医】 若有严重症状者，应及时送往医院治疗。

【友情提醒】 防蜱主要是靠扎紧衣袖、裤管，防止蜱钻入衣裤内。在森林中休息时不要靠在树干上或坐在枯枝落叶上，以免藏匿在这些地方的蜱爬进衣裤内，应先清理出一块干净的地方再坐下。

被刺毛虫蜇伤怎么办

刺毛虫体表长有毒毛，呈细毛状或棘刺状。毒毛蜇入人体皮肤后，往往随即断落，放出毒素。被刺毛虫蜇伤后，初期感到局部瘙痒刺痛、烧灼感，一段时间后则患处痛痒加重，甚至溃烂。严重者还可引起荨麻疹、关节炎等全身反应。

【应急措施】 受到刺毛虫侵害后，千万不要抓挠或是乱摸。

要小心地把毛虫从身上清除（注意不要用手直接去拿），再在放大镜下把毒毛拔除，或是用医用胶布把毒毛反复粘去（在没有医用胶布的情况下可用透明胶带代替），也可取少量生面粉加水和成面团，用面团在蜇伤处来回揉滚，上下按提，反复多次，直至将毒毛粘去。然后用碘酊涂抹患处。

用放大镜仔细观察患部，用消毒过的针挑破肿块中央，略出血，用手挤出毒汁，并用肥皂、清水擦洗干净，然后用少许皂矾末擦患处。

将牙膏或氨水涂抹患处，也可将适量的生甘草，或蒲公英、野菊花、芋头、芋头茎、芋头叶、生大蒜头、鲜马齿苋捣烂后外敷患处，具有清热解毒、止痛消炎的作用。

可用南通蛇药外敷患处。

伤口溃烂时，可用抗生素软膏涂抹。

【何时就医】 被刺毛虫蜇伤后，如果有全身症状或发生严重皮疹，可内服扑尔敏、克敏能或苯海拉明等抗过敏药物，并及时去医院治疗。

被蚊虫叮咬怎么办

遭蚊虫叮咬,可引起过敏性的皮肤反应,出现红肿、瘙痒等症状,同时,还能传播许多热带传染症,如疟疾、流行性乙型脑炎、丝虫病、传染性肝炎等。一旦用手挠破,造成感染,还会引发毒疮。

【应急措施】 被蚊虫叮咬后,不要用手挠,如果瘙痒难忍,可以在咬伤处涂以清凉油、风油精或者风痛灵等药物,也可以涂擦肥皂水,以缓解痛痒。

【何时就医】 如果出现局部红肿,可涂以消炎药,严重者应到医院求诊。

【友情提醒】 可用尼龙薄纱制成防蚊头罩保护头部,对全身的防护则可用蚊帐和衣服。

不要在潮湿的树荫和草地上坐卧,不要在河边、湖边、溪边或沼泽旁宿营,不要在露天下夜宿,晚上乘凉最好在身体的暴露部位涂抹驱蚊油。宿营时,可烧老艾叶、青蒿、柏树叶、野菊花、干橘子皮等驱赶蚊虫。

要保持身体清洁卫生,以免汗味招引蚊子叮咬;晚上宜穿白色衣服,白色衣服反射光线能力较强,对蚊子有驱避作用。

在室内安装纱窗、纱门、蚊帐,防止蚊子入内。如房间内已有蚊子,可在傍晚点燃蚊香,临睡前灭掉。也可用电子驱蚊器灭杀。

被甲鱼及乌龟咬住怎么办

甲鱼俗称鳖,是一种高蛋白营养品。但人们在捕杀甲鱼时,常因不慎被其咬住手,一时惊恐万分,不是甩手便是硬拽。其实,这样不但不能挣脱,反而会使甲鱼越咬越紧,甚至把头缩进壳内,用力过猛会把皮肉撕脱,增加不必要的痛苦。

乌龟在平时有动静时头脚龟缩在甲壳内,但如果有东西侵犯它,它也会张口咬住,并且一旦咬住东西,死也不松口。

【应急措施】 一旦被甲鱼咬住,应保持镇静,尽量避免甩拽。安静下来,当甲鱼觉得危险不存在时,常会自动松口。

迅速将甲鱼浸入较深的水中,甲鱼进入水后,出于生存本能,即会松口逃走。

用头发丝插入甲鱼头部两侧的中孔(这个部位是甲鱼的鼻孔,此部位非常敏感),也能立即生效。

刺激甲鱼尾部,会使其很快松口。

解脱甲鱼后,应尽量从伤口内挤捏出少量鲜血,以防止伤口感染。被咬处应用2%的碘酊(无破损者)或75%酒精擦洗消毒。有条件的最好去医院注射一针破伤风抗毒素。

如果不幸被乌龟咬住了身体上的某个部位,乌龟咬住不松口,不要生拉硬拽,将伤口扩大;也不要击打乌龟,否则会被咬得更紧。将抽着的香烟猛吸几口,然后用烧得红红的烟头对准乌龟的屁股处灼烤,乌龟忍不住,便会松口退缩,然后视伤口轻重,再采取消炎止痛措施。

被海蜇蜇伤怎么办

人被海蜇（即水母）蜇后，因海蜇的种类和个人的敏感性不同，反应有较大差别。多数人立即感到触电样刺痛、麻木、瘙痒及烧灼感，但不甚严重。经过数小时至 12 小时后，局部发生线状排列的红斑、丘疹，甚至出现淤斑、水疱。个别严重者可伴有全身症状，如倦怠、肌肉痛、胸闷气短、呼吸急促、心慌、低热、口渴、出冷汗等。极少数对毒素敏感者，可出现恶心、呕吐、腹痛、腹泻、呼吸困难、烦躁不安、血压下降、咳血性泡沫痰等。若抢救不及时，甚至会因肺水肿、过敏性休克而死亡。

【应急措施】　被海蜇蜇后要大声呼救，在疼痛麻木等还没有反应到全身时就逃离水中。如果来不及游到岸边，要抓住漂浮物。

上岸后，如果看见伤处有触须，用镊子或干净指甲将其轻轻拨出。用水清洗伤处后，倒上醋或酒，这样有助于对抗蜇伤引起的刺激性化学反应。迅速擦去粘在身上的触须和毒液，不可直接用手去擦，可用衣服、纱布、水草等擦洗。有条件时，可用弱氨水或饱和碳酸氢钠溶液轻轻擦洗。也可用新鲜的人尿冲洗。要使伤者保持安静。

对局部用白矾水涂擦，可减轻症状。也可用 1％氨水或碳酸氢钠溶液作冷敷，使局部血管收缩，减少毒素吸收。

【何时就医】　如有全身症状，应尽快前往医院治疗。对全身症状重者可静脉输液，促进毒素排泄。对肺水肿者则禁止输液，按肺水肿处理原则急救。

如发生呼吸困难及咳血性泡沫痰，说明情况危急，应让患者取半卧位或端坐位，两足下垂，清除口、鼻分泌物，保持呼吸道通畅，有条件的给予吸氧，并肌内注射呋塞米 20～40 毫克。在对症处理的同时请医生速来抢救。

【友情提醒】　不穿潜水衣下潜或海上游泳时，应注意避开海蜇。

被老鼠咬伤怎么办

老鼠喜欢吃带有奶味的婴儿嫩肉，所以婴儿被老鼠咬伤的事时有发生。当熟睡的婴儿突然啼哭时，父母要仔细检查一下婴儿，看看其有否被老鼠咬伤。被老鼠咬伤的伤口很小，很容易被忽视。

【应急措施】　由于老鼠能传播多种疾病，故孩子被老鼠咬伤后应及时妥善地处理。用清洁水冲洗伤口，把伤口内的污血挤出，并用清水或双氧水洗净伤口，防止其他细菌侵入，然后到医院诊治。

将洗净的鲜薄荷捣烂取汁涂患处，可止痛、止痒、消肿。

【何时就医】　如经以上处理后还有不适，应尽快到医院请医生诊治。

【友情提醒】　把粮食及其他食物收藏好，发现鼠洞及时堵好，以断绝老鼠生活来源。

常用的捕鼠工具有鼠夹、鼠笼等。也可用杀鼠药配成毒饵来毒它。老鼠本性狡猾，多疑，因此毒饵要适合老鼠的口味，并且要多样化，交替使用。配好毒饵以后，要严防被人误吃。

被牛角顶伤怎么办

牛角顶伤往往外面伤口很小，但伤道深，延伸长。有的在大腿根部一个伤口，其伤道竟潜行弯曲至胸壁；有的外表虽无伤口，但内脏却有损伤。所以牛角顶伤，除了要观察局部损伤外，还需注意患者总的病情，以判断是否有内脏损伤。

【应急措施】 牛角顶伤的症状，依人的损伤轻重而有不同。如内脏破裂出血，患者表现为脸色苍白、血压下降，并伴有剧烈的疼痛；如发生骨折，则局部不能活动。严重的牛角顶伤，如果内脏破裂出血引起休克者，要按休克的处理原则做好初救，然后送医院处理。对伤口较大，内脏已经脱出在外的，不要用手把它托回腹腔内，以免引起严重的细菌感染，应急速送往医院诊治。

对较小的伤口，局部应做清洁处理，用肥皂水清洗伤口，然后用高锰酸钾液和盐开水、凉开水充分地冲洗伤口，用消毒纱布或其他干净布片、手帕覆盖在上面，然后送往医院医治。

如果仅是皮破血流，外伤明显，立刻用干净的布覆盖伤口，迅速送往医院。即使外面无伤，也应送医院检查。如疼痛严重，最好用担架抬送，除非伤势很轻，一般不要让伤者步行。

如果伤在头部，要防脑伤，有时颅骨也会骨折。在运送去医院途中，千万不要压着伤处。

如属胸部开放性损伤，应特别注意鉴别伤口是否与胸腔直接相通。假若相通，可尽快用干净的清洁棉布或厚敷料加压包扎伤口，这样能把开放性伤口变为闭合性伤口来处理，可避免发生张力性气胸而威胁生命。

如被牛角损伤腹部，可能内脏器官会遭受不同程度的损伤，所以应及时到医院作认真的检查，不可麻痹大意。腹部受伤，躺在担架上，可在膝弯下垫入高枕，使腿屈起，能减轻伤痛。有内出血的，还要当心休克的发生。

如果受伤的人呼吸费力，皮色发紫，脉快而弱，头出冷汗，胸部又见有里外相通的伤口，且有气体冒出，要毫不犹豫地用干净软布（如大块手帕）把伤口堵住，呼吸就会略好。

【何时就医】 凡是发现有胸部外伤、腹部外伤或为开放性损伤时，都要到医院治疗，不要自行处理。

抬送去医院时，可以在担架上放置高枕，让患者半靠半坐，这对减轻呼吸困难有一定帮助。

【友情提醒】 在到医院治疗的过程中，患者不宜自行走动，应用担架或汽车运送。有伤口或骨折者，应先止血或先作骨折固定后再送入医院抢救治疗。

被狗咬伤怎么办

被狗咬伤是常见的外伤之一，人若被普通的狗咬伤，一般仅造成局部皮肉损伤，不会有生命危险；倘若被疯狗咬伤，而且未进行及时有效的处理，常能引起狂犬病。狂犬病一旦发病100%死亡。狂犬病的症状是：最初发烧，然后抽风，精神失常。狂躁、恐怖，最明显的症状是怕水，听到水声或看到水就会全身抽搐、咽喉痉挛，继而痉挛消失，呼吸麻痹，最后心力衰竭死亡。

【应急措施】 在伤口的上、下方（距伤口5厘米处）用止血带或绳、带子等紧紧勒住，并用吸奶器或拔火罐将伤口内的血液尽可能吸出。如咬伤处仅有齿痕，可用三棱针刺之，令其出血,再以火罐拔毒。

被狗咬伤后,处理伤口应争分夺秒地进行,力争最迟在伤后2小时内进行。切勿包扎伤口。就地、立即、彻底冲洗伤口是决定抢救成败的关键。及时用大量的肥皂水或盐水、清水多次反复地冲洗伤口半小时以上。若周围一时无水源,可先用人尿代替清水冲洗,然后再设法找水。冲洗伤口要彻底。狗咬伤的伤口往往是外口小里面深,要求冲洗的时候尽可能把伤口扩大,并用力挤压周围软组织,设法把沾污在伤口上狗的唾液和伤口上的血液冲洗干净。洗后用2%碘酒和酒精涂抹伤口,尽量去除伤口内存在的狂犬病毒,然后送医院进一步治疗。切不可忘了冲洗伤口,或者马马虎虎冲洗一下,甚至涂点红汞包扎好伤口就上医院,这是绝对错误的。

【何时就医】 被狗咬伤后,尤其是伤口出现红、肿、热、痛,表示已引起感染,应尽快到医院就诊。

从被带有狂犬病病毒的宠物咬伤到狂犬病发病需经6~90天的潜伏期,在这尚未发病的时间里,须抓紧时间作些必要的处理。为以防万一,不论被咬的宠物是否发病或带有狂犬病毒,都应到医院诊治。

【友情提醒】 至目前为止,狂犬病疫苗是预防狂犬病最好的方法。按规定及早注射狂犬病疫苗,可以保护大多数被疯狗咬伤的人不得狂犬病。因此,被疯狗咬伤后,马上与当地卫生防疫部门联系,及早注射狂犬病疫苗,注射方法是0、3、7、14、30天各注射一次,注射当天为0天,共注射5次。在注射狂犬病疫苗的过程中,应避免劳累、受寒和饮酒,以免影响疗效。

当你在路上看见垂头丧气、伸出舌头的野狗时,请远离它。当被狗追时,马上蹲下,并捡起石头扔过去。实际上,你只需要紧记"蹲下"即可,不管有没有石头都蹲下,狗马上就会跑开。

如果被恶狗叮上了,蹲下做拾物模样,如手中拿一长木棍则更好,等狗再上前逼近时,突然将木棍横扫过去,狗必然会扫至腿瘸。

被猫抓伤咬伤怎么办

猫的牙齿和爪子均较锐利,一旦被激怒,也会咬伤和抓伤人。被猫咬伤后10~20日,可发生细菌或病毒感染。主要症状是局部出现红肿疼痛,严重时累及淋巴管、淋巴结而引起淋巴管炎、淋巴结炎或蜂窝织炎。

【应急措施】 如果肢体被猫抓伤咬伤,应该在伤口的上端扎止血带,以免毒素扩散,待伤口处理完毕即放松止血带。

用生理盐水或凉开水冲洗伤口,伤口冲洗干净后,用5%石炭酸或硝酸腐蚀局部。

【何时就医】 猫咬伤的伤口虽然不大,但后果严重,必须引起重视。被猫咬伤以后,如果局部出现红肿,或被咬伤的肢体出现红线,淋巴结肿大,应立即去医院请医生治疗。重要的是有些野猫还有患狂犬病的可能,更应予以注意。

【友情提醒】 捉猫和抱猫的窍门是一只手抓住猫的颈背部皮肤,另一只手托起猫的腰背部或臀部,使猫的大部分体重落在托臀部的手上。或者是把一只手放在猫胸部的下面,轻轻地抓住猫的前腿。捉猫前,如果能和猫熟悉一会儿,比如轻轻拍拍猫的脑门和抚摸猫的背部等;抓起猫后,立刻用手轻轻抚摸猫的头部,尽快地使其安静下来,都会更安全些。在捉猫时,千万不可抓耳朵、揪尾巴或抓四肢。如果抓耳朵,很容易使猫的耳骨折断,造成伤残。抓四肢很容易被猫咬伤或抓伤。猫的尾巴很敏感,揪尾巴或用脚踩猫的尾巴,很容易招致猫的攻击。

被牲畜咬伤怎么办

在生活中,有时有被猪、牛、马等牲畜咬伤的可能。牲畜咬人时,由于力量过大,同时多伴有撕裂、牵拉等动作,所以往往有许多软组织被破坏,造成伤口严重损伤;另一方面,因为牲畜的口腔里含有较多的致病菌和病毒,还沾着较多的泥土和脏物,因此伤口容易受感染,如果处理不及时,尚可使伤口经久不愈,甚至诱发破伤风。因此,被牲畜咬伤不能掉以轻心,应该进行积极紧急处理。

【应急措施】 被牲畜咬伤后,对伤口立即用大量的冷开水彻底冲洗干净,然后用敷料包扎,可达到压迫止血的效果。

取秋季螳螂适量,置于瓦面上微火焙干后(勿烧焦)研成细末,装瓶备用。用时配以50%鱼石脂软膏敷于患处,外盖纱布加胶布固定,每天换药 1 次,既可止痛,又有促进伤口愈合的作用。

【何时就医】 如果伤口创面较大,必须立即送进医院清创缝合伤口,及时使用抗菌素预防感染,注射破伤风抗毒素,预防破伤风的发生。

【友情提醒】 如果被牲畜咬住不放,可用烟卷或手指、细棒插入牲畜(牛、马等)的鼻孔内,牲畜受到刺激就会放开。

被牲畜踢伤怎么办

在使役或饲养牛、骡、马等牲畜时,如果遇到其暴躁放蹄,常有被踢伤的事故发生。被踢伤部位有四肢、腹部及胸部等处。被踢伤以后需认真检查,弄清伤情的轻重,然后进行对症治疗。

【应急措施】 如果被踢伤部位只出现肌肉挫伤,无重要内脏器官损伤时,以局部热敷为主,适当服些活血化淤、止痛镇静药物,如跌打丸、三七粉、活血丹等。

当胸部被踢伤时会发生软组织损伤,常伴有肋骨骨折,可用宽大的胶布似盖瓦一样粘贴于患处,这样可以起到固定骨折、减轻疼痛的作用。

对于腹部踢伤,注意有否内脏器官破裂而造成严重的外伤性急腹症,此时应该争分夺秒,将患者送医院及早行手术治疗,这样才能挽回生命。

【何时就医】 对于发生面色苍白、四肢冰冷、脉搏细弱、呼吸急促、血压下降的患者,大多是合并有内脏出血、胃肠道穿孔、器官破裂等严重病症,必须迅速送医院进行急救处理。对于休克昏迷的患者,如果不能及时转到医院,应速拨打 120 急救电话。

在野外遇到野兽怎么办

在山区、牧区,有可能被狼、野猪、豹、熊、虎等野兽猛禽伤害。野兽猛禽对你袭击往往是你在无意间接近其巢穴或干扰了其生活时,因此最好的办法是迅速离开是非之地,一般来说野兽猛禽不会紧追不舍。

【应急措施】　在丛林地区,熊类会经常出没于林地搜寻食物。有时它们可能直接进入人的营地。遇到此类情况,要用噪声驱走它们,别靠近它们或企图捕捉。熊要杀死单个人是很容易的,受伤的熊更具有极大的攻击性。所有伤兽或困兽都是相当危险的,一般来说,多数动物遇见人时第一反应是逃走,如果人堵住了它的退路,那是逼迫它们应战。必须注意的一点是,被熊追逐时千万不要爬树,熊虽然身体庞大,却是爬树高手。熊因身体庞大,动作并不敏捷,所以逃跑的路线采取弯曲式;也可以绕着树木跑,如此得救的机会较大。当你在有熊出没的地方行进时,最好在身上带上铃铛,一路上吹口哨,熊能听见,知道是(可怕的)人类来了,它会躲开的。

如果狼突然从后面用爪子扒住你的双肩,此时不能回头观望,否则狼会张口咬住你的喉咙,那是十分危险的。应用双手抓住两只狼爪,用力前拉,同时头部后扬顶住狼的颈部,然后呼救,或向有人的地方走去求援。应注意不要摔倒,不要松手,即使狼的后爪拼命撕拉蹬踢你的背部或臀部,也不能松手。如果远离居住区或附近少有人来,也可以在有十分把握时,双手用力将狼从头顶向前摔出,将其摔伤或摔至沟内。

大型类人猿要想杀死一个人也是很容易的,但通常它们会发出要求你后撤、不要冒犯它们的警告。它们一般很少攻击人类。

遇见野兽时,应采取的态度是,不要动,不出声音,既不能招惹它们,也别马上逃跑,表现出害怕,能做到这一点,安全就有了保障。夜间休息时在附近生火,动物几乎都是怕火的。

如果突然遇到动物的攻击,不得已时才与之搏斗。在用枪等有效的武器的同时,可以使用木棒、树枝等打击动物的关键性薄弱点,如眼睛、喉咙、腹部等部位。动物在这些部位遭到攻击时,出于自我保护往往会退却。

如果野兽发现你并且追赶你,不能慌不择路,应借助沟坎、高地等掩体或障碍物阻住它们的追击。注意逃避时不要摔倒。摔伤是次要的,最重要的是因摔倒受伤而被野兽抓住那才是致命的。

【何时就医】　被动物咬伤后,要立即用大量的清洁水彻底冲洗伤口,然后用消毒纱布等敷料包扎,并到医院注射破伤风抗毒素,以预防发生破伤风。伤口创面较大的,应尽快送往医院清创缝合。

【友情提醒】　探险时,应注意不要靠近野兽猛禽的巢穴,一旦听到不远处野兽猛禽的叫声警告时应迅速撤离危险地,并做好防卫准备。

在密林中行走时,应当注意分辨人走的路与野兽走的路。人走的路大多不仅地面有路,而且两边的植物形成约 15 米以上高度的通道。如果小路上面全是不到半米高的树枝、藤条密布,则可能是野兽走的路,这时你最好退回到人走的路上来,以防与野兽相遇。

谈起野兽的凶猛,人们往往首先想到雄兽。其实,雌兽在发情期和带仔期也十分凶猛,如果它以为你的行为会威胁到它的幼仔,它会具有极强的攻击性。所以,在野外应注意避免闯入隐蔽的兽窝,别去戏弄或吓唬野兽,对带幼仔的野兽尤其要十分小心。

受到多只野兽攻击时,要注意避免腹背受敌。几个人要互相背靠背,独自一人时最好背靠墙壁或山石。

为防止发生意外,野外作业或到常有野兽出没处旅游时应带好防身武器,如刀棍、手电筒等,以防万一。

第六章　中毒急救篇

细菌性食物中毒怎么办

细菌性食物中毒是指由于进食被细菌及其毒素所污染的食物而引起的急性疾病，一般包括细菌毒素的中毒和细菌的感染过程，故又称为食物中毒感染。细菌性食物中毒发病快，多在进食被污染的食物后数小时内发病。有恶心、呕吐、腹痛、腹泻等急性胃肠炎症状，呕吐、腹泻严重者可出现口干、舌燥、眼眶下陷、皮肤弹性差、脉搏细弱、血压下降等表现。自觉全身软弱无力，头晕目眩，继而出现复视、斜视、眼睑下垂、吞咽困难、发音困难、呼吸困难等。同食者均发生相似症状。

【应急措施】　如果进食的时间在1～2小时前，可使用催吐的方法。立即取食盐20克，加开水200毫升，冷却后一次喝下。如果无效，可多喝几次，迅速促使呕吐。也可用手指、筷子等刺激舌根部，引发呕吐。还可用鲜生姜100克捣碎取汁，用200毫升温水冲服。如果吃下去的是变质的荤食，则可服用十滴水来促使迅速呕吐。

如果患者进食受污染的食物时间已超过2～3小时，但精神仍较好，则可服用泻药，促使受污染的食物尽快排出体外。一般用大黄30克一次煎服，老年患者可选用元明粉20克，用开水冲服可缓泻。体质较好的老年人，也可采用番泻叶15克，一次煎服或用开水冲服，也能达到导泻的目的。

如果是吃了变质的鱼、虾、蟹等引起的食物中毒，可取食醋100毫升，加水200毫升，稀释后一次服下。此外，还可采用紫苏30克、生甘草10克一次煎服。若是误食了变质的防腐剂或饮料，最好的急救方法是服用鲜牛奶或其他含蛋白质的饮料。

【何时就医】　如果经上述急救，症状未见好转或中毒渐趋加重者，应尽快送医院治疗。

【友情提醒】　吐、泻严重者应鼓励多饮茶水、淡盐水或糖盐水，以补充其丢失的水分和盐分。

当其症状消失，又有了食欲时，应该逐渐而有选择地增加食量，然后可以加入一些刺激性小的食品。呕吐停止后给予易消化的流质或半流质饮食。

在治疗过程中，要给患者以良好的护理，尽量使其安静，避免精神紧张。患者应注意休息，防止受凉，同时补充足量的淡盐水。

吃霉变食物中毒怎么办

霉变食物中毒是因食用发酵霉变淀粉类谷物及食品，如食用霉变花生、霉变玉米、霉变大豆或食用霉变花生榨出的花生油料后均容易发生中毒现象。中毒后一般出现恶心、呕吐、腹胀、腹痛、腹泻等，严重者伴有躁狂、谵语、抽搐、昏迷等。长期吃霉变食物，还会诱发癌症。

【应急措施】　轻症患者,可用大蒜头 1 个,加食盐少许捣烂,冲温开水服。因大蒜对霉变菌及毒素有抗菌抑制和解毒作用,因此有一定疗效。也可用绿豆 60 克,金银花、款冬花、甘草、丹参、石斛和白茅根各 30 克,茝香 15 克,水煎服。

【何时就医】　对重症患者,要立即送医院诊治。

【友情提醒】　发霉的花生、瓜子中含有一种很强的毒物黄曲霉素,人体食用后可以引起中毒,破坏肝脏功能,导致肝癌的发生。黄曲霉素有较强的耐热性,当温度达到 300℃ 左右时才能够消除其毒性。而一般的炒煮等难以杀死这种毒素,所以务必注意不应吃霉变的花生、瓜子之类的食物。

误食霉变甘蔗中毒怎么办

甘蔗霉变主要是由于甘蔗在不良条件下长时间贮存(如过冬),导致微生物大量繁殖所致。在发霉变质的甘蔗中,含有大量的有毒真菌及毒素,这些毒素对神经系统和消化系统有较大危害,人们吃了霉变甘蔗便会发生中毒。轻症中毒者表现为头晕、头痛、恶心、呕吐、腹痛、腹泻,有的排黑色稀便。部分中毒者伴有眩晕、眼前发黑、复视,不能立、坐,被迫卧床。病程一般为 24 小时,逐渐恢复健康,不留后遗症。重度中毒者先表现为消化功能紊乱,恶心、呕吐、腹痛。经 1 小时左右剧烈呕吐后,出现阵发性抽搐,发作时两眼球向上、凝视、瞳孔散大、头向后仰、牙关紧闭、四肢僵直、颤抖,手呈鸡爪状,面部肌肉颤动,出汗、流涎、大小便失禁等。

【应急措施】　迅速洗胃或灌肠,尽快把中毒者体内的毒物排出。洗胃可用生理盐水等。

中毒者卧床休息,注意保暖,适当喝些盐水或浓茶水。

【何时就医】　中毒较严重者应尽快送医院处理。

食用变质咸菜中毒怎么办

含硝酸盐及微量亚硝酸盐的某些腌制变质咸菜,可在肠内还原为有毒的亚硝酸盐。其中毒症状表现为头晕、头痛、精神萎靡、嗜睡、反应迟钝、昏迷、抽搐等,严重者可意识丧失,患者四肢湿冷,心跳加快;严重时心率转慢,心律不齐。部分中毒者也会有呕吐、腹泻、胀气、腹痛等消化道症状。

【应急措施】　中毒后应及时引吐,口服硫酸镁导泻,尽量排泄毒物。

将中毒者置于通风良好处,卧床休息,注意保暖;鼓励中毒者多饮水。有紫绀和呼吸困难者予以吸氧。

用绿豆 200 克、生甘草 50 克加水煎汤饮服,煎煮时间不可太久。中毒当日频频饮服,以后日服 1~2 剂,持续服用 4~5 天。

【何时就医】　病情严重,出现明显紫绀、伴有呼吸困难者,应急送医院抢救。在送医院途中,可酌情予以吸氧、进行人工呼吸等。

【友情提醒】　不宜大量食用腌制不久的蔬菜,也不宜嗜食腌制类食物。亚硝酸盐含量大的食品宜去汤后食用。

为了避免中毒,绝不要食用未腌透的酸菜。一般情况下,已经腌透的酸菜基本不含亚硝酸盐。那么怎么才能判断菜已腌透呢？根据实践经验,装缸腌渍的白菜,在室温为 18℃ 环境中,保持 30 天以上时间,菜基本上就能腌透,如果白菜抱心很紧很实,腌渍的时间还要更长一些。

食河豚中毒怎么办

河豚鱼中毒的病情发展快,一般食后半小时至 3 小时出现症状。首先出现的症状是剧烈的恶心、呕吐和腹痛,然后出现腹泻。毒素被吸收入血后,首先引起感觉丧失、痛觉消失、上眼睑下垂、口唇及四肢麻木,然后肌肉瘫痪、行走困难、呼吸浅而不规则、血压下降、昏迷不醒、瞳孔散大,最后呼吸麻痹死亡。

【应急措施】 发生河豚中毒后,患者如果出现上述症状,此时一方面应立即送医院,另一方面要进行急救处理:诱发呕吐,尽早排出毒物。可用筷子或手指刺激患者的咽喉部,也可让患者先饮水数杯。而后再刺激咽喉部,诱发其呕吐,如此重复几次。总之,要尽可能使胃中的毒素排除。

将鲜芦根和鲜橄榄各 200 克,洗净捣碎口服;也可将鲜芦根 1 000 克捣汁内服。

注射呼吸兴奋药、强心药等治疗。随时准备采取人工呼吸、心脏按压的急救措施。

【何时就医】 严密观察患者的呼吸、血压等症状,采取吸氧,对昏迷、呼吸困难者应及时消除口腔异物,保持呼吸道畅通,并立即送往医院救治。

【友情提醒】 让患者平卧,头稍低,注意保暖。

不要冒险吃河豚;买鱼时要问清鱼的种类;在饭店点鱼类制品时,必须详细询问服务人员所点的是何种鱼。

误食鱼胆中毒怎么办

我国南方人常有人生吞鱼胆治病,从而导致中毒,严重的可致死亡。鱼胆并无治疗功能,绝不可随意吞服。鱼胆中毒的主要症状是起病急,服鱼胆几小时后可出现恶心、呕吐、腹痛、腹泻等症状,还有肝损害表现(如皮肤及眼球发黄),肾功能损害(表现为少尿、无尿),严重时口鼻及牙龈出血、抽搐、昏迷、瘫痪。

【应急措施】 因鱼胆在胃里滞留时间长,可对患者进行催吐,用手指、筷子等刺激咽部,反复催吐和服温开水。早期表现时可口服牛奶、蛋清。

应用肾上腺素皮质激素,抑制机体对毒素的敏感性,可减轻非特异的炎性反应。应用得越早效果越好。

尽快输液,及时补充水和电解质,应用能量合剂,并使用大剂量的维生素 C、维生素 B_1 等,能保护肝脏,免受损害。

【何时就医】 将患者速送医院进一步救治。

蟾蜍毒液中毒怎么办

蟾蜍俗称癞蛤蟆,品种较多。其形态很像牛蛙,但背部呈黑色,全身有点状突起。蟾蜍的耳后腺及皮肤腺能分泌一种白色浆液,称为蟾酥,这种物质是有毒的。现在一些不法商贩利欲熏心,将蟾蜍冒充田鸡(青蛙)出售,很可能造成误食中毒。中毒症状的出现多在食后半小时到 4 小时,突然出现频繁的恶心、呕吐、腹痛、腹泻等消化道症状,在循环系统方面主要表现为胸部胀闷,心悸,脉搏缓慢或不规则,心率慢至每分钟 40 次左右或更低。重症发生口唇和指甲青紫、休克、心动过速等。神经系统方面主要有头晕、头痛、流涎、唇舌或四肢麻木、嗜睡、出冷汗,严重者可出现烦躁不安、抽搐、不能言语和昏迷。个别人还发生剥脱性皮炎,重症可在短时间内心跳剧烈,呼吸停止而死亡。

【应急措施】 对误服蟾酥中毒者应尽早催吐,用 1∶5 000 高锰酸钾液洗胃,然后用 50% 硫酸镁导泻,使毒物尽量排除。如有条件静脉补液可加速毒物排泄,给患者饮浓茶水或白糖水,同时给予维生素 B_1 50 毫克,一日 3 次,口服;维生素 C 100 毫克,一日 3 次,口服。

中毒后首先是要尽早排出毒物,用手指或筷子等刺激咽部催吐,喝大量清水反复洗胃。

注射阿托品 0.5~10 毫克,如不见好转可 2~3 小时后重复注射。

用甘草或红豆、绿豆熬汤内服解毒。

如果蟾酥误入眼中,引起眼睛红肿,甚至失明,可用紫草汁、黄连汁或生理盐水点眼冲洗。

【何时就医】 遇有其他紧急情况,应请有经验的医生对症处置。

食蟹中毒怎么办

蟹,包括河蟹、青蟹、梭子蟹、扇蟹、蛙蟹,属水陆两栖动物,喜食死去的动物,因而其胃肠内有毒物质和细菌较多。若蟹本身已死,则胃肠内有毒物质和细菌迅速繁殖使蟹体顷刻腐烂变质,人进食后极易中毒,出现一系列急性胃肠道中毒症状,如恶心、呕吐、腹痛、腹泻。

【应急措施】 蟹中毒者需立即用清水或生理盐水催吐、洗胃。

喝糖盐水(1 000 克开水中加 40 克食糖和 3.5 克食盐、2.5 克苏打),吐、泻多少喝多少。

将大蒜 15 克洗净捣碎后用冷开水浸泡去渣,加入红糖 25 克,一次喝下,每隔 1 小时喝 1 次,连喝 3~4 次,有一定的效果。

【何时就医】 症状严重、每天腹泻 10 次以上者,排出物中有血性黏液,精神软弱,需立即送医院挂急诊。

【友情提醒】 不吃死蟹,不吃生蟹,不吃虽已烧熟但过夜的蟹。烹饪前去掉蟹内脏和鳃,烹饪时加入醋和姜末,以调味和解毒。

为免于螃蟹中毒,最要紧的是预防。用酒醉或盐渍的螃蟹,往往不容易把寄生在螃蟹肠胃里的病菌杀死,因而最好不吃;不新鲜的未煮熟的螃蟹也不能吃;至于死的、腐败变质的螃蟹,更是万万吃不得,因为螃蟹喜欢吃各种脏东西,肠胃里有许多病菌,等到螃蟹死了,这些病菌就会穿过肠子蔓延整个机体。在吃新鲜螃蟹时,要把它的腮、胃、肠子等都丢掉,这样就不会有危险了。不过一次也不宜吃得太多,因为螃蟹是一种含蛋白质很丰富的食物,吃多了往往引起消化不良。

酒精中毒怎么办

　　许多人都有醉酒的经历:胃沉甸甸的,心脏好似万马奔腾怦怦跳,口干舌燥,头昏沉沉的,而这些症状和喝酒有什么关系呢? 专家认为,酒精会抑制大脑细胞,当酒精的抑制作用消失时,大脑细胞脱离抑制后会更加活跃,进而使人感到焦躁。同时,脑部血管扩张也会引起头痛、头昏,而酒精之刺激胃黏膜,更会使胃部不适。女性比男性更容易醉酒,因为女性体脂肪较多,水分较少,一旦酒精进入体内不易被水稀释代谢,故容易醉酒。

　　酒精中毒是由于长期依赖酒精(不论是心理上还是生理上的需求)所引起的一种慢性病症。酒精对人体的损害包括失去抑制力及损害大脑、肝、胰、十二指肠及中枢神经系统。它对身体的每一个细胞造成代谢上的伤害,并且抑制免疫系统。酗酒甚至可使人的寿命缩短10～15年。由于酒精是靠肝脏来分解的,所以它对肝脏的毒性很强。酗酒者首先经历的是肝细胞脂肪变性,接下来产生的是肝炎,这是肝细胞发炎及坏死的现象,通常致命的是肝硬化。长期饮酒会抑制肝脏制造消化酶,进而损害身体吸收蛋白质及脂肪的能力,连肝脏吸收维生素 A、D、E、K 的能力也受损。许多必需的营养素也无法储存以便身体使用,它们会迅速地通过酗酒者的尿液排出体外。

　　酒精中毒的一般临床表现,根据中毒的临床症状可分为三期。兴奋期:大多面红、言语增多、头晕、乏力、自控力丧失,有欣快感。共济失调期:含糊不清、动作不协调、步态不稳、语无伦次。昏睡期:沉睡、颜面苍白、皮肤湿冷、口唇发绀、呼吸浅表等。

　　【应急措施】 有人醉酒后就爱哭,有人喝醉酒后就爱笑,每一个醉汉都有不同的醉态,不过,最麻烦的是喝醉后撒酒疯的人。话多,容易发脾气。平常很温和,向来不大声叫的人,在喝醉后往往会撒酒疯。随着酒精的循环,平常被抑制的自我毫无遮蔽地展现出来,不再考虑对旁人的困扰。有些人会胡搅蛮缠,大声吼叫;有些人甚至会胡闹,令人无法应付。要使这种人静下来的话,只有一种办法,那就是让他尽快地醒酒。不妨顺他的意思,尽量让他撒酒疯,使他疲劳,让他睡眠才是最佳方法。

　　经常喝酒的人,有时会遇到这种情况,那就是喝酒的那天晚上,想起第二天早晨,一大清早就要参加重要的会议,因此,希望自己不要因喝得过多而有醉酒的状况。但是,尽管自己提高警觉,有人仍然会喝得酩酊大醉。这时只有一个办法,那就是把肚子里面的食物与酒一起吐出,虽然这是最原始的方法,不过,就效果而言,这是最有效的方法。想要吐出来的话,并不太难,只要把食指伸入喉咙就能够轻易吐出来。如果不喜欢这么做的话,不妨在化妆室里刷牙,相信立即会吐出的。当然,你也须注意,在喝酒以前服用保肝药,或者是喝酒时一起喝充分的水,以尽快地把酒精排出体外。

　　将醉酒者安置平卧位,头偏向一侧,压迫舌根,刺激咽后壁,促其呕吐,使其吐出胃内容物及剩余酒精。如呕吐量大,可不必洗胃。

　　较轻的醉酒只要好好睡一觉情况就会好转。但要注意保暖,不要迎风或和衣而卧。

　　当酒醉者不省人事时,可取两条毛巾,浸上冷水,一条敷在后脑上,一条敷在胸膈上,并不断地用清水灌入口中,可使酒醉者渐渐苏醒。

　　先在热毛巾上滴数滴花露水,敷在酒醉者的脸上,此法对醒酒止吐有奇效。

　　醉意较轻者可食用鲜橙 1 只,榨汁或食鲜柑橘亦可;将一柑皮焙干为末,加盐 1.5 克,煮汤服用;将橄榄果肉10只煎汤饮用;将松花蛋1只,蘸醋徐徐吃下;将生甘薯绞碎,拌适量的白糖服用;将鲜藕洗净后捣碎,绞汁服用;将白萝卜500克捣碎取汁,一次饮下;吃梨或喝梨汁;将蜂蜜兑入适量的水后慢慢喝下。

醉意较浓者,将白糖5克加入30毫升醋中,搅溶白糖一次饮服;也可将中药葛花30克煎汤饮。

【何时就医】 重度酒精中毒进入昏睡期者,应立即送医院急救。

【友情提醒】 能防止宿醉的方法有许多种,这里要介绍的是合理而积极的对策。这是不需要离开宴席,也不会引起别人注意的妙法。人体的背部有三角形状的肩胛骨。这个妙法就是如同要使肩胛骨接触在一起似的,把双肩往后拉,挺起胸部。这个姿势要保持5~6秒钟,在这段时间进行深呼吸。然后恢复原来的姿势,把这个动作反复进行5次就能收到良好的效果。这种方法能够防止宿醉的原因是扩胸时能够充分吸入大量的空气,于是体内的酒精开始氧化,二氧化碳被吐出。由于疲劳会消失,因此宿醉就不会发生。

误食毒蕈中毒怎么办

毒蕈,俗称野蘑菇,有些蕈类含有毒素,食之中毒。一般而言,凡色彩鲜艳,有疣、斑、沟裂,生泡流浆,有蕈环、蕈托及呈奇形怪状的野蕈均有不同程度的毒性成分,如毒蕈碱、毒蕈溶血素、毒肽和毒伞肽等。食用毒蕈后经过半个小时左右的潜伏期后出现恶心、呕吐、剧烈腹泻和腹痛等症状,可伴多汗、流口水、流泪、脉搏细弱等表现,少数患者发生呼吸抑止,甚至昏迷、休克死亡。我国已发现80多种毒蕈,中毒后表现各异,可分四种类型:一是肠胃炎型,误食红菇、虎斑蘑等毒蕈引起,表现为剧烈腹泻、腹痛等;二是神经精神型,误食毒蝇伞、豹斑毒伞等毒蕈引起,表现除胃肠炎外,还有多汗、流涎、脉搏缓慢、瞳孔缩小等;三是溶血型,误食鹿花蕈等引起,除引起胃肠炎症状外,并导致溶血性贫血、肝脾肿大;四是中毒性肝炎型,误食白毒伞、毒伞等引起,表现为呕吐、腹泻、不思饮食、肝脏肿大、皮肤黄染、出血,患者烦躁不安、淡漠思睡甚至昏迷。

【应急措施】 一旦误食毒蕈中毒,要立即催吐、导泻。对中毒不久而无明显呕吐症状者,可先用手指刺激舌根部催吐。

大量饮用温开水或稀盐水(一杯水中加一匙食盐),以减少毒素的吸收。

将适量的空心菜洗净,切碎绞汁后频饮。

【何时就医】 经上述处理后,中毒症状未见好转或逐渐加重者,应及时送医院抢救,并保留毒蕈样品供专业人员救治参考。

【友情提醒】 对已发生昏迷的患者不要强行向其口内灌水,防止窒息。为患者加盖毛毯保温。

防止毒蕈中毒,重在预防。主要是加强宣传教育,让群众识别毒蕈,避免采食。部分毒蕈与可食蕈极相似,故若无充分把握应以不随便采食野蕈为宜。

食马铃薯中毒怎么办

马铃薯,又称土豆、地蛋、洋芋等。块状,表面有芽眼,是发芽的部位,存放久了芽眼会发芽,表皮会发绿,块体会发霉。马铃薯含有一种叫龙葵素的物质,有毒,但量很少,为水溶性的碱性物质。一旦马铃薯发芽、发绿、发霉时,这些部位龙葵素含量大增,其毒性也水涨船高。马铃薯中毒是进食发芽、发绿、发霉部分的马铃薯而引起的一系列急性胃肠道和神经方面的中毒症状。

【应急措施】 中毒较轻者,可大量饮用淡盐水、绿豆汤、甘草汤等解毒。

中毒较严重者,应立即用手指、筷子等刺激咽后壁催吐,然后用浓茶水反复洗胃。

适当饮用一些食醋,也有解毒作用。

呼吸衰竭者应行人工呼吸;昏迷时可针刺人中、涌泉穴急救。

【何时就医】 经过上述处理后,中毒严重者应尽快送往医院进一步救治。

【友情提醒】 不吃发芽、发绿、发霉的马铃薯,或尽量将芽眼带芽挖去,削去发绿发霉部分。

烹饪前将正常可食部分切片在水中浸泡2小时左右。烹饪时在马铃薯中酌加食醋,并烧熟煮透。

食白果中毒怎么办

白果又称银杏,性甘、苦,有小毒,同时又有敛肺、定喘、益气、止带浊等作用,是一种具有药效的美味食品。白果中毒是指进食一定量(大约30粒以上的生白果)的白果后出现恶心、呕吐、腹痛、腹泻、恐惧、烦躁、惊厥、呆滞、昏迷、呼吸困难等症状。年龄越小,中毒可能性越大,且症状也重,年岁大者发病率不高,即使发病,症状多也不重。

【应急措施】 立即转移至空气清新的地方,保持室内安静,避免光线、音响刺激,酌情使用镇静药。患者要多喝糖水、茶水等,以促进利尿,加速毒物排出。

口服鸡蛋清或牛奶、豆浆,可保护胃黏膜,减少对毒物的继续吸收。

民间用甘草15~30克煎服或频饮绿豆汤,可解白果中毒。

【何时就医】 中毒严重者需立即送医院治疗。

食四季豆中毒怎么办

四季豆因地区不同又称为豆角、菜豆、梅豆角、芸扁豆等,是人们普遍爱吃的蔬菜。但因烹调方法不当,食用四季豆中毒的事件时有发生。四季豆中含有一种叫皂素的生物碱,这种物质对消化道黏膜有较强的刺激性,会引起胃肠道局部充血、肿胀及出血性炎症。此外,皂素还能破坏红细胞,引起溶血症状。皂素主要在四季豆的外皮内,只要加热至100℃以上,使四季豆彻底煮熟,就能破坏其毒性。

四季豆中毒的潜伏期为数十分钟至数小时,中毒症状主要为胃肠炎表现,如恶心、呕吐、腹痛、腹泻、排无脓血的水样便。呕吐少则数次,多者可达十余次。多数中毒者有四肢麻木、胃烧灼感、心慌和背痛等感觉,此外还有头晕、头痛、胸闷、出冷汗和畏寒等神经系统症状。四季豆中毒的病程较短,一般在1~2天内,甚至数小时内就可恢复健康。

【应急措施】 轻症中毒者只需静卧休息,少量多次地饮服糖开水或浓茶水,必要时可服镇静药,如安定片、利眠宁等,一般1~2天内好转。

民间方用甘草、绿豆适量煎汤当茶饮,有一定的解毒作用。

【何时就医】　中毒严重者若呕吐不止,造成脱水,或有溶血表现,应及时送医院治疗。

【友情提醒】　四季豆必须煮熟才能食用。

食苦杏仁中毒怎么办

孩子们喜欢玩杏核,还常爱把杏核砸开,取出里面的杏仁吃,因为它有一种特殊的味道。但是,杏仁中所含的氰化物是一种剧毒物质,中毒后可以造成"闪电式死亡",难以抢救。在甜杏仁中,这种氰化物含量极少,一般不会造成中毒。而苦杏仁中含量较高,如果食用了大量没有炒熟的苦杏仁,极容易中毒。

苦杏仁中毒出现症状时间要晚于纯粹氰化物中毒。一般食后半小时到数小时内有头晕、头痛、恶心、无力等,这种情况中毒较轻,一般过4～6小时可以好转。如中毒较重,会出现腹痛、腹泻、呕吐、神志不清、呼吸困难,甚至全身抽搐、呼吸急促以至于死亡。

【应急措施】　在家里应尽早采取的急救措施是催吐,用手指或筷子刺激咽后壁,使中毒者把胃内的毒物吐出。如有条件可配1∶1 000高锰酸钾液,让中毒者喝下再吐出,把胃内残留的毒物洗出来。然后用绿豆面冲粥口服或熬绿豆水喝,或喝一些糖水,可以起到解毒作用。

【何时就医】　重症中毒者应尽快送医院抢救。

【友情提醒】　为预防中毒,食用苦杏仁之前必须把苦杏仁用水浸泡,剥去黄色内皮,然后再用清水浸泡数日,每日换几次水,直到完全祛除苦味为止。这样,氰化物含量可减去95％以上。而在吃的时候还要彻底煮熟和炒熟。

食棉籽油中毒怎么办

棉籽油是从各种品种的棉籽种籽中压榨而得的油脂。精制棉籽油经过加碱精炼,除去杂质,是常见的食用植物油。但带壳压榨的生棉籽油,其中含有棉酚和棉籽色素腺体,可以使人体胃和肾受到损害,长期或者大量食用都可引起中毒。中毒轻的人有恶心、呕吐、胃部烧灼感、食欲不振、腹胀、腹痛、腹泻或便秘等胃肠道症状,同时可伴有头晕、无力、四肢发麻、精神萎靡等全身毒性反应。中毒重者可见胃肠出血、嗜睡、昏迷、抽搐,有的人还可出现心动过缓、血压下降等。棉籽油中毒的后遗症是对男女生殖系统有一定的损害,可导致长期不育。

【应急措施】　如果中毒在夏季发生,有的还出现"烧热症":在日光下感到皮肤有难以忍受的烧灼感,体温升高,皮肤潮红,无汗或少汗,口唇、肢体麻木,常伴有心慌、气急、胸闷、头晕、眼花流泪。在阴凉处休息或凉水淋浴后症状可以缓解或消失。

食棉籽油中毒者应立即催吐、洗胃、导泻。

口服大量糖开水或淡盐水稀释毒素,并口服维生素C和维生素B_1。

将甘草30克和绿豆60克加水煎服;或取生石膏18克水煎服,有解毒作用。

【何时就医】　中毒症状严重者应速送医院抢救。

【友情提醒】　有高热的,要避免日光照射,用冷毛巾等物理降温,或酌情服用退热药如复方阿司匹林片等。

为了预防棉籽油中毒,应注意不要食用不合格的棉籽油。

食人参中毒怎么办

人参有白参、红参、高丽参、西洋参等多种,具有大补元气、宁神益智、益肺健脾、生津止渴等功效。但是如果进补不当,长期服用或大量滥用,也会引起中毒。轻度中毒表现为头痛、失眠、烦躁、易怒等,停药后症状可逐渐消失。重者呼吸急促、心动过缓、抽搐、七窍出血,甚至暴死。

【应急措施】 中毒稍轻者,停用后症状可自行消失;严重中毒者须立即催吐、洗胃、导泻等。

口服葡萄糖水、蔗糖水、萝卜水等,有良好的解毒作用。

将甘草 20 克加水煎服。

食鲜黄花菜中毒怎么办

黄花菜又名金针,因其花及根中含有秋水仙碱及天门冬碱,故多食或鲜食容易发生中毒。一般吃后半小时至 4 小时便可出现恶心、呕吐、上腹部不适及腹泻、腹痛、口干、咽干、头昏、头痛等症状。

【应急措施】 轻症患者无须服药,一般在短时间内可以恢复健康。

重症患者需立即催吐或洗胃(禁用高锰酸钾溶液等氧化剂),洗胃后还需服活性炭、鸡蛋清等。

必须多喝开水,能促进毒素从尿中排泄。

【何时就医】 症状严重者要立即送医院救治。

【友情提醒】 鲜黄花菜每次不要多吃,最好不超过 50 克,因每 50 克鲜黄花菜约含 0.1 毫克的秋水仙碱,人吃了秋水仙碱不超过 0.1 毫克时不会中毒。

秋水仙碱溶于水,吃之前先焯一下,再用凉水浸泡 2 小时以上,就不会中毒了。

鲜黄花菜经过干燥处理后秋水仙碱被破坏,这样就可避免中毒。

食菠萝过敏怎么办

由于菠萝中含有一种蛋白酶,有人吃后易发生过敏现象。临床表现为食后 30～60 分钟内急骤发病,出现上腹部疼痛、恶心、呕吐、腹泻等胃肠道症状,同时伴有头晕、头痛、全身发痒、四肢及口舌发麻、呼吸困难、发绀、出汗;严重者发生休克、昏迷或突然虚脱等。

【应急措施】 立即皮下注射 0.1％肾上腺素 0.5～1.0 毫升,然后注射苯海拉明 25～50 毫克。

以葫芦茶 50 克,浓煎后当茶饮,有解毒作用。

【友情提醒】 食菠萝前先用盐水泡浸 30 分钟左右,待将菠萝内的蛋白酶破坏以后再食,就能减少菠萝过敏的发生。

误食蓖麻子中毒怎么办

蓖麻又称大麻子、红麻、草麻,蓖麻子是蓖麻的种仁,在工业和医学上有广泛的用途。蓖麻子中含有蓖麻毒素等多种毒素,对人体的胃肠黏膜、肝、肾等有损害作用,还有凝集红细胞和溶血作用。误食蓖麻子后会发生中毒。蓖麻子中毒常发生于儿童,潜伏期较长,一般为1~3天,多在食后18~24小时发病。中毒者先是感到喉头有强烈刺痒、灼热感,继而出现胃肠症状,如恶心、呕吐、腹痛、腹泻等,呈血性痢疾样便,有的发生剧烈头痛、头晕、血尿或无尿,严重者脱水、休克、昏迷,可因呼吸麻痹、心力衰竭而死亡。

【应急措施】 立即催吐、洗胃及导泻,必要时作高位灌肠,尽快使体内残留的毒素排出。

禁食脂肪及油类食物,可口服米汤、牛奶,以保护胃黏膜,并注意保暖。

【何时就医】 严重者应尽快送医院抢救。给予输液、输血,以维持血容量及纠正水电解质平衡,皮下注射抗蓖麻毒血清,每天给予碳酸氢钠5~15克,使尿呈碱性,可预防急性肾功能衰竭。

农药中毒怎么办

在农村,农药中毒事件时有发生。农药中毒,一般是指有机磷农药中毒,常因喷洒时违反操作规程或误服而引起。农药中毒严重者有生命危险,故大意不得。有机磷农药包括对硫磷、内吸磷、马拉硫磷、乐果、敌敌畏、敌百虫等。若出现轻度中毒症状,如头昏头痛、腹痛恶心、流涎出汗等,说明农药已经由皮肤、气管或胃肠道吸收进入了血中。这时应及时妥善处理,否则会造成严重后果。农药急性中毒分为三级。轻度中毒:有头晕、头痛、恶心、呕吐、多汗、胸闷、视力模糊、无力、瞳孔缩小等;中度中毒:除上述症状外,还有瞳孔明显缩小、轻度呼吸困难、流涎、腹痛、腹泻、步态蹒跚、意识清楚或模糊;重度中毒:除上述症状外,还出现昏迷、肺水肿、呼吸麻痹、脑水肿等。

当人们食用了喷洒过农药不久的蔬菜和瓜果后,农药可以通过消化道黏膜表面的生物膜吸入人体内,并随血液循环分布到全身的组织和器官中去。但这种分布是有选择性的,肝脏、肾脏、肺和骨骼是其主要场所。体内的胆碱酯酶的抑制,可使神经递质中的乙酰胆碱积累,从而造成人体一系列功能的严重紊乱,甚至危及生命。农药中毒后的症状有瞳孔缩小、大汗、流涎、肌肉震颤、呼吸困难、恶心、呕吐和昏迷等症状。

【应急措施】 要立即将患者撤离有毒的环境,脱去沾有毒物的衣服,立即用清水、肥皂水(敌敌畏中毒者不能用)彻底冲洗皮肤。记住,一定不要用热水和酒精擦洗。

若为误服农药者,应立即给予稀肥皂水饮下,然后催吐以排出胃内毒物。家庭催吐可用一双筷子压住舌头,用鸡毛、棉签、筷子等刺激软腭、腭垂及咽后壁黏膜,引起呕吐。

轻度农药中毒后在饮食上应加以认真调理。忌吃荤菜、油腻和油煎食物,可吃稀、烂、糊状的易消化的流质食物。多吃新鲜水果,如橘子、西瓜等。饮食温度不宜过热。忌辛辣刺激性食物,要戒烟戒酒。

眼部受污染的要迅速用清水冲洗至少10分钟。

【何时就医】 经清洗、催吐后立即送医院进一步处理。

对昏迷的患者,应让其平卧,头偏向一侧,肩下垫高,急送医院。

【友情提醒】 注意个人防护,喷洒农药时最好穿长衬衫、长裤、长筒靴和袜子,戴口罩和手套。

施药时还要顺风,隔行并倒退行走。

不要一次长时间劳作,尤其是热天。

施药后应彻底更换衣、裤、鞋、袜,并用肥皂洗手,沾上农药的皮肤洗3次,直到闻不到药味才可进食、喝水。

服安眠药中毒怎么办

安眠药种类较多,中毒主要源于服用过量或一次大量服用。中毒者多可出现昏睡不醒、肌肉痉挛、血压下降、呼吸变浅变慢、心跳缓慢、脉搏细弱,甚至出现深昏迷和反射消失。若被吸收的药量超过常用量的15倍时可因呼吸抑制而致死。安眠药的急性中毒症状因服药量的多少、时间、空腹与否,以及个体体质差异不同而轻重各异。

【应急措施】 清醒但有呕吐反射的患者一般在4小时内可给予催吐,用手指、筷子等刺激舌根和咽喉壁引起呕吐,饮些温开水反复催吐,直至呕吐物为清水,并口服泻药,以利于药物排泄,减少吸收。

【何时就医】 安眠药中毒或刚服下过量安眠药者,均应立即送医院急救。

中毒者已昏迷,取侧卧位,防止口腔分泌物进入气管,并尽快送医院。

重症患者急送医院,途中要注意保持呼吸道通畅,将头侧向一边,防止舌根后坠引起窒息。可用干净手指或毛巾裹舌体将舌头拉出,并及时清除分泌物及呕吐物。

【友情提醒】 家属或同事应带上患者服用过的药瓶及残留的药片,以帮助及时确定何种药中毒,便于进一步抢救治疗。

安眠药中毒的治疗,包括催吐、洗胃、导泻及输液等,应争分夺秒积极进行。有呼吸抑制现象者需用呼吸兴奋剂,血压下降者应用升压药。

平时应将安眠药分散贮存,放于孩子拿不到的地方,同时要标好安眠药名称和作用。

服错药物中毒怎么办

药物能治病,也能致病。如果服错了药,或者将外用药当做口服药,都可能引起急性中毒。若能及时正确处理,往往可以得救;若处理不当,不仅患者痛苦,还可能留有后遗症,甚至危及生命。

服错或服药自杀,如果药物性能比较平和,不会有什么大反应,如毒性较强,则可出现昏迷、抽搐。对胃肠道有刺激性的药物可引起腹痛、呕吐;具有腐蚀性的药物可引起胃穿孔;过量服用砷、苯、巴比妥或冬眠灵等药物可导致中毒性肝炎;过量服用磺胺药可出现肾损害;过量服用氯霉素、解热镇痛药等会损害造血系统。

根据中毒反应情况和中毒者身边、案头存留的药袋、药瓶中的剩余药物,尽可能弄清吃错什么药,对孩子不要恐吓打骂,仔细询问。如果错吃了几片维生素问题不会太大,若是安眠药,就可能昏睡不醒。

【应急措施】　不管什么药物中毒,抢救的原则是尽快清除药效和阻止吸收,具体办法与其他毒物中毒一样,即催吐、洗胃、导泻、解毒。

发现有人吃错药,要在最短的时间内采取应急措施,千万不要坐等救护车或不采取任何措施急着送医院,否则耽误1分钟就会增加1分钟损害。

洗胃一般在催吐后马上让中毒者喝温水500克,然后再用催吐方法让胃内容物吐出,反复进行,甚至在护送中毒者去医院的途中也可进行洗胃、催吐。

若中毒者已昏迷,应取侧卧位,以免呕吐物和分泌物误入气管而窒息。如果弄清了错服的药物,洗胃时应采取以下特殊处理方法:误服碘酒者应当即灌服米汤、面糊或蛋清,然后催吐。误服水杨酸制剂等脚癣药水,当即用温茶水洗胃。误服来苏水,可用温水或植物油洗胃,并随后灌服蛋清、牛奶、豆浆,保护胃黏膜,吸附毒物。误服药物不明,可用木炭或馒头烧成炭研碎加浓茶水灌服,以吸附毒物起解毒作用。

【何时就医】　如果吃错了药,经初步处理后,立即送医院进行观察抢救。

【友情提醒】　如果发现孩子已经吃错了药,首先不要惊慌失措,更不要打骂和恐吓,否则孩子光哭闹,不但说不清真情,还会拖延时间,使药物加快吸收,增加急救的麻烦。应采取安慰的态度,耐心地询问情况,以便对症处理。

鼠药中毒怎么办

鼠药,主要成分为磷化锌,而磷化锌(有蒜样气味)不论在鼠的胃内还是在人的胃内,遇胃酸都能转变成毒性很强的磷化氢。鼠药中毒其实质为磷化锌中毒,表现为剧烈的口、食管、胃烧灼感,恶心呕吐以及肝肿大、疼痛,皮肤、眼巩膜黄染,血尿及肝昏迷死亡。

【应急措施】　迅即对中毒者用手指刺激咽喉部催吐。严禁让中毒者吃蛋黄、肥肉等油类食物,以免加速磷化锌的吸收。

【何时就医】　对误食毒鼠药中毒者,在经急救处理之后应快速送往医院进行诊治。

【友情提醒】　平时将鼠药放到孩子拿不到、老年人不知道的地方,专柜锁住。

毒死的老鼠深埋或焚烧掉,无意毒死的家禽家畜也像毒死的老鼠一样处理。

为了防止磷化锌中毒,可在毒饵中掺入1/3左右的吐酒石。这样一来,人误食之后会呕吐,可减轻中毒症状,并不影响毒鼠的效果。

毒鼠药应在晚上放,早晨收,剩下的毒饵及时埋掉。放置鼠药毒鼠时,管好孩子和老年人,也不要将家禽家畜乱放。

碘中毒怎么办

碘中毒是指一时大量误食含碘的药物,包括内服和外用的,如碘酊、碘甘油、复方碘溶液、含碘喉片等所引起的一系列中毒症状,其中比较常见的是口腔、咽喉、食道、胃等不同程度的烧灼样疼痛,同时伴有一系列胃肠道症状:恶心、呕吐、腹痛、腹泻。中毒严重者少尿、无尿,直至昏迷等。

【应急措施】　立即给中毒者喝大量米汤或面糊,让其与碘结合(结合物为蓝色),然后催吐,反复进行,直至呕吐物无蓝色为止。

催吐后再给中毒者喝米汤、面糊或蛋清,以清除残余碘和保护胃黏膜。

【何时就医】 少尿、无尿者需立即送医院请医生帮助救治。

沥青中毒怎么办

沥青一般分为天然沥青、石油沥青、页岩沥青和煤焦油沥青四种。以煤焦油沥青毒性最大,因直接接触受到阳光照射的沥青易产生过敏,接触了它的尘粉或烟雾易造成中毒。局部皮损主要表现为皮炎、毛囊口角化、黑头粉刺及痤疮样损害、色素沉着、赘生物等,也可出现咳嗽、胸闷、恶心等全身症状,还可见流泪、畏光、异物感及鼻咽部灼热干燥、咽炎等症状。

【应急措施】 立即使中毒者脱离沥青,在阴凉处休息,避免再次受阳光照射。对出现皮炎者可内服抗组织胺药物或静脉注射葡萄糖酸钙、维生素C及硫代硫酸钠等,局部视皮损程度对症处理,如外搽皮炎平。

若皮肤被沥青烫伤或残留沥青,可用2%小苏打水清洗,然后再根据皮肤损害情况给予湿敷或涂搽比较缓和的保护性膏剂。皮肤红肿、红斑者,可用含有氧化锌(或滑石粉)、淀粉、甘油及水各等量的膏剂,或用花生油调滑石粉及碳酸镁(各占20%)外搽;皮肤糜烂、渗液,可用10%甘草、黄柏溶液湿敷。

毛囊性损害可外搽5%硫磺炉甘石水粉剂或乳剂。有色素沉着者可外搽3%氢醌霜或5%白降汞软膏。

若沥青溅入眼内,应立即用生理盐水或1%～2%硼酸水或2%小苏打液进行冲洗,戴有色眼镜进行保护。可试用人乳或牛乳滴眼。

【何时就医】 对全身及眼、鼻、咽部症状可对症适当处理。严重者应立即送医院请医生处理。

强酸中毒怎么办

强酸如硫酸、硝酸、盐酸等是一种腐蚀剂,口服后立即会造成口腔、咽喉、消化道黏膜的严重烧伤,剧烈疼痛、恶心、呕吐,呕吐物中可含有血液、腐烂黏膜等,并且可能造成消化道溃疡或穿孔。

【应急措施】 对于口服强酸中毒者,应取仰卧位,可垫高患者足部,立即给患者服生鸡蛋清或牛奶200克,生鸡蛋清或牛奶可以保护黏膜组织。

半小时后给予植物油100～200克,目的是润滑黏膜,减少粘连和摩擦损伤。

为防止消化道穿孔,对强酸中毒的人绝对禁止洗胃,也不宜给予小苏打等碱性药物口服。

如果皮肤被灼伤,立即脱掉衣物,用清水和石灰水冲洗,然后用生理盐水清洗,切忌用强碱液冲洗。

如果眼部被烧伤,即刻用清水冲洗。冲洗方法是用一盆清水,将面部放入水中,两眼睁大,头部在水中左右摇晃。如此反复换几次水冲洗,然后再以3%碳酸氢钠溶液清洗,之后滴入 0.01 硫酸阿托敏药水。

【何时就医】　给予上述应急处理的同时,应拨打急救电话或立即送患者到医院急诊。

强碱中毒怎么办

强碱(如火碱)是一种腐蚀剂,口服后引起严重的消化道灼伤,剧痛,恶心呕吐,腹痛腹泻,甚至溃疡穿孔。

【应急措施】　给中毒者以食醋加水的混合液口服。

食用生鸡蛋清或牛奶 200 克,以保护胃肠黏膜。

半小时后再食用植物油 100～200 克,以润滑黏膜组织。

口服了强碱的患者严禁给予洗胃和催吐。

【何时就医】　给予上述应急处理的同时,应拨打急救电话或立即送患者到医院急诊。

硫化氢中毒怎么办

硫化氢为无色、有臭鸡蛋气味的气体,为生产过程中产生的废气,可污染厂房空气和大气。有机物腐败时也产生硫化氢,所以从事疏通阴沟、处理污物、清除粪窖以及其他陈旧有机物贮存池的清洁工人,都可能有急性中毒事故发生。硫化氢中毒有畏光、流泪、眼刺痛、咽喉灼热感、刺激性咳嗽及前胸闷痛。高浓度硫化氢气体吸入后,可在数秒钟或数分钟内发生头晕、呕吐以及骚动不安、呼吸困难乃至呼吸麻痹,并很快昏迷。

【应急措施】　立即将患者撤离现场,移至新鲜空气处,解开其衣领和裤带,保持其呼吸道的通畅。有条件的还应给予氧气吸入。

有眼部损伤者,应尽快用清水反复冲洗,并给以抗生素眼膏或眼药水点眼,或用醋酸可的松眼药水滴眼,每日数次,直至炎症好转。

对呼吸停止者,应立即进行人工呼吸;对休克者,应让其取平卧位,头稍低,做胸壁外心脏按压;对昏迷者,应及时清除口腔内异物,保持呼吸道通畅。

【何时就医】　一旦怀疑硫化氢中毒,急送医院治疗。

【友情提醒】　当进入粪池或下水道时,如果有臭鸡蛋味,应立即离开现场,切不可继续进入粪池或下水道。中毒较轻者,经一般处理后很快就恢复,如果不见好转,应立即去医院请医生抢救治疗。

砒霜中毒怎么办

砒霜的化学名为三氧化二砷,是白色粉末,没有特殊气味,与面粉、淀粉、小苏打很相似,所以容易误食中毒。砒霜的毒性很强,进入人体后能破坏某些细胞呼吸酶,使组织细胞不能获得氧气而死亡;还能强烈刺激胃肠黏膜,使黏膜溃烂、出血;亦可破坏血管,发生出血,破坏肝脏,严重的会因呼吸和循环衰竭而死亡。

【应急措施】　发现有人误食砒霜中毒,要尽快催吐,以排出毒物。催吐方法是让患者大量喝温开水或稀盐水,然后把食指和中指伸到舌根,刺激咽部,即可呕吐。最好让患者反复喝水和呕吐,直到吐出的液体颜色如水样为止。

将烧焦的馒头研末,让患者吃下,以吸附毒物。也可大量饮用牛奶3～5瓶、蛋清4个以保护胃黏膜。

将防风50克磨成细末,冲冷水服下。或将防风放于冷水中捣汁服下效果一样。

宰杀1只白鸭,取其鲜血趁热灌入,转眼间即化险为夷。

民间解砒霜中毒:经霜过的胡萝卜缨1 000克,煎汤饮;绿豆150克捣碎,鸡蛋清5个,调后服下;甘草、绿豆粉各50～100克,水煎,洗胃后饮服;硫黄12克,绿豆粉15克,共研为细末,冷水调,缓缓服下。

【何时就医】 砒霜中毒后,能否做适当的急救处理,是决定患者生与亡的关键,应快速送往医院急救。

【友情提醒】 预防砒霜中毒主要是防止误食。用砒霜制毒饵和拌种子时,要根据需要量配制,剩下的要埋掉,禁止人、畜食用。用来加工粮食的磨、碾子不得磨压砒霜制剂。

▶ 地窖窒息怎么办

窒息是指喉或气管的骤然梗塞,造成吸气性呼吸困难,如抢救不及时很快发生低氧高碳酸血症和脑损伤,最后导致心动过缓、心跳骤停而死亡。如果抢救及时,解除气道阻塞,呼吸恢复,心跳就会随之恢复。

地窖是北方地区用于贮存过冬蔬菜、瓜果的常用场所。由于地窖加盖密封后空气不流通,加上蔬菜、瓜果需要吸氧和排出二氧化碳,使得地窖内氧的含量较低、二氧化碳含量大增。如果所贮蔬菜、瓜果腐烂变质,则不仅产生大量二氧化碳,同时还可产生有毒的硫化氢气体。如果不先换气就进入地窖,就会发生缺氧与中毒现象,导致昏迷、死亡,即地窖窒息。

【应急措施】 要入窖救人,首先必须通风换气。最简单的办法是将一把伞把上系了绳的半张开的伞投入窖内,一上一下不停地提放,使伞一张一合,以促使窖内空气对流。或是用带叶子的树枝、张开的衣服、被单、帽子等来回摆动,促使窖内进入新鲜空气,也可将电风扇、鼓风机等放入窖内,使窖内空气流通。

窖内通风后,可将绳绑吊蜡烛、油灯入窖。如果烛火不熄,说明窖内含氧量还正常,可以入窖救人。

入窖抢救者的腰(腋)上应系上绳索,绳索的另一端由窖外的人掌握。窖内外要经常喊话联系,一旦抢救者有呼吸困难或晕厥不适,窖外者应立即将其拉出窖外。

轻症中毒者被救到地面后,立即解开其领扣、腰带,宽松其衣裤,并将其置于空气流通处平卧休息,同时注意保暖。略有气急、头昏者,可指压内关等穴。

患者取头低足高侧卧位,以利体位引流。

用筷子或用光滑薄木板等撬开患者的口腔,插在上下齿之间,或用手巾卷个小卷撑开口腔,清理口腔、鼻腔、喉部的分泌物和异物,以保持呼吸道通畅。

如果呼吸、心跳微弱或已停止,应立即做人工呼吸及胸外心脏按压,并尽快送医院处理。

【何时就医】 在紧急抢救窒息患者的同时,要迅速拨打120急救电话求救。在等待救护车及乘救护车时应继续抢救。

【友情提醒】　不可贸然下地窖或阴沟,特别是北方,那些内藏过冬蔬菜,又被严严实实地堵死的窖口,每每严重缺氧。下窖前,必须先把窖口打开一段时间,有条件的先向里面排风。下地窖后不宜以明火作照明用,以免与人争夺氧气,而应用手电筒等。

不可独自一人下窖作业,必须有人在窖口接应,以免昏倒时,因无人知晓而断送性命。

如在地窖存放蔬菜过冬,应不时打扫,及时清除腐烂蔬菜,并经常打开窖口通风。

下阴沟前先测试一下阴沟中的氧气含量,安全后方可入内。但绝对不可用燃烧明火的方法测试,因为阴沟中气体成分复杂,也许含有某些厂矿排放的易燃之物,一旦点燃,后果不堪设想。

煤气中毒怎么办

煤气中毒即一氧化碳中毒。主要是含碳物质燃烧不全产生的一氧化碳对人体的毒害,日常生活中,如煤球炉、火炉烟囱堵塞、倒烟、排烟不良等均可引起煤气中毒,尤以冬季在北方时有发生。中枢神经系统对缺氧最敏感并首先发生中毒症状。急性轻度中毒有头痛、头晕、眼花、恶心、呕吐、乏力。中度中毒者除上述症状外,患者已出现神志不清、意识模糊、面赤唇红(皮肤黏膜呈樱桃红色)、多汗、脉速、烦躁、步态不稳,甚至昏迷。急性重度中毒,因短时间内吸入了高浓度的一氧化碳,患者可迅速进入昏迷,持续数小时或数昼夜,呕吐,大小便失禁,有些可出现抽搐,还可并发脑水肿、肺水肿,皮肤黏膜苍白或青紫,体温升高,呼吸困难,心肌受损以致呼吸、循环衰竭而死亡。即便不死亡也多在愈后留有后遗症,如癫痫、肢体瘫痪、吞咽困难、震颤麻痹、智力减退等。慢性中毒患者常感头晕、头痛、倦怠无力、恶心、不思饮食以及失眠等类似神经衰弱的症状。

【应急措施】　家庭急救步骤:在生有煤炉、煤气的室内如出现头痛、头晕、恶心、心悸等现象,或同室内人均有此种轻重不同的症状,就可以肯定是轻度煤气中毒,这时应立即打开门窗通风,或到室外呼吸新鲜空气,数小时后即可缓解。如果发现人在睡眠中有呻吟、挣扎、面色潮红、口唇樱桃红色等症状,可判定是中度煤气中毒,同上述所说的一样打开门窗,迅速将患者移到空气新鲜处,解开领扣、裤带,针刺或以拇指掐人中,刺激其呼吸并做好送入医院的准备。倘若患者已进入重度中毒,如昏迷、面色苍白、四肢冷、大汗、体温升高等,要冷静,不要惊慌失措,立即打电话叫救护车,同时赶快坚持做人工呼吸,并迅速将患者搬到空气流通的地方,先清除口腔、鼻腔的分泌物和呕吐物。解开领扣,放松腰带,去掉枕头,让患者仰卧。一手托起下颌,让患者头尽量后仰,以防舌根下坠堵住咽喉。救护者深吸一口气后,紧贴患者嘴对嘴吹气。吹气时应捏住患者鼻孔,这时可见患者胸廓抬起。如此,每分钟吹气 16～20 次,在救护的同时应给患者保暖,防止并发症发生。

自己发现中毒时,可暂时走(爬)出中毒现场,呼吸新鲜空气,并呼叫他人速来相助。

呼吸困难者,要解开衣扣,或立即进行人工呼吸,或指压合谷、少商、鱼际等穴位,促进肺的呼吸功能。

神志昏迷者,将患者置成侧卧体位,同时针刺或指压人中、劳宫、涌泉、十宣等穴位。或用有强烈刺激性气味的物质(如氨水、各种香精等)置于患者鼻孔前熏鼻,促使苏醒。

若中毒者呼吸微弱甚至停止,立即进行人工呼吸,只要心跳还存在就有救治可能,人工呼吸应坚持 2 小时以上。如果患者曾呕吐,人工呼吸前应先消除口腔中的呕吐物。如果心跳停止,就进行心脏复苏。

对轻度中毒者,可将醋 30 克和白糖 30 克,加入冷开水 300 克,让其一次饮下;如发生呕吐,效果更佳;饮后未吐,症状亦可缓解。此时再针刺少商、商阳、水沟穴,症状可明显好转。抢救时患者宜取侧卧位,擦净其口、鼻内污物,去掉其假牙,以免其回吸或将污物等吞入气管,引起窒息死亡。

简易解毒法有灌服生萝卜汁 200 毫升,或灌服食醋水(100 毫升食醋加 100 毫升水)。

【何时就医】 如发现患者呼吸心跳停止,应迅速实行人工呼吸和人工胸外挤压。在现场救治的同时,应迅速将患者送医院,千万不可迟疑。在运送医院途中仍应坚持抢救。

【友情提醒】 患者安置好后,如能喝水,可让其喝热的糖茶水。中毒轻微者,喝糖茶水后即能好转。

家庭生活中注意烧煤要燃烧尽,不要闷盖,炉灶和燃气注意安全使用,尤其冬季在密闭的住室厨房中使用天然气或煤气灶更要严加注意。近年来有因用天然气热水器洗澡,因热水器安置不当,浴室关闭过严而引起中毒;也有在煤气的操作室长期工作,通风设备不良,没安装风斗,空气不能对流而引起中毒;还有使用煤炉不安装烟筒,或烟筒漏气;煤湿燃烧不完全,刮大风煤气倒流,阴天雨雪,室外气压低,影响煤气排出等。因此,在家中一定要采取防范措施,其中包括要安装风斗,常检查,防漏气是至关重要的。

煤气中毒者在有好转的情况下宜食清淡、易消化的饮食,要高蛋白及含维生素 C、B、E 的蔬菜与水果、茶、绿豆粥、鱼粥、鸡粥、瘦肉汤等,对身体恢复颇为有益,待恢复后即可改成普食。

沼气中毒怎么办

甲烷,又称为沼气,是一种无色无味的气体,是天然气、煤气的主要成分,是广泛存在于淤泥池塘、密闭的窖井、煤矿(井)和煤库中的有害气体之一。倘若上述环境空气中所含甲烷浓度高,使氧气含量下降,就会使人窒息,严重者会导致死亡。若空气中的甲烷含量达到 25%~30%,就会使人发生头痛、头晕、恶心、注意力不集中、动作不协调、乏力、四肢发软等症状。若空气中甲烷含量超过 45%~50%,就会因严重缺氧而出现呼吸困难、心动过速、昏迷以致窒息而死亡。

【应急措施】 迅速将中毒者移离现场(抢救人员必须佩戴有氧防护面罩)。如果发现有人在沼气池内昏倒而又不能迅速救出时,应立即采取各种办法向池内通风,输入新鲜空气。切不可盲目下池救人,以免也发生窒息中毒。

中毒者被救出后,应迅速安置在空气新鲜处,并将其衣扣松解,但要注意保暖。

中毒者若呼吸、心跳已停止,应立即进行人工呼吸及胸外心脏按压。

【何时就医】 应火速送医院抢救。

【友情提醒】 室内的沼气管道及灶具应经常检查是否漏气,不用时开关是否关闭。注意压力表所表明的压力不要超过一定限度,如果压力过大,应从导气管中将沼气向室外排出一部分,以减轻压力。

进入沼气池维修沼气管道时,不要使用明火照明工具,以免引起燃烧爆炸。进入前,应带供氧防毒面具,或者运用通风设备,将沼气尽量排空。一般进入沼气池(室)时,外面应有人负责配合,遇有情况,可迅速脱离危险。

急救服毒自杀者怎么办

一个生活中受到重大打击、陷于绝境或近来情绪低落的人,突然处于昏迷、呕吐、呼吸困难、瞳孔放大或收缩的病理状态,应考虑有服毒自杀的可能,需立即采取急救措施。

【应急措施】 如果发现中毒者还清醒,一定要先了解其服的是哪种药物。因为剧毒药、安眠药或大量的其他药物可使中毒者迅速陷入昏迷,因此要趁清醒时了解清楚。

现场急救的主要内容是立即催吐及解毒。催吐的目的是尽量排出胃内的毒物,尽量减少吸收的毒物。催吐最快速简便的方法是患者自己用中指、食指刺激咽后壁促使发生呕吐,反复多次,直至呕吐物呈苦味为止。胃部内容物少者,不容易呕吐,要让其喝水。一般每千克体重给水 10～15 毫升。成年者喝水后可用手指刺激舌根部引发呕吐。对于孩子,可以将孩子腹部顶在救护者的膝盖上,让孩子头部放低,这时再将手指伸入孩子喉咙口,轻压舌根部,反复进行,直至呕吐为止。如果让孩子躺着呕吐的话,要侧卧,要防止呕吐物堵塞喉咙,吐后残留在口中的呕吐物要即时清除。中毒者自己不能呕吐时,则让其张大嘴,用羽毛或扎上棉花的筷子等刺激咽后壁致呕。

呼吸困难的,立即进行人工呼吸,同时针刺内关、人中、涌泉等穴。

如果是昏迷而没有意识的患者,不可强硬让其饮水或强迫其反吐,因为这样可变成误饮(由气管中吞进饮料等)而出现窒息的危险事故。

【何时就医】 发现情况应呼叫急救车,或急送邻近医院急救。同时应迅速将遗留的药物、药瓶或其可疑容器、物品等携带,以便提供医生参考。

【友情提醒】 尽可能保护好第一现场,或将患者抬离现场进行抢救,同时与公安部门取得联系,以便弄清事实真相。

服毒者即使被救活,并不意味着事件已平息,应与有关部门或家属、亲友取得联系,对其妥加照管,设法消除其自杀的念头。

对腐蚀性药物中毒者,为防穿孔的危险,不宜用催吐法;年老体弱的人亦不宜用;昏迷的患者,为防止呕吐物有窜入气管的危险,亦不能用催吐法。

第七章　突发急症篇

感觉呼吸困难怎么办

正常人的呼吸很自然而不费力,而在某些病理情况下则不然,此时,患者主观上感到空气不足或呼吸费力,客观上表现为呼吸急促、张口用力呼吸、鼻翼扇动、辅助呼吸肌参与呼吸运动;严重者则只能端坐呼吸,并出现发绀,临床上称为呼吸困难。

吸气性呼吸困难是由于喉、气管、大支气管的炎症、水肿、肿瘤或异物等引起狭窄和梗阻所致,表现为呼吸深而慢,吸气时特别困难;呼气性呼吸困难表现为呼气时间延长和特别费力,常伴有哮鸣音,是由于支气管哮喘、慢性阻塞性肺气肿、喘息性支气管炎等引起肺组织弹性减弱及小支气管痉挛所致;混合性呼吸困难是由于广泛性肺部病变使肺泡呼吸面积减少,影响换气功能所致,如重症肺炎、严重肺结核、晚期矽肺、大量肺不张、大量胸腔积液或自发性气胸等。

【应急措施】 立即让患者卧床休息,取半卧位,尽量安慰患者,使其保持安静。有条件时尽可能吸氧,以缓解症状。

及时清除患者口腔、鼻腔的分泌物及呕吐物,保持其呼吸道通畅。

在呼吸时有吸不进气,只呼不吸的感觉,或者是呼吸很快,或很高声的哮喘,都可能是由于心脏病或者是呼吸系统疾病所致,都需要立即治疗。严重的哮喘发作,对患者及家属都有恐怖感,患者及家属必须镇静。如家中备有平喘的喷雾剂,赶快为患者喷用,一次不行可再喷一次。让患者面向椅背骑坐在一张有椅背的椅子上,双手相抱搁在椅背上。舒适地坐在椅子上,等候救护人员到达。

若在吃东西时突然发生呼吸困难,可能是由于窒息,要马上急救,否则患者就有得不到氧气供应的危险。在等候救护车时,从患者背后抱起患者,右手握拳放在患者的胃部,左手放在右手上,用力收紧,一次不行,再用同样方法做一次或两次。如不成功,让患者躺下,用一只手托住患者颈部,另一只手伸入患者口中清除阻塞,如在清除阻塞之后呼吸仍不能恢复,试试口对口的人工呼吸:将患者仰卧,一手托患者的颈部,一手捏紧患者的鼻子,口紧对患者的口将气吹入患者肺内,5秒钟吹入一次,每吹一次后听听是不是吹入的气体由患者肺中排出。直到急救人员到达或患者呼吸恢复前不要中止抢救。

【何时就医】 所有呼吸困难的病症都是十分严重的,需要紧急治疗,不能耽误。

【友情提醒】 穿着宽松衣物,不系腰带,不穿束腹,才可使肺部完全扩张,呼吸顺畅。

在精神极度紧张时突然发生呼吸困难,如是第一次发作,去看医生。要查明呼吸困难是因为紧张抑或其他原因所引起的。

呼吸骤停怎么办

人停止呼吸 2~4 分钟就会死亡。呼吸骤停的主要表现为嘴唇、面颊、耳垂均呈紫蓝色，胸部不再有起伏，口鼻处也听不出气流声，将手背面置患者口鼻前，感觉不到气流排出，即可作出判断。引起呼吸骤停的原因大致有：呕吐物或痰阻塞气管；舌头后缩，盖住气管；头部过度前倾，压迫气管等。因此，使气管畅通是当务之急。

【应急措施】　让患者头部后仰，一手按前额，一手托起颈部，并往上推高下巴，这样，呼吸道能较为通畅。再用手清除口中的堵塞物，有些患者此时可自行恢复呼吸。

若仍未恢复呼吸，应立刻施行口对口人工呼吸法。如口部有外伤等，可施行口对鼻吹气。口对口、口对鼻呼吸均以约 3 秒钟一次为宜，每次吹气完毕，观察其胸部有无收缩，心跳是否出现，否则还需继续进行。

可用大腿抵住患者的头部，两手抓住其两臂，以抬举和放下患者双臂的方式，带动其胸部及肺的舒张和收缩，从而被动地进行换气（呼吸）活动。

【何时就医】　立即拨打 120 求救电话，即使呼吸已恢复，仍需迅速送医院作进一步救治。

【友情提醒】　若怀疑患者呼吸停止，同时伴有颈部或背部脊椎外伤骨折者，不宜搬动颈部改变体位，应小心翼翼地用手指清除口中堵塞物，再行口对口呼吸。每当呼吸恢复，但人仍昏迷时，宜把患者安置成复原卧式，利于气管内容物流出，也可避免舌根部堵塞咽喉。

突发眩晕怎么办

眩晕发作时会突然感到天旋地转，有时伴有头昏、耳鸣、恶心、呕吐。发生突然眩晕的原因很多，如中耳炎、内耳疾病、心脏病、低血糖、高血压、脑瘤、颈椎病、脑血管病等都可以引起眩晕，因此对于突发眩晕应到医院查明原因。

【应急措施】　当头晕发生时，可先坐下，闭上双眼，头部固定不动，房间光线不宜亮，周围环境宜安静、通风，然后做深呼吸，这样可以恢复正常。

立即测血压、脉搏，看血压是否升高、降低，脉搏是否过慢、过快，以便提供给医生诊断参考。

足部按摩对缓解功能性眩晕疗效甚快。发作时，用力按压患者足部的隐白、大敦、足窍阴、涌泉穴各 3~5 分钟，重压第二大敦穴 5~10 分钟，按揉足趾 5 分钟。

将适量的白芥子研末用酒调成糊状贴百会穴（头顶部，两耳尖过头顶连线的中点）。也可用掌心轻轻拍打百会穴，用中指揉按前额两侧太阳穴与脑后风池穴各 3~5 分钟，每天 1~3 次。

患者及家属要镇静，不要惊慌失措，因为大部分的眩晕并无生命危险。立即将患者平卧，额部可放置冷水浸过的毛巾或冰袋。针刺内关、合谷、足三里。

用"百会运转操"治疗老年性头痛、眩晕，效果显著。取立姿，叉开双脚，两手重叠置于头顶上的百会穴，推动头皮旋转，一呼一吸转动 3 圈为 1 次，左转 24 次、右转 24 次为 1 节。每天清晨做 3~4 节即可。

用橡皮膏在双手中指第 2 关节至根部处各绕贴一圈,每天更换 1 次。

将大纽扣放在双脚底中央肾脏反射区上(凹凸面对准脚底),用橡皮膏加以固定,白天穿鞋走路,晚上除去。

将野菊花 500 克、绿豆壳 250 克和白芷 30 克做枕芯,每天晚上枕头部。

眩晕耳鸣,逢劳加重,胸闷欲吐,可用草鱼头 1 个、天麻 9 克、生姜 3 片和适量的水同煎,取汤服用,每周 3 次。常服能平肝息风、解眩除晕。

将猪瘦肉 500 克洗净,切成小块,同金雀花 50 克加水适量及精盐,炖煮至猪肉熟烂。三餐随意食猪肉,饮汤。适用于眩晕、头痛等症。

将松子仁、黑芝麻、枸杞子和杭菊花各 15 克共洗净,松子仁、黑芝麻捣碎,然后一同入锅加水适量,用中火煮沸后改文火煨至松子仁熟软,撒入白糖即成。每日 1 次,连服 10 日为一个疗程。适用于肝肾虚损引起的头晕眼花等症。

将绿豆皮和扁豆皮各 10 克炒黄,与茶叶 5 克一起开水冲沏即可,每日代茶饮。适用于头晕、目眩等症。

将天麻 6 克洗净,用热水发软,切成极薄片,连水和天麻片入锅,加入淘净的大米 100克、切碎的鸡肉 80 克、切成小片的冬菇和竹笋各 30 克,加清水烧开,15 分钟后放入适量精盐、味精,用小火焖透,饭香无汁即成。若喜食稀粥,可多加水。每天一餐,对神经衰弱型的头晕、头痛等疗效好。

【何时就医】 经上述处理症状缓解或虽经多种方法症状仍不见缓解者,应及时到医院查明病因,在医生指导下进行治疗。

一般来说,姿势性眩晕不需要治疗,几秒钟内就会自行缓解。当然,如果当你转头时症状严重,应找医生检查。

【友情提醒】 积极参加力所能及的运动和锻炼。避免快速头部转动,起立和起床速度要缓慢。居室及周围环境安静,光线不要太强烈,空气要清新,但忌过于通风。如果头晕不伴有其他明显相关症状,则应检查一下发作时的相关条件,如是否为药物引起,因为许多药物都可能引起头晕,如抗生素与降压药等。由药物中毒引起本症者应立即停药。

平时应注意避免极快速地移动头部或变换姿势,以免引发眩晕。

饮食以清淡易消化的为宜,盐宜少放。

突然晕厥怎么办

有些人由于疾病或体位、动作的突然改变,会突然失去知觉而摔倒在地,这种情况在医学上叫晕厥。晕厥发生时一般只持续数秒钟至数十秒钟。晕厥发生的原因是由于大脑一时性的缺血、缺氧。虽然是突然发生的,但发作者大多有瞬间的先兆症状,如头晕、眼花、恶心、呕吐、乏力、眼前发黑或冒火星,接着就什么也不知道了。

【应急措施】 立即扶患者平卧在空气流通处,将其双腿抬高,呈头低脚高位,腿下垫以衣被,解开领口、腰带、胸罩,以利于畅通呼吸和增加脑部血液供应,同时还要察看患者呼吸和脉搏。

立即掐人中、中冲、内关、十宣、合谷穴,可使患者尽快清醒。

清醒后,如有条件,可饮热咖啡 1 杯。如果怀疑晕厥和低血糖有关,可适量饮糖水。

晕厥好转后不要急于站起,以免再次晕厥。必要时由家人扶着慢慢起来。

苏醒后可给患者喝少量葡萄酒,以加速其恢复。

抢救者可用双手由患者下肢向其心脏部位加压按摩,驱使其血液流向脑部。

可让患者闻氨水,以促其尽快苏醒。

【何时就医】　如发现晕厥时患者面色潮红、呼吸缓慢有鼾声,或脉搏低于40次或高于180次,可能是心脑疾病所致,应立即拨打急救电话或及时就医。

频繁发作的患者,苏醒后应上医院检查,查找引起晕厥的原因,以防下一次晕厥的发生。

洗澡时突然晕倒怎么办

洗澡是一件十分舒服的事,可以消除疲劳,增进健康。但是,有的人在洗澡时常会出现心慌、头晕、四肢乏力等现象,严重时会跌倒在浴室,产生外伤。这种现象也叫"晕塘","晕塘"者多有贫血症状,是洗澡时水蒸气使皮肤毛细血管开放,血液集中到皮肤,影响全身血液循环引起的。也可因洗澡前数小时未进餐,血糖过低引起。

【应急措施】　出现洗澡时突然晕倒的情况不必惊慌,只要立即搀扶或抱出浴室,平卧,并喝一杯热水慢慢就会恢复正常。

脸色青白者,使之头低脚高位;脸色潮红者宜头高脚低位。

发生恶心、呕吐者,宜伏卧位,以避免呕吐物进入气管而发生窒息。

【何时就医】　症状严重,或疑有骨折、脱臼者,应及时就医。

【友情提醒】　为防止洗澡时出现不适,应缩短洗澡时间或间断洗澡,洗澡水不要过热。另外,洗澡前喝一杯温热的糖开水。

有心肌炎、心绞痛、心肌梗死病史的心脏病患者避免长时间洗澡。

平时注意锻炼身体,提高体质,稳定机体神经调节功能。

为了预防洗澡时突然昏倒,浴室内要安装换气扇,这样可保持室内空气新鲜。

中暑怎么办

由于环境温度过高,空气湿度大,体内多余的热量难以散发,使其越积越多,以至于机体的体温调节中枢无力平衡,就会发生中暑。夏季,在烈日下长时间进行露天作业或长途跋涉,在高温车间里劳动,在闷热的公共场所内,或产妇在密不通风的房间中,均容易发生中暑。如果说在上述环境里大量出汗,并发生头昏眼花、耳鸣胸闷、心慌乏力、体温略升高时,表明已经有先兆中暑。如果体温升到38.5℃,并有心跳加快、脉搏变细及尿量减少等早期循环衰竭情况,那就是进入了轻度中暑阶段。如有高热、躁动、抽搐、昏迷、无尿及呼吸循环衰竭,那就是重度中暑阶段。

【应急措施】　迅速将患者移至阴凉、通风的地方,平躺,解开衣裤,以利于其呼吸和散热。

凡面部发红的患者,可将其头部垫高;对面色苍白的患者,则要使其头部放低,以保证脑部供血,解除晕眩。

用浸了冷水的毛巾敷在患者的头部,或将冰袋、冰块(无冰块时,可将棒冰装于塑料袋中代替)放在颈、腋、腹股沟等大血管处(用手按触明显搏动处即是),并以冷水或50%的酒精擦拭四肢或全身皮肤,直至皮肤发红,以利尽快散热。

用清凉油半盒涂在患者的脐窝内,并轻轻按之,同时在太阳穴用清凉油涂擦,轻轻按摩。太阳穴在眉梢和外眼角延长线的交点。

症状缓解不快者实施穴位按掐:用手指按掐患者的人中、合谷、曲池穴,使局部有酸胀感。

如果是先兆或轻度中暑,应该立即撤离高温环境,转入通风的阴凉处休息,并饮用含食盐的清凉饮料,如冰镇汽水、绿豆汤、西瓜汁或白开水等,还可内服人丹、十滴水。

中暑而胸闷呕恶明显者,可服用藿香正气散、纯阳正气丸、人丹等。

肌肉痉挛时可多饮些盐开水,牵引痉挛的肌肉,可以蘸白酒或醋在抽筋处反复摩擦,可以缓解痉挛。

头痛剧烈时,冷敷头颈部,按压太阳、风池、合谷、足三里等穴位。

将3~5瓣大蒜捣碎,加入适量的开水,搅匀,待稍温后即可给患者服下。此方对中暑昏倒患者有效。

【何时就医】 如果有以下情况,需到医院诊治:晕倒,呕吐,恶心。如果有以下症状,表示已中暑,请立刻挂急诊:意识不清,讲话口齿不清,行为怪异,瞳孔放大,肌肉痉挛,流不出汗。

【友情提醒】 最好选用透气且能遮到颈部的帽子,因为头顶对气温的变化尤其敏感。当你必须进行户外活动时,最好选择清晨及黄昏的时候。

水是脱水者的最佳饮料,但不要牛饮,应一次喝一点。多吃水果及蔬菜,它们含丰富的水分及均衡的盐类。

在换季初期,每天花一点时间作户外活动,使身体逐渐适应气温的变化。而不要一周都在空调室内工作,却在周末毫不避讳火辣辣的阳光。

棉质的衣物比较透气,浅色的衣服可以反射阳光,两者结合起来就不至于使体温过高。

应常备消暑饮料及药品,药品如解暑片、风油精、清凉油、藿香正气水、人丹等。消暑饮料如绿豆汤、西瓜汁、西红柿汁、菊花茶,并在上述饮料中加少许食盐,随时饮用即可。

夏日不宜高脂厚腻荤腥饮食,不宜辛辣饮食,如肥猪肉、牛肉、羊肉、辣椒、辣酱、胡椒粉、咖喱粉、生姜、海鳗等应尽量少吃,高温气候应食用清淡的饮食为佳。

休克怎么办

休克是由于各种原因引起的急性周围循环衰竭,人体各组织、器官血液灌流量严重不足,全身组织、器官缺氧而产生的综合征。引起休克的原因很多,常见的有血容量减少性休克(如外伤大出血、上消化道大出血、产后大出血、严重呕吐或腹泻、烧伤等)、感染或中毒性休克(如急性传染病、中毒性肺炎、败血症等)、心源性休克(常继发于心肌梗死、急性心肌炎、严重心律失常等)、过敏性休克(如青霉素、链霉素等药物或某些金属制品过敏)及神经源性休克(多见于严重创伤、骨折、广泛性软组织损伤)等。休克的初期表现有皮肤苍白、大汗淋漓、四肢厥冷、尿量减少、脉搏细速、烦躁不安等,进一步发展下去,则为皮肤发绀并出现花斑、神志淡漠、无尿甚至昏迷。休克是一种威胁生命的危急病症,必须争分夺秒地进行抢救。

【应急措施】 尽可能避免搬动或扰动患者,让患者平卧,撤去枕头,松解衣领、胸罩、腰带,注意保温。如果患者有哮喘、呼吸困难,可稍抬高床头,以利于呼吸。

保持呼吸道通畅,尤其是休克伴昏迷者。方法是将患者颈部垫高,下颌抬起,使头部最大限度地后仰,同时头偏向一侧,以防呕吐物和分泌物误吸入呼吸道。

因大量失血引起的休克应立即止血,将伤者双下肢抬高,下面垫以被子,使下肢血液回流心脏。

如果患者清醒,可给予少量淡盐水或淡盐糖水,也可给患者饮少量人参汤。但不要让患者进食,以免阻塞气道及影响到医院后麻醉。

可针刺人中、十宣、内关、足三里等穴位。

【何时就医】 迅速拨打120急救电话求救。

【友情提醒】 应尽快将患者送医院抢救,对休克患者搬运越轻越少越好,应送到离家最近的医院。在运送途中应有专人护理,随时观察病情变化,最好在运送途中给患者采取吸氧和静脉输液等急救措施。

吞咽困难怎么办

吞咽时颈部或胸骨后有疼痛或梗阻感,食物难以下咽,称为吞咽困难。吞咽困难只在吞咽时出现,如有些患者平时在胸骨上处觉得有东西堵塞,则不属吞咽困难。吞咽困难的原因:一是由于口腔、咽喉疾病所致;二是由于食管器质性或功能性疾病,如食管炎、食管癌、食管受压、食管贲门失弛缓症等所致;三是神经肌肉受损所致。吞咽困难既有理化因素的刺激,也有占位性病变(如癌症等)的原因,又可能与精神性因素有关。这种吞咽困难常呈间歇性,而且常有吞咽流质食物反较吞咽成形食物困难的现象。

【应急措施】 进食时,患者的上半身可抬高,使食物易进入胃内。

喉返神经损伤或脑神经麻痹的患者有误咽的危险,进食后会出现呛咳或喘鸣表现。出现这种情况时可轻叩其后背或作体位引流。

鼓励患者增强战胜病痛的勇气,尤其是食管失弛缓症的患者,要不断给予安慰,让患者进食时心情舒畅,呼吸平稳。

【何时就医】 如不是因为喉头发炎,吞咽时不但困难,而且痛苦,使劲吞咽液体时,因咽不下去从鼻孔里挤出来,可能是食道有严重问题,赶快去看医生。

【友情提醒】 轻度吞咽困难的患者,应减少每次的进食量,给软食或流质。对于因食管炎、食管溃疡等有咽下疼痛的患者应禁食刺激性食物,禁止饮酒和吸烟。

发热怎么办

人的正常体温是37℃,当升高到38℃以上时就是发热了。其原因不外乎是感冒与细菌感染。除了体温的变化,发热的典型症状还包括流汗、头痛、口干舌燥、面色苍白、畏寒寒战或面色潮红、口渴及呼吸、脉搏和心跳加快,往往伴有头痛、全身肌肉酸痛、倦怠或嗜睡。发热本身不是病,它是人体免疫系统对抗外来病菌时的正常反应,在人体能耐受的情况下,发热对战胜疾病有利,故要正确对待发热。

人体体温超过 37.5℃,或 1 日的体温变化超出 1℃,均可认为是发热。人体的温度通过体内调节,一般都保持在 37℃左右。但由于个体间体温有一定差异,少数人可低于 36℃,也有的人可高于 37℃。人体体温往往随着新陈代谢情况不同而稍有变异。小儿由于代谢旺盛,体温调节中枢功能尚未完善,当活动增多,哭闹后,体温可暂时升高;而老年人新陈代谢减慢,所以体温比年轻人略低。当进食、活动时,在短时间内代谢加强,可使机体产热增多,散热相对减少,从而导致体温升高;反之,在饥饿、低热饮食、活动少的情况下,体温可降到 35℃左右。通常在晨间 3:00～5:00 时体温最低,起床活动后逐渐升高,到下午 4:00～6:00 时体温最高,以后又逐渐下降。昼夜间体温波动一般在 1℃以内。此外,人体的体温由于测量的部位不同而有差异。如肛内温度较口腔温度稍高,腋下温度较口腔温度稍低(相差 0.3～0.5℃)。所有这些在测量时都是必须注意的。

【应急措施】 如果医生确定你只是感冒,在你能耐受的范围内,最好不要急于服用解热药。发热是体内抵抗感染的机制之一。我们的身体藉由升高体温来调动自身的防御系统杀死外来病菌(一般来说,病菌在 39℃以上时就会死亡),从而缩短疾病时间、增强抗生素的效果。如果你在感冒初起时(37～38.5℃)使用药物来退烧,会使体内的细菌暂时变成假死状态,并使它们产生抗药性,一旦死灰复燃,往往更难治疗。

假使体温不是太高,可以采用热敷来退烧。用热的湿毛巾反复擦拭患者额头、四肢,使身体散热,直到退烧为止。如果高烧让你无法耐受,可以采用冷敷帮助降低体温。在额头、手腕、小腿上各放一块湿冷毛巾,其他部位应以衣物盖住。当冷敷毛巾达到体温时应换一次,如此反复直到烧退为止。也可将冰块包在布袋里,放在额头上。如果体温上升到 39℃以上,切勿再使用热敷退烧,应以冷敷处理,以免体温继续升高。

蒸发也有降温作用。专家建议使用冷自来水帮助皮肤驱散过多的热。你可以擦拭(用海绵)全身,但应特别加强一些体温较高的部位,例如腋窝及鼠蹊部。将海绵挤出过多的水后一次擦拭一个部位,其他部位应以衣物盖住。体温将蒸发这些水分,有助于散热。也可用 30%的酒精擦浴,重点涂擦腋窝、心前区、腹股沟等部位。

当发热时,身体会流汗散热;但发高烧时,身体会因为流失太多水分而关闭汗腺,以阻止进一步的水分流失,这使你的身体无法散热。解决之道就是补充液体,喝大量的白开水及果菜汁,其中果菜汁含丰富的维生素及矿物质,尤其是甜菜汁及胡萝卜汁。如果想喝西红柿汁,应选用低钠的产品。发热期间应避免固体食物,直到状况好转。如果呕吐情形不严重,还可以吃冰块退烧。在制冰盒内倒入果汁,冰成冰块,还可在冰格内放入葡萄或草莓,这尤其受到发热的孩子欢迎。

若感到非常不舒服,可服用止痛药。成人服用 2 片阿司匹林或 2 片扑热息痛,每 4 小时服用一次。扑热息痛的优点是较少人对它过敏。由于阿司匹林与扑热息痛的作用方式有些不同,因此你若觉得使用任何一种皆无法有效地控制发热,不妨两种并用;每 6 小时服用 2 片阿司匹林及 2 片扑热息痛。服用这些药物时,需先经医生同意。18 岁以下的青少年千万不要服用阿司匹林,因为阿司匹林可能使发热的儿童爆发雷氏症候群,这是一种致命性的神经疾病。儿童可以用扑热息痛代替。

如果感到很热,则应脱下过多的衣物,使体内的热气可以散发出来。但如果因此而寒战,则说明衣物太少,应该增加,直到不冷为止。同时,勿使室温过高,医生通常建议勿超过20℃。同时,应让室内适度地透气,以帮助复原,并保持柔和的光线,使患者放松心情。

国外有医生建议每隔 4 小时吃一次退烧药,每隔 4 小时泡一次温水澡,如中午吃退烧药,下午两点泡澡,四点再吃一次退烧药,六点再泡一次澡。

【何时就医】 如伴有咳嗽、气急、胸痛,多为呼吸系统疾病;伴有尿痛、尿急、尿频,多为泌尿系统疾病;伴有黄疸,多为肝胆或胰腺疾病;伴有头痛、昏迷、呕吐,多为中枢神经系统疾病。均应及时到医院治疗。

【友情提醒】 室内环境清洁卫生,空气新鲜,温度适宜。出汗较多者随时更换衣裤被褥,保持衣裤被褥干燥清洁。勤测体温,注意动态变化。每 4 小时测体温、脉搏、呼吸各1 次。

定时漱口,尤其在每餐后(适宜的漱口液为淡盐开水)。

发热期间应注意食用清淡的饮食,忌生冷油腻的食物,因为发热时患者的消化系统较弱,大鱼大肉只会增加身体的负担,带来消化不良甚至胃肠功能紊乱。同时,还应注意补充蛋白质及各种维生素,因为身体发热时会消耗大量的能量,为修复受损的组织,也需要补充各种必需的营养物质。

上腹部痛怎么办

在医学的专业领域里,并没有"肚子痛"这个名词。事实上,所有的恶心、呕吐感、上腹部闷痛、上腹部烧灼感,甚至胃痉挛、腹泻与便秘都是"上腹部痛"的症状。而其原因,可能是胆结石、乳糖耐受不良症、胃溃疡、大肠激躁症、压力、暴饮暴食或吃下不洁食品等。许多妇科疾病、宫外孕也可表现为急性腹痛,因此对于急性腹痛一定要考虑得多一些。

【应急措施】 对于因剧烈运动引起的急性腹痛,应立即停止相应的活动,躺下或坐下,尽量深呼吸,放松身体,过一会儿就会好转,必要时给予腹部热敷。

对于因饮食或着凉引起的突发腹痛或急性胃炎腹痛,应注意全身保暖,给予热水袋腹部热敷,症状会缓解。

刮痧疗法简单易行,可使腹痛较快缓解。可用刮痧板或木梳背蘸刮痧油或白酒刮拭腹部、腿、脊椎等处相应皮肤,刮拭方向自上而下,穴位处重点刮拭,至皮肤出现红斑或出痧。主要穴位有中脘、天枢、关元、梁丘、肾俞、大肠俞。

将适量的艾叶捣烂加醋炒热,趁热敷在肚脐窝内,或敷在痛处,注意保暖,30 分钟可使腹痛缓解。

【何时就医】 如果曾经患有胃溃疡,应就医诊断溃疡是否为幽门螺旋杆菌所引起的;上腹部痛并伴随发烧或血便,因这些症状代表了某些更严重的内科疾病,如溃疡、胆囊发炎或胰腺炎;上腹部痛伴随恶心与呕吐的症状,均需到医院诊治。腹痛的原因很多,如果没有弄清是哪一种病,千万不要盲目吃止痛药、打止痛针,以免延误病情,影响诊断,造成严重后果。发生腹痛后,经短期观察不见好转,应立即就医。

【友情提醒】 无论上腹部痛的原因是压力还是消化不良,急性发作时先别进食,待症状缓和一些时再吃一些易消化的食物,如白米饭、土司或苏打饼,且宜少食多餐。

有乳糖耐受不良现象的人应避免食用乳制品,不喝咖啡与酒精等容易引起不适的刺激性物质。

当上腹部没那么痛时，每 5 分钟饮一口不含咖啡因的饮料，如白开水、薄荷汁、姜汤或鸡汤。因咖啡因饮料会刺激肠胃，使上腹部更痛。

▶ 呕吐怎么办

呕吐并非孕妇的专利，尤其是当你吃到不洁的食物或饮酒过度时就可能会呕吐。呕吐是胃内容物不自主地从口腔喷吐而出的现象。这里所指的是一般性的呕吐，是身体无任何器质性疾患的健康人偶然出现的情况，如吃得太多、饮酒过量又直接吹风，或吃得不干净、食物中沾染了少量的细菌等。这种呕吐，在发生前无身体的不适，而发生后反而感到轻松。

【应急措施】 呕吐是机体的保护性反应，在吃得太多或饮酒过量后，感到腹部难受想呕吐时，不要强行忍住，因为呕吐完了反而会感到舒服和轻松。

有呕吐感时，可先取坐位，用手托住前额再呕吐。如酒醉神志不清时，旁人可让其平卧，将头偏向一侧，以避免呕吐物呛入呼吸道而引起窒息或吸入性肺炎。

家人以手指用力按摩患者内关、中脘、足三里、肩井穴。按压、按揉穴位，力量由轻到重，至局部酸胀感，每穴按压 2～3 分钟，对止吐有较好疗效。

【何时就医】 呕吐多半在一天内会消失，如果持续一天以上，请就医，这表示你可能是食物中毒。持续不断地呕吐，表示你可能是病毒或细菌感染、溃疡或糖尿病等。

许多急腹症在严重腹痛的同时都伴有呕吐，如急性胆囊炎、胆石症、急性胰腺炎、肠梗阻等，应急诊就医，不可拖延。

【友情提醒】 减轻紧张和烦躁，让心情平静下来。

呕吐时，口腔的感觉最糟，尤其是大量呕吐之后咽喉会肿痛，此时一杯淡的温盐水会给你很大帮助。它不仅能清洁口腔，还能缓解和消除咽喉的肿痛。

吐后几小时内切勿进食，以便让胃休息。接着可吃少量的清淡食物，如香蕉、白米饭、白土司或苹果等。

呕吐现象减轻后可喝少许不含咖啡因的饮料，如白开水、鸡汤或运动饮料等。

饮食不当有时会引起恶心，想吐又吐不出来，非常难受。可取几粒干花椒放入口中含服，开始不感觉花椒麻，等觉出麻来，恶心也就消失了。

▶ 呕血怎么办

食管、胃、十二指肠及空肠上段的出血，由口中吐出的叫呕血。呕血的常见病因有胃十二指肠溃疡、胃癌、胃炎、肝硬化引起食管下段静脉曲张破裂出血。过食辛辣、饮酒过量、暴怒伤肝、肝火亢盛均可诱发本病。

患者在发生呕血前，多有烧心、恶心欲吐、上腹部不适或疼痛等症状，然后突然呕出暗红色或咖啡色血液，常混有食物残渣，同时伴有柏油样粪便或黑便。继之全身软弱无力、头昏、眼花、心慌、口干，呕血严重者会出现皮肤苍白、四肢湿冷、烦躁不安、脉搏细速、尿量减少、知觉丧失等休克症状。故对呕血患者应及时抢救。

【应急措施】 患者应绝对卧床休息，家属切莫惊慌，要安慰患者，尽量安静，消除患者紧张情绪,以免加重病情。

呕血时应宽衣解带,以免压迫腹部。患者应取半俯卧姿势,以免积血污物堵塞呼吸道而引起窒息。

患者如有血液涌出,应吐出,不要强行咽下,以免引起恶心呕吐和呛入肺内。

在呕血期间,患者应暂停进食饮水,以免加重病情。呕血缓解时,如有条件,可用冰水调云南白药或三七粉、白芨粉成糊状喝下,每次半碗左右;也可以用冰块加少量盐做成冰盐水灌服。这样有利于止血。

应立即服用止血药。云南白药,口服0.3～0.5克,每4小时1次。安络血,口服5毫克,每日3次。

【何时就医】　密切观察病情变化,如出现出血不止或患者神志、血压有变化,皮肤变湿冷等情况,应立即送往就近医院。在搬动患者时动作要轻,运送途中车辆行驶要平稳,避免颠簸。

【友情提醒】　对少量呕血者可少量进食流食,如牛奶、米汤,每2小时1次,每次100毫升,出血停止后可改为半流质无渣饮食。中度及重度呕血则绝对禁食。

发生咳血怎么办

咳血是指由咳嗽排出肺或气管的血液。引起咳血的原因很多,常见于肺结核、支气管扩张、肺癌等。小量咳血表现为痰中带血,大量咳血可使呼吸道堵塞使患者窒息。对于小量咳血应减少患者的活动,到医院就诊,查明原因。大量咳血时,除了尽快到医院就医外,为避免患者到医院之前发生意外,必须先给予应急自救。

【应急措施】　一旦发现患者咳血,应让患者停止体力活动,并让其卧床休息,垫高枕头,解开阻碍呼吸的衣领及腰带等,保持室内空气流通,但冬季应避免寒冷空气的刺激。避免精神紧张,必要时给予安定片口服,因为精神紧张和体力活动都可加重咳血。

告诉患者不要强忍咳嗽,鼓励其轻轻咳嗽,把存留在气道、口腔的血液咳出来,以免呼吸道的血液阻塞呼吸道而造成窒息。

如果突然气急、面色青紫并伴有昏迷,可能是血块堵住气道,应立即将患者拖至床沿,抱起双腿,使其头低脚高呈俯视位置;另一人将其头后仰,用筷子撬开牙关,用手指尽量抠出血块,还可以从下而上拍击其背部,并准备口对口人工呼吸。

对于慢性咳血,除针对病因外,可将生大黄10克研成粉,醋调成膏,纱布包裹,敷在脐窝,纱布覆盖,胶布固定。2天换药1次,3次为一疗程,一般一个疗程好转。

【何时就医】　若咳出大口鲜血,患者多较为紧张,应让患者取平卧位,头转向一侧,让患者消除紧张情绪。若出现大咳血不止,阻塞气管引起呼吸困难,家属应立即尽量将患者口鼻中血块挖出,头向一侧,尽快拨打120急救电话。

【友情提醒】　不要屏气或将血液咽下,有痰时要轻轻咳出,不要剧烈咳嗽,不要过度呼气,更不能屏气不呼吸。

咳血停止时,可用淡盐水或清水漱口,但不宜给患者饮水,应取安静环境静养。

患急性支气管炎怎么办

急性支气管炎是支气管黏膜受到细菌或病毒的感染,物理、化学的刺激(长期吸烟等)、过敏物质,呼吸道感染等,而引发的呼吸道发炎或受阻。跟随发炎而来的是不停地咳嗽,初时痰少而后增多,由清痰变为黏液脓性,时而痰中带血,并有呼吸困难、发烧、喉咙痛、背痛及胸痛,还有鼻塞、喷嚏等症状。急性支气管炎多发生在机体抵抗力较差和过敏体质的人,老年人因呼吸道防御功能降低,容易得病。寒冷、气温骤变、长期吸烟、过敏体质等都可促发急性支气管炎。

【应急措施】 一旦出现明显的咳嗽、咳痰等急性支气管炎症状时,应使用抗生素,如肌注青霉素或口服抗生素药物,同时口服止咳糖浆。

湿润呼吸道,以利痰咳出。洗热水澡,或房间加装湿润空气机,或额头热敷,皆可润滑气管,以利痰咳出。国外有胸腔科医师表示,肺部若积满痰,很容易成为细菌滋生的温床,所以把痰咳出成为第一要素。

如出现高热时,可用复方阿司匹林等退热药物降温,要多饮温热的白开水,将痰稀释,以便于咳出,也能补充因发热出汗而耗损的体液。

按揉天突(天突穴位置在胸骨柄上缘凹陷处)和膻中穴(膻中穴位置在两乳之间,胸骨中线上)各 3 分钟,1 天 2 次。

【何时就医】 当急性支气管炎发病一周后,咳嗽情况加剧,出现发烧或咳血等症状时需到医院就诊。

如果有咳嗽现象加剧、觉得很累且发烧、呼吸窘迫三种现象时,表示你可能患了肺炎,应快速就医,医生将会给你服用抗生素来治疗肺炎。

高热不退、胸痛剧烈、呼吸困难明显或吐铁锈色痰时应立即就医,以免将肺炎或胸膜炎误诊为急性气管炎而贻误治疗。

【友情提醒】 急性支气管炎治疗不及时、反复发作易发展为慢性支气管炎,所以应早防早治。

保持所处环境空气清新,避免烟雾缭绕。香烟对呼吸系统的损害是非常严重的,如果你正患急性支气管炎,吸烟将加重病情。戒烟后,支气管炎会逐渐改善。假使你长期吸烟,部分的肺部伤害可能无法恢复,但愈早戒烟,痊愈的机会愈大。同时,还要避免吸二手烟。如果你的配偶有抽烟习惯,最好劝其戒烟。即使你不抽烟,暴露在二手烟中,也可能使你患支气管炎。

家里和办公室都应常通风换气,以防病菌以及其他空气污染原滞留室内,加重病情或导致患病。

天气寒冷或气候变化时,患者应注意保暖,即使病愈也应预防感冒,并避免过度疲劳。有过敏体质者还应避免接触花粉等过敏物。

暖湿的空气有助于化痰。如果痰浓稠不易咳出,使用热蒸汽能帮助缓解堵塞。可以将一杯开水放在口鼻下用热蒸汽熏,也可将浴室门窗关闭,打开热水让热气充满整个浴室,然后吸入暖湿的水气。

感冒是急性支气管炎的主要诱因,因此避免在寒冷季节长时间待在室外,又湿又冷的环境极易着凉感冒。流感期间应避免去人多的地方,以免增加感染的机会。

在晴好的天气里多去户外活动,呼吸新鲜空气,可以慢跑或做体操,这都有助于提高机体的免疫力,减少疾病的易感性。

患者应增加营养,加强锻炼,以增加肌体对疾病的抵抗力,多吃软质易消化食物。不饮酒,不吃辛辣、油腻、生冷、不易消化的食品。

咳嗽怎么办

咳嗽是对机体具有防御和保护作用的一种呼吸反射动作。当呼吸系统受到外界刺激后,机体首先吸气肌收缩,产生短而深的吸气,然后声门紧闭,呼气肌强烈收缩,使肺内压力迅速上升,接着声门突然打开,气流急速冲出,将气道内的刺激物或过多的分泌物排出体外,这对人体是有益的。虽然咳嗽是人体一种保护性反射,但是咳嗽也是呼吸系统疾病最常见的早期症状之一。有的咳嗽仅仅是因为肺或喉头受到烟、气体的刺激,受凉或过敏;也可能是由于肺部及心血管的严重疾病,不要忽视。咳嗽有的时候有痰,有的时候无痰。轻度咳嗽有助于祛痰,痰液排出后咳嗽自然缓解。但对咳嗽频繁而痰又不易咳出的患者就需及时治疗,祛痰止咳,以免引起肺炎等更严重的疾病。引起咳嗽的常见疾病有:咽炎、扁桃体炎、喉炎、支气管炎、肺炎、吸入异物;慢性咽炎、慢性喉炎、慢性支气管炎、慢性喘息性支气管炎、支气管扩张;肺结核、肺脓肿、肺囊肿、肺吸虫病、肺包虫病、矽肺、尘肺、肺泡蛋白沉着症、弥漫性肺间质纤维化等。

【应急措施】　用一个水壶,内装小半壶水置于炉子上,待水烧沸时,用口对准壶嘴里冒出的蒸汽一口一口地吸入,每次持续20～30分钟,每天2～3次,对咳嗽疗效十分显著,尤其是外感风寒所引起的急性气管炎及支气管炎疗效更好。但需注意的是:当口腔对准壶嘴吸蒸汽时,口与壶嘴要保持一定距离,在不烫伤口腔的前提下尽量多吸入蒸汽。

当因受凉而引起咳嗽时,用热水袋灌上热水,外用薄毛巾包好,敷于背部肺的位置,这样可以迅速地驱除寒气,止住咳嗽。适用于伤风感冒早期。

年老咳痰无力者常需助以翻身拍背。方法是:五指并拢,掌指关节微屈,由上至下、由外向内有节奏地叩拍背部,通过震动促进痰液排出。必要时予以吸痰,以防痰液阻塞气管而引起窒息。

将大蒜数瓣捣烂成泥,敷于足底前1/3中间凹陷处的涌泉穴上,外贴伤湿止痛膏,每晚更换。

将新鲜的白萝卜洗净后连皮切成块状,浸入麦芽糖内10～12小时,萝卜呈干瘪状后,将麦芽糖及汁饮下,1～2次后咳嗽即止,极为有效。

将生梨500克去皮和核后切成片,与蜂蜜60克和在一起,隔水蒸熟,每天早晚服食少许,至愈为止。

【何时就医】　如果咳嗽持续很久,半夜因咳嗽而惊醒,咳嗽越来越严重,影响生活作息,并还伴随发烧、畏寒、胸痛、耳痛或淋巴结肿大、痰呈黄绿色等症状,均需到医院诊治。

【友情提醒】　保持室内空气新鲜,定期开窗通风,每次以30分钟为宜,应避免对流风,以免着凉。室内不要吸烟,清扫地面前先洒水,避免灰尘和烟雾刺激。

平衡饮食、补充水分是咳嗽患者辅助治疗的基本要求,平时应注意不要食用辛辣刺激的食物，以免加重病情。同时，还应注意补充蛋白质及各种维生素，以帮助机体早日康复。

哮喘怎么办

支气管哮喘俗称气喘病，是一种常见的过敏性疾病。主要是支气管处于高反应状态，在各种诱发因素作用下，致使炎症细胞释放各种介质，引起支气管平滑肌收缩，通气道狭窄。于是患者出现发作性喘息、胸闷、咳嗽、伴白色泡沫痰、带哮鸣音（气流通过狭窄气道时发出的嘶嘶声）的呼气性呼吸困难，尤于晚间、清晨加重。引起支气管哮喘的过敏物质，称为过敏原。过敏原很复杂，既有内源性的，也有外源性的。其中以外源性的较多，如花粉、尘螨、真菌孢子及鱼、虾、蟹、牛奶、蛋类等蛋白质，还有某些药物，如青霉素等。内源性的常由于植物神经功能失调、情绪波动，甚至月经来潮等因素所致。

【应急措施】 让患者安静、缓慢地从床上坐起或坐在椅子上，然后喝热开水（水温以不烫口为限）至周身发热后，哮喘可很快缓解。

哮喘发作时，应取舒适的半卧位或坐位，以帮助排痰吸氧，并找医生医治。病情缓解时，可做预防性治疗。

研究发现，气喘患者每周按摩上半身15分钟，可以降低胸腔紧张、哮喘的发生几率。原理是按摩有助于减轻压力，压力轻了，自然不再紧张气喘。

用手指着力紧压患者大椎、肺俞穴，可使哮喘减轻，接着按摩肺俞、心俞、肩井、天突穴。

按压大脚拇趾和二脚趾之间的地方5分钟，这一部位与胸肺有关联。接着按压大脚拇趾肚，并且按揉足背隔膜反射区。

哮喘频繁发作时，可将热水袋垫于足下，再用大毛巾或其他衣物将热水袋和脚一同裹住捂热15分钟后立即按揉涌泉穴5～10分钟。每日1次。

春季是一些哮喘患者的"多事之秋"。如果在哮喘发作时，家人能帮助患者揉一下鱼际穴，能缓解症状。鱼际穴位于手掌大拇指侧、肌肉隆起的边缘。按揉方法：用大拇指的指端在患者的一侧鱼际穴处用力向下按压，并作左右方向按揉，以患者产生明显的酸胀感为宜。频率约为每分钟100次，一般按揉2～3分钟即可见效。

华盖穴位于第一胸椎处即颈部胸骨处。坚持按摩该穴位，可治疗支气管哮喘、气管炎、支气管肺炎、胸痛等疾病。患者可利用食指或中指直接按摩该穴位，坚持以顺时针方向按摩100次，再以逆时针方向按摩100次，1日按摩2～3次。一般按摩3～5次即可起到良好的止喘效果。严禁饮酒和吃辛辣食物。

日本医学专家研究证明，干布摩擦皮肤对治疗哮喘有良好的效果。治疗哮喘时干布摩擦的部位为第二肋骨与第三肋骨之间和第八肋骨与第九肋骨之间，前者为吸肌所在的位置，后者是呼肌所在的部位。摩擦次数100次左右，强度为使部分皮肤略为发红。哮喘发作的原因在于支气管的副交感神经紧张。当用干布摩擦皮肤时，皮肤的副交感神经就会紧张，从而使支气管副交感神经的紧张得以消除。这样，副交感神经的紧张就从支气管转移到了皮肤上，支气管开始扩张，就能使呼吸变得轻松起来。但是，干布摩擦时切忌过度，以免伤害皮肤，引起炎症。

将白矾30克研为细末，与适量的面粉和米醋调为糊状，外敷于双脚心涌泉穴，每日换药1次，连续贴3～5天。适用于支气管哮喘、肺气肿、咳嗽等。

将一大搪瓷杯内装入大半杯热开水。患者将鼻孔扣在杯边沿,嘴巴放在沿外,再用大毛巾将头和盛器罩盖起来。患者用鼻深吸热气,用嘴吐出浊气。每次使用 20 分钟以上,并保持水温。喉痒咳嗽者还可在热水中加些含薄荷的药品,例如清凉油、半夏露之类。

将黑豆 40 克和核桃仁 30 克加水共煮,先喝汤,最后食用黑豆及核桃仁,分 2 次 1 日服完,对肾虚哮喘有良效。

将雪梨 1 只去皮和核,放入半夏 10 克和少许冰糖,然后把梨放碗内,隔水蒸熟,去半夏吃梨,每日 1 只,润肺化痰,定喘止咳,治疗热哮喘甚妙。

将百合 50 克和粳米 100 克一起放入锅内,加入适量的水煮成粥,经常食用。适用于脾肺气虚哮喘患者。

【何时就医】　如果气喘比过去更容易发作,发作时也比以往严重,或是一周至少发作两次,这都表示你的气喘病控制得不好。此时应该就医,让医师重新调配药物。

【友情提醒】　激烈运动时,当你张开嘴巴喘气,会使喉咙变干变冷,由此很可能引发哮喘病。应该闭上嘴巴,用鼻子呼吸。运动时需要调整自己的步伐,充分地暖身,然后慢慢地出发。

缓解期患者应该积极参加适合自身的体育锻炼,提高机体的应激能力。锻炼要循序渐进,可从夏季洗冷水脸,从做简单深呼吸动作开始,再散步,然后小跑步,直至进行较大运动量的锻炼。

游泳是哮喘患者的理想运动。由于处于高湿度的环境,不会口干舌燥。其他一些不需要持续进行的运动,例如棒球、网球及高尔夫球,都颇适合哮喘病患者。

英国研究人员指出,多摄取镁,有助于气管平滑肌放松,以减少气喘发生。全谷类、豆子、坚果、种子都含有丰富的镁。有些女性可能必须额外补充镁制剂,以达到每天建议摄取量 400 毫克。

忌食黄鱼、蛏子、虾、蟹、芥菜等发物;适量选食一些能滋补肺脾肾的食品,如莲子、栗子、山药、黑豆、核桃、芡实、刀豆、梨、银耳、枇杷、麦芽糖、狗肉、羊肉、猪羊肺等。

患肺炎怎么办

肺炎是细菌或病毒感染所引起的肺脏发炎,吸入毒气也会导致肺炎,它有时是上呼吸道感染的一种轻度并发症,但有时也会危及生命。病发时,肺里的小气囊发炎,而且充满了黏液及脓。肺炎的症状由轻微到严重不等,不过通常都包括发烧、畏寒、咳嗽、肌肉痛、疲劳、喉咙痛、颈部的淋巴结肿大、指甲变蓝、呼吸短促及困难现象。有时患者会发冷、出汗、胸腔疼痛、痰中带血,重患者神志不清、烦闷不安、嗜睡甚至会精神错乱。引发肺炎的致病因素包括普通感冒、流行性感冒、中风、酒精中毒、抽烟、肾脏衰竭、营养欠佳、呼吸道有异物、细菌、病毒及化学刺激物甚至过敏症。维生素 A 是维持呼吸道黏膜健康所必需的物质,缺乏此维生素会增加呼吸道感染的几率,最后可能导致肺炎。

【应急措施】　肺炎一般都伴有高烧,可以用一个冰袋放在患者的额头上以降低体温、缓解不适,也可以用酒精或用温水擦浴,同时要多饮水。成人每日进水量为 2 000~2 500 毫升,所进食物应以高热量、高维生素、易消化的半流质食物为主。有咯血的,忌用浓茶、咖啡等刺激性较强的饮料。

将艾叶一小团、醋、酒各适量,与葱白3根一起捣烂成泥,敷于脐部,用胶布固定。24小时后去掉,再用三棱针点刺虎口穴(出血即可)。可减轻肺炎的症状。

将百合100克入锅煮烂,与甘蔗汁和萝卜汁各半杯拌匀,于睡前服食,每天1次。适用于肺炎恢复期,促进早日康复。

将鸭蛋1只打散,冲入沸水和适量的蜂蜜,每日早晚空腹各服1次。适用于肺炎恢复期服用,可早日痊愈。

将川贝粉18克和蜂蜜50克放入杯中调匀,每天分2次用热水冲服。具有镇咳化痰、润肺通便的作用。

【何时就医】 如果有发烧、畏寒、咳嗽、喉咙痛、肌肉痛、疲劳、颈部淋巴结肿大、指甲变蓝、呼吸短促、困难、发冷、出汗、胸腔疼痛、痰中带血、嗜睡等肺炎症状时,应立即到医院就诊。

【友情提醒】 平时应注意锻炼身体增强抗病能力,免疫力衰弱是感染肺炎的主要原因。在易发病的冬春季节应保持居室的空气流通,少去人多杂乱的公共场所,以避免细菌感染。

急性腹痛怎么办

腹痛是一种常见症状,急性腹痛可由于腹腔内脏器的功能性失常或器质性病变引起,也可以由腹膜外器官的病变、急性中毒等引起。引起急性腹痛的常见疾病主要有胃十二指肠溃疡穿孔(原有胃十二指肠溃疡病史,腹痛开始在上腹,很快发展到全腹,腹痛呈持续性刀割样,可伴有休克现象)、急性阑尾炎(腹痛可先在脐周,逐渐转移到右下腹,伴有轻度发热)、急性胰腺炎(常见于暴饮暴食后,腹痛从上腹偏左向全腹蔓延,呈持续性剧痛,向腰背放射,伴有恶心、呕吐或休克)、胆道蛔虫(有蛔虫病史,右上腹阵发性钻顶样疼痛,间歇期可无痛)、泌尿系结石(突然发病,可有反复发作史,腰或下腹阵发性绞痛,向外阴放射,伴恶心、呕吐)、宫外孕破裂(有停经史,腹痛先在一侧下腹,后发展到全腹,仍以下腹为主,腹痛呈持续性或阵发性加剧)、急性胃肠炎(有不洁饮食史,脐周、上腹或全腹痛,呈持续性腹痛,阵发加剧,伴恶心、呕吐、腹泻)等。

【应急措施】 安静休息,患者头靠低枕,双膝弯曲,平卧,以缓解腹部疼痛。

若用手压迫、按摩后疼痛减轻,可给予热敷。

对于因剧烈运动引起的急性腹痛,应立即停止相应的活动,躺下或坐下,尽量深呼吸,放松身体,过一会儿就会好转,必要时给予腹部热敷。

对于因饮食或着凉引起的突发腹痛或急性胃炎腹痛,应注意全身保暖,给予热水袋腹部热敷,症状会缓解。

对胆道蛔虫引起的急性腹痛,可饮温热酸醋半碗,便可止痛。

对疼痛难忍者,可取足三里、内关、合谷、中脘、关元、三阴交、阴陵泉、太冲等穴位进行针刺或灸。

取鲜艾叶少许,捣烂加醋炒热,趁热敷在肚脐窝内,或敷在痛处,注意保暖,30分钟可使腹痛缓解。

【何时就医】 急性下腹痛患者病情一般比较重,需速去医院进行明确诊断和治疗。

【友情提醒】　对急性腹痛的患者,在未明确诊断前不能使用任何止痛药物,以免掩盖病情真相,延误病情。

腹痛患者最好尽快送医院,在送医院之前,不能进食、饮水,应卧床休息。

呕吐时将脸朝向一侧,防止呕吐物进入呼吸道。

急性肠道梗阻怎么办

肠梗阻是外科领域中一种比较常见的急腹症,临床上以肠道急性扭转、蛔虫性梗阻、肠套叠及肠粘连等病因为多见。典型症状是腹痛突然发作,为阵发性,伴有剧烈呕吐,停止放屁和解大便,不能进食,食后必吐,腹部慢慢地鼓胀起来,如果抢救不及时,由于肠发生水肿、坏死及水电解质出现严重紊乱,常因衰竭而死亡,因此,需积极抢救治疗,不能掉以轻心。

【应急措施】　针灸足三里、三阴交、合谷、内关等穴位,能刺激经络,促进肠道通畅。

对早期肠扭转的患者,脐周突然发作剧烈腹痛,呕吐频繁,腹胀不均匀,腹部可见不对称的隆起,中毒症状不明显,无腹膜刺激征,可采用颠簸法。患者取膝卧位并暴露下腹部,术者立于患者一侧,将两手合抱患者腹下,抬起患者腹部后突然放松,逐渐加重颠簸,连续3～5分钟,间歇1～2分钟,进行3～4次。患者感觉轻快,症状轻松,有排便感。

【何时就医】　迅速把患者送到医院急救治疗,不宜拖延时间,以免耽误病情。

一旦确诊为机械性肠梗阻,应进行紧急手术,这样才不致发生生命危险。

【友情提醒】　在未诊断明确前,禁止使用一切泻药,亦不能进食任何食物,须禁食。

患急性胃炎怎么办

胃位于腹腔的左上部,是人体的主要消化器官。胃是暂时贮存食物的"仓库";对食物中的蛋白质进行初步消化;胃酸有一定的杀灭细菌的作用。急性胃炎是一种常见病,主要表现为上腹疼痛、不适,食欲下降,恶心呕吐,有时伴腹泻,严重的急性胃炎还会引起呕血、便血等症状。进食过冷过热和粗糙的食物,导致胃黏膜划破、损伤;服用某些药物(如阿司匹林、激素、保太松、某些抗生素、利血平等),或者饮酒、喝浓茶、咖啡、香料等刺激胃黏膜而损伤,发生糜烂,点状出血;进食被微生物感染和细菌毒素污染的食物;精神和神经方面的因素,如精神、神经功能失调,各种急重症的危急状态,以及机体的变态(过敏)反应均可引起胃黏膜的急性炎症损害;暴饮暴食、过度疲劳、受凉等使机体抵抗力下降或胃黏膜屏障遭受破坏等。

【应急措施】　患急性胃炎时要卧床休息,停止食用一切对胃有刺激的饮食和药物。可短期禁食,然后给予易消化、清淡、少渣的流质饮食,利于胃的休息和损伤的愈合。

由于呕吐、腹泻失水过多,患者在可能情况下尽量多饮水,补充丢失的水分。以糖盐水为好,多次饮入,不至于呕出。

服用颠茄片、阿托品等药均可止痛。还可局部热敷腹部止痛(有胃出血者不用)。

伴腹泻、发烧者可适当服用黄连素、氟哌酸等抗菌药物。病情较轻者一般不用,以免加重对胃的刺激。

【何时就医】 呕吐腹泻严重、脱水明显,或者出现血压下降等病情相对严重时,应及时送医院静脉输液治疗,一般3~5天内可以恢复。

【友情提醒】 病愈后,要养成良好的饮食习惯,切忌暴饮暴食,要节制饮酒,不吃对胃有刺激的食品或不新鲜的食物。急性单纯性胃炎要及时治疗,愈后防止复发,以免转为慢性胃炎,迁延不愈。

患急性胃炎时,呕吐及腹痛剧烈者应禁食、禁水,使胃肠充分休息,待腹痛减轻时再酌情饮食,卧床休息;急性发作时最好的饮食是流质,如米汤、杏仁茶、清汤、淡茶水、藕粉、薄面汤、去皮红枣汤,并以咸食为主。待病情缓解后,可逐步过渡到少渣半流食,尽量少吃产气及含脂肪多的食物,如牛奶、豆奶、蔗糖等;严重呕吐腹泻,宜饮糖盐水,补充水分和钠盐。若因呕吐失水,以及电解质紊乱时,应静脉注射葡萄糖盐水等溶液;禁食生冷、刺激食品,如醋、辣椒、葱姜蒜、花椒等,也不要食用兴奋性食品如浓茶、咖啡、可可等,烹调时以清淡为主,少用油脂或其他调料。

患急性胃肠炎怎么办

急性胃肠炎多于饮食不当后发病,如暴饮暴食、饮食不洁、酗酒、刺激性药物等。患者恶心、呕吐、腹泻、上腹痛,呕吐后症状稍缓解。

【应急措施】 让患者俯卧,家人在患者脊柱正中及脊柱两侧用拇指或手掌自上而下平推,直至皮肤发红;接着在脾俞、胃俞进行揉压,每穴30下;然后让患者仰卧,家人或自己在腹部的中脘、天枢、神阙穴,下肢的足三里穴进行揉按,每穴30下。如此一般1~2次即可治愈。

将艾叶一把放入锅内,加入白酒炒热,用布包敷肚脐上,冷则烘热。

将仙人掌根60克捶烂,炒热(以不会烫伤皮肤为度),敷脐周围。

将适量的葱白炒热敷肚脐。

用生姜片蘸白酒,急搽揉四肢,转热为度。

【何时就医】 如果腹泻不能得到控制,或有眼球凹陷、口渴、发烧等症状,吞咽、说话或呼吸困难,视力改变,肌肉衰竭或麻痹,尤其当此症状出现在吃过罐头或虾贝类之后出现的胃肠炎,就应立即到医院就诊。

【友情提醒】 对于急性胃肠炎患者应该注意休息、饮食清淡、补充水分。

急性胃肠炎都是起因于食物,因此严把食物卫生关是预防此病的关键。搞好饮食、饮水卫生和粪便管理,大力消灭苍蝇,是预防该病的根本措施。冰箱内的食品要生熟分开,进食前要重新烧熟烧透。饭前便后要洗手,蔬菜瓜果生吃前要消毒,外出度假要选择干净卫生的饭店等,都是应注意的有效预防措施。

如果外出吃饭,为防止可能的危险,可以向服务员要一碟醋和几瓣蒜,蘸着醋就着大蒜结束这顿饭会给你的健康上一份保险。

如果不幸被细菌感染,这些细菌刺激你的肠道,并由此上吐下泻,使你损失许多水分。此时,需要多喝液体,以防止虚脱。白开水是最佳的补充液,其次是其他透明的液体,例如苹果汁、高汤或清汤。汽水也可以,但是先让气泡散失。赶走气泡的快速方法是用两个杯子将汽水反复地互倒。补充水分时勿一口气全喝下,以免又引发呕吐。

下痢表示体内正试着排出毒素。在某些情况下,服用止泻剂可能干扰体内对抗感染的能力。因此,最好顺其自然,让肠内有害的细菌排出体外。如果觉得有必要服用药物,请先向医生咨询。

通常在下痢或呕吐平息后的数小时到一天内可以开始进食,但需慢慢来,因为受过伤害的胃现在仍虚弱。先从易消化的食物开始,可以吃些麦片、稀粥、布丁、饼干或高汤。避免高纤、辣味、酸性、油腻、多糖、乳品等食物,以免刺激胃。应该如此遵循1~2天,好让胃有时间恢复正常。

胃痉挛怎么办

引起胃痉挛的原因很多,大肠激躁症、乳糖耐受不良症或经前紧张症候群都可能是其原因。发作时,会感到上腹部有个小硬块,好似一颗小球,经常痛得受不了。胃痉挛多半在几小时后会自行消失,然而多数女性忍不了那么久,因此,掌握一定的保健自助方法很重要。

【应急措施】 如果胃痉挛伴随胀气,可在上腹部涂抹温热的薄荷油,或服用薄荷油胶囊,一天1~3次,饭后服用,直到症状消失为止。

饮用药草茶,如茴香、甘菊、姜茶、薄荷茶、迷迭香和柠檬茶均可缓和胃痉挛与胀气。

【何时就医】 胃痉挛伴随有恶心、呕吐、发烧与血便现象即应就医,以便排除是否为溃疡现象。

【友情提醒】 胃痉挛时,宜食用香蕉、米饭、苹果泥与吐司等易消化的食物,不宜食用爆米花、坚果类与包心菜等不易消化的高纤食品。

多喝水,喝鸡汤,可缓和因便秘引起的胃痉挛现象,也可补充因腹泻而流失的水分。

如果胃痉挛起因于乳糖耐受不良症,应避免食用乳制品。

便秘怎么办

所谓便秘,就是平时习惯的排便次数减少了。如本来一天排便一次,忽然变成几天排一次,甚至一星期才排一次。专家认为,现代人之所以为便秘所苦,是因为饮食缺乏蔬菜、水果等高纤食品所致。一般而言,我们一天至少需摄取20~35克的纤维,但如今我们一天的纤维摄取量却少于5克。此外,怀孕期的荷尔蒙变化与胎头压迫肠道,以及月经来潮前,都可能导致便秘。事实上,只有少数人必须使用轻泻剂,多数人是不需要的,而且一旦使用轻泻剂后,会习惯依赖它,没有它就不会排便,而会形成恶性循环。

大约有1 800万名美国人经常遇到便秘的问题,而其中2/3是女性患者。绝大多数的便秘产生于快节奏的现代生活方式,如饮食过于精细、缺乏足够的纤维素及饮水过少、生活压力、缺乏运动、排便不及时等。长期便秘可产生"宿便"现象,使毒素在体内累积,不易随大便一起排出体外,不仅会产生烦躁不安的症状,还可成为肝炎、肠癌等病的诱因。老年人便秘多由于消化功能减弱、进食量相对减少、肠蠕动慢,导致大便在肠腔中停留时间长,水分大部分被肠黏膜吸收,即产生习惯性便秘。

功能性便秘的原因主要是排便动力缺乏(如腹肌衰弱、提肛肌衰弱等)、肠道所受刺激不足(如食物缺乏纤维素)、直肠排便反射迟钝等。便秘患者除大便难解外,常伴有腹胀、胸闷、食欲减退、睡眠不足等症状,严重者往往发生痔疮、肛裂。

持续的慢性便秘会带来许多病变,包括痔疮、胀气、失眠、头痛、口臭、静脉曲张、肥胖、消化不良、憩室炎、盲肠炎、疝气、大肠癌等。而糖尿病、帕金森病、多发性硬化症、抑郁症等也会产生便秘的症状。保持每天肠道通畅非常重要,正常情况下,体内在18～24小时后会排泄废物,超过则会开始产生有害的毒素。目前认为便秘对人体危害非常大,容易引起毒素吸收等。

【应急措施】 将开塞露1个,剪一小口,磨光剪口处。患者处臀高腹低位,将开塞露开口端插入肛门,深一些为好,注入药液,拔出。按住肛门,不让药液流出,需忍耐5～10分钟,以刺激肠蠕动,软化粪便,然后排便。

肥皂栓通便法。肥皂栓是在无开塞露的情况下使用的,将普通肥皂削成圆锥形(底部直径为1厘米,长3～4厘米)蘸热水后插入肛门,由肥皂的化学性和机械性刺激作用而引起排便。

产生便秘后先要冷静,消除紧张情绪,再仔细寻找产生便秘的原因。对于老年性便秘,可在饮食中配合开胃健脾、助消化的食物,如山楂、核桃、黑芝麻等,同时注意户外活动,及时排便。

长期卧床患者引起的便秘,是由于他们不习惯在床上使用便器造成的,此时可在病情许可的情况下,由家人协助下床选择坐位排便。

将腰腹部从直立位置向左,再向前、向右,最后向后,顺时针方向平转。运作重点一定要放在腰、腹部,不要放在肩、膝部,两肩或两膝尽量不动或微动。然后再逆时针方向平转。

用手掌鱼际在腹部外围顺时针方向慢慢推揉(右下腹→右上腹→左上腹→左下腹→右下腹)100～200转。早晚各1次。

对于久坐不动的伏案者来说,欲消除便秘,就应多进行适合自己的体育运动,如跑步、跳跃、散步、做操、登山、爬楼梯等,也可进行腹部按摩。

坐在椅子上,两腿下垂、摆动,并用脚掌和地面摩擦,每次以脚底发热为度,每日1～2次。

以指代针,按压迎香穴治疗便秘和大便困难,具有立竿见影的效果。在便前甚至可以在如厕时用双手各一指压迫迎香穴位,以适当的压力按压5～10分钟,局部出现酸痛感即可。

早上起床前,跪在床上,双手按在腰部,由左向右慢慢转动腰部,一转约2秒钟,转20～30次。习惯以后可以转60次。背部不要弯曲,臀部向后突出转动,站着做也可以。防止内脏老化,使腰部、腹部结实。对治疗便秘及痛经都有效。

便秘者在大便时以左手中指点压左侧天枢穴,到有明显酸胀感即按住不动,坚持1分钟左右就有便意,然后屏气,增加腹内压,即可排便。

经常按摩食指的指根,按摩这一部分会产生便意。按摩累了的话,换另一只手,持续按摩。此外,坐在马桶上时,不妨进行能产生便意的体操。这个体操就是伸展上半身,双掌贴放在后头部,进行使手肘接触膝盖的动作。只要左右各做三次就能收效。

按摩虎口3分钟左右,再敲打头顶中央百会穴3分钟左右,有一定作用。

步行时捶腹部,以不痛为限度,半小时左右捶1 000次。每天坚持步行捶腹,大便可畅通无阻。

用醋炒葱白至极热,用布包熨肚脐部,凉后再炒再熨,每天熨之,大便自通。

便秘患者,可在医生指导下,取生大黄粉 3 克,用 50～60 度白酒调成糊状,贴敷于神阙穴即肚脐处,外用敷料胶布固定,每天于局部用 50～60 度白酒 5 毫升加湿 1 次,3～5 天换药 1 次,可取得满意的通便效果。

将芒硝 9 克用水溶解,再加皂荚末 1.5 克,调和敷于脐部,上用纱布垫覆盖固定,每日换药 1 次。

将连须葱头 3 个、生姜 10 克、食盐 3 克和淡豆豉 12 粒一起捣烂如泥,做饼烘热,敷于脐部。饼冷即再烘再敷,反复进行。每次 10 分钟,每日 3 次。适用于虚性便秘。

将田螺 5 只捣成糊状敷于肚脐上,每日 1 次,5～7 次有明显的效果。

每日清晨空腹饮用一大杯加入一汤勺醋的白开水,饮后再饮一杯白开水,到室外散步30～60 分钟,中午即可有便意,长年坚持服用效果尤佳。

将香蕉 2 只(去皮)加入适量的冰糖,清水炖熟服食。将黑芝麻 30 克微炒研碎,用香蕉蘸吃,每日 2 次。

遇上恶性便秘,可试用:将黑芝麻 100 克炒香,剥好的大蒜 2～3 头捣成蒜泥,二者合着作为晚饭佐餐,必须全部吃完。如求急功,可加适量的小磨麻油。

【何时就医】　服用抗抑郁药物引起便秘,换新药后突然大便出血,发烧,肚子痛,均需到医院诊治。便秘本身通常不是严重的毛病,然而若出现严重症状、持续三周以上、行动不便或有便血时应看医生。身体一直健康者,若突然出现经常便秘,伴有大便形状改变,如变扁、变细等,应尽早去医院作检查。

【友情提醒】　生活要有规律,避免精神刺激。要树立恢复正常生理功能的信心,养成每天定时解大便的习惯,不管是否能够解出大便,都要定时临厕,以便建立良好的排便条件反射。现代忙碌的生活使许多人习惯于有时间时才上厕所,而不是依照体内的反应,结果长期的忍便逐渐导致便秘。现在就改变不良的排便习惯还不迟,饭后是最好的如厕时间,因为胃中的食物会促进肠蠕动,不妨在每餐饭后坐马桶 10 分钟,即使没有便意也如此。

当你紧张或压力过大时,你会嘴巴发干,心跳加速,你的肠子也会停止蠕动,其实这是一种对抗或逃生的机制。如果你感到便秘的压力,不妨试着放松自己,听些节奏轻快的音乐,或者尽情地开怀大笑,因为大笑时,震动肚皮,这对肠子有按摩作用,能帮助消化,且能缓解压力与紧张,有利于防止便秘。

上厕所时脚踏凳子,使肠子伸直,以利排便。保持固定的如厕时间,特别是早上空出半小时来如厕。

每日的食量不能太少。现今流行节食减肥,相当一部分人士都尽量以少食为时尚,吃的分量固然少,吃的餐数也不多。早餐可以不吃,或只胡乱吃一些,而午餐也流行所谓轻巧,强调吃得要少。

奋力地企图解便不是明智之举,可能引起痔疮及肛门破裂,这不仅疼痛,而且也因窄化肛门口,使便秘更严重。用力过度也会升高血压及减缓心跳。尤其是年长的便秘患者,如果患有心脑血管疾病甚至会带来严重后果。所以,如果解不出大便,别急,休息一下,15 分钟后再试试看。

有高血压的患者,要注意保持大便通畅。便秘时,不可用力排便。长期便秘可诱发肛裂、痔疮、直肠癌,还可能因为用力排便使血压升高,诱发中风等,所以要引起重视。

定期运动锻炼可促进肠蠕动,加速废物通过小肠,缩短这些可能引起癌症的废物与组织接触的时间,从而解决便秘问题。走路对孕妇尤其有帮助,许多孕妇因胎儿的生长而影响肠蠕动,孕妇每天应步行20～30分钟,注意避免走得太喘。每天散步15～20分钟可以有效刺激肠道功能,但是记住快走要有一定速度,大概应该保持在走路时说话感到困难但又不是不可能的水平。体质较差、腹肌收缩无力者,应多从事体力劳动或体育锻炼。增加体育活动,提高排便辅助肌的收缩力。

急性消化道出血怎么办

上消化道疾病及全身性疾病都可以引起上消化道大出血,最常见的病因就是消化性溃疡、食管胃底静脉曲张破裂、急性胃黏膜病变和胃癌。急性消化道出血主要表现为呕血(包括呕吐咖啡色液体)、黑便、休克及休克前期症状。

【应急措施】 如果大量出血又未能及时送往医院,则应立即让患者静卧,消除其紧张情绪,避免不良刺激(不良语言、强光、噪音等)。注意给患者保暖,嘱其保持侧卧,呕血时头偏向一侧,避免呛入气道,取头低足高位,以防剧烈呕吐引起窒息。这种体位也可保障患者在大失血时脑部血流的供应,避免虚脱或晕倒在地。

使用家中备有的止血药,如云南白药等。

吐血时,最好让患者漱口,并用冷水袋冷敷心窝处。此时不能饮水,可含化冰块。

【何时就医】 当患者呕血或便血量较大,出现面色苍白、出冷汗、脉搏细弱、肢冷、意识障碍等休克症状时,应尽快将患者送至附近医院抢救,并需要注意途中患者的保暖。

【友情提醒】 患者的呕吐物或粪便要暂时保留,粗略估计其总量,并留取部分标本待就医时化验。密切观察呕血、黑便的量及形状、次数等,做好记录。

少搬动患者,更不能让患者走动,同时严密观察患者的意识、呼吸、脉搏,并快速通知急救中心。

腹泻怎么办

相信每个人都有腹泻的体会,原因不外乎是水或食物中的细菌或病毒进入胃肠道不断作怪所致。粪便稀薄而不成形或呈水样便称为腹泻。腹泻有时是人体的保护性反应,如在人吃了不洁食物,过量饮食或肠胃受了细菌、病毒感染时,腹泻可将食物和毒素排出体外,产生有益的保护性反应。由于食物沾染少量细菌或不洁物品而引起的腹泻,腹泻后并无多大不适,对健康无较大的影响,不必担心。大多腹泻是由肠炎引起,主要病因有:不注意饮用水卫生,饮用生水;不讲究食品卫生,吃腐败、变质的食品;食物生熟不分开,交叉污染;不注意手的卫生,饭前、便后不洗手;环境不清洁,居住地、食物有苍蝇、蟑螂;与腹泻患者接触,特别是共用餐饮用具。

【应急措施】 让患者俯卧,用双手的拇指、食指指腹用力捏患者跟腱半分钟,接着再按揉半分钟,每日1次。

将花椒 5 克和食盐 3 克共研细粉后用温开水调糊,敷肚脐处,外用纱布覆盖,胶布固定,可用于防治慢性寒性腹泻。

云南白药敷治秋季腹泻的方法是将云南白药用 75％酒精调成糊状,贴敷于脐部,24 小时换药 1 次,可贴 2～4 次。

将独头蒜 1 只和生姜 3 片捣烂敷于脐上,用胶布固定,每晚调换。

将吴茱萸 3 克研末,用食醋调成糊状,加温后敷于脐部,上用纱布敷料覆盖,再用胶布固定。早晚各换药 1 次。适用于因感受风寒引起的腹泻及过食生冷引起的腹泻。

将艾叶 7 片、白胡椒 7 粒和五倍子 1 粒一起研成细末,加醋少许,再用糯米饭少许调和成团,敷于脐上。适用于脾虚腹泻及小儿消化不良引起的腹泻。

将鲜车前草 1 把捣烂取汁,调和六一散(滑石 6 份,甘草 1 份,共研细末即成),敷于脐部,适用于湿热型腹泻。

将红茶末(或红茶叶)15 克和红糖 15 克放在茶杯里,用刚烧开的水(不是热水瓶里的开水)直接冲入茶杯,泡成又红又浓的茶,连续地、缓缓地喝下去。喝了再泡,泡了再喝,连喝三杯。热红茶喝进肚子里,能暖和肠胃、有助消化、收敛粪便,对防治初期腹泻有良效。

每天用鲜紫苏叶 10 克或干紫苏叶 5 克熬水服一次即可。因为紫苏叶所含有的成分具有调节肠胃功能的作用,经常服用也能起到预防作用。

发热泻痢,类似肠炎。可用绿豆 250 克加水煮糊食用。绿豆具有祛暑湿和消炎的作用。

每天凌晨就腹泻,这大多是肾虚的表现。可用山药 250 克,每晚煮熟食用。

将干荔枝 7 只与红枣 5 只用水煎后食用,每天 1 次。治疗遇凉加重的寒性慢性腹泻。

【何时就医】　若腹泻无法控制并有脱水、电解质紊乱的情况,或大便的性状有明显的改变,如便中混杂血液、黏液,以及发生便色呈淘米泔水样的无痛性腹泻时,表明病情有变化,应去医院作进一步检查。若是传染病引起的腹泻还应做好隔离消毒工作。

【友情提醒】　腹泻患者由于大量的排便,导致身体严重缺水和电解质紊乱,此时必须补充大量的水分。含有氯化钠、氯化钾、葡萄糖、枸橼酸钠的补液盐是理想的选择,因为它们能补充体内流失的葡萄糖、矿物质,并且调节钾、钠电解质、水分、酸碱平衡;而胡萝卜汁、苹果汁、西瓜汁等不仅能补充水分,而且可以补充必需的维生素,也是很好的补充品。它们都是防止机体因腹泻而脱水和虚脱的良方。

饮食宜选易消化、少渣滓的,并忌食生冷食物。腹泻时,最需要避开的食物包括豆类、甘蓝菜等。其他含有大量不易吸收的碳水化合物的食物也会加重腹泻。这些食物包括脂肪、小麦及含麸质食物如面包、面条及其他面粉制品、梨子、李子、玉米、燕麦、马铃薯等。避免喝碳酸饮料,这类饮料所含的气体可能使腹泻火上浇油。红枣、淮山药、栗子、扁豆、糯米、莲子肉有健脾厚肠止泻作用,不妨多吃点。苹果能止泻,煮熟后也可多吃。

轻度腹泻后应卧床休息,多饮开水,并给予流质或半流质的饮食。

多次腹泻后,肛门周围会因粪便刺激引起疼痛、红肿,应在每次便后用软纸擦拭干净,再用温水清洗。

患细菌性痢疾怎么办

细菌性痢疾(简称菌痢)是痢疾杆菌引起的一种常见肠道传染病。痢疾杆菌随患者的粪便排出,直接或通过苍蝇、蟑螂等间接地污染了食物、饮水、食具和手等,然后再经口传染而致病,细菌侵入肠道后,可引起大肠黏膜充血、水肿,并形成溃疡和出血。全身表现为畏寒、发热、头痛、全身不适和乏力。

【应急措施】 急性期患者应卧床休息,以流质或半流质饮食为主,忌食生、冷、油腻及刺激性食物。病情基本好转后逐步恢复普通饮食并加强营养,以易消化的谷物、面食为主食佐以蛋白质、维生素、低脂植物油食物。

急性细菌性痢疾,可将茶叶 15～30 克用水煎服。将鲜马齿苋 60 克用水煎取汁,一日内分 3 次服完,红痢加白糖 30 克,白痢加红糖 30 克。将乌梅烧成炭,每次服 3～6 克,米汤送下,每日服 2 次。将荠菜根叶烧灰为末,用黄酒调服。将大蒜头煮熟内服,每次 1 粒,每日 3 次。将鸡蛋 1～2 只,用醋煮熟,空腹吃。

慢性细菌性痢疾,可将鲜藕白捣汁 50 毫升,加开水服。将盐橄榄核 7 粒用新瓦焙焦后研末,用开水送服。将生萝卜汁 300 毫升、生老姜汁 50 毫升和陈细茶叶 6 克浓煎成 150 毫升,加糖 30 克,和匀,一天分 3 次服。用陈酒浸杨梅,每次食杨梅 1～2 粒,每日服 2～3 次。

【何时就医】 有的患者发病急,高热达 40℃ 以上,反复抽搐和昏迷,很快发生休克(表现为烦躁不安、表情淡漠、意识模糊、面色苍白、口唇发绀、皮肤发花、脉搏快速无力、尿量减少,甚至无尿和血压下降),呼吸衰竭(呼吸浅快,节律不整齐,或表现为双吸气、叹气样呼吸,严重时呼吸停止)。肠道表现反而较轻,甚至没有腹痛和腹泻,此型称为中毒型菌痢。这种类型不仅容易误诊,而且病情凶险,故若出现上述情况时必须立即送医院诊治。

【友情提醒】 盛夏谨防细菌性痢疾。急性菌痢一般在 1 周左右痊愈,大多不留后遗症,但有些患者治疗不及时可转为慢性菌痢,给以后的治疗带来一定难度。有关专家就如何防治菌痢提出如下建议:(1)注意环境和个人卫生,加强食物、水源和粪便管理,消灭环境中的蚊蝇;不食(饮)用过期食品、饮料,尤其是肉食品;养成良好的饮食习惯,餐前便后要洗手,做到饭前用流动水、肥皂水洗手;对餐饮业工作人员要定期进行菌痢的细菌学检查。(2)在保证足够睡眠和休息的同时,进行力所能及的各种体育锻炼,如散步、体操、气功等,以增强体质,提高机体的抗病能力。(3)如果出现了菌痢患者,应及时隔离患者,并将其送至医院治疗,同时对患者的住处和碗筷等进行消毒处理,避免交叉传染。做到早发现、早报告、早诊断、早隔离、早治疗。(4)患者必须卧床休息;多喝水,食用清淡易消化的流质食物,如米汤、藕粉、稀饭、面条等。如腹泻次数较多,有脱水现象,应多饮糖盐水、橘汁等饮料。有腹胀者,不宜饮用牛奶。切忌过早食用刺激性或多渣滓食物。(5)患者有呕吐不能进食或有失水、高热时,要适当予以静脉滴注生理盐水和 5％葡萄糖液,必要时加用氯化钾溶液和碱性溶液,以纠正失水或电解质紊乱。要在医生的指导下服用有效的抗生素,如氯霉素、庆大霉素、氧氟沙星、氨苄西林等。注意不要给孕妇和小儿服用喹诺酮类抗菌药物(如氟哌酸、诺氟沙星、环丙沙星等),因为这类药物能抑制小儿骨骼的生长。(6)如患者进食过不洁食物后出现发热、腹部症状,应高度警惕菌痢,并及时到医院就诊。切忌自己乱吃药,以免延误病情。

慢性菌痢患者注意生活规律,进食易消化、富于营养的饮食,可以吃些麦片、稀粥、布丁、饼干或高汤。避免高纤、辣味、酸性、油腻、多糖、乳品等食物,以免刺激胃。同时,积极治疗其他疾病,特别是肠寄生虫病,佝偻病,胃、肠、胆、肝、胰等疾病。积极参加一定强度的体力活动,以增强体质,不要为自己的疾病忧心忡忡。

水土不服怎么办

如今的社会发展使人们外出的机会成倍增加,长途旅行不仅使你舟车劳顿,而且不明原因的腹泻也是旅行中时常会发生的小插曲。造成这一症状最常见的原因即是大肠杆菌。正常情况下,这种细菌生长在肠内有益于消化作用。但当接触到异地的大肠杆菌,由于是外来的关系,将产生毒素抑制肠内吸收食物中的水分,便发生下痢。毒素既然遏止水分被吸收,这些水分将挟带毒素一同排出体外。因此,毒素不会被吸收,你也不会感到不适,最多可能觉得想排气。水质的改变(软、硬度)、饮食的改变、舟车劳顿、时差问题、晕机等都可能是下痢的原因。远游旅行而引起的下痢,有50%是原因不明。同时,水土不服的另一个表现可能正相反,那就是便秘和胀气。幸好我们的身体已逐渐演化出对付疾病的本能。就大肠杆菌而言,身体的对付方式就是倾泻肠内的东西。接下来的几天,仍有余威发作。同时,你可能感觉恶心、胃痉挛及轻度发烧,但通常仅止于下痢本身的症状。

【应急措施】　如果你不幸已开始腹泻,那就要多喝水。腹泻使体内流失许多水分及电解质,为了避免虚脱(脱水),应补充水分。

补液盐是含糖及盐的饮料,能补充腹泻所流失的重要电解质。假使你一时无法取得电解质补充液,也可以用果汁、碳酸饮料(不含咖啡因)或淡茶加糖等取代。

可以服用黄连素、泻痢停等止泻药,它们帮助粪便成形及杀菌。然而,有些专家认为抑止腹泻反而延长了细菌逗留肠内的时间,而且这些止泻剂会吸收补充的水分。但如果腹泻影响了正常生活,服用止泻剂未尝不可。

可服用以天然纤维为主要成分的通便剂,它也有助于控制腹泻。有些通便剂能吸收60倍于本身重量的水,在肠内形成胶体。使用通便剂后,粪便仍带水,但不会那么稀了。本来一天可能要跑10趟厕所,使用后可减少7~8次。

抗生素主要是帮助消灭细菌,建议1天2次,直到腹泻停止。但使用这些药物前,应先咨询医生。

【何时就医】　虽然大部分的腹泻都是很单纯的问题,但有些症状仍不可忽视。粪便带红黑色,可能是内出血或寄生虫感染的征兆;发烧意味着严重的感染;假使出现便血或高烧,又无法及时找到医生,不妨服用抗生素应急;腹胀、呕吐可能暗示着结肠炎或盲肠炎;呕吐表示你无法保留你所补充的液体。假如有以上任何症状,不应采取任何止泻行动,应立即看医生。

【友情提醒】　避免吃未煮熟的蔬菜、肉类、海鲜以及不洁的饮料,确保餐具碗盘皆经过干净水质的冲洗。

为防止水质过硬带来的水土不服性腹泻或便秘,建议在外地只喝瓶装的蒸馏水或纯净水。不妨多喝可乐、柳橙汁等酸性饮料,它们有助于抵制大肠杆菌的数量,以减少消化问题。

避免乳品及固体食物,这类食物不易消化,增加胃肠的负担。此外应远离酒,它使你脱水。当腹泻停止后,开始吃些易消化的粥、苏打饼干、米饭、苹果泥等。

患急性胆囊炎怎么办

急性胆囊炎是由于胆囊管阻塞、化学性刺激和细菌感染引起的急性胆囊炎症性疾病，其临床表现可有发热、右上腹疼痛和压痛、恶心、呕吐、轻度黄疸和血白细胞增多等。患急性胆囊炎女性比男性多2～3倍，尤其多见于中年、肥胖者，其发病率与胆石病大致相仿。主要症状有：2/3以上患者腹痛发生于右上腹，也有发生于中上腹者。腹痛常局限于右肋下胆囊区，而右肩胛下区也可有放射性疼痛；疼痛常发生于夜间，其前可有饱餐及脂餐等诱因；腹痛常呈持续性、膨胀性疼痛，如有胆囊管梗阻，则可有间断性胆绞痛发作；老年人因对疼痛敏感性降低，也许无剧烈腹痛，甚至无腹痛症状。发病后数小时内会出现恶心、呕吐、腹胀、厌食；体温偏高，若出现明显的寒战高热，表示病情加重或已发生并发症，如胆囊积脓、胆囊穿孔等。

【应急措施】 急性胆囊炎患者应卧床休息，轻者可吃半流质饮食，重者则应禁食并予以静脉输液，卧床休息，待病情好转后可进流质食物，但不可吃脂肪类和油腻类的食物。

蛔虫钻入胆囊也是引起胆囊发炎的一个原因，因此，注意卫生，吃生菜、水果时必须先洗干净，饭前便后必须洗手，以防止蛔虫感染，有蛔虫者应先驱虫。

在胆囊炎发作时，禁吃固体食物数天，仅喝蒸馏水或矿泉水。接着再喝果汁3天，可喝梨子汁、甜菜根汁、苹果汁等。然后再开始恢复固体食物，用生甜菜切碎加2汤匙橄榄油、新鲜柠檬汁、新鲜苹果酱食用，这个饮食计划对患者很有帮助。

【何时就医】 如果出现右上腹有剧烈的疼痛、发烧、恶心、呕吐及黄疸等症状，需立即送医院诊治。

凡经药物等非手术治疗无效，且病情不断发展，影响生活和工作者，可考虑手术切除胆囊，但最好等炎症消退后再动手术。

【友情提醒】 多吃新鲜蔬菜，可占饮食的75％。每天还可以吃一些苹果酱、酸酪乳、新鲜苹果和甜菜等。

一切酒类及刺激性食物或浓烈的调味品均可能导致胆囊炎的急性发作，应尽量避免。

肥胖症与胆囊疾病息息相关。40岁以上的超重女性，且又生过孩子者，较容易发生胆囊方面的疾病。

体重快速变化可能引发胆囊问题，所以当你尝试减肥时一定要循序渐进，切不可快速节食减肥，接着又大吃大喝使体重快速反弹。

注意饮食卫生，不宜过饱，平日应以低脂饮食为主，不吃肥肉或油炸等高脂肪食物，核桃、花生仁、腰果等富含油脂的食品也不宜多食。

以植物油为主，不吃或少吃动物油。多吃粗纤维食物，保持大便通畅。保证每天水分的摄入量。

积极参加体育锻炼，保持心情舒畅。

有寄生虫病者，要采取积极措施驱除体内寄生虫，消除诱发急性胆囊炎的隐患。

女性多食橙少得胆囊炎。美国科学家发现，女性之所以患胆囊炎的比例比男性高很多，是因为雌激素会使得胆固醇更多地聚集在胆汁中，胆汁与胆固醇高度中和，容易形成胆结石，而女性如果多吃水果，特别是橙子，对于减少胆结石会起到明显的作用。橙子中的维生素 C 可以抑制胆固醇转化为胆汁酸,使得分解脂肪的胆汁减少与胆固醇的中和,两者聚集形成胆结石的机会也就相应减少。

患病毒性肝炎怎么办

病毒性肝炎是由肝炎病毒引起的一种胃肠道传染病。肝炎分甲型、乙型、丙型、丁型和戊型。甲型肝炎(以往称传染性肝炎),主要经胃肠道传播。患者或带病毒者(携带甲型肝炎病毒而未发病者)的粪便直接或间接的污染食物而引起传播。乙型肝炎(以往称血清性肝炎)主要通过注射途径,如应用被污染的血制品(血液、血浆、白蛋白等)及消毒不严格的操作(注射、针刺、采血等)传播,日常生活中密切接触也是重要的传播途径,如患者唾液、鼻咽分泌物、血性分泌物、精液等均有传染性。丙型肝炎主要通过注射途径传播。甲型肝炎多流行于秋冬季,且多为黄疸型;乙型肝炎四季散发,且多为无黄疸型。

【应急措施】 足部反射区按摩有利于改善机体免疫系统功能,促进肝功能恢复。按压足底的肝脏、胆囊反射区各 3~5 分钟,揉压腹腔神经丛、胃、胸椎反射区各 3~5 分钟,按压肾、膀胱、输尿管反射区各 3~5 分钟,每日 1 次。

用手指捻掐足大脚趾四周各面 20~30 分钟,每日 2 次。

推擦两足底 15 分钟,推按两足背各跖骨缝隙 10~15 分钟,每日 2 次。

将天南星 50 克研成细粉备用。取药粉适量,用水调成膏状,敷于肚脐内,外盖纱布,然后用胶布固定,每日换药 1 次。

将秦艽和甜瓜蒂各 100 克,青皮、紫草、黄芩和丹参各 30 克,铜绿 15 克,冰片 6 克一起研成细粉和匀备用。取药粉适量与醋调成膏,敷于肚脐内,外盖纱布,然后用胶布固定,每日换药 1 次,可连续应用。本方对降低谷丙转氨酶有良好效果。

将茵陈蒿 30 克和茅苍术 15 克用水煎后加砂糖服,每日 2 次。适用于甲型肝炎。

将大青鱼胆粉、苦参和龙胆草各等份研末,和水制成如黄豆大小的丸,用温水送服,每次 3~6 克,日服 2~3 次。适用于甲型肝炎。

将金针菜鲜根 15~30 克用水煎服,日服 2 次。适用于甲型肝炎。

【何时就医】 对于肝炎一经诊断,医生会给予相应的系统治疗,并根据情况给予隔离,自己采取相应的保健自助有助于缩短病程和保护肝细胞,促进肝功能的恢复。乙型肝炎病毒携带者不需休息,但要定期去医院检查。

【友情提醒】 早期卧床休息是最重要的措施。症状明显减轻,肝功能好转后可每天做轻微活动 1~2 小时;然后可逐步增加活动量。当症状基本消失,肝脏大小恢复正常或稳定无变化,无明显压痛,肝功能正常后,继续观察 2 个月,然后逐渐恢复正常工作,此后需定期去医院检查。慢性肝炎患者,当病情明显活动时应休息,若病情比较稳定,可逐渐增加活动量,以增强体质。

急性肝炎患者以进清淡而少油脂食物为宜,并可适当增加糖类的摄入(但不宜过量)。水肿患者要限制食盐的摄入。慢性肝炎患者需进高蛋白(猪肉、鸡肉、牛肉、鸡蛋等)、高维生素(蔬菜、水果等)和低脂肪饮食。急慢性肝炎患者均需适当补充维生素 B_1、维生素 B_6、维生素 C、维生素 K 等。饮食宜清淡和容易消化,不要追求高糖、高蛋白、高维生素、低脂肪。荤菜以新鲜鱼虾为好,蔬菜水果稍多即可。绝对禁酒。急性肝炎恢复期不能因食欲好转而任意进食,需合理控制饮食量。

肝炎一般采用综合治疗方法,三分治七分养,无需一味追求药物治疗。慢性肝炎急性发作时需要同家人分房隔离。隔离期从发病日起 1 个月左右。

保持开朗与乐观。肝功能刚刚恢复正常时仍需认真休息调养,不要急于恢复工作。每3～6 个月复查一次肝功能。

患胰腺炎怎么办

胰腺炎是胰脏急性或慢性发炎。一半左右的患者是早已患胆结石的人;另一半左右的是平时有大量饮酒习惯的人。其他因素还有某些药物的作用、穿孔性溃疡、甲状腺机能亢进、病毒感染、腹部受伤、肥胖、营养不良等,均会提高胰腺炎的发病率。此病可分为急性或慢性。急性的特征是恶心、呕吐,及肚脐周边发生无法忍受的疼痛,这种剧痛常发生在暴饮暴食或大量饮酒后的 12～24 小时之内。这种疼痛会扩散到背部与胸部,在数小时后达到高峰(这是极端危急的状况)。急性胰腺炎患者如不及时治疗,可能迁延成慢性胰腺炎。急性胰腺炎严重发作时,可能导致患者休克,甚至死亡。

【应急措施】 急性胰腺炎导致腹痛发作时,不宜滥用止痛剂,以免掩盖病情,贻误诊断。

在胰腺炎急性期应严格禁食,每日静脉补液 3 000 毫升,以保持水和电解质的平衡。慢性期可给予低脂肪、高蛋白、高碳水化合物饮食。

将生大黄 30 克用水煎服,一般每天最少用 30 克。以舌苔黄腻程度及大便次数调整药量,以正常为准。解毒通便。

将鸡内金或鸡肫 250 克焙黄研末吞服,每次 6～10 克,每日 3 次。帮助消化。

将猪、羊等动物胰脏数量不限焙干研细粉,每次服用 6 克,每日 3 次。帮助胰脏的恢复和治疗。

【何时就医】 急性胰腺炎的症状表现为:常在餐后或大量饮酒后 12～24 小时突发中腹部疼痛,可以向背部放散;发热、恶心或呕吐;皮肤湿冷,腹胀,压痛,脉搏加快。慢性胰腺炎表现为:长时间腹痛,腹痛可以向背部、胸部放散,疼痛可以是持续或间断的;恶臭大便;恶心,呕吐,腹胀;体重下降;在胰腺炎治疗后出现持续体重下降,可能患有影响食物正常消化的并发症;如皮肤苍白、湿冷、心悸、呼吸加快,可能为休克,需急诊诊治。

【友情提醒】 慢性胰腺炎一旦确诊就应完全戒酒,并严格遵循医生所建议的饮食方法去做。

患急性阑尾炎怎么办

阑尾炎是一种最常见的外科急腹症,典型的阑尾炎症状是转移性右下腹部疼痛。即开始是脐周疼痛,几小时后才转移到右下腹部,同时伴有恶心、呕吐、畏寒、发热等症状。

【应急措施】 先用圆珠笔套的尖端在脚底盲肠、阑尾反射区(在右脚脚跟骨前缘靠近外侧处)寻找压痛点,找到压痛点后,以点压手法(一按、一抬,按应有一定力度)施力按压,使反射区有酸、胀、痛的感觉,时间 5 分钟左右(大约 200～300 下)。每天早、晚各施术 1 次。

将大黄 8 克(后下)、芒硝 6 克、冬瓜仁 15 克、丹皮 20 克、桃仁 20 克用水煎,每天 1 剂,分 2 次服。

将川楝子 15 克、金银花 15 克、延胡素 10 克、丹皮 10 克、桃仁 10 克、木香 10 克、大黄 10 克(后下)用水煎,每天 1 剂,分 2 次服。适用于阑尾包块形成。

将大蒜 6～8 个捣烂成蒜泥,加入芒硝 15～30 克调匀,用纱布包好敷于阑尾疼痛处,每天换药 1 次。

【何时就医】 如已确诊急性阑尾炎,腹痛严重,恶心呕吐较重者;慢性阑尾炎反复发作者;急性疽性阑尾炎、阑尾穿孔伴弥漫性腹膜炎者;小儿和无禁忌证的老年人;阑尾周围脓肿患者等,应积极采取早期手术治疗。

【友情提醒】 卧床休息,一般平卧位为佳。阑尾穿孔发生腹膜炎时取半卧位。

给予米汤、面汤等流食。但发生阑尾穿孔时当禁食。

不予以止痛药,避免延误诊断和早期治疗。

胃肠减压及输液,应用抗生素、中药等是医院进一步采取的治疗方法。

患肾炎怎么办

如果感到疲劳、腰背痛、尿频,还有低烧,那你有可能感染了肾炎。肾炎分急性和慢性。一般来说,肾脏发炎的病情不轻,需住院疗养。急性肾盂肾炎是突然发生的肾脏感染和炎症。当血流将身体另一部分的感染源带到肾脏时就会发生这种疾病。大多数情况下,感染性细菌来自尿道四周的皮肤,当细菌经尿道由膀胱扩散,就会经过输尿管进入肾脏。如果尿流受阻,也会发生此症。女性患此病的特别多。劳累、免疫力低下、妊娠、肾结石、膀胱肿瘤、前列腺肥大等都容易使人患急性肾盂肾炎。急性肾盂肾炎发病时,患者背后腰上面的地方突然发生剧痛,通常身体一侧较另一侧疼得更厉害,并向下扩散到腹股沟部。体温急剧上升,常会达到 40℃,并有寒战、发抖、恶心及呕吐症状,还可能发生排尿困难或排尿痛的现象。尿液浑浊,如果有血渗入,还会呈现浅红色。

慢性肾盂肾炎在病情轻微时很少出现明显症状。严重时就会出现慢性肾衰竭(又名尿毒症)的初期症状,同时疲乏、恶心或皮肤瘙痒等症状也会日益明显。如果膀胱肌肉的活瓣作用发生故障,尿液就会不但向下流,同时也向上逆流,此时尿液如已受感染,感染就会扩散到肾脏。尿液多年来反复感染肾脏,使肾脏损伤日益严重,便形成慢性肾盂肾炎。大多数的慢性肾盂肾炎,都是尿液反复感染及回流共同造成的。如果患有肾炎,除住院治疗外,饮食和调养也相当重要,保健自助有利于控制感染,并将有益于维持肾脏的正常功能。

【应急措施】 按摩足底涌泉穴 5 分钟,揉搓足小趾 3～5 分钟,每日 2 次。适用于慢性肾炎。

按揉足底肾上腺、肾脏、输尿管、膀胱反射区各 5～8 分钟,揉压淋巴反射区各 3 分钟。如果血压高可加按脑垂体、额窦、平衡器官反射区各 2～3 分钟,伴有低蛋白血症加按脑垂体、大小肠、胃反射区各 2～3 分钟。坚持按摩可收良效。适用于慢性肾炎。

可在腰腹部有关穴位拔火罐,每次留罐 10 分钟,每日 1 次。以下穴位可调配为两组交替拔罐。主要穴位有大横、胃仓、京门、志室、天枢、气海、腰阳关、三阴交、足三里。

热水坐浴有益于解除肾炎的疼痛。可到药店购买消炎杀菌的外用洗剂加到浴盆中。

急性肾炎的治疗必须彻底,疗程一般不应少于1周,切勿稍有好转就停药,以免转为慢性肾炎。

要大量饮水,每小时喝1杯蒸馏水。补充水分是很重要的,品质优良的水是恢复功能所必需的。避免摄食大量的蛋白质和盐,并每隔6～12个月作血液检查,以诊查疾病的情况,并不断服用小剂量抗生素。

积极治疗全身性疾病及感染病灶,及时解除排尿不畅的因素。服用抗生素以使尿液中不再带有细菌。

【何时就医】 频繁口渴并想小便,小便量很少;手脚浮肿,眼部周围浮肿;嘴里有怪味,并且呼吸时有股尿味;持续性疲劳或呼吸时气短;无食欲;血压逐渐升高;皮肤苍白、干燥、持续性瘙痒。如有上述所列症状中的任何一项,尽管它们可能预示着有其他疾病,但它们也是肾脏疾患的一种征象。肾脏疾病是一种有致命危险的疾病,此时应立即到医院请医生诊治。

【友情提醒】 肾炎患者应卧床静养,饮食清淡温和,生活要有规律,避免劳累,不要受凉受潮。

保持外阴清洁,特别是在婴儿期、月经期、新婚期、妊娠期、产褥期。

经常复发感染的女性不应使用卫生棉条,而应使用卫生巾,应穿棉制内裤,绝不要穿尼龙制品,不透气的尼龙制品极易带来危险。

多吃新鲜蔬菜,蔬菜应占饮食的75%。吃蒜头、马铃薯、芦笋、香芹、水田芥、芹菜、黄瓜、木瓜、香蕉、西瓜及南瓜子等。西瓜需单独吃。多吃芽菜、绿色蔬菜也很好。

将新鲜乌鱼1条约150克去鳞和内脏后洗净、冬瓜500克(连皮)、赤小豆60克、葱头5只和适量的清水煲汤服用,不要加盐。适用于急性肾炎患者恢复期。

患冠心病怎么办

冠心病是冠状动脉粥样硬化性心脏病的简称,是指供给心脏营养物质的血管——冠状动脉发生严重粥样硬化或痉挛,使冠状动脉狭窄或阻塞,以及血栓形成造成管腔闭塞,导致心肌缺血缺氧或梗死的一种心脏病,亦称缺血性心脏病。冠心病是动脉粥样硬化导致器官病变的最常见类型,也是危害中老年人健康的常见病。本病的发生与冠状动脉粥样硬化狭窄的程度和支数有密切关系,但少数年轻患者冠状动脉粥样硬化虽不严重,甚至没有发生粥样硬化,也可以发病。也有一些老年人冠状动脉粥样硬化性狭窄虽较严重,但不一定都有胸痛、心悸等冠心病临床表现。因此,冠心病的发病机理十分复杂,总的来看,以器质性多见。冠状动脉痉挛也多发生于有粥样硬化的冠状动脉。

【应急措施】 如果冠心病患者在家中突然出现心前区疼痛、胸闷、气短、心绞痛发作,则应立即平卧,舌下含化硝酸甘油片;如果一片不解决问题,可再含服一片。如果发作已缓解,还需平卧1小时方可下床。

如果患者病情险恶,胸痛不解,而且面色苍白、大汗淋漓,这可能不是一般的心绞痛发作,可能是已发生心肌梗死。此时就要将亚硝酸异戊酯用手帕包好,将其折断,移近鼻部2.5厘米左右,吸入气体。如果患者情绪紧张,可给一片安定口服。另一方面要立即和急救中心联系,切不可随意搬动患者,如果距医院较近可用担架或床板将其抬去。

如果患者在心绞痛时又有心动过速出现,可在含服硝酸甘油的基础上加服1~2片乳酸心可定片。

足部按摩治疗冠心病。平时可进行足部按摩,先用力按压涌泉穴2~3分钟,向右旋转第2、3足趾各2~3分钟,然后按揉各足趾,推擦足底正中线皮肤直至皮肤潮红。每日2次。

将芹菜300克和红枣10只一起入水锅内共煮,食枣喝汤,常服有效。芹菜煮水当茶饮用,有安眠降压的功效。对血管硬化、神经衰弱症、高血压有很好的辅助治疗效果。

【何时就医】　假如你或你的亲人有心脏方面的毛病,那你一定要格外关注下列这些征兆,如果出现,请尽快与医生联系。胸口疼痛或有沉重的压迫感,是心脏病来临的前兆,这种胸痛可能剧烈或缓和,而且通常与使劲出力有关;心绞痛性质程度较以往重,使用硝酸甘油不易缓解者;轻微运动后呼吸费力及脚踝与足部肿大,这有可能是充血性心脏衰竭的表现;心跳不规律,并感到心悸;疼痛伴有恶心、呕吐、大汗或明显心动过缓者;心绞痛发作时出现心功能不全,或原有的心动能不全因此而加重者;老年冠心病患者突然不明原因的心律失常、心衰、休克、呼吸困难或晕厥等。

【友情提醒】　早春季节,天气忽冷忽热,正是冠心病多发季节,这是因为变化多端的气候可使心脏血管发生痉挛,影响心脏本身的血液供应;此外气温忽冷忽热,稍不注意,极易发生感冒和支气管炎,这一切对患有冠心病的患者都十分不利,常是诱发心绞痛和心肌梗死的主要诱因。因此这一季节尤其要注意防病。

寒冷会使血管收缩,血液黏稠度增加,冠状动脉血管阻力增加,冠脉血流量减少,心肌缺血缺氧,并容易继发静脉血栓,从而增加了心肌梗死和心脏猝死的危险。因此,冠心病患者应根据气温变化及时增减衣着,户外运动,如遇天气突然变化骤冷,大风时,应注意暂减室外活动。

坚持参加力所能及的体育锻炼,避免竞争激烈的比赛。绝对不搬抬过重的物品。

过度忧虑、激动、发怒可使交感神经处于高度兴奋状态,体内儿茶酚胺分泌增多,导致心率加快、血压升高、氧耗量增大或冠状动脉痉挛,从而诱发心绞痛或急性心肌梗死,所以日常生活中,冠心病患者要特别讲究精神卫生,保持情绪稳定。

有些心肌梗死患者,由于经不起家人或亲人的“好心”相劝和美味佳肴的引诱,多吃了几口而诱发心肌梗死甚至死亡。还有的患者饱餐后即去沐浴,结果沐浴不久便倒于盆中,虽经积极抢救也无济于事。这是因为在正常情况下,胃肠道的血管极其丰富,进食后,因消化与吸收的需要,心输出量增加,腹腔脏器处于充血状态。在此基础上如果饱餐,一方面加重心脏的负担,同时还可使冠状动脉收缩,血供减少,心肌进一步缺血、缺氧,加重心功能不全。基于上述原因,先饱餐后沐浴危险性就更大了,因为人浴后全身小血管扩张,心脏和脑部更加缺血和缺氧,所以极易猝死。

很多人在病情发作时才想到服药,其实不发作的时候更要按照医嘱有规律地长期服药,并备有心绞痛发作时应用的扩血管药物。

认识医生开给你的各种药,学习紧急状况时如何应变。如果有心脏方面的毛病,亲近你的人应该知道当心脏停止时如何急救。确保你的亲人学会心脏按压术及口对口人工呼吸。也要随时准备好叫救护车的电话号码。

榨取芹菜汁,加适量的苹果汁同饮,既鲜甜可口又生津健胃,有平肝、清热、祛风、利尿、健脾、降压、健脑和醒神之功效,对血管硬化、高血压、神经衰弱症有很好的辅助治疗效果。

患心绞痛怎么办

你是否曾经左下巴痛,但是一下子就消失了。几天之后,疼痛感沿着左肩膀往下蔓延到左手臂。大约一个月后,胸部中央出现了压迫感。这到底是怎么回事呢?答案正是心绞痛。可是你不到 50 岁,怎么会出现心绞痛呢?所谓心绞痛,就是心肌细胞得不到足够的氧气来执行它的泵血工作,所以即使年纪轻,也可能患心绞痛。心脏科医师表示,心绞痛的成因:一是冠状动脉痉挛,使心肌细胞缺血,造成心绞痛;二是患者因患高血压,心脏为了供应人体所需血液而更加用力泵血,久而久之,心脏壁因为过度用力而肥厚;三是在血管中到处游走的血块突然堵住冠状动脉,致使心脏细胞缺血而引起心绞痛。停经前女性很少会心绞痛,所以,停经前女性如果出现心绞痛的症状,多半是起因为动脉痉挛。而停经后女性的心绞痛,则是起因于动脉狭窄。无论原因为何,当血流不足太久,心肌细胞缺氧太久,都会使心肌细胞坏死,引起心脏发病。

【应急措施】立即停止活动,就地平卧休息。家中如备有氧气袋,可先给患者吸氧。

含服硝酸甘油片,1～2 分钟即能止痛,且持续作用半小时;或含服消心痛 1～2 片,5 分钟奏效,持续作用 2 小时;也可将亚硝酸异戊酯放在手帕内压碎嗅之,10～15 秒钟即可奏效,但有头胀、头痛、面红、发热的副作用,高血压性心脏病患者忌用。

如果你有心绞痛的现象,心脏科医师会为你安排运动心电图,以确定哪一类运动以及多大运动量会引起心脏不适。

心绞痛发作,应急药物又不在身上,怎么办?当然,立即去医院是最稳妥的办法。不过这时如果能正确按压一个特定穴位——内关穴,症状往往能迅速缓解。内关穴位于人体前臂内侧、腕横纹上约 6 厘米、两根肌腱的中间。方法是:用大拇指在穴位处向下用力按压,同时做与肌腱成垂直方向的拨动,频率约每分钟 100 次。按压穴位、力度准确时,患者有明显的酸胀感,一般按压 30 秒钟后就能起效。

至阳穴,别名叫"肺底",位于背部第七胸椎棘突下。当低头时,颈部显著隆起的骨突为第七颈椎,其下方即为大椎穴,沿脊柱往下数即为胸椎,在第七个骨突下方。为了缓解心绞痛,按压至阳穴时可取一个 5 分硬币,将硬币边缘放于至阳穴上,然后适当用力按压。以出现酸胀感为度,不可用力过大,以免损伤皮肤。按压时间越长效果越好,一般按压 4 分钟即可。在按压 10～30 秒钟后心绞痛即可缓解,按压一次维持有效时间 25 分钟。每日按压 3～4 次。

足部按摩可减少心绞痛发作。平时可进行足部按摩,先用力按压涌泉穴 2～3 分钟,向右旋转第 2、3 足趾各 2～3 分钟,然后按揉各足趾,推擦足底正中线皮肤直至皮肤潮红。每日 2 次。

将丹参 30 克、川芎 30 克和冰片 3 克共研成细粉,和匀后备用。治疗时,取药粉适量,用醋调成膏,敷于双侧心俞、膻中穴,外盖纱布,然后用胶布固定,每日换药 1 次。

将白檀香、制乳香、川郁金、元胡和没药各 24 克,冰片 4 克一起研成细粉,和匀后备用。治疗时,用药粉适量与醋调膏,敷于内关、膻中穴,外盖纱布,然后用胶布固定,每日换药 1 次。

将栀子 20 克和桃仁 30 克共研成细粉,和匀后备用。治疗时,用适量药粉与蜂蜜调成膏,敷于心前区,外盖纱布,然后用胶布固定,每日换药 1 次。

无论有否服药,坐下可以降低人体细胞的需求,使心脏不再需要用力泵血,心脏工作负荷少了,心肌细胞得以休息,自然可以缓解心绞痛。

对那些心绞痛不固定发作的人,建议服用小剂量的阿司匹林,它能抑制凝血机制的活化。研究发现,心绞痛患者每天服用 4 粒阿司匹林,可减低 15% 的心脏病发病几率。建议患者每天服用一粒阿司匹林,以维持最基本的效力。当然,这应该在医生同意的情况下。

【何时就医】 经上述处理后,若胸痛仍不缓解,说明病情严重,应立即拨打 120 急救电话。在医生尚未到达之前,尽量使患者保持安静,避免不必要的搬动。注意患者的呼吸、脉搏、神志的变化,以便为医生到达后提供可靠的信息,有利于医生正确诊治。也可用车或担架送患者去医院诊治。

如果心绞痛现象持续 20 分钟,那么必须立刻挂急诊。当然,如果患的不是心绞痛,而是心脏病变,那么,就医更是刻不容缓,以免造成心脏永久伤害。

【友情提醒】 肥胖会使血压上升,而高血压会使心绞痛加剧,所以肥胖者必须减肥。

压力太大也会增加心肌细胞的耗氧量,致使心脏负荷变大,所以你应该想办法克服生活上的种种压力。

虽然心绞痛发生时必须立刻坐下来,然而平常却需经常运动,就像身体其他肌肉一样,心肌也需不断地运动锻炼,有锻炼的心脏才能更有效地应用氧气,不会发生心绞痛。

心绞痛患者应彻底改善一些不良的生活习惯,如抽烟,生活无规律,长期紧张和压力,高脂、高胆固醇、高盐的饮食等。要建立正确的观念及健康的生活态度,才能防患于未然。

重视精神调养,善于自我解脱。恬静愉快的情绪是预防心绞痛的要点。

试着解决冲突来源能有效地改善心绞痛,不论是在工作中还是在家中,学习控制情绪,而不是让情绪控制你。尽量不要和配偶吵架,那样常会引发心绞痛。

为防止在晚上睡觉时发病,不妨将床头抬高 8～10 厘米,有助于减少发作次数,采取这种睡姿能促使血液聚集脚部,没有太多血液回流入心脏里的狭窄动脉。

如果晚上睡觉时心绞痛发作,可以坐在床缘,将脚放在地板上。这样做可以缓解症状,如果症状仍未消退则需服用药物。

适度的体育锻炼和工作有利于气血流动。太极拳、气功、散步、慢跑都可选择,但锻炼量要渐渐增加,勿操之过急。

许多心绞痛患者认为运动容易引发心绞痛。刚开始接受运动训练时,确实会在初期阶段经历心绞痛,但不要因此就不运动。如果患者发现运动后病发频繁,则应减慢速度,直到身体能接受的程度。运动能缓解压力及不适,另外它也有助于减轻体重。压力及体重超过都对心脏不利。运动也能减少心跳次数,并降低血压,结果将减低对药物的需求。当然,光靠运动还不够,还需配合饮食治疗方能奏效。开始运动计划前,先向医生咨询,并做体能测试,以了解自己的极限,同时,运动前需做暖身活动,尤其是冷天外出时。

过多的胆固醇堆积在动脉管壁内,破坏了动脉管壁内内皮细胞的平滑性,容易引起动脉痉挛性心绞痛。

饮食宜清淡,糖也要少吃。燕麦、大麦、大豆制品、豌豆、核桃仁、葵花子、海蜇、海参、牡蛎、山楂、酸奶、鱼类等食品有助于改善病情,可以多吃一些。增加每日新鲜蔬菜的摄取量,多吃谷物,特别是燕麦麸,它有助于降低胆固醇。而高脂肪、高胆固醇类食品,如奶油、鱼子、乌贼、鱿鱼、小虾米、猪肝、猪肾、羊肉、蛋黄宜少吃。少吃盐,咖啡也要少吃。

晨起宜喝一杯水,并服药。一夜睡眠,血液浓度增大,而且心绞痛发作也是上午为多,故喝一杯水能稀释血液,提早服药能减少发作。忌暴饮暴食,不宜饭后即卧床休息。不做屏气动作,例如用力大便、抬举重物。减少性生活次数,且减短时间。

避免刺激物,如咖啡及茶,它们均含咖啡因。也避免烟、酒、糖、奶、油、红肉、脂肪(尤其是动物性脂肪)、煎炸食物、加工精制食品、软性饮料、辣食、白面粉产品。

暴露于过量噪音中 30 分钟以上会使血压上升,并且在噪音消退后还能继续影响心脏30 分钟。

患心肌炎怎么办

心肌炎即心肝肌肉中发生局限性或弥漫性的急性或慢性炎症,是一种感染性疾病的并发症,通常并不常见。与任何肌肉一样,心肌也会因缺乏维生素、矿物质或中毒而受到损害,目前酗酒者所患的营养性心肌病是最重要的心肌病形式。缺乏维生素 B_1,血流中缺钾也会引起这种疾病。而一些易感患者如扁桃体反复发炎者也会诱发心肌炎。轻微的心肌炎症状,可能只有轻微的胸痛、气促及脉搏加快;严重者则会导致心力衰竭及死亡。急性心肌炎多为继发性,但也可能是由某种病毒感染造成。心肌炎的症状变化多端,如疲乏、发热、胸闷、气短、头晕等,但也可能只有心悸(明显感觉到自己的心跳)、手脚浮肿等。严重的可出现心功能不全或心源性休克。在严重的情况下,肿大的心脏肌壁可能会阻碍血液流进和流出心脏。这种疾病就叫肥大性心肌病,其症状包括疲乏、胸痛、气促及心悸。

【应急措施】 病毒性心肌炎患者可口服一些抗病毒药物如病毒灵,中药板蓝根、金银花、连翘等;风湿性心肌炎患者在风湿活动期进行抗风湿治疗,如给以抗生素静脉点滴等;梅毒性心肌炎患者需同时进行驱梅毒治疗等一系列措施,以去除或控制导致心肌损害的病因,防止病情进一步发展。

适当应用激素可控制病情的发展,改善患者的症状。对于病情危重或反复发作的心肌炎患者及病毒血症明显,或经一般治疗无效的患者,采取早期、足量、短程应用肾上腺皮质激素的方法可明显缓解病情。但在病毒急性感染的最初 10 天内应避免使用激素,以免造成病毒扩散,使病情恶化。

【何时就医】 如果突然发生胸痛、咯血、气急、呼吸困难、昏迷、偏瘫等症状,应立即到医院治疗。

【友情提醒】 感冒后谨防心肌炎。据资料统计,81.3％的病毒性心肌炎患者发病前1~3 个月均有上感病史,而且,病毒性心肌炎发病的最初症状也与患普通感冒、流感的症状相似。当人体抵抗力降低时,病毒便乘虚而入,在心肌和心血管周围的细胞里繁殖,引起炎症,造成心肌纤维的水肿、断裂,等到患者出现心悸、胸闷、心前区隐痛、软弱无力等较典型症状时,心脏功能已明显受到损害。至今尚无特效药能够控制心肌炎。一旦得此病,虽然轻者可以自愈,但重者可引起心脏扩大、心力衰竭、心室颤动以致突然死亡。有的虽然经过救治,但因心脏功能明显减退,也会留有后遗症。所以,一旦出现感冒、流感症状时,千万不可麻痹大意,务必及时去医院诊治。

保持情绪稳定,以免给脆弱的心脏再增加压力。

对于一些易感染的患者如扁桃体反复发炎者,必要时可进行扁桃体摘除术以去除诱因,或注射转移因子、丙种球蛋白等以增强机体抵抗力,防止复发。

多吃新鲜水果、蔬菜及高热量、高蛋白的食物等,不宜吃过咸和油腻辛辣的食品,以免加重心脏的负担。

患心悸怎么办

心悸是一种常见现象。紧张、压力,甚至夜晚做噩梦等,都可能引起心脏怦怦乱跳。此外,左侧睡也容易引起心悸。这实际上是因为心脏位置靠近左胸壁,所以左侧睡比较容易感到心悸。

【应急措施】 当心悸发作时,有人会感觉心脏似翻滚了一下,或觉咽部有东西堵了一下,迫使你咳嗽;也有人觉得胸闷,气不够用;严重者可觉眼前发黑、心前区痛、短暂的神志丧失等。如果出现这些症状,先不必惊慌,不妨自触一下脉搏,数一下每分钟脉搏跳动的次数及跳动得是否规整。再是尽量争取在发作时做一次心电图检查,这些将给医生的诊断及治疗提供重要依据。发作终止后再检查心电图往往反映不出发作时的心电图改变。

发生心悸时不要恐惧,要保持情绪稳定。为了减轻心脏的负担,最有效的方法就是安静地休息,可用冰袋冷敷心脏部位。心悸伴呼吸困难者,要给患者一个舒适的体位,有条件者还应吸氧。适当服用镇静药物如安定或利眠宁。

心悸是心脏神经官能症患者最常见的症状。患者感觉到心跳、心前区搏动或不适,可用简易自疗法及时消除心悸。(1)突然用力咳嗽;(2)大口进食或饮水;(3)尽量使头部后仰或身体前倾;(4)深呼吸后屏气 30 秒钟,然后用力作深呼气动作。深呼吸可消除紧张感,使心跳减慢。

【何时就医】 心悸且呼吸短促、过去曾患过心脏病以及胸痛、胸闷等均需立即到医院就诊。

遇有心悸频繁出现时,先要去医院作一下检查,以查找确切病因。如果确由心律失常引起,则要作心电图检查,判别何种类型。明确是何种类型后,要让医生进行对症治疗。

凡发作时伴神志丧失、心前区痛、呼吸困难或四肢末梢发冷、出冷汗者,尤其是原有心血管疾病的患者,应及早到医院请医生诊治。

【友情提醒】 每周运动 3 次,一次至少 30 分钟,可强化心脏功能,使你不会因为从事较粗重的事情而心脏怦怦乱跳。

少喝酒,少喝含咖啡因饮料;戒烟,因尼古丁会使心跳加快。

患心肌梗死怎么办

心肌梗死也称心肌梗塞,是由于冠状动脉急性阻塞,引起部分心肌严重缺血、坏死所致的综合征。发病多见于寒冷季节,半数以上有心绞痛、高血压病史。心肌梗死发作时有如下表现:早期出现与心绞痛性质基本相同的疼痛,但更为剧烈,可持续数小时至数日之久,服药后胸痛不能缓解,还伴有烦躁不安、出冷汗、呼吸困难、恶心呕吐。

急性心肌梗死是冠心病的一种严重病情。患者发病前常有某种诱因如情绪激动、进食过饱、劳累等，发病后表现为严重的心前区压砸样剧痛，伴有窒息感、恐惧感、烦躁不安、出汗，患者用平时缓解心绞痛的办法不能使疼痛得以缓解，疼痛持续15分钟以上。这种情况，便可能是发生了急性心肌梗死。对于怀疑急性心肌梗死的人，不要耽搁，一定要按急性心肌梗死救助。

【应急措施】 心肌梗死急性发作时切忌惊慌失措，严禁立即搬动送往医院，而应先就地抢救。立即让患者平卧休息；松解领口，室内保持安静和空气流通，尽量让患者少说话；保持患者心情平静，不可慌乱，避免患者精神紧张而加重缺氧。若已摔倒在地，应原地平卧，不要急于搬上床，因为任何搬动都会增加患者的心脏负担，甚至危及生命。同时，立即与医院或急救站联系，请医生前来抢救。

急性心肌梗死无论是发生在家里或者在路上，都应立即停止一切体力活动及脑力劳动，就地休息，避免焦虑，尽量镇静。任何体力活动、脑力劳动、情绪激动都可使病情加剧。因此即便是在路边、公交车上，也千万不要自己硬撑，必须立即休息。此时如果没有家人在场，一定要向周围人求救，说明你是心脏病发作，人们会来帮你的。

如果随身备有心绞痛治疗药物，应立即取出硝酸甘油片1～2片舌下含服。也可口服冠心苏合丸1粒或速效救心丸10粒。同时再口服地西泮5毫克。

家中如备有氧气袋，应立即给患者吸氧。注意观察患者脉搏、呼吸、神志的变化，一旦患者的脉搏微弱、心跳听不清、呼吸将停止时应立即进行胸外心脏按压和口对口人工呼吸。

可针刺或用手指按掐患者的膻中、内关、合谷、人中、涌泉等穴位。

【何时就医】 家人或救助者应立即拨打急救电话120或附近医院急诊室电话，一定要说明病情，以便救护者准备相应的抢救用品。运送患者途中要使患者体位合适，尽量减少震动，避免患者费力和焦急。立即进行胸外心脏按压和口对口人工呼吸，直至医生到来。

【友情提醒】 对急性心梗，关键是做好预防。(1)患有冠心病的中老年人要在医生指导下坚持进行药物治疗，降低心梗复发率和减少猝死发生。(2)控制高血压，应选用适合自己的降压药，并坚持服用，将血压控制在130/85毫米汞柱以下。(3)注意根据气候的变化增减衣服，在隆冬和早春特别要防寒保暖。(4)平时应参加适度的体育锻炼，以增强心肺功能，还可使冠状动脉建立起侧支循环，保证对心肌的血供。(5)生活要有规律，注意劳逸结合，保证睡眠充足，午间小睡30分钟或1小时。(6)饮食以富有营养、清淡为宜，多吃鱼类、豆制品和新鲜蔬菜，不要暴饮暴食及酗酒。(7)坚决戒烟，因为烟中的尼古丁等物质可促使冠状动脉发生痉挛，加重病情，引发心绞痛和心梗。(8)患有血脂异常、糖尿病者应积极治疗，控制好血脂、血糖。还要防治各种感染性疾病和便秘、腹泻等。(9)保持心理平衡，这点极为重要。(10)应尽力避免过度紧张、激动、焦虑、抑郁等不良刺激，保持一颗平常心。

▶ 患高血压怎么办

舒张压高于90毫米汞柱，收缩压高于140毫米汞柱即为高血压。多数高血压患者属于原发性高血压，即其致病原因不明。少数患者是属于肾性高血压，即肾脏疾病引起的高血压。肥胖、糖尿病、服用避孕药都可增加患高血压的风险。此外，35～55岁的女性，每4人当中即有一名患有高血压；年过55岁，其比例会增加到50%。如果不加以治疗，长期高血压最后会导致心脏病、肾衰竭和中风。

　　【应急措施】　急救原则是立即消除诱因，降压治疗，但血压降到安全范围后应放慢速度，以免影响脏器供血，对老年人更应特别注意。

　　血压突然升高，伴有恶心、呕吐、剧烈头痛，甚至视线模糊，即已出现高血压病。这时家人要安慰患者不要紧张，卧床休息。家中若备有降压药，可立刻服用，还可以另服利尿剂、镇静剂等。

　　高血压患者在发病时常伴有脑血管意外，表现为患者突然出现剧烈头痛，伴有呕吐，甚至意识障碍和肢体瘫痪。此时要让患者平卧，头偏向一侧，以免发生意识障碍。

　　搓手心可降血压。先从右手开始，用左手的大拇指用力按搓右手心一直往上按到中指尖，至有热度为度。然后再照样按左手心到中指尖各30次。在按搓过程中，心情平静，呼吸均匀，全身放松。一旦发现血压升高，随时可进行。

　　患了高血压，除了服降压药外，还可以用穴位按摩功进行防治：每天早晚各1次按摩头部发区36下。每天早晚各1次按摩风池穴36下。每天早晚各1次按摩脚心的涌泉穴36下。

　　阳溪穴在手背上，也称为血压反应区。拍打阳溪时，如果有剧烈疼痛的感觉，血压必定上升到160～180毫米汞柱，此时应采用血压计测定；若达到160～180毫米汞柱血压时应刺激阳溪穴，而且要强刺激才能达到治疗目的。单纯的按摩并不能收到最佳效果，要拿十根牙签捆成一束刺激，每次10分钟，每天两次（局部红为准）。血压反应区，除了阳溪穴外，血压如果达到180～200毫米汞柱之间应刺激合谷穴，也可以两穴同时依次刺激。

　　给手足指（趾）甲以一定刺激，对原发性高血压的改善很有效。刺激甲根，可使"气"流通活跃，促进血液循环。其中，刺激拇指甲根，有助血压下降。方法是：在拇指甲根线状隆起肌肉处，用另一手拇、食指捏住，旋转地揉搓。呼气时揉搓，吸气时放松，不要过于用力。左右拇指各揉搓5分钟左右，尽可能早、中、晚各按摩一次。

　　请家属或助手从大椎向腰部方向捏脊。用两手食指和拇指沿脊柱两旁，用捏法把皮肤捏起来，边捏边向前推进，由大椎起向尾骶腰部进行，重复3～5遍。倒捏脊法可以舒通肾脉，降低血压。

　　以拳头用力捶击脚心，每日早、晚各做100次。

　　医学专家发现脚部大脚趾有一舒解血压的反射区，位于拇趾掌关节横纹正中央，只要每天用拇指和食指联合掐压该穴位2～3次，每次10分钟左右，或把大脚趾上下左右地旋转揉搓，有较好的降压作用。临床上可对此法加以改进，用中药决明子（药店有售）外贴，即用决明子3粒，粘在大小适中的伤湿止痛膏上，于晚上用热水洗脚擦干后贴于两侧大脚趾的穴位上，当即用手掐压，揉搓该穴位上的药子10分钟左右，次日晚再如法换药，一般贴后10分钟血压可略有下降，有欲睡感。2个月为一疗程，无副作用。

　　按揉曲池穴2分钟，1日2次。

　　血压偏高的人，踝部均有程度不同的发硬现象，转动踝部有助血液运行，血压可马上下降。盘腿坐椅上，用手抓住脚尖，向左右转动双脚踝，每次20～30分钟。早晚进行较有效，如洗澡后进行效果更佳。注意，转动时速度要慢，切忌用力过大、过猛，以防踝关节软组织扭伤。

　　找一个安静场所，闭目静坐，思想放松，摒除杂念，想一些愉快的事；同时作深而缓慢的腹式呼吸。早晚各 1 次,每次 10~15 分钟。

将脚下方的床抬高 7 厘米,这有利于血管系统趋于正常状态,并能使人睡得更熟。

将芥末面 250 克(副食店有售)平分成 3 份,每次取 1 份放在洗脚盆里,加半盆热水搅匀煮开,待水温适宜用此水洗脚。每天早晚各一次,3 天后血压就降了,再用药物巩固一段时间效果更好。

将适量的水烧开,放入两三勺小苏打,每次用小苏打水洗脚 20~30 分钟。

将适量的吴茱萸研成细末,每次用 15~30 克,加适量的醋调糊,每日睡前敷于双脚心涌泉穴。用纱布包、胶布固定。轻者 1 次,重者可连用 3~5 次。治疗期间注意测量血压。

【何时就医】 若经过上述处理症状仍不见缓解,要及早护送患者到附近医院急诊治疗。

即使没有高血压,也必须一年至少健康检查一次,孕妇更应经常量血压。如血压突然升高,伴有头痛、眩晕、恶心、呕吐、意识障碍等症状时,表示出现高血压脑病,须及时送医院治疗。

【友情提醒】 高血压病是一种慢性病,得了这种病也不可怕,关键自己要有信心。

超重者需减肥,这是降血压的最佳方法。尽管许多高血压患者身材不胖,但肥胖者患高血压的比例是体重正常者的 3 倍。减重可改变身体代谢率,减少胰岛素的需求量,使血压下降。即使只是减少 10~15 千克,血压即可明显下降。减重的第一步就是减少脂肪与糖分的摄取量。至于蛋白质的食用量也不宜过多,适量即可。

运动可以帮助血压降低。从事有氧运动,如慢跑、游泳等既可减肥,强化肌肉张力,又能增强血管的柔软度。许多研究显示有氧运动对高血压有多种益处,运动的用意在于迫使血管舒张,以降低血压。即使运动期间血压回升,但运动结束后会再下降。当血压回升时,也不会上升过多。无需跑步,散步的运动量也可和跑步相同,只是需要多费时。散步能够调节和改善大脑皮层的功能,松弛神经,扩张全身小血管,使升高的血压得以下降。散步时要轻松、自然、缓慢,时间每次以 20~30 分钟为宜。1 日 2~3 次。关键在于必须快步走,开始时,4 分钟走 250 米,渐渐地,15 分钟或更短时间内走 2 000 米。但像举重等锻炼肌肉的运动应该避免,因为举重可能使血压暂时上升。也勿在过湿或太热的天气中运动过量。

适当地减轻劳动强度,可使高血压患者的血压下降 10 个左右毫米汞柱。每天午饭后到户外散散步、晒晒太阳,也可控制或缓解血压升高。

白天活动中,至少应有 20 分钟的躺卧休息或稍抬高双脚的静坐休息。

许多方法如生物反馈、沉思及催眠疗法可指导大脑促进躯体放松。在有经验的专业医生指导下长期进行这些练习有助于降低血压。积极的想象,如想象你漂浮在平静的水面上,也对一些患者作用良好。

高血压患者要保持精神舒畅,戒怒戒躁,饮食宜清淡,忌烟、酒,少吃盐。

高血压患者要保持大便通畅,排便时切忌急躁或屏气用力,否则容易诱发脑出血。有条件的最好坐便,即使便的时间长一点也不会疲劳。如有习惯性便秘,要多吃蔬菜及香蕉等水果,以及一些高纤维的食物,可缓解便秘。

高血压患者无论上、下班乘车或是进市场购物都应尽量避免拥挤,以防血压突然升高而发生意外。

不穿紧身衣裤。领口或领带过紧会压迫颈静脉窦,使血压升高。

高血压患者常常伴有头疼、头晕、心烦、紧张、失眠及容易发怒等症状,而过于激动、暴怒、争吵等又会引发血压骤然升高。因此,高血压患者应努力克制自己的情绪,始终保持心态平和、乐观豁达、不气不恼、不急不躁,对防止血压升高及中风都会起到十分重要的作用。

午餐后稍微休息一下,然后小睡一觉(40分钟左右),或是坐在沙发上闭目静坐二三十分钟,这样有利于降低血压。

晚餐不宜吃得过饱,保持七分饱即可,而且应吃些容易消化的食物,如汤粉、面条或是稀饭,适当喝点汤,吃容易消化的蔬菜。切忌大鱼大肉饱餐一顿。

多吃蔬菜、水果、豆类食物,尤其是含钾量高的蔬菜水果,更有调节血压的功效。专家建议,每日钾的摄取量为2 000~4 000毫克。柳丁汁、西红柿、香蕉、豆子、香瓜、甜瓜等都含有丰富的钾。限制盐分的摄取,少吃薯条、洋芋片等高盐分食品。

中风怎么办

中风即脑中风,也就是急性脑血管病变。因其发病大多数比较急骤,故又称脑血管意外。凡因脑血管阻塞或破裂引起的脑血液循环障碍和脑组织机能或结构损害的疾病都可以称为中风。中风造成人体的功能障碍由大脑损害的部位和范围所决定。最常见的是运动的障碍如偏瘫,患者一侧身体和手脚不灵活、无力,甚至不能活动;或一侧身体和手脚感觉麻木。日常生活中如衣、食、住、行以及个人清洁卫生等会有轻重不同的障碍。部分严重的患者,比如高龄老年人,大脑病变范围大或伴有其他心肺的严重疾病,常会神志不清,完全卧床,甚至大小便失禁,需要有专人护理和照料。

中风的先兆表现是头痛、头昏、耳鸣、半身麻木、恶心。脑中风共同的临床表现为昏迷、呕吐、偏瘫、失语。但是每个患者的发病表现有所不同,可表现为以下的一项或几项:(1)意识障碍,严重者突然昏迷,轻者神志恍惚或昏睡,叫醒后又很快入睡;(2)肢体无力或麻木,面部、上肢、下肢感觉障碍,有蚁行感,无痛觉;(3)单侧上肢或下肢运动不灵活,不能提举重物,易摔跤;(4)语言障碍,突然说话不利索或说不出话来;(5)瞳孔变化,一侧大一侧小,双侧针尖大小,双侧扩大;(6)理解能力下降或突然记忆力减退;(7)视觉障碍,单侧眼视物不清;(8)眼球转动不灵活;(9)小便失禁;(10)平衡功能失调,站立不稳。

【应急措施】遇到中风患者,若意识清醒,可让其仰卧,保持头部安稳。对丧失意识者,让其静卧不动,解开衣领或皮带。切忌推摇患者、垫高枕头或晃动患者头部。可轻拧患者皮肤,以检查其有无意识反应。

使头略向后仰,以利气道通畅。若患者鼾声明显,提示其气道被下坠的舌根堵住,此时应抬起患者下颌,使之成仰头姿势。

摔倒在地的患者,可移至宽敞通风的地方,便于急救。必须转移患者时,应多人协作,一人托稳头部,水平地移动患者身体。

检查患者的生命体征,如呼吸、心跳停止,应立即做心肺复苏。

患者发生呕吐,让其脸转向一侧,取出口内的假牙,并用干净的手帕缠在手指上,伸进其口内清除呕吐物,以防堵塞气道,引起窒息。切忌用毛巾等物堵住口腔,妨碍呼吸。

禁止给患者喂水进食,以防误入气管而造成窒息。如患者口干,可用棉签蘸温开水给患者滋润嘴唇。

患者出现大小便失禁时应就地处理，不可移动其上半身，更不要随意搬动，以防脑出血加重。

患者发生抽搐时，用手帕裹住筷子，插入患者口中，以防咬伤舌头。也可将手帕卷成条状，垫在其上下牙之间。

有条件的可吸氧，血压显著升高但神志清醒者可给予口服降血压药物。

天冷时要注意保暖，天热时要注意降温。用冷毛巾覆盖患者头部，因血管在遇冷时收缩，可减少出血量。对于昏迷的患者，若医生一时尚不能到来，可即从冰箱中取出冰块装在塑料袋内小心地放在患者额头上，低温可起到保护大脑的作用。

根据病情，每天按摩2～4次，对骨骼隆起部位，每次至少需按摩3～5分钟，以活血通经。按摩时可选用50％红花酒精、当归活络酒、滑石粉等。如皮肤干燥，可涂5％硼酸软膏，以免干裂出血。

中风偏瘫患者瘫肢运动不灵，可在医师指导下，家庭成员给予按摩治疗，以预防肢体畸形和挛缩，促进瘫肢功能恢复。一般采用安抚性的推摩、抚摩、捋法、擦摩、轻揉和揉捏等手法，避免过强刺激加重肌肉痉挛。在患者能主动制止肌肉不自主收缩时，可采用较深入有力的揉捏、擦摩等手法。按摩的重点是患侧肢体，按摩上肢时应包括肩带肌肉，按摩通常与体操结合进行，作为一次治疗的开始或结束。

家庭按摩方法。（1）患者取仰卧位，按摩者站在其右侧，用右手拇指按、揉膻中、中脘、关元等穴。每穴按摩1分钟，手法适中。按摩者用两手由上而下推拿患者瘫痪的上肢肌肉，然后重点按揉和捏拿肩关节、肘关节、腕关节，用左手托住患者的腕部，用右手捋患者的手指。每次5分钟。（2）患者取俯卧位，按摩者站在其右侧，用两手拇指按揉背部脊柱两侧，由上至下进行，并用手掌在背腰部轻抚几遍。每次5分钟。（3）患者取俯卧位，按摩者站在其右侧，用两手拇指按揉背部脊柱两侧，由上至下进行，并用手掌在背腰部轻抚几遍。每次5分钟。然后用两手由上而下捏拿患者瘫痪的臀部及下肢后侧的肌肉群，抚摩几次，每次5分钟。（4）患者取坐位，按摩者站在患者在背面，按摩风池、翳风、肩井穴，再按揉肩背部，并轻轻地抚摩几次。这套动作进行5分钟，按摩手法须刚柔兼施，忌动作粗暴，方能收到治疗效果。

偏瘫患者在无意识障碍或无严重的心功能障碍情况下可自己按摩。一般常在发病后第3天就可进行自我按摩患侧肢体。按摩手法有推法、按法、拿法、揉法、捻法、抹法、陷法、摩法、拍打法、踩跷法、捋法、抚摩法。开始手法宜轻，选用2种或几种手法，以后手法可以灵活变换，按摩量亦可逐渐增大。偏瘫患者自我按摩时，用健肢将瘫痪的上肢放在胸前，将上肢按摩一遍，然后重点按摩关节部位，肘关节、肩关节适用拿法，指关节适用捋法。能够坐起时，用健手按摩侧下肢，在大腿及小腿部位用按、推、拿、揉、摩、拍打等手法进行自我按摩；足趾以选用捻、捋等方法为佳。不能坐起的患者，用健足的足跟、足底或足旁蹬踩搓动患侧下肢。这种踩跷法对下肢功能恢复有积极作用。

【何时就医】　为防止脑出血加重，尽可能请医生来家中治疗。若需送医院，应选较近的医院。在运送途中，车辆行驶应尽量平稳，减少颠簸震动，并将患者头稍抬高，随时注意病情的变化。

【友情提醒】　高血压是中风的一大诱发因素，要积极控制血压，经常定期检查血压，一定要服用医生开的药。避免过度激动、兴奋或生气。控制食盐的摄取、保证充足的睡眠等都是避免血压升高的有效预防措施。其他如冠心病、高脂血症、糖尿病等也有可能会引发中风。

肥胖是中风及高血压的危险因素，建议适量运动，并控制脂肪和糖类的摄取，勿饱餐不动。

提倡高蛋白、低脂、低盐、低糖及富含纤维素、钙质和维生素的饮食，可以吃大量的生菜、烘鱼、火鸡、鸡肉、大蒜、洋葱及卵磷脂，它们有效地降低血胆固醇的含量。饮食中也别忘了加入杏仁果及其他核果(不包含花生)、橄榄油、红鲑鱼、鲔鱼、大西洋鲭及鲭鱼，这些食物含必需脂肪酸，脂肪含量低，而且含有正常心脏功能所需的营养。

要尽量避免含有高脂肪和高胆固醇的食物，如动物脂肪、牛、羊、猪肉、无鳞鱼、奶油、煎炸食物和快餐食品。还应避免刺激性食物，如咖啡及茶，它们均含咖啡因。避免糖、加工精制食品、白面粉产品。

采用低盐饮食，应避免的食品及食品添加剂包括味精、碳酸氢钠、罐头蔬菜、已调配好的商品化食品、低热量软性饮料、含防腐剂的食品、肉类软化剂、某些药物及牙膏(咸性)、软化过的水。

保证大便通畅，避免过度劳累及用力，保证睡眠时间。善于充实和调剂精神生活，避免紧张、激动及各种不良情绪，保持一定的户外活动，注意夏季饮水和冬季保暖。坚持适当运动锻炼，尤其要注意颈椎的运动。

加强日常活动的练习。当患者的功能逐渐恢复，在肢体练习的基础上可以加入日常活动的练习，家庭日常活动的练习在中风患者的康复中十分重要。若患者能够生活自理，不仅减轻了家人的负担，而且为其重新参加公共活动创造条件。患者进行力所能及的日常生活的活动，既训练患者的运动功能，又训练患者的感知和认知功能，也有益于患者的心理调整。

保持床单平整、清洁、干燥，长期卧床患者易发生肺部感染，要经常扶患者坐起拍背以利分泌物排出，防止坠积性肺炎。保持病室安静，注意通风，每周用紫外线消毒病室 1～2 次，防止交叉感染。天气冷暖转变时应注意给患者加减衣服，防止感冒。

注意口腔清洁，凡不能进食，以及病情危重而鼻饲者，每日用生理盐水或双氧水做口腔护理 1～2 次。鼻饲管每周换 1 次。

患者睡姿宜采用侧卧位，应多采取患肢在上的体位，这样有利于呼吸道及口腔分泌物的排出，防止吸入性肺炎。为了避免褥疮，患者最好睡充气床、充水床等，而给患者大约每隔 2 小时翻一次身是最有效、最方便、最简单的措施。每次翻身后轻拍患者背部，帮助排痰，但要注意翻身时尽量不要使患者的皮肤与床面摩擦。

每天用温水擦洗受压部位 1～2 次。对昏迷、瘫痪、大小便失禁、出汗及呕吐的患者，衣服、被褥污湿后要及时更换；保持臀部、背部、会阴部清洁干燥，用温水擦洗浸渍部位，洗净后局部用六一散(滑石、甘草)或凡士林涂擦。

一般来讲，语言训练越早越好，首先采用受损最小的交往渠道和患者建立感情联系，如患者不能讲话和阅读，可用一些患者能利用表达要求的画片，以后可采用单词或短语卡片；如患者对口语理解很差，则可采用手势或视觉信号，配合 1～2 个意义明确的单词，避免用复杂的长句。要复诵容易听懂的语言，同对正常人说话一样与患者说话，用日常使用的简单话重复地说,使其对谈话抱有信心。每次训练都应耐心,反复示范,并尽可能采用相同方式。

脑血管患者一旦病情稳定,从急性期就应开始进行康复锻炼。家庭成员应尽量配合以利于日常的护理和照料。首先应有一个安静、舒适的环境以及保持乐观的气氛,多与患者交流。如果患者开始能自己刷牙、剃须、梳头和穿脱衣服,即使所花时间较长,也要让患者自己去做,尽量用简单容易的方法完成。

病情稳定后可对患者进行坐位平衡床上动作训练。一旦患者具有坐位平衡能力,即可开始做从床上到轮椅上,从轮椅到床上的移动能力训练。再逐步过渡到步行、上肢功能锻炼和日常生活能力的训练,为日后站立打下良好的基础。

患晕动病怎么办

晕车、晕船和晕机的症状相似,在医学上统称为晕动病。该病主要是由于内耳前庭器官受加速度影响造成的自主神经功能障碍,主要表现有面色苍白、出冷汗、恶心和呕吐。

轻型患者首先感到咽部不适,唾液分泌增多,吞咽动作因而频繁,上腹部有空腹感,似饥饿状,同时可有轻度头痛、眩晕、嗜睡、面色苍白等;中型患者头痛剧烈,特别是前额部,恶心、厌食,呕吐反复发作,呈喷射状,吐后自觉轻松,脉搏加快或缓慢,血压下降;重型患者的症状如上述,胃内容物虽然已经排空,但仍然继续作呕,甚至吐出胆汁或血液,可有脱水现象,自觉疲乏无力,面色苍白,四肢厥冷,体温低于正常,个别患者还会出现痉挛和抽搐等。

晕车晕船出现的症状是暂时、可以恢复的,但仍要及时处理。遇到晕船的患者,同行者要关心照顾。重症患者应平卧,扪耳休息或凝视远方,车船内应注意通风,同时服用茶苯海明(乘晕宁)。对呕吐严重的患者,要注意补充液体,维持体内水、电解质平衡。

【应急措施】 发生晕车、晕机、晕船时最好是静卧休息。有条件的应尽量将坐椅向后放平,然后闭目养神。千万不能在车厢内走动,这样会加重症状。

防止条件反射,发现左邻右舍的旅客有呕吐迹象时应立即离开现场。有恶心、呕吐等征兆时可做深呼吸。有条件的,用热毛巾擦脸,或在额头放置凉的湿毛巾。

坐车时选坐前座,坐船时则到甲板上活动一下,让眼睛所见与平衡器官感觉到的讯号一致,脑袋才不会混乱。多浏览窗外风景。尽可能坐在靠窗口、通风较好、离发动机较远的位置,以免因车、船颠簸或嗅到汽油味而发病。途中要眼观远方或闭目养神,不要观看车、船外面快速移动的树木、电线杆或起伏的波涛。车、船上的汽油和烟味、餐车里的鱼腥味皆可能使你作呕,因此要尽量避开。若是在车厢内,不妨将车窗打开;若是在船舱内,不妨到甲板上嗅嗅海风;若是在飞机上,可以转开头上的通风设备。还可以带一些清新空气的芳香水果(如柑橘)和薄荷油,当觉得头晕时,放在鼻子底下嗅嗅或将油涂在太阳穴上,也有意想不到的效果。

在行驶途中将鲜姜片拿在手里,随时放在鼻孔下面闻。也可将姜片贴在肚脐上,用伤湿止痛膏固定好。

如果发生了眩晕、呕吐等症状时应平卧。船是前后颠簸的,则横卧;左右颠簸的,则顺船平卧;若不能平卧,则将头靠在椅背上,闭眼休息。可以手指按压风池、内关、足三里穴,还可服白抗敏 25~50 毫克。

可与同伴谈笑、下棋、打牌,不要老是担心自己会晕车、晕船。也可用其他办法转变情绪,有效的办法是小指与小指勾在一起,然后互相拉勾。由于精神集中在小指的拉勾,因而能防止晕车。

乘车前喝一杯加醋的温开水,途中也不会晕车。

乘车前取伤湿止痛膏贴于肚脐眼处,对防止晕车疗效显著。

用拇指紧按手腕内侧折缝中间,就在掌心下面,稍稍用力,按大约 10 分钟。这一方法会抑制反胃和头晕。

乘车前 1 小时左右,将新鲜橘皮(或柑皮)表面朝外,向内对折,然后对准鼻孔,用手指挤压,橘皮汁喷入鼻孔,可吸入十余次。乘车途中也可照此法应用。

乘车途中,将风油精搽于太阳穴或风池穴。也可滴 2 滴风油精于肚脐眼处,并用伤湿止痛膏敷盖。

旅行前 1 小时服用 100 毫克维生素 B_6,2 小时后再服用 100 毫克,可以缓解恶心症状。

胃复安 1 片,晕车严重时可服 2 片,儿童剂量酌减,于上车前 10~15 分钟吞服,可防晕车。行程 2 小时以上又出现晕车症状者,可再服 1 片;途中临时服药者应在服药后站立 15~20 分钟后坐下,以便药物吸收。此法有效率达 97%,且无其他晕车片引起的口干、头晕等副作用。

【何时就医】 孕妇,曾经在旅途中严重呕吐 3~5 次,均需到医院诊治。

【友情提醒】 有晕车习惯的人,主要以预防为主,经常加强锻炼,如平时有意识地让脑袋转动转动,也可荡荡秋千,摇晃摇晃身体,以提高适应颠簸的能力。

启程前不宜过饱,只吃七八成饱;保证车船内空气流通,尽量坐比较平稳且与行驶方向一致的座位。

避免吃油腻食物,尤其不能吃高蛋白和高脂食品,否则容易出现恶心、呕吐等症状,宜吃易消化、含脂肪少的食物和水果。

最好找个人聊天,分散注意力。不要紧张,要保持精神放松,不要总想着会晕车。

旅行前应有足够的睡眠。睡眠充足精神就好,可提高对运动刺激的抗衡能力。

头部适当固定,避免过度摆动。尽量不要看窗外快速移动的景物,最好闭目养神。

乘坐交通工具前半小时口服晕车药。人丹、安定、眠而通均有防治头昏脑涨、稳定情绪的作用,并有防止恶心呕吐、祛风解毒的功效。

出发前最好系根宽腰带,可使人的上身更舒服,并尽量选择前舱座位,少受颠簸。

值得注意的是,老年人在乘坐交通工具时发生头昏、呕吐、恶心、出冷汗等征兆切勿考虑为晕动症,因为老年人前庭器官功能较迟钝,对运动反应不太敏感,一般不会发生晕动症。同时,心脑血管急症(如心肌梗死、中风)患者也有以上症状,所以,应找医务人员处理较妥。

患美尼尔氏病怎么办

美尼尔氏病是因内耳膜微循环障碍,影响淋巴液正常代谢,以致液体在内耳膜迷路内潴留所引起的突发性的旋转性眩晕,耳聋、耳鸣或耳胀闷感、恶心、呕吐等症状为主要特征,是一种由内耳膜迷路积水所引起的一种眩晕性疾病,多发生在 40 岁以上的女性。由于美尼尔氏病发病突然,首次发生的患者往往异常紧张和痛苦,实际上本病并没有特别严重的后果。因此,应提高对内耳膜迷路积水的认识,加强防治。美尼尔氏病的临床表现为突发性眩晕,自觉周围物体旋转或晃动,每次发作约数分钟或数小时,发作前或发作时有耳鸣或听力减退,常伴恶心、呕吐,偶有意识障碍。

【应急措施】 发作前常有预感,如单侧耳鸣或胀闷压迫感,此时就应注意,及时躺卧,以免发生摔伤等意外事故。

患者应静卧休息,按自己所喜欢的位置和姿态,不必紧张,要保持稳定的情绪,尽量避免睁眼和晃动头部。

发作时可口服晕海宁 1 片/次,1 日 3 次;也可服晕可平糖浆等。

【何时就医】 若以上方法无效或眩晕越来越厉害的,可及时去医院诊治。

【友情提醒】 发作期要卧床休息,保持心情舒畅,预防感冒。

进清淡饮食,注意补充维生素,限制入水量,并禁烟、酒、茶。

避免高空作业及机动车驾驶。

癌症疼痛怎么办

癌症引起的疼痛,剧烈而顽固,是一种常见的症状。在晚期癌症患者中疼痛的发生率高达 80%,其中以骨瘤、口腔癌、肝癌、肺部肿瘤引起的疼痛最多。为癌症患者减轻疼痛是治疗和护理的重要内容之一。许多人寄希望于去痛片、杜冷丁等药物,殊不知过早、过量给予强力的止痛药,久而久之容易成瘾,甚至产生耐药性而导致药物无效。对于那些疼痛较轻、历时较长的癌症患者,一般不主张立即使用镇痛药,而应采用心理疗法或物理疗法来止痛。

【应急措施】 暗示止痛:美国空军医学中心的西蒙顿博士说,一个决定战胜癌症的人,能够达到目的的机会比没有决心的人要多得多。他对癌症患者进行自我暗示镇痛,获得了很大的成功。有位 61 岁的喉癌患者,咽唾液可引起疼痛。西蒙顿博士对患者的疾病和治疗作了一番理智的描绘和耐心的劝解,说明患者的身体在如何进行调节,对治疗又产生何种反应,还让患者观看白细胞围歼癌细胞的幻灯片。以后要患者不断想象,通过想象力来增强意志,用自身力量消灭癌细胞,达到解除疼痛的目的。这种疗法的效果很好,患者不但疼痛减轻或解除,癌块也明显缩小了。西蒙顿博士认为,暗示不失为动员患者自身力量对付疼痛的有效办法。

冥思止痛:美国哈佛医学院的专家们认为,冥思能有效地战胜应激症候,包括疼痛。这种方法十分简单,患者坐在一把舒适的椅子上,闭上双眼,先想自己愿意想的任何事情,30 秒钟后自言自语地重复念着任何几个毫无意义的词。如果发现自己走了神,也不必慌张,重新入静后,继续重复念前面那几个无意义的字眼。冥思疗法应在进食 2 小时后进行,每次做 20 分钟。做完以后,应继续合眼静坐,想自己愿意想的任何事情,时间不少于 2 分钟,否则将达不到解除疼痛的目的。

音乐止痛:如果患者疼痛较轻,可选出一些患者喜欢的快速、高调的音乐或戏曲唱腔,让患者边欣赏边随着节奏打拍,用拍手、拍脚或点头的方式打拍均可,且最好闭上眼睛。当疼痛加剧时,音量可以加大。

呼吸止痛:患者用眼睛注视房间内的某一物体,深而慢地吸气,然后缓慢地呼出。边呼吸边数 1、2、3,并闭上眼睛,想象既新鲜又清香的空气缓慢进入肺部的情况,或想象眼前是一片平静的海滨。

松弛止痛:松弛能解除紧张、舒张骨骼肌、阻断疼痛反应,使患者获得短暂的休息,从而起到止痛作用。叹气、打呵欠等都是最简单的松弛动作。但腹式呼吸似乎更适合患者,屈髋屈膝平卧,放松腹肌、背肌和腿肌,闭上眼睛,缓慢地进行腹式呼吸。也可以同时结合冥思疗法,效果会更好。

刺激止痛:通过刺激疼痛区相应的健侧皮肤来达到止痛的目的。如患者右腿痛,可刺激左腿。刺激的方法有按摩、冷敷、涂薄荷脑等。

湿敷止痛:有冷湿敷和温湿敷之分。冷湿敷是将冰袋或冷湿毛巾放在疼痛部位,可减缓痛觉向大脑皮质传导的速度,并减少运动中枢向疼痛区域肌肉发放冲动,达到止痛的目的。温湿敷是用热水袋敷于痛处;也可将从 65℃的水中取出的热毛巾拧干,装入塑料袋内,再用薄毛巾包裹,敷于痛处,温度以 40℃左右为宜,一般可敷 20～30 分钟。

转移止痛:患者疼痛时可看一些笑话、幽默小故事之类的书报杂志,以分散对疼痛的注意力,但效果有限。

【何时就医】　有些癌症患者可能用上述各种止痛方法无效,或者疼痛十分剧烈,以至难以忍受,就应该在家属的陪同下前往医院请医生采取其他镇痛方法。

挤车后胸痛怎么办

乘车时遇到汽车紧急刹车或突然启动,停车不稳或车门阻塞等情况,乘客相互拥挤碰撞,就可能造成胸部外伤,轻者仅是胸壁软组织挫伤,重者则可能肋骨骨折,甚至发生气胸或血气胸,特别是老年乘客。

【应急措施】　胸壁软组织挫伤时,患者除可感到胸壁疼痛外,有时皮肤上还可看到小片青紫状,但此时患者做深呼吸或咳嗽时胸痛加重不明显,这可以判断没有发生肋骨骨折或其他严重情况。处理的方法是局部热敷,贴伤湿止痛膏药,或服些去痛片、舒筋活血药物。如服三七药片,用量为每次 15 克,每天服 2 次。一般一周左右症状消失。

如果有肋骨骨折发生,则患者除感到剧烈的胸痛以外,每次咳嗽、用力深呼吸时,胸痛都会明显加重;轻轻挤压受伤人的胸部时,骨折处会顿感剧痛。若经医院诊断仅单根肋骨骨折而没有错位,则可用布带紧裹胸部,适当休息,服些去痛片、止咳和活血药物即可。若患者除胸痛外,还伴有心慌、气急、出冷汗、面色发紫甚至休克,这很可能是多根肋骨骨折或已形成气胸、血胸或血气胸,这时应让患者平卧或取上身抬高15～20度半卧位,并立即送往医院外科急诊治疗。

眼睛充血怎么办

长时间的看书或看电视、熬夜、结膜炎、异物吹入眼内、烟熏、哭泣、过敏与化妆品刺激、饮酒等都可能使你的眼睛肿胀并布满血丝,如果仅是用眼不当引起,那么好好休息一下即可解除。

【应急措施】 用干净的法兰绒布浸水或包冰块,直接敷在眼睛上30分钟,可去红消肿。如果没有冰块,也可以用冷毛巾湿敷眼睛。冷水可以收缩血管且不会有反效果,再者,水分可以滋润眼睛。

如果是因为睡眠不足而出现红眼睛,则应改变作息来补充睡眠。睁眼过久容易使眼睛干涩,因而使眼睛变红。闭上眼睛7～8小时有助于滋润它们。

当睡醒后发现眼睛变红,问题恐怕不在眼睛而是在眼睑上。这可能是眼睑的轻度发炎。你可以在睡前用温水清洁眼睑,确保眼睑上的残屑、油脂、细菌、化妆品及眼睫毛上的头皮屑被清除掉。

【何时就医】 如果眼睛充血持续一天以上,那么应该就医了,这表示可能有异物在眼睛内或眼睛感染了。当受到化学物品氨气等刺激眼睛时,立刻送医急救。因眼睛受伤导致疼痛或视力丧失,请立刻就医。大多数的时候,眼睛充血不是大问题,所以别太紧张。若眼睛痛,视力模糊,或出现红雾状,应看医生治疗。

【友情提醒】 爱护眼睛要从脚开始。下面三种保健方法有利于护眼养目。(1)鞋子不要太紧,在家尽量穿宽松的袜子或赤脚,出门多穿布鞋,促进末梢血液循环顺畅。(2)经常踮起脚尖走路,这对提高视力、预防近视有一定的帮助。有关资料表明,芭蕾舞演员很少戴眼镜。(3)跳绳能健脑提神,刺激头部和眼睛反射区,不仅对眼睛有益,还可促进身体长高。不仅仅是脚,平时多把耳朵向外强力拉20次左右,也可以立即消除疲劳,减少久用眼的酸痛感。

患急性结膜炎怎么办

急性结膜炎俗称"红眼病",由某些病毒或细菌感染引起。患者眼睛分泌物有很强的传染性,可通过毛巾、脸盆、游泳池水、玩具等传播而使健康人患病。急性结膜炎起病急,易流行。发病时,眼部有异物感、灼热或灼痛感,眼睛发红、发痒,泪水流个不停,结膜充血,脓性分泌物较多,伴有眼睑浮肿、球结膜水肿。急性结膜炎应及时治疗与控制。如果急性结膜炎未能治愈,可转为慢性结膜炎。

【应急措施】 急性结膜炎可因风、烟、灰尘、强光、刺激性气体的长期刺激而成为慢性,因此要尽可能地避免这些刺激。畏光者可戴有色眼镜,但不要包封患眼。

将毛巾用温水沾湿后敷眼部,每次5～10分钟,1天3～4次,这样会使眼睛舒服些。

冷敷和热敷交替进行能促进血液循环,吸引抵抗感染的白血球到眼睛里来。在很热的水里浸湿洁净毛巾,拧干水分,在眼睛上敷1分钟,然后在冷水里浸泡毛巾,拧干水分,在眼睛上敷1分钟。1日重复3次。

如果是由过敏症引起的结膜炎,如夏季的花粉,这时可以做冷敷,冷敷能缓解痒痛。

由细菌引起的结膜炎,在你闭上眼睛睡觉时情况会加剧。因此,晚上睡眠时眼睛总是更难受。为了解决这个问题,睡前可在眼内点些抗生素软膏,这样可防止分泌物过多。

如果眼皮肿大,可试将马铃薯洗净后切成细丝,包在纱布内,然后置于眼睛上。马铃薯可作一种收敛剂,具有治疗功效。

分泌物多可冲洗眼结膜。患眼分泌物较多时,可用生理盐水或0.3%的硼酸水冲洗眼结膜,1日2～3次。

【何时就医】　按医嘱按时点滴抗生素眼药水。一般可用0.25%的氯霉素眼药水、0.5%的新霉素眼药水、0.1%的利福平眼药水或10%的目疾宁眼药水滴眼,每隔半小时滴1次。睡前可用眼药膏涂眼,以保持较长药效。滴眼前应先洗净双手。如果单眼先发,治疗时,另一只眼也可用同样药物,只是次数减少,有预防之效。

转为慢性时要另换药。若因种种原因使急性结膜炎转为慢性时,患眼可轮换滴用0.5%的硫酸锌、磺胺类和其他抗生素眼药水,并注意眼的卫生。

病情重者可服复方新诺明,成人一次服1克,1天2次;或服黄连素,每次200毫克,1天3次。儿童要在医生指导下用药。

【友情提醒】　注意个人卫生。本病具有很强的传染性,可造成广泛流行,故应注意个人卫生,特别是眼的卫生。游泳回家后要滴抗生素眼药水。家人患有急性结膜炎时,所有的洗漱用具都必须严格分开。患者的毛巾经常用开水煮烫,不用手和脏手帕揉眼,以免更红更痒。

游泳池水中的氯会引起结膜炎,但若不加氯,将孳生细菌,也可能引起结膜炎,所以在游泳时应戴上泳镜。

若戴隐形眼镜,一有红肿或刺痛感就立即取出,否则它们只会加剧疼痛,并且,如果你有传染性红眼病的话,隐形眼镜会将细菌堵在眼睛里。因此,请最好不要戴隐形眼镜,以免更受刺激。

患病期间忌食葱、韭菜、大蒜、辣椒、羊肉、狗肉等辛辣、热性刺激食物。

患麦粒肿怎么办

麦粒肿又叫睑腺炎,民间俗称"偷针眼",有外麦粒肿和内麦粒肿两种。前者是睫毛毛囊皮脂腺急性化脓性炎症,后者是睑腺急性化脓性炎症。常见致病菌为金黄色葡萄球菌。麦粒肿通常病灶是在睫毛根部出现一化脓红色小疹,会引起眼睑肿胀、瘙痒和疼痛。

【应急措施】　当感到快要长"偷针眼"时,在眼睑处热敷至少5分钟,1天4次,持续2周,如此可使欲长出的"偷针眼"自行吸收消失。

热敷的同时配合滴消炎眼药水,如氯霉素等,每2～3小时1次。

取一枚医用针头或缝衣针,耳尖皮肤用75%酒精棉球擦拭消毒后,用左手固定耳轮上缘,右手持针,对准耳尖迅速刺入1～2毫米,随即拔出针头,用手指挤压耳尖软组织,放出一滴血,用棉球拭去。第二天,麦粒肿即明显缩小乃至消散。此法宜在炎症早期施行。

在麦粒肿开始肿起来时,只需用食指压在患侧的眼角,并向耳朵方向牵拉几下,使患有麦粒肿的眼皮有被牵拉的感觉即可。肿起的当天多牵拉几下,第二天就可见效。

【何时就医】　当麦粒肿出现黄色胀头时,千万不可自己用缝衣针挑破或用手挤压,因为眼和面部的静脉血管与颅内静脉彼此相通,用手挤压麦粒肿时,有可能将脓液挤压扩散,使病菌随着血流到达颅内,从而引起海绵窦栓塞、化脓性脑膜炎或脑脓肿等严重并发症。麦粒肿出现脓头时应到医院眼科就诊,由医生进行正确治疗,这样不仅能很快痊愈,而且不留疤痕,不影响外观。

【友情提醒】 平时注意眼部卫生,保持眼部清洁,不用脏手揉眼,不用不洁之物擦眼。注意休息,适当增加睡眠,避免过度劳累。多吃水果,适当增加维生素的摄入,提高抵抗力。读书写字姿势要端正,保持"一尺一拳一寸",即眼睛离书本一尺,身体离桌沿一拳,手指离笔尖一寸;连续看书写字 1 小时左右要休息片刻,或向远处眺望一会儿;不要在光线太暗或直射阳光下看书、写字;不要躺着、走路或乘车时看书。

麦粒肿愈合前不要使用眼部化妆品,以免使"针眼"更严重。

不去挤压病变部位,特别是在洗脸时要轻柔,以免感染。

患沙眼病怎么办

沙眼是由一种叫沙眼衣原体的微生物引起眼结膜和角膜的传染性炎性病变,病程较长。沙眼衣原体不仅存在于沙眼患者眼中,还广泛存在于男、女尿道,故可以通过性接触传染。沙眼主要症状有痒感、异物感、干燥感和烧热感。

【应急措施】 常用的滴眼液有 0.1％利福平、10％~15％磺胺醋酰钠、0.25％氯霉素、0.5％红霉素,每日 4~6 次。眼膏剂有 0.5％金霉素、0.5％红霉素、1％利福平,每晚 1 次。

将适量的鲜蒲公英洗净,折茎取汁点眼,每次 1 滴,每天 2~3 次。

【何时就医】 严重的沙眼,有倒睫毛的人,都要请医生治疗。

【友情提醒】 要养成良好的个人卫生习惯,经常洗手。不到公共场所洗脸、洗手或洗其他东西。毛巾、脸盆和其他洗涤用具专人专用,定期消毒灭菌。

眼病患者不宜吃大蒜,因为大蒜味辛性温,多吃可动火、耗血,有碍视力。根据中医的经验,凡是有眼疾者,在服用中药治疗期间禁吃大蒜等辛辣刺激性食物,否则将影响治疗效果。故有"蒜有百利,唯害于目"的说法,这是很有道理的。

耳朵痛怎么办

耳朵痛可能是感冒后的后遗症,也可能是耳咽管发炎积水造成的。耳咽管是连接耳朵与咽喉的笔状小管,位于中耳,内含空气并不多,呈现负压。所以,耳咽管发炎并不会太痛,顶多是感到不舒服或耳鸣。耳朵痛较常发生在夜里,白天人的头是直立的,耳咽管自然地流向喉咙的后方。在咀嚼及吞咽时,耳咽管的肌肉收缩,使耳咽管打开,并允许空气进入中耳。但当夜晚入睡时,情形改变了,耳咽管不再自然地滴流,而且你也不再像白天那样吞咽,也无法使那么多空气通过。原来在中耳内的空气被吸收,形成真空状态,使耳鼓膜被推向内凹。耳朵痛还有其他原因,游泳感染的中耳炎会引发耳痛,坐飞机时的气压变化及深海潜水也会引起耳痛,甚至耳垢过多阻塞耳道也会引发耳痛。还有一种耳痛是由身体其他部位的问题引发的,这类耳痛可能起源于牙齿、扁桃腺、喉咙、舌头或上下颚。

【应急措施】 热敷可以促进血液循环,使发炎反应尽快消失,可局部热敷 20 分钟直到疼痛消失。

除非由于感染,耳朵疼痛通常是因为耳膜上集存的耳垢产生的压力造成的。对于耳膜,这难以承受。加热数滴食用油,灌入耳内,用药棉塞住耳孔,食用油的热量会使疼痛减弱,油也会使耳垢软化。

如果乘飞机,因机舱内密闭的压力会使耳膜向内凹并牵扯耳膜引起不适,可以试用双手捏住鼻子,舌头往上后方顶,如此可使耳咽不致受伤;打哈欠或嚼口香糖;在登机前20分钟与登机时喷上抗鼻黏膜充血剂。

【何时就医】　如果耳内有分泌物,发烧超过38.8℃,没有感冒且耳朵没进水而严重耳痛,则必须到医院诊治。如果有以下症状,请立刻挂急诊:听力突然丧失、突然晕眩、注意力不集中、耳朵痛的同侧脸颊肌肉无力、糖尿病患者突然耳朵痛。

【友情提醒】　吃辣椒或喝酸辣汤,使鼻涕流出来,以便减轻耳咽管的压力。

耳道进水怎么办

耳道进水是游泳过程中常见的一种现象。因耳道与鼻咽部有隐性通道,由于气压的作用而导致耳道进水。

【应急措施】　在水中可将头偏向耳道有水的一侧,用手掌紧压有水的耳朵,屏住呼吸,然后迅速抬起手掌,反复几次,把水滴吸出来。

上岸后,将头偏向耳道进水一侧,同侧下肢单腿直立,原地连续跳动几次,通过振荡,使水从耳道流出。

通过以上方法仍不能解除者,应到医院及时处理。

【友情提醒】　一般情况下不必处理,耳道进水可自行流出,若量少可随体温蒸发。如耳部感觉不适,听力受影响,或者曾有耳疾,可及时到医院诊治。

患急性鼻炎怎么办

急性鼻炎常发生于气候变化不定的季节,为病毒经飞沫传播所致。受凉、过度疲劳、营养不良、烟酒过度等各种能引起机体抵抗力下降的原因都可诱发急性鼻炎。全身可伴有发热、头痛等症状。鼻腔黏膜初期充血肿胀,呈鲜红色;后期充血并水肿,略呈暗红色。

【应急措施】　为了防止并发症,可用磺胺类或抗生素类药物。

银翘解毒片,每次4片,每日2次,口服。

感冒退热冲剂,每次1包,每日3~4次,冲服。

【何时就医】　症状较重时应去医院就医。

【友情提醒】　最好能够每星期用热水清洗枕头、被褥;打扫卫生时尽量戴上口罩,避免小埃吸入;家中最好不要饲养宠物。

在睡觉时要特别注意脚的保暖,枕头也应稍稍垫高至头肩部为宜。起床后刷牙洗脸应用温水,洗脸时最好用温热的毛巾轻捂口鼻呼吸数分钟。

情绪上应适度地调适,避免剧烈的情绪波动或过度忧郁。

饮食宜清淡且易消化,多食蔬菜和水果,忌油煎、生冷的食物,要多饮开水或喝生姜红糖水,以增加肌体能量,并加速体内毒物的排泄。应多吃些新鲜的或含蛋白质多的食物,如鱼、牛乳、蛋、大豆、肉、谷类等。

鼻出血怎么办

鼻出血原称鼻衄,是指鼻腔内血管破裂引起的出血。老年人常发生鼻出血提示动脉硬化。引起鼻出血的原因很多,常见的原因有鼻腔血管创伤(如挖鼻、擤鼻、喷嚏、咳嗽、打击或碰撞以及异物进入、鼻骨折、鼻中隔偏曲、鼻黏膜干燥)、局部外伤、鼻炎、肿瘤、鼻腔异物和鼻中隔疾病等。鼻出血也可能是急性传染病、血液病、肾衰竭、心血管病所引起,特别是高血压引起的动脉硬化占绝大多数。

【应急措施】 安慰患者,使患者不要太紧张,应尽量保持镇静。因为精神紧张,会导致血压增高而加剧出血。

让患者用嘴呼吸,用拇指和食指紧紧捏住两侧鼻翼及稍上方处,以压住出血点,持续约10分钟,同时不要讲话、吞咽、咳嗽,可轻轻吐出流入嘴里的血液,注意不要用力。10分钟后缓缓松手,如果鼻子仍出血,可再次按压10分钟。如果上述方法无效,可用干净的棉花或纱布塞入出血侧鼻腔。注意,要小心,既要尽可能塞紧些,又要防止黏膜擦伤。在进行上述处理的同时,可用冷毛巾在患者前额和两侧颈部进行冷敷,使血管收缩减少出血。血止后可用温水清洗鼻、嘴周围,让患者安静休息数小时,不要擤鼻子,以免血痂过早剥脱而再次出血。如果上述方法处理后鼻出血仍不止,则应立即去医院救治。

鼻出血时,不要让患者头后仰,因为头后仰,血液会经喉咙流入胃,引起呕吐,同时会误诊为上消化道出血,而且不容易判断出血量。

止血之前,先试着将血块擤出。因为堵在血管内的血块使血管无法闭合。血管内有弹性纤维,当你去除血块,这些弹性纤维才有办法收缩,使流血的开口关闭。有时,擤完鼻子,用手稍微捏紧鼻子也能停止流血。

擤过鼻血(清除血块)及塞过棉花之后,用拇指及食指将鼻孔捏在一起,持续压紧5~7分钟。如果仍未止血,再重复塞棉花及捏鼻子的动作,仍然压5~7分钟。这样应可收到止血功效。

鼻腔内的血管破裂,需要7~10天才能完全复原。血流在血液凝结后停止,随后凝结的血块逐渐结痂。若在隔周挖鼻孔,不慎剥落结痂,将使流鼻血复发。

将流入咽部的血液尽量吐出,以免咽下后刺激恶心反射性加重鼻出血,鼻腔内的血块轻轻擤出,有利于鼻腔血管收缩止血。

使患者取坐位,头部向前倾,张口呼吸,用食指和拇指捏住鼻翼根部(不要捏在鼻尖上),使两侧鼻翼压向鼻中隔,至少5~10分钟再松开。这样,一般少量出血会停止。

先将棉片用水蘸湿,如果家里有云南白药、麻黄素滴鼻液或其他止血粉,蘸在棉花表面塞入鼻腔,轻轻压迫,止血效果很好。如果没有,仅将棉花用水蘸湿填塞鼻腔再给予压迫,也有助于止血。

如持续鼻出血不止,右鼻孔出血时上举左臂,左鼻孔出血时上举右臂,一两分钟即可止血。或右鼻孔出血用右手中指按住右乳突(耳后突起部),左鼻孔出血用左手中指按住左乳突,头向后仰,鼻孔朝上,一两分钟后也可止血。

用拇指和食指捏脚后跟,右鼻出血捏左足跟,左鼻出血捏右足跟。

鼻出血时一般采取坐位将流入口中的血液尽量吐出,并用指捏止血法,用冷水袋敷前额后颈。禁食辛辣刺激性食物。长期反复出血者应到医院查明原因,针对病因进行治疗。

用消毒过的棉球塞鼻或两手指紧捏两侧鼻翼15分钟左右。用1%麻黄碱液或0.1%肾上腺素液棉球塞鼻。食后漱口,保持口腔清洁。大便通畅,有便秘时不可用力屏气。在不受凉的原则下,衣着及被褥不可过多、过暖。忌挖鼻、擤鼻、过热水洗脸、低头等。

用包了冰块的毛巾敷在前额、颈侧,以促使血管收缩而止血。如无冰块,用毛巾蘸冷水敷也可,每次冷敷至少20分钟,并不时更换冷毛巾。

【何时就医】 高血压患者鼻出血时需经降压处理才能止住,家庭处理很难有效,应立即去医院救治。

血止后不可用手指挖鼻孔,因为会将凝结的血块挖掉,造成再次出血。鼻出血停止后,患者不应大意,应去医院耳鼻喉科检查,查找出血原因,以便进一步治疗。

外伤所致鼻出血,如果从鼻内流出淡黄色液体或血水,提示出现颅骨骨折,这时不要填塞鼻腔,可用干净毛巾、纱布盖住鼻孔以手扶住,立即到医院就诊。

任何影响体内女性荷尔蒙的因子(包括月经周期)皆可能使你更容易流鼻血。某些口服避孕药也会改变女性荷尔蒙的平衡。假如你有流鼻血的问题,则在选用避孕药时应向医生咨询。

血止伴后擤完鼻涕却依然无法呼吸,这表示鼻骨可能断了,此时应立刻局部冰敷并施压再送医院;血液不仅从鼻子流出,还大量流到喉咙里,这表示鼻子是内部受伤(颜面外伤患者更会如此),应立刻就医。不明原因的经常流鼻血,也应到医院诊治。

当用棉花塞过鼻子,也捏过鼻子,但仍然无效时,应立即去看医生,流鼻血持续过久可能致命。当你发现血液从鼻腔后头流向喉咙,也应尽快就医。

【友情提醒】 不少人在流鼻血时,会习惯地把头仰起,把血咽下。其实这是不正确的做法。一旦发生流鼻血,应该让患者坐下,全身放松,用手指压迫流血的鼻子中部5～10分钟(利用鼻翼压迫易出血区)。患者头部应保持直立位。头低可引起头部充血,仰头可使血液倒流到咽部。口中的血应尽量吐出,以免咽下后刺激胃部引起呕吐。指压期间用冷水袋(或湿毛巾)敷前额及后颈,以减少出血。

鼻塞怎么办

无论是感冒、过敏还是空气污染,只要是鼻塞,都令人难受。鼻塞在一般情况下是由感冒引起的。因上呼吸道感染,引起鼻黏膜水肿,致使通气不良。此时还可伴有鼻子的其他症状,如流鼻涕等。它是感冒的一个伴随症状。引起鼻塞的其他原因有鼻腔息肉、急性或慢性鼻炎和鼻中隔畸形等。

【应急措施】 将一杯温水加入半茶匙盐和一点点重碳酸盐混合成自制鼻喷液,比清水更具滋润鼻腔的效果。单纯的生理盐水也可以。热水淋浴可治疗鼻塞。

患者平坐,用拇、食两指在鼻翼两侧自上而下按摩3分钟;再揉压迎香穴1分钟,当鼻腔有热感时气息即通。每隔2～3小时做1次,2天后鼻塞就会消失。若为重感冒引起的鼻塞,配合合谷穴按摩也有一定的作用。

用双手拇指中节突出处在睛明穴开始往下至迎香穴,上下往返100次。也可用拇指和食指按捏住鼻梁往返100次。因在鼻梁有心、肝、脾、肾等穴位,所以按摩鼻而由上述病症引起的鼻塞症状均可消除。用热毛巾热敷额头及鼻梁周围,敷时可吸气。热气吸入鼻可湿润鼻腔。另外,热敷可促进整个鼻腔的血液循环,进而消除鼻塞,每次热敷5～10分钟,每日3次。

取站立或坐姿,嘴微张,下颌微收,用手掌侧轻轻叩击枕部(即后脑勺枕骨突出处),连续叩击20次鼻塞即通,每日3次。此法简单易行,便于掌握,效果迅速可靠。

左侧鼻塞向右卧,右侧鼻塞向左卧,有缓解鼻塞的作用。

用食醋20毫升加热熏蒸,患者吸入蒸汽,鼻塞自解。也可用葱白或洋葱切碎煮沸,自然呼吸,吸入葱白、洋葱的水蒸气,不久就能消除鼻塞。

用风油精滴于棉球内,塞于患鼻中。

可将葱白捣烂取其汁渗入药棉后塞进鼻孔;还可将大蒜瓣1个削成适当大小圆柱形与鼻孔吻合的形状,塞于鼻孔中。

鼻塞伴有头痛时,可取白萝卜3～4只放入锅中,加入适量的清水,煮沸后用鼻吸蒸汽,数分钟后鼻渐畅通,头痛消失。

在锅里放3杯水,烧开后将锅端到餐桌上,鼻塞者坐在桌边,用毛巾把头包上,向前倾斜上身使脸部靠近蒸汽(不要靠得太近,以防烫伤),吸锅里的蒸汽5分钟以上,这样有助于排出鼻腔里的黏液。

【何时就医】 若经以上处理,或感冒痊愈后鼻塞仍不能缓解,应去医院请医生找一下原因,是否由其他疾病引起。

不只鼻塞,还伴随发痒、打喷嚏的症状,那么,你可能有过敏现象;黄绿色,或带臭味的鼻涕;严重头痛或脸痛;发烧;持续咳嗽,都需到医院诊治。

【友情提醒】 活动双脚治鼻塞。造成鼻塞的原因多是异物、炎症等,而伏案工作者出现的不明原因的鼻塞,则是由鼻黏膜的血液滞留造成鼻黏膜肿大而引起的。人的鼻腔是微血管非常集中的一个末端。因低头而使血液回流受阻,缺少活动又可造成全身血液循环不良,这两种因素加在一起就造成了鼻塞。使用含有收缩血管功能的麻黄素等滴鼻剂,起初对治鼻塞会有一定效果,但反复使用却使症状加重。众所周知,从心脏流出的血流,由于重力及血压的原因,很容易到达脚尖,但从脚尖反流回心脏时,只能经过压力较低的静脉,所以回流较困难。脚部的静脉分布在皮肤与肌肉之间,且静脉壁很薄,只要活动脚部,回流的能力便明显改善。所以,长期伏案工作或运动量较少的人,每天至少要坚持做几次充分的双脚运动。

声音嘶哑怎么办

引起突然声哑的原因很多,主要有说话过多、说话过响、高声叫嚷、烟酒过度、伤风受凉、剧烈咳嗽等。

【应急措施】 将胖大海10克加水煮沸3分钟,取汁连渣倒在茶壶内,当茶饮用。

如果是夏季,可多吃西瓜。

每天用蜂蜜30克和冰片0.6克混匀,冲入开水,待凉,少量多次地缓缓咽下。

将萝卜200克和鲜生姜40克洗净后一起捣烂取汁,1日服3次,每次1～2汤匙,直到声音恢复为止。

将黄花菜 50 克加水煮熟，调入适量蜂蜜，含在口里浸漱咽喉片刻，然后徐徐咽下，每日分 3 次服用。用于治疗因声带劳累而引起的失音声哑症。

将食醋 250 毫升和鸡蛋 1 个在搪瓷器皿中煮熟后去蛋壳，再将蛋煮 10 分钟，醋、蛋一起吃。不愈的话，再吃 1 个。

【何时就医】 如果用上述方法效果不好，或声音嘶哑呈持续性并进行性加剧，应到医院检查诊治。

如果声带上长了息肉，或者是声带闭锁不全而引起的慢性声音嘶哑，要请医生处理。

【友情提醒】 声哑以后，重在调养。要注意休息，尽量少讲话，多喝开水，远离尘土飞扬的环境，禁烟、酒、辛辣食物，不吃冷饮。

咽喉发炎怎么办

咽喉炎表现为慢性的咽喉干痛、不适。中老年人患咽喉炎是常见病，患病后疼痛难忍，吞咽困难。

【应急措施】 含化金嗓子喉宝或草珊瑚含片，每次 1 片，1 日数次。

服用牛黄解毒丸，每次 6～9 克，1 日 2 次。

用食醋和清水各半混合后漱口，每日数次。

将适量的西瓜霜吹咽部，每日 3 次。

使用葡萄糖锌含片，每 2 小时 1 粒。使用剂量勿超过一周。葡萄糖锌含片能止痛并改善免疫功能。

用右手大拇指和食指直接有节奏地点压左手无名指尖，坚持每日 3 次，饭前点压。每次点压 10～15 分钟，一般 3～4 日可治愈。

将牛黄解毒片 2～4 片研为细末，用 75％酒精或普通白酒调为糊状，敷于喉结一侧，12 小时后敷另一侧，外用胶布固定，即可取得治急性咽喉炎的明显效果。此法也可以治疗急性化脓性扁桃体炎，只是将药物敷于双侧扁桃体处即可。

葵花籽是治疗咽喉疼痛的一种良药，少有人知。用葵花籽自制液漱口，治疗咽喉急慢性炎症、扁桃体炎等疾病，效果极佳。将生葵花籽 100 克烘干或文火轻炒（勿久炒）以便去壳，再将葵花籽仁杵碎如泥，浸泡在 38～50 度的食用白酒中 24 小时以上，白酒量为 500 毫升；再用纱布过滤，得原汁约 450 毫升，小口瓶装备用。在发生咽喉疼痛时，取原汁按 1∶10 的比例兑入冷开水，即成葵花籽液用于漱口。切不可用原汁漱口，以防酒精刺激而加重咽喉痛。

咽喉疼痛，不妨口服风油精 2～4 滴，慢慢吞下，且不用水送服。一般咽喉疼痛，试服 5 次，当天见效，较重者多服几天。

将食盐炒熟研末，吹入咽喉部位，吐出涎水，可消炎止痛。

试试小型蒸汽浴。往锅内加入 3 杯水，煮开后将锅从火上移开，在锅里加入 1/4 茶匙薄荷油，坐或站在锅前将脸埋在锅上方（注意不要离锅太近，否则会烫伤），吸入蒸汽。5 分钟以后离开锅口透透气。

将经霜老丝瓜 1 条洗净，取 20 克连皮、瓤、籽一起切碎，放入碗内，加水适量，上锅蒸 20

分钟,加白糖 1 汤匙调匀,去瓜皮、瓤、籽取其汁,趁热慢慢咽下。数次可愈。

【何时就医】 如果咽喉炎症状比较严重,应尽早到医院请医生检查诊治。

【友情提醒】 忌在长时间用嗓后大量吃冷饮,忌烟酒刺激。因为上述情况可使咽部抵抗力下降,不利于炎症恢复。不要长时间讲话,更忌声嘶力竭地喊叫。

苋菜、蜂蜜、西红柿、杨桃、柠檬、青果、海带、萝卜、芝麻、生梨、荸荠和甘蔗等食品具有清热退火、润养肺肾阴液的作用,可适量多食。

患急性扁桃体炎怎么办

急性扁桃体炎为常见疾病,多发生于春、秋两季,常见于青少年。急性扁桃体炎的致病菌以溶血性链球菌为主,它的主要症状是咽痛、畏寒和发热。让患者张开嘴发"啊"的音时,可以看到红肿充血的扁桃体。当致病菌毒力强或人体抵抗力下降时,可引起扁桃体周围脓肿、颈淋巴结炎、急性中耳炎及心肌炎、肾小球肾炎等并发症。

【应急措施】 患者用手指按摩涌泉、太溪、照海穴各 5 分钟,每日 2 次。

选穴大椎、肺俞、曲池进行拔罐,每穴留罐 10 分钟,每日 1 次。再用消毒针点刺手指的少商、商阳穴出血。

揉搓足小趾、四趾的趾腹、大脚趾、二趾趾根各 3～5 分钟,每日 2 次。

重点揉按足底的扁桃体、颈、耳反射区各 5～8 分钟,揉按足底的肾、输尿管、膀胱反射区各 3～5 分钟。每日 2 次。掐捏淋巴反射区 1～3 分钟。

将少商穴(少商穴位于手背拇指桡侧,指甲根旁)消毒后,用针刺放血 3～4 滴。

霜降以后择粗大丝瓜藤在近根 30～40 厘米处剪断,然后将两个断头均插入大口瓶中,则分别有水流出,收贮备用。剪断 1 株,可得水 500 毫升左右。每日服两酒杯(约 60 毫升),用开水送服。

将蒲公英 30 克加水煎服。

用鲜萝卜制汁 100 毫升,加甘蔗汁 100 毫升调匀,用温开水送服,每日 2～3 次。

将黑木耳 10 克焙干研成细末,用小细管向喉部吹木耳末,早晚各吹 1 次。

将冰糖 50 克和冰片 2 克共研末,每次将少许吹向患处,每日 1～2 次。

将鲜萝卜 800 克捣烂取汁,生姜 200 克捣烂取汁,两汁混合拌匀,再加白糖 50 克,水煎待温后频频饮服或含服。

【何时就医】 患急性扁桃体炎要到医院请医生检查诊治。

有并发症形成扁桃体周围脓肿,须行穿刺或切开排脓术,以免引起更严重的并发症。若出现心悸、关节酸痛等症状,则应及时去医院检查。

【友情提醒】 患者应卧床休息,多饮水,食用易消化、营养丰富的流质或半流质,并注意保持大便通畅。家庭其他成员要注意隔离。

发病时饮食宜进流质或软质食物,忌烟、酒和咖啡、浓茶等刺激性饮料。忌咸辣食物。

患口腔溃疡怎么办

口腔溃疡(又称口疮)常发生在口部,但也可出现在舌头、脸颊内侧、嘴唇或牙龈上。内分泌功能紊乱、消化不良、便秘、睡眠不足、疲劳、生活不规律、情绪不良、口腔习惯不良、遗传、食物、刷牙过猛及情绪紧张等,均与口腔溃疡有密切关系。对大多数女性来说,压力和经期可能是原因之一。不论是什么因素造成,治疗口腔溃疡是件麻烦的事。口腔是全身细菌窝藏最多之处,治疗口腔溃疡有双重目的:一方面要消灭那些感染口腔溃疡的细菌;另一方面要保护伤口。口腔溃疡疼痛剧烈似烧灼样,一般 10 天左右可痊愈;随天气、情绪、劳累等因素可复发;本病可迁延数年,数十年不愈。

【应急措施】 用手指按压地仓、廉泉、曲池、合谷、足三里、通里穴。每日 2 次,每次每穴 100 下。

按压涌泉穴 10 分钟,用手搓擦足底 5 分钟,最后活动足踝、各脚趾共 10 分钟。

最理想的药物是硫酸庆大霉素液。方法简便,价格低廉。在搽药之前,应先用温开水将口腔漱净后,将一支硫酸庆大霉素液瓶头启开,用消毒棉球蘸硫酸庆大霉素液直接涂于口腔溃烂部位,闭嘴 10～15 分钟,每日早晚各进行 1 次。一般搽药 3 次可见效,最多 12 次可愈。

将少许痢特灵研成粉状,敷涂于溃疡面上。每日 3 次,每次 1 片。2～3 天后能收到满意的效果。

取雷尼替丁(一种治疗胃、十二指肠溃疡的西药)150 毫克口服,每日 2 次,同时用雷尼替丁药粉直接涂在溃疡面上,每日 3 次,直至溃疡愈合。一般 1～2 天内止痛,3～5 天内愈合。适用于复发性口腔溃疡。

维生素 E 对口腔溃疡疗效明显。方法是用维生素 E 油涂患处,每日 4～5 次,一般 2～4 次创面可愈合。

将维生素 C 片研成粉末,敷在口腔溃疡处,每天 2～3 次。如溃疡面较大,应用刮匙清除溃疡面上的渗出物,再敷维生素 C 粉末。一般 1～3 天可痊愈。还可用维生素 C 6 片及维生素 B₂ 2 片研成粉,放入水杯或药瓶中,加入凉白开水 100 毫升搅匀,每日用此药液含漱 4～6 次,睡前加漱一次,每次含漱 5 分钟左右。此法对口腔溃疡有一定的治疗作用。

将鸡蛋 3 只煮熟后,取蛋黄放在铁勺内,先用文火烤至蛋黄变黄,以后用旺火烧至出油,去渣取油,装瓶备用。局部先用 1∶5 000 高锰酸钾液轻轻洗净患处,再用淡盐水冲洗,然后涂搽蛋黄油,每天 2 次。适用于口腔溃疡患者。

取云南白药适量撒于溃疡面,闭口保持 5 秒钟,尽量避免将粉末咽下,每日 3～4 次,睡前必须用药一次。用药 2 天,疼痛消除,溃疡面愈合为治愈;若疼痛减轻,溃疡面缩小,继续用药 4 日后即可治愈。

将锡类散或养阴生肌散涂患处。也可将杨梅树皮水煎后含漱,每日 3 次。

将西红柿数只洗净后用沸水泡过剥皮,然后用洁净的纱布绞汁挤液。将西红柿汁含在口内,使其接触疮面,每次数分钟,一日数次。西红柿汁有清热生津的功效,故对口疮有很好的医治作用。

口腔黏膜溃疡,民间常使用蜂蜜外涂治疗。具体方法是,早、晚饭后用温开水漱清口腔,然后取一汤匙蜂蜜(有原汁的更好),含于口腔内 3～5 分钟,然后缓缓咽下,重复再含 1 次。连续治疗 2～3 天,溃疡即减少直至愈合。

"转舌功"能治口腔病。转舌功的具体做法是:口微合,舌尖向上成钩形,放在唇内门牙外,然后舌尖沿牙床往左至尽头,改为向下,沿下牙床往右,至门牙下方,呼气;舌尖继续往右至尽头,改为向上,往左至起点,吸气。舌尖继续往左,至尽头,然后舌尖往右转。同前法,做18次。这时,口腔内已存有口水,把口水分3次徐徐咽下。坚持转舌功,可治口腔生疮、口腔溃疡、牙痛、牙周炎,还能防止牙齿早脱。

用食用醋漱口法治疗复发性口腔溃疡疗效较好,具体治疗方法是:每日饭后半小时刷牙,清除口腔内残留物后,用10毫升食用醋漱口,每日3次。

用1杯水稀释1汤匙双氧水,以此溶液漱口,可防止口腔溃疡感染,并加速复原。

将五倍子6克以及黄连、薄荷和甘草各2克一起用水煎浓汁,外涂患处,每日2次。

将金银花15克、连翘15克、黄芩10克和生甘草6克加水200毫升,煎成60毫升。每日3～4次,涂擦口腔。

将维生素$B_2$50毫克和四环素0.25克研成细粉,加入5毫升甘油搅匀后涂在患处,据报道此方治愈率达98%以上。

用热姜水代茶漱口,每日2～3次,一般6～9次溃疡面可收敛。

口含香油片刻,有祛腐消炎生肌作用。

【何时就医】 如果伤口较大,经常有溃疡或伤口持续两星期以上,高烧或淋巴结肿大,就必须到医院诊治。对复发性口腔溃疡应到医院查明是否患有其他免疫性疾病。

【友情提醒】 辛辣调味料、柳橙类水果、富含精氨酸的核果(尤其是核桃)、巧克力及草莓等物会刺激口腔溃疡,并使某些人产生口腔溃疡。因此应避免这类食物。

避免抽烟、咖啡、烫的食物及那些已知会诱发口腔溃疡的食物。

患牙周炎怎么办

牙周炎是牙龈、牙周膜和牙槽骨的慢性疾病,是引起牙齿缺失的主要原因之一。牙周炎主要由于牙齿细菌斑,特别是厌氧菌感染,加之全身因素(内分泌功能紊乱、免疫功能低下及营养不良等)和局部不良刺激(口腔卫生不良、牙石或牙垢堆积、食物嵌塞、不正确使用牙刷和牙签、咬合不良和不良的修复体刺激等)的综合作用而引起的。有些人不了解牙龈出血与口腔卫生的关系,一旦发现牙龈出血(特别是刷牙时出血更明显)就停止刷牙,这样反而会使牙龈出血更加严重。另外有人认为凡是牙龈出血均与维生素C缺乏有关,便盲目地、大量地服用维生素C。其实,不注意口腔卫生就不能消除出血,只有去除牙菌斑,采取有效的口腔卫生措施才是最终消除牙龈出血、防止牙周炎的关键。

【应急措施】 牙周炎是牙周较深层组织的一种慢性破坏性疾病,除及时用药外,配合按摩疗法也有较好效果。用清洁的手指按揉牙龈数十次。按压耳下咬肌突起处(颊车穴),双手虎口处(合谷穴)各1分钟,每日2次。用拇指和食指蘸碘甘油后分别放在牙齿的唇(颊)舌侧龈上,稍用力按揉,并徐徐地由牙根方向向龈缘方向移动,将脓液挤出。每日早晚各1次,按后漱口。

牙周炎患者早晨起床后用一手指黏食盐按摩牙龈,上下左右、里外前后,彻底到位约两分钟,然后清水漱净。一个月后初见成效,两个月后彻底不痛。

将泡过茶的茶叶渣一小撮放入口中细嚼1分钟后吐掉用清水漱净口腔。饭后如有习惯剔牙者,应剔净食物残渣后再嚼茶叶渣。只要持之以恒,即可达到防治牙周炎等牙病的效果。

先用牙膏将牙齿刷净,将一粒黄连素压磨成粉,用干净的纸将舌头包起来,用棉签或干净的手指将黄连素粉涂在牙齿的内外口表面及齿龈的内外面,涂完整后,再将包舌头纸取出来,将舌头揩清。熬住苦口水(唾液),到实在熬不住再吐,直到吃饭时再漱口吐掉。特别在睡前要刷牙涂黄连素粉。

【何时就医】　注意牙齿本身的保健,在患牙周炎时及时上医院治疗。若因牙周炎不能进食,严重影响健康的,要去医院请医生处理。

【友情提醒】　饮食上给予足够的蛋白质,补充维生素 C、A、D 等。防止缺钙,积极锻炼,提高抗病能力。

要及时去除牙齿上的嵌塞物,清除牙石、牙垢,尽早矫正牙列不齐。

牙周炎有牙龈萎缩时,应坚持每天做牙龈保健,如牙龈按摩和叩齿,以促进局部的血液循环和牙龈再生。

患牙龈炎怎么办

刷牙的时候是不是会流血?你的牙龈是否肿胀又缺乏血色?如果是,那么,你正患了牙龈炎。所谓牙龈炎就是牙菌斑侵袭牙龈,造成牙龈发炎。换言之,牙菌斑入侵牙齿即形成蛀牙,若侵袭牙龈则形成牙龈炎。怀孕期间因动情素与黄体素的影响,会使牙菌更容易侵袭牙龈,造成牙龈炎。口服避孕药也有类似状况,因此孕期的口腔保健是很重要的。发病原因主要有口腔不卫生、牙列不齐、食物嵌塞、局部牙结石等。牙龈炎是牙周病最初的征兆,也是成人掉牙的主因,所以必须提早预防。研究发现,牙石是导致牙龈炎的主因,同时缺乏维生素 C、生物类黄酮、钙、叶酸等也会导致牙龈容易发炎。当细菌感染严重时,会导致脓肿和牙龈出血、口臭。

【应急措施】　如果牙龈疼痛严重,不妨用盐水漱口,并服用阿司匹林止痛。

将拇指和食指张开呈“八”字形,放于口唇外与牙龈发炎相对应的皮肤处,作一伸一缩的按摩动作,压力以达到病变牙龈处稍有痛感为度,每天饭前、饭后均可进行按摩。每次 3 分钟左右。开始按摩时,牙龈处有时会有少量出血,但随着牙龈黏膜的逐渐适应,出血现象可随之消失。

芦荟被证实有很多功能,用芦荟汁刷牙龈能减少口腔内的牙垢。按炎面大小剪一段芦荟(去刺),从中剖开,将含汁内面贴在齿龈炎面上。白天贴几个小时可换 1 次,晚上睡前贴上,第二天早起后换 1 次。同时,每天吃 2 小块,几天就好了。

将黄连素 1～2 片研成粉,涂于患处(或用口含溶黄连素片),熬住苦口水(唾液),到实在熬不住时吐掉。一日 2 次。

将芦根 15 克水煎,每日 1 剂,分 3 次口服。一般服 2～3 天即可显效。适用于牙龈出血。

用棉签浸入 3% 双氧水涂擦牙龈缘,见有气泡形成即用温热开水漱口,然后涂以 2% 碘甘油(或 1% 紫药水),每天 3～4 次,用至牙龈炎治愈为止。

牙龈经常出血的人,可把西红柿洗净当水果吃,连吃半个月左右即治愈。

取白菜根 100～150 克,煎水代茶喝。

【何时就医】　牙龈又痛又流血时,不处理牙龈的疾病,日后将使牙齿失去支撑而塌陷。

怀孕时,更应将定期的牙齿健康检查时间表排得紧凑些。牙龈痛、牙龈流血、长时间口臭、牙齿松动,都是牙龈炎的征兆。你若置之不理,将可能导致更严重的牙周病,所以必须尽快看牙医。

【友情提醒】 注意口腔卫生,防止牙垢和牙石的沉积,掌握正确的刷牙方法,早、晚两次刷牙,餐后漱口。定期进行口腔健康检查,有牙结石要及时处理。怀孕时应吃完东西就刷牙。

牙菌斑的质地黏腻似果酱而非口香糖,因此轻轻刷牙即可,不必像刷地板一样用力猛刷。刷牙时宜用软毛牙刷,刷面与牙龈保持 45 度角即可轻松刷去牙菌斑。由内向外刷,如此可预防牙龈发炎。

剔牙要轻柔小心,牙签不能太锋利,不要有意地吸吮牙龈。

由于维生素 C 可促进包括牙龈在内的结缔组织再生。因此,女性月经期和怀孕前后要适当补充含维生素 C、维生素 D、钙、磷、蛋白质丰富的食物。

轮流使用两支牙刷的好处在于可以使另一支有时间完全风干,从而减少细菌滋生的几率,这对牙齿的健康非常重要。

牙痛怎么办

俗话说:"牙痛不算病,疼起来要人命。"没有犯过牙痛的人,是不会知道这种滋味的。牙痛是口腔科最常见的症状。引起牙痛的原因很多,常见的有龋齿、牙周炎、冠周炎、牙髓炎(牙神经)等疾病。主要症状为牙齿疼痛,遇冷、热、甜、酸等刺激,疼痛加重。注意口腔卫生是防治牙痛的关键所在,另外如有某些慢性疾病,也使牙痛发病率升高,遇到慢性或反复发作的牙痛要注意查清病因。

【应急措施】 将云南白药粉加热水调成稀糊状,直接涂在龋洞和龈上即可。

取六神丸数粒,置于龋洞中,咬紧即可止痛。

将适量的碳酸氢钠(小苏打)用纸筒吹入患牙侧鼻孔,然后轻轻揉压鼻腔,微有痛感。一般 10~20 分钟见效,止痛效果可持续 6 个小时左右。如果鼻孔干燥,先用少许温水使其湿润,否则影响疗效。

将少许味精直接涂敷牙痛处。也可将适量的味精用开水溶化,待冷却后反复含漱,止痛效果良好。

将白胡椒 1 粒和生绿豆 7 粒一起研成细末,用药棉裹塞患牙上,治疗龋齿疼痛。

将陈醋 120 克和花椒 30 克熬 10 分钟,待温后含在口中 3~5 分钟后吐出(切勿吞下),可止牙痛。

用手指按压四白、颊车、下关、巨髎和大迎穴。也可用手指掐压脚部的隐白、大都、太白和冲阳穴各 5~10 分钟。还可用手指按压足心、小趾和然谷穴各 2~3 分钟。

用拇指紧紧按压合谷穴(手背虎口附近)15 分钟左右,牙痛就会减轻。如不见好转,除按压合谷穴外,上牙痛可按压下关穴(正对耳屏前一横指,张闭口时能感到活动。闭嘴时有一凹陷即为下关穴);下牙痛,可加压颊车穴(下颌角前上方约一横指处,咬紧牙齿时,有肌肉突出的地方即是)。也可用两手拇指放在下关穴,边揉边压;逐渐向下到颊车穴,也是边揉边压。再从肩头往下,一直到拇指的虎口处,都是边揉边按。这样按摩 4~5 次多能见效。

牙痛剧烈的,可以用力揉按双足足心正中。

牙痛时,立即取一团75%消毒棉球塞入耳中,3~5分钟后牙痛即止。疼痛过剧,两耳均应塞入酒精棉球。

用冰块敷在最靠近牙痛部位的脸颊,可缓解疼痛。每次敷15分钟,1天至少3~4次。

牙痛的时候可以切生姜一小片咬在痛处,必要的时候可以重复使用,睡觉的时候含在口里也无妨。这是很安全可靠的一个验方。

【何时就医】 牙痛不止须去医院口腔专科查明原因,及时治疗。

【友情提醒】 注意口腔卫生,养成"早晚刷牙,饭后漱口"的良好习惯。选好牙刷,牙刷头不宜太大,牙刷毛要柔软、富有弹性。刷牙时顺牙缝轻刷即可。

如果牙痛是由于菜屑陷入牙缝,则可利用盐水漱口清除菜屑,便能防止牙痛。

如果牙痛是由于外力所致,则吃东西时应避免使用那个部位的牙齿,这样有助于牙齿尽快恢复健康。

饮食要多样化,多食蔬菜、水果。忌食煎炸烘烤食品。睡前不宜吃糖、饼干等淀粉之类的食物。宜多吃清胃火及清肝火的食物,如南瓜、西瓜、荸荠、芹菜、萝卜等。忌酒及热性动火食品。勿吃过硬食物,少吃过酸、过冷、过热食物。

脾气急躁、容易动怒会诱发牙痛,故宜心胸豁达,情绪宁静。保持大便通畅,勿使粪毒上攻。

患颈椎病怎么办

年轻时从事长时间伏案工作的人,如文字工作者、电脑前工作人员、会计、缝纫工、话务员等因颈椎长时间不动,患颈椎病的机会很大。如果经常感到肩背部酸痛、头颈活动受限、头痛头晕,甚至肩部以及上肢麻木疼痛,这意味着有可能患上了颈椎病。

【应急措施】 经常用50%的红花酒精按摩患者的骨突部,按摩上、下肢肌肉,主动加强各关节活动。

用指揉及掌揉法按揉颈、肩、上背部肌肉10~20遍,以有轻微酸胀痛,使肌肉松弛为度。按揉风池、肩井、天宗、大杼、风门及阿是穴(痛点)各1~2分钟,以酸胀为度。

每天坚持做扩胸运动,体侧屈,耸肩,旋肩,头仰、俯、侧屈、左右转动,左右甩臂运动。每节6~8次。长期坚持,对颈椎病有一定疗效。

用拇指按压足底的颈、肩、斜方肌、头、肾脏、膀胱、输尿管、肾上腺反射区、颈椎反射区,各3~5分钟,每日1~2次。

按揉足大脚趾、第4、5趾各5~10分钟,按足心5分钟,每日1次,坚持按揉,可明显改善颈椎病不适症状。

顺时针及逆时针方向转动双脚踝部,每次10~20分钟,每日1~2次。坚持此项运动,对治疗颈椎病颇有效。

患者坐位或卧位,颈部用一阔布带套住,阔布两侧扎一绳索向上绕过一固定点(定活轮最好),绳的另一端悬挂重物(从2千克渐增加到6千克)牵拉颈椎,起先每日半小时,以后每日1小时,每日1次。

仰起头,边倒退走边举胳膊向后搏击(似仰泳的击水动作),每天清晨做40分钟。

用左手托起右胳膊,拍打左边的肩颈部(肩胛与颈椎交界处),再用右手托起左胳膊,拍打右边肩颈部。每次两肩各拍 120 下,要坚持不断。没有颈椎病的坚持做,也可起到预防的作用。

经常耸肩,有利颈椎。首先头要正直,挺胸拔颈,两臂垂直于体侧,然后两肩同时尽量向上耸起。两肩耸起后,停 1 秒钟,再将两肩用力下沉。一耸一沉为 1 次,可以随时随地做,但每天累计总数应力求达到 100～120 次。

人体可站立也可坐着,头部先朝前放正,再向左转动头部,张开嘴巴,两眼随着头部转动,看到左肩峰使劲地咬一口,使头部获得最大限度的转动。然后脸随着头部再转至右边,看见右肩峰时同样使劲地咬一口。颈部经过这样的左右来回转动,可有针对性地治疗颈椎等病。操练时,头部的转动速度由慢至快,转动角度以左右转到不能转动为止,转动次数一般来回 81 次为宜,也可根据个人情况适当增减,每天锻炼次数 2～3 次。

运用家用电吹风,对准颈椎疼痛部位及其周围反复上下用热风吹拂,其温度可灵活调节。每日早、中、晚各吹热风一次,每次 10～15 分钟。

用米醋浸纱布贴患处,再用红外线照射患处 30～40 分钟,纱布干了再浸醋一次,每日 1 次,7 次一个疗程,间隔 2 天,一般 2～3 个疗程,颈椎病症状可缓解。

用拇指按压足底的颈、肩、斜方肌、头、肾脏、膀胱、输尿管、肾上腺反射区、颈椎反射区,各 3～5 分钟,每日 1～2 次。

将三七 10 克,川芎、血蝎、乳香、没药、山药、姜黄、杜仲、天麻和白芷各 15 克,川椒 5 克,麝香 2 克,共研成细粉和匀,治疗时,取药适量与醋调成膏状敷于患处,外盖纱布,然后用胶布固定,每日换药 1 次,可连续应用。

将乳香、没药和吴茱萸各 50 克共研碎,装入布袋中,用酒湿润放在患处,外放热水袋。每日 2 次,每次治疗 30 分钟。

将伸筋草、五加皮、乳香和没药各 12 克,秦艽、当归、红花、土鳖虫、路路通、桑枝、桂枝、骨碎补、川乌和草乌各 10 克用水煎熏洗患处,每日 2 次,每剂药可用 3 日,可连续应用。

将食盐炒热装入布袋中,趁热熨颈部、肩背部或疼痛沉麻处。每日 1 次,每次 30 分钟。

将葛根 500 克,藁本和川芎各 200 克,血竭、乳香和没药各 15 克共研粗末,用白酒炒热,装入布袋内,睡时枕于颈部。

【何时就医】 经上述方法处理无效,并有颈椎活动严重受限的,要去医院进行进一步检查和治疗。

【友情提醒】 日常生活中,尽量避免长时间低头、仰头或向一侧看东西。如必须较长时间低头工作的人,工作 1 小时后就一定要适当活动颈部,如旋转颈部或按摩颈部。注意多改变颈、背姿势,使颈部肌肉、韧带得到很好的休息。

避免受凉及不适当的颈部活动,夜眠时不宜用高枕,应用低枕枕于颈部,而枕头两侧略高,使侧卧时仍保持颈部正直的位置。

仰卧时,枕置头颈下,颈椎保持正常生理前凸,颈部肌肉自然松弛。侧卧时,枕置一侧面颊下,头颈与床面平行,颈椎保持自然位,颈部松弛平衡。枕高的原则为不使头颈前屈或后仰。

患肩周炎怎么办

肩周炎又称肩关节周围炎、冻结肩，常见于五六十岁的中老年人，故又称五十肩。可由肩部病变引起，如肌腱炎、滑囊炎、肩部损伤等，或继发于颈椎病等，也可无特殊原因而发生。初起时常感肩部酸楚疼痛，疼痛可急性发作，多数呈慢性，昼轻夜重，以后疼痛逐渐向颈项及上肢部扩散，肩关节活动及受寒着凉时痛甚，后期则因肩关节广泛粘连，肩关节活动受限而疼痛减轻；初期仅有僵硬感，以后逐渐出现肩关节运动障碍，后期则因粘连而使肩关节活动严重受限；在肩关节周围可找到许多压痛点，但多在肩峰下滑囊、肱二头肌腱长头、冈上肌附着点等处；肩关节各方向的活动均受限，但以肩关节的外展、外旋受限最为明显；晚期患者可见到三角肌的萎缩。

【应急措施】　睡觉和起床前，仰睡伸直双脚，手掌伸到头后，手掌心向上，用头紧紧压在手掌中心（哪边痛就压哪边的手掌），每次 20 分钟。开始几天，肩周疼痛，手臂弯度不能过大，手掌难伸到后头，可先用侧睡头压手掌的办法。经过多次锻炼后，才能用仰睡头压手掌的办法。

用健侧大拇指揉按患肩前方、骨头隆起处，由内上方向外下方，顺着向下，直至肘关节，由轻而重，往返数次。痛处可重点按压，配合局部拍打。有舒筋活血、止痛功效。

可用电吹风对准患者肩部，保持适当的距离，吹热风 5～10 分钟（若先在患者肩部擦上药酒，然后再吹，效果更佳），每日 2 次，一般 3 周可愈。也可用大灯泡烤热或用暖水袋热敷肩关节，有利于炎症尽快消散。

用毛巾包上冰块敷在疼痛的肩膀上，每小时不超过 20 分钟。冷敷能消除炎症。

急性期可让上肢进行拔高、前后摆动、大甩等运动，动作由小到大，持之以恒。

拇指揉按双足底的颈、肩、斜方肌、肩胛反射区各 5～8 分钟。每日 2 次。

下述疗法每日早晚各一次，可全做，或酌情选做，但要持之以恒。根据个人情况，每一个动作可做 20～50 次，以肩部出现疼痛为准。只要坚持锻炼，注意肩部的保暖，肩关节的功能就会逐渐恢复。(1)屈肘甩手：背部靠墙站立或仰卧于床上，上臂贴身，屈肘，以肘点作为支点进行外旋活动。(2)展翅：站立，上肢自然下垂，双臂伸直，手心向下缓缓向内向上用力抬起，到最大限度后停 10 分钟左右，然后回到原处，反复进行。(3)体后拉手：自然站立，在患侧上肢内旋并后伸姿势下，健侧手拉住患肢手或腕部，逐渐向健侧并向上牵拉。(4)梳头：站立或仰卧位均可，患侧肘屈曲，前臂向前向上，掌心向下，患侧的手经额前、对侧耳部、枕部绕头一圈，即梳头动作。(5)头枕双手：仰卧位，两手十指交叉，掌心向上放于头后部（枕部），先使两肘尽量内收，然后再尽量外展。(6)甩手：站立，两脚分开同肩宽，两臂同时前后摆动，幅度逐渐增大。(7)摸高：在空中悬吊一物体，患侧手臂上举，尽量触摸到物体，并逐渐加高悬吊物。(8)旋肩：站立，两脚分开同（或略宽于）肩宽，上身向前弯曲，垂下的前臂作顺时针、逆时针交替画圈，圆圈的直径由小到大。(9)爬墙：直立在墙前，患侧手触墙，由低向上爬，直到肩部疼痛不能上移为止。患肢回位，再来。(10)坐位或立位，两手先放在头顶或肩膀上，然后逐渐向上伸展，直到最大限度。(11)坐位或立位，双手交叉置于颈后，双肘尽量后摆。

将生姜 500 克和大葱根 50 克切碎捣成泥糊，小茴香 100 克和花椒 250 克捣成粉，然后将四味混在一起搅匀,置于铁锅中用文火炒热,加入白酒150克搅和,再装进纱布袋中,敷于患处。温度以能耐受为度,上盖毛巾,再盖上棉被,使药袋下发汗。第二天袋中药用锅炒热继续用,不必换药,如药袋干可加些酒。每晚1次,坚持治疗,定有疗效。

将伸筋草15克、生姜15克、羌活12克、川芎15克和威灵仙15克用水煎后取汁,再将麦麸300～400克放入锅内炒黄,趁热将药汁拌入,加醋1汤匙,盛入纱布袋中,趁热敷于肩关节处,每天1次,10天为一疗程。

将乳香、没药、赤芍、羌活和吴茱萸各30克共研成细粉,装入布袋中兑入适量醋敷于肩关节处,上放热水袋,每日治疗2次,每次20分钟,可连续应用,每剂药可用3～5日。

【何时就医】 如果症状比较严重,或因跌倒、车祸而致肩膀痛,均需到医院诊治。

【友情提醒】 一旦肩膀的疼痛消退,试做以下动作来恢复肩膀的运动功能。开始时双臂垂于身体两侧,然后将它们连续地举过胸前再举至头顶(或者举到你感到疼痛),再放下。重复10次。从身体两侧向外举起双臂,然后放下,重复10次。收拢上臂、弯曲肘部使前臂位于身体之前。朝腹部方向移动前臂,然后回到最初的姿势。重复这个动作10次。每天练习以上的整套动作1～2次,直到不再感到肩膀痛。

肩周炎患者平时应注意不要受风寒湿的侵袭,避免肩部外伤。保持心情舒畅及充足的睡眠,肩部锻炼要循序渐进,不要操之过急。

中老年人的起居应注意避风寒,不要久居寒湿之地,气候骤冷时应注意肩部的保暖。睡眠中注意就卧姿势,以仰卧为宜,并且避免在睡眠过程中将肩部暴露在外。急性肩臂部损伤也是肩周炎发病的重要诱因之一,对肩部的急性软组织扭、挫伤,应及时彻底地进行治疗,杜绝诱因,预防发病。预防肩周炎复发的手段是坚持功能练习,无论哪一种功能练习,均应突出患过病的肩关节,且不可忽略未发病肩关节的功能练习,动作终点要尽量达到生理范围。

背痛怎么办

男女两性都有背痛的困扰,只是男性起因于搬重物,女性则起因于久坐。多数下背痛是因为下背部肌肉僵硬收缩牵扯而疼痛,怀孕或抱小孩会更加重下背部的负担。在孕期后3个月,大肚子会增加脊椎的弯度,使脊椎附近的肌肉紧绷僵硬,背痛加剧。此外,提盛满菜的菜篮、购物袋,也是引起背痛的原因之一。

【应急措施】 在疼痛开始之前,通过放松后背紧张和僵硬的肌肉的方法制止疼痛。站在一张桌子前身体向前弯曲,以便能够让你的躯干贴在桌子上。你的躯干应当与你的大腿形成90度角。向前伸展双臂,然后随着膝盖的弯曲缓慢呼吸。坚持2分钟,然后用双臂支撑站直。

伸展疼痛的背部有助于复原。伸展方法是躺在床上,轻轻地提起双膝向胸前弯曲,一旦膝盖抵达胸前,稍微再对膝盖施压,放松后再重复。伸展肌肉可以帮助肌肉较快复原,比等待肌肉自己恢复要有效得多。

局部热敷可缓和疼痛。由痉挛造成的后背疼痛,在温度适宜的热水中浸泡一块毛巾,把它放在患处。每3分钟重新浸泡一次以便保持其热度,连续做30分钟。

有些女性发现局部冰敷可以减轻发炎现象,所以每小时冰敷一次,一次5～10分钟是很受用的。

尝试温和的牵引动作有助于缓和疼痛。首先平躺,试着将双膝往胸部方向靠近,然后在双膝处轻轻施压,接着放松。如此即完成一个循环。如果这个动作不会造成你的背更痛,那么一次多做几下;如果会痛,则立即停止。

【何时就医】 如果背部疼痛持续一周甚至更久,或背痛每天间歇来袭,建议去医院求治。如果疼痛从腰往下蔓延至大腿、小腿,或者脚感到无力、麻木,则需立刻就医。

【友情提醒】 如果疼痛很厉害,干脆卧床休息不工作。但卧床休息最多只能持续两天,待在床上超过两天会使血液循环变差,肌肉关节会僵硬,反而使背痛情形更严重。

运动是强化背部肌肉最好的方法。走路、慢跑、游泳等有氧运动,只要不太剧烈皆可。

提物正确的站立姿势是:双腿分开与膝同宽,一只脚在前,另一只脚稍后,弯曲膝盖,用双手同时将重物靠向自己抱起。

"抓了就跑"是很不好的动作,因为它过度且急速扭动腰椎,很容易造成背痛。所以,正确的姿势是:先拿起物品靠向自己,再转身行走。此举是用脚带动全身,而非用臀部扭动来带动全身。

不当的工作台也会使姿势不良。为了使背部得到良好的支撑,坐椅一定要有靠背,椅子高度应该可以让你坐下来之后双膝与臀部同高,或双膝略矮于臀部。同时,写字或打电脑时不宜倾身向前,而应将背部靠着椅背。

活动筋骨,每工作半小时应该起来动一动,以防脊椎与肌肉僵硬。

腰部垫枕头以支撑脊椎。后背肌肉下部疼痛的患者,躺在地板上,用一个枕头垫在膝盖下面,以便膝盖叫以轻微弯曲。这可以使伤痛的肌肉得到放松休息,使后背肌肉向着大腿的任何一侧伸展。

高于4厘米的高跟鞋会加重脊椎负荷,容易引起背痛,所以应该改穿平底鞋。

国外有医师表示,做瑜伽不仅可以牵引并强化肌肉,同时可以放松心情。所以,背痛的女性不妨试试练习瑜伽。

腰肌劳损怎么办

腰肌劳损是一种慢性积累性的腰部损伤,它与人的体质和职业有关。一般多见于由于经常性弯腰负重,习惯性姿势不正以及长久伏案工作者,如会计、秘书、编辑、电脑操作者、汽车驾驶员等。重体力劳动者,特别是搬运工最常见。主要症状是长期腰痛,时轻时重,反复发作,遇阴雨天酸痛加重。

【应急措施】 按摩疗法:(1)患者两手叉腰,两手拇指按压在两侧肾俞穴上,由轻到重按压2~3分钟,至局部出现热感和胀感,然后将两手掌放在两侧腰部做上、下按摩,持续2~3分钟,使整个腰部出现发烫感。(2)助者两手掌擦少量滑石粉,在患者脊柱两侧从颈到骶不轻不重地推10~20次。(3)助者两手擦少量滑石粉,以掌根及大、小鱼际着力,在患者腰背痛处做环形揉压,双手边揉压边移动,以痛处全揉压到为一遍,每次揉压10遍左右,每天2~3次。(4)助者两手半握空拳,似叩鼓样,在患者腰背疼痛处叩打30~50次。(5)助者用大拇指指肚在患者的脊柱和脊椎旁开一指半两侧自上而下按压,每次2遍。(6)用电按摩器或电振动器进行腰部按摩。

体疗:(1)腰背肌锻炼:俯卧位,双手抱头,上体向背屈 20～30 下,每天练 2～3 次,每次 10～15 分钟;俯卧位,头、颈、上胸、四肢缓缓离床抬起,仅腹部着床,保持 2～3 秒钟,重复做 15～20 下,每天 2～3 次,每次 10～15 分钟;直立位,双足跟、尖并拢,双膝关节直伸,两上肢自然下垂,弯腰,以指尖触碰脚尖为度,反复做弯腰、挺立的动作,每天早、晚各做 20～30 下;双手托住双侧后腰部,以腰部为中心,上体做旋转活动顺时针和逆时针轮番进行,次数不限;向前走百步,再向后倒退走百步,每天早、晚各走 5 分钟。(2)腹肌锻炼:仰卧位,下肢离床抬起(膝关节不屈,能抬起多高尽力抬起多高,缓慢进行),仰卧起坐(不能完成者先可借他人或双手帮助),反复进行,每天上、下午各练习 5～10 分钟。

热疗:任何热器(最高温度以能耐受为宜)敷于腰背疼痛处。或用红外线灯照患部,每日 2～3 次,每次 10～15 分钟。

水疗:温泉浴、桑拿浴、矿泉浴等,每日 1 次,每次 20 分钟。

仰卧在硬板床上,两腿屈膝贴腹,双手抱紧膝部,腰部肌肉放松;然后两腿用力下压,同时低头、含胸、团身。在两腿下压的作用下,使上体抬起,当抬到一定高度时,上体再向后倾倒,还原成原来姿势。滚动幅度由小到大,每次做 30 遍左右,每日 2～3 次。

用粗盐 300 克,炒热后加入布袋中,焐在伤痛处 5～10 分钟。1 日 2 次。

将适量的韭菜根洗净,捣烂后与醋敷于痛处。

将羊腰 2～3 个切开,杜仲 18 克炒后研碎放入羊腰内,用文火煨熟服,每日 1 剂。

将食盐和豆腐各 125 克一同捣碎敷于患处(用布带围好)。

将红花 15 克用热烧酒 120 克浸透,然后迅速将红花从热酒中取出在患处反复揉擦,每日 3～4 次。

【何时就医】 医生对腰肌劳损的治疗一般有按摩、拔火罐和贴膏药等。按摩是在腰部用重力度的推、按、摩、挤、压等动作,一两次还可以,再多就会引起腰部皮肤的肿痛,不利于坚持治疗。若不能耐受推拿者可改为理疗,如电按摩。通过由弱到强多变化的电生理治疗,也可改善损伤腰肌的血液循环,达到治愈的目的。若腰痛等症状经长久锻炼或治疗不见好转,应作进一步的检查和治疗。

【友情提醒】 有腰肌劳损的人,在体力劳动时要量力而行,不可蛮干逞能,且姿势要正确(尽量使腰保持一直线)。如弯腰工作,应改变单一不变的姿势。伏案工作者最好用靠背椅使腰部放松,可加高坐垫,减轻对腰部的压力。

选择一条平坦、行人少、空气好的道路,一步一步地向后倒行走,每次 20 分钟。每天早、晚各 1 次。但一定要注意安全,防止跌跤,最好有人在旁照顾。

腰痛怎么办

腰痛是中老年人的一种常见疾病,主要病因是腰部肌肉长时间处于紧张状态,影响了血液循环,而另一部分肌肉又长时间松弛得不到活动,加重了脊柱的负担。腰痛常见的症状为慢性损伤性腰痛、腰椎骨质增生、骨质疏松等。腰痛单靠医生治疗是不够的,因为腰痛和患者的生活、运动密切相关,常常是反复发作的,对于腰痛,宜采用一些保健自助方法。

【应急措施】 引起腰痛的毛病有许多种,其中,最多的是因脊椎歪斜和内脏下垂引起的。如果是这两种原因引起的腰痛的话,可准备与身高同长度的一块结实木板。将木板放在地板上,身体仰卧在木板上,微微使脚那一边的木板高一点。如果身体会滑动的话,以带子绑住脚,防止身体往头那一边滑落就行。治疗时,不要因为木板硬,怕身体痛而在木板上铺一层毯子,因为不硬的话是无法收效的。开始时,倾斜的角度不必太大,随着时间的延长,逐渐把脚那一边的木板调高。这种治疗法,就算是一个星期只进行一次也能够收效。

腰痛时,用电吹风对着患部吹,由远而近,再由近拉远,反复吹热风。时间一般在 10～15 分钟;病情严重时,可延长到 20～25 分钟。注意不要离身体太近,以免烫伤皮肤。可调节热量的电吹风,风量调节在中挡,以感觉身体舒服为宜。

"悬挂锻炼法",可防治腰痛。方法是利用单杠、门框等,双手上攀,让身体悬挂,使腰背部软组织得到牵伸(注意防滑),每天练几次,每次 1～2 分钟,就可达到有病治病、无病防病的目的。

在美国风行一种"脚朝天"的锻炼疗法,即穿上一双特制的可把脚踝夹紧的靴,然后拴在一根铁杆上倒挂 10 分钟左右,早晚各 1 次。倒挂时双手可抱头向左右转体或尽量往上提起躯干。这是因为由于人老是坐着或站着,脊柱和关节不断受重力的压迫会逐渐弯曲和变形,也影响对脑的血液供应,倒挂后可利用人体的重量作牵引力进行减压。这一疗法对腰痛最灵,对关节病、痔疮、下腭松垂等都有效。由于倒挂后对脖子和头部血管的压力增加,有高血压或心脏病的人不要进行。

两脚站如肩宽,全身放松,眼睛平视。在锻炼过程中,两腿膝关节应随体动而动,自然伸屈。逆腹式深吸气开始时,双眼微闭,用鼻尽量深吸气(腹部凹下去),自我感觉气流由督脉的尾闾经向命门、大椎,上行至头顶的百会,接着从百会沿着任脉的印堂、人中、膻中下行,慢慢地呼气全丹田(腹部凸出来),然后眼睛睁开。如此循环,反复练习。每日 1～2 次,每次 15 遍。可防治老腰痛。

取腰部穴位命门、肾俞、腰阳关、委中穴拔火罐,每穴留罐 15 分钟。每日或隔日 1 次。

按压腰椎反射区及肾反射区,每区 3～5 分钟,加按骶椎反射区、输尿管、膀胱反射区,每区 2～3 分钟。每日 1～2 次。

每日按揉脚后跟、昆仑穴、委中穴 1～2 次,每次 10 分钟。

将腐竹 100 克切成 3 厘米长的段,用温开水泡软,与食盐 200 克和少许生姜一起放入铁锅中翻炒,直至腐竹中的水分蒸干为止。然后迅速盛入自制的棉布口袋中扎紧口,哪里疼就敷哪里。

将艾叶 50 克和炒黄的蟹壳 5 克浸入白酒 500 毫升中,3 日后用酒涂腰部,每日 2～3 次,涂 7～10 天,可治多年腰痛。

【何时就医】 腰痛伴有尿中带血或白带增多等,应到医院进一步诊治。

【友情提醒】 每天坚持倒着走,有利于加强腰肌力量,增加腰椎的稳定性,方法简便易行。

沐浴时在腰部围上一条大毛巾,然后用 45℃ 的水喷淋 5 分钟,然后停止喷淋,抱膝下蹲,每次坚持蹲 20 秒钟,重复 2 次,再喷淋 5 分钟,再下蹲,如此可反复进行数次。这种运动可使腰肌血液循环改善,加强腰肌力量。

坚持锻炼腰肌运动:(1)仰卧挺胸:取仰卧位,以头、肘、腿为支点,让胸部、肩部离开床,同时吸气,接着放下,同时呼气,如此周而复始,连续 10 次;(2)半俯卧撑:取伏卧位,以双臂支撑,臀部不离床面,抬起上身,抬头,同时吸气,接着放下,同时呼气,如此反复 10 次;(3)仰卧位,双腿屈曲,抬起胸部和臀部,同时吸气,放下,同时呼气,反复做 10 次;(4)取仰卧位,双腿伸直,以头、肩、足为支点,挺腰、抬臀,同时吸气,放下,同时呼气,反复 10 次。

将两手握住单杠,挺胸、躬腰,靠腰腹力量上下拉动,约 20 次;两手握住单杠,靠臂力上下拉动 20 次。长期坚持,效果甚佳。

肛裂怎么办

肛裂是仅次于痔疮的一种常见肛肠病,女性患者略多于男性,是由于肛管反复损伤和感染引起的裂口或溃疡。在大便干硬、排便用力过猛时,就易裂伤肛管产生肛裂。排便时和排便后肛门处有强烈疼痛,大便带血,甚至便后滴血。因为排便疼痛,患者就恐惧排便,从而使原有的排便困难更为加重,形成恶性循环。

【应急措施】 每天要养成良好的排便习惯,最好在早晨排便。排便前按摩一下肛周,或用温热水坐浴数分钟后再排便,而且不要过分用力,以避免肛门过度扩张而撕裂创面。排便后用热水坐浴 10～15 分钟,也可用 1∶5 000 高锰酸钾温水坐浴,敷消炎止痛油膏或栓剂,保持局部清洁,有益于伤口的愈合。

可用消炎止痛药,促使局部愈合。

口服缓泻剂或石蜡油,使大便松软润滑以利排便。

每次口服蜂蜜 10 毫升,每日服 3 次,或每次口服麻油(香油)10 毫升,每日服 3 次。

将适量的豆油加热,放入 2 个柿饼煎熟,于每晚睡前趁热食用,连食 10 天左右。

每日做几次收缩肛门的活动,每次收缩 10～20 下。

英国学者认为,口服心痛定(硝苯地平)可治愈多年不愈的慢性肛裂。每次服 20 毫克心痛定,日服 2 次。

排便坐浴后,最好在裂口处涂些痔安素软膏或四环素眼膏或金霉素眼膏。

排便洗净后用 1/5 支中药锡类散药粉倒入手纸中,敷压于肛裂处。

【何时就医】 如果上述治疗无效,且疼痛剧烈,出血量多,可到医院外科请求手术治疗。

【友情提醒】 保持身心舒畅,多吃含粗植物纤维的食物,以利通便,如各种蔬菜、水果等。多饮水使粪便湿润。不吃辣椒、酒类等刺激性食物,尽量预防由于排泄坚硬大便而引起的症状。

脱肛怎么办

脱肛的原因很多,体弱者及老年人易发生。常有血性黏液从肛门流出,刺激肛门周围皮肤,引起瘙痒。严重者咳嗽、蹲下或行走时亦能脱出。有时不易回复,须用手推回或卧床休息方能回纳。患者常大便不净或大便不畅,或有下腹部坠痛,腰部、腹股沟及两侧下肢有酸胀和沉重感觉。

【应急措施】 晨饮淡盐水 1 杯,保持大便畅通。

用五倍子 15 克、石榴皮 30 克、朴硝 30 克、枳实 10 克加水 1 000 毫升,煎 40～50 分钟后倒入盆内,先趁热熏肛门,待药液温和后再洗肛门,每天洗熏 1～2 次。

有空就做"提肛功",即有节律地收缩肛门,每日 2～3 次,持之以恒,对轻型直肠脱出有减轻或治疗作用。

可服用补中益气丸,早晚各服 10 克。

将香菜 100 克切碎,烧烟熏患处。

将马齿苋 100 克加水煎汁熏洗肛门。

将牛肉 250 克切成小块,加入黄酒、姜、葱等配料,用砂锅炖至半熟,再加红、白萝卜熬至汤浓烂熟后食用。

将猪大肠 250 克洗净,马齿苋 30 克洗后塞入大肠内,扎紧肠的两头,炖至烂熟调味服食。亦可改用白胡椒粉(适量)塞入大肠内炖熟调味服。

将黄芪 30 克、党参 20 克、大枣 10 枚和大米适量加清水共煮粥。粥成再加白糖调味稍煮后服用。

【何时就医】　经常脱肛或情况比较严重者,应到医院诊治。

【友情提醒】　应练习平卧位排便,减轻直肠脱垂,同时应避免粪便干结。

积极锻炼身体,加强营养,改善全身机能状况,增强体质。

针对产生脱肛的各种病因,及早注意,及时治疗。

▶ 痔疮手术后大出血怎么办

痔疮治疗后大出血是由于缝线脱落、组织坏死、伤口合并感染,加上术后腹泻、过度用力解大便、便秘、热水浸泡肛门过久、嗜辛辣刺激性食物、过度疲劳或剧烈运动等诱因引起。由于出血量稍大,患者常合并有休克,如果得不到及时治疗会发生生命危险。

【应急措施】　用一团棉花或较多的纱布塞入肛门内,有压迫止血的作用;如果能在填塞物上蘸上一些云南白药或止血粉,然后进行填塞,其止血作用更为明显。

在患者的腰部围上一根宽布带,然后再用另一根宽布条作为绷带,紧实地兜住填塞在肛门门口的棉花团或纱布,布条结可分别打在腰带的前后方上,这样压迫止血的效果更好。

【何时就医】　经上述处理后,出血尚未停止时,应即送到医院抢救治疗。

【友情提醒】　要保持患者的情绪稳定,绝对安静,卧床休息。

常用止血药物有垂体后叶素、维生素 K_1、云南白药及去甲基肾上腺素等,使用时最好在医生的指导下进行。

▶ 膝盖痛怎么办

膝盖是人体中活动量很大的关节,由两块半月板与黏液囊保护着。而女性因为做家务、抱小孩,喜欢蹲着聊天,所以也比男性更容易患膝盖痛。

【应急措施】　注意休息。冰敷,可消肿,但一次不可超过 20 分钟。

用弹性绷带保护膝盖并抬高患肢。请记住弹性绷带不可缚太紧,否则会影响血液循环。

脚跟并拢,脚尖左右适当分开,双手合十,再蹲下去,脚尖落地,脚跟跷起,支撑全身,能蹲多久蹲多久(每次最长不超过 2 分钟),然后站起来再蹲下去,如此反复数次,每天早晚各做一回，多做几回也可。一个星期可消除膝盖痛。

将花椒 10 克压碎、鲜姜 10 片和葱白 6 棵切碎后混在一起，装入布袋内。将袋放在膝盖的痛处，袋上放一热水袋，盖上被子，热敷 30～40 分钟，每日 2 次。

【何时就医】 上述方法失效，疼痛依旧且持续一星期，痛得无法走路，膝盖越来越肿，均需到医院诊治。

【友情提醒】 减重，可减少膝盖支撑体重的负荷。

穿着舒适的平底鞋，甚至改穿慢跑鞋。

坐有坐相，站有站相。久坐会使膝盖骨的压力增加。所以调整椅子的高度，使脚掌刚好平贴在地上。如果不行，则调低坐椅或脚下放置矮凳。

有空时伸伸腿，以免膝盖僵硬。

长途开车或搭机时，别忘了多活动膝盖。

下肢静脉曲张怎么办

下肢静脉曲张是由于下肢的静脉向心脏回流受阻，引起下肢静脉扩张、隆起、蜿蜒弯曲。多发生于从事持久站立工作或体力劳动的人。主要症状是下肢静脉迂曲，呈蚯蚓团状，以小腿明显；站立时加重，平卧或抬高下肢后减轻；到后期可出现下肢肿胀、皮肤脱屑、瘙痒、色素沉着，甚至湿疹、溃疡形成。

【应急措施】 当患肢并发有血栓闭塞性静脉炎时，可做局部热敷，外套弹力袜或打绑腿，但仍应维持日常活动。

当患肢发生溃疡时，可在换药后用干纱布保护，不能用刺激性药物外敷，同时穿上弹力袜以控制局部静脉高压。抬高患肢，使血液回流增加。

将患腿略抬高，两手自脚踝向上均匀用力、有节奏地进行拍打，每次进行 3 分钟，每日 1～2 次。

坐位，伸直下肢，膝下垫一个枕头，两手分别置于患腿的内外踝部，两手合抱自下而上推摩 2～3 分钟。每日 1 次。

在床上，坐位屈膝，双手分别从脚背的两侧自下而上以画圆圈的方式揉、捏、推、按患腿，做 5～10 遍。每日 1 次。

用拇指、食指指腹在下肢的委中（下肢后侧腘窝中）、阳陵泉（下肢外侧，腓骨小头前下方凹陷中）、阴陵泉（胫骨内上髁下方凹陷中）、三阴交（内踝上 3 寸胫骨后）、悬钟（外踝之上 3 寸）、血海（髌骨内上缘之上 3 寸）进行按揉，使穴位处出现酸胀为度，每次选穴 3～4 个，每穴按揉 1 分钟。每日 1 次。

仰卧位，将两腿抬起 20 秒钟，放下 5 秒钟，或左右两腿交替抬起；反复进行 20 次，可加强肌肉运动，促进血液回流。每日 2 次。

选大黄 50 克，捣碎后用纱布包起来，放入盆内，水煮沸 15 分钟后倒入盆中，水量以淹没脚踝骨为宜，用此药水泡脚，每两天更换 1 次大黄。

【何时就医】 凡下肢静脉曲张伴肢体肿胀者，常提示有其他疾病存在，应到医院检查深静脉瓣膜的功能，判断有无栓塞的可能，不能掉以轻心。

【友情提醒】 由于静脉曲张一旦出现，几乎是终身存在，除非由医师借助镭射手术或注射才有可能消除。所以对付静脉曲张,预防胜于治疗。

患静脉曲张原因是长时间站立工作,血液淤积在下肢静脉管中,血液循环不通畅。预防静脉曲张的最好办法就是多运动。跑步可以使腿部肌肉活动增强,挤压静脉内的血液,使其流动更加通畅,长期坚持,静脉曲张自会痊愈。

经常站立和久坐的老年人常会感到下肢酸胀,重者出现下肢静脉曲张,这是因为久站和久坐引起下肢血液回流不畅。可1小时做一次"踮脚"运动,即不断地抬起两脚脚跟,使下肢血液回流良好。因为人体血液下肢回流,主要是靠抬脚后跟对小腿后部肌肉的收缩挤压,每次收缩时挤压出的血量大致相当于心脏的每次跳动排出的血量。

弹性绷带或绑腿自足部向上缠裹小腿,紧一点为好。任何情况下都不可使身体长期处于同一体位,同时尽量活动下肢。任何时候都要防止患肢肿胀,肿胀提示伴发下肢深静脉病变。

如果你的工作必须长时间站立,或许你可以试试"往前行刺"这个运动。做法是:站姿,一脚向前跨出离另一只脚30厘米处,接着把身体重心放在前脚上,同时弯曲后脚膝盖令其呈45度。坐姿时,应将腿抬至比臀部高1～3厘米,以便减轻下肢静脉的压力。

如果你的工作是久坐型,请保持双脚掌平放在地上,且勿跷脚。因为跷脚会增加静脉压力,造成静脉曲张。

要保护好患肢,避免受伤,哪怕是轻微的外伤也要避免。下田劳动要防止蚂蟥叮咬,以防发生血栓闭塞性静脉炎。

并发湿疹时可外用氧化锌油膏。

每日至少食用25克(日常值)纤维食物。未经加工而不含添加剂的谷物、水果和蔬菜富含纤维,有助于预防便秘,使大便畅通。如果大便困难,腹部压力增加,容易阻塞血液向腿部流动。久而久之,增加的压力会削弱大腿静脉管壁的功能。

曲张的静脉破裂怎么办

下肢曲张的静脉破裂或者受伤,可能迅速大量失血。应尽快止血,把伤者送进医院。

【应急措施】　使伤者躺下,用干净的纱布垫(也可用干净手帕的内面)按压伤口。如果找不到布垫,就用手按压伤口。

把伤者的腿抬起放在自己的大腿上,按压5～15分钟以止血。伤口盖上敷料,并用绷带或布料把敷料扎牢。若仍流血不止,加盖几层敷料绷带。

若曲张静脉破裂出血难以自行停止,必须先作紧急处理,但不必惊慌。应即抬高患肢,用清洁纱布覆盖后加压包扎止血。

【何时就医】　凡下肢静脉曲张伴肢体肿胀者,常提示有其他疾病存在,应到医院仔细检查深静脉瓣膜的功能,判断有无栓塞的可能,不能掉以轻心。

【友情提醒】　病变轻、范围小或妊娠期女性、全身情况很差不能手术者,可穿锦纶弹力袜,有一定效果。

嘱咐患者安静休息,并用枕头或椅垫等物承托下肢。

足跟痛怎么办

足跟痛多见于中老年人，走路、久站可使疼痛加重，痛甚时可连及小腿。足跟痛可能和骨质增生、劳损、跟骨静脉压增高有关。另外，女性比男性更容易脚跟痛是因为女性的鞋子在设计时以时髦为先而非舒适。

【应急措施】 用热水袋或湿的热毛巾热敷足跟部，每日1～2次，每次30分钟。

足跟骨刺是老年常见病。患病后一走路足跟就痛，十分痛苦，跺足跟可收良好疗效。方法是：脱鞋后在水泥地上跺足跟，每次30～100下，每天3～5次。长期坚持，一直到痊愈。无病者每天跺几次脚跟，可有效地预防骨刺的发生。

用手掌或拇指由前到后按推足心及足跟20～30次，按揉涌泉、太冲、然谷、太溪、昆仑、解溪穴各1～3分钟；拿捏足跟的内、外、后缘2～3分钟。最后用手搓脚心、脚跟各50次。以上按摩隔日1次。

先用手搓脚心100下，使脚心发热，哪只脚痛搓哪只脚，双脚痛就各搓100下。然后五指并拢敲打脚心100下，要对准涌泉穴。最后握拳捶脚跟100下，也可在脚跟周围捶。如此坚持，足跟痛会消失。

患者俯卧于床上，患侧屈膝，足底向下，先触明压痛点，另一人一手握其足前掌，一手拿木棒（接触皮肤处的一头宜为方形）对准压痛足处，先用轻力捶击6～8下，后突然改用重力捶击2～3下后结束。多数人可以一次痛击而愈。若未痊愈，一周后再重复一次。

双手扣脑后站立，然后蹲下，立刻再起立，如此为一下。每天做200下，分两次进行，3个月可见效。对于年龄偏大的可用另一种更简便的锻炼方法：蹲下后脚跟提起，让臀部与脚后跟"亲密接触"，并用手扶住床沿或椅子，这样可大大节省体力，不必咬牙憋气坚持。每次蹲下持续5分钟再起立如常，每天1～2次，大约两个星期后可见明显疗效。

找一块厚10～15厘米、宽15厘米、长50厘米的海绵，用布包好做成一个小枕头，睡觉时将枕头垫在脚脖下（不能过高，只让脚跟离开床铺表面即可），连续用6～8天，足跟痛即可痊愈，且不会影响睡眠。

用医院里的输液瓶装上稍热的水，放在地上用患足来回踩动，每次滚动100下，每日滚动2次。

将仙人掌刮去两面的刺，剖成两片，晚上睡觉前洗脚后擦干，用一片仙人掌贴于足跟的痛处，再用布条固定后睡觉，保持仙人掌在痛处12小时以上，次日用同样方法换上第二片仙人掌。连续贴敷7天。

将米醋约1000毫升烧到半开，倒入盆中，趁热将脚浸入，日浸30～60分钟。浸的过程中醋冷了可加温再浸。连续浸泡1个月。

用艾条在足跟疼痛处灸15分钟后贴伤湿止痛膏，每1～2天治疗1次。

将鸡脚爪250克和桑枝15克炖汤吃，放的水以能一次吃完为宜，隔日吃1次。

【何时就医】 采用上述方法后疼痛并未改善，脚部出现肿胀、分泌物或肤色改变，或过去曾经受伤，均需到医院诊治。切记就医时带着旧鞋子，因为医师可从旧鞋损坏状况来判断你的走姿。

【友情提醒】 走路时暂时不用足跟着地，晚上用热水浸泡足跟，水中放些盐、葱根或蒜瓣。

患腱鞘炎怎么办

在有些腱(如牵动手指及拇指的腱)的外面,包裹着一层能增加腱的灵活度的滑膜。滑膜衬垫在关节的内部,它产生并包含的滑膜液能润滑关节及腱鞘。如果以同一方式反复使用手指,滑膜会发炎、肿胀,进而发生腱鞘炎。受影响的手指,会发生疼痛和触痛。由感染引起的腱鞘炎,发痛的部位会变得极度疼痛,几乎无法伸缩,并且伴有全身不适。

【应急措施】　当刺痛开始时,可以做些温和的手部运动以缓解疼痛。旋转手腕是简单的运动之一,每次转动手腕约2分钟。

双手五指最大限度地掰开,然后左右手的指头对应摁压,每次50下,早晚各一次,数日即好如平常。能配合热水泡手更好。需要注意的是患病期间不要接触冷水。

轻轻握起拳头,然后张开,将手指伸直。如此反复练习有助于缓解刺痛。

腱鞘炎也叫腱鞘囊肿,是中老年人常见病,多发于手指根、手腕及肘部。可选择一块面积稍大于腱鞘炎病变部位的观赏用仙人掌,除去毛刺,再将一面的表皮层刮掉。把除去表皮的一面与病变部位贴敷,用医用胶布固定。隔日换一次新鲜的仙人掌,一般换3次,肿块便自动消失。

将地鳖虫50克、京半夏35克、红花15克和全蝎10克研成细粉,加米酒浸泡2周,外搽患处,以局部发热为度,可以活血消肿。

【何时就医】　手腕及手痛不完全是腱鞘炎的结果,也可能是更严重疾病的征兆,当你运动手腕时,若有劈啪声得小心,这不是腱鞘炎的征兆,而可能是关节炎的症状。应让医生检查。

【友情提醒】　养成劳作后用温水洗手的习惯,不宜用冷水,适时活动手,并自行按摩。得了此病,贵在早治,以免迁延成慢性。

工作间隙应休息一会儿,将手摆在桌面,旋转头部2分钟。向前及向后弯脖子,用头点两肩,扭一扭脖子,看左肩、看右肩。

多食油菜、青菜和芹菜等,多食富含蛋白质及钙质食物和瘦肉、鸡肉、蛋、豆浆等。可以吃一些橘子、苹果、生梨、山楂等,以补充维生素和均衡营养。

皮肤被晒伤怎么办

当你从海滩回来时,皮肤是不是变得又热又红又痛,甚至还起水泡呢?这正是紫外线晒伤了你的皮肤。特别是皮肤白皙的女性更容易被晒伤,因为肤色白皙者体内具有保护作用的黑色素比肤色黝黑者少。此外,服用含荷尔蒙成分的药物,如口服避孕药,也会使皮肤更容易受到紫外线的伤害。

【应急措施】　研究表明,维生素E含有氨基酸,被太阳晒伤以后立即服用适量的维生素E能减少晒伤引起的皮肤损伤。

服用止痛药阿司匹林,既可止痛又可消炎。每6小时服用两粒200毫克的止痛剂,连续服用24～48小时可有效消炎。

将整张芦荟叶的凝胶挤出,加上一两滴熏衣草精油,轻轻地将凝胶混合物涂搽于晒伤的皮肤上。1日2~3次,直至不痛为止。这一有效的抗菌药方可以加速伤口的痊愈过程。

将车前草的几片叶子研碎,放入一杯开水中浸泡几分钟。等液体凉了以后,涂在晒伤的皮肤上,1天涂1~2次。可以解除日晒的痛苦。

皮肤被晒红并出现疼痛时可用冷水毛巾敷在患部,直至痛感消失为止。也可以涂上防晒油脂。

在急性晒伤恢复前要避免日光进一步照射。对有斑、水肿和明显刺痛者,可局部使用含皮质激素的外用药(如肤轻松软膏等),同时要避免搔抓,防止皮肤感染。

【何时就医】 晒伤多半不会严重到需要就医,但是如果起水泡,或有伤口,为了预防感染即应就医。较严重的皮疹一定要及时去医院就诊,以防止皮肤损伤严重或继发感染而遗留皮肤局限性色素沉着和色素脱失。

晒伤者如果头痛、恶心或发烧则可能是中暑,也应去看医生。

【友情提醒】 牛奶不单能给肌肤营养,亦有消炎、消肿及缓和皮肤紧张的功效。若发觉面部因日晒而灼伤出现红肿,可利用牛奶护理。从冰箱中取出冰过的牛奶洗脸,然后在整张脸上敷上浸过冰牛奶的化妆棉,或以薄毛巾蘸上牛奶敷在发烫的患处。这样,能使被灼伤的皮肤得以舒缓,减少痛楚及防止炎症的发生。

身体如果被强烈的阳光晒伤后,可将黄瓜切成片放于晒伤的部位,具有很好的止痛和恢复的效果。若将其贴到眼角或贴满脸部,过一会儿再取下来,可以起到吸油和滋润皮肤的作用,经常使用,还可以预防粉刺的发生。

如果晒后皮肤已起水泡,此部位应暴露在空气中,且要避免衣服摩擦伤处。症状消失后才可再晒太阳。

洗澡时采用淋浴方式,不可用力擦拭,尤其不可把水泡搓破。

日晒后必须进行肌肤护理,可选用具有镇静、消炎之效的保养品。晒伤的肌肤是非常敏感脆弱的,最好完全以清水来清洁,避免用香皂和化妆品,用湿毛巾来镇静燥热的肌肤,从晒伤稍有改善的第二天起,可选用含熏衣草、甘菊、杏仁等天然镇静舒缓成分的清洁和保养品,借以补充水分和油分,防止肌肤干燥、老化,产生皱纹。等到晒伤的情况较为和缓,可以使用具有高效美白修复功能的精华液,帮助受伤的肌肤尽快恢复。这类保养品中多含有如海藻胶、再生素、胎盘素等成分,对于皮肤细胞具有促进新陈代谢、活化、再生及清除自由基的作用。

晒黑的肌肤想要尽快恢复昔日的白皙、柔润,就必须借助美白保养品的帮忙。最好在晒后立即用面膜做深层调理,再配合美白产品保养,更能达到强化新陈代谢功能,促进多余的黑色素迅速排出的效果。

要特别注意,如果日晒后的脸部肌肤出现较为严重的过敏、面疱或黑斑等美容问题,就必须寻求美容师的帮助,以对症处理,使肌肤早日恢复健康、美丽。

经常让皮肤接受短期的或者非强烈的日晒,促进黑色素的形成,从而加强对日晒伤的预防能力。日晒的时间可根据个人的肤色、体质、日光的强度调整,切不可一次过度暴晒。户外活动时,注意个人防护。

到海边游玩,建议最好采用物理防晒方式。所谓物理防晒就是戴遮阳帽和用遮阳伞,这也是最简单和最有效的防晒方法,可以有效隔离紫外线。

皮肤被碱灼伤怎么办

如不慎被碱灼伤(较多见的是氨水、氢氧化钠、氢氧化钾、石灰灼伤,最常见的是氨水灼伤),由于其极易挥发,常同时有上呼吸道灼伤,重者合并有肺水肿。眼睛溅到少量稀释氨液就易发生糜烂,且痊愈缓慢。

【应急措施】　如果氨水溅到了手上、脚上或脸上,应及时用食醋洗涤,也可用清水反复浸洗。

皮肤被碱灼伤应迅速脱去污染衣物,用大量流动清水冲洗污染的皮肤 20 分钟或更久。对氢氧化钾灼伤,要冲洗到创面无肥皂样滑腻感,再用 5%硼酸液温敷约 10~20 分钟,然后用水冲洗。不要用酸性液体冲洗,以免产生中和而加重灼伤。

眼睛灼伤立即用大量流动清水冲洗,患者也可把面部浸入充满流动水的器皿中,转动头部、张大眼睛进行清洗,至少洗 10~20 分钟,然后再用生理盐水冲洗,并滴入可的松液与抗生素。

口服者禁止洗胃,但可口服食醋、清水以中和或稀释之。然后口服牛乳、植物油约 200 毫升。

【友情提醒】　使用时要按规定做好防护,如戴不透水的手套等。

患痤疮怎么办

痤疮就是人们所说的青春疙瘩、青春痘、粉刺。有些女性偶尔会长面疱或黑头粉刺,有些女性在青春期后就经常长面疱、黑头粉刺、白头粉刺,有些女性则是在排卵时会长痘痘,一旦月经来潮后就消失了。常常长痘的女性多半属油性肤质,而且皮脂腺很容易阻塞。这两种情形特别容易导致细菌滋生化脓形成面疱、黑头粉刺、白头粉刺,甚至囊肿。发病原因主要是体内雄激素增多,粉刺棒状杆菌感染,嗜好高脂肪食物如肥肉、家禽,盲目使用化妆品或激素类药物。

【应急措施】　将棉球蘸碘酒擦患部,每日早晚各 1 次,连用 2 天。

将棉球蘸氯霉素眼药水涂患处,1 日 3~4 次。连用 7 天。

穴位按摩治疗有助于调节人体内分泌和代谢,使其趋于正常化,对痤疮有很好的疗效,但是必须坚持一段时间。方法是用大拇指指腹揉压双足涌泉穴 5 分钟,足窍阴穴 3~5 分钟。每日 1~2 次。

按揉足底肾上腺、肾脏、输尿管、膀胱反射区各 5 分钟,揉压肝、胆反射区各 1~2 分钟。

在丝瓜藤生长旺盛时期,在离地 1 米以上处将茎剪断,把根部剪断部分插入瓶中(勿着瓶底),以胶布护住瓶口,放置 1 昼夜,藤茎中有清汁滴出,即可得丝瓜水。每日洗脸后用丝瓜水搽患处。

将丹参 100 克研成细粉,装瓶备用。每次 3 克,每天 3 次内服。一般服药 2 周后粉刺开始好转,约 6~8 周粉刺数减少。以后可逐渐减量(每天 1 次,每次 3 克),巩固疗效后可停药。

将普通蜂蜜 150~200 克滴溶于温水中,然后慢慢地按摩脸部,洗 5 分钟,让皮肤吸收,最后用清水洗一遍脸。坚持 1 个月,粉刺基本能消失。

每晚睡前用温水将患部洗净(不能用肥皂或香皂),将去掉外壳的白果仁用刀切出平面,频擦患部,边擦边削去用过的部分,每次按青春痘的多少,用1～2粒白果仁即可。用药的次日早上洗脸后可照常搽雪花膏之类的护肤用品。一般用药7～14次粉刺即见消失,患部不留疤痕。

用新鲜的、切开的黄瓜涂擦面部患处,每天数次,每次擦4～5分钟,连用几天。

将绿豆粉煮成糊状,放凉,晚上洗净脸面后涂抹患处,1小时后洗去。

将大白菜叶摊平,用酒瓶轻轻碾压,待菜叶呈现网糊状后,将叶片覆盖在脸部,让叶片的养分浸透到皮肤毛孔内。隔10分钟更换1张大白菜叶,每晚做1次。

每日口服生姜10～20克,或水煎服。在口服生姜的最初一段时间粉刺可能会加重,坚持一两个月后,粉刺会慢慢消退。姜能解表、散寒、发汗、排毒,有利于毛囊孔开放和皮脂分泌物的排出。

将60克百合洗净,加入30克蜂蜜,隔水炖熟服用,临床治疗粉刺效果较好。

【何时就医】 如果服用避孕药,而且在月经来潮前会长痤疮,那么应该上医院求治。

面积较大且影响容颜,或因搔抓引起感染者,应去医院请医生处理。

【友情提醒】 注意休息,保证睡眠充足,保持心情愉快、乐观。

睡前和晨起常用温水洗脸,以去除油污。平时脸上分泌油脂过多而发亮时,应随时用软纸擦去。

青年人要外用胶原素早晚霜,因本品能充实皮肤骨胶原素,具有滋润皮肤、收敛毛孔、消除炎症的功效。

经常使皮肤接触早晨的阳光和新鲜空气,平时宜避免阳光直照面部,抑制粉刺棒状杆菌生长。

饮食宜清淡,多吃新鲜瓜果蔬菜,少吃脂肪、糖分和淀粉含量高的食品,少吃辛辣刺激食物,如辣椒、葱、蒜等,忌烟酒,多喝开水,保持消化良好、大便通畅。

患者要注意清洁卫生,勿用手强行挤压,以免化脓性感染,留下难以消失的疤痕。

患毛囊炎怎么办

毛囊炎是由金黄色葡萄球菌引发的皮肤化脓性感染。毛囊炎好发于头面、四肢及会阴等处,初起为粟粒大小红色毛囊丘疹,顶端化脓形成小脓疱。皮疹大多分批出现,互不融合,有痒感。脓疱成熟后可排出少量脓血,无脓栓,愈后不留瘢痕,但易复发。

【应急措施】 一旦发生毛囊炎,可根据医嘱外用杀菌、止痒和收敛的药物,根据病情选用适当的抗生素内服。

将芝麻油加热,待起泡冒烟后倒出晾凉,用葱白蘸芝麻油涂患处。每次涂20～30分钟,连涂3日,对于治疗毛囊炎有奇效。

外用5％～10％硫磺炉甘石洗剂、3％碘酊或红霉素软膏。

【友情提醒】 保持皮肤的清洁、干燥。搔痒时要注意手和指甲的清洁,不要用力太猛,以免损伤皮肤,增加细菌感染的机会。

避免任何刺激,如机械性的摩擦、搔抓、肥皂洗或不适当的药物、刺激性食物如酒类和辣菜。

患脓疱疮怎么办

脓疱疮俗称"黄水疮"，是一种最常见的化脓球菌传染性皮肤病。脓疱疮多见于夏秋季，常有接触史，或先有瘙痒性皮肤病，如痱子、湿疹等；好发于暴露部位，如颜面、四肢等处。脓疱疮为成群分布的黄豆大或更大的脓疱，疱壁薄，破后露出糜烂面，干燥后形成脓痂，常带蜜黄色，有不同程度瘙痒感。

【应急措施】　在脓疱刚出现时，用温开水轻轻地将疱面洗净，以烧红冷却后的缝衣针将脓疱刺破，并随即用消毒棉球或质地柔软的消毒卫生纸将脓水吸干，然后将云南白药粉涂撒于患处，每天清洗、上药1～2次。如无云南白药，可以涂上2％紫药水或新霉素软膏等消炎药。注意，切不可用没消毒的针或用手指甲随便挑破脓疱，以免造成感染。

脓疱周围的正常皮肤，要每隔2～3小时用50％酒精涂抹。

将鲜马齿苋（或野菊花，或丝瓜叶，或蒲公英均可）适量（根据脓疱疮的多少而定）洗净后煎汤，待温洗涤疱面，每日2次。

【何时就医】　症状严重者应去医院诊治，以免延误治疗。

【友情提醒】　养成良好的个人卫生习惯，勤洗手洗脸、勤剪指甲、勤洗澡、勤换衣服、保持皮肤的清洁。尤其要防止生痱子，避免皮肤损伤或抓破。

为了防止本病传染到自身其他部位，应避免搔抓或摩擦。倘有发痒的皮肤病如痱子、虫咬皮炎、湿疹等，应给予相应处理。

患带状疱疹怎么办

带状疱疹是由病毒引起的疱疹性皮肤病，中医称之为"缠腰火丹"、"蛇丹"。因带状疱疹病毒与神经组织有一定的亲和性，故疱疹常沿相应神经走向分布。有些人染患水痘后终身免疫，而有些人的水痘病毒终其一生都寄生在人体的神经束内。一旦寄主生病或压力较大时，水痘病毒将被激活，皮肤上沿着神经走向长起一颗颗具有高度传染性的水疱，可能出现在前额、头皮、手臂、躯干、臀部等部位。水疱长出时，患者会有疼痛、麻木、刺激等不适症状，几天后水疱化脓，继而干燥、结痂与脱落。整个过程需3～4周。

【应急措施】　用湿纱布覆盖在水疱上，可促使皮肤表面水分蒸发，促进水疱干涸。醋酸铝粉末加水泡成的溶液，均可达到收敛水疱效果。

带状疱疹在早期可用抗病毒药物5～7日，有抑制病毒繁殖、缩短病程和减轻疼痛的作用。

按揉合谷和足三里穴各3分钟，1日2次。

将适量的云南白药粉用少许麻油调成糊状，涂患处，每日3～5次。治疗带状疱疹，多于4～5日痊愈。

将中成药六神丸15～20粒以米醋2～3滴化开，涂患处，每日3次，直至痊愈。另以六神丸8～10粒饭后1小时用温开水送服。治疗带状疱疹，多可在一周内治愈。

将活黄鳝宰杀取血入碗，用棉签蘸鳝血敷患处，每日敷2次，至水疱结痂为止。

用75％的酒精纱布湿敷于患处，每日敷4次，每次敷15～20分钟，几天就可治愈。

【何时就医】 一旦出现水痘带状疱疹,48 小时内就医,可使病毒受到控制,也可减少神经发炎的危险性,并可使疼痛降低。

若并发眼部损害,应及时请眼科医生会诊,或给予局部滴疱疹净眼药水,外涂抗生素眼膏等。若并发肺炎、脑炎时,应尽快救治。

【友情提醒】 多休息,少运动。由于运动只会使神经发炎现象更严重,疼痛将可持续长达半年之久。

保持皮肤、衣衫清洁,疱疹破碎后液体较多,要及时清洗、替换。

可以使患部接受短期的阳光。淋浴时,轻轻冲洗水疱部位,勿触摸或抓痒。避免一些含扑热息痛的止痛退热药,这些物质将延长此症。服用 B 族维生素(如维生素 B_1、B_2 等)对防治带状疱疹有一定的帮助。

患唇疱疹怎么办

唇疱疹是由单纯疱疹病毒引起的。传染途径为直接与患者接触,如接吻等。它通常发生于发烧、感染、感冒,或日晒风吹后、生活紧张、月经期间,或免疫系统受抑制时。这种病具高度传染性,潜伏期约3~10天,出现唇疱疹后,可能维持三周之久。如果你有过敏倾向,很可能你的免疫系统虚弱,因此也可能易患唇疱疹。女性常因压力太大,免疫力下降而爆发疱疹。月经来潮也是某些女性疱疹复发的引爆点。

【应急措施】 一般而言,疱疹发作约持续 10~14 天。局部用冰敷,能减轻发炎。

嘴唇出现疱疹时,可将一小袋茶叶放在水中煮沸,然后取出冷却,贴敷在嘴唇疱疹处,4~5 天见效。

单纯疱疹病毒能寄居于牙刷好一阵子,使你在复原后再度感染。当发现你又开始有病毒感染时,应将牙刷丢掉。如果仍长出唇疱疹,应在水疱形成后丢掉牙刷。如此可防止产生多重疱疹。一旦此疱疹完全复原后,再换一把牙刷。

【何时就医】 假如唇疱疹不是太严重,不妨不去理会它,但要确保唇疱疹干爽。如果出现脓肿,应看医生,以确定细菌感染的程度。

如果疱疹不断反复发作,应到医院诊治。

【友情提醒】 紧张的情绪会引起单纯疱疹病毒复发,拥有一个彼此关怀及照应的人际关系,这是避免陷于高度压力的最佳方法。另外,学习控制自己的情绪也很重要。

当症状出现后,你可借助某些放松心情的运动来减轻压力,如听音乐、散步、游泳等。

运动确实有助于强化免疫系统,免疫系统愈强,愈能抵抗病毒入侵。运动也是放松心情的极佳方法。

如果疱疹正在发作且已破裂,为避免病毒到处散布,不可直接用唇膏涂抹,应用棉花棒蘸取唇膏再涂到唇上。

别用手摸疱疹,以免病毒由手到处传播。

多吃生菜、酸酪乳及酸性食品。

皮肤上生疖子怎么办

当局部皮肤擦伤,不清洁或经常受到摩擦和刺激时,细菌就会乘虚而入,造成疖子的发生。疖子常生于头面部、颈部、背部、腋部、肛门周围等部位。最初局部出现红、肿、痛的小硬结,以后逐渐肿大,呈锥形隆起,2～3天左右开始化脓,脓头穿破后流出黄稠的脓液,再经过几天即可收口。

【应急措施】 热敷可促进血液循环,加速愈合。将浸过热水的法兰绒布敷在疖上20～30分钟,一天2～3次,直到疖软化,再在疖子上涂少许碘酒。一旦疖软化并自动破裂后,只需几天就痊愈了。

将适量的蒲公英洗净捣烂,敷于患处。

如见疖子中央有白色脓头,可让其自行溃破流脓,或用在火上烤过冷却后的针尖轻轻挑破脓头,排出脓汁,疖子就好了。如有发热,可适当服些消炎药如复方新诺明,每次2片,每天2次。

【何时就医】 疖患处变红,疖肿块又大又深,脓很多,多个疖丛生,上唇、鼻子、脸颊、前额或头皮长疖时要特别注意,因为这些部位的感染很容易蔓延至大脑。如果正值哺乳期,请即刻停止授乳,因为可能会传染给婴儿。如有以上这些情况,均需到医院诊治。

【友情提醒】 如果皮肤上(尤其是脸部)生了疖子,千万不要将其随便挤破,因其液体具有高度传染性,挤破它,只会使感染扩散。

面部的疖,特别是危险三角区(鼻翼两侧和上唇区域)的疖,不可挤压和触碰。洗脸、睡时盖被更应注意,否则易造成颅内感染。

危险三角区以外的疖用湿的热毛巾敷,使肿胀尽快消退,或使其尽快成熟出脓,出脓后一般能自愈。

注意皮肤的清洁卫生。出现面部的疖或身体其他部位多个疖,应多休息,少活动。

四肢躯干部位的疖,所穿衣裤宜宽松、柔软,贴身内衣裤以白色布料为好。

保持局部清洁,可用70%酒精涂抹局部,以防感染扩散。

手足上有了水疱怎么办

你有否以下经验:穿着新买的高跟鞋逛街,脚却起了水疱,害你痛得没兴致逛街。除草除了 整天,手握除草机把手的地方竟起了水疱。相信以上问题的答案是肯定的。临床皮肤科医师表示,水疱是皮肤受到摩擦所致。脚是好发之处,而手次之。水疱内的水具湿润功能,可使水疱快速愈合。所以,未破的水疱反而不易感染,故好得快。

【应急措施】 如果水疱较大、很不舒服,可以用消毒过的针刺破,并将患处放下来,利用地心引力自然引流液体。刺的时候,只需刺一个小洞,便于液体流出,然后搽一点紫药水,并用干净纱布包起来,这样很快就会好的。

【何时就医】 如果有下列情况时请就医:水疱很痛,且愈合情况不佳;水疱处有红、肿、热、痛、化脓的情形,或是发烧,水疱破了又久久不愈合;水疱不是单一出现,而是一大团聚集在一起,此时可能是感染了单纯疱疹。

【友情提醒】 运动锻炼或劳动之前,在手掌里适当抹些油脂,有预防起水疱的作用。

患银屑病怎么办

银屑病俗称"牛皮癣",是一种有特征鳞屑性红斑的复发性、慢性皮肤病。病因与遗传、感染、变态反应、代谢障碍、自身免疫等有关。急性发作和病情加重往往由上呼吸道感染或扁桃体炎所激发,精神紧张、季节变化、寒冷潮湿、饮酒常为诱发因素。牛皮癣的成因是皮肤细胞生长过快,细胞聚集的结果,即成一团团,脱落时状似雪花片片飞舞。牛皮癣不具传染性,但致病因素也不明,冬天与月经来潮前可能恶化。牛皮癣的外表干燥粗糙好似牛皮,而且会像头皮屑一样脱落。皮肤表面会出现深粉红色突起状的斑块,斑块上面覆盖着白色鳞皮。多发生于膝部、乳房下、生殖器官上及肛门一带,多对称发生。当手上及脚上发生牛皮癣时,会出现指甲变厚、凹陷及与下面皮肤脱离的现象。病变皮肤呈银白色鳞屑性丘疹和斑块,刮去鳞屑后露出红色滑面,并有小出血点。

【应急措施】 局部涂抹1%的类固醇软膏,可消肿退红。但别过度使用,否则反而会伤害皮肤。

将适量的生苦杏仁研成末,加入食醋调成糊状敷于患处。轻者四五天见效,重者十几天可愈。

将鸡蛋5只从壳的一头打开,去蛋白,留下蛋黄;硫磺和花椒各50克混合在一起,分别装入鸡蛋内,与蛋黄搅匀。置温火上慢慢焙干后连同蛋壳一起研成粉末,用细筛筛过去渣后,用少许香油调成糊状,外搽患处。

将黄柏、地榆、苦参和五味子各30克与芝麻油300克置铁锅中用小火煎熬至药变黑色,去渣后涂患处,1日3次。

将韭菜100克捣烂如泥状,放入脸盆内,再倒进半面盆开水,用盖子将脸盆盖严。过10分钟左右,待水稍凉,用一小块柔软干净的纱布来回擦洗患处。隔天1次。

将大蒜剥皮后捣碎,再用一小块细纱布包着蒜泥,用手挤出蒜汁。此时的蒜汁较为刺激,可以取一些凡士林调和(比例为1∶1),再直接涂抹于患部即可。

【何时就医】 手掌脚掌或全身都患银屑病,银屑病病灶上起水泡,皮肤出现脓、发红、肿胀的感染现象,均需到医院诊治。由于银屑病的病因不清,故自行处理无效时应及时去医院请医生寻找原因,进行全身性治疗。

上医院做些必要检查,以去除可疑的致病因素,如慢性感染病灶。

【友情提醒】 紧张与焦虑会导致牛皮癣,所以应放松心情,这样有助于减轻牛皮癣。

泡澡使皮肤湿润,但不可加沐浴油,因沐浴油并不会使皮肤更润泽。泡澡后立刻涂抹保湿膏,但勿用乳液。因乳液挥发太快的结果只会使皮肤更干燥。

一些刺激性强的气体、化学物质和药物如芥子气、焦油和水杨酸等有可能诱发红皮病型银屑病,应避免使用。饮食上要禁食酒和浓茶、咖啡等一切刺激性饮料。

避免脂肪(牛奶、奶油、鸡蛋)、糖、白面粉、柳橙类水果、红肉,这些食物含有一种可加剧皮肤发炎的酸。

在治疗期间切忌剧烈搔抓,忌食辛辣、刺激性食物。

患头癣怎么办

头癣是由某些致病真菌感染头皮和头发所致的疾病，传染性强，可通过理发工具或接触受染动物而感染。根据致病菌种类和宿主反应性不同，头癣可分为黄癣、白癣、黑点癣和脓癣4种。黄癣俗称"秃疮"或"癞痢头"，多在儿童期发病，以农村多发。黄癣愈后有萎缩性瘢痕，常有头发脱落，造成永久性秃发。黄癣的致病菌是黄癣菌。白癣多见于儿童，有很大的传染性，愈后无瘢痕，头发脱落后可再生。头皮损害早期呈圆形或不规则形的灰白色鳞屑性斑片，常呈卫星状分布。表面的病发多在距头皮3～4毫米处折断，病发根部有一白色菌鞘。白癣一般在青春期后可自愈，且不留痕迹，其致病菌为小孢子菌。黑点癣较少见，头皮损害类似白癣，为多数散在点状鳞屑斑。病发出头皮即断，残留的断发呈黑点状，致病菌为紫色癣菌和断发癣菌。脓癣有头皮脓肿。

【应急措施】 将新鲜独头蒜2～3头去皮捣烂成膏状，兑入适量的蓖麻油或芝麻油，搅拌均匀后涂敷头癣处，每天1次。10～15天可好转或痊愈。如果患病较重，可延长用药时间。

取桃花适量阴干，与桑葚各等份，研为末，以猪油调和，洗净疱痂，涂于患处。

严重者外擦5%的硫磺软膏，整个头皮均擦，重点在患处，连续使用2个月。

【何时就医】 全身治疗须在医生指导下进行。

【友情提醒】 将患者的衣帽、枕头、被子、毛巾、梳篦等煮沸消毒，专人专用。

每日用热水肥皂洗头1次，加速去除头皮鳞屑、痂及断发。

每周剃发1次，连续8次，以去除病发。

患足癣怎么办

足癣俗称"脚气"、"香港脚"，是由一种生长在皮肤上的霉菌所引起的，它在温暖、潮湿的状况下最容易繁殖。虽然温和的气候可能助长此菌，但流汗后的鞋袜通常是元凶。一旦感染了脚气，至少需费一个月的时间来治疗。更严重的是它会复发，除非杜绝它们的来源。脚气不会自动消失，若未加以治疗，可能使皮肤开裂，导致更严重的细菌感染。脚气是让人很烦恼的事，难以医治是众所周知的事实。千万别以为引起香港脚的霉菌只会生长在潮湿的脚趾和脚底，它也可能寄生在阴道内，引起阴道感染。而坐浴又比淋浴更容易产生这个问题。

【应急措施】 将患处清洁后，每天分早晚各涂一次皮康霜药膏或达克宁药膏。

脚气病用干碘酒棉球夹脚趾缝，只需四五天脚趾缝的溃烂便可治好。具体方法是：将一小部分消毒棉花球放在一个器皿（或小瓶）内，倒入少许碘酒，用小棍搅拌一下，使棉球蘸满碘酒。需要时取出一个碘酒棉球，晾干即可使用。

将花椒10克和大粒盐20克一起放入锅内，加入适量的水煮沸，倒入洗脚盆内，待水温降至人体可耐受程度时将双脚泡入水中，大约20分钟后，再将双脚用清水洗净擦干。每晚睡前泡一次脚。3日为一个疗程，每一个疗程更换一次花椒和盐水，3个疗程就可治愈。

将患趾洗干净，在患部擦点碘酊消一下毒，用棉签蘸少许花生油擦于患部，每日1次，只需擦几次即可痊愈。

凡脚气严重往往会痛痒难忍而抓破皮肤引起感染,此时可用醋蒜加以治疗。具体方法是:将大蒜 50 克捣烂与 200 毫升的食醋浸泡 3 天。患者先用温水洗脚 5 分钟后,再把脚放进蒜醋液中浸泡 20 分钟,坚持治疗 15 天,一般即可治愈。

【何时就医】 如果出现无法去除瘙痒、灼热的感觉,严重发炎,使你无法工作,在水疱或皮肤开裂处出现化脓等症状,应看医生。

【友情提醒】 养成每日洗脚的良好习惯,洗脚后以穿透气布鞋或拖鞋为好,勤换袜子,不与他人共用浴具及拖鞋。

只要家人有人患足癣,互相传染在所难免,女性的染患率与男性相同。防治方法主要是保持干燥,预防霉菌感染。足癣霉菌无法生长在干燥的环境中,所以,保持干燥非常重要。

穿吸汗棉袜,不穿不透气的尼龙袜。可到运动用品商店买聚丙烯质料的袜子,它吸汗且比棉袜干得快。天天换穿干净的袜子,用杀菌剂清洗袜子。洗干净的袜子拿出去晒太阳,利用紫外线杀死霉菌。有足癣者,换下的袜子要单独洗,不要放在洗衣机里混杂洗涤,以防染及其他内衣。

保持鞋子干燥清洁。鞋应透气、吸汗,否则会为霉菌营造一个温暖、潮湿的生存环境。不要连续两天都穿同一双鞋。每双鞋穿过后,至少需 24 小时才能彻底风干。经常让鞋子晒晒太阳。如果脚很容易流汗,则一天应换两次鞋。

洗澡后小心地将每一个趾间擦干,而且要确定毛巾仅用一次,并没有其他人使用过。

患花斑癣怎么办

花斑癣俗称"汗斑",是由花斑癣菌引起的一种慢性浅表性真菌病,对健康一般无大碍。皮损好发于多汗部位,如胸、背、腹、上臂,也可波及面、颈部。初起为许多细小斑点,很快脱屑,呈脱色斑点,并融合成斑片,色淡红或淡褐色,一般不痒。冬季皮疹可消退,来年夏季再发。

【应急措施】 药物治疗前,用热水、肥皂洗去鳞屑。局部外擦 40%的硫代硫酸钠溶液、康特霜等,也可口服酮康唑片。

将牙膏(不拘品牌)涂擦患处。

每晚用精细食盐搓患处。

将适量的密陀僧研末和生姜汁调涂患处,每日 1 次。

将新鲜黄瓜 200 克洗净切片装入容器中,放入硼砂 100 克稍搅拌后放置三四个小时,过滤出黄瓜液装入瓶内,放到冰箱里或阴凉处备用。清洗皮肤后,用消毒纱布浸黄瓜液每日 3～4 次涂擦患处。一般连用 7～10 天即可治愈。

将生麦芽(中药店有售)40 克放入瓶中,倒入医用酒精 100 毫升,密封浸泡 1 周。经过滤,得黄色液体备用。治疗时以棉签蘸药酊外涂患处,每天早、晚各 1 次,连用 2～4 周。一般 3 天见效。

【友情提醒】 勤换勤洗内衣内裤,煮沸消毒,并经阳光照射晒干。

为了减少复发,皮损痊愈后应继续擦药 2 周。

出汗后及时洗澡,保持皮肤清洁干燥。

适当接受阳光直照机会(阳光中的紫外线能使汗斑脱屑痊愈)。

患日光性皮炎怎么办

每当春夏季节,少数人的面、手及前臂等皮肤暴露部位在受到阳光晒后会出现瘙痒性红色丘疹及斑,严重时可以发展为红肿、水疱及糜烂,这是皮肤对阳光过敏。这种皮肤病称为日光性皮炎,此病经治疗症状消退后,如果再暴露在阳光下还会再次出现上述症状。一般到了冬季阳光强度减弱,这种皮炎可以慢慢消退。

日光性皮炎是由于吃了光敏性的食物、药物,或搽用了一些化妆品、外用药膏后,这些光敏物质经过阳光照射,产生光毒性或光敏性反应而造成的。常见的阳光过敏性食物是一些蔬菜,如灰菜、苋菜、萝卜叶、芥菜及菠菜等,外搽的可能致敏的药物有四环素软膏、煤焦油类制剂、补骨脂素、白芷素等;内服药有四环素、灰黄霉素、氯丙嗪、双氢克尿噻、利尿、利眠宁及阿可匹林等。

如果患了日光性皮炎,应该仔细回忆一下有没有接触或者吃过这些光敏的物质,从而避免再接触,这种日光性皮炎就不会再发生了。

【应急措施】　夏季因过度日光照射引起日光性皮炎,可用桃叶汁外涂治疗。取鲜桃叶100克,洗净晾干后切碎、装瓶,然后倒入陈醋150克,白酒100克,封口,浸泡7天后滤液备用。以药汁涂擦患处,每日3～4次,连用3～5日即可治愈。

除了采取上述保护措施外,还需要外涂炉甘石洗剂或氢化可的松霜等,口服抗过敏药物如赛痱啶、克敏嗪等。较重的日光性皮炎可以内服强的松,每日15～30毫克。

【友情提醒】　要避免日晒,因为有的光敏物质可以停留在体内较长时间,如果继续受到日晒,皮炎的症状还要拖延一段时间。

患油彩皮炎怎么办

油彩皮炎是由于化妆使用油彩而引起的皮肤病,一般无大碍。油彩皮炎主要发生在化妆者的面部,尤以眼周围常见。主要表现为水肿性红斑、丘疹,边界不清,眼周、前额、两颧颊部较为突出。油彩皮炎表现为局部瘙痒及灼热,若反复发作,不加处理,其受累皮肤可发生干燥脱屑,部分患者出现色素沉着。

【应急措施】　发生油彩皮炎后,要停止一切油彩化妆。

逐一查出引起发病的某种油彩,查实后绝不再用。

【何时就医】　若出现严重的过敏性皮炎应去医院及时处理。

【友情提醒】　化妆时要采取预防措施,可用有效的防护油膏打底,以隔离油彩。

卸妆时可采用乳化卸妆油,避免肥皂的碱性刺激,也不要用热毛巾过度擦洗,整个操作过程要轻柔。卸妆后可使用护肤用品保护皮肤。

患脂溢性皮炎怎么办

脂溢性皮炎是在皮脂溢出的基础上产生的一种慢性皮肤炎症,好发于头皮、眉部、眼睑、鼻部、耳后、颈部、前胸及上背部肩胛间区、腋窝、腹股沟和脐窝等皮脂腺分布较丰富部位,多见于皮脂腺分泌活跃的青少年。脂溢性皮炎的皮损特点为黄红色斑点、斑片或斑丘疹,表面覆以油腻性鳞屑,严重时可有渗出液,有时为干性红斑上有灰白色糠秕样鳞屑,发生在头部者易引起秃发。洗头时搔抓、冲洗有疼痛感,并有头发脱落。发病原因主要有皮脂溢出过多,家族遗传,嗜好油脂类、糖类食物,神经、精神疲劳。

【应急措施】 将适量的山豆根末用素油浸后涂患处。

将益母草 100 克加水煎煮半小时后,取汁 400 毫升。其中 200 毫升口服,200 毫升加入 1 小匙醋(约 5 毫升),用消毒纱布蘸湿后温敷患部(如为头皮部皮炎,应洗净头发后,用上述药剂均匀淋于头皮部,用手轻轻按摩,保留 10～20 分钟后再用清水洗净),每天 2 次,每次 10～20 分钟。

【何时就医】 患者可在医生指导下内服维生素 B_2、B_6 或复合维生素 B 等。

【友情提醒】 寻找病因,及时去除或改善。不用手抓搔发痒的皮肤。

如皮损位于头部,不应过多洗头,每周洗 1～2 次为宜。忌用碱性肥皂和洗涤剂洗涤。适当增加头部太阳光照射。

限制脂肪性食物和甜食,多吃蔬菜。要少吃或不吃各类糖类甜味食物。饮食以素食为宜,尤其是含 B 族维生素丰富的素食,烹饪油也应用植物油。

患染发皮炎怎么办

染发皮炎是由染发剂引起的一种变态反应性接触性皮炎。皮损主要累及头皮、发际、面部、耳郭及颈部。由于冲洗或随污染的双手而将染发剂带到其他部位,也可出现相类似的皮疹。皮疹轻者仅为红斑、斑丘疹、丘疹及丘疱疹,重者红肿、水泡、糜烂、渗液明显,尤其以双眼睑红肿者,且多伴球结膜充血为重。患者有剧烈瘙痒或烧灼、胀痛感。发病时一般无全身性症状,但严重时可伴有发热、畏寒、恶心等全身症状。

【应急措施】 发病前有染发史,染发后不一定马上发病。一旦发生,就非常迅速,呈急性过程。一般 1～2 周内可自然痊愈。

对已发生染发皮炎的患者,应避免再次接触染发剂,并应注意慎用与对苯二胺有交叉反应的化合物。

染发者一旦发生过敏,应立即停用染发剂。

头皮若有伤口或皮疹时,暂不宜染发。

【何时就医】 病情较严重者要即送医院进行治疗。

【友情提醒】 任何欲染发者,应事先用染发剂做斑贴试验。

染发时,尽量避免染发剂沾染头皮及面部等处。

由于职业需要经常接触染发剂者,如理发师、美容师,应加强防护,坚持戴手套操作。

用大量清水及洗发液充分清洗头发,适当剪短头发,更换污染的衣物。

避免搔抓及热水洗烫,不使用对皮肤有刺激性的药物。

患神经性皮炎怎么办

神经性皮炎是一种慢性瘙痒性皮肤病,又称慢性单纯性苔癣。神经性皮炎多见于自主神经系统功能紊乱患者,例如过度兴奋、失眠、劳累、忧郁、疲劳、惊恐、焦虑、神经衰弱、日光照射、心情急躁、生活环境的突变、局部刺激、搔抓、衣领及毛织物衣着的摩擦、食用刺激性食物和饮料等均可诱发本病。神经性皮炎好发于肢体易受摩擦的部位,90%以上发生在颈项部;也可发生于肘窝、腋窝、股部、小腿等处。初起为局部瘙痒,经搔抓后,出现针头大小、不规则的扁平丘疹,呈淡褐色,干燥而坚实,渐融合成片,成为苔藓样斑片,多见于青壮年。

【应急措施】 将适量的鲜蒜瓣洗净捣烂,用纱布包扎,浸入醋内,2～3 小时后取出。以蒜包蘸醋液擦洗患处,1 日 2 次,每次 10～20 分钟。

将鲜丝瓜叶搓碎,在患部摩擦,发红为止。每 7 天 1 次,2 次为一个疗程,两个疗程可见效。

将少许海带洗净后用温开水泡 3 小时,捞出海带,加温水洗浴。

将鸡蛋 3 只放入瓶内,加入醋 500 克浸没,7～10 天后取出。去蛋壳,将鸡蛋与醋搅匀,装入有盖容器内,每天用此液涂擦患处 2～3 次。

取老黄瓜(表皮为黄绿色)数根,沈净捣碎过滤取汁液,装入生理盐水瓶中,每瓶装 500 毫升,加入冰片 2 克,摇动使其充分溶化。然后用药棉蘸药液涂擦患处,涂擦次数越多效果越好。

将食醋 1 000 毫升放入铁锅内浓煎至 100 毫升,装瓶备用。治疗时,先将患处用温开水洗净,然后用煎好的醋涂于患处,每日治疗 1 次,可连续应用。

将樟脑和冰片各等份共研成细粉和匀,用适量的 75% 酒精溶解,然后用棉签蘸药液反复涂擦患处,待干后贴伤湿止痛膏,每日治疗 1 次。

【何时就医】 症状较重时,应到医院诊治。

【友情提醒】 保持心情舒畅,生活要有规律,合理安排工作,适当延长睡眠,性格乐观随和,注意劳逸结合。忌用手搔抓患部,不用热水烫、肥皂洗及避免局部刺激,保持皮肤卫生。

发挥自身主观能动作用,正确对待疾病,尽量不抓。

选择柔软、宽大的内衣、内裤。颈部神经性皮炎者穿无领或软领衣衫最为适宜;四肢伸侧、骶部神经性皮炎者穿的衣裤上最好有软垫,或改变体位,减少与衣裤的摩擦。

用分散或转移注意力的方法克服瘙痒,也可用药物止痒。

限制油腻食物,多吃蔬菜、水果等富含维生素食物,禁食辛辣刺激之品。

患接触性皮炎怎么办

接触性皮炎是皮肤接触了某些外界刺激性物质后所发生的炎症反应,表现为红斑、丘疹、水泡,甚至坏死。接触性皮炎治愈后,如不再接触致病因素,一般无复发倾向。接触性皮炎按病因可分为两种:一是原发性接触性皮炎,只要是无保护地接触了强酸、强碱等化学物质,任何人都可以发生;二是变态反应性接触性皮炎,如油漆、染料、农药、机油、香皂、染发水等,对一般人无反应,但对过敏体质的人即可引起皮炎。

【应急措施】 将韭菜叶1把捣汁,加入香油和食盐少许调搽患处;也可将鲜萝卜捣汁涂患处;还可将橄榄叶煎汤洗,同时将生橄榄捣汁涂患处。

冰敷有助于缓解接触性皮炎所引起的皮肤瘙痒。将牛奶倒入一杯冰块中,静置数分钟。将此牛奶倒在一块纱布垫上或薄棉布上,敷在皮肤痒的部位2～3分钟。如此重复10分钟。

【何时就医】 接触性皮炎剧痒者可在医生指导下使用药物。

【友情提醒】 仔细寻找接触物,及时去除,症状轻微无需任何治疗能自愈。发现接触了刺激性物质后,应立即用清水冲洗被接触的部位,并避免再接触。

皮炎发生部位常和病因有关。如头面部可能与染发水、香皂、化妆品、眼镜架(框)、生漆等有关,腕部可与表带、手镯等有关。根据发病的部位来确定致病的外在因素,然后加以去除。停止接触后应注意观察皮损部位有无好转。若好转,则为此种物质所致,日后应加以避免,可保以后不再发病。

禁用肥皂、乙醇、碘酊等化学物质擦身,沐浴水温不要过高,不用手抓搔病损皮肤,饮食上避免腥、辣、酒等刺激性食物。

患稻田皮炎怎么办

在拔秧、插秧季节,由于脚长时间地浸泡在温度较高而又施肥不久的水田里工作,手脚受到刺激、摩擦,会出现红疹、水疱甚至溃烂,这就是稻田皮炎。

【应急措施】 已有稻田皮炎的,可取尿素150克,加冷开水500毫升,于下水及睡觉前浸泡患处5分钟,连用3天,有较好的治疗效果。

取煮粽子后的热汤500毫升,趁热加入明矾末100～150克,冷却后装入容器,密封备用。用时搅匀,用药棉蘸涂患处,早晚各涂1次。

【友情提醒】 要预防稻田皮炎,下秧田时,将手脚在2％的明矾水溶液中浸泡5分钟。

上、下午歇工后将洗净的手脚浸泡于明矾水中15分钟,让其自然干燥(配法:12.5％明矾,3％食盐水)。

调整出工时间,避免在温度高的中午下田,以减轻水温对皮肤的刺激。

最好是实行干湿轮流作业,减少手脚浸水的时间。

患菜农皮炎怎么办

菜农易患菜农皮炎,发病高峰季节与蔬菜种植的繁忙季节相一致。菜农在挑水、浇灌、施肥和采摘蔬菜时,两脚经常接触粪水、污泥以及潮湿的菜田地面,皮肤由于浸渍而发白、发痒,加上菜田里农药、化肥的刺激而发生糜烂,形成浸渍性皮炎。菜农皮炎,也称粪毒。

【应急措施】 对于轻型的浸渍性皮炎,在洗脚后扑些干燥性的粉末,如滑石粉等。

对于钩蚴皮炎,初期可用"热疗"。因钩虫蚴虫侵入皮肤后,在24小时内有90％以上停留在局部皮下,用热水浸、艾叶熏等办法能把皮下的蚴虫杀死,但要浸30分钟或熏10分钟。

【友情提醒】　加强个人防护,下菜田劳动时尽可能不赤脚,并减少直接接触水、泥和潮湿地面的机会。粪便进行无害化处理,不用生粪施肥。

患桑毛虫皮炎怎么办

桑毛虫又称桑毒蛾,因它的毒毛引起的皮肤病即为桑毛虫皮炎。在蚕桑种植区和果树园林区的人易发病。每只老熟幼虫身上可有200～300万根毒毛。毒毛为一空心管道,内含毒液。这些毒毛极易脱落,由于毒毛微小,故能随风飘荡,污染枝叶及其他物体。人去采桑、摘果或毒毛飞落在被褥、衣物、尿布上面,人体接触后就会发生皮炎。主要病状是皮肤奇痒,有皮疹。

【应急措施】　得病早期,可用橡皮膏在患皮疹的部位反复粘贴,粘去毒毛,然后用3％～5％的碘酒涂搽。

【何时就医】　毒害严重时,要请医生用止痒和抗过敏的药物。

【友情提醒】　去桑园、果林劳动时,要头戴帽,颈围巾,穿厚实些的衣服。

不在有桑毛虫的树下晾晒衣物和乘凉,刮风时要防止毒毛吹入室内。

劳动后,要把沾有毒毛的衣服脱掉、洗净。

避免抓搔,避免热水和肥皂的刺激。

患麦芒皮炎怎么办

在收割麦子时,四肢、背部等暴露在外的皮肤容易因麦芒的刺激而发生麦芒皮炎。得这种病的人,轻者皮肤发红,有针头大小的皮疹,皮肤瘙痒;重者皮肤还会发生红斑、水泡、疼痛和瘙痒加重等症状。由于女性、儿童等人皮肤嫩弱,发生麦芒皮炎的机会更多些。

【应急措施】　奇痒难忍、疼痛严重者,可用花椒、食醋,滴上少许白酒,加入适量的水煮开放凉,涂搽患处;或用甘草30克,食盐15克,加水3碗煮沸放凉,用以擦洗患处。

每天用温水洗1～2次,揩干后撒上痱子粉,不要用手乱抓,以免引起感染。

只要不抓破,3～5天即可痊愈。若症状重,或合并感染时,可口服银翘散或人参败毒散等。如有小脓疱出现,应在消毒排脓后搽点紫药水。

【何时就医】　皮肤损伤较重而有感染的,要请医生用消炎、止痒、抗过敏药物治疗。

【友情提醒】　预防谷痒症主要是常洗澡、常换洗衣服,并在收割、翻晒、脱粒等劳动过程中戴帽和穿长袖衣裤等。

保持皮肤清洁。皮肤发痒后,及时清洗皮肤,并涂上痱子粉、爽身粉。

外阴瘙痒怎么办

外阴瘙痒多发生于阴蒂、小阴唇附近,严重时可波及大阴唇、会阴甚至肛门周围等处。月经期、夜间或吃刺激性食物后瘙痒可以加重,病轻时呈阵发性瘙痒,有时奇痒难忍,不仅影响睡眠,而且影响工作和学习。发生外阴瘙痒的原因很多:局部病变如霉菌性阴道炎、外阴牛皮癣、外阴湿疹、外阴干枯病、外阴白斑等;患糖尿病时,尿中含糖,能够刺激外阴产生瘙痒;患阴道炎和子宫炎时,增多的白带刺激外阴,也会引起外阴瘙痒;黄疸、维生素 A 和维生素 B 缺乏、贫血、白血病、妊娠期和经前期外阴充血等也有外阴瘙痒;不良的卫生习惯,如不注意外阴部的清洁,穿用透气性能不好的内裤,使外阴部潮湿,皮肤温软引起瘙痒;肥胖的女性因经常摩擦、多汗、皮脂分泌物的刺激也可引起发病;患有蛲虫病、湿疹、神经性皮炎的也可能引起外阴瘙痒;其他如小便的刺激、肛门瘙痒的连累、过敏等都是引起外阴瘙痒的原因。

【应急措施】 急性期可用无刺激性液体湿敷(如温水、3％的硼酸溶液等)。不要用热水烫。

局部用药达到止痒、消炎、润肤的作用。常用药物有炉甘石洗剂,薄荷油膏,尿素软膏,含皮质激素霜膏。中草药洗方,如蛇床子、苦参、百部、土槿皮、白藓皮等煎水坐浴,每日早晚 2 次;淡花椒盐水清洗外阴也不失为一个简便经济的办法。

将决明子 30 克用水煮沸 15 分钟待温后坐浴,每次 15～20 分钟,10 日为一个疗程,适用于湿热阴痒。

将花椒 30 克和苦参 30 克用水煎后外洗,每日 1 次。

将大蒜头数只,用水煎汤去渣熏洗外阴。

将醋 100 毫升加入开水 200 毫升搅匀后冲洗阴道,每日 1 次。

将艾叶 30 克、蛇床子 1.5 克、朴硝 15 克和适量的葱白用水煎后熏洗阴部,每日 3 次。

【何时就医】 患有此病的女性,必须去医院查明病因,方可对症下药。

【友情提醒】 要消除引起外阴瘙痒的局部或全身原因,如治疗白带过多、糖尿病、贫血、卵巢功能低下等。

讲究卫生,保持外阴清洁,每天早、晚用温水清洗外阴,不要用热水烫洗,不用肥皂擦洗。衣着宽松透气,并以全棉制品为宜,被褥衣着不宜过暖,每天换洗内裤。月经期间勤换月经垫、勤清洗外阴。

避免使用公用坐厕或马桶及公用浴缸、浴盆。

避免一切刺激性食物,如酒、辣椒以及易引起过敏的食物。因为酒及辛辣食物容易引起过敏,会增加阴部瘙痒。

肛门瘙痒怎么办

肛门瘙痒的原因很多,痔疮是主要原因。其他原因包括对沐浴乳过敏,饮用咖啡、茶或酒精,吃柑橘类水果、巧克力,或排便后擦不干净,粪便留在肛门口过度刺激所致。

【应急措施】 瘙痒发作时可涂抹凡士林,能快速止痒。使用无皂碱与香精的肥皂洗澡。

如由某种疾病诱发,要治疗原发病。如果一时查找不到原因,可试用氢化可的松霜、氧化锌软膏或克霉唑软膏,看哪种药物有效。但激素类药膏不宜长期使用。

【何时就医】 如果家中有幼童,他们可能散播蛲虫症引起肛门瘙痒;糖尿病患者与大小便失禁患者;使用上述方法两三周后,瘙痒症状依然存在,均需到医院诊治。

【友情提醒】 要乐观、开朗,避免因焦虑而加重病情。

如厕后应充分擦净,以防粪便残留在肛门口,过度刺激引起瘙痒。排便后可用温水冲洗法来代替擦拭,以防粪便残留。或先用湿纸巾擦拭,再用卫生纸擦干。肛周多毛及肥胖的人,要注意保持肛周皮肤的干燥。

患病期间尽量少吃巧克力、辛辣食物以及啤酒、咖啡、牛奶及芳香食品。

老年皮肤瘙痒怎么办

老年人由于皮肤萎缩,皮脂分泌减少,在气温下降时常诱发冬痒症。不是因疾病(如糖尿病、黄疸、尿毒症)导致的皮肤瘙痒,可自行处理。

【应急措施】 外搽无刺激的润滑药,如甘油、雪花膏、冷霜等;剧痒时可试搽强的松软膏等。

用白醋与甘油按3∶7至2∶8范围的比例混合,于浴后涂搽患处,可隔天1次。

每次用桃叶50克煎汤外洗。

将苹果切成片,在瘙痒处涂擦,可使皮肤爽滑舒适,每天擦几次,3天后瘙痒可止。

治老年皮肤瘙痒可取猪血300克,猪板油100克,放入锅内一起煮熟服食,两天1次,连服3次为一疗程。未愈者可续服。治愈后不易复发。

平时将吃剩的香蕉皮晒干切碎装瓶,瘙痒时可用以煎水浸洗,效果很好。

口服镇静止痒的药如扑尔敏、非那根,少量的服些鱼肝油也有好处。

每晚睡前服一片"乘晕宁"可止痒,连吃几次,可痊愈。

【何时就医】 重者一般指全身瘙痒者,应在医生的帮助下尽力寻找诱发原因,如糖尿病、肾病等,并予以相应治疗。

【友情提醒】 平时要注意皮肤卫生,勤换内衣,洗澡时不用含碱量大的肥皂(如洗衣皂),不饮酒,不吃辛辣食物,不穿自己染色的粗布衣服等。

要避免用力搔抓、过分地摩擦及热水烫洗,浴后也不宜用毛巾用力擦干。

皮肤湿疹怎么办

皮肤湿疹有很多种类,其中以过敏性发炎性湿疹最常见。它最常出现在脸、颈、手肘、膝窝处,甚至全身,典型症状就是红、肿与痒。目前仍不知其原因,但请放心,它不会传染。湿疹的病情有如潮汐般忽起忽落,今天好好的,明天可能又红又痒。尤其是碰到肥皂、清洁剂、秋末冬初的干燥环境更易引发。此外,女性月经来潮似乎也是诱因之一。患者皮肤可有红斑、丘疹、水泡,甚至糜烂、渗出、结痂等,常伴瘙痒感,病程久了可出现皮肤苔藓样肥厚。湿疹可发生于身体的任何部位,但多见于面部、手足、小腿、肛门、阴囊、乳房和耳郭等部位。湿疹发病原因主要有:进食高蛋白食物,吸入尘埃、花粉、棉絮、动物皮毛等异物;遇烈日光照、寒冷、湿热;接触丝织品、化纤品、肥皂、化妆品、染料、药物、油漆和接受异种血清、异体组织等;患有某些细菌和原虫感染性疾病;各种精神因素引起的多汗;糖尿病、麻疹、百日咳等疾病诱发;遗传性的过敏体质。

【应急措施】 一项新的研究结果证明,用墨鱼骨粉治疗湿疹有一定效果。具体方法是:将墨鱼骨用火煅烧,呈棕红时趁热研成粉末,即为墨鱼骨粉,可瓶装待用。一旦生了湿疹,可先将患处用淡盐水洗净、擦干,然后把墨鱼骨粉直接撒在患处,使之形成一厚膜,最后盖上一层油纸,外用纱布包扎,两天换一次,数次便可治愈。

急性期有渗液时可用3‰硼酸溶液湿敷,以达到收敛效果。如果奇痒难耐,可局部涂抹类固醇软膏,能止痒去红。

将阿司匹林数片研细末,用温水调成糊状涂于患处。每日2次,几天后便可好转。

将芦荟叶洗净,挤汁涂于患处。也可将冬青树叶煎汤常洗患处。

取黄花菜根500克,加水1500毫升,煎30分钟,熏洗患处1个小时左右,连续熏洗4天,可用于防治阴囊湿疹。

如果是阴囊湿疹,可将适量的大蒜瓣去皮捣烂后煎汤洗;也可将白凤仙花全草洗净后捣烂涂敷;将苦参60克和川椒10克煎汤洗;将番薯鲜嫩叶洗净切碎,加入适量的食盐,一起捣烂,用水煎后趁热洗患部,洗后扑滑石粉;还可将野菊花叶250克捣汁敷患处。将花椒和明矾各15克一起研成细末,再用蛋黄油调成糊状涂于患处,每天2次。

将土豆去皮捣成泥,加少量蜂蜜,每4～5小时敷1次。

将患处洗净擦干后,滴上氯霉素眼药水,早、晚各滴1次。

手足起小水泡的湿疹,可用生明矾60克和食盐60克冲开水使之溶化,每天洗1～2次,连洗几天。

【何时就医】 痒得令你无法入睡或类固醇软膏也派不上用处,或湿疹伤口感染破皮且污染,此时应看医生。

如果脸上出现一片红色的疹子,形似蝴蝶,患部发痒,且产生鳞状物;严重关节痛、发烧、肺炎等症状。如果你有这些症状,应立即去医院检查治疗。

【友情提醒】 如果心情不好、压力大会使病情恶化,不妨试用芳香精油疗法来减压。生活上注意避免精神紧张、过度劳累。睡眠要充足,保持大便通畅。

洗衣服时,使用中性洗衣粉并反复冲洗,以便洗净残留的洗衣粉,以免引发皮肤过敏。建议不要使用衣物柔软剂,以免香气刺激皮肤。

棉质的衣服比较柔软,不会引起皮肤瘙痒。因此,应选穿清洁、柔软、宽大、纯棉且吸汗的衣物。衣被不宜用丝、毛及化纤等制品,被褥勤洗勤晒,不论春夏秋冬,都不要穿得过暖,避免穿羊毛衣,以免瘙痒。

清洁剂、肥皂和水,甚至灰尘都可能诱发湿疹。因此,在洗碗和打扫卫生时要带上橡胶手套和棉布手套,这样既吸汗又防清洁剂伤害玉手。

快速的温度变化可能是引起湿疹的原因。从热乎乎的屋内踏入冰冷的户外,或从冷气房中进入热水浴,都可能引发皮肤病。

患处避免任何刺激,如用力搔抓、用热水肥皂用力揩擦等。避免使用一些不适当的治疗,如乱用癣药水或刺激性强的药物。勿食腥、辣和酒、咖啡、浓茶等刺激性食物。

寻找原因,避免再受到过敏原的刺激,对海鲜或牛奶过敏的,则应禁吃这些食物。

患药疹怎么办

药疹又称药物性皮炎,是药物通过各种途径进入人体后引起的皮肤黏膜炎症反应。药物性皮炎相当多见,对身体的危害也不小。几乎所有药物都有引起药物性皮炎的报道,但最常见的是解热镇痛药(乙酰水杨酸、非那西汀、氨基比林)、安眠药类(巴比妥、苯巴比妥)、磺胺药或抗生素(青霉素、链霉素、四环素)等。

【应急措施】　出现药疹时,要避免沐浴、热水或肥皂擦洗,切勿搔抓,以免刺激皮肤。尽量保护皮肤,操作轻柔,以免泡壁破损。

对重症药疹者,皮损有糜烂、渗出且分布广泛时,要使用消毒床单、被套、衣裤,以免加重感染。

进行护理及治疗时注意保暖,保持室内一定的温度、湿度。每日用紫外线照射消毒。

【何时就医】　若发现病情严重,如高热、寒战、支气管痉挛、喉头水肿、剧烈呕吐、腹泻、尿失禁以及心、肝、肾有受损情况的要立即送往医院救治。

【友情提醒】　用药期间要注意身体的反应,如出现皮肤瘙痒、红斑、发热等异常情况就应考虑停药。

饮食宜清淡、富含营养及维生素,忌酒及腥、辣刺激性食物。多饮水,注意尿量。

患风疹怎么办

风疹是由风疹病毒引起的呼吸道传染病,好发于儿童和青少年。由于冬春季节空气对流相对较差,故此两个季节为风疹的多发时期,若预防不及时,可造成小流行。一般人患风疹后症状较轻,但对怀孕女性特别是早孕者就事关紧要了,风疹病毒能使宫内胎儿发育障碍,有形成畸胎之虞。风疹自出疹后的第2天开始消退,4～5天退完不留痕迹。

【应急措施】　发病时期应卧床休息,忌高蛋白食物和辛辣刺激性食物,多饮水,吃易消化的食物。

可外用炉甘石洗剂止痒,可口服清热解毒的中药。

【何时就医】　孕妇一旦接触风疹患者应予重视,可在1周内去医院就诊。

【友情提醒】　若家中、单位或邻居有风疹患者,早孕的女性就要注意隔离,以防腹内胎儿畸变的可能,一般隔离5天即可。

不用手抓搔发痒的皮肤,可用止痒药膏止痒。

患麻疹怎么办

麻疹最显著的症状是身上出现褐红色微凸的点状皮疹。这些皮疹最初在耳后出现,后来变为斑片状并蔓延全身。皮疹出现前,患者通常会出现干咳、发高热、眼睛红肿等症状。

【应急措施】　让患者(通常是儿童)卧床,喝大量冷饮料以降低体温。只要患童能喝大量液体,食欲不振也不必担心。

如果患童发热或感不适,让其安静休息。很多患者因为眼睛不适,都希望房内的光线调得暗些。

【何时就医】　患麻疹小儿可以并发喉炎、肺炎、脑炎及结核病复发,故应及时到医院就诊。

【友情提醒】　患麻疹时要进清淡饮食,不要吃海鲜,以免症状加重。

患荨麻疹怎么办

有时候,你的皮肤会莫名其妙地出现红疹而且很痒,痒得让你忍不住拼命抓。一般而言,许多东西,包括食物或药物都可能引起皮肤红疹瘙痒,谓之荨麻疹。女性用来止痛经的止痛药阿司匹林、食物(鱼、虾、蟹、蛋、肉类、调味品等)、吸入物(花粉、动物皮毛、灰尘、羽毛等)、感染(细菌、病毒、寄生虫等)、昆虫叮咬、物理性刺激(冷、热、日光等)、精神因素及内分泌改变、遗传因素等,都可能引起过敏反应,造成荨麻疹。甚至胸罩的钢圈摩擦皮肤,或是背带的带子压迫肩膀都可能引起荨麻疹。它的成因是刺激原激活免疫细胞,并释出组胺所引起的过敏反应。

【应急措施】 局部冰敷,使血管收缩,进而使免疫细胞不再聚集活跃,可消肿止痒。局部涂抹樟脑油,可止痒。

穴位按摩可调节机体的免疫反应,脱离过敏状态,从而起到治疗作用。用手指以画圆圈的方式、用力以使局部感到酸胀为度,按摩曲池、合谷、血海、足三里、风池穴,每天 1~2次,每穴 2~3 分钟。

将电吹风在发病部位边吹边熨烫。吹风机由自己掌握,因为吹熨的时间、距离只有自己最了解,以不烫伤皮肤为标准。一般以数分钟为好。

将乌梅 10 只去核后研为细末,扑尔敏 30 片和适量的甘草末混合研为细末,再全部拌和调匀备用。用时取药末调入米醋制成膏贴于脐孔上,用纱布覆盖,以胶布固定。每日换药1~2 次,10 日为一个疗程。连续贴药至痊愈为止。脱敏止痒,用于荨麻疹反复不愈。

将生姜 50 克洗净后切成丝,与红糖 100 克、醋半碗同放入砂锅内煮沸 2 次,去渣。每取1 小杯,加适量开水温服,每日服 2~3 次。适用于荨麻疹及食用鱼、蟹等引起的周身痒疹。

取醋 2 份与白酒 1 份混合后擦患处,治疗荨麻疹。

将新鲜韭菜 250 克洗净,左手捏紧韭菜,右手握刀从韭菜根部切掉一段,用切过的韭菜擦患处,等擦完韭菜汁时再切一刀,继续擦患处。擦完一遍,休息 5~10 分钟。如还痒,可擦第二遍。一般一次擦 2~3 遍,每日可擦 3 次。

因水土不服出现荨麻疹时,症状较轻的,可以多喝茶叶蜂蜜水。取一小撮茶叶,2 匙蜂蜜,冲水 3 杯连饮,就可以有效地减缓过敏,克服症状。茶叶蜂蜜水清晨起床时空腹喝下,效果会更好。

【何时就医】 荨麻疹发生超过 24 小时;荨麻疹已消退,但局部区域却出现发青现象,这表示你可能有其他疾病,如甲状腺疾病等;荨麻疹出现在眼睛或嘴巴周围,请到医院诊治。

在发病的同时出现喉头水肿、呼吸困难或过敏性休克等严重情况要急送医院抢救。

【友情提醒】 患荨麻疹的人一般都是过敏体质,常常对多种物质过敏,因此平时要注意尽量避免接触容易致敏物质,已知的过敏物更要避免接触。

心情开朗,乐观随和。居室环境清洁卫生,切不可有尘埃积聚和蚊虫孳生。伴有其他疾病者,积极合理医治,特别是肠寄生虫病者。

对可能发病的各种因素要一一加以排除,然后加以避免。可先停食某一食物或停止接触某种物质,若不再发病了,那就说明是这种食物和物质在作怪,以后小心回避就行了。饮食清淡,忌食腥、辣、酒等刺激性食物。

穿宽松衣物，以免摩擦，不透气会更痒。

少吃西红柿酱、柑橘类水果、草莓和蚌类海鲜，因为它们很容易引起荨麻疹。

对水土不服的严重过敏者，可以提前准备些扑尔敏、苯海拉明、非那根、息斯敏等脱敏药物。多吃富含维生素 C 的水果，对于改善过敏症状也有益处。

手掌脱皮怎么办

有些人的手掌会有季节性或常年的脱皮，往往还会因又痒又痛而影响生活和工作。皮肤科专家认为，它可能因汗疱症、手癣、手部湿疹、进行性指掌角化症或接触了过多的化学物品引起。最好能请医生对症治疗。

【应急措施】　手掌脱皮，可用去皮的大蒜瓣捣成蒜糊，每日早晚用蒜糊涂患处，数日便能见效。

洗净双手，将维生素 C 注射液倒在手掌中擦匀，待药液干后发白时洗掉，每日擦 2 次，每次 2 毫升。擦数日可愈。

将生姜切碎放在白酒内泡 24 小时，涂在脱皮的地方，几次即可见效。

将适量的新鲜仙人掌捣烂榨汁，取汁涂患处，每日 2～3 次。

将甘草 50 克泡于 100 毫升白酒中，2 天后过滤去渣，滤液中加等量甘油，混匀后搽患处，每日 2～3 次。

将生地和玄参各 30 克放入大茶杯内，用开水泡开饮用，日饮数次，每日 1 剂，连用半个月。

【友情提醒】　如果是接触酸、碱、灰、石等物品引起的手掌脱皮，除做好劳动保护或定期换岗外，可搽些油膏或熟猪油。

手足皲裂怎么办

手足皲裂是皮肤病中的一种常见症状。在许多病理情况下，皮肤表面可以发生裂痕，称为"皲裂"。手掌足底的皮肤变厚变干变脆失去弹性，表皮发生裂口。患有手足癣、慢性湿疹、鱼鳞病者，因皮肤角质层增厚更容易干燥裂口。人的脚上没有皮脂腺，因而在干燥的冬季皮肤易出现裂口。此外，脚跟皮肤较厚，缺少弹性，所以裂口情况就更严重些。脚裂口也与平时护理有关，如常用碱性皂类洗脚，或常接触溶解脂肪和吸收水分的物质，外伤或长期摩擦都会造成脚裂口。手足皲裂处可有疼痛，甚至出血。

【应急措施】　如果皮肤已发生皲裂，可用胶布贴在裂口处以暂时止痛，也可用紫归治裂膏或伤湿止痛膏贴患处，还可用治裂膏、四环素软膏等涂搽。

将红霉素软膏涂擦在脚跟的裂口处，疼痛即止，几小时后脚跟老皮就软化了，仅涂擦 3～4 次即痊愈。

将香油 60 克烧热，投入生地 30 克炸枯后取出，待香油稍凉后下入黄蜡即成膏状。治疗前，先用温水浸泡患处 10～15 分钟，擦干后将药膏温化一下再涂患处，每日 1～2 次。

取香蕉 1 只（越熟越好），挤出适量置于手心，反复搓擦手部。干后，手背、手心都有光滑感。若治足裂，方法相同。每日早、晚各 1 次。用香蕉护理有以下几个问题要注意：初次使用时,小皲裂处有些疼痛,属正常现象,一般用后片刻痛感就会消失。用此法护理手足皲裂,大部分患者两三天即愈,且没有副作用。若仅有手足皮肤干燥,使用香蕉肉泥每日1次,亦能起到预防皲裂、保持皮肤滋润光滑的护理作用。对于市售的各种防裂膏也有预防和治疗作用,可以选用。

将当归60克、紫草60克和忍冬藤10克一起浸入500克麻油内24小时,用文火煎熬至药枯焦,滤出药渣,留油待凉,用棉棒沾涂患处,每日数次,至愈为止。

用热水洗手足患处,当角质层充分浸软后揩干,用刀片刮除过厚的角质层,挤出2～3颗鱼肝油丸液均匀地涂擦患处。每晚睡前涂擦一次。

将马铃薯1只煮熟后剥皮捣烂,用少许凡士林调匀,放入干净瓶内,每日1～3次,取少量涂于皲裂处,数日可愈。

脚部有裂口时,可用橡皮膏或塑料薄膜包裹,以免水分再被蒸发,这样可减少裂口疼痛。如冬季外出或室外工作时要穿上厚暖的靴袜,不要用碱性强的肥皂洗脚,洗完脚后擦拭干,用护肤膏、凡士林、鱼肝油涂抹脚部。

在接触潮湿物体或有刺激性物体时,事先应涂油膏之类防护。如果裂口较大、较深,可先用5%～10%水性软膏或15%尿素软膏涂擦患处。待局部皮肤好转、裂缝变平时,再改用鱼肝油脂膏,如用中药白芨膏、紫草油膏外搽至伤口愈合,也能从根本上改善此症状。平常多吃些富含维生素A的物质。

轻度皲裂者,将牙膏(不论品牌)外涂患处。

用10%尿素霜(成药)外涂。

洗完手擦含矿物油或甘油成分的护手乳。

将白芨粉15克和猪油60克调匀后涂患处。

将适量的鹅油熬熟后涂患处,每日2～3次。

取当年新鲜大蒜头数个(大者为佳),去皮后切开,涂擦患处,每日4～6次。

将甘草20克用250毫升白酒浸泡24小时,用此液涂擦皲裂部位,数日可愈。

将适量的核桃仁捣烂,加数滴蜂蜜拌匀,涂患处,1日2次。

用手掌推擦脚底100下,使其发热。1日2～3次。

【友情提醒】 做家务时,所使用的清洁剂内含氨与漂白剂均会伤害肌肤,所以一定要戴内有棉垫的橡胶手套,以防伤害肌肤。

天冷外出时要戴手套。从事特殊职业、有可能经常接触某些化学物质的工种也要戴防护性手套,气候转冷时每日用热水浸泡手足,再搽防裂油膏,以消除外在的致病原因。

冬季洗餐具不一定要用去脂性极强的洗涤剂如洗洁精等,用热水洗也有同样的效果。若非用洗涤剂不可,那么洗完后在手上涂些护手霜等。

每天常用40℃左右的热水浸泡双手,每次20分钟左右。过厚的角质层最好修剪掉,然后再涂上护肤油膏。

尽量少用碱性较重的肥皂,勿接触砖瓦、水泥、石灰、碱面等物质。

患疥疮怎么办

疥疮系疥螨寄生于人体皮肤表皮内所致的慢性传染病。疥螨可寄生在人和动物体表皮层内,通过密切接触传染,在集体人群中易传播。皮肤瘙痒剧烈,尤以夜间为甚。疥疮的基本损害为针头大小的丘疹及疥螨在表皮内掘的隧道。隧道长 5～15 毫米,弯曲,呈淡灰色或皮色,好发于指缝,末端有小水泡。部分患者在阴囊皮肤上可形成黄豆至花生米大的褐红色结节,伴瘙痒。疥疮治愈后,结节仍经久不愈。

【应急措施】　每天早、晚 2 次用热水淋浴,最合适的肥皂是硫磺药皂,洗后外用硫磺软膏(小儿可用 3%～5% 的硫磺软膏,成人可用 10% 的硫磺软膏),每日早、晚各用 1 次,连续 3 天为一个疗程。必要时再进行第二个疗程。

将百部草 30 克泡在 500 毫升白酒内,每晚用此酒擦身,1 周为一个疗程。

【何时就医】　如按上述方法处理病情仍未见好转,感染面积反而有增大迹象时,应去医院请医生处理。

【友情提醒】　外出投宿要选择清洁卫生的旅店、宾馆下榻,不共用毛巾、浴巾。

患疥疮后尽量不参加社交活动,不与人握手,也不在外留宿,及时隔离治疗。忌用手抓搔病损皮肤。

家庭成员同患疥疮者要同时治疗,以免互相传染,反复发生。

用药疗程完成后要彻底清洗全身,并对用过的手套、袜子、衣裤、鞋袜、被褥煮沸消毒,不能煮的洗后熨烫。

有时疥疮与其他皮肤病混杂在一起,不要只注意治疗其他皮肤病而忽视了治疗疥疮。

患水痘怎么办

水痘初起时,患者胸背部会出现非常刺痒的皮疹,然后蔓延到四肢、面部及头部。开始时患处出现凸起的红点,形成水痘,随后水泡溃破或萎缩、干瘪、结痂。皮疹约 4 天内陆续出齐,因此患者身上可能同时有各个阶段的皮疹病变。

【应急措施】　在患处涂上炉甘石乳剂,每天 2 次,可减轻皮疹的刺痒。

将胡萝卜 100 克和香菜 60 克煎汤代茶饮。适用于水痘初起,促使疹毒外透。

将绿豆 60 克加水煎熟,加白糖食用。

【友情提醒】　每天淋浴 1 次,浴后轻轻拭干身体。

不要挤压水痘,否则会留下小麻点。

要大量喝水。患者如果食欲不振,不必勉强进食。

一经发病应严格进行隔离,加强护理,直到痘疹结痂干燥为止。

发热时必须卧床休息并注意皮肤清洁。

应剪短指甲,以防皮疹被抓破而引起继发感染。

饮食清淡易消化,忌食姜辣、海腥、生冷食品。

患甲沟炎怎么办

如果你的大脚趾尖端天生长得往内弯向第二趾,而大脚趾关节自然因此而突向外侧,那么,你很容易得甲沟炎。甲沟炎的发生一部分是得自遗传,一部分则是来自鞋子不合脚,还有一部分是由剪指甲过深、拔新皮倒刺、小的刺伤等引起,表现为一侧指甲沟皮下红肿、疼痛等。

【应急措施】 甲沟炎开始时,还未化脓者可用 $1:5\,000$ 高锰酸钾溶液或 75% 的酒精浸泡患指,也可用黄连素片 $3\sim5$ 片溶化在小半杯开水中浸泡手指,每日 3 次,一次 $15\sim30$ 分钟。如果指甲下脓肿形成,指甲已飘浮活动,则往往需拔去指甲,以畅引流。

取几片磺胺药片(SMZ)研成碎末,与少量 75% 的酒精调成糊,涂敷于患指上,用纱布包好,每天 1 次,连用 2 天即可。

冰敷 $10\sim15$ 分钟,再休息一下,如此重复数次,可消肿。但是如果患有糖尿病,则不宜冰敷,因为它会使原本血液循环不良的状况更加恶化。

将病指浸入碘酒中,浸泡 5 分钟,使碘酒充分浸入甲沟,达到杀菌目的,几次后即可有效控制症状。用本法治疗时,因为碘酒能使蛋白质凝固,所以浸泡碘酒部位的皮肤会变得粗糙,最后脱去一层皮,但无痛苦。

将活蜗牛 $5\sim10$ 个洗净,加入适量的冰片捣烂后敷于患处,再用纱布包好,每日换药 1 次。若局部已化脓,则应先排脓再用药。一般治疗 $2\sim3$ 天即可消肿,$3\sim6$ 天可结痂愈合。

可找一个新鲜猪胆,倒去部分胆汁,将猪胆套在病指上,用胶布扎紧(不要扎得过紧,以免影响血液循环),不让胆汁流出,半小时内可止痛,5 天左右脚肿可消。一般 3 天左右换一个猪胆。此方治疗甲沟炎效果较好。

将米醋调雄黄末涂患处,每日 3 次。

将蜈蚣 1 条放在瓦上焙干后研成细末,与鸡蛋清搅匀,将患指(趾)浸入蛋清中。

将金银花和甘草各 30 克,水煎温服,每日 1 剂。

初期未形成脓肿时,外敷用如意金黄散等药物或局部理疗。

【何时就医】 甲沟炎痛得连穿合适的鞋子都不行,或影响日常活动时即该就医。

【友情提醒】 选购鞋子时,鞋子头部宽度应比大脚趾到小脚趾连线略宽,如此才可确保脚趾活动不会受限。不穿高跟鞋,由于高跟鞋会使体重全移往脚尖,造成脚趾压力,所以鞋跟应低于 3 厘米,使体重平均分布在整个脚掌。

剪指甲不宜过短,手指有微小伤口,用酒精、碘酒消毒患部,并涂抗菌素药膏,然后用无菌纱布包扎保护,或用创可贴敷盖处理后的患部,以免发生感染。

▶ 患鱼鳞病怎么办

鱼鳞病患者皮肤干燥、粗糙,表面有鱼鳞或蛇皮样鳞屑,呈灰白色或深褐色,鳞屑之间有白色沟纹,呈网状或出现裂隙,汗水和皮脂分泌减少,好发于四肢,一般无自觉症状,有破裂时感痛,冬季常有痒感。

【应急措施】 局部可外搽油脂,如 10% 鱼胆油软膏、10% 氯化钠软膏、10% 尿素软膏或 0.1% 维生素甲酸软膏等,每日早晚各 1 次。

可外搽 5% 水杨酸软膏,但对面积大的皮损不适宜,较易发生毒性反应,另外常用盐水浴也有效果。

【何时就医】 鱼鳞病的治疗主要是对症治疗。

可以(尤其是在冬季)口服维生素 A 丸,每日 3 次。

患丹毒怎么办

丹毒系由乙型溶血性链球菌所致的急性皮肤感染。病原菌大都经皮肤黏膜的微细损伤侵入,引起组织感染,故鼻部感染、抠鼻、掏耳、足癣等因素常成为丹毒的诱因。患者若抵抗力较差,且病变的面积较大,并乱抓乱挠时很可能会导致败血症,此时可有高热等全身中毒症状。发病前常有畏寒、全身不适等先驱症状,继之发生 39~40℃ 的高热,局部有淋巴结肿大。丹毒的皮损为略高出皮肤的鲜红色水肿样斑,表面紧张发亮,边界清楚,严重者可出现水泡,压痛明显,局部皮温高。好发于颜面、小腿部位。

【应急措施】 将鲜芙蓉叶(花)捣烂外敷患处,干后调换。

将仙人掌根 1 块,捣汁敷患处,每日 2 次。

将适量的鲜苏叶捣烂后外敷于患处,每日 2 次。

将适量的白海蜇皮浸潮后贴于患处,每日 2 次。

将鲜大蒜 250 克加水 1 500 克煮汤,熏洗患处,每日 1~2 次。

将元胡、皂角、川芎和藜芦各 3 克研成细末,以手指蘸取适量抹鼻引嚏。用于颜面丹毒,一日数次。

将黄连 30 克,黄芩、黄柏和大黄各 90 克共研细末,用水及蜂蜜煎成糊状,待凉后敷于患处。

将鲜元宝草 30 克和活蚯蚓 6 条共捣烂如泥,先用韭菜煎汤洗患处,然后敷药。

慢性丹毒已成大脚风(象皮腿)者,要减少下肢久行久站。最好使用绷带缚腿。

【何时就医】 病情较重如出现败血症时要及时上医院请医生治疗,配合医生完成足期、足量的抗生素治疗。

【友情提醒】 及时治疗皮肤的伤口和足癣等,以预防丹毒的发生。

注意保护皮肤,切勿进行搔抓等易损伤皮肤的行为。

注意休息,减少运动量。多吃高蛋白质、高维生素的食物,以利于本病的康复。

接触患病皮肤的敷料和器具要及时煮沸消毒,预防传染。

忌烟酒及辛辣、鱼腥食品。

生了褥疮怎么办

褥疮最容易发生在长期卧床、无法翻身的患者身上,如腰部或腿部骨折患者。由于长期卧床且固定在一个体位,患者身体的一些部位,特别是骨头突出的部位(如腰骶、腰脊、骶部、足跟、股骨粗隆、外踝等部位)与床接触,容易使皮肤受重力的压迫,造成局部血液循环受阻,发生营养障碍,形成褥疮。褥疮是指身体体表受压组织的坏死或溃烂,很难逆转。褥疮可致血液循环受阻而发生皮肤、肌肉坏死,继发化脓感染。

【应急措施】 一旦出现褥疮可用凤凰衣(即鸡蛋壳里面的那层皮)治疗。将生鸡蛋放入冷水里浸泡 5 分钟,这样蛋壳内的那层皮就好剥了,然后将蛋打开,倒出蛋清、蛋黄,剥下蛋壳内的凤凰衣,贴在洗净消毒的疮面上即可,2 天即愈。

对有水泡的炎性浸润期褥疮,在无菌操作下剪去表皮,然后均匀地喷上复方西瓜霜。

对溃疡期褥疮,先用无菌等渗盐水清洗创面,除去坏死组织及分泌物,再在创面上喷满复方西瓜霜。每日 3 次,并充分暴露创面。

将云南白药 5 瓶、维生素 B₂ 100 片(研末)、痢特灵 100 片(研末)和香油 100 毫升调成糊状,涂于患处,然后用纱布覆盖,保持清洁干燥。每天换药 2 次,一般一周即可治愈,重者 2～3 周可痊愈。

局部按摩,用 50% 酒精局部湿敷。

局部出现组织坏死时,应将坏死物清除掉,然后用 0.02% 呋喃西林溶液或 1：5 000 高锰酸钾溶液清洗创面。也可用双氧水冲洗患部后外用药粉,使创面保持干燥,改善局部血液循环。

若表皮已溃破,可用棉花棒蘸 1% 甲紫(龙胆紫)在创面上薄薄地涂上一层,并保持局部干燥,一般能使之迅速愈合。

患了褥疮,可用药店出售的成药"双料喉风散"敷于患处。一般敷药 3～4 天后明显见效,用药 5～7 天,褥疮即可愈合。

用生肌膏(在药店可以买到)涂抹患处,每日 2～3 次。

将荞麦皮装进袋子里,做成褥子,铺在患者身下,患者的褥疮会逐渐好转,而且不易再犯。

【何时就医】 情况严重者应与医生联系,作进一步处理。

【友情提醒】 对于久卧的老年人,家人应每天帮助其翻身,改变体位,松解受压部位,每 2～3 小时 1 次,并对受压部位进行按摩和热敷。

对因病情限制不能翻身者,应在其受压的部位垫上充气的橡皮圈或厚的海绵软垫。无感染时可撒些滑石粉,用手轻轻按摩,以帮助血液循环。

卧床柔软、平整、干净,尿床者及时更换被褥。试用"褥疮垫"(一种防治褥疮的用具,医院和市场有售)。

皮肤出现红肿、淤血时,可用红花酒精(无红花酒精时,一般消毒用的酒精亦可)进行局部按摩。按摩时不宜施重压,可用拇指的掌面做环形运动,在靠近褥疮处向外按摩。若患者不能翻身,可将手指伸入,轻轻按摩患处。

每次擦洗后撒少许滑石粉或爽身粉,保持皮肤光滑,减少摩擦。大小便失禁或出汗多的患者,这一点尤为重要。

患者取半卧位时,应在其足底垫上软垫或枕头,不要让足跟直接接触床铺。

足部不要盖得过多过重,否则很容易引起足跟部褥疮。

每天检查患者皮肤有无发红、变色、起泡等异常情况,经常按摩容易受压的部位,可以减少褥疮的发生。

加强营养,增加含蛋白质、维生素丰富和适量脂肪类食物。

▶ 生了痱子怎么办

痱子又称汗疹、红色粟粒疹,是夏季常见的由于汗孔阻塞后而引起的皮肤急性炎症,很大程度上是"热捂"出来的。环境温度高、空气流通不畅、穿衣过多、身体肥胖及热体者容易患此病。此病一般无大碍。痱子初起可有皮肤发红,继之发生密集的针头大小的丘疹,周围绕有红晕,好发于额部、颈、肘窝、躯干、女性乳房及小儿头面部。有瘙痒感和灼热感,常因搔抓而继发毛囊炎、疖肿或脓肿等。当天气转凉时,皮损可在数日内逐渐退去。

【应急措施】　将痱子粉扑撒患处,每日 4 次以上。0.25%～1%薄荷脑炉甘石洗剂外用,每日 4 次以上。对脓痱或伴多发性疖的患者,用 2%鱼石脂炉甘石洗剂外涂,每日 4 次,疗效较好。

将皮肤擦净后,在痱子上涂抹少许牙膏(不拘品牌),每日 1～2 次,有较好的效果。

将新鲜的西瓜皮擦痱子,既可降温,又可使痱子发"蔫"。

将一小块冰在痱子上来回揉擦,痱子很快就会消失。

将十滴水以等量白开水稀释,用无菌棉球蘸适量稀释液涂抹患处,痱子就会消失。

将新鲜的黄瓜洗净后切成片,贴在痱子上。

将适量的新鲜萝卜绞汁,涂抹在痱子上可止痒。

将新鲜的苦瓜洗净后切成片,用带汁的苦瓜肉遍擦痱子,1～3 天后痱子即可消退。

【何时就医】　如身体某些部位的痱子顶端已发生针尖大小浅性小脓疱,预示着已是脓痱,应去医院就医。

【友情提醒】　居室环境需有防暑、降温、通风设置;衣裤宽大通风透气,并应勤换、勤洗、勤晒;心情随和,减少吵闹,莫发脾气。

随时出汗随时抹干,保持皮肤干燥。每天用温热水洗澡(用药物肥皂,不用一般碱性肥皂),洗完澡后扑上痱子粉。

怀抱婴幼儿经常变换怀抱位置,卧床婴幼儿也要不时改变卧位。

发生痱了后尽量做到不搔抓,不用肥皂、热水擦洗,勤用冷水洗。

洗澡前,先在洗澡水中倒 2 滴风油精,可预防和治疗痱子。

忌温热辛辣刺激性食物,多选寒凉类食物,常服金银花露等饮料。

生了冻疮怎么办

冻疮是寒冷季节的常见疾病,多发生在肢体的末梢和暴露部位,如手、足、鼻尖、耳边、耳垂和面颊部。冻疮的发生原因是由于患者皮肤受寒冷刺激,小动脉收缩,血管腔变小,血流减少,皮肤因缺氧而变得苍白,时间一长,局部组织变性、坏死,就出现冻疮。冻疮的症状是局部皮肤红肿、瘙痒、疼痛,甚至出现水疱而溃烂。预防冻疮,平时要积极参加体育活动,加速气血运行,寒冷季节要注意防寒保暖。

【应急措施】　冻疮初起,可用 70%蜂蜜、30%猪油调配的软膏厚搽于患处;用红辣椒煎水擦洗皮肤,有防治作用;用辣椒酒(红辣椒泡在白酒里)外搽;用煮熟的萝卜趁热切片敷患处;外搽煤油,每天 2～3 次;用山楂 1～2 枚烤熟捣烂成泥,去籽外涂患处;将少许十滴水倒入手中,在患部按摩,每日数次;将人丹 1 包研成粉末,加雪花膏 10 克,调成糊状,临睡前涂擦患处。

在冻疮破溃之前可用生姜片轻轻摩擦局部直至发热,每天擦 1～2 次,肿胀的红疙瘩即可消退。还可用艾烟(艾叶燃烧)熏局部,至局部发热为止,待局部凉后再熏,每天 1～2 次(注意不要烧伤皮肤)。

如果冻疮已经破溃,可用老丝瓜筋切成碎块,炒枯研成细末与适量凡士林调配成药膏,外用效果较好。冻疮溃烂者可洗净后在溃疡面上撒白糖适量,外加纱布包扎好,每天换药 1次;冻疮溃烂,可用熟鸡蛋黄熬油外敷破溃处;取云南白药,均匀地撒于冻疮破溃处后包扎,每天 1～2 次;取活麻雀脑髓,趁热敷患处;取兔毛 50 克,烧灰存放,先用煮胡萝卜水趁热洗溃烂处,然后用兔毛灰加香油调成糊状涂,每日 1～2 次。如已发生溃疡,可外搽 0.5% 新霉素软膏。

将从中药店买来的百部放入一只废弃的易拉罐中,用文火煨烤至冒烟(不要燃烧)后,将红肿的手背放在烟上,利用烟气熏蒸冻疮 10～15 分钟,坚持烟熏 3 天,每天 1 次,即可逐步消肿,冻疮就此可断根。

将花生衣炒黄后研碎,过筛成粉末,每 50 克加入醋 100 克,调成糊状,放入樟脑粉 1 克,用酒精少许调匀,将药糊厚厚地敷于患处,然后用纱布固定,一般用于冻疮初期,红肿发痒未溃烂时,2～3 天可愈。

将生姜 5 片煎水 1 碗擦洗患处,一日 3 次。

用棉球蘸十滴水或风油精擦患处,一日 3 次。

将适量的仙人掌去刺捣烂,外敷患处,3 天后更换。

【友情提醒】 加强锻炼(特别是耐寒锻炼),提高体质。寒冷季节注意防寒保暖,衣服鞋袜宽松干燥。在夏季开始逐步养成冷水洗脸、洗足、擦身、洗澡习惯,以提高耐寒能力。手套、鞋袜等不要太紧,促进皮肤血流通畅。手足暴露于严寒后,不可立即用火烤或用热水泡。

将受冻部位浸泡于 40～42℃ 的温水中进行复温,使受冻部位恢复到接近正常皮肤温度,呈现深红或紫色为止。耳郭部冻伤可用 42℃ 温水浸毛巾,局部热敷。

脸颊、鼻尖及耳朵是最常发生冻疮的部位,所以要经常注意这些部位的皮肤是否有点麻痹及发白,有时冻疮在表面上没有什么征兆,因此必须在寒冷的冬天保护好脸颊、鼻尖及耳朵。

手和脚是比较容易生冻疮的部位,因此在寒冷的冬天,必须保暖你的手和脚,避免手暴露在寒冷的空气中,脚下的鞋子则应以保暖为原则。

夏季伏天将独头紫皮大蒜去皮捣烂,在阳光下暴晒 1 小时,取浓大蒜汁涂于冬季患过冻疮部位,每日 3～4 次,连用 4～5 天,可预防冬季生冻疮。

冬季怕冷者可多吃些热性祛寒食品,如羊肉、狗肉、鹿肉、胡椒、肉桂。

▶ 贴橡皮膏处起水泡怎么办

橡皮膏又称胶布,用途广泛,但有的人粘贴胶布后,局部皮肤会出现红疹、水泡,并伴有瘙痒感,有时甚至在揭下胶布时会撕掉一层表皮,灼痛难忍。此时如处理不当,则渗液不断,难以愈合。

【应急措施】 用消毒的(在火上烧一下即可)注射针头或缝衣针挑破水泡,使其渗液淌尽,然后涂擦些紫药水收敛消炎。腰背部的破损面容易受压、摩擦,所以内层还需覆盖一层凡士林纱布。

【友情提醒】 平时要避免使用存放过久的胶布,揭胶布时切忌粗暴,尽可能防止人为的损害。

第八章　男女保健篇

房事晕厥怎么办

无论新郎还是新娘,有时在房事中一方会突然面色苍白、意识消失、呼其不应,稍事休息后才醒转过来,自觉头昏眼花、两眼发黑,这种情况称为房事晕厥症。其原因是房事时情绪过分激动、兴奋,或过于紧张、焦虑,结果引起一系列不良的神经反应。造成全身周围血管扩张,脑供血相对不足,产生过敏性脑缺血,以致发生晕厥。

【应急措施】　如果已发生晕厥,新郎应立即停止性交,并镇静地采取应急措施:让新娘的头偏向一侧,平卧于床,下肢抬高15度,然后给她喝一点开水,让她静躺一会儿就能恢复。

为了促使她较快清醒,新郎可以用指甲掐新娘口鼻之间的人中穴、十宣穴,一般只需2～4分钟即可清醒。也可用有刺激性气味的东西让其闻一闻,促使新娘苏醒。

男女行房时,身体虚弱者此时会突然晕厥,遇到这种情况,清醒的一方千万不能惊慌下床。如果是女的晕厥,男方可将其抱起,以口吹入热气。如果是男方晕厥,女方也用同样方法,就会使晕厥者慢慢恢复呼吸。

【何时就医】　如发生晕厥,经急救脱险后也应及时去医院就诊,以便查明原因,及时治疗。

【友情提醒】　初次性交时,男方要体贴女方,性交应缓慢进行,切勿急躁鲁莽。一次不成,可多试几次,如屡次不成,应请医生查出原因,避免女方过度紧张,从而能减少房事晕厥的发生。

由于房事晕厥的病因与情绪过度激动、兴奋、恐惧、心情紧张有关,因此行房时要消除一切紧张、恐惧情绪,要正确认识男女之间房事的内涵。

平时体质虚弱的新娘,在同房时心情有高度的紧张,如出现头晕目眩、面色苍白、身体虚汗等现象时,可能是房事昏厥的前兆。这时最好停止性交,稳定情绪,然后再喝些糖水,吃些点心。

婚恋热吻发生晕厥怎么办

亲吻是内心情感的传递,是热恋中青年男女爱慕之情的表达方式,但是在热恋时如果双手搂抱抚摸动作不得体,或因接吻时用力过猛,会使对方呼吸发生困难,甚至晕厥死亡,这是什么缘故呢?原来在每个人的颈部两侧各有　个颈动脉窦,是一种压力感受器,当接吻受压时,致使血液中的化学成分发生变化,可造成心率减慢,血压下降,如对颈动脉窦敏感的人,还可以引起昏迷,甚至心跳骤停。所以当夫妻搂抱求欢,或接吻用力过猛时,就会出现上述症状。

【应急措施】　只要发现任何一人出现症状,应立即把手松开,停止搂抱和接吻。

立即用大拇指掐压人中穴,或用针灸刺人中、合谷、太阳等穴位,可以促进患者复苏。

【何时就医】 一旦发生心跳骤停、呼吸停止,必须争分夺秒,立即进行人工呼吸和胸外按摩。同时,赶快拨打120急救电话,让医务人员赶来抢救治疗。

男性性功能发生障碍怎么办

男子性活动的整个过程(包括性欲、阴茎勃起、性交、射精和性高潮)中,任何一个过程发生改变而影响正常性生活,即称为男性性功能障碍。有可能是心理因素(如对性行为有错误理解、工作过度紧张、生活压力过大)、内分泌因素(如原发性或继发性性腺功能低下、高泌乳素血症、垂体肿瘤)、疾病药物因素(如慢性消耗性疾患、精神抑郁药物影响如巴比妥类、心得安、利血平)以及吸烟、饮酒等引起。

【应急措施】 要保持身心健康,改善夫妻性生活关系,有规律、有节制地过性生活。

【何时就医】 如为性功能障碍,应去医院诊治,进一步明确诊断。

【友情提醒】 避免过度劳累、紧张、戒烟酒。

阳痿怎么办

当男子在性交时阴茎不能勃起,或阴茎虽能勃起,但不能维持足够的时间和硬度,使性交不能很好地完成,这就是阳痿。阳痿分原发性与继发性两种。从未进行过正常的性生活者称原发性阳痿;原来能进行正常的性生活,后来才出现阳痿者称继发性阳痿。阳痿与精神因素、过度疲劳、性无知及嗜酒等因素有关。出现阳痿,应首先解除精神上的负担,不要紧张焦虑,避免性刺激和性兴奋,使中枢神经能得到一段时间的休息和调整。

【应急措施】 提肾运动对腰酸、尿频、阳痿、前列腺炎、前列腺肥大、神经衰弱等有特效。具体方法是,端坐凳子上,双脚踏地,脚宽同肩,双手放在大腿上,掌心向上向下均可。坐时注意应坐在凳边上。集中思想于自己阴部、会阴等处,采取腹式顺呼吸法。呼气时,腹部凹进,同时略用些力将下部上提;吸气时,将上部随着腹部凸出而下放。每次宜10次,最多不能超过20次。每日可练习4~5次。若有高血压病史,每次提缩次数不能超过10次,否则会引起头晕、脑胀。有失眠者晚上不宜练习。

揉按双足肾、输尿管、膀胱反射区各5分钟,压揉生殖腺、前列腺、颈、肾上腺、淋巴反射区各5~8分钟。每日2次。

按揉足趾的龟头穴10~15分钟,每日2次。

针命门、肾俞、石门、关元、足三里穴;灸气海、中极、志室穴。每次选2~5个穴位,隔天针灸1次,10次为一个疗程。

将五味子6克、炙黄芪6克、硫磺3克和穿山甲4克共研细末。另用大附子1个(重约45克)挖空,将上述药末装入,然后放入250毫升白酒中,微火煮至酒干,取出共捣成膏。最后取麝香0.15克放入脐中,上敷此药膏纱布垫覆盖,包扎固定,3天换药1次。

将白胡椒3克、大蒜1头、食盐5克和冷米饭1团共捣如泥,作饼敷脐。1小时后取下,每日1次。

将肉桂5克、茴香5克和炮姜3克共研粉,加盐及鸡血调成糊状敷于肚脐,隔日一换。

将泥鳅 150 克用温水洗净黏液，剖腹去内脏；韭菜籽 30 克洗净，装入纱布袋中，一起放入砂锅中，加入清水 600 毫升，煮至 300 毫升，取出药纱布袋，放入姜丝和精盐再煮 10 分钟，撒入味精，淋入麻油。分 1～2 次乘热食鱼喝汤。适用于肾虚阳痿，腰膝酸软，精神萎靡不振。

将山楂 25～30 克和韭菜籽 20 克入锅加水煎沸 3 分钟后速放入健康、个大的活泥鳅 2 条，注意不要放血，并盖好盖，2 分钟后，将泥鳅挟起来，除去内脏，再继续用文火煎 10～15 分钟，加入适量盐，即可饮汤食泥鳅，早晚各 1 次，每日 1 剂，7 天为一个疗程。复煎按上述操作只加入泥鳅即可。

将公鸡 1 只宰杀取鸡睾丸，乘鲜直接浸泡于黄酒中 3 小时，取出焙烤至熟服用，隔晚服 1 次，连服 2 周，每次 2 只。适用于阳痿，性功能减退。

将羊肾 1 对剖洗干净，与肉苁蓉 15～30 克共炖汤调味食用。

将羊肾 2 个洗净血液，悬通风处晾干，然后与糯米煮粥食用，每日 1～2 次，温热食。适用于肾虚腰痛，遗精，阳痿。

将鸡肾 30 克加水煮熟，不放盐，连汤一起吃下，每晚 1 次，连服 7 日。

将鹿茸 20 克和冬虫夏草 90 克一起放入 1 500 毫升的高粱酒中封口浸泡 10 天后饮用，每次 20～30 毫升，每晚 1 次。

将狗鞭 3 条用瓦焙干研末，每次 3～4 克，用黄酒送下，每日 2～3 次。

将牛鞭 1 具洗净切段，同枸杞子 30 克共炖熟，加盐少许食用，分 2 次吃完。

将核桃仁 50 克捣碎，适量的大米洗净，加水适量同枸杞子 15 克共煮为粥。常佐餐食用。适用于遗精、阳痿、精液异常、神经衰弱、小便余沥不净、小便白浊等。

将韭菜籽 15 克用文火炒熟，与粳米 50 克、细盐少许一起放入砂锅内，加水 500 毫升，以慢火煮至米开粥稠，每日 2 次，温热食。适用于肾阳虚弱所致遗精、阳痿、精冷、遗尿、夜尿增多、小便频数、白浊、腰膝酸软等。

将韭菜籽 150 克和鸡内金 150 克共研细，每次服 10 克，日服 3 次。

将韭菜籽和仙灵脾各 15 克用水煎服，每天 1 剂。

将河虾 400 克用白酒泡一昼夜，捞出河虾，去除白酒，然后再用黄酒 400 克将河虾煮熟，吃虾，喝黄酒。每日 1 剂，1 次服完，连服 3～5 剂。

将麻雀 3 只去毛及内脏加水煮熟，吃肉喝汤，不加盐，连服 7 日。

将枸杞子 100 克、熟地 100 克、麦门冬 60 克、人参 20 克和茯苓 30 克装入瓶中，用白酒 1 500 克浸泡，封口浸泡 7 天后启瓶服用。每次饮 10 毫升，早晚各饮 1 次，饭前温饮。

由于肾精不足，常感到脑海空虚，头晕耳鸣，舌胖润或有齿痕。可用熟地 10 克、山茱萸 8 克、枸杞子 10 克、菟丝子 10 克、肉桂 8 克、附子 10 克、巴戟天 10 克、仙灵脾 1.5 克、阳起石 8 克、鹿角胶 8 克加水煎服，每天 1 剂。

由于劳心太过，神失所养，患者常伴有心悸健忘，失眠多梦，饮食不思，腹胀便溏，面色萎黄，倦怠乏力，舌淡脉弱。可用党参 10 克、白术 10 克、茯苓 8 克、黄芪 30 克、桂圆肉 8 克、酸枣仁 8 克、木香 3 克、当归 10 克、补骨脂 10 克、菟丝子 10 克、仙灵脾 10 克加水煎服，每天 1 剂。

由于长期情志不遂，忧思郁怒，或因长期夫妻关系不和睦，故患者常伴有胁肋胀痛、食少便溏、舌苔淡白、脉弦等症候。可用柴胡 10 克、白芍 10 克、当归 10 克、白术 10 克、茯苓 8

克、菟丝子 8 克、甘草 5 克、香附 5 克、补骨脂 10 克和枸杞子 10 克加水煎服,每天 1 剂。

由于过食肥甘、酗酒无度,脾胃不和、运化失常、胃中积滞不化,聚湿生热而导致阳痿不举,常兼有遗精,伴有阴囊潮湿,瘙痒坠胀,甚至肿痛。可用龙胆草 10 克、黄芩 10 克、车前子 10 克、栀子 6 克、泽泻 8 克、木通 8 克、萆薢 8 克、黄柏 5 克、苍术 30 克和薏米仁 60 克加水煎服,每天 1 剂。

【何时就医】 有前列腺、精索等生殖系统炎症者应积极治疗。

【友情提醒】 积极参加体育锻炼,提高身心素质。

注意劳逸结合,不过度疲劳。因为过度的体力劳动和脑力劳动,常会引起高级神经活动的功能障碍。

力戒手淫和体外排精等不良性行为。

婚后房事不宜过频,治疗期间应停止性行为。

性伴侣应给予鼓励,而不是冷言冷语地打击对方。

调整情绪,消除因偶尔房事失败所产生的恐惧心理,性生活时要做到放松。青壮年患者 80% 左右为心理失常所致。因此,调整心理更为重要。

勿酗酒或大量吸烟,勿过多使用镇静剂。

增加营养品种,肾亏火衰者,可多吃一些淡菜、羊肉、狗肉、动物肾脏、鱼子、牡蛎等温肾壮阳之品。但湿热下注者忌服。

早泄怎么办

早泄指的是性交时,男方过早射精。严格来讲,只有在性生活时,男方尚未与女方接触,或者刚刚接触便发生射精,以致不能进行正常的性交,才算是早泄。但是偶然出现这种现象,也不必判为病态,只有经常如此,根本不能进行性交者,方能确诊。

性医学家分析认为,造成新婚早泄的原因:一是男子精神过度紧张或心情激动,神经高度兴奋所致。按惯例射精需要性交动作的帮助后才能发生,而新郎在新婚第一夜时,无论是大脑皮层性活动"司令部",或者性器官,往往都处于迫不及待的高度兴奋状态,这样就势必造成射精中枢也处于性兴奋之中,对于性刺激的要求降低。同时,对于一个刚婚的男子来说,初次以性生活形式接触女性,这种性刺激来得突然而又强烈,此时的射精中枢也有了一定程度的兴奋,稍有刺激便一触即发。二是精液积聚的刺激,男子初次性交之前,性器官内已经积聚了相当数量的精液,可以产生一种饱胀性刺激,第一次接触女性生殖器官,就能很快地将这种性刺激反映到大脑皮层的性神经中枢,精液也就无法控制地喷射。三是性功能尚未正常发挥的缘故。这里所说的并不是指性功能有问题,而是指性功能发挥遇上性生活这种形式的转折点,初期未必能完全适应,神经内分泌活动的各个环节未必完全理顺,便会出现早泄现象,以后逐步适应与习惯后也就恢复正常了。由此可见,新婚早泄并不一定是病,不必忧心忡忡,作为妻子更应该体贴丈夫,消除其心理上的恐惧、紧张和内疚,切不可因未得到性欲上的满足而埋怨,以免造成心理和精神上的损害,真的诱发性功能障碍。

【应急措施】 沐浴时,不妨以热水浇阴茎,待毛细孔张开,血管扩大,阴茎软化的时候,泼冷水。就这样,一会儿使它伸展,一会儿使它收缩,就能使它得到锻炼,具有强劲的勃起能力。

采用避孕套，有意识地让阴茎头部的感觉变得迟钝。

于性交前用五倍子煎液外洗阴茎和阴部。

将芡实和茯苓各 15 克捣碎，加水适量，煎至软烂时再加入淘净的大米，继续煮烂成粥。每日分顿食用，连吃数日。适用于小便不利，尿液混浊，阳痿，早泄。

将鸽蛋 3 个和桑螵蛸 15 克加水煮沸 30 分钟，剥去蛋皮再煮 10 分钟，吃蛋喝汤，每日 2 次。

将鲜韭菜 100 克和鸡蛋 2 个调匀，加盐炒熟后食用，每日 1 次。

将鸡蛋 1 个和白果仁 3 粒（研碎）调匀后蒸熟，每次 1 个，早晚各 1 次。

将白果 10 克去壳和心，与腐皮 60 克和适量的大米置锅中加水煮粥，每日 1 次，当早点吃。适用于早泄、遗尿、小便频数等。

将狗肉 100 克、莲子肉和山药各 30 克加水煮至烂熟，连汤一起吃下。每日 1 次。

将泥鳅 3 条和山楂 30 克加水共煮 50 分钟，加盐少许调味，喝汤吃泥鳅，每日 1 剂。

将麻雀蛋 3 个、山药 15 克、莲子 15 克和红糖 20 克加水共煎煮，喝汤吃蛋。

中成药可选用天王补心丹，每次 9 克，1 日 2 次；大补阴丸，每次 9 克，1 日 2 次；金锁固精丸，每次 15 克，1 日 3 次；还精煎，每次 10 毫升，每日 2 次。

【何时就医】　如早泄者患有外生殖器和下尿道的疾病，则应先治好这些病，早泄往往也能随之解决。

【友情提醒】　调整情绪，消除因担心女方怀孕，或担心性器官过小、性能力不强等而产生的紧张、自卑和恐惧心理。性生活时要做到放松。

夫妇双方都要掌握正确的性知识，了解男女之间性生活过程的差异，消除精神疙瘩。

有时夫妇可分居一段时间，有意识地减少性刺激，分散性问题上的注意力，对于治愈也有一定的好处。

男方患有早泄，女方切勿埋怨责怪，以免加重男方的心理压力。

多食一些具有补肾固精作用的食物，如牡蛎、核桃肉、芡实、栗子、甲鱼、文蛤、鸽蛋、猪腰等。

阴虚火亢型早泄患者，不宜食用过于辛热的食品，如羊肉、狗肉、麻雀、牛羊鞭等，以免加重病情。

宜清心寡欲，节制性生活，戒除手淫习惯，同时还要注意少吃寒冷滑利的饮食，如菠菜汤、冬瓜汤、绿豆汤、大白菜汤及梨子等。

经常遗精怎么办

遗精是指不因性交而精液自行外泄的一种男性性功能障碍性疾病，如果有梦而遗精者称为"梦遗"，无梦而遗精者，甚至清醒的时候精液自行流出来，称为"滑精"。但如果发育成熟的男子，每月偶然遗精 1～2 次，且次日无任何不适现象，属生理现象，不是病态，无需治疗。假若遗精频繁地出现，每周达 2 次以上，且伴有头晕、头痛等症状，则需治疗。

【应急措施】　将五倍子 30 克和黄连 5 克研成粉，每次用 10 克加醋调成糊状敷脐，外盖胶布固定，隔天换 1 次。

将金樱子、茨实、益智仁、生牡蛎、白蒺藜各 10 克研成粉,装袋,缚于腰间或脐下,一周一换。

将白莲子 60 克蒸熟后服用,每日 2 次,连服 15 天为一个疗程。具有补中养神、止泻固精等作用。

将猪肾 1 对和杜仲 30 克(或核桃仁 30 克)同煮熟后食用。用于肾气不足所致遗精。

将猪肚 1 个洗净,放入杜仲 250 克,用线缝紧,放于锅中煮至熟烂,去掉杜仲,喝汤吃猪肚。适用于肾气不足者。

将猪肉和菟丝子藤各 90 克炖熟后吃肉喝汤。适用于肾气不足者。

将沙苑子 15 克、茨实 15 克、煅龙骨 20 克、煅牡蛎 20 克、莲须 10 克、莲肉 10 克用水煎服,每天 1 剂。

将熟附片 20 克、桂枝 15 克、白术 25 克、煅龙骨 25 克用水煎后捞去药渣,加米酒 25 毫升同服,每天 1 剂。

将党参 10 克、菖蒲 10 克、当归 10 克、远志 10 克、茯神 10 克、桑螵蛸 15 克、煅龙骨 20 克、龟板 20 克用水煎服,每天 1 剂。

将金樱子 15 克和茨实 30 克用水煎服,每天 1 剂。

每晚取韭菜籽 20～30 粒,用淡盐水送服,适用于肾虚滑泄症。

将韭菜籽 6 克炒黄,与核桃仁 1 个共用水煎煮将熟时加酒少许,再煮数沸,待温后饮服。

将五味子和鸡内金各 30 克共研成细粉和匀,每日 3 次,每次 3 克开水冲服。

将茯苓 30 克、莲肉 30 克和山药 60 克共研细末,每次 6～9 克,淡盐水送服。适用于性机能衰弱之遗精。

将苦参 90 克、煅牡蛎 120 克和炒白术 150 克共研细末,每次 9 克,日服 2 次,小米汤送服。

也可使用成药,金锁固精丸(浓缩丸)每次 8 粒,1 日 3 次;六味地黄丸(浓缩丸)每次 8 粒,1 日 3 次,淡盐水吞服,适用于肾虚精关不固者;知柏地黄丸(浓缩丸)每次 8 粒,1 日 3 次,适用于肾阴不足、欲火上亢者。

【友情提醒】 应认识到遗精是一种正常的生理现象,切勿错误地认为遗精会大伤“元气”。不要过多地把思想集中在性的问题上,否则会使遗精次数增多,形成恶性循环。

注意精神调养,排除杂念,清心寡欲,避免过度的脑力劳动,丰富文体活动,适当参加体力劳动,尽量分散对性问题的注意力。养成良好的生活规律,杜绝手淫习惯。

注意性器官卫生,经常清洗阴茎,清除包皮垢,有包皮过长和包茎者要及时进行手术治疗。有性器官和泌尿道感染者可采用抗生素或磺胺类药治疗。

应经常更换衣裤,夜间睡眠时不要盖得过暖,并尽量减少俯卧。冬天睡眠时被窝内不要使用热水袋,以免造成阴茎充血,诱发遗精。

平时可以多吃一些有关补肾固精的食品,如茨实、石榴、莲子、核桃仁、白果等。

注意生活起居,少食辛辣刺激性食品,如戒烟忌酒等。

▶ 包皮嵌顿怎么办

男性阴茎前端的阴茎头(又称龟头)外面包着的皮肤叫包皮。如包皮遮掩龟头但能上翻,这就是包皮过长;如果包皮外口小而不能翻转露出龟头即为包茎。婚前检查发现有包皮过长或包茎,如不及时手术处理,婚后初次性交就有发生嵌顿性包茎的可能。这是因为房事时阴茎勃起,并有一定的性交动作,加上初次房事阴茎要突破妻子的处女膜和阴道口略紧的"屏障",原先无法后翻的包皮有时会被强行翻起,形成的包皮环,像一个箍一样紧紧套束在阴茎前端,使阴茎头部血液循环受阻,造成阴茎龟头肿胀和疼痛。如病情继续发展,则可引起包皮和龟头的严重感染和坏死。

【应急措施】　先在阴茎头上涂以液状石蜡、凡士林或植物油,然后用一只手紧握阴茎头冠状沟包皮水肿处1～2分钟,使水肿逐渐消退。再用左手拇指及食指捏住阴茎,同时向外牵拉,使包皮皱褶部位变平。这时放开左手,右手用力将包皮狭窄部向龟头部推移,龟头就会缩入包皮内。

【何时就医】　如自行复位不成功,应立刻去医院就诊,请医生切开紧皱的包皮环。有包茎的人最好在婚前做包皮环切术,以免新婚招来痛苦。

【友情提醒】　值得注意的是,包茎使阴茎头上的包皮垢无法经常清洗,包皮垢的滞留容易导致阴茎头部发炎。

睾丸疼痛怎么办

引起睾丸疼痛的疾病,主要表现为睾丸肿胀、压痛,甚至化脓,全身还会畏寒、发热等。如果睾丸外伤,阴囊部位受到直接暴力打击,睾丸发生挤压或破裂性损伤,伴有剧烈疼痛,局部检查可见阴囊肿大,有积血。

【应急措施】　如果睾丸疼痛,应卧床休息,用布带托起阴囊,局部热敷,并用青霉素等抗生素消炎;或者使用中药,常用药物有龙胆草、柴胡、黄柏、黄芩、车前子、泽泻等。

【何时就医】　发生睾丸疼痛后应及时就诊,不要因害羞而讳疾忌医。

倘若是睾丸损伤,轻者可采用止血和止痛药治疗,并适当休息;重者要进行手术治疗,清除阴囊积血,再修复睾丸。

逆行射精怎么办

逆行射精是指在性交时精液不从尿道口排出,而是自相反方向逆行射入自身的膀胱内。引起逆行射精的病因很多,最常见的有前列腺手术后、糖尿病伴神经系统病变、膀胱手术或创伤、交感神经切除术及膀胱尿道狭窄、后尿道梗阻等。

【应急措施】　不要为此病过于忧虑,应该保持镇静,不要过度紧张,必要时可以通过药物调理或手术方法给予纠正治疗。

将党参、黄芪、泽泻、山茱萸、山药、熟地各100克,茯苓8克,升麻3克用水煎,分3次服,每天1剂。

将黄芪、归尾各15克,桃仁、乳香、没药各12克,赤芍、红花各8克,穿山甲6克用水煎,分3次服,每天1剂。

【友情提醒】　一旦出现逆行射精即到医院进一步诊断,以便明确病因,对症治疗。

不能射精怎么办

男子在性交过程中因达不到兴奋高潮而不能射精或不能在阴道内射精者,称为不能射精。引起不能射精的原因有器质性和非器质性两种原因。器质性原因包括泌尿生殖系统先天性解剖异常、脊髓受损、腰交感神经节损伤及使用影响交感神经张力的某些药物。但多数不能射精的原因是精神因素引起的,如童年时受到封建宗教的影响或视性行为是罪恶的、生殖器官是肮脏的、射精是伤害元气的等思想的影响,以及对配偶的敌视、排斥、害怕妻子怀孕等,都可以造成男子在性交时不能射精;性盲或性知识缺乏亦是造成不能射精的因素之一。

【应急措施】 将龙胆草、栀子、生地、柴胡各 10 克,黄芩、木通、石菖蒲各 8 克,竹叶、甘草各 6 克用水煎,分 2～3 次服,每天 1 剂。

将生龙骨、生牡蛎各 30 克,大枣 20 克,怀牛膝、炒蜂房各 15 克,桂枝、生姜、急性子、白芍各 10 克,生甘草 5 克用水煎,分 3 次服,每天 1 剂,1 个月为一个疗程。如偏阳虚,加仙灵脾、肉苁蓉;偏阴虚加生地、玄参、减生姜和桂枝;气虚加党参、黄芪;血虚加当归、熟地;血淤加莪术、地鳖虫;肝郁加柴胡、路路通;湿热加川柏、车前子。

将牡蛎 30 克,生地、熟地、淮山各 20 克,桑螵蛸 12 克,茯苓、山茱萸、丹皮、泽泻各 9 克用水煎,分 2～3 次服,每天 1 剂。在治疗期间,另取石门、中极、三阴交及肾俞、太溪等穴交替针灸,疗效更佳。

将茯苓 25 克,党参、菟丝子、穿破石、路路通各 20 克,薏苡仁、锁阳各 15 克,白术、青皮各 9 克,淫羊藿 10 克用水煎,分 3 次服,每天 1 剂。

【何时就医】 属于器质性疾病引起的不能射精要到医院作进一步诊疗,以便对症治疗。

【友情提醒】 要消除男方各种精神障碍,正确认识性生活的重要性,树立正确的爱情观,必要时需学习一些有关性的知识,这样才能使性生活顺利进行。

射精疼痛怎么办

男子在射精过程中,阴茎、尿道、会阴部、阴囊或下腹部等任何一个部位发生疼痛,称射精痛。病因与精囊炎、输精管炎、尿道炎等疾病有关。如果性交次数过频,特别是在短时间内连续射精,也可引起疼痛。

【应急措施】 采用热水坐浴,水温为 40℃左右,有助于消除患者的性器官炎症,每天热水坐浴 1～2 次,每次 15～20 分钟,持续 10～14 天。

【何时就医】 治疗原发病,可服用各种抗菌素。治疗精囊炎、输精管炎及尿道炎等病,常用药物有复方新诺明,每天 2 次,每次 2 片;四环素,每天 4 次,每次 2 片。若症状严重可肌注青霉素,每次 40 万单位,每天 4 次;庆大霉素,每次 8 万单位,每天 2 次。

【友情提醒】 停止房事生活,由于射精疼痛多属一种病态,因此在疾病未治愈时应停止房事活动。

出现血精怎么办

男子在射精时射出的精液不是白色,而是红色或粉红色的,称血精或精血。西医研究发现,患有精囊炎、前列腺炎、前列腺癌等患者容易发生血精。

【应急措施】 适当服用一些止血药物,如维生素 K,每天 3 次,每次 2 片;凝血素,每天 3 次,每次 2 片。

淤热下注型血精,多由于房劳过度,肾精亏损,或由于热性病,以致邪热伤阴之故。可将生石膏、白茅根各 30 克,生地、水牛角各 20 克,大蓟、小蓟各 15 克,知母、炒黄柏、牡丹皮、生蒲黄、棕榈炭各 10 克用水煎服,每天 1 剂;也可将水牛角 50 克,生地 30 克,白芍、牡丹皮、当归、白茅根、仙鹤草各 15 克,鲜藕节 20 克用水煎服,每天 1 剂。

湿热下注型血精,由于患者嗜好饮酒或嗜食辛辣甘肥之物,以致湿热积滞于脾胃,造成运化失常而出现血精。可将生地、滑石、藕节各 20 克,鱼腥草 15 克,黄芩、生栀子、柴胡、龙胆草、当归、车前子、木通、丹皮、赤芍各 10 克,甘草 3 克用水煎服,每天 1 剂;也可将白茅根、生地、葛根各 20 克,柴胡、龙胆草、生栀子、黄芩、大黄、车前子各 10 克,甘草 5 克用水煎服,每天 1 剂。

肾虚不固型血精,由于劳伤过度,脾气受损,以致气血生化不足,气血皆虚,故精血不固而排出血精。可用生地、旱莲草、女贞子、磁石、金樱子各 30 克,山萸肉、淡竹叶各 12 克,牡丹皮、知母、黄柏、莲子肉各 10 克用水煎服,每天 1 剂;也可将熟地、黄芪、菟丝子各 20 克,当归、川续断、杜仲、白芍、川芎、阿胶、棕榈炭、侧柏叶炭各 10 克,淮山 15 克用水煎服,每天 1 剂。

阴虚火旺型血精,由于肾阴不足,阴虚火旺,性交或梦交时欲火更旺,精室被扰,血络受伤,血从内溢,故出现血精。可将云苓、生地各 20 克,牡丹皮、山萸肉、泽泻、知母、女贞子、旱莲草、仙鹤草各 12 克用水煎服,每天 1 剂;也可将生地、旱莲草、赤小豆、白茅根、土茯苓各 25 克,大蓟、小蓟、女贞子、淮牛膝各 15 克,连翘、黄柏、牡丹皮、泽泻、石韦各 10 克,甘草 5 克用水煎服,每天 1 剂;还可将生地、淮山各 12 克,茯苓、女贞子、旱莲草、白芍、牡丹皮、泽泻各 10 克,苎麻根 20 克用水煎服,每天 1 剂。

【何时就医】 如果出现血精症状,要到医院诊治,不要麻痹大意。

【友情提醒】 应节制性欲,以达到节欲养精的目的,否则会影响疗效,甚至会加重病情。

阴茎"折断"怎么办

阴茎"折断"是指新婚同房时,阴茎由于暴力撞击、弯折而发生折断(主要是海绵体和纤维膜破裂),表现为阴茎立即软缩、局部血肿、畸形、色泽改变和疼痛。发生的原因人多是由于对性知识了解不够,在性生活中姿势不当或突然改变姿势。

【应急措施】 一旦发生阴茎"骨折",应立即中断性交,避免阴茎再次勃起,并尽快去医院诊治。千万不要羞于启齿,讳疾忌医。也不要自作聪明,擅自处理。特别要注意的是切忌热敷,这样会加剧阴茎内部出血。

【友情提醒】 预防阴茎"折断"的发生,主要是同房时不宜急躁,动作要温柔,双方配合要协调,男方要等女方的阴道湿润以后才能将阴茎缓缓插入。任何不正常的性交或不正当的性行为,都有可能导致阴茎"折断"。

阴茎异常勃起怎么办

阴茎异常勃起是指在无性兴奋或无性欲要求的情况下阴茎持续出现勃起,同时伴有疼痛。这种病中医称"强中"、"阳强不倒"、"阳纵不收"等。其发生机制是因阴茎静脉回流受阻,血液郁滞不畅,从而使局部血液所含的二氧化碳增高,氧气含量减少,使血液的黏稠度增加,从而引起本症。

【应急措施】 有一部分患者是由于性变态所致,所以平时应该尽量少与女性接触,不看内容不健康的小说及录像,积极参加文体活动。

发生持久性阴茎勃起时,应该及时用扩血管药物,促使阴茎血管内血液回流,让阴茎海绵体减少与停止充血。

取关元、长强两穴,每天针灸1次,每次10～15分钟,均采用泻法。

中医临床发现,凡房事过度,肾阴耗损,阳气亢盛,或湿热下注,跌倒损伤,都可导致阴茎异常勃起。可将生地、丹皮、泽泻、茯苓、丹参各15克,知母、黄柏、山药、柴胡、龙胆草各10克,白芍8克,肉桂1克用水煎,分3次服,每天1剂。

将熟地、龟板、黄柏各60克,知母50克,猪脊髓适量研为细末,炼蜜为丸,每丸9克,每次服2丸,每天服2次。

将龟板、熟地、生地、萆薢各30克,麦冬、茯苓各15克,车前子、泽泻、黄柏(盐水炒)、知母(盐水炒)、淮牛膝、甘草各10克,广木香3克用水煎,分3次服,每天1剂,10剂为一个疗程。

将芒硝100克炒热布包,敷贴于阴茎根部及胀疼处。冷后炒热再敷,1日3次。

局部用冰块冷敷。

将黑木耳入锅加水炖烂,加入适量的红糖成甜羹食用。

每天食用适量的生山楂。

【何时就医】 一旦发生阴茎异常勃起,必须及时到医院检查,然后明确病因,进行针对性的治疗。

由于阴部外伤引发本病,而且阴茎紫胀、疼痛难忍者,当急赴医院诊治。

【友情提醒】 需要清心寡欲,性生活不要频繁。青壮年人不要随意服用温补肾精的药物,如人参、鹿茸、鹿鞭等,也不要食辛辣、燥热食物,如狗肉、羊肉、酒等。一些性凉退火的食品可以适量多吃,如苦瓜、黄瓜、冬瓜、蕨菜、黑木耳、兔肉等。

戒手淫,避免性生活时忍精不射。

缩阳症怎么办

缩阳是指阴茎或阴囊收缩,伴有小腹部急剧疼痛,手足厥冷,口鼻气凉,肾囊(阴囊)与睾丸、阴茎完全缩作一团,如果治疗不当,会发生生命危险。

【应急措施】　可给予静脉推注 50％葡萄糖溶液 20～40 毫升,内服维生素 C 1 克;还可使用鲁米那、安痛定、三溴合剂等镇静、止痛药物治疗。

将附片 60 克,当归 15 克,桂枝、干姜各 12 克,杭白芍 9 克,细辛、通草、吴茱萸各 6 克,大枣 5 枚,川椒(炒黄)5 克,乌梅 4 枚用水煎,分 3 次服,每天 1 剂。

将当归、茯苓、乌药各 15 克,枸杞子、川楝子各 10 克,肉桂、沉香、小茴香各 8 克,熟附片、吴茱萸各 5 克用水煎服,每天 1 剂。

将人参 15 克,炒白术、茯苓、陈皮、附子各 10 克,五味子 12 克,肉桂、干姜各 6 克,炙甘草 4 克用水煎,分 3 次服,每天 1 剂。

将人参 10 克,白术、附子各 30 克,肉桂 15 克,干姜 10 克用水煎服,每天 1 剂。

【何时就医】　一旦发生缩阳症应立即送到医院急救处理,绝对不能延误病情。

前列腺肥大怎么办

前列腺肥大症,为男性膀胱颈部梗阻重要病变之一。就其病理而言,叫做前列腺增生更为恰当,但习惯上前列腺肥大之名较为流行,故仍沿用此名。前列腺肥大症为老年男性常见疾病,前列腺肥大症虽系良性病变,但由于造成泌尿系统梗阻,影响排尿,直接威胁肾脏功能,故可对患者的健康与生活带来严重的危害。前列腺肥大常需手术治疗,而老年人多伴有高血压、血管硬化、心肺功能不全等情况,给患者带来沉重负担。主要症状为:尿频、尿急(发病早期,常为尿次数增多,特别是夜晚排尿次数增多应引起患者注意,这可能是由于膀胱颈部充血水肿及残余尿致使膀胱容量减少所引起,当有炎症存在或伴发结石时则有尿急、尿痛出现),排尿困难(表现为起尿缓慢,射尿无力,尿线滴沥,淋湿裤子、鞋子,患者不便直立排尿而取蹲位,进而分段排尿,即闭气用力排尿时勉强能排出,稍一缓歇,尿流即行中断),尿失禁(残余尿量不断增加,当有大量残余尿时,常有充盈性的尿失禁,经常有尿液滴沥,使患者裤子沾湿,甚为痛苦),急性尿潴留(在以上所述排尿障碍的基础上,随时可能发生急性尿潴留,患者完全排不出尿,胀痛难忍,须去医院看急诊。引起急性尿潴留的原因常为气候变化、受惊、劳累、饮酒等情况,故本病虽无季节因素,但尿潴留的多发季节为秋冬天凉季节),血尿(本病用肉眼难以观察到血尿,有少数病例由于膀胱颈部梗阻,静脉回流受阻,在膀胱内产生静脉曲张,以致“膀胱痔”形成,有时血管破裂会大量出血,其合并有结石形成或肿瘤发生者,肉眼可观察到血尿),合并症(由于经常用力排尿可引起合并症,如疝、痔、脱肛、下肢静脉曲张、肺气肿等)。晚期症状:由于肾功亏损、衰竭引起氮质血症、酸中毒、高血压、食欲不佳、贫血、消瘦,以致出现心衰、脑血管病症状等。

【应急措施】　急性尿潴留宜导尿,在家庭中可用压迫法治疗,适当用力压迫下腹部,帮助排尿。

揉压两足前列腺、生殖腺反射区各 5 分钟,推按肾上腺、肾脏、输尿管、膀胱、尿道、脑垂体反射区各 3～5 分钟,每日 1～2 次。一般治疗 3 天即可见效。

自己按摩前列腺或小腹部。

每天提缩肛门若干次。

用艾条灸肚脐至耻骨处,每次灸 10 分钟,每日 1 次。

将食盐 250 克炒热,布包后熨小腹,每日 1 次(食盐可反复使用,谨防烫伤),每次宜敷

1～2小时。

临睡前用大半盆热水,以不烫伤为度。坐浴时间为20～30分钟,其间不断加热水保温。这种热疗法可促进局部血液循环,有良好的保健治疗作用,尤其对睾丸疼痛、会阴部憋胀者有很好的疗效。但是对于准备生育者、精索静脉曲张者、泌尿生殖系统急性感染者不能用此法。

晚沐浴后坐在床上,沿脐下中线向下一寸半开始,在左右前列腺部位各贴麝香壮骨膏一帖。入夜就会感觉症状得到改善。24小时后将膏药揭下,再贴一帖。如疼痛尚未解除,再在臀部(屁股上左右腰眼处)各贴一帖,这样24小时后疼痛定会减轻或解除。为了巩固疗效,以后每周再贴一次,时间仍为24小时一换。若症状未解除,可连续再贴。

服用维生素 B_2,每日服30毫克,分早、中、晚3次服下。连续服半年,症状可明显改善,肥大的前列腺也可能有所回缩。维生素 B_2 宜在进食时或饭后服下,这比空腹时吸收强,服后尿呈黄绿色,为正常现象。维生素 B_2 不宜与甲氧氯普胺合用。

每天吃生南瓜子90克,分早、中、晚服。同时多吃些西红柿。

将肉苁蓉10～15克放入砂锅中煎后去渣取汁,倒入羊肉100克和大米50克同煮,沸后加葱、姜、盐煮成稀粥。7天为一个疗程,冬天服用为佳。

将向日葵髓30克切成小块,鲜猪肉100克切块,加水熬煮。待肉半熟时加入玫瑰花10克、红花10克再煮。肉熟烂后再加葱、盐调味食用,连用15天。

将带皮荸荠150克洗净切碎,加水200毫升煮沸后再用小火煮20分钟,去渣饮汁,每日1剂。

将500克黑芝麻、250克核桃仁和250克花生米炒熟混在一起粉碎。由于这些食物油性很大,放在粉碎机中容易滞住,所以把5 000克糯米炒熟了掺和进去,加工成粉末。每天早餐舀3勺粉末,用开水冲成糊状,随早点喝下去。

将葫芦壳50克、冬瓜皮50克、西瓜皮30克和红枣10克放入锅中加水400毫升,煮至约150毫升时去渣取汁饮服,每日1剂。

【何时就医】 如果上述方法无效,必须到医院诊治。

【友情提醒】 前列腺肥大是中老年男性的常见病,生活上自我防护十分重要。自我调整心理,少生气,保持乐观情绪。衣着要暖和,避免着凉感冒和上呼吸道感染等,要避免会阴部受凉,使前列腺增生加重。

多喝水,多排尿,稀释尿液的浓度。因为浓度高的尿液会对前列腺产生较多的刺激。为减轻夜间尿频,喝水可安排在晚餐之前。

不要憋尿,憋尿会造成膀胱过度充盈,使膀胱逼尿肌张力减弱,排尿发生困难,容易诱发急性尿潴留,因此,一定要做到有尿就排。

生活要有规律,避免过度劳累。过度劳累会耗伤中气,中气不足会造成排尿无力,容易引起尿潴留。

常洗温水澡,以舒解肌肉与前列腺的紧张,减缓症状。

加强活动,如跑步、爬山、游泳、打球、做操等,可以加快机体的血液循环和新陈代谢,改善前列腺局部的血液循环,减轻前列腺淤血;有利于保持睾丸功能,延迟睾丸功能的衰退;增强机体抗病能力,减少尿道炎、膀胱炎及前列腺炎的发病机会。

不宜久坐。从生理学观点看,坐位可使血液循环变慢,尤其是会阴部的血液循环变慢,直接导致会阴及前列腺部慢性充血淤血,引起排尿困难。并可能使局部的代谢产物堆积,前列腺腺管阻塞,腺液排泄不畅,导致慢性前列腺炎的发生。不宜长时间骑自行车,因为自行车座可压迫尿道上段的前列腺部位,使前列腺部血流不畅。

前列腺增生患者在生活上应避免暴饮暴食,饮食要清淡,注意少食甜、酸、辛辣食品,多食蔬菜、水果、大豆制品及粗粮,适量食用鸡蛋、牛肉、种子类食物如核桃、葵花籽等,补充维生素 C、维生素 E。尤其要做到戒烟禁酒。

患病期间少骑自行车,避免疲劳,避免劳累、寒冷刺激。

患急性前列腺炎怎么办

急性前列腺炎是青壮年的常见病,多在劳累、受凉、酗酒、全身或局部抵抗力减弱时发病,主要致病菌为大肠杆菌、链球菌及葡萄球菌。临床表现为发病急,有寒战、高热、尿频、尿急、尿痛等症状,偶有排尿困难和尿潴留或血尿。最常见的如尿道炎、膀胱炎、肾盂肾炎以及尿道器械使用过程中带有细菌,均可经尿道、前列腺管侵入前列腺而引起感染。应及时、彻底地治疗前列腺炎、膀胱炎与尿道结石症等。

【应急措施】 按摩小腹,点压脐下气海、关元等穴。具体操作如下:取仰卧位,两脚伸直,左手放在神阙穴(肚脐)上,用中指、食指、无名指三指旋转,同时再用右手三指放在会阴穴部旋转按摩,共 100 次。完毕换手做同样动作。肚脐的周围有气海、关元、中极各穴,中医认为是丹田之所,这种按摩有利于膀胱功能恢复。小便后稍加按摩可以促使膀胱排空,减少残余尿量。会阴穴为生死穴,可以通任督二脉,按摩使得会阴处血液循环加快,起到清痰、止痛和消肿的作用。

患者俯卧位,家人立其旁,用双手掌根部按揉、搓擦骶部,以感局部发热为度,早晚各 1 次。

用拇指按揉阴陵泉穴(胫骨内髁下缘凹陷处),三阴交穴(内踝直上 3 寸处)各 1 分钟。

揉压两足前列腺、生殖腺反射区各 5 分钟,推按肾上腺、肾脏、输尿管、膀胱、尿道、脑垂体反射区各 3～5 分钟。每日 1～2 次。一般治疗 3 天即可见效。

将地龙 2 条和蜗牛肉 2 只捣烂后加入车前子末 2 克,敷脐部,外用纱布固定,早晚各 1 次。

将田螺肉 2 个、淡豆豉 10 粒、连须葱头 3 根、鲜车前草 30 克和食盐 1 克捣烂成泥后敷脐部,早晚各换药 1 次。

将防风、荆芥和小茴香各 50 克煎水坐浴,每日 1 次。或热水坐浴(水温在 42℃ 左右),每日 1～2 次,每次 20 分钟。

将新鲜猕猴桃 50 克捣烂,加温开水 250 毫升(约 1 茶杯),调匀后饮服,连服 2 周。

将甘蔗 500 克去皮切成小段后榨取汁液饮用,每日 2 次,连服 2 周。

将杨梅 60 克去核捣烂,加开水 250 毫升,调匀后饮服,每日 2 次,连服 2 周。

将荸荠 150 克(留皮)切碎后捣烂,加温开水 250 毫升,充分搅匀后滤去皮渣,饮汁液,每日 2 次,连服 2 周。

将鲜葡萄 250 克去皮和核捣烂后加适量温开水饮服,每日 1～2 次,连服 2 周。

将猪瘦肉 150 克洗净切块,与鲜白兰花 30 克一起入锅煮熟后加佐料,吃肉喝汤,每日

1剂。

将猪瘦肉150克洗净切片,与白花石榴根30克一起入锅煮熟后加佐料,吃肉喝汤,每日1剂。

将生南瓜子30克去壳食用,每日1次。

将冬瓜(连皮)250克洗净后切成粗块,生薏米50克洗净,海带100克洗净后切成细片状,一起放入砂锅内,加适量清水煮汤食用。适用于急性前列腺炎的食疗。

将绿豆60克洗净,与车前子30克(用纱布包好)同放锅内加水煮至豆烂,去车前子食绿豆喝汤。

将适量的新鲜绿豆芽洗净,用干净纱布绞挤出芽汁,调入适量白砂糖后当茶饮,常饮可治慢性前列腺炎和尿路感染。

将墨鱼200克洗净切片,与桃仁10克同入锅内,加水适量煮熟,饮汤吃鱼,每天1次。

将大黄和半夏各15克加水煎取200毫升,早晚各用100毫升冲服琥珀粉各5克。

将柴胡9克,升麻6克,桔梗9克,茯苓、猪苓、车前子、木通各10克用水煎服,每日1剂,分2次服。

取前列腺丸每次服6克,每日2次;或前列康片每次服3片,每日3次;或分清五淋丸每次服9克,每日2次;或氟哌酸每次服0.2克,每日3次。

取花粉(最好是破壁花粉)10克用蜂蜜水送服,每天早晚各1次,3个月后能见效。若症状稍重,可用花粉与中药三七粉按3∶1比例混合,总量10克,用蜂蜜水送服。请在医生指导下服用。

将核桃壳500克放入铝锅内,加入适量的水炖沸后以文火保持水沸2小时,下入4个鸡蛋(不去壳)再炖2小时,共炖4小时,取出滤壳,每次服1个鸡蛋、一大碗核桃壳水(无毒副作用),1日3次,连服3剂,尿胀尿痛便有好转,小便通畅。

将金银花60克,野菊花30克和生甘草20克加水煎汤内服,随意代茶饮用(限当日服完)。服药期间,禁用烟、酒及辛辣食物。

将甘草的细梢即甘草梢5克剪成小段,用开水冲泡频饮,每天更换1次。久饮此种水能医治前列腺发炎、肿大和疼痛。但高血压患者不宜服,因其有促使血压升高的副作用。

【何时就医】 如果上述方法无效,必须到医院诊治。

【友情提醒】 尽量多饮白开水增加排尿量,因为尿液有利于前列腺分泌物的排泄,以减少刺激症状。

每天定时排便,保持大便通畅。

忌烟、酒、咖啡等刺激性食品与热性食物。

阴道痉挛怎么办

在性交时,阴道口或阴道周围的肌肉产生强烈和持续性的收缩,使阴道口及阴道狭窄,阴茎无法插入阴道或插入阴道后不能拔出,这就是阴道痉挛。新婚之夜容易发生阴道痉挛,主要原因是新娘初次性交,心理状态比较复杂,精神高度紧张甚至恐惧,而新郎又急于求成,动作过于粗暴鲁莽,出于人体自卫的本能,阴道便发生反射性和防御性的收缩。器质性病因比较少见,主要有外阴或阴道损伤,萎缩性阴道炎,盆腔病变,阴道口或大阴唇溃疡,处女膜异常等。

【应急措施】　阴道痉挛无需医治,主要应采取相应的措施,如放松紧张的心情、去除新房周围不安定的因素、了解性知识,可以消除紧张达到治疗效果。害怕怀孕者要了解避孕知识或采取避孕措施。新婚之夜新郎要温柔体贴,不宜过急发生性交,性交时动作要柔和,体察新娘的感情变化。这样才能过一个美满和谐和幸福甜蜜的新婚之夜。

"心病还需心药医"。由于阴道痉挛一般是由于女方的心理造成的,所以,首先要消除女方精神上的紧张恐惧。消除一切精神障碍,正确树立性交观,避免一切恐惧、紧张情绪,建立、健全良好的夫妻感情。

当阴道痉挛发生时,如果急于停止房事反而会更加痛苦,因为此时阴道还在收缩不止。急救方法是男方应温和地鼓励女方,使其不要惊慌。

用腹式呼吸,取正常位置,把腿抬高,便可终止。因为这种体位与分娩体位相同,阴道能够自然松弛。

新婚夫妇在婚前可学习一些关于性的知识,新娘要充分认识"结婚后的性生活不是羞耻之事"。新郎则要轻柔温和,给新娘以多方爱抚,使之心情舒畅,加速性欲冲动。

取合谷、中极、神门、关元、足三里、三阴交等穴位。每次取穴 3～5 穴,于性交前 30 分钟针灸,采用弱刺激。

【何时就医】　对于器质性疾病须到医院作进一步诊断和治疗。在未治愈器质性疾病之前,禁止过性生活。

【友情提醒】　你知道不宜性交的时间吗? 每次性交最适当的时间最好是在夜晚入睡以前,以便性交后休息和恢复体力。有时男方日间工作较重,身体已感疲劳,最好先睡片刻再行性交,以免发生泄精过早的现象。

重病初愈,不宜性交。一般说来,患病期间应杜绝性交。

过度疲劳、酒醉或情绪不好时不宜过性生活。

月经期间绝对不能性交。如果原来有慢性盆腔炎者,经期性交更会引起急性发作。经期性交,可使子宫充血、经血增多、经期延长或经期不适加重。

妊娠头 3 个月及最后 3 个月要禁房事。妊娠初期性交易刺激子宫收缩而导致流产,妊娠后期性交易引起早产、子宫出血。妊娠的其余月份性生活也要节制,动作不应剧烈。

分娩后至子宫复原以前(6～7 周)要杜绝性交,否则会引起生殖器官发炎、子宫出血或妨碍会阴、阴道伤口的愈合和产后健康的恢复。如果产后阴道血性分泌物(恶露)持续时间较长,则节欲时间也要相应延长。

女性放环(或取环)及男子输精管结扎后,2 周内禁止性生活。女性做输卵管结扎后,1 个月内要避免房事。

新婚性交后出血怎么办

未婚女性的阴道口周围有一层薄膜,这就是处女膜。一般情况下,新婚初次性交后处女膜会破裂并有少量出血,还会感到轻微疼痛,这种情况一般不需特殊处理。但是,由于有的新郎动作不得要领,过于粗暴,造成新娘处女膜严重破裂,有的甚至导致阴道撕裂伤,这就会发生出血过多甚至流血不止。

【应急措施】　发生阴道出血时要立即停止性生活,否则会造成阴道更大的损伤,引起更大的出血。如果是生殖器官炎症病变引起的,那么得先治好炎性疾病后才能性交;若因阴道口肉阜引起出血的,应将息肉切除后方可性交。

如果出血量大如月经那样时,可取侧卧位,并使两腿交叉内收、夹紧。这样能有效地压迫阴道口的伤口,制止出血。一般经半小时后,出血大多能自行停止。但需注意,当夜不能再行性交,否则会使伤口扩大再度出血。

如果用上法未见效,女方可取平卧位,两腿弯曲、分开、暴露外阴部。男方立在其右侧,以左手拇、食两指或由女方自己用两手分开大小阴唇,以干净的手帕或纱布擦去外阴部的血迹(大多能在阴道口找到出血的伤口),然后将干净、柔软的手帕折叠成豆腐干大小的小块或用卫生巾、消毒棉球压在伤口上,并用右手食、中两指压在手帕上。这样持续压迫20分钟放开手指,大多能立即止血。此时女方转而取侧卧位,继续施用“自我压迫止血法”,于第二日早晨取下手帕。但需注意,4天之内应避免性生活。

【何时就医】　如果上法不见效,应尽快送医院急诊就医,请妇科医师止血。为避免出血过多,必须注意要打消怕羞的思想顾虑,及时送医院急诊就医,否则极易导致出血性休克。

【友情提醒】　绝大多数新娘初次性生活处女膜破裂时仅有少量出血和轻微疼痛。个别新娘处女膜坚厚,或处女膜孔太小,或性交时动作急躁粗暴,偶可发生较严重的处女膜破裂出血。除非处女膜裂口较大、较深,伤及阴道,出血不止,一般不需要去医院手术止血。

发现阴道流血怎么办

阴道流血有多种原因,与年龄和是否结婚有关。儿童时期的阴道出血,无论有无规律,如有第二性征显著发育如乳房隆起、外阴长毛等,就应考虑是早发月经或性早熟;倘若是1～9岁的女孩有上述情况,应及时到妇科检查。儿童阴道及外阴部疼痛,并伴有多少不等的鲜血流出,这多半是创伤;如流出有臭味带血的液体,又有时发烧,多半有异物残留阴道里。此外,是否得了血液病也值得考虑。生育期的女性阴道出血,多见于流产、宫外孕、葡萄胎、宫颈息肉、子宫肌瘤,以及子宫癌等疾病。绝经期的女性阴道出血,应考虑子宫颈癌或老年性阴道炎的可能性。

【应急措施】　少量出血,要注意患者的精神状况,看脉搏快不快,并让患者绝对卧床休息。面色苍白、出虚汗者,应把头部放低,脚抬高一些,喝点淡盐水,注意保暖,也不宜过热。适当吃些镇静药或同时服止血药,待病情稳定后再去医院。

可把冷水袋或冰袋放在下腹部,冷敷止血。恶心时,应把脸偏向一侧,防止窒息。

在排卵期出血,如果同时伴有下腹部不适或疼痛,可能是由于排卵时卵泡破裂后盆腔内积聚有浆液性、出血性或少许血液的缘故。如疼痛较轻,时间很短,可用局部热敷止痛,不必使用药物治疗。如疼痛较为剧烈,且又持久者,必须到医院请医生进一步检查,看有否其他合并症发生,然后进行积极治疗。

【何时就医】　女性怀孕之后,月经将自动停止。停经,是妊娠的一个重要指征。如果怀孕后再发生阴道流血,尤其是反复多次或伴有下腹痛的阴道流血,尽管是少量流血,也是异常情况,不能忽视。出现这种情况时应到医院检查,以确诊出血的原因。妊娠早期多见于先兆流产、葡萄胎、宫外孕,若发生在妊娠后期,多见于前置胎盘或胎盘早期剥落,情况严重,要及早就医,不可延误。

妊娠后,由于意外的撞车、摔伤引起阴道出血,量大,色鲜艳,伴随着剧烈的腹痛,严重时,阵发腹痛频繁。如果没有皮肤破损,疼痛较轻,可以局部处理,垫上卫生巾,让孕妇卧床休息,保持安静。当感觉腹痛加剧或出血增多,或有皮肤外伤及怀疑有骨折时,应迅速、平稳地送往医院妇科诊治。

当孕卵在子宫腔外着床发育称为宫外孕。宫外孕中,以孕卵在输卵管着床居多。输卵管管壁薄,管腔很细,孕卵无法正常发育,很快就会发生输卵管破裂或流产。输卵管妊娠的同时,由于内分泌的改变,引起子宫内膜的坏死和脱落,发生少量的阴道出血。宫外孕发生阴道出血,应立即到医院诊治,查明出血原因,对症治疗。

如果是流产引起的阴道流血,如出血量少,持续时间短,腹痛轻微,妊娠试验为阳性,经保胎治疗,妊娠多能保住。反之,进行刮宫治疗,以利止血和清除不正常之胚胎。

由于患葡萄胎而致阴道出血者,应立即清除宫腔内水泡样组织,1周以后还要进行第2次刮宫,85%的患者经刮宫后即可治愈,少数患者可发生恶变,应选择性地做预防性化疗。

出现大出血应尽快请医生或通知急救中心,否则会导致死亡。

【友情提醒】 安慰患者,让患者卧床休息,注意保暖。患者仰卧位,头与肩膀抬高,膝部稍抬起。

如出血量较少,先在家安静休息观察,因此时步行或乘车会引起病情恶化,可抬去医院检查。

功能失调性子宫出血怎么办

子宫在没有其他器质性病变的情况下,由于分泌失调所引起的异常性子宫出血,称为功能性子宫出血,简称功血。临床上分青春期功血、生育年龄功血、更年期功血。由于长时期出血,可出现贫血、头晕、无力、食欲不振、心悸、多梦、失眠等症状。

【应急措施】 将辣椒根15克(鲜品加倍,以辛辣的较好)和鸡爪3只分别洗净,加入共煎。每日服1剂,煎服2次。血止后须继续服5~10剂,以巩固疗效。

将柿饼60克用砂锅焙干(不要焙焦)后研成末,以适量的黄酒为引冲服。

将隔年的陈高粱根2个洗净,煎水饮用。适用于功能失调性子宫出血、经血过多或经期延长。

民间拔罐疗法对神经内分泌有良好的调整作用,可治疗月经不调,每次留罐15分钟,每日1次,症状改善后隔日1次。主要穴位有关元、中极、肾俞、天枢、腰阳关、足三里、三阴交。

【何时就医】 青春期月经周期不规则,多数能逐渐自行调整。但出血量多、周期紊乱,应及时去医院就诊治疗。

生育年龄的女性出现功血症状时应去医院做全面检查,排除其他器质性病变,测量基础体温,阴道细胞学检查,做诊断性刮宫,必要时作血及尿激素水平测定。

更年期功血治疗以止血和减少经血量为主,对大量出血者,诊断的方法是诊断性刮宫。性激素治疗要谨慎,使用不当可加重出血。贫血者给予补血药物;流血时间长者应使用抗生素;病程长且反复发作者,经药物保守疗法无效者,可考虑手术治疗。

白带异常怎么办

健康女性阴道分泌少量稀薄透明的黏滑液体，称为白带。如果白带的量过多、颜色发黄、红，有臭味，均为异常现象。白带异常的原因很多，较多见的是妇科炎症。

【应急措施】 将六神丸 15 粒塞入洗净的阴道内，每晚睡前 1 次。6 天为一疗程，一般用 2 个疗程可治愈黄带、阴痒。

可用中成药，白带片，每次 5 片，1 日 3 次；千金止带丸，每次 5 克，1 日 2 次；温经止带丸，每次 1 粒，1 日 2 次。

按揉脚后跟治疗白带异常，用拇指指腹按揉脚后跟 5～10 分钟，揉压跟腱下部 5～10 分钟，每日 1～2 次。

穴位按摩治疗白带异常方便易行，坚持治疗可取得良好效果。自己用手指按压双侧的照海、然谷、公孙穴，每次 15～20 分钟，每日 1～2 次。

足底反射区按摩可以调节神经内分泌功能，改善机体免疫力，对女性白带异常有很好的治疗作用。揉按足底的肾上腺、甲状腺、甲状旁腺、淋巴反射区各 3～5 分钟。按压足生殖腺、子宫、肾脏、阴道、脑垂体反射区各 5 分钟。每日 2 次。

选穴肾俞、次髎、三阴交、足三里拔罐，每穴留罐 15 分钟，每日 1 次或隔日 1 次。

将乌骨鸡 1 只去杂洗净，腹内放入白果、莲肉、糯米各 20 克及胡椒 3 克，煮熟后空腹服用。

将洗净的鲜墨鱼 250 克和猪瘦肉 250 克一起入锅加水炖熟服，每日 1 次，连服 5 天。

将甲鱼 1 只去杂洗净后用醋炒几下，加入山药 50～100 克，同放砂锅内共炖熟，调味后喝汤吃菜，隔日服 1 次。

将淡菜 30 克用黄酒浸洗一遍，韭菜 50 克洗净切好，两物一起煮熟食用，每日 1 次。

将鲜藕汁 100 毫升、红鸡冠花 10 克和红糖适量加 100 毫升用水煎，每日服 2 次。

将白果 10 粒去皮后捣碎心，冲入豆浆内，炖温内服，每日 1 次，连服数日。适用于防治白带过多。

将绿豆 500 克和黑木耳 100 克共炒焦研末，每次服 15 克，用米汤冲服，每日 2 次。

将绿豆芽连头根 1 500 克洗净，加水两大碗，煎透去渣，下入生姜 150 克和红蔗糖 200克，慢火收膏，每晨开水冲服，约 12 日服 1 料，连服 2 料。

将葵花籽 25 克和鸡蛋 2 个（去壳）用水煎后调白糖服。

将莲子和枸杞子各 30 克，猪小肠适量，煮熟后服。

将花生米、山药和红糖各 120 克混合后蒸熟吃。

保持外阴清洁，以 1∶5 000 高锰酸钾溶液或 1∶10 洁尔阴洗液清洗外阴和阴道，每日 2～3 次。

【何时就医】 要明确白带异常的原因，到医院检查，在检查前不要擅自用药和清洗，明确病因后针对病因进行治疗。

白带如有臭味，或分泌量过多，或白带变成灰黄、灰绿、带血，呈泡沫状、豆渣状、脓状、水状，并常伴有阴部不适感的都属异常，是患妇科病的信号，应去医院检查诊治。

【友情提醒】 注意外阴清洁，每天用温水冲洗外阴，同时换洗内裤。

不用冷水沐浴，更不能在冷水中游泳，以避免下腹受凉。节制房事。

穿纯棉松软的内裤，保持良好的透气性。

为了及时而准确地掌握白带情况，日本妇科专家主张女性宜穿白色棉内裤。

怀孕后，白带量比平时要明显增多，这是因为孕妇的阴部、阴道、子宫颈这些地方血流旺盛，组织水分增多，因而分泌物也增多。怀孕的月份越大白带量也越多，许多孕妇常感到阴道经常是湿漉漉的，很难受。这是妊娠期的正常现象，只要平时常用温水冲洗外阴部，勤换内裤保持干净就可以了。

忌寒凉食物，如鸭肉、猪腰、绿豆芽、黑鱼、田螺、萝卜、白菜、西瓜、甜瓜、小米、小麦等；适当增加补脾、温肾、固下的食物，如淮山药、芡实、扁豆、莲子、米仁、蚕豆、淡菜、龟肉等。

女性性欲亢进怎么办

女性性欲亢进指女性性欲要求强烈，性交虽有快感高潮，但难以满足，性交后阴部胀滞不衰，仍继续有强烈的性交愿望。患者平时情绪容易冲动，小便色深黄，口干口苦，烦躁不安；白带黏稠透明，量多，舌质红，苔薄黄；可能患有腰膝酸软、头晕耳鸣、手足心烫等症。

【应急措施】　将莲心 3～5 克冲泡代茶，1 日 1 次。

将知母 30 克和黄柏 15 克用水煎，每日 1 剂，分 2 次服。

将百合 15 克，玄参和麦冬各 12 克，丹皮 10 克，沙参 12 克，川连 6 克，肉桂末 2 克（后下）用水煎，每日 1 剂，分 2 次服。适用于阴虚口干者。

也可用中成药调理，知柏地黄丸，每次服 9～15 克，1 日 3 次；大补阴丸，每次服 9 克，1 日 3 次。以上两方均适用于肾阴虚亏、肝火上亢者。也可用龙胆泻肝丸，每次服 9 克，1 日 3 次，适用于肝经湿热证者。

【友情提醒】　正确对待性欲亢进之病态，不羞涩回避，也不纵欲、手淫。

未婚者应尽量克制性欲望，借助于工作、学习、丰富多彩的娱乐活动来转移性躁动。

已婚者应将病情告诉丈夫，取得谅解，宜分床一段时间，减少各种性刺激。

忌食促动性欲的食品和药物，如酒、羊肉、鹿肉、雀肉、蜂王浆、人参、鹿茸、胎盘等。

菜肴以蔬菜为主。平时多食冬瓜、菱角、黄瓜、百合等有清火降欲、利湿安神功效的蔬菜。

性欲冷淡怎么办

性欲冷淡的概念相当广泛，从对性生活没有欲望，到性活动时毫无愉悦的感觉，甚至"麻木不仁"，极端厌恶，都可以称之为性冷淡。主要表现为具备性交功能，但没有性交欲望，意念淡薄，甚至厌恶，性交无快感，体质虚弱，对性生活感到恐惧、怯懦、羞耻感。

【应急措施】　患者仰卧，术者用手掌顺、逆时针摩小腹部各 30 次。点按气海、关元、足三里、三阴交穴各 1 分钟。俯卧位，术者一指禅按肾俞、心俞、肝俞、命门穴各 2 分钟。掌揉左或右侧背部京门穴下方 5～10 分钟。再仰卧，术者以两手四指自患者内上方阴廉、五星穴处自上而下揉捏，经阴包至膝下阴陵泉穴处止，反复 3～5 遍。

如果因阴道干燥,性交无快感而且感到干涩疼痛产生性厌恶者,不妨采用涂抹蜂蜜、甘油、凡士林等,以增加润滑度来获得性生活快感。

饮用关东宝壮阳酒,每日饮 30～50 毫升。适用于男性无性欲望者。

服用乌鸡白凤丸,每次 1 粒,1 日 2 次;或嫦娥加丽丸,每次 3～5 粒,1 日 3 次。适用于女性体弱无性欲望者。

将蜂王浆 40 克和蜂蜜 500 克混匀。每次服 15 毫升,每日 1～2 次。不能用沸水冲调。

每次将 5 只麻雀肉加调料烹制食用。

将麻雀 5 只去毛及内脏,与菟丝子和肉苁蓉各 15 克,用 1 000 克米酒或白酒浸泡,15 天后饮用。

将乳鸽 1 只去毛及内脏,加入枸杞 30 克置于炖盅内,加入适量的水,隔水炖熟,吃肉饮汤。

将适量的肥羊肉去脂膜,蒸熟或煮熟后切片,用大蒜、姜、豆豉、葱、酱油、茴香和五香粉等调料拌食。

将羊肾 1 对去筋膜,加入肉苁蓉(酒浸切片)和枸杞各 15 克共煮汤,用葱白、盐和生姜等调味食用。

将狗肉 250 克和黑豆 50 克,调以盐、姜、五香粉及少量糖共煮熟食用;或狗肉加适量八角、小茴香、桂皮、陈皮、草果、生姜和盐调味,同煮熟食用。

将虾 15 克和豆腐 3 块约 600 克,加葱、姜、盐炖熟食用。

将冬虫夏草 4～5 枚和鸡 500 克左右共炖,不能吃鸡者也可用瘦肉共炖,煮熟后食用;或用冬虫夏草 4～5 枚(10～15 克)和鲜胎盘 1 个,隔水炖熟吃。

将淫羊藿 15 克用水煎,再冲服海马末 5 克,每日 2 次,以有效为度。

将海马 10 克用白酒 500 克浸 7 天后服用,每次 15～30 毫升(1～2 汤匙),每日 1～2 次。适用于无性交欲望者。

将蜗牛肉 50 克,加花椒、酒、姜烹制食用。

将海狗肾用酒浸后捣烂,与糯米、酒曲酿酒,每次 2 汤匙,1 天 2 次;洗净海狗肾用酒浸泡后,切片,用 1 000 克米酒或白酒浸,1 个月后饮服,每次 2 汤匙,1 日 2 次。

将适量的鹿角胶加黄酒浸钵蒸服。每次饮 15～30 克,每日 2 次。

将香附、合欢皮和苏罗子各 10 克,广郁金、陈皮和乌药各 3 克,路路通 10 克,焦白术 5 克,炒枳壳 3 克用水煎,每日 1 剂,分 2 次服。适用于情绪抑郁而性冷淡者。

将生甘草 15 克和红参 5 克用水煎,每日 1 剂,分 2 次服。

将仙灵脾 15 克、仙茅 12 克和石楠叶 15 克用水煎,分 2 次煎服,每日 1 剂。适用于无性交欲望者。

将附子、肉桂和柴胡各 10 克,仙茅、淫羊藿和补骨脂各 15 克,花椒和丁香各 6 克共研粉,取一半装袋里,挂贴于小腹部,1 周后调换。

【何时就医】 女性应进行详细的妇科检查,如阴道分泌物涂片、卵巢功能测定、下丘脑功能等检查,以排除炎症、滴虫、性激素分泌不足所致性冷淡。

有些疾病,如忧郁症、肾脏病、癫痫、莱姆病、慢性疲劳症候群、甲状腺炎都会影响性欲。停经或怀孕后荷尔蒙变化引起的阴道干涩,使性交疼痛,可到医院求诊。

【友情提醒】 饮食要营养丰富。适量选食一些具有补肾强欲功效的食物,如韭菜、胡萝卜、狗肉、羊肉、雀肉、雀蛋、河虾、鲨鱼、甲鱼、乌贼蛋、蜂王浆等。

扪心自问是什么因素让你不再性欲高涨，是不是另一半惹你生气了。如果是，不妨告诉他你因何事生他的气，而不是你不喜欢和他做爱。

与伴侣讨论你的需求，或许你的另一半喜欢做爱，而你却必须有很长的前戏爱抚才有做爱的欲望。不妨告诉你的另一半，多一点耐心的调情，你会更乐于与他做爱。

耳鬓厮磨、肌肤抚触反而更能提升性欲。同时在两相拥抱时，暂时忘记柴米油盐酱醋茶等家庭琐事，专心感受他抚摸你的感觉，并且告诉他你喜欢他用什么方式爱抚你。

创造一个温馨、舒适、安宁的环境，对改善性冷淡有帮助。安排无人打扰的亲密时刻。安排催情的环境，如音乐、烛光、芳香精油等。

夫妻双方应共同学习有关性生活的知识，互相体谅，改变性意识；消除性交恐惧感和羞怯感。在治疗女性性冷淡时，男方应该温柔、体贴、刺激女性敏感区，学会调情艺术。

体质不佳者宜积极参加文体活动，提高身心素质。

改变房事中女方的被动地位。一些已婚女性误认为性生活是自己对丈夫的一种贡献，或者认为一旦自己主动提出性要求，就是不端庄，失去了女性美德。这些从属被动的心理，常常导致性生活无快感，甚至发展成性冷淡。因此，在性生活中，女方应采取积极主动的态度，寻求性生活的快乐。

性交阴痛怎么办

性交阴痛是指性交时女性外阴部、阴道内或小腹部发生疼痛，也可以是性交以后持续性疼痛。初次性交就疼痛的称原发性阴痛；有过一段时间性交正常后才发生疼痛者称继发性性交疼痛。

【应急措施】　如果是房劳阴痛，可将生地、熟地、淮山、山萸肉各30克，茯苓、丹皮、泽泻、柴胡各10克用水煎服，每天1剂。

如果是肝肾虚损阴痛，可将熟地、枸杞子各15克，党参、当归、淮山、女贞子、菟丝子、山萸肉、寄生、淫羊藿、玉竹、肉苁蓉、紫河车各10克，炙甘草6克用水煎服，每天1剂。

如果是湿热下注阴痛，可将萆薢、薏米仁、土茯苓各20克，生地、通草、滑石各15克，黄柏、金银花、丹皮、瞿麦、苍术各10克用水煎服，每天1剂。

如果是肝郁气滞阴痛，可将川楝子、乌药、郁金、桂枝、当归、枳壳各10克，小茴香、川芎、木香、陈皮各6克，细辛、吴茱萸各3克用水煎服，每天1剂。

如果是风邪侵袭阴痛，可将蒲公英、地丁草、防风、荆芥各25克，川花椒、黄柏各15克，蛇床子、祈艾叶各10克用水煎去渣，每天熏洗外阴2次。

【友情提醒】　如果阴痛是因为阴道炎症引起的，应把炎症治好；如因精神紧张引起的，应该重视精神调理等。

适当服些止痛镇静药物，如口服去痛片，每次1片，于性交前半小时服。

女性倒经怎么办

有的女性每当月经来潮时，经常出现口中咯血、鼻腔出血，甚至外耳道流血、眼睛巩膜出血、便血等不适症候。这就是所谓的"倒经",在医学上称为"代偿性月经"。倒经发生在鼻黏膜最多,约占1/3。其次可发生在眼睑、外耳道、皮肤、胃肠道、乳腺、膀胱等处。重者可出现只有倒经而没有正常的月经流血,或者倒经出血量多,子宫出血量少。在经期发生鼻衄,是因为在鼻腔鼻中隔的前下方分布着丰富的毛细血管网。这些小血管表浅又脆弱,极易发生出血。鼻黏膜上皮细胞某些特殊部位对卵巢雌激素水平的变化十分敏感,在雌激素的刺激下,可使鼻腔黏膜发生充血、肿胀,甚至像子宫内膜一样,随着雌激素水平的骤然下降而发生周期性的出血,并非是什么子宫的血跑到鼻子中去了。倒经也与月经一样,呈现周期性。

【应急措施】 患倒经病者在发生鼻出血时,应即止血。让患者坐在椅子上,头后仰,然后用冷水毛巾敷于患者额上,并用干净棉花浸透冷水贴敷在患者的鼻子上,上至内眼角,下至鼻尖处。应用上法的同时,还可用手指分别按压患者两侧迎香穴(在鼻梁旁开一分凹陷处)。

一般的倒经可用局部止血的方法,如用棉花或用棉花浸醋塞鼻,也可用药棉蘸云南白药或止血药水填塞鼻孔。

将马兰头全草30～60克,水煎加少许黄酒饮服,每日1剂。

【何时就医】 上述措施无效者可请中医开中药调理。积极、合理地治疗子宫内膜异位症。

【友情提醒】 在每次月经前1周内尤其要注意劳逸结合,避免精神紧张,保持情绪稳定。因为怒、忧、悲、哀、惊等不良情绪均可影响大脑的生理功能而致月经紊乱。

月经期注意生活规律,衣着不宜过多,被褥不宜过厚。

不随便挖鼻,洗脸水以凉为好,低头弯腰不过度,有咳嗽症状的及时止咳。

患者应吃易消化且富含营养的食物,如新鲜蔬菜、鱼、蛋、瘦肉等。不吃酸、辣等刺激性食物。多饮水,保持大便通畅。

女性停经怎么办

女性更年期好比青春期一般,都会带给女性不小的冲击。虽然更年期的身心症状因人而异,但整体而言,不外乎发热潮红、失眠、情绪不稳定和健忘。然而,也有38%的女性毫无症状。停经会带来很多不适,诸如皮肤突然发热、突然发冷、性欲锐减、阴道干燥、情绪不稳等症状。

【应急措施】 停经引起的忧郁症可能是因为血清胺与脑内啡等会影响人类情绪的化学物质浓度太低所致,而运动可提升这些化学物质的浓度。所以,一周运动3次,一次至少30分钟是必要的。

虽然50岁左右的你可能会面临很多新问题,比方说子女长大成家,可能会带给你一些孤独,但是你依然可以在这一段时间过充实的生活。你不妨接着去上学,学习那些你年轻时想学又没有时间学的东西。或者去做一些自己喜欢的运动,走路、慢跑、骑车、跳舞、跳绳、游泳等都是不错的选择,它们会让你心情舒畅,忘掉烦恼。

【何时就医】 不到40岁却出现提早停经现象的女性,你的医师可能会替你检测血中滤泡荷尔蒙的浓度,因其浓度太高时,你就会出现停经症状;停经症状令你非常不适,需要到医院诊治。

【友情提醒】　酸奶、乳制品、糖、肉类易造成皮肤发热，所以饮食中应尽量避免乳制品。可以多吃生菜、海带、沙丁鱼等。

少食多餐有利于身体调节体温；多喝水或果汁，也可以有效地控制体温。含咖啡因、酒精的饮料将刺激某些荷尔蒙分泌，而诱发皮肤发热。

女性闭经怎么办

第一次来月经叫初潮。资料表明，96％以上的女性初潮年龄在 10～17 岁之间，大多在 13～14 岁。假如女性超过 18 岁未来月经者，为原发性闭经。月经期建立后又停经 3 个月者，为继发性闭经。闭经可能与生殖器官（如子宫、卵巢）发育不良、内分泌失调、贫血以及精神因素有关。从医学角度看，闭经可因子宫疾病、卵巢疾病、脑垂体疾病、结核病、营养不良及精神因素、寒冷刺激等引起，应找出原因，对症治疗。

【应急措施】　将熟地、当归、白芍、川芎、白术和党参各 30 克，共研成细粉和匀备用，治疗时取药粉适量与醋共调成膏，敷于肚脐内，外盖纱布，然后用胶布固定，每日换药 1 次。

将山萸肉 15 克，当归、牛膝和菟丝子各 12 克，熟地和枸杞子各 10 克，川芎、白芍和益母草各 20 克，共研成细粉和匀备用。治疗时，取药粉适量与食醋或黄酒共调成膏，敷于肚脐内，外盖纱布，然后用胶布固定，每日换药 1 次。

将切碎的益母草 120 克和晚蚕沙 100 克同放锅内炒烫，装入布袋中，热熨小腹部。药袋冷即更换，每日 2 次，每次 30～60 分钟。

将木香 100 克研为细末，再与生地 100 克共捣成饼，敷于脐下气海、关元穴处，上盖数层棉布，用热熨斗烫。每日 2 次，每次 30 分钟。

将益母草 15 克和红糖 30 克，煎汤服用，一日 2 次。也可用益母草冲剂，每次 1 包，一日 3 次。

将绿豆 60 克加水煮熟，再将鲜猪肝（切片）80 克，调料与绿豆同煮数分钟后服用，每日服用 1 剂，连食 8～10 日。

将赤豆和薏米各 15 克一起煮粥，加入适量的红糖，常服。

将粳米 50 克、薏米 50 克、白扁豆 15 克、生山楂 15 克、胡椒 3 克和红糖 30 克，一起放入水锅内煮粥吃，一日 1 次，连吃 7 天。

将红糖 60 克、红枣 60 克、老姜 15 克和马兰头根 1 把，一起水煎当茶喝，喝至经来为止。

将红茶 25 克和白糖 50 克，用沸水冲泡，每日 1 次，顿服。

将红花和当归各 10 克，与丹参 15 克煎汁去渣取汁，加入糯米 50 克和适量的红糖共煮成粥。每日 2 次，空腹食用。

将艾叶 9 克和生姜 15 克加水煎汤去渣，然后将熟鸡蛋 2 个去壳，放入生姜艾叶汤中再煮 10～15 分钟，趁热喝汤吃蛋。每日 1 次，5 日为一个疗程。

将金针菜 60 克、黑木耳 30 克和适量的冰糖共炖熟后食用。每天 1 次，连服 10～20 天。适用于血虚经闭。

将人乳 1 杯和韭菜汁半杯（用韭菜 250 克洗干净后挤汁）一起放入碗中隔锅炖半小时，早晨空腹 1 次服完，连服 3 日。

将墨鱼 1 条和桃仁 10 克加水适量共煮，佐餐用。适用于虚弱闭经。

将当归 9 克洗净，切成片状，与鸡蛋 2 个一起放入砂锅中，加水 3 碗同煮 15～20 分钟即成，每天 1 次。适用于女性血虚气滞型闭经症。

将老母鸡 1 只去毛和内脏，与木耳 30 克、红枣 10 个加水共煮熟后服用，3 日 1 次。

将甲鱼 1 只去壳取肉，与猪瘦肉 500 克同煮熟食用。连服数只。

将山楂 60 克和红糖 30 克加水煎服，每日 1 次。

将菠菜根 100～150 克和猪血或禽血 60 克共煮服，每日 1 次，连用 1 个月。

将桑葚 60 克、白果（去心）30 克和大枣 10 枚共煮服，常用。

将荔枝肉 100 克和桂花 30 克加水煎后下红糖冲服，或水煎后兑少许黄酒服，每日服 1 次。

将乌骨鸡肉 250 克、丝瓜 100 克和鸡内金 10 克加水及调料共煮，熟后食用。

也可用中成药进行调理，人参益母丸，每次 9 克，1 日 2 次；活血调经丸，每次 9 克，1 日 3 次；益母草冲剂，每次 1 包，1 日 3 次；左归丸，每次 6 克，1 日 2 次；艾附暖宫丸，每次 9 克，1 日 2 次。

服用六味地黄丸，每次 8 粒，1 日 3 次；或人参益母丸，每次 9 克，1 日 2 次；或活血调经丸，每次 9 克，1 日 3 次；或益母草冲剂，每次 1 包，1 日 3 次；或左归丸，每次 6 克，1 日 2 次；或艾附暖宫丸，每次 9 克，1 日 2 次。

【何时就医】 女性闭经是一种症状，自己很难判断其病因，应尽早去医院检查，由医生诊查，确定病因，才能实施正确的治疗。

【友情提醒】 消除患者对闭经的焦虑、不安和疑虑，树立治愈疾病的信心。生活安逸、起居规律，工作、学习、生活环境舒适、宽松。

积极锻炼身体，提高健康水平。增加营养，特别是注意食用高蛋白质食物和高维生素食物。

在治疗的同时应注意增加营养和给予充足的休息。可多进食一些具有补肾、活血，促经作用的食物，如甲鱼、牡蛎、乌贼、山楂、桃子等。

避免风寒，忌食生冷。

女性痛经怎么办

凡在经期前后或行经期间发生的无其他原因的、周期性、阵发性小腹疼痛，称"痛经"或"经行腹痛"。许多女性在月经前后或月经期间出现轻微的下腹疼痛，一般不影响生活与工作，这是正常的生理现象，不属于痛经范畴。多数痛经女性生殖器官无明显器质性病变，而是由于精神紧张、内分泌失调等所致，这种痛经称为原发性痛经，多发生于未婚或未孕的女性；如果是由于生殖器官的疾病如盆腔炎、子宫黏膜下肌瘤、子宫内膜异位症等引起的痛经，称为继发性痛经。继发性痛经应该针对引起痛经的原发病进行治疗。世界上有将近半数的女性有痛经的问题，其中有近 10% 的人每个月会痛一两天，甚至会影响工作和其他活动。有时这种毛病在生过孩子之后会消失，但很多时候它会一直持续下去。不管哪种痛经，患痛经的女性平时都应注意调节情绪，避免紧张，经期避免寒凉，注意经期卫生，避免剧烈运动。

【应急措施】　将食盐 500 克研细、生姜 120 克切成蓉和洗净的 1 把葱头一起投入烧热的锅内,炒热熨腰腹痛处。

可将浸湿的 75% 的酒精棉球挤干,缓缓塞入患者的外耳道。多数痛经患者在塞棉球数分钟后疼痛消失,90% 以上的患者半小时内止痛。

将适量的云南白药用白酒调为稀糊状,填于肚脐处,外用胶布固定,并可用热水袋热熨肚脐处,每日 2～3 次,每次 10～15 分钟,药糊每日一换,连续 3～5 天。

将适量的生姜(干、鲜均可)切成碎末,加入适量的清水煎汤,倒入干净的搪瓷便盆中坐熏,从月经第一天开始至月经结束,每晚熏一次(注意不要烫伤和着凉),连续三个月基本痊愈,一般不复发,偶尔复发熏一次立即见效。

将食盐 250 克、葱白 100 克和生姜 50 克一起捣烂炒热,用布包好敷于气海穴。一日 2 次。

行经前 3～4 天用手按揉气海、中极、关元、足三里、合谷、三阴交穴。每穴 3～5 分钟,每日 1～2 次。可使痛经逐渐减轻。

每于行经前 5～7 天开始,用拇指按揉足部生殖腺、子宫反射区,每侧 5 分钟,按揉脑垂体、肾脏反射区各 3 分钟,下腹部反射区 5 分钟。每日 1 次。

在行经前 3 天将关节镇痛膏剪成小块分别贴关元、中极、三阴交、肾俞、次髎穴,2 天换 1 次,经停停贴。连续 3 个月可治愈。

痛经时可用拇指按揉三阴交、血海穴,每穴 5～10 分钟。同时用手掌按摩小腹部,也可在小腹部敷以热水袋等。按摩到局部感到热烘烘时停止。

将艾叶和生姜各 10 克用清水泡 20 分钟,鸡蛋 1 只用清水煮至七成熟后去壳。将泡好的艾叶和生姜连水一起倒入锅内,连蛋再煮 10 分钟,煲好后饮汁吃蛋。能调经止痛,用于虚寒而致的痛经。

将干姜片和去核红枣各 30 克一起放锅内,加入 600 克清水烧沸,再撒入花椒 10 克,小火煮 20 分钟后去渣留汁。分 2 次服,每天 1 剂,5 天为一个疗程。于月经来潮前 3 天开始服。适用于女性因寒湿凝滞、经期小腹冷痛,畏寒。

将马兰头全草 30～60 克,水煎后加少许黄酒饮服,每日 1 剂。

将韭菜 250 克和红糖 60 克一起放入水锅内,置火上煮开后 10 分钟熄火,稍温后饮用,经前 2～3 天起服,每日一次,连服 3 天。

将小茴香 10 克加生姜 3 片,水煎后分 2 次服,在月经来潮前的 3～5 日开始服用,每日一剂,连服 3～5 剂。可连用 3～5 个月经周期。同时,在经期忌食鱼腥和生冷食品。

将山楂 50 克、葵花籽仁 50 克和红糖 100 克一起放入锅中,加入适量的清水同炖,去渣取汤。在月经来潮前 3～5 天饮用。具有补血益气、止痛功效。适用于气血两虚型痛经症。

国外妇产科专家发现,每晚睡前喝一杯加一勺蜂蜜的热牛奶,即可缓解甚至消除痛经之苦。另一个对付痛经的对策是服用维生素类药物,B 族维生素,特别是 B₆,对经前紧张症有显著疗效,它能稳定情绪,帮助睡眠,使人精力充沛,并能减轻腹部疼痛。香蕉中含有较多的 B 族维生素,痛经女性不妨多吃一些。

国外研究认为,在月经前两天和月经开始后 3 天里,每天服用维生素 E 片,对痛经有一定疗效。

痛经的体操疗法。跪在床上,腰弯下,前臂屈曲贴在床上,胸部尽量向下压,臀部高高拱起。这种体位便于经血外流,矫正子宫后倾的位置,解除盆腔淤血。也可以仰卧床上,将两手搓热,然后平放在小腹部轻轻按摩,先上下,再左右,最后转圈按摩,早晚各 1 次。或两手叉腰,两腿下蹲,全身放松,站立时肛门和阴道收缩,连续 20 次。

也可用中成药进行调理。元胡止痛片,每次 5 片,1 日 3 次;益母草冲剂,每次 1 包,1 日 3 次;艾附暖宫丸,每次 6 克,1 日 3 次;人参归脾丸,每次 6 克,1 日 3 次;河车大造丸,每次 9 克,1 日 2 次。

【何时就医】 过去月经一直正常的已婚女性突然出现痛经时,应到医院就诊,进一步检查治疗。

有部分痛经是由生殖器病变引起的,尤其是生殖道的畸形,所以较严重且顽固的痛经要及时到医院诊治。若一直持续疼痛不能缓解的话,应及时到医院妇科进行检查,以便对症下药进行治疗。

【友情提醒】 月经是一种正常的生理现象,青春期女性应该知道月经常识,来月经是生殖系统工作的信号,因此不必焦虑、紧张和恐惧,解除对痛经的不良心态。应该保持心情舒畅、精神愉快,这样会使疼痛缓解。

在月经期间,可在户外做柔和的体操,主要活动腰部,同时按摩腰部,会使疼痛减轻。但在行经期间应避免过度劳累或剧烈运动。

月经期间下身不要受凉,否则会加重疼痛。腰部疼痛时,可用热水袋放在腰部和下腹部热敷,能加速血液循环,减轻盆腔充血。喝些热红糖姜水,可以去寒减轻疼痛。

痛经发作期间应卧床休息,下腹部置热水袋加温;注意经期卫生,保持大便通畅;少吃寒凉、生冷及刺激性食物,注意保暖。

痛经服止痛药有害。很多女孩在每次来月经时服用止痛药。为此,妇科专家告诫,止痛药会造成神经系统功能紊乱、记忆力降低、失眠等不良后果。其实,痛经主要是由于心理压力大、久坐导致气血循环变差、经血运行不畅、爱吃冷饮食品、经期剧烈运动、受风寒湿冷侵袭等造成的。因此,在经期间要保持心情舒畅,注意饮食调理、经期卫生,若肚子不舒服的话,可用热水袋热敷或喝些生姜红糖茶、玫瑰花茶等暂时缓解。

平时生活要有规律,同时要劳逸结合,保证充足的睡眠时间,改善脑神经的疲劳状态。在月经前 3～4 天,吃容易消化的食物,多吃蔬菜和水果,保持大便通畅,以免便秘,造成盆腔充血,加重痛经。

寻找病因,及时根治,或消除,或改善。如治疗原发病症或缺陷、消除对月经的紧张心理、增加营养、改善体质等。

行经期间要注意经期卫生,每晚要用温开水清洗外阴部,以预防上行性感染。

保持身体暖和将加速血液循环,并松弛其肌肉,尤其是痉挛及充血的骨盆部位。

在温水盆中加入 1 杯海盐及 1 杯碳酸氢钠,泡 20 分钟,有助于松弛肌肉及缓和痛经。

月经期间绝对禁止房事,以免加重痛经。

可多吃以下各种食物:糙米、全麦面包、燕麦、菠菜、胡萝卜、番薯、扁豆、豆荚、各种水果等,并尽量少量多餐。尽量少食用的食品是:鱼肉、猪肉、牛肉、鸡蛋、沙拉酱、植物性奶油、洋芋片、奶油饼干、花生酱等。

月经不调怎么办

月经不调是指正常月经在周期、经量、颜色、状态的任何一方面出现异常而呈病态。分月经先期、月经后期、月经先后无定期、月经过多(如果女性每月的经量超过 80 毫升,即可视为月经量过多。一般女性每月的月经量在 35～80 毫升,如果经常超过就会造成贫血,影响身体健康)、月经过少(如果女性每月的月经量少于 10 毫升,即可视为月经量过少。月经是女性有规律的、周期性的子宫出血,必须保证一定的月经量才能完成卵巢内应有的卵泡成熟、排卵、黄体形成以及子宫内膜从增生到分泌的变化。如果月经量过少,这一规律性的变化就无法顺利完成,就会影响女性的健康)等症。月经不调会导致缺铁性贫血,为妇科常见病。如果控制月经周期的激素发生紊乱、子宫肿瘤、盆腔感染或子宫内膜异位等疾病,以及子宫内避孕器具装置不当都会导致月经不调的情况。

【应急措施】 按揉足部子宫、生殖腺、下腹部、脑垂体、肾、腰椎反射区各 3～5 分钟,每日 1～2 次。

揉搓足小指 5 分钟,按揉通谷、涌泉、然谷穴各 3～5 分钟,每日 2 次。

揉按血海、三阴交穴治疗月经不调。血海穴是治疗月经不调的特效穴,每日用拇指指腹按压 2 次,每次各 5～10 分钟。

月经先后无定期者,多选择宁心补肾食物,如黑芝麻、山药、鸡肝、猪肉、猪腰、羊肉、羊腰、牛骨髓、淡菜、鱼翅、鱼肚、莲子、百合、核桃等。

将干莲化 6 克和绿茶 3 克共研细末,用白开水冲泡,每日 1 次。

将鸡肉 90 克切成小块放入碗内,加入打碎的乌贼骨 30 克和适量的水,蒸熟后用盐调味吃。

将黑木耳 30 克和红枣 20 个一起煮汤服,每日 1 次,接连服用。

将鲤鱼肉 500 克洗净后切成片,放入锅内,倒入黄酒煮熟后食用。鱼骨焙干后研成细末,早晨用黄酒冲服。

将黑豆 50 克和红花 5 克一起倒入水锅内煮至黑豆熟透,撒入红糖溶化即成。食黑豆,饮汤,每日 2 次。

将鸡蛋 2 个、桂圆肉和红糖各 30 克一起煮食,1 日 1 次。

将益母草 15 克和红糖 30 克,煎汤服。1 日 2 次。

月经先期,将干芹菜 30 克水煎温服;也可将黄芩 10 克(酒炒)、丹皮 6 克和制香附 9 克,水煎服,每日 1 剂,连服 3 日。

月经后期,将黑鱼头晒干后煅灰存性,陈酒送服;也可将当归 9 克、生姜 2 片和延胡素 5 克,水煎服,每日 1 剂,连服 3 日。

月经先后无定期,将美人蕉花适量,晒干研末,每服 6 克,黄酒吞服;也可将刀豆壳和玉米须各 15 克共煅灰研末,加姜汁适量,黄酒送服,早晚各 1 次。

月经过多,将黑木耳焙干研细末,红糖汤送服,每次 3～6 克,每日 2 次;也可将玫瑰花根和鸡冠花各 10 克,水煎去渣,加红糖服,每日 1 剂。

月经过少,可将月季花 12 朵和当归 10 克泡酒服;也可将山楂根 30 克洗净切碎,水煎冲红糖 15 克内服,每日 1 剂。

【何时就医】 如果持续出血 24 小时后没有减少,而且出血量大,或者月经少到没有,应马上去医院诊治。

【友情提醒】 心情愉快,性格开朗;合理安排工作、学习和生活;每天解大便,保持大便通畅,改变憋尿习惯;房事适度,经期严禁房事;一定要注意经期勿冒雨涉水,无论何时都要避免小腹受寒。

如果月经不调是由于受挫折、压力大而造成的,那么必须调整好自己的心态。心态平衡,气血调和,常可不药而愈。

熬夜、过度劳累、生活不规律都会导致月经不调。让你的生活有规律,月经可能就会恢复正常。

补充足够的铁质,以免发生缺铁性贫血。多吃乌骨鸡、羊肉、鱼子、青虾、对虾、猪羊肾脏、淡菜、黑豆、海参、核桃仁等滋补性的食物。

妊娠呕吐怎么办

怀孕早期(妊娠 6 周左右),大多数女性会出现厌食、恶心、呕吐等症状,这是一种生理现象。但是假若妊娠 12 周以后仍然出现频繁的呕吐,不能进食,明显消瘦,极度疲乏,皮肤干燥,严重时吐黄水,呕吐物中有血液,如不及时治疗,会影响胎儿健康。引起上述原因与中枢神经系统兴奋与抑制过程平衡失调和体内激素变化有关。

【应急措施】 将双脚抬高,上半身坐好,别到处乱跑,休息才能使"不乖"的胃静下来。当你觉得想吐时,一两个小时内不要吃东西,以免增加胃的负担。

呕吐严重者卧床休息,注意补充失去的水分和食物,保证营养平衡。

呕吐较剧者,可在食前口中含生姜一片,以达到暂时止呕的目的。

当孕妇出现早孕反应较重时,应给予安慰和支持,解除其思想顾虑,保证有充分的休息和睡眠,并根据患者的喜好给予易消化的食物,分次进食,并应避免高脂肪的食品。

按摩前臂的内面,距离手腕 4 厘米、韧带之间的点,可有效抑制恶心感。

揉按足内庭穴 10 分钟,当时可以止吐。

按压足厉兑、隐白、冲阳穴各 10~15 分钟。每日 2 次。

【何时就医】 没有特殊原因,如怀孕却常常感到恶心,恶心感超过 3 天且有呕吐、腹痛与体重减轻的症状,请到医院诊治。

当孕妇出现严重呕吐或伴有脱水、酮尿症者则须住院治疗。经积极治疗仍无效者,特别是体温持续在 38℃ 以上、卧床不起、心率在 110 次/分钟以上者应考虑终止妊娠。

【友情提醒】 轻度呕吐者一般不需特殊处理,解除孕妇的顾虑,保持心情的安定与舒畅。居室尽量布置得清洁、安静、舒适,避免异味的刺激。呕吐后应立即清除呕吐物,避免不良刺激,并用温开水漱口,保持口腔清洁。

保持大便通畅,养成每天定时排便的良好习惯。

休息一两个小时后再每 5 分钟饮几口水或鸡汤,但别喝太多,以免造成胃部不适。

转移其注意力,调动其主观能动性,增强其信心。

注意饮食卫生,饮食以营养价值稍高且易消化为主,可采取少食多餐的方法。早餐选择馒头、饼干、面包等干粮。吃一点苏打饼等清淡的点心,以便中和胃酸。少吃调味料加得很多的食物。

由于烹饪时的气味易诱发和加剧呕吐,故患者在未恢复健康之前尽可能避免。

避免食用牛奶等奶制品,如乳酪富含难以消化的蛋白质与脂肪,以免引起恶心感。

平时宜多吃一些西瓜、生梨、甘蔗等水果以及生姜汤。

妊娠水肿怎么办

十有八九的孕妇在怀孕 24 周后会出现不同程度的水肿,特别是腹部以下部位。如果水肿的同时还伴有高血压和蛋白尿,立位时明显、卧位时消退,这是孕期常有的生理现象,随着胎儿娩出,水肿也会慢慢消退。妊娠水肿的原因有:孕期咸味食物进食过多,引起水、钠潴留。子宫对下腔静脉的压迫,腹部以下静脉血回流受阻。一般的水肿卧床休息几日,多吃淡食,少吃或不吃咸食,就会自然消失。但较为严重的水肿,除休息外,可以通过保健自助方法,就会逐渐地消失。

【应急措施】 将生白术 6 克、砂仁 2 克和车前子 10 克共研成末。另将茅根 10 克煎汁调药末成糊状,敷脐部,外用薄膜及纱布固定。

将桂枝、茯苓、苍术和白芍各 3 克研末,与适量的生姜汁调成糊状,敷脐部,外用薄膜及纱布固定。

将赤小豆 100 克加水煮熟,加入洗净的 1 条鲤鱼及陈皮 6 克共煮熟,分 2 次食用,隔日 1 次。

将玉米须 30 克用水煎服,每日 2 次。

将洗净的黑豆 40 克、赤小豆 40 克和粳米 50 克加水一起放入锅内煮至粥烂时撒入少许白糖调匀。每日随意服食。适用于妊娠水肿及小便不利。

将鲤鱼头 1 只洗净去鳃,与冬瓜皮块 100 克一起入水锅内煮后取汁去渣,下入淘洗干净的粳米 100 克煮为稀粥,撒入少许糖即成。每日 1 次,5～7 日为一疗程,经常食用效果较好。适用于妊娠水肿及肥胖症等。

将黑鱼 1 条(约 500 克)和冬瓜 500 克分别洗净,入锅(不放盐)煮熟后分 2 次食用。

将新鲜的鲫鱼 1 条约 300 克去鳞、肠、肚后,加入赤小豆 100 克和适量的水,文火煮烂后,每天 1 次,连服 6 天即可见效。

将白茯苓皮、大腹皮和冬瓜皮各 15 克以及橘皮和生姜皮各 10 克一起入锅煎水,取汁去渣,倒入淘洗干净的粳米 100 克煮成稀粥。每日 2 次,温热服。适用于妊娠水肿、老年性浮肿、肥胖症等。

将黄芪 30 克洗净切片,鸭肉适量切细,一起放入砂锅内,加水煮至肉极烂,去黄芪药渣,倒入适量的粳米和少许葱白煮粥(也可用黄芪鸭汤煮粥)。每日 2 次,空腹温热服。5～7 日为一疗程。

将粳米 50 克、薏苡仁 30 克、红枣 15 个和肉桂 3 克共煮粥吃,隔日 1 次。

将西瓜汁和冬瓜汁各 60 毫升,蜂蜜 50 毫升调匀后饮服,每日早晚各 1 次,连续饮用5～7天,效果也非常明显。

将冬瓜皮和柑皮各 30 克,共煎煮,每日当做茶水饮用。

也可用中成药调理。人参健脾丸,每次 6 克,1 日 3 次;参苓白术散,每次 10 克,1 日 3

次;香砂六君丸,每次 6 次,1 日 3 次。

【何时就医】 妊娠水肿如果比较严重,应到医院检查诊治。

【友情提醒】 保持心情舒畅,消除紧张恐惧心理。适当增加休息时间,卧时左侧卧,坐时抬高下肢。

裤子和鞋袜宜宽松,裤腰不要系得太紧。若属气滞而肿者(按肿处,随按随起),可适当活动,使气血流通。

宜低盐或无盐饮食,少吃用发酵粉与碱制的糕点,多吃一些有利于利尿退肿的食品,如冬瓜、赤豆、薏米、扁豆、荠菜、黄鳝、黑鱼、鲤鱼、玉米、西瓜、小米、蚕豆、大豆、鸭肉、牛肉、空心菜、西红柿、莴笋、黄瓜、香瓜、茄子等。

胎位不正怎么办

胎位不正是指胎儿在子宫内的位置不在正常位(枕前位),包括枕横位、枕后位、颜面位、臀位、横位、复合先露等。其中颜面位、复合先露分娩前无法自行转位,可在分娩过程中由医生帮助转位。臀位和横位分娩前孕妇可自行转位。持续性枕横位和枕后位,主要是胎头俯屈不良、骨盆异常、子宫收缩乏力、前置胎盘、复合先露、胎儿过大或发育异常;颜面位主要是胎头极度仰伸、骨盆狭窄、胎儿甲状腺肿大、脐带绕颈、子宫肌瘤、羊水过多、孕妇腹壁松弛;臀位主要是子宫内腔空间过大、胎儿活动过分受限、骨盆狭窄、前置胎盘、肿瘤、子宫畸形、胎儿畸形;横位主要是骨盆狭窄、前置胎盘、子宫畸形、盆腔肿瘤、子宫过大、子宫肌肉松弛、孕妇腹壁松弛、羊水过多、双胎;复合先露主要是孕妇腹壁松弛、骨盆狭窄、胎膜早破、早产、双胎、羊水过多。

【应急措施】 根据医嘱自行转胎。练习胸膝卧位:让孕妇排空小便,松开裤带,在床上呈跪拜样,胸部贴紧床面,臀部高高抬起,大腿与床面垂直。膝和小腿与床平贴。每日 2～6 次,每次 15 分钟。7～10 天为一疗程。凡高血压和心脏病患者均属禁练之列。不论用何种方法转胎,过程中都要检测胎动和胎心,出现异常时暂停转胎。

持续性枕横位和枕后位,临产前孕妇常朝胎儿腹侧方侧卧。

臀位,孕 28 周前可望自然转位,孕 28 周后只能孕妇自行转位。自行转位方法是,胸膝卧位,每日练 2～3 次,每次 10～15 分钟,一周后复查;艾灸至阴穴,松解裤腰,平卧位或坐位,每日 1～2 次,每次 15 分钟,5 次一疗程,灸时自觉胎动活跃,1 周后复查。

横位,试用以上臀位自行转位方法转位,失败后再用以下外倒转术,探查至胎儿头与臀的确切位置,然后一手触头、一手触臀,同时缓慢轻柔地做头向下、臀向上旋转。成纵位后用一较宽的布带适度裹腹,以免再成横位。

【何时就医】 孕妇要适当到妇产医院检查胎儿的情况。

【友情提醒】 孕妇日常不宜久坐久卧,要增加诸如散步、揉腹、转腰等轻柔的活动。

胎位不正是较常见的现象,而且完全能转正。孕妇不必焦虑愁闷,情绪不好不利于转变胎位。

根据自身承受能力参加体育活动,可缓缓散步,慢慢转腰,轻轻揉腹。

保持大便通畅,养成定时排便习惯。少吃或不吃寒凉和胀气食物。

产前多休息和加强营养,预防因胎位不正产程延长。

早产怎么办

早产是指怀孕 28～37 周间中止妊娠的过程。早产儿由于过早离开母体,各器官的发育均不够成熟,尤其是肺的发育不成熟,体重低,存活率低。一旦早产,悔之晚矣,关键在于预防。早产的原因较多,有胎儿因素,即双胎、羊水过多;母体因素,即生殖器官异常、子宫肌瘤、严重的全身性疾病(严重贫血、肝炎、心脏病、肾脏病、妊娠高血压综合征)、外伤(如摔跤、腹部碰撞)、过度疲劳、性生活频繁、严重的精神创伤;胎盘因素,即胎膜早破、前置胎盘、胎盘早期剥离、胎盘功能不全等。

【应急措施】 提高对早产的警惕性,随时注意不规律的子宫收缩。不论什么原因,出现腹痛时就应卧床休息。在转送医院途中,避免剧烈震动或过多地搬动。若自备有镇静药物,如氯丙嗪(服 25 毫克)或苯巴比妥(服 30 毫克)等可立即服用,此时也可应用各种保胎药。

当不慎跌倒,或腹部被碰撞,或不明原因的腹部疼痛时,应卧床休息,以免活动后促使子宫收缩加紧,促使早产的发展。除卧床外,还可适当用些镇静、保胎的药物。如果是由于妊娠中毒症或其他异常妊娠引起的,则要根据病情、病因进行治疗。

【何时就医】 定期上医院进行产前检查,及时发现妊娠的各种异常现象,特别是妊娠中毒症,一有先兆,及时医治,尽量不使病情进一步发展。

早产不过比正常预产期提前了一些时间,所以当出现肚子痛(子宫收缩)、阴道白带增多、有茶褐色分泌物等症状时应马上去医院。

过去有早产史或此次为先兆早产者应注意泌尿系统感染的发生,应及时给予诊治。重度阴道炎和宫颈炎可感染胎膜,发生胎膜早破,应予治疗。

【友情提醒】 预防早产的关键在于做好产前检查,积极防止妊娠中毒症和其他妊娠异常,并在怀孕前后积极治疗各种急、慢性疾病,做好孕期保健,提高孕妇的抵抗力,只有这样才能减少和预防早产。

怀孕后期(怀孕 7 个月后)最好避免性生活。如有性生活,要保证孕妇腹部不受过大过多侵犯。

起居规律,劳逸适度,一切谨慎从事,加强自身和胎儿的安全,严防摔跤、腹部碰撞、避免提重物等可能引起早产的行为和动作。

避免各种强烈的精神刺激,不能避免的,务必正确对待。

孕妇的营养状况与早产的发生有一定联系,故孕期应注意增加营养,防止精神创伤,卧床休息,对高危早期者(例如双胎等),在妊娠晚期时应多卧床休息,尤其是取向左侧的卧式,防止或减少自发性子宫收缩,从而减少早产的发生率。

有流产迹象怎么办

根据医学统计,怀孕四个星期的女性中约有 1/3 会流产。很多时女性并不知道自己已经怀孕,而流产又约在上次经期的四个星期后发生,因而往往被忽略。此外,若流产在本来应行经的下一周发生,又会误以为月经迟来。

【应急措施】 在整个流产过程中,主要症状有:早期最普遍的征象是阴道出血,如果胚胎仍未自子宫内膜剥离,医学称为先兆流产,胎儿仍可以保住;如果情况恶化,下腹可能有间歇性疼痛,就像轻微的产前阵痛,此症状表示先兆流产已变为不可避免的流产。

若发现有流产的迹象,应该立即卧床休息,休息是保胎最根本的办法。

【何时就医】 最初症状出现时要到医院诊治,并让孕妇卧床静养。

【友情提醒】 女性一旦知道自己有孕,便应避免过劳及剧烈运动,特别是容易引致受伤的运动。

为了防止流产的发生,应采取以下措施:因为年龄过小,身体尚未发育完全,流产发生的机会就较多,已经发生过流产者,应避免在短期内再次怀孕;妊娠期要多吃蛋白质丰富的食物及新鲜的蔬菜、瓜果;心胸要开朗,精神要愉快;妊娠早期应进行体格检查,以便纠正慢性疾病;有先兆流产者应及时治疗,并应防止感染性疾病的发生(感冒、肺炎等),在此阶段,要绝对禁止性交,并避免同化学物质接触;妊娠期不宜做剧烈运动和重体力劳动。在从事一般性的劳动时也应适当休息,一旦发现小腹胀痛、阴道少量流血应去医院检查,以便及时保胎。

习惯性流产怎么办

习惯性流产是指自然流产连续发生三次以上,中医称此为"滑胎"。习惯性流产的主要原因有:黄体功能不全;甲状腺功能低下;先天性子宫发育异常;子宫颈内口松弛;子宫肌瘤;遗传性染色体疾病等。

【应急措施】 如果是患有慢性病的人,应在怀孕前积极治愈疾病,即使怀孕后仍要在医生的监护下观察胎儿发育情况。如医嘱不宜怀孕,应采取避孕或中止妊娠等措施。

已经怀孕的女性,要避免接触有害化学物质,如苯、砷、汞、放射线等。怀孕早期应少到公共场所去,预防感染疾病。如果孕妇患了病,要及时在医生的指导下服药治疗,不可自己随便用药。

如患者有流产史,至上次流产日期前1～2周时,宜少食多餐,勿过饱,并重视休息,以静卧少动为主,直至危险期后。

【何时就医】 对于有过流产史的夫妇,应及时到医院检查,查清引起流产的原因,无论是夫妇哪一方有问题,都应及时治疗,治愈后再要孩子。

【友情提醒】 妊娠的最初三个月不要同房,亦不要过于精神紧张或情绪激动,注意饮食,注意休息。

明确前次流产的时间,再次怀孕及早做好安胎处理。

习惯性流产者需隔半年至一年后再受孕。该时期内最好采取男性避孕法。

保胎失败,再次受孕时间与前次流产应相隔一年以上。

饮食中多选择含维生素 E 丰富的食物(花生、绿色蔬菜、麦胚油、大豆油、花生油、橄榄油),它们有保胎作用。药物维生素 E 也是适宜的。

为使肾气充足,气血旺盛,除了注意营养外还可以多吃一些补肾健脾的食品,如芡实、莲子、腰子、淡菜、鸡肫、海参等。

不吃辛辣、动血、助热的食物,如蒜、姜、胡椒、咖喱、肉桂、酒、山楂、咖啡、桃子等。此外寒性食物,如蛏子、田螺、河蚌、蟹等,不利孕产,也不宜多吃。

人工流产怎么办

在怀孕的早期,采用人工终止妊娠,叫人工流产。人工流产最好在怀孕 2 个月以内到医院去做,一般不超过 3 个月。因为怀孕时间短,胚胎小,手术简便,不要住院,术后身体也容易康复,超过 3 个月的就要住院引产。

【应急措施】　人工流产后,对产妇的身体将带来一定的影响。虽是一次小产、手术不大,但由于突然终止妊娠,身体要重新适应正常情况,所以人工流产后要注意休养调理。

如同分娩后的产妇一样,人工流产后的女性也要休息,不要过度疲劳。同时要适当增加些营养,使身体尽快恢复正常。

人工流产后的女性,一定要保持外阴部清洁,每天用温开水清洗下身,要淋浴而不要坐浴,以防细菌侵入阴道。要勤换卫生巾和内衣,特别要随时注意恶露的排泄情况。一般在怀孕两个月左右做人流手术的女性,恶露可当即干净,可在两三天内仅有少量分泌。

【何时就医】　一般人工流产后 7~10 天恶露干净,如超过 2 周未净或比月经量多,应去医院诊治。

【友情提醒】　无论出于何种原因,在人工流产手术后的半年中都要做好避孕工作,不可马虎大意。否则很快再受孕,再次做人流手术,不但孕妇吃尽苦头,而且对手术的安全性和孕妇体质的恢复都不利,甚至产生严重后果。如果几年内还不想怀孕,最好在人流手术后立即放置节育环。

人工流产的准备包括体温不超过 37.5℃;术前 3 天不宜过性生活;术前解小便;患滴虫、念珠菌阴道炎的患者,阴道必须冲洗 3 次后转为阴性方可做人工流产术。

人工流产后至少在一个月内禁止性生活。

要注意切不可自己在家打胎。民间口头相传的一些打胎方法(如采用中草药)不可靠、不安全,若在打胎时发生意外,常不能及时得到救治,轻则损伤身体,重则置人于死地,所以一定要去医院做人工流产。

紧急分娩怎么办

如果发生紧急分娩,应切记分娩是一个自然发生的过程,尽可能不要干扰这一过程,只要保持镇静,从容应对,大多数分娩都不会有什么危险。

【应急措施】　在产妇两次子宫收缩之间,或分娩开始前,尽可能做好以下的准备(紧急情况下可临时找其他东西作代用品):婴儿床上要铺上折好的毛毯、围巾或毛巾;再折好一张毛毯,用来包裹新生儿;婴儿头部比例大,不必预备枕头;如无婴儿床,可用抽屉或纸盒替代。替产妇铺好床,也可在洁净的长台上铺塑料膜,再加干净的床单或毛巾。用一把干净的剪刀把一根细绳剪成三段,各长 23 厘米。把剪刀和细绳置沸水中煮 10 分钟,再用干净的布包好;剪刀消毒后不要再触摸刀口。拿一毛毯,从上到下等分折成三幅,可在产妇分娩时裹住其上身;如有干净的床单,可用来包住毛毯。再预备三四条毛巾及几张布块或床单。为产妇准备好卫生巾,再准备些尿布。

紧急接生时，产妇要仰卧，如觉侧卧时较舒适则朝左侧卧。双膝宜屈曲，用枕头和垫子垫高产妇头肩部。婴儿头部一旦露出，即用清洁毛巾垫在产妇臀下，另用两块干净毛巾铺于产妇两股之间床褥上。

婴儿头部初露时，先不要用手触摸，待头全部娩出后再用双手承托。不要去拉婴儿。

婴儿肩部出现时，应轻轻用手接住，不可用力强拉。通常一肩先出，此时如将婴儿头部稍微抬高，另一肩就会顺利娩出。

如果婴儿臀部先娩出，毋须担心。可用手接住娩出的身体，但不可强拉。待肩部娩出后在肩下托住婴儿，稍微抬高其身体以便婴儿能自由呼吸。

抱住婴儿使其足略比头高，将婴儿鼻、口腔中的黏液和血液擦掉。

如婴儿出生后1分钟仍无呼吸，可小心地抓住婴儿倒提，使其头部向下，让口中黏液流出。切勿拍打婴儿背部。如有必要，可轻轻吹气入其肺部。

婴儿出生时如发现脐带缠绕颈部，不必着急。可用一根手指钩住脐带，将脐带翻过婴儿头部。切勿强行拉出脐带或拖出婴儿。

待婴儿呼吸正常，用两根消过毒的细绳分别在距婴儿肚脐约15厘米、20厘米两处尽全力扎紧脐带。用消过毒的剪刀在两结扎绳间剪断脐带，接着在距婴儿肚脐10厘米处再结扎1次。

婴儿出生后须用清洁的厚毛巾或毛毯包裹，尤须注意包住头顶，但应露出面部及口鼻。将婴儿交给产妇抱住，或放在产妇身边侧卧，头部应稍低，不用枕头。不必替初生婴儿洗澡。产妇排出胎盘后如想哺乳，可抱婴儿与母体进行肌肤接触并行哺乳。

产妇上身用毛毯裹住保暖。在新生儿娩出后5～30分钟胎盘就会娩出。随着胎儿的娩出，频繁而有力的子宫收缩暂时停止了，产妇如释重负，只想休息睡觉。可子宫又重新开始收缩，子宫由原来的像大冬瓜而变为小孩头大。这时产妇应轻轻屏气用些腹压，或是接生人员轻轻向下推挤子宫，胎盘就会娩出。注意，不要拉脐带或胎盘，而应让其自然娩出。

将胎盘和脐带原封不动地放进干净的塑料袋中，让产妇带到医院去检查它的完整性。如果有胎盘残留在子宫里，日后将会给产妇带来麻烦。

胎盘娩出后，可给产妇进行擦洗，换一下被血污沾染的垫布，用卫生巾或干净纱布盖在阴道口。尽可能让产妇舒服地休息。

为了防止产妇大出血，应帮助产妇揉按子宫，使子宫收缩。产后2小时内产妇应排尿1次，看看膀胱是否因胎头压迫而变得麻痹了。因为膨大麻痹的膀胱会妨碍子宫收缩，容易引起产后出血。

【何时就医】 产妇和新生儿应尽快送医院检查。

【友情提醒】 对突然分娩的急救，主要是在条件缺乏的情况下，使胎儿顺利娩出；尽量使孕妇在分娩过程中不受污染，并注意减少会阴撕裂，防止失血过多；保证新生儿呼吸顺畅，减少新生儿的意外伤。

会阴切口疼痛怎么办

每位生过孩子的女性都知道，自然生产时，医生为了顺利接生孩子，都会切开女性会阴部，使胎儿顺利产出，同时于分娩后再缝合此伤口。因阴部组织的幼嫩，使得这个伤口会肿胀疼痛一段时间,有人甚至可以痛达 3~5 个月之久。

【应急措施】 为防止伤口发炎,在分娩后的头 12 个小时可把冰块放在伤口上,每次放 15~20 分钟。要用与卫生护垫尺寸差不多的干冰。切记要用毛巾把冰块包上,防止皮肤受损。

无论是水位较浅的坐浴还是常规的水位较深的坐浴,只要能够坐在水中放松,都能够缓解伤口疼痛。一项研究对坐冷水浴和坐温水浴进行了比较。研究者发现,坐冷水浴的女性疼痛减轻了,这是因为冷水具有止痛剂的作用。

为了减轻疼痛,避免伤口发炎,帮助伤口愈合,防止病菌侵入,可以尝试用多种草药做成的药水擦洗。将金盏花、紫草根、西洋蓍草和迷迭香各一把放入沸水中,关上火,盖上盖浸泡几分钟。把液体过滤出来,放入塑料喷水瓶中。当液体冷却至室温后,可在小便后用它擦洗会阴部位。或者配置大量的草药水用来坐浴。将等同于室温的药水倒进一个干净的可以坐进去的浅盆中,然后在盆中坐 10~15 分钟就可以了。药水可在冰箱中储藏2~3 天。

【何时就医】 分娩后两周,会阴切口依然疼痛;伤口越来越痛;伤口突然出血。以上现象表示伤口可能已遭感染,均需到医院诊治。

【友情提醒】 维生素 E 具有治疗皮肤病的作用,而且做外科手术的患者常会补充维生素 E。在分娩后 1~2 周内,待会阴切口稍稳定后,局部涂抹维生素 E 软膏,利于伤口复原。

产后出血怎么办

分娩后子宫收缩不好,胎盘剥离面的血管不闭锁,总是流血,叫做产后出血。孩子出生后,阴道流些血是平常的,但 24 小时内出血量在 400 毫升以上,出血多了,产妇就觉得身上发冷,严重时出冷汗、呕吐、呼吸和脉搏加快,陷于休克状态。

产后出血的原因,大多是由于胎盘羊水过多,使子宫肌伸张,分娩后收缩不好。把分娩次数做比较,发现分娩次数越多,出血率越高。因此,分娩多次的人,必须注意出血问题。

【应急措施】 腹部按摩子宫止血法:一只手置耻骨联合上缘按压下腹中部,防止在压宫底时,过度下推下段及宫颈造成淤血及渗血;另一只手置于子宫底部,拇指在前壁,其余四指在后壁,作均匀有节律地按摩。在按摩过程中,应将子宫腔内的积血压出,以免影响子宫收缩。待宫缩好转,出血控制后按摩停止。如果出血量不多,止血后根据失血量的多少,酌情给予输液和抗贫血药物治疗。

【何时就医】 若出血量较多,经按摩后血没有止住,要立即送往医院急救。

产后腹痛怎么办

产后腹痛是指分娩后出现的下腹部疼痛。在排除了其他腹部疾病,如阑尾炎、肠炎、胆囊炎以及肠功能紊乱后多为产后子宫收缩痛。产后子宫收缩不是胎儿、胎盘娩出后即完成的,而是绵延于整个产褥期中,产后几天收缩比较频繁和强烈,以后慢慢转为稀少和软弱,一周左右子宫收缩痛自然消失。产后腹痛的主要原因有:产后受寒;血运不畅,淤血阻于子宫;分娩过程短(急产)和分娩次数多(经产);胎盘或胎膜残留;分娩时失血过多;催产素水平增高,引起子宫强烈收缩;或小儿吸乳牵拉刺激乳头,反射性地引起子宫收缩(有产后子宫收缩痛的既往史);产后宫内感染等。

【应急措施】 烘热双手,放在下腹部做顺时针按摩,每次 15 分钟,每日 2 次。

急产妇和经产妇的产后子宫收缩痛,能忍受的,忍受 3～4 天能逐渐减轻并消失。

将羊肉 250 克、当归和生姜各 15 克炖服,每日 1 剂。

将生山楂 30 克用水煎汁去渣,和红糖服,每日 2 剂。

【何时就医】 如腹痛较重并伴有高热,恶露秽臭色暗的,产后宫内感染或存在异物者,应送医院诊治。

【友情提醒】 注意保暖,尤其下腹部,可在下腹部用热水袋或毛巾进行热敷。保持大便通畅,每天定时排便。多参加一些力所能及的体力活动。

少吃或最好不吃生、冷食物以及易胀气的食物,如红薯、萝卜、洋葱以及圆白菜等。

产后缺乳怎么办

缺乳是指产后乳汁不足或无乳。乳房柔软,乳汁清稀,多见于气血不足,不能生化乳汁。乳房胀痛,涉及两肋,多见于肝气不舍,经脉滞涩所致者。

【应急措施】 由家人用手指按揉产妇足部涌泉、太冲、大敦、行间穴,每穴 5～8 分钟,每日 1～2 次。

用热水或葱汤熏洗乳房;也可将桂皮或柚子皮适量煎水,用毛巾浸汁热敷乳房。

将蒲公英和夏枯草各 15 克一起捣烂,用白酒 10 毫升拌热,敷于乳房上,用纱布固定,每日一换。

女性产后缺乳,多因气血生化不足,营养失调或肝郁气滞所致。每次用生南瓜子 25 克,去壳取仁,纱布包裹捣碎如泥,加糖或熟肉搅拌,味美可口,早晚空腹各服 1 次,连服 5 日。

将核桃 5 个去壳取仁后捣烂,用黄酒冲服。适用于乳汁不通畅所致乳胀、乳少。

宜常喝一些啤酒,1 日 3 次,每次 100～200 毫升。因为啤酒可以提高血清催乳素的浓度,从而促使乳汁分泌。糯米甜酒煮鸡蛋也有此作用。

将花生仁 10 克入锅加水煮至烂熟,下黄酒 30 克以及适量的红糖略煮 1～2 分钟,从火上端下,吃花生仁喝汤。1 日 2 次服完。

将赤小豆 250 克加水浓煎 2 小时,去豆喝汤,1 日分 3 次喝完,连服 3～5 天。

将洗净的鲜虾 60 克放在锅里炒熟(不加盐),与黄酒 25 克同食,每日 1～2 次。

将猪蹄 1 只和通草 10 克一起煮熟后食用。

将黑芝麻 15 克炒焦研末,每次冲服 9 克,以猪蹄汤或黄酒送下。

将大鲫鱼 1 条和通草 3 克,加葱、盐、黄酒清炖食鱼及汤。

取胃复安片 10～15 毫克,口服,每日 3 次。由于胃复安可促进催乳素分泌,促使乳腺细胞合成及分泌乳清蛋白、乳脂和乳糖,因此近年来被临床用来治疗产后缺乳,疗效很好。每日乳汁可增加 200～300 毫升。

取维生素 E 胶丸 200 毫克口服,每日 2～3 次,连用 5 天。可使乳汁明显增多。

也可用成药,下乳涌泉散,每次 6 克,1 日 2 次,适用于肝气不舒,经脉涩滞者;生乳灵(糖浆),每次 125 毫升,1 日 2 次,适用于气血不足者。

【友情提醒】　一项调查结果显示,半环形的乳房乳汁分泌量明显优于悬垂形、扁平形。而在不同的乳头类型中,圆柱形乳头也显然优于圆锥形、平坦形和内陷形的乳头。专家认为,以此来推测泌乳功能和喂养效果是可行的。

女性在怀孕后即可注意自我观察,如果形态不理想,可坚持乳房乳头按摩、放松乳罩、洗拉乳头等措施,尽可能避免不良效应。

用手掌推揉乳房,方向由乳根推向乳头,每次2分钟,一天2次。

乳妇要始终保持精神愉快,充分休息,多吃营养丰富的食物,以保持良好的泌乳功能。

乳妇千万不要焦急,因为情绪能影响母乳的分泌,对母乳喂养要有充分的信心,周围的人也要予以鼓励。

授乳方法要正确,早吸吮可早分泌乳汁。哺乳次数不宜过少,每隔3~4小时喂1次,每次哺乳均须吸空乳汁。早产儿应隔2~3小时喂1次。

多吃含维生素E的食物,如核桃、黑芝麻、花生、蔬菜、水果等。因为维生素E能使末梢乳腺扩张,乳房血液供应充足,使乳汁分泌增加。

增加合理而充分的营养,适当多吃些高热量、高蛋白、高维生素、含无机盐、能促进乳汁分泌的食物,如鲫鱼汤、骨头汤、猪蹄、鸡汤及少量甜米酒等。

由于分娩时体力消耗,胃肠道功能低下,头2天可吃稍清淡些的食物,以后逐渐增加食物种类。由于需要量大,可逐渐增加进食次数。

▷ 产后便秘怎么办

产后便秘是很自然的。由于分娩时体力过度消耗,产后便疲乏无力;而产后吃的又都是蛋白质含量高的食物,而对含纤维素多的食物进食较少;加之卧床时间较长,这样食物对肠壁的刺激作用减弱,胃肠蠕动减慢,使食物通过肠管的时间过长,大量的水分被吸收,于是粪便滞留于结肠内,形成硬块。再加上产后腹部、盆骶部的肌肉松弛无力,减少了腹压的协助等原因,最后造成排便不畅。

【应急措施】　每天清晨起床前,将双手按在腹部上,由上往下,从左向右轻轻推揉,每次做10~30分钟,这种方法可以促进肠蠕动,缓解便秘,加快肌张力的恢复。

将芝麻和核桃仁各60克捣碎,磨成糊,煮熟后冲入蜂蜜60克,1天分2次服完,能润滑肠道,通利大便。

用中药番泻叶6克,加红糖适量,开水浸泡代茶频饮。

如便秘厉害,就要服用缓泻剂。如蜂蜜、蓖麻油等,还可用肥皂切成条轻轻置于肛门内,稍息片刻待便意强烈时就可以排便了。进一步可用石蜡油、开塞露、山梨醇等药物注入肛门内,通过润滑肛管及肠内容物,阻碍肠内水分的大量吸收达到治疗便秘的目的。

如果排便特别困难而伴有肛裂、痔核脱出时,可以口服10~20毫升甘露醇,很快就能顺利排便了。但此药不可多服,口服量可根据便秘的程度掌握,可以随时服,也可以每日1~2次。请记住:每次最大量不能超过30毫升,缓泻后要逐次减量,直到排便恢复正常为止。

【友情提醒】　产妇要保持精神愉快、心情舒畅,避免不良的精神刺激,因为不良情绪可使胃酸分泌量下降,肠胃蠕动减慢;适当增加活动,勤翻身;调节好饮食,多饮水、喝汤(如骨头汤、糖水、鸡汤、鸡蛋汤、青菜汤等),还需要多吃些含纤维素多的新鲜蔬菜和水果,以促进大便排出。

产后高烧不退怎么办

孕妇产后由于身体抵抗力低,细菌侵入生殖器官,容易发生局部或全身感染,导致高烧不退,体温可持续在 40℃左右,这叫产褥热。造成产后感染的原因,多由于产伤后创面新鲜,加上孕期不注意卫生,如产妇所使用的垫纸、垫布不干净,特别是采取老法接生时更容易招惹本病。得病后必须采取积极措施,进行彻底根治,否则后果不堪设想。

【应急措施】 让产妇充分休息,采取半卧位,以利恶露排出,并给予营养丰富易消化的食物。

宫腔内感染,可用麦角新碱、益母草膏、催产素等,以促进子宫收缩,防止感染扩散。

应用抗菌素治疗时,应根据具体情况而定,一般采用青霉素肌肉注射,必要时作静脉点滴。

【友情提醒】 注意产前卫生,正确处理分娩,严格执行无菌操作,缝合会阴切口,产褥期加强护理,注意卫生。

产后尿潴留怎么办

产妇在胎儿娩出以后,由于腹压骤然下降,使小便大量积滞于膀胱内,如不及时治疗,胀大的膀胱被子宫推移,影响收缩,既容易发生膀胱破裂,而且也容易造成尿瘘。因此产后尿潴留属一种严重病症。

【应急措施】 用热水袋热敷小腹,或用手按摩小腹下部膀胱部位,可以促进排尿。

将生姜 30 克、豆豉 10 克、食盐 5 克和连须葱 1 棵共捣烂如泥状,外敷于肚脐处,包扎固定,并用热水袋热熨,10~30 分钟后小便即可通畅。

将葱白 250 克切碎炒热,在脐部及其周围热熨至自觉有热气入腹内为止,一般熨 1~2 次,小便可自行排出。

【何时就医】 在上述方法失败后,应送到医院在严密的消毒下进行导尿。

【友情提醒】 对于不习惯于床上解小便的产妇,或不便行动者,家属应扶其下床解小便;因会阴疼痛而影响排尿者,适当进行消肿止痛治疗。

患子宫脱垂怎么办

子宫脱垂是子宫从正常位置沿阴道下降,甚至完全脱出阴道之外。轻者感觉下坠,腰部酸痛;重度患者自觉阴道有块状物脱出。子宫脱垂在腹压增加、重体力劳动时加重。引起子宫脱垂的原因可能是分娩损伤了子宫和子宫颈的支持韧带或支持组织,也可能是由于身体虚弱、子宫的支持组织和韧带松弛有关。

【应急措施】 仰卧或俯卧位,将臀部垫高,使子宫尽可能较快地复位。复位后,再用力使盆底肌肉紧缩,如同要忍住大便或小便的动作那样,继而放松;如此一松一紧地练习,每日早晨操练 2~6 组,每组 100~300 次。此法最易实行,且对严重的子宫三度脱垂的初期阶段特别适用。待痊愈或接近痊愈后,则不必要垫高臀部,可采取自然体位,无论坐、卧、立均可,以巩固疗效,进一步增强骨盆底肌肉群的力量。

平仰卧,全身各部位尽量放松,无一处紧张用力,屈膝使两脚跟靠近臀,两手沿躯干放置,用脚与肩胛部撑住身体,将臀部从床上提起,同时吸气,继而放下臀部,同时呼气。吸气时肛门要收紧,呼气时肛门及全身要放松。如此一紧一松地练习 10～30 次。

子宫基本复位后,可采取仰卧、俯卧、侧卧或站立,两腿伸直交叉并紧,同时尽可能用力上提肛门及阴门;继之两腿肌肉及会阴肌肉同时高度放松。如此一紧一松地练习 100～300 次。熟练后也可配合呼吸,吸气时提肛,呼气时放松。

仰卧,两手抱大腿,上体不用支撑而起身向前俯,同时极力提缩肛门及阴门;再缓缓躺下,全身放松。如此练习 10～30 次。

仰卧,两臂侧平伸,掌心向上,左手不动,右手与左手击掌,同时转肩,但骨盆尽可能不动;向反侧做同样动作。如此左右侧击掌各 10～30 次。

俯卧,胸部贴床,头侧向一边,两腿跪起,两膝撑在床上,两膝稍分开,注意两大腿须和床成垂直线,每天操练 1 次,开始每次 5 分钟,以后可逐渐加到 20 分钟。这个练习对于子宫后倾的患者极有好处,因为大部分子宫及阴道壁脱垂的女性,其子宫是后倾屈的。

揉压足部肾脏、子宫、阴道、生殖腺反射区各 5 分钟,推揉足心 3 分钟,每日 1～2 次。

将蓖麻仁 10 克用醋炒后研细末,用熟小米饭调和,制作药膏敷于脐部,纱布覆盖,包扎固定。每晚临睡前换药 1 次,直至子宫复位并且稳定为止。

将五倍子 10 克焙干研面,掺入黑膏药中贴脐。每日换药 1 次,直至病愈为止。

将闹羊花 60 克捣烂,用热米粥调和,敷头顶百会穴处。每日 1 次。

将石榴皮、五倍子和诃子各 15 克,蛇床子和乌梅各 10 克,水煎熏洗,每日 2 次,每次 30 分钟。

将川乌和五倍子各 9 克,水煎后加醋 60 克熏洗。

也可用中成药进行调理。补中益气丸,每次 6 克,1 日 3 次;人参健脾丸,每次 6 克,1 日 3 次;健脾资生丸,每次 9 克,1 日 3 次。

【何时就医】　如子宫脱垂严重,保守治疗无效者,必须去医院诊治。

下腹部又重又胀或疼痛,下背痛,感觉"好像坐在球上",腹腔下坠感可因躺下而缓解,均需到医院诊治。

【友情提醒】　在月经期和孕期避免过度劳累,不要干重体力活和经常做下蹲、弯腰的动作。

增加营养,多食有补气、补肾作用的食品,如鸡、山药、扁豆、莲子、芡实、泥鳅、淡菜、韭菜、红枣等。

严密观察产程,避免滞产和第二产程过长,对头盆不称者及早剖宫产,哺乳期不宜过长,一般以 10～12 个月最适宜。

产后两三天适当地活动,不可绝对卧床,做产后操,使骨盆底部的肌肉得以锻炼而保持良好的支持作用,但产后 3 个月内不应做重体力劳动。

避免从事增加腹压的工作和避免蹲位,积极医治慢性咳嗽和习惯性便秘,节制房事。

保持外阴清洁是简单而又重要的治疗内容之一,每日坐浴一次,可以改善会阴及盆腔的血液循环,有利于脱出的子宫复位。

患宫颈糜烂怎么办

宫颈糜烂是指子宫颈外口处的宫颈阴道部分由于细菌侵入引发感染所致的一种妇科常见疾病。其症状为白带增多、腰痛、下腹部坠痛等，而且此病在月经前、排便及性交时会加重。

【应急措施】 将云南白药 10 克用甘油调成软膏状，涂于带线棉球上，塞入阴道，紧贴宫颈糜烂处，12 小时后，牵线将棉球取出（上药前应先将阴道冲洗干净），3 天上药 1 次，5 次为一个疗程，用药期间避免性生活。

【何时就医】 根据病情，要及时到医院请医生检查诊治，必要时可采用手术方式进行治疗。

【友情提醒】 保持外阴清洁是非常必要的，而且应定期去医院做检查，做到早发现、早治疗，同时避免不洁性交。

多吃水果蔬菜及清淡食物，并要注意休息。

由于很多女性非常容易感染此病，所以一定要注意卫生保健，尤其是经期、妊娠期及产后期。

患盆腔炎怎么办

盆腔炎是一种较为常见的妇科疾病，大多是因为卫生问题（个人卫生、不洁性交等）引起的。急性盆腔炎表现为下腹疼痛，发热，如病情严重，可有高热、寒战、头痛、食欲不振等。慢性盆腔炎表现为低热，易疲乏，病程较长时有神经衰弱症状，如精神不振、周身不适、失眠等，还有下腹部坠胀、疼痛及腰骶部酸痛等症状。常在劳累、性交后及月经前后加剧。此外，患者还可出现月经增多和白带增多。

【应急措施】 盆腔炎在急性期容易导致身体发热，需卧床休息，取半卧式。供给充分的营养和水分，以降低体温。

患者仰卧，双膝屈曲。术者居其右侧，先进行常规腹部按摩数次。再点按气海、关元、血海、三阴交穴各半分钟，然后双手提拿小腹部数次，痛点部位多施手法，用于治疗慢性盆腔炎。

将黄芪 50 克、当归 15 克、红枣 10 个和适量的红糖用水煎服。

将枸杞子 20 克、当归 20 克和适量的猪瘦肉调味煮汤，吃肉饮汤。

【何时就医】 盆腔炎严重者须到医院诊治。

【友情提醒】 加强经期、产后、流产后的个人卫生，勤换内裤及卫生巾，避免受风寒，不宜过度劳累。

每天清洗阴部，做到一人一盆一巾一汤，专人专用。

饮食应以清淡食物为主。多食有营养的食物，如鸡蛋、豆腐、赤豆、菠菜等，忌食生、冷和刺激性的食物。

患霉菌性阴道炎怎么办

霉菌性阴道炎是由于霉菌中的白色念珠菌感染引起的。主要传染渠道是性接触传染，不洁的洗浴用具如盆、浴巾和洗澡水或被污染的衣裤、被褥等。患者外阴及阴道灼热、瘙痒，白带增多，呈水样，凝乳样，或斑片状。也可有尿频、尿痛及性交痛等症状。

【应急措施】　治疗时要随时纠正阴道的正常生理特性，可用2%～4%苏打水、1%呋喃西林液等冲洗外阴及阴道，以改变霉菌的生活环境；也可用中药煎液熏洗外阴或坐浴治疗；阴道局部可用栓剂或软膏（如制霉菌素栓剂、软膏等），早晚各一次，或每晚一次，共2周；也可涂抹龙胆紫溶液，每日一次，5～7天为一疗程。

外阴瘙痒时，切忌用热水烫洗，以免使皮肤和黏膜破损造成继发感染。剪开维生素E胶囊，直接涂于患部，可达止痒效果。

将黄连和干姜各15克焙干研末，塞入阴道内，每日一次，10～15日为一个疗程。

将生萝卜500克捣汁，用纱布浸萝卜汁置阴道内，每半小时换1次。

将大蒜50克捣碎，配成20%的溶液冲洗阴道，每日1～2次。

将鲜桃叶120克，煎汤灌洗阴道，每日1次。

【何时就医】　检查时可见小阴唇内侧面、阴道黏膜上附着白色膜状物，擦拭后露出红肿黏膜面，有的形成浅表的溃疡。阴道分泌物检查，可找到白色念珠菌。有上述表现的女性，切莫讳疾忌医，及时去医院进行妇科检查，早期治疗，可以迅速解除痛苦。

【友情提醒】　讲究个人卫生是重要的一环，盆具应分开，经常用开水烫洗；先洗外阴后洗脚；衣裤常洗、常晒，内裤要每日烫洗。避免公共场所的交叉感染。没有良好的个人卫生措施，各种药物治疗常常是劳而无功。

孕妇患霉菌性阴道炎，常在产后自然痊愈，但对新生儿有被感染的可能，所以仍需治疗，以局部用药为主。

如果反复发作、久治不愈，丈夫应同时到医院检查治疗。

对于症状较多的患者要注意一些全身性疾病的治疗，如糖尿病、维生素缺乏症的患者容易发生霉菌性阴道炎。因此，必须给予病因治疗。

患滴虫阴道炎怎么办

滴虫阴道炎是由阴道毛滴虫所致的阴道炎，可通过直接或间接接触传染，常由性交、使用公共浴盆、浴池、浴巾、坐坑等引起。毛滴虫虽然很小，但生命力很强，能耐热抗寒，可在3～42℃的气温中生长、繁殖，是致病力较强的病原体。在女性身体抵抗力低下、精神创伤、月经期或阴道酸度下降时，极易感染阴道滴虫。

患者觉得外阴、阴道奇痒难忍，伴有烧灼感，常坐卧不安，痛苦万分，白带增多且为黄绿色，泡沫状，稀水样；有的可有下腹酸痛，尿频、尿急或性交痛；少数患者月经不调或导致不孕。检查可见阴道黏膜红肿，有点状出血。经显微镜检查，能看到活动的阴道毛滴虫，即可确诊。

【应急措施】　将苦参和龙胆草各50克煎水1 000毫升，作阴道灌洗。

将蛇床子 25 克煎水 1 000 毫升,作阴道灌洗。

将蛇床子 30 克、花椒 9 克和白矾 9 克,加入适量的水煎汤,稍凉后冲洗阴道,每日 1 次。

将蛇床子和穿心莲各 30 克,枯矾、薄荷、百部、苦参和黄柏各 15 克,硼酸 30 克,苦楝根 90 克,煎水冲洗。或将药研为末或煎水浓缩,用棉球蘸粉或浓缩液塞入阴道内,每日 1 次,10 天为一疗程。

将龙胆草、雄黄、苦参、蛇床子和明矾各 12 克加水 1 500 毫升煎至约 1 000 毫升,去渣,置盆内,坐于其上,先熏后浸洗,每日 1 次,一般 3~6 次即愈。

将龙胆草和五倍子各 9 克,水煎熏洗,每日 3 次。

将紫草、生大黄、黄柏、苦参、生百部和蛇床子各 30 克,川椒、地肤子、土槿皮、石榴皮、白藓皮、龙胆草和苍术各 20 克,每日煎汤熏洗阴道 1 次,每剂药可连用 2 日,10 日为一疗程。

将鹤虱、苦参、枯矾和百部各 30 克,蛇床子、苍术、黄连和石菖蒲各 20 克,葱白 10 克,水煎熏洗阴道,每日 1 次,10 日为一疗程,每剂药可连用 2~3 日。

将大蒜捣烂,取其液,用干净纱布浸后塞入阴道内,10 分钟后取出,每日 2~3 次。

将黄连 4 克加水 100 克,用干净纱布浸后塞入阴道,每日 1 次,7 次为一疗程。

将苍耳子和蒲公英各 30 克,煎汤洗外阴和冲洗阴道,每日 3~4 次。

将白果仁 5 克捣碎,豆浆烧开冲服,每日 1 次。

将薏米和芡实各 30 克,加入适量的粳米,煮粥食用。

【何时就医】 发现白带异常及时到医院检查治疗。在医生指导下,可用洁尔阴冲洗阴道,或服用其他药物。治疗愈早,就愈容易彻底治愈。

【友情提醒】 强化卫生意识,做好自身卫生。不到公共浴池、浴盆、游泳池和河湖中洗澡、游泳、洗衣。上厕所选择蹲坑,不用坐坑,大小便后要洗手。被褥、内衣裤经常换洗。不随便用别人的毛巾,不洗盆浴。

治疗期间,每晚洗净外阴,更换内裤。换下的内裤用开水泡洗,反面晒在阳光下。

已婚者还应让男方上医院检查。妻子治疗期间,丈夫亦应同时服药治疗。

老年性阴道炎怎么办

老年性阴道炎是因老年女性绝经后,卵巢功能衰退,雌激素缺乏,阴道壁萎缩,阴道上皮变薄,上皮细胞内糖原含量降低,酸性液体减少,阴道碱性增高,局部抵抗力减弱,容易使细菌繁殖而引起发病。主要表现为白带增多,外观呈黄水样;感染严重者呈脓样,并有臭味;阴道壁有表浅溃疡,白带中有血液,阴道有瘙痒和烧灼不适感。

【应急措施】 如果外阴有瘙痒或灼热感,可用温水熏洗外阴。

将苦参、紫草、黄柏、百部、地肤子和白藓皮各 30 克,赤芍 15 克,共研成碎块,浸泡食用油 500 克内 24 小时,用文火将药煎枯,去渣取油装瓶备用。治疗时,先用水将外阴洗净,然后用棉签蘸药油涂于阴道,每日治疗 1 次,可连续应用。

将艾叶 200 克,椿树根 15 克,楝树根和紫苏叶各 20 克,水煎后熏洗阴道,每日早晚各 1 次,每剂药可连用 2 日。

将紫草、苦参、苍术、五味子、蛇床子和百部各 30 克,水煎后熏洗外阴,每日早晚各 1 次,每剂药可连用 2 日。

将丝瓜络 60 克和蒜瓣 120 克,加水煎煮 2 次,合并 2 次煎液,先熏后洗阴道,最后坐浴。每日 2 次,每次 30 分钟。

【何时就医】　如果阴道炎比较严重,还是尽快到医院请医师诊治为好。

【友情提醒】　注意个人卫生,勤换内裤,注意外阴清洁。内裤、毛巾用后应煮沸消毒。隔日用 0.5%醋酸或 1%乳酸溶液冲洗阴道一次。

多吃含有维生素的食物,如新鲜蔬菜和水果。

避孕套过敏怎么办

使用避孕套是简便、安全、有效的避孕方法。可有的夫妇使用避孕套后,男性阴茎头部、女性外阴部会出现瘙痒、发红、刺痛,甚至溃破、糜烂、渗水,令人苦恼。这是避孕套引起了过敏。避孕套是由乳胶橡皮薄膜制成的。前几年的产品,是使用滑石粉或二氧化硅作隔离剂,不透明,过敏反应发生较多;近些年加以改进,采用甲基硅油为隔离剂,透明而润滑,过敏反应大大减少,但对于一些过敏体质的人仍可发生过敏反应。

【应急措施】　用温清水外洗,注意不能搔抓,不能用热水烫洗,不能外用肥皂。

如果有渗水,可以用生理盐水洗涤,然后涂上少量金霉素或四环素眼膏。

口服抗过敏药物氯苯那敏、苯海拉明、非那根或维生素 C 等,两种合用,效果更好。

【何时就医】　过敏严重者须到医院诊治。

【友情提醒】　经过上述方法处理,一般 5～7 天就会自愈。

停用避孕套,改用其他避孕方法。

精液过敏怎么办

造成精液过敏的原因是个别男性的抗原性特强,女方恰巧又是过敏体质。一般在性交后的 10～30 分钟出现症状。最早的症状为阴道或会阴部充血、水肿,有时涉及口唇、眼睑、舌等部位。阴道内有灼感或刺痛,继而出现全身瘙痒,严重时可出现呼吸困难、全身乏力、虚脱、知觉丧失等。

【应急措施】　对于同房后的精液过敏症状,首先应当保持良好的情绪,以利控制、缓解病情。

立即口服扑尔敏、安他乐、苯海拉明等抗过敏药,并马上用清水清洗外阴部和阴道口,下蹲一会儿,让阴道里的精液尽量流出后再清洗一次。可能出现精液过敏的新娘,大多婚前就有食物过敏、药物过敏的情况,如是这样,初次交合时新郎应戴避孕套,避免精液中的抗原被女方阴道或宫颈上皮细胞吸收而出现过敏症状。等到新娘体内产生了相应的抗体后,不使用避孕套也会安然无恙。

【何时就医】　症状严重者,须立即将患者送到医院急救处理,切不可延误病情。

【友情提醒】　女方在每次行房前半小时事先口服 1～2 片苯海拉明等抗过敏药物,这样可以避免过敏反应的发生。男方戴上避孕套性交,不让精液直接与女方阴道接触,这是一种简单易行的有效方法。

对精液过敏的女性不用过于担忧,因为一部分女性经过多次接触后可自动脱敏,一部分经过药物治疗可完全治愈,月经期或生殖器官有手术损伤时禁止性交。

▶ 欲改正手淫习惯怎么办

手淫若仅每周 1 次,如果能消除心理上的压抑和紧张状态,应视为正常现象。这种适度的手淫对身体并无害处。人类的性冲动、性行为是一种本能,手淫是性行为的一种形式。这种用手触摸外生殖器获取性快感的手淫行为,在青年人当中相当普遍。若无生理上极度的性冲动,而是用手淫来诱发性,进而产生性满足,甚至形成无法自制的频繁手淫,那就属于异常现象了。尤其是手淫后,行为者会产生追悔、羞愧、恐慌、不知所措的心理,形成思想负担,久之会使他们在心理上遭受巨大创伤。

【应急措施】 欲改正过度手淫的不良习惯,就应树立高尚的道德情操,不看淫秽书刊、画报或录像,不说低级下流的话。上床即睡,睡醒即起,不躺在床上胡思乱想。

养成良好的生活习惯,被子不要盖得太厚,内裤不要太紧,不要趴着睡。

青年人应把精力放在努力学习、勤奋工作、积极参加体育锻炼上。只要有决心、有信心、有恒心,过度的手淫习惯一定能得到纠正。

【友情提醒】 频繁出现手淫的人应请心理医生寻找原因。

▶ 患有不孕症怎么办

婚后同居 2 年以上,性生活正常,未采取避孕措施,女方生殖器官和功能发育正常而不怀孕,称为不孕症。男方原因导致的不孕约占 30%。男方不孕因素主要有:有可能是过度饮酒和吸烟、勃起功能障碍;睾丸萎缩、睾丸容积小、隐睾或精索静脉曲张;染色体异常的先天性疾病、生殖道感染或免疫性不育;受药物和毒物影响,精子与精子功能异常等。女方不孕因素主要有:中枢性因素、全身性疾病及卵巢局部因素皆可导致卵巢不排卵;输卵管炎症导致管腔阻塞是女性不孕的常见原因,子宫内膜异位症使输卵管粘连、扭曲,也易导致不孕;子宫发育不良、子宫内膜结核、子宫黏膜下肌瘤、黄体功能不健全;慢性子宫颈炎症、子宫颈肌瘤及息肉;无孔处女膜、阴道横隔、先天性无阴道、严重阴道炎症等。

【应急措施】 揉按足部生殖腺、子宫反射区 5～8 分钟,按压肾上腺、甲状腺、甲状旁腺、肾脏、膀胱、输尿管反射区各 3～5 分钟。每日 1～2 次。

平时经常按摩脚后跟,每日 2 次,每次 20 分钟。

将甲鱼 250 克用开水烫死,揭去鳖甲,去内脏,放入铝锅内,加水、姜、葱、胡椒面,用旺火烧沸后改用小火煮至肉熟,再放入洗净的猪脊髓 200 克,煮熟后撒入味精,吃肉喝汤。

【何时就医】 盆腔有炎症、子宫颈糜烂严重者,应去医院治疗。

输卵管不通畅者可去医院行输卵管通液术,必要时可用超短波、短波透热等物理疗法。

无孔处女膜、阴道横隔、子宫肌瘤、卵巢肿瘤可去医院行手术治疗。

对其他原因引起的不孕,一定要在医生的指导下进行诊治,必要时也可采用人工授精。

【友情提醒】 由于引起不孕的原因很多,所以要针对病因治疗,要积极治疗内科疾病。

要增强体质,纠正营养不良和贫血,戒烟、酒。

掌握性知识,学会预测排卵,选择适当日期性交,排卵前 2～3 日或排卵后 24 小时内均可增加受孕机会。性交次数应适度，不能过频或过少。

乳房不适怎么办

乳房不适症状会随着月经周期而忽隐忽现。月经来潮前，因雌激素大量分泌，使得乳房因而肿胀疼痛（服用口服避孕药也有类似反应）。一旦月经来潮后，症状立即消失。如果持续接受动情素的治疗，症状将一直存在。有时月经来潮前的荷尔蒙变化，会使乳腺细胞产生疼痛但无害的纤维囊肿。这种充满液体的纤维囊肿是很正常的。一般而言，它不会产生在年过35岁的女性身上，因为年过35岁女性的乳腺组织已被脂肪组织所取代。

【应急措施】　将一块温热的敷布（如热毛巾或者用毛巾裹着的加热垫）在乳房上放10～15分钟，可以减轻乳房疼痛。

穿支撑性强的胸罩。在此期间不要穿魔术胸罩，以免过度挤压，引起更多不适。

每天至少喝8杯水。喝水越多，月经前乳房肿胀的可能性就越小。

每天至少食用30克纤维。无论是可溶性的还是非可溶性的，各种纤维均有助于将过多的雌激素排出体外，从而阻止荷尔蒙刺激乳房组织并引起不适。

【何时就医】　平常月经来潮时乳房不会痛，而突然痛起来时；服用新药或接受荷尔蒙疗法后出现乳房疼痛；月经过后，疼痛依旧；血液或乳汁状液自乳头流出等，均需到医院诊治。

【友情提醒】　医师表示，40岁以下女性乳房上的肿块多半无害，如果担心，不妨遵从以下建议：如果在月经来潮前或来潮时发现乳房有硬块，先别慌，在月经过后再自我检查一次，看看是否依然存在，但请记住，一天检查一次即可，过多的检查反而会伤害乳房。哺乳的女性如果乳房出现硬块，先别急，这很可能是乳腺阻塞的结果。此时，可以用法兰绒布热敷，并挤出凝结的乳汁即可。

少吃高脂肪食物。好吃高脂肪食物的女性，比不爱吃者更容易有乳房不适的问题。专家建议，脂肪食用量应低于每日饮食的30%。

不喝含咖啡因饮料，因为含咖啡因的饮料（如可乐、巧克力、咖啡等）内含有的物质会刺激乳房组织，引起疼痛。

乳房下垂怎么办

乳房是由乳腺、脂肪与胸肌所组成。随着时间的流逝，乳房皮肤松弛、乳腺萎缩的结果，就是乳房下垂成布袋奶。这种现象常见于40岁以上的女性和哺喂母乳者。

【应急措施】　好的乳罩会考虑到最小的弹性从而对韧带的压力也较小。每天带乳罩的时间越长，就越有帮助。在慢跑、打网球、跑步或做其他运动时，带支撑力最强的运动乳罩尤其重要。

可以通过上推锻炼而不是用乳罩使乳房高耸。但是这一锻炼不能加强已经下垂的乳房，因为这时乳房组织主要是脂肪。但是这一运动可以加强乳房下部的胸部肌肉，这样也可以使乳房看起来比较挺。

趴在床上并把双手放在胸部附近。伸直双臂，挺起上身，使头与上身在一条直线上，背部挺直，双膝着地。然后缓慢还原至起始姿势。做3组这一运动，每组重复12下，每组之间休息 1 分半钟。

为加强乳房肌肉,可用一对 500～1 500 克的哑铃做挥舞哑铃运动。每只手各拿一个哑铃,仰躺在铺有地毯的地板上或体操垫上。伸展双臂至地面并与肩部保持同一水平。哑铃的重量需与体重成比例。把两臂同时伸直并相交于胸部上方,肘部微弯,这样可使两个哑铃在胸部正上方相遇。然后把哑铃放回身体两侧与肩膀同高处。重复这一动作 12～15 次,然后休息一分半钟。做 3 组,每组之间要有休息。身体越强壮,使用的哑铃就越重。这就意味着你应慢慢加重哑铃的重量。当哑铃重量增加后,每次应减少重复的次数,每组做 8～10次。做 3 组。

光是训练胸肌与肩膀肌肉是不够的,背部肌肉的训练也很重要,如此才能保持匀称的身体。首先左手拿一个 2 000～4 000 克重的哑铃,左脚站在地上,右膝与右手靠在矮桌上。接着弯曲左手肘并将左肩往后靠近脊椎方向。然后慢慢将手肘打直,此时左肩依然保持向后向脊椎方向用力,数秒钟后再回到起始动作。如此重复做 12～15 次即完成一个循环。稍待一分半钟再做第二、三、四个循环。

【友情提醒】 日晒会加速防止乳房下垂的弹性蛋白纤维的衰老。因此在穿太阳裙、紧身短背心、低领口游泳衣时,一定要在胸部涂抹防晒霜。皮肤科医生建议使用 SPF 值为 15的防晒霜。无论使用何种防晒霜,不要忘记经常性地重新涂抹。

患急性乳腺炎怎么办

急性乳腺炎很常见,多见于产后哺乳期女性,尤以初产妇最多见。患急性乳腺炎后,其局部症状很明显,病程进展较快,应尽早治疗,否则容易化脓,常须切开引流方可痊愈。急性乳腺炎的致病菌以金黄色葡萄球菌居多。乳头的破损和乳汁淤积是急性乳腺炎最常见的病因。患者初始感到乳房肿胀、疼痛,乳房内有压痛的硬块,表面皮肤发红、发热。几天后炎症硬块形成脓肿。表浅脓肿可直接向外破溃出脓,或者穿破乳管由乳头向外流脓。患病侧腋窝淋巴结往往肿大,且有压痛。常伴有高热、寒战、头痛、恶心、食欲缺乏等征象。

【应急措施】 出现乳房肿块,可向乳头方向按摩乳房肿块处,但不能挤压肿块。

发病早期应冷敷乳房,或冷敷与热敷交替进行,及时用吸奶器将淤滞的乳汁吸出或请有经验的长辈用手按摩乳房,将乳汁挤出。为了婴儿健康,患侧应停止哺乳。

按压足底的生殖腺反射区、各淋巴反射区,每区 3～5 分钟,每天 2～3 次。

按压涌泉穴、炉底三针穴各 5～8 分钟,每日 1～2 次;或按揉地五会、足临泣穴 15～20分钟,每日 1～2 次。

对乳头皲裂给予适当的处理,即将乳头用温水清洁后,用鸡蛋黄油或芝麻油外涂。

将大葱洗净,切成 3 厘米长的 8 段,放入瓷杯中煮沸,乘热置于近乳房处熏 15～20 分钟。产妇取坐位,瓷杯靠近乳房,乳房周围用毛巾围起,以防热气外散。一般熏 1～2 次胀痛即可减轻或消失,最多 5～8 次即愈。

鲜蒲公英和鲜野菊叶各 50 克一起捣烂外敷,每日换药 1 次。

将榆树叶捣烂调蜜涂患处。适用于急性乳腺炎早期。

挖地里的蚯蚓 10 条,放在碗内,将白糖撒在上面,把碗盖好,蚯蚓在白糖的作用下,即化成蚯蚓液。2 小时后,取碗中之蚯蚓液涂患处。适用于治疗乳腺炎初起。

将马齿苋 1 把洗净捣烂后敷患处。适用于急性乳腺炎早期。

将 1 块仙人掌的刺除去,加少许盐一起捣烂后敷患处。适用于乳腺炎初起。

局部用热盐水或 5% 硫酸镁液沾湿热敷,热敷后可由乳房四周顺着向乳头方向按摩,以排出淤积的乳汁,然后外涂鱼石脂软膏。

将葱白 90～150 克切细后加入适量的热水,先熏后洗患侧的乳房,每日 3～5 次。此方对初起的乳腺炎有效。

将黄连和槟榔各等份一起研成末,用时以鸡蛋清调之外搽。敷在患处,每日换药 2～3 次,连用 2～3 天。

在春夏季将适量的柳叶或嫩枝捣烂,用冷开水或生理盐水洗净患处,将药敷上。如在秋季,因柳叶干枯,则将柳叶捣烂,加入适量 75% 酒精或白酒调敷患处。

将蒲公英 50 克煎水取汁,加入粳米 100 克煮粥,每日分服。

【何时就医】 如有脓液形成,应尽早切开引流。要解除顾虑,否则拖延时日脓肿会迅速增大或出现多个脓肿,则痛苦更大。手术切者应按医生嘱咐断乳。

【友情提醒】 未病先防,妊娠后期常用温水清洗乳头。如乳头内陷者,洗后轻揉、按摩、牵拉乳头。

在妊娠期间应保持乳头清洁,经常用温开水皂液清洗。注意不能用酒精消毒乳头和乳晕,以免使乳头变脆易裂。

养成定时哺乳的习惯,注意乳头清洁。每次哺乳时应尽量吸尽乳汁,不能吸尽者以吸乳器吸出,或用手按摩、挤压,使乳汁排出,防止淤积。断奶前,先逐渐减少哺乳次数,并吃些回奶食品(麦芽等)再行断奶。

乳腺炎的成脓期,应少吃有"发奶"作用的荤腥汤水,以免加重病情。

宜多吃具有清热作用的蔬菜水果,如西红柿、青菜、丝瓜、黄瓜、绿豆、鲜藕、金橘饼等。海带具有软坚散结的作用,也可多吃些。

排尿性晕厥怎么办

在夜间或清晨起床排尿时突然晕倒在地,称排尿性晕厥。排尿性晕厥又称小便猝倒,多发于 20～30 岁的青年,偶见于老年人。由于男女排尿器官的差异,绝大多数发生于男性。主要是由于血管舒张和收缩障碍造成低血压,引起大脑一过性供血不足所致。主要症状为多在排尿中或末期发生,发病前有头晕、眼花、无力等;意识突然丧失 1～2 分钟,并同时晕倒,易发生外伤。

【应急措施】 上述原因又可通过自身调节得到改善,因此,晕厥历时短暂,一般在几分钟左右即可自行苏醒,不留后遗症。

一旦发现排尿性晕厥的患者,必须迅速处理。首先应让患者平卧,使其安静,然后立即用手指压迫患者的人中、内关、足三里等穴位。

【何时就医】 如疑有颅脑外伤或脑出血时应赶紧送医院诊治,否则有生命危险。

【友情提醒】 排尿时不要过急过快,更不要用力过大,最好蹲位排尿,可防摔碰伤。

对排尿性晕厥发作频繁的人,睡前要少饮水,起床排尿时应先坐片刻后再站起,以改善机体的反应。

第九章 自我防护篇

女性欲遭色狼强奸怎么办

强奸是以暴力、胁迫或其他手段,违背女性意志,强行与之发生性交行为,或者奸淫不满 14 岁幼女的性犯罪。强奸犯罪严重侵害了女性的人格尊严和身心健康,给被害人在精神上造成难以愈合的创伤。同时,色狼为达到奸淫目的,在实施强奸行为过程中使用了暴力,导致被害人重伤或死亡。

【应急措施】 在遭到色狼袭击时,女性绝不能被吓得不知所措,甚至被吓昏过去而让色狼得逞。应在心理上和行为上加强防卫,奋力反抗并及时呼救,以争取救援。女性面临被强奸的危险时,应该勇敢机智地与流氓进行斗争。虽然流氓可能会穷凶极恶,但他们本质上是虚弱的,做贼心虚的心理会使他们有所顾忌。被色狼袭击时最有效的办法就是高声大叫"抓色狼! 救命!"大声呼救不仅可以引来他人救助,对色狼也能构成一种心理上的震慑。

如果呼救不能解除困境,那就应该勇敢机智地与之搏斗。

被色狼抓住手腕时,不要害怕,从前面被抓住时,手腕向后摇动;由后面被抓住时,则向前方摇动,这样容易摆脱,身体一定要摇动,才有反抗的机会。色狼如果想来拉你的手腕,可将对方手腕牢牢抱住,重点在对方的肘与手腕上用力,用劲压下其手腕,然后再向上拉起,这样色狼的肘关节就有可能脱臼。当色狼从前面抓握住女性的右手(左手)腕时,女性的手应该立即张开并伸直手指,然后可用右手(左手)下端抵住色狼食指关节的内部并向下施加压力,同时用右手(左手)抵住色狼的拇指向上撬动,被抓手腕自然能解脱。当色狼从前面用双手握住女性的一只手腕时,应该立即攥紧拳头,把另一只手放在色狼的双腕之间并抱住自己被握之手向上拉,这样可直接牵动色狼的两个拇指,同时被擒住的那只手的肘部向外,朝色狼的腹部方向施加压力,从而脱身。

被色狼从后面抱住时,可用肘臂打中对方的下颚或脸部。要诀在于双手重叠,肘部张开来回摆动,肘部力量很大,只要打到色狼就会有效;还可以用手压住色狼的两腕,加上全身重量而吊于色狼的手上,这样身体下蹲的力量和体重的力量加起来,色狼的手腕就会受伤。

当色狼从前面拥抱女性腰部时,应该立即下沉往后坐,然后用左臂搂住色狼头部的左侧,同时用右手向上托对方下颌,两手同时用力外拧其颈部,接着再抬起右腿,用膝盖猛顶对方下裆部,从而脱身。

色狼如果是从后方勒住女性的颈部,使其昏倒以达到目的是色狼常用的手段,此时要诀是缩紧下腭以防被勒住,然后扳开对方的小指,使其关节疼痛,这样他的握力就会变弱了,再扳开其他手指就容易多了。再抓住他的手腕,以肩为支点向下拉,倘若抓住色狼的手腕,向横的方向舞动,色狼就会倒地。

色狼强行侵犯女性,往往将自己的身体推进到女性的两脚之间,那是他的目的,而其手往往会置于女性胸口或脖子一带,此时女性压住其手腕,将脚底稳搁于色狼的髋关节上,然后用力伸直两脚,因为手腕被压住,色狼就会像汽车辗扁的青蛙般长长地躺在地上。

当色狼用右手抓住女性前胸衣时,女性应该立即将右手抓住色狼右手拇指,同时用左手抓住其右手腕用力下按,并把身体向左转动前倾,迫使对方跪下,从而使自己脱身。

如果被色狼压在下面时,可牢牢抓住他的双臂,然后两脚向上,跨于对方肩上,两脚牢牢勒住对方,臀部向上,这样他就会因手肘疼痛而放弃。

如果是脸部充分暴露在女性的眼前,而且又靠得很近,就可以用力去抠对方的眼睛,攻击对方的鼻子或抓起沙石尘土撒向对方的眼睛。有的色狼还想与女性亲吻,甚至把舌头伸入到女性的嘴里,此时就可以狠咬对方的嘴唇舌头,使色狼丧失犯罪的能力。

倘若喉头遭色狼勒住,将五指合拢并伸直,以指尖或掌侧猛戳色狼喉头;靠近色狼,提膝向其裆部猛撞,可使色狼的阴茎和睾丸受到致命的损伤而不支,如色狼穿着大衣或闪避及时,此法不能奏效;丢下手上所有物件,两指叉开成"V"形,使劲插进色狼的眼睛。

当色狼突然闯入室内时,一定要冷静对待,千万不要惊慌失措。如果房屋是套间或多间房,此时,你可佯装他室有人,假意向他室假设的人打招呼说话,使色狼不敢轻举妄动,迫其退出。此外,女性可以利用自己熟悉的家具、物品来作自卫,并可利用身边的物品进行反抗;同时要及时把室内发生危险情况的信息传递出去,如打碎玻璃窗把物品扔到室外以引起外界注意,或制造较大的声响。记住,做这些动作的同时要高声呼救。

如果是拦路强奸,女性应边搏斗边呼救。由于在黑暗中能见度差,搏斗时可以借一旁的物体进行隐蔽,并朝着有光亮、有人声的地方跑动,也可拾起地上的石块或砖头等硬物作为防身武器,也可以抓一把干燥的土撒向色狼的眼部。

强奸最有可能发生在电梯或其他阴暗处。应当站在靠近电梯内警铃按钮的一边,这样在格斗过程中就会有机会按响它。为了对袭击有充分准备(在电梯中),可以靠在墙上,一条腿放松,准备随时踢出。在阴暗处行走时不要贴近墙根,尽量向路中央走,在转弯处尽量远离墙角。

当遇到矮小、体弱的案犯及在无明显暴力威胁的情况下,受害女性可以直接与案犯进行抗争,给案犯制造阻力,使案犯难以得逞。

当遇到青少年犯和初犯时,受害女性可利用他们犯罪心理不稳固,作案时动摇、犹豫的特点,以斥责、规劝等方法唤起他们的良知,使之停止犯罪行为。

当遇到一般暴力犯罪时,受害女性无法直接与案犯抗争,可采用不卑不亢、软泡硬磨的方法,拖延时间,以待有利时机摆脱案犯。

当遇到团伙作案时,受害女性可以利用犯罪团伙人多心杂的特点,抓住其中不恶劣、不顽固的从犯去做分化瓦解的工作,以影响其他案犯减轻或放弃犯罪。

如果对方是个相当凶暴的色狼,你无力反击摆脱时,也绝不能听之任之。要有绝对不让他得逞的坚强意志,只要有了这种意志,就能反击。不过此时硬抗不如智斗,可采取诱引的形式,如先向地面或床上倒下去,这样色狼就会以为你已经就范,有机可乘,忘乎所以。当色狼靠近你时,你可以用手紧紧揪住他的阴茎向下猛拉猛扯;或向上猛力折扭;或用手紧紧捏住阴囊睾丸猛力捏卡;或用脚猛力向阴囊睾丸踢去;或趁其不注意时用小剪刀、水果刀、发夹、钢笔尖猛力地向其阴囊睾丸刺去。此法非常有效,即便是再凶恶的色狼,也会因一时疼痛难忍而松手,使你获得迅速逃脱的机会。也可袭击色狼的眼睛,色狼会立即丧失攻击能力。在色狼行将施暴时,可捡起身边的石头、砖块猛击色狼的面部。用酒瓶等乘其不备猛击其头部和后脑;用雨伞尖向前刺;用梳子带齿的一边在对方鼻子底下横切;用火柴盒捏在大拇指一侧的手心,朝对方太阳穴猛地一击;将钥匙串捏在手心,每把钥匙都要从指缝间露出来;将粉底盒中的粉或者将发胶水喷到对方眼睛里去;把硬币夹在手指间捏紧拳头,以增强攻击力;将手和手腕握在手包的背带上,随时准备抡起一击;抛掷沙土迷其眼睛等,以防色狼靠近。如果被色狼抓住,可用戒指用力擦对方手掌;如果带有手表,可用来攻击色狼的眼睛;如带有水果刀、小剪刀,可用来刺色狼的脸部;如穿高跟鞋,可用鞋跟用力踩色狼的脚背。这些行动可有效地使色狼中止犯罪行为,但要力求给色狼以致命一击,否则色狼可能会由此变本加厉,甚至危及你的生命安全。

即使本身体力已明显敌不过色狼时也绝不能束手待毙,可以运用智谋脱险。例如可先答应其要求,再找些让色狼觉得合理的借口,尽可能拖延时间,或尽可能使色狼放松警惕,以便寻机摆脱,或找机会给色狼致命一击,以摆脱危险。

如这一切努力都失败了,在被害过程中,女性应设法获取色狼随身所带的物品,详细观察其体态特征、动作习惯等,以便作为提供破案的线索。

【友情提醒】 减少性侵害的发生,不仅要靠打击和惩罚色狼,而且也需要加强安全防范,要从思想上提高警惕。遇有性侵害时,要及时向公安机关报案,以便及时打击色狼和进一步加强社会面的控制。

注意不要随意和陌生人搭腔,更不要轻易和别人讲述自己的家庭情况,以防坏人摸清你的生活规律。

不要深夜独自外出,如果有事必须深夜外出,最好结伴而行。走夜路时最好携带手电筒,尽量走平坦、有路灯、有行人的大路,避开黑道、树丛、荒僻、陌生的地方。如果夜班回家,要通知家人来接;如果无人接送,最好和同事结伴而行或者坐出租车。路上遇到可疑的人,尽量绕开、甩掉。

喝酒要量力而行,尤其不要随意喝陌生人送的饮料,以防色狼放入麻醉剂和春药。

少去或者不去夜总会、歌舞厅等娱乐场所,不要同街上那些常成群结队闹事的团伙来往,这种人群行为无常,以免发生意外而受到伤害。

不宜穿过于露、透的衣服,以免给色狼有可乘之机。

小心尾随,养成环顾前后左右的习惯,回家后如果发现有人入室的迹象或门虚掩、东西凌乱、窗户破碎等,切勿贸然进入,应马上打电话报警。

若被人跟踪,附近又路静人稀,应立刻去人多处或用手机或电话向警方求助,告诉跟踪者的外貌、交通工具、所在方位等。

如果有人在后面紧跟不舍,要突然加速向前跑并大声呼叫;如果没有跑的机会,就与色狼周旋,并做好自卫的准备,切忌把整个后背暴露给色狼,寻找时机再逃,附近有人通行是逃跑的好时机。

摆脱不了色狼的尾随时,可捡起地上的石头砸向临街的窗户,其主人定会跑出责问,此时色狼一般不敢再跟,可乘机脱险。

被坏人追赶时,可迅速拦一辆出租车或公共汽车离开,如果坏人也上了车,要赶快告诉乘务员或司机或是到某一地方迅速下车,将坏人甩掉。或主动和车里的人聊天,让坏人认为你遇到了熟人,不敢轻举妄动。

如果是在室内被色狼堵住了,要与之周旋,使其放松警惕,出其不意地用桌椅茶具等打击色狼,夺门而逃。

一般来说,女性应尽量采用逃离、谎言等策略对付色狼,如果上述方法无效,色狼已开始实施武力强暴时,再采取搏斗的方式自卫。

▶ 女性遇到性讹诈怎么办

性讹诈是指犯罪分子以被害人的某些过错进行要挟,与其发生性行为的犯罪活动。被害人的过错大体有这样几类情况:被害人行为轻佻,对犯罪人具有诱发性;被害人与其他男性有过不轨行为;被害人对来自异性的挑逗、试探缺乏明确、坚决的拒绝态度;被害人不当的需要有求于对方。

【应急措施】 对待性讹诈,要主动向公安机关报案,否则会使犯罪分子更加肆无忌惮地进行犯罪;被害人要树立敢于同歹徒作斗争的信心,理直气壮地依靠法律和社会道德同歹徒作斗争,决不能使非法性行为得逞。

如果自己某方面不慎有了过失,被人抓住把柄,最好不要与其私了,因为有些男性私了的承诺是不可信的。实际上,被人用作性讹诈的过失在"公了"时往往是很小的过错。

如果私了之后,对方依然纠缠不休,此时就要大胆地去告发他,如果你一忍再忍,他会认为你老实可欺,犯罪气焰会更加嚣张。及时揭露告发对方,让其得到应有的惩罚,这是保护自己的正确选择。告发前应注意搜集必要的证据,比如对其要挟情况进行录音等,以免对方反咬一口。

【友情提醒】 防范性讹诈的基本方法,就是要在生活、工作、学习中行为端正,作风严谨,自己要行为检点,安分守己。有过错的被害人,不要害怕丑事暴露。自己确有过错,就应申明过错,改正过错。切不能让人抓住把柄,造成多次伤害。性讹诈是以女性的过失为契机的,如果女性行为检点,没有过失授人以柄,自然就不会有针对自己的性讹诈了。

▶ 女性被劫持后怎么办

女性一旦遭犯罪分子的暴力劫持,应当学会在困境中保护自己免遭侵害。

【应急措施】 要保持镇静,仔细观察对方举动和周围环境。如果对周围环境熟悉,记得附近不远处有商店、居民区或派出所的话,就应想方设法拖延时间,找借口向这些地方靠近;如果对环境比较陌生,那就看看不远处有没有亮着的灯光、车铃声和马路上汽车的鸣号声,如果有,便要寻机向这些地方靠近。这样做,一方面可以通过呼救引来外援;另一方面也有机会逃脱。

不要很快就失去信心,记住要跟犯罪分子软磨硬泡尽量拖延时间,如果犯罪分子伤害、恐吓你,也不要害怕,要顽强地抵抗,要有绝对不能让犯罪分子得逞的强烈意志,只要有这种意志,就能反击。一方面不要惊慌,要观察对方的弱点,想出解脱的办法;另一方面要尽快恢复体力,寻找可供求援的机会出现。

要选择合适的时机和方式逃脱,如可以假装同意,先要求犯罪分子脱衣服,然后趁他正脱衣服之际,使出全身力气一下将他推倒在地,乘机赶快逃跑,在逃跑时别忘呼救。也可趁犯罪分子的脸接近你时,拼起手指突然捅他的眼睛,还可趁他不注意时猛击其阴部,因为这些部位是人身上最脆弱的部位,只要一击成功,就能使犯罪分子失去攻击力,自己就可以趁机逃脱。另外,别忘了脚上的高跟鞋也是一件有力的武器,尤其是当歹徒将你推倒在地,你可以趁他不备脱下鞋,用尖硬的后跟猛击他的头部或阴部,越狠越有效。切记这种攻击只能一次成功,一招不灵会招来更大的损失。

一旦被劫持,先要冷静地想一想:自己身上带的东西有没有可以作为防卫或摆脱歹徒的工具,哪怕是一枚发卡也很有用,你可以趁歹徒不备时猛刺他的眼睛。只要充分利用身边的武器,就能得到很多逃走的机会。

如果女青年在公共汽车上被坏人劫持,歹徒使用匕首威胁随其下车,应佯装随从,在下车时主动比其先下一步,脚先落地,看准歹徒迈出的脚尚未落地时,右手格开其持刀手臂,同时右脚向右前方摆出,绊击对方,用过背将其摔下车;然后,迅速用身体砸击歹徒,趁势跨压在其身上,两手按其后脑处猛向下敲击地面,也可同时用脚踩踢其持刀的手腕,夺下匕首,并及时大声呼喊周围群众,协助擒获歹徒,送交警方。摔打动作要领是:下车落地和绊击摆动的动作要协调用力,右手推击要有力迅速,骑压按头要快、狠。

【友情提醒】 被劫持以后,切忌惊慌失措,也不要苦苦哀求,因为越慌乱、懦弱,对歹徒来说越有利。而且要明白,歹徒都是一些丧失人性的亡命之徒,不可能对你的哀求产生半点同情或悔改之意。

女性遭受强奸后怎么办

女性遭受奸淫是其人生历程中的一大劫难,若是少女、幼女,则危害更大。强奸行为不仅使受害者的身心遭受严重摧残,而且还会导致婚姻纠纷,甚至影响其父母及子女的身心健康。

【应急措施】 如不幸遭遇强暴,首先应留取罪证并及时报案。被强奸后,有的会发生处女膜破裂出血,幼女或生殖器官发育不全的女性,有时还会造成会阴断裂或阴道裂伤。另外,歹徒留在阴道、外阴、大腿内侧的精液或衣裤上的精斑,甚至因极力反抗,歹徒留下的毛发、汗渍、指纹和物品,都是协助破案的有力线索。千万不要因为怕"丑事外扬"或犯罪分子提出"私了"而不去报案。因为精子检出率在12小时内为最高,3～5天仍可检出,个别在5天后还可检出,但历时越久,精子破坏越多,就越不易检出。公安人员在提取了这些证据后,就能够尽快缉拿色魔,也会给受害人保密。做完这些后,应立即到医院医治伤痛,避免感染。

遭遇强暴后应设法阻止受孕。有的女性在受强暴时正值排卵期,容易受孕。53号避孕药可于事后立刻或次日早晨服1片,晚上再服1片,然后每天1片连服2天,共服满4片,以后每隔1日服1片,前后总计服药8片,避孕有效率可达95%。已婚女性可在事后5天内放置宫内节育器。72小时之内,应服用米非司酮,以达到避孕效果。如果错过这个时期,月经逾期不至,以后又出现恶心、呕吐、食欲不振、乳胀、乏力等现象时,应及时去医院妇产科检查,一旦怀孕,马上作人工流产。医生对你的遭遇一定十分同情,也一定会保守秘密,这是医生起码的职业道德。

强奸犯多为惯犯,常有多种性病,女性被强奸后有可能染上性病,如淋病、霉菌性阴道炎、尖锐湿疣等,因此女性被强奸后应立即去医院作性病检查。

【友情提醒】 有可能,立即打电话召知心好友或自己的母亲,请她们来。因为遭受强暴后心灵一定很痛苦,需要情感支持和安慰。有知心朋友和同性亲属在场,不仅可以起到安定情绪作用,对于警方的一些询问和查证也可帮助适当应对。

遭强暴后,切忌为了顾全面子而忍气吞声,不报案。这不仅让歹徒逍遥法外,你自己心中也将永远笼罩着阴影,在沉重的心理负担下生存。

流氓玩弄女性,滥交成性,常染有多种性病,被其奸污后常传染上性病,遭奸后应想到这种可能。如染上淋病、霉菌性阴道炎等,应立即上医院治疗,不得拖延,否则治疗较难。暂时也不宜结婚,因婚后很可能将性病传给丈夫。如婚后怀孕生育,又可将淋病传给新生儿,使其得淋菌性眼炎,导致失明。尖锐湿疣也会传给新生儿,后果严重。所以说,奸后应及时就诊,不得拖延。需要注意的是要选择有条件的专科医院,不可轻信街头巷尾的"电线杆广告",以免旧伤未去又添新伤。

女性遭性骚扰怎么办

调查显示,女性遭受性骚扰的现象越来越严重,被骚扰的女性由于受到自己不喜欢、不愿意接受的男性骚扰,通常会受到极大的心理伤害。实际上,性骚扰和性犯罪(如强奸)只有一步之隔,并且很多性犯罪是从性骚扰开始的。这一点更加提醒广大女性朋友,一定要有自我保护意识,更不能对性骚扰忍气吞声。从性骚扰的表现来看,性骚扰虽不及性犯罪严重,但因其日常的频率高,给女性造成的伤害同样深重。因此,奉劝女性朋友,一定要提高自己的心理素质和防卫能力,才能在这个开放的社会更好地保护自己。最不可取的态度是:一下子吓得魂飞魄散而束手就擒。女性在这种心理障碍情况下很易遭殃。这类女性过后还最不容易医治好精神创伤,她们悔恨自己,对自己不原谅。另外,她们因为几乎毫无反抗,现场证据最少,流氓事后逃遁消失,破案最困难,即使抓到了作案者还会因毫无证据而增加公正断案的难度。

【应急措施】 面对性骚扰者,不要采取容忍退避态度,你越害怕,他越会得寸进尺。从一开始便要表明拒绝态度。你的拒绝态度要明确而坚定,告诉对方,你对他的言行感到非常厌烦,若他一意孤行下去将产生严重的后果,对他是不利的,然后抽身离开。隐瞒或不示意会让对方以为你是接受的。而拒绝的态度必须前后一致,否则对方会以为你只是半推半就而已。但也不可过分敏感,对性骚扰的反应太过激烈,可能会激起他的攻击欲望。

如果你的上司利用工作之便对你动手动脚,绝不能一味对此忍声吞气。正确的处理方法是:对对方的双关语、挑逗话不予理睬,如果对方依然如故,可在适当场合正面警告他。让你的家人打电话到工作单位,故意让他听见家人对你的安全十分关心,别人不明个中的原因,知趣的骚扰者可以就此偃旗息鼓。如果骚扰变本加厉,应该向上级领导反映或向别的同事求援。最干净利索的做法是辞职,一走了之。辞职在私营企业或外资企业可能是最好的选择。

公共场所,如果有人用一些挑逗性的语言、神态和动作来调戏周围的女性,女性对于这种现象可视而不见,充耳不闻,不去搭理他们让其自讨没趣。对死皮赖脸纠缠者要正言相告,不得如此下去,否则要喊叫保卫人员来处理。

对于动手动脚的人,女性应当从自身安全考虑,严厉警告他们不得无礼,并且向周围的人揭露其行径,以引起周围人对痞子的斥责和愤慨,从而得到周围人的支持而保护自己。在处理这种场面时,人们的言辞显得特别重要,语言一定要清晰,有力严正;神态要自然,不卑不亢,不急不躁;且不可语无伦次,有话讲不出,有理阐不明。言辞不宜过激,不宜与之辩论。

在公众地方,被他人用暧昧不正的眼光上下打量,你应表现得若无其事,然后抽身离开。若对方表现得过分,令你无法忍受,可以直截了当地说:"你看什么?"

在公共汽车内,遭遇故意抚摸或擦撞。性骚扰者之所以敢在公共汽车上行动,是因为公共汽车普遍拥挤,为性骚扰者提供了充分的理由去贴近异性,下身的动作又不易被周围人发现,所以,拥挤的公共汽车成了性骚扰者的理想场所。但性骚扰者都有做贼心虚的心理。因此,在公共汽车上遇到性骚扰时,如果车厢较空,尽可能躲开,但是当车厢人多拥挤的时候,低声警告,也可大声叫嚷,还可狠狠地抓破他的淫手等。只要有勇气反抗,他就不敢贸然骚扰。情况严重时,应告诉司机协助报警。

在电梯内,被男性用带有性意识的眼光上下打量的情况下,应尽早离开电梯。若无可避免,可用手和手袋遮盖重要部位,保护自己。

遭遇医生用诊症为借口,故意接触患者的身体。若怀疑医生诊症有问题,应要求女护士在场,并请医生解释诊症的方法。

别人赠送与性有关的礼物,你不要畏缩,除了向骚扰者表达你的不满外,最好将事情转告其他共同相识的人。

对方展示色情刊物,你应用坚定的语气向对方说:"你的行为实在无聊,若你不收回,我便会投诉。"

男老师利用职权表示对女同学的"关心"和"照顾",甚至以胁迫的手段进行性骚扰,你应该明确地表明你不喜欢他的言行,并提出警告。若事情没有好转,或对方进行威胁,便应该向其他老师、家长或校长寻求帮助。

男同学向女老师做出偷窥行为及言语上的骚扰,你要采用较强硬的态度,以免他们会再犯。你可说:"这是不能忍受的,以后不可以再犯!否则我会正式向你的家长提出指控。"

女性在一男同事面前做出具有性暗示的动作,应直接表达你的感受,应该有礼但坚决地说:"请自重,你这样做令我感到不舒服。"

在应聘者面前做出猥亵的动作,加上利用权力作威胁,你应该直截了当地表示你的不满,要加上怒气或微笑,否则骚扰者可能会恼羞成怒或强词自辩。

遇到性骚扰时,若你正巧有一副织毛衣用的竹针、钢针、笔或梳子等在身边,你将它们紧握在手中,表现出一副不屈不挠的样子,企图对你非礼的男性一般会望而却步。

当流氓分子强行搂抱你时,可顺势回拉其头部和肩背部,同时用头的前额猛力向前撞击流氓分子的鼻梁处,接着要左膝上提,撞顶其裆部,即可制服来犯者。动作要领是回拉,头撞,抬膝动作要快,发力猛,连贯完成。

如果骚扰者悄悄地伸手过来摸你的臀部时,最好的报复办法就是敏捷地抓住他的大拇指,然后从肋下夹住他的手,一面夹紧,一面将大拇指往后扳,他必然会大喊饶命。这时可提高效果的要诀是,抓住对方的手腕并以之作为杠杆支点,或者使用抓住对方手指第一关节前端的方法。将他的单手手指全部抓住，并用力向反方向推其手腕，高高地抬起它。当然，此时如果一面叫着"这个人是色狼"则更佳。

在乘公共汽车等人群比较拥挤的地方，如果身旁坐有一个胸脯丰满的女性，有邪念的色狼就会想方设法地去碰触。这时，女性以手肘反击防卫比较妥当，这也不是什么特别困难的事，即便是没有什么力气的女性也能轻易做到。可以先一面说"不要这样"，一面将自己的手腕放在从侧面触摸过来的对方的肘上；然后用另一只手压住对方的手腕部分，好像要抱对方似的压住它，就能控制住做坏事的那只手了。再有，若以全身的重量像悬垂一样把对方手臂拉下去，那么即便是对方体格是如何的结实，其肩关节也一定会脱掉，肩关节一脱，疼痛程度是相当大的。

【友情提醒】　对很多女性来说，办公室性骚扰真是让人既恨又怕，工作中时时刻刻都提心吊胆。在对付办公室性骚扰方面，舆论武器作用要大于其他场合。初涉职场的女孩子可以通过自我的一言一行树立自己在别人心目中的形象，让舆论站在自己一边。

为了预防性骚扰，作为年轻女性在日常生活中应避免穿袒胸露背或超短裙之类的服饰去人群拥挤或僻静的地方。对于有些不可避免接触的人，如发觉他有性骚扰的企图时要采取各种措施予以抗拒。更重要的是，每一个年轻女性都要增加一些有关预防性骚扰方面的知识，以维护自身利益。

家长、教师要教育年轻女性学会保护自己，警惕那些行为不端的成年男性的骚扰。一旦发现有异常，可及时报告有关部门和人员。

消除贪小便宜的心理，在外面不要轻易接受异性的邀请与馈赠，应警惕与个人工作、学习、业绩不相符的奖赏和提拔。

对于那些总是探询你个人隐私，过分迎合奉承讨好你，甚至对你的目光和举止有异样的异性，应引起警觉，尽量避免与其单独相处。

外出时，尤其在陌生的环境，若有陌生的男性搭讪，不要理睬。要注意那些不怀好意的尾随者，必要时采取躲避措施。

遇到性骚扰时，尽可能保留证据以控制对方，如把他写给你的便条、送的淫秽画片或书刊、录像保留下来，这些都是证据，可以作为日后投诉的依据。

将情况告诉可以帮助你的家人和值得信赖的朋友，求得帮助和支持。也可向上级或有关部门反映，如单位的女性委员会、工会的女工委员等，求得组织支持。纵使事情解决了，与人倾诉，也可以寻求支持及防止事情再发生；若事情还未解决则必须要与人倾诉，一起想出办法以阻止事情继续发展。

热恋男女遇到流氓骚扰怎么办

流氓侵袭谈恋爱的青年男女有的是为了抢劫财物，也有的专门是为了调戏女青年。

【应急措施】　对于只图财抢劫的流氓，在保证自身身体不受伤害的情况下，可以把随身所携带的财物给他，同时应记下对方的相貌、语言特征及其他行为特征，然后迅速离开后报警，以便公安机关抓获流氓，缴回财物。

男青年应尽量与之拖延、纠缠，同时寻找合适的脱身机会。对于单个的流氓，男青年估计能够单独应付，可让女青年迅速离开此地去求援。对于团伙的流氓，可以找其头目单独交谈,以各种身份或借口作掩护,使其不能采取攻击行为。对于穷凶极恶的流氓,要牢记"擒贼先擒王"的古训,首先制服其头领,逼其命令其手下人不得妄动,然后寻机脱离险境。动作一定要快、准、狠。

对于假借联防队员或治安民警的名义进行犯罪活动的流氓,不要轻易相信他的话语,只要自己没做违法之事,不要管他是谁,也不要为此而胆怯,切不可屈从,可提出要处理就到联防办公室或派出所去,以揭穿流氓的本来面目。要记住,真正的联防队员(特别是民警)极少干这种事,因为正当恋爱是受保护的。

【友情提醒】 选择约会地点不要太偏僻。大多数恋爱青年总爱寻找僻静无人的地方谈情说爱,如公园的假山、树丛、河堤、废弃的房屋等,这些地点很容易被抢劫。

约会时间不要太晚。尽管抢劫随时可能发生,但流氓出于逃避打击的心理,往往选择夜深人稀的时候作案,因此,约会要掌握好时间。

青年女性夜行时遇到拦路者怎么办

夜行的青年女性容易成为流氓和其他歹徒侵袭的目标,对于独身夜行的女性,遭到侵袭的几率就更大。拦路者一般是采取突然的袭击方式出现在侵害者面前,由于夜间周围环境寂静,行人稀少,青年女性本身怯弱,歹徒的侵害往往因此而成功,严重危害了公民的身心健康和社会安定。

【应急措施】 面对侵袭者,青年女性要迅速镇静下来,切不可惊慌失措。若对方有话询问,可根据所处环境的具体情况,有意识地让对方知道此处不止自己一人,前面或后面很快有自己熟知的亲人或同事就要来到,譬如诈称自己是下班提前回家的女工,或因某人之约在此处相会等。

对突然出现在自己面前的拦路者,装作是自己熟悉的人或是接自己的人并喊叫其名字,且话语中要有埋怨对方来晚的口气,或解释自己来晚的原因等。处在住宅区,可随机应变地说些去某某人家,他可能已经等得不耐烦等话语。在比较偏僻的地方,可以询问对方为什么只身来此,还有某某怎么没一起来等。由此言辞,拦路者可能认为对方不止一人,很快会有其他人到来,自己实施的行为会为他人所发现,因而不敢妄动。

对于以暴力相威胁,胁迫自己跟随其走的拦路者,可询问他要带自己去哪里,若是去自己环境熟悉的地方,可以顺从地跟他走,途中寻机解脱;若是去自己不熟悉的地方,应尽量拖延,使对方能采纳自己的意见,按照自己所指的路线行走,以图途中寻机解脱。行走途中,可高声与之攀谈,借机向周围发出求援信号。

在与歹徒贴身搏斗时,采取一些致敌于无力的方式,猛力打击对方的致命处使其丧失进攻能力,迅速摆脱困境。

【友情提醒】 如果单独在公路上行走,一辆汽车突然停在你身边,问你要不要搭车,你可要特别警惕,切勿轻易上车,一般不要贪图便宜,以免遭不测。如果司机或其他人下车后向你走来,你不要停步,应继续前进,你离汽车越远,来人强拖你上车就越困难。

女性夜间单独行走,如果是经常走的街道,要记住晚上营业的商店或附近居民住宅、派出所等;如果是陌生的街道,要选择有路灯设施、行人较多的路线,要选择道路中间有亮处的地方行走,不要紧靠路边两侧而行,同时,对路边黑暗处要有戒备。

如果你是女出租车司机,当你离开汽车或进入车内后,一定要锁好车门。当你走近你的车时,要看看车周围和车身下面。如果你的车中途抛锚,应把车窗帘拉上并且回到锁好门的车内,等待巡逻人员到来时请求给予帮助。绝不能随便让一个要求免费搭车的陌生人来帮助你。

如遇坏人挑逗,要厉声斥责,显出自信坚定和无所畏惧的样子;如果他不听劝阻,继续侵犯,就大声呼救。

要是遇到自称是保安队员之类的陌生男性对你进行盘问时,不要只看服装,还应检查对方的证件。不要觉得自己有了违反交通规则、随地吐痰等"小辫子",就不敢弄清对方的身份稀里糊涂跟对方走。

外出时不要穿行走不便的高跟鞋,也不宜穿过分暴露的裙子、紧身衣裤等,以免惹人注意。

遇到醉汉骚扰怎么办

醉汉虽然惹人讨厌,但大多没有太多的危险。然而,某些人醉后的行为和情绪变化莫测,有时也会酿成灾祸。为防止不测事故的发生,掌握一些有效的处理方法很有必要。

【应急措施】 远远看见一个或一帮摇摇晃晃、神态异常的酒徒,应该避开。在街上,可返身而走,也可走到马路对面;在其他公共场所,则可设法离开。

不管是避开还是继续留下,都必须镇静,别让他特别注意到你,更不可惊慌失措,以免诱使他们在失控情况下行为放肆。

如果醉汉已经上来搭讪,或挡住了你的去路,可礼节性地作出回答,然后迅速走开。

如被醉汉缠住不放,可用最强硬的语气训斥他,令他让开。通常,醉汉不像歹徒,大多欺软怕硬,吼声一大,常可惊醒他,他会知趣让路。

若无法避开,则估计一下他的性格和情绪,非恶意而只是想找人聊聊,则可虚应一会儿,等其注意力分散时再乘机脱身。

如被醉汉一把抓住或遭到他的袭击则可大声喊叫,以引起他人注意,并寻求帮助。必要时可用手袋等进行自卫,使醉汉不能近身。

若在火车上遭醉汉纠缠,不要使自己困在狭小的地方,应立刻找来火车上的乘务人员,最后一招则是按火车上的警铃。

如女性被醉汉缠住不放,并提出了性要求,女性一时又脱不了身,不妨假意顺从,然后引他走到派出所、治安亭或人多之处,交给有关部门处置或借机逃走。

【友情提醒】 当醉汉骚扰时,不能正面对着醉汉,以免被其所伤。不要随意刺激或取笑醉汉,以免醉汉动怒,更加失控。

当发现神情恍惚的醉汉,不能不管,应将其送往医院救治或报警,以减少不必要的危险,因为酒精中毒可导致深度昏迷,机体代谢紊乱,呼吸麻痹,直至死亡。

遇到露阴癖者怎么办

露阴癖者喜欢隐藏在弄口、公园等女性必经的场所,伺机在不认识的女性面前突然暴露自己的性器官。黑夜中,他们会拿起手电筒照着自己的性器官。他们虽然不接触女性的身体,但同样会达到性满足。受惊女性往往尖声喊叫,或受惊逃跑。

【应急措施】 对付露阴癖者最有效的手段是不为他的露阴举动所吓坏,你应该视而不见,冷静避开,而且显示反感厌恶表情,使他觉得没趣,能起到收敛作用。你如果尖叫和惊慌失措只会令骚扰者感到兴奋,所以应尽量避免。

看到露阴癖者应及时向所在派出所等社会治安部门报告。因为这种人常是惯犯,会影响一个地区的治安,也有伤风化。

【友情提醒】 露阴癖行为不属于流氓性质,是精神疾病,他们同其他性变态者一样应受到医学与法律双重管治。

被歹徒拳击面部怎么办

当歹徒用拳击或抽煽你的脸面时,可根据现场实际情况进行自卫。

【应急措施】 歹徒用拳击打你的面部时,你可用左(右)手屈前臂向斜后方挑至左(右)耳侧,躬身,收腹,收下巴,顺势另一手出拳击打对方面部。将右手变掌在腹部范围内由外经上向里划弧,拨开对方的拳臂,抬腿踢击对方。迅速向左(右)前方上步躲闪,用下勾拳击打对方腹部或裆部。左(右)手架挡对方的手臂,上步抬膝撞击其腹部或裆部。对方右拳击打头部时,耸肩侧身滚臂,在挡住其拳击的同时用勾拳回击对方。

如果歹徒对你挥拳打来时,你的脖子要迅速向左、右或后侧转动,避免对方的拳头直接打中头部或面部造成损伤。迅速用右手抓住对方右手腕,顺势向前拉,左手托起对方肘部同时向前拉,使对方的身体横在你的面前,然后用脚勾住对方的脚后跟,将歹徒向后摔倒。右腿向前一步,以右手轻按对方手腕,左臂缠绕歹徒臂,并将身体重心压至对方肩关节,伸展左臂,用手背向外推挤对方的脸,分开双腿,向前倾倒,将对方按倒在地。迅速向左前方上右步,身体左闪,右拳向歹徒面部击去。左腿向前上步,右腿屈膝,向歹徒的裆部撞击。左腿向前上步,左手上架挡开歹徒右臂,右手用勾拳打击歹徒裆部。左手上架挡开歹徒右臂,右拳直击其颜面或喉咙。

当歹徒用右掌抽煽你的脸面时,你可举左臂挡架其右臂,右拳猛击其面部或喉部。举左臂抵其右掌,跨步上前用右拳直击其胸部或腹部。身体下蹲,向右转体,屈举两臂保护头部。身体左转,迅速出右拳猛击其裆部。右脚向前跨步,同时身体急速左转,举两肘猛击歹徒肋部。迅速上左脚,同时举左手,反抓其右手腕并向外撤,右脚上一步别住其右脚,身体左转,用右手掐住其喉,猛力下压,使其倒地就擒。以上动作要连贯,出击要凶狠。

被歹徒抓住头发怎么办

被歹徒抓住头发时,可根据现场实际情况进行自卫。

【应急措施】 当歹徒用右手从正面抓住你的头发时,你应该立即用右手抓住对方右手腕,右脚同时后跨半步,上体向右转并前倾,右手向内扭对方右手腕,同时左臂向下用力压对方右肘,迫使对方松手,从而解脱。

当歹徒用右手从后面抓住你的头发时,你应该立即用双手紧紧抓握住对方的右手,然后身体突然向右反转，并将对方右手腕向下，使对方动弹不得，从而解脱。

如果歹徒是从前面用左手抓住头发，可迅速出双手按住其左手，并甩拳紧靠其腕关节，用力向左转体躬身，伤其手腕。也可用手按压住歹徒的抓发手，猛力踢踹其膝关节或裆部。

当歹徒从背后用右手抓住头发，可迅速出双手按住其抓发手，随即向右后转体，同时用右肘撞击其肘反关节处，伤其小臂，即可解脱。

被歹徒抓住衣领怎么办

被歹徒抓住你的衣领时，可根据现场实际情况进行自卫。

【应急措施】　歹徒从前面用右手抓住你的衣领时，你可出左手抓住歹徒的手掌，右脚向左后方撤步，同时身体猛力右转，以左肩撞击其右肘关节部。也可右腿后退，同时速向右转身，用右肘撞其肘部。或右臂上绕，缠压住歹徒的左手臂，左手抓住其手腕，用力扭转其手腕，右肘压住其左肘，反其关节，将其制服。还可两手交叉放于歹徒手肘部，随即猛力下压，同时向前探身低头，猛然将头顶向其面部。或可先蹲下来，假意求饶，乘歹徒不备，迅速用两手抱住其一条腿，用肩顶压其膝部，将其摔倒。

歹徒从背后用左手抓住你的后衣领时，你可立即向前上左步，同时向右后转体，出右掌猛砍其颈部。也可右脚向左后方撤半步，重心右移，迅速右转身，抬起左腿，用左膝撞击其裆部。还可左脚向右后方撤步，身体重心下沉，迅速出右拳猛击歹徒面部或耳部。或迅速半转体，起腿侧踹歹徒裆部或腹部。

如果被歹徒抓住衣领，你可合抱双手，装作求饶的样子，低下头，双手突然猛压对方抓住衣领的手，可使对方猝不及防，上身向前倾倒，面部撞在你的头上。

瞄准对方臂肘内侧的麻筋部位，用拇指一侧的腕骨击打，对方的手臂会有触电般的感觉，会自动松开抓衣领的手。

将双手按在对方的肘部，用力推向内侧，使对方自己双肘的突出部分相互撞击，会使歹徒因疼痛而松手。

从上向下打掉对方抓住衣领的一只手，从下向上托起对方另一只手臂的肘部，迅速进身，将对方背摔在地。

当前后都遇到袭击者，前面又被抓住前衣领时你应乘后面的人没有防备之际，突然飞起左脚，向后面人的颈项部位后踢一脚，紧接着把后踢的腿收回来，顺势向面前的攻击者的腹部蹬踢。

假如歹徒突然抓住你的后衣领，你可先下意识地向下摆头，随即抬右肘向后猛击来犯者的下颌部位，继而反抓其裆部，使歹徒被擒。

被歹徒锁住咽喉怎么办

被歹徒锁住喉部时，可根据现场实际情况进行自卫。

【应急措施】　当歹徒由背后用右臂锁住你的咽喉，并用力向后按压时，应该立即下降重心，而后猛地向左转身，用左肘向对方的心窝部位顶撞。歹徒心窝被撞时，必然会有自我保护动作反射，这时，你应该趁机向左转身，并用右拳打击对方下颌，从而解脱。

当歹徒由背后用右臂锁住你的咽喉,同时左手抓握住你的左手时,你应该立即向左转动头颈,右手握住对方右臂并向下拉,接着左脚后退一步,同时左肘屈起横抬,用力顶击对方肋部,伤其肋骨,迫使对方松手,从而解脱。

当歹徒正面用双手抓住你的咽喉时,你应该立即用双手由下向上抓握住对方两只手腕,上半身尽量后仰,同时屈起右膝,用脚蹬住对方的腹部,然后上身倒地,双手顺势猛拉对方手臂,迫使其松手,从而解脱。

如果歹徒是从侧面用手臂锁住脖子,可快速抬另一侧的手,用手的中指和食指猛力戳击其双眼,可得以解脱。也可用同侧手下拉锁住脖子的手臂,同时向另一侧转体,腿向歹徒身体后撤步,紧接着向其猛力挤靠。屈肘砸击其胸腔,倒地后顺势打击腹部或裆部,将歹徒击伤。

歹徒骑在你的身上,并用双手掐住你的喉咙时,应迅速用双手抓住歹徒手指,用力向外猛撅,使其指部损伤。双手紧抓歹徒的手腕,屈双腿用膝盖猛击歹徒背部,或用脚踢其头部、颈部。交替使用左、右直拳猛击歹徒肋部。双手插入歹徒双臂中,用力向外猛撑,同时右腿屈膝顶击歹徒背部,使其前仆倒地。

如果喉头遭歹徒勒住,应将五指并拢并伸直,以指尖或掌侧猛戳歹徒喉头。靠近歹徒,提膝向其胯下猛撞。如歹徒穿大衣或闪避得快,此法不能奏效。丢下手头所有物件,两指叉开成"V"形,使劲插进歹徒的眼睛。

被歹徒抓住肩部怎么办

被歹徒抓住肩部时,可根据现场实际情况进行自卫。

【应急措施】 当歹徒从正面用左(右)手抓住你的右(左)肩时,应该立即击打对方的面部,从而解脱。也可立即屈左(右)肘,扣住对方右(左)手,在身体迅速转动的同时蹬击对方膝关节,从而解脱。

当歹徒从正面双手抓住你的双肩时,应该用双臂迅速由外向上,再用力夹住对方的两臂向下压,并跨步向后下方甩开对方的双手,从而解脱。也可先佯装前推,然后顺力后拉对方的双臂,并趁势后倒,右腿弯曲向上猛蹬对方小腹,将对方从自己的身上摔出。

当歹徒抓住你的一侧肩膀时,可快速屈肘由上至下砸击其抓肩的手臂,挥拳击打其面部。

被歹徒袭击胸部怎么办

当歹徒用拳向你胸部击打或用手向你的胸部抓来时,可根据现场实际情况进行自卫。

【应急措施】 当歹徒用拳向你胸部击打时,可上身后仰,重心后移,低头耸肩,但一定要保持重心稳固,同时一手护在胸前,一手拨击对方的来拳。上身前俯,重心后移,腰上抬后凸起,一手护胸,一手由上向下划弧压击对方的来拳。

当歹徒用直拳击打时,可退左脚,立右小臂同时拨打其来拳,上前用左拳回击对方面部。抬双臂,用双肘内夹来拳,下踢其裆部,上腿膝击对方腹部。体前俯与前臂同时下压,起腿踢击对方。闪身,手变掌,向前上方托击对方小臂,踢击其腹部。

如果歹徒向胸部抓来,应迅速用双手紧压对方的右手,屈体下压猛撅歹徒腕关节或猛撅歹徒指关节。用左手抓压歹徒右手,身体后退拉直歹徒手臂,同时用右手猛推对方的肘关节。右腿迅速上步,用左拳猛击对方的面部、喉咙、胸部和腹部。右腿上步的同时,迅速抬左腿、屈膝,撞击对方的裆部。

被歹徒抱住腰部怎么办

被歹徒抱住腰部时,可根据现场实际情况进行自卫。

【应急措施】 被歹徒从正面抱住腰部时,可以用一只手扶住对方的后脑,一只手托住对方的下巴,迅速旋转拧动,将对方制服,从而解脱。

被歹徒从正面抱住腰部与两臂时,应该立即前伸两臂,双手握抓对方髋部,接着向后仰上身,同时屈右膝上抬顶住对方下裆部,然后再用头向前猛磕对方的面部,迫使对方松手,从而解脱。

被歹徒从后面抱住腰时,应该立即用头猛力后磕击对方的面部,同时用手击对方下裆部,或用力掰开歹徒手指,且抓住猛烈撅折,以求解脱。还可将对方的单腿用力向上抬,同时用臂部猛力下压住对方膝关节。

被歹徒从后面抱住腰部及两臂时,应该立即屈膝下蹲,同时上臂屈起并上抬,接着用右手抓握住对方左手腕并用力向前拉,同时以左肘向后猛顶对方的左肋,借此解脱。还可突然下降重心,同时上臂屈起并上抬即可能解脱出来,然后立即向左后转身并抬起右脚,用脚跟向对方的左脚面上猛跺,并同时用右拳、右肘或手中之物猛击对方的心窝,必能完全解脱。

如果歹徒不但抱住你的腰,而且手臂也被箍住,应猛力用左手抓握并压住歹徒的左手腕,同时左腿向前跨步,右腿屈膝撞击其裆部,力争给其致命一击,令其束手就擒。

被歹徒抓住腰带怎么办

被歹徒抓住腰带时,可根据现场实际情况进行自卫。

【应急措施】 被歹徒从正面用双手抓住腰带时,应该立即用双手抓住对方面部两腮,并用双手拇指按压对方的鼻梁,同时双手用力扳拧,这样就可以伤其面部和颈部,从而解脱。

被歹徒从正面用单手抓住腰带时,应该立即用一只手抓压住对方抓腰带的手腕,另一只手则猛击或者扳压对方的手臂关节处,伤其肘,从而解脱。

被歹徒从后面单手抓住腰带时,可以用双手抓住对方抓腰带的手腕,同时猛然转身,用一只手臂用力撞击对方的肘部,从而解脱。

歹徒向腹部踢来怎么办

当歹徒要用脚踢你的腹部时,可根据现场实际情况进行自卫。

【应急措施】 当歹徒要用脚踢你的腹部时,可稍退步闪身,前臂由上向下向外拨击其脚腕部，顺势起脚踢击对方。收腹躬身，用手向下向内(外)屈肘划弧，抄抱对方的脚，将其摔倒制服。一腿迅速提膝，防挡对方踢击，随即起脚踢击对方或拳击其面部。身体向一侧躲闪，随即抄手上抬其小腿将其摔倒在地。

用右手抓住歹徒来脚，屈左臂猛力压其膝部，令其膝关节过度反张而受损伤；也可出左脚猛踢其腹部、档部或踝关节，力求将其摔倒而被制服；还可用右手抓住歹徒来脚，出左拳直击歹徒面部、喉部或胸部。抓腿要准确，打击要有力。

如果歹徒向你踢来，应迅速将身体摆成侧身的姿势，避免被对方踢中档部。抱住对方的下半身，用肩头顶歹徒腰部，将其顶倒。双手抱住对方膝关节部分，将歹徒摔倒。迅速抓住对方踢来的那条腿，并用力向上举，使对方摔倒。

用右手抓住对方的左腿，用左拳猛击歹徒膝关节或用力向下按；也可用右手抓住对方的左腿，用左拳直击歹徒面部、胸部和腹部；还可用右手抓住对方的左腿，用左腿直踢歹徒腹部、档部或膝关节，将其摔倒。

当对方从背后向你踢来时，立即单脚向前迈出一步，左手着地，右手转向内侧，目视自己的后脚尖，身体呈环状向内收缩，翻滚着地，这样可以避免损伤头部和面部及造成手臂和手腕的骨折。

【友情提醒】 倒地后防踢。人在倒地后是最容易被攻击的，如不主动作出快速反应会陷入更大麻烦。倒地时，用双手抱头仰在地上，既能保护头和脊椎，又能比较容易地转动身体。头部抬起，以臀部为中心转动身体，双脚朝向对手，侧身于地，用双脚阻挡袭击者的脚踢；用上面的一只脚挡住对方踢出的小腿，同时用另一只脚绊倒袭击者。

被歹徒抓住手部怎么办

被歹徒抓住手腕和手臂时，可根据现场实际情况进行自卫。

【应急措施】 当歹徒用左手由上向下抓住你的右手腕时，应该立即用左手扣握住对方的左手，同时屈右肘横拉，之后再右肘下沉，张开右手手掌，左脚向前迈出半步，右掌向外下切对方手腕，并顺势握紧向下抓拧，迫使其松手，以便脱身。还可用左手扣握住对方的右手，同时右肘上屈横抬，左脚向前半步，翻右手反抓住对方右手腕并向内拉，上身向右转，左手向下压住对方的右肘，迫使其松手，从而解脱。

被歹徒用双手握住双腕时，应立即用力向右摆动左臂，把右手张开握住对方的右手腕，握腕的刹那间，迅速将自己的左臂从对方的手中拉出。然后右手用力拉对方的右手，左手用力拍打对方的脸部，迫使其松手，从而解脱。还可把双手稍微向内旋外撑，然后突然双手迅速外旋，以双肘为支点，弯曲手臂，向上撬动，而使双手解脱。

当歹徒从背后分别抓住你的双手手腕时，应集中力量，尽力先解脱出一只手，并迅速转到对方的背后。如果对方仍抓住一手不放，应在转到对方背后的刹那间将对方双臂绞住，并用膝盖顶撞对方的后膝，从而解脱。

当歹徒从下部握住你的腕部，可用拳用力下击对方虎口进行解脱。

当歹徒是从上部抓住你的手腕，可握拳后小臂内旋屈肘，即可解脱。

如果歹徒抓住你的手腕上部，可以收臂，然后手向下，向外绕转，随后猛压对方的腕部。

如果双腕被歹徒抓住，可用双手交叉上下搓击对方虎口处，就能迅速解脱。

当歹徒用右手抓住你的左手臂不放时,可立即用左手反抓歹徒右手腕,双手用力将其手臂拧至掌心向上,同时上右步,右手猛力提拉歹徒肘关节,使其过度反张而受损伤。顺势用左手反握其右手,猛出右拳直击歹徒面部、胸部或喉部。顺势用左手反抓右手腕关节,左腿上前半步,重心移到左腿,右腿屈膝突然发力撞击歹徒裆部。

如果双手被歹徒的右手抓住,应向自己身体方向屈臂,同时两臂向对方的拇指方向扭转。在向自己身体方向屈臂时,可用头部撞击对方的面部。

被歹徒抓住裆部怎么办

被歹徒抓住裆部时,可根据现场实际情况进行自卫。

【应急措施】 当歹徒用右手抓你的裆部时,可迅速用右手抓住歹徒的右手腕,使其手腕下翻,臂肘朝下,用左手猛力向上提拉肘关节部,歹徒肘关节受到损伤就会停止攻击。

用左手迅速抓住歹徒右手腕,向外翻,左脚向前跨步,左手臂立即插入歹徒右臂下,反手钩住锁骨窝,右手用力将歹徒右手向后拧。

右手抓住歹徒的右手腕向外翻,同时,快速屈体并右转体拉直歹徒手臂,抬左膝猛力前抵歹徒肘关节。抓握准确牢固,拧翻迅速有力。

被歹徒抱住腿部怎么办

被歹徒抱住腿部时,可根据现场实际情况进行自卫。

【应急措施】 当歹徒从正面抱住你的左腿时,你可能身体重心移向被抱的腿,右腿先向后或侧后方向移动,然后突然屈膝上抬攻击对方的面部,从而解脱。还可迅速用一只手按压住对方后颈部,另一只手抓住裆部上提,这样可使歹徒倒地,从而解脱。

当歹徒从正面抱住你的右腿时,要迅速退右腿,同时身体右转,右手下压歹徒颈部,左手抓住其裆部向上提拉,左腿屈膝撞击其背部,将其按倒制服。身体要稳,防止摔倒,撞击要有力。

如歹徒突然从正面扑过来抱腿,应乘其前伸抱腿的手未到之际身体向左闪躲,右脚用力勾踢其脚腕部,同时用手掌向下切打其后颈部,使其摔倒在地。

当歹徒从正面抱住你的双腿时,应该立即屈膝向后倒地,利用对方前冲的惯性抓住对方向后滚,然后马上恢复站立姿势,从而解脱。还可立即将双脚尽量往后退,同时俯身下压对方,并顺势用肘关节猛力砸击对方的脊骨,将对方击倒在地,从而解脱。

当歹徒从身后抱住你的双腿,并用肩部顶你的臀部,使你被压摔倒时,应顺势用双手掌着地,防止摔伤,随即身体向右滚动,趁机用右腿别住歹徒双腿,用左腿猛扫其腿部或腰部,或者在倒地后屈腿猛蹬歹徒面部。身体滚动要迅速,别腿应有力,蹬踹要准确。

被歹徒压住身体怎么办

一时被歹徒摔倒并压在身上,可根据现场实际情况进行自卫。

【应急措施】 当歹徒推倒并压住你的身体时,应该立即用双手紧紧抓握对方双手并加以固定。同时将两脚抬起跨在对方的肩头,双脚向内用力挟紧并将臂部上举,向侧面翻转,手脚并用,将其制服,从而解脱。

当歹徒把你摔倒并压在身下且双手被按在头两侧,这时你可迅速挣脱出一条腿,屈膝猛力撞击歹徒的肋部或裆部。

如果被摔倒后双手被歹徒按压在胸前,应双手抓握其双手,同时猛抬双腿,用膝关节处夹住歹徒的脖子;扣住其双肩,并控制其双臂,随即发力横向翻滚,即可解脱。

假如歹徒是侧身在你身上,可用右手扳住其脖颈,猛力下压外拧,同时抬腿屈膝扣住其脖子,夹压解脱。

当歹徒从头顶处压住你并用手捏住脖子时,要迅速用双手固定其双腕,并同时抬腿收腹猛力踢蹬其面部,顺势翻滚站立解脱。

▶ 遭遇歹徒持刀行凶怎么办

突然遇到歹徒持刀攻击,千万不要惊慌,一定不要被其气势所吓倒,先要准确判断出自己与歹徒的距离,尽量远离歹徒。

【应急措施】 当歹徒右手反握刀从正面直刺你的胸部时,应该立即向左侧跨步,右闪身,并迅速用左手抓对方右小臂或手腕向外猛力翻拧,以保护自己。

当歹徒右手正握刀由上向下刺你的头部(胸部)时,应该立即向前上左方跨步,左臂上举并用左手由里向外挡,正握住对方右手腕,右手迅速反握歹徒右手腕,接着撤左步向后,双手由里向外猛力转拧对方的右手腕以自保。

当歹徒直刺你的胸部时,可迅速闪身,躲开刀,随即一只手抓住其持刀的手腕,顺力后拉,另一只手击打其肘关节或用脚蹬踹其膝关节。

当歹徒用右手持刀向你的颈部刺来时,可用左掌架挡歹徒右臂,并随即抓住其手臂,同时左腿向左跨步,左手推抵歹徒右臂肘关节部,身体猛力左转,使其肘关节过度反张,造成损伤。也可用左掌挡架歹徒右臂,并随即抓住其右臂,左脚向前跨一步,重心左移于左脚上,右腿屈膝猛撞歹徒裆部。

当歹徒用左手持刀顶住你的背部时,可身体突然向右转,右臂迅速撞开歹徒持刀的手臂,挥左拳击其耳部。也可身体突然向左转,左臂迅速撞开歹徒持刀的手臂,重心左移,屈右膝猛击其裆部。

当歹徒持菜刀从正面向你砍来时,可迅速向右转身闪开菜刀,左脚上前一步,同时出右手紧握歹徒持刀手腕,然后疾速屈左臂猛烈撞击其右肘关节;或者左直拳猛击歹徒耳部、喉部。迅速闪过来刀,用左手抓住歹徒持刀手腕,重心移到右腿,屈左膝撞击歹徒裆部。

当歹徒右手持刀从背后抵住你的腰部时,可以立即转身用左掌劈挡对方的右手,同时以右脚为轴身体左转,接着用左脚猛踹对方的裆腹部。

当歹徒左手抓住你的左手,右手持刀抵于你的腰部时,可以立即向右略转身体并用右手抓挡对方持刀的手臂,同时前移左脚,抬右脚,猛踹对方的腹部,踹击时右手应猛拉对方的右手臂。

当歹徒持刀抵住你的腹部时,可用左手臂猛烈撞击歹徒持刀的右臂,出右拳直击歹徒面部或喉部。用左手臂猛烈撞击歹徒持刀的右臂,左腿上步,身体重心左移,右腿屈膝猛烈撞击歹徒裆部。

面对歹徒刺向面部的刀,可迅速向后方退步躲闪,双手交叉上架,趁势抬膝撞击其裆部。也可在歹徒对你进行威胁时,突然起脚,踢击其手腕,夺下刀。

如果歹徒是从身后向你头部刺来,来不及转身防守,应快速前俯手撑地,同时抬脚用力后蹬其腹部,也可迅速转身摆腿击打对方面部。

如果歹徒是从背后用刀顶住你的后背,可以突然转身,用左臂格开其持刀小臂,再用右拳击打其面部,抬膝撞击其裆部。

【友情提醒】 思想上要高度重视,不能存在丝毫的麻痹思想和侥幸心理;头脑要保持清醒、冷静,做到沉着对敌。

要与歹徒保持一定的距离,并多方与他周旋,距离以歹徒出手刺不中自己为宜,同时要注意观察歹徒持刀的姿势,分析其动向。

注意加强对自己要害部位的防守,这些部位是头部、喉部、胸部、腹部、颈部两侧、手腕和大腿内侧等。

遭遇歹徒持棍棒攻击怎么办

如果遇到歹徒拿棍棒截住你时,千万不能惊慌失措,而应沉着冷静,准确地判断自己与歹徒之间的距离,或者是采取远距离的方法,使歹徒的棍棒伤害不了自己,或者是迅速前进,贴靠歹徒,使其棍棒不能发挥作用。

【应急措施】 当歹徒持棍棒迎面劈向你的头部时,应该立即移左脚向前跨一步,向侧后闪身,两手迅速抓接棍棒,同时抬右脚狠踹对方腹部。右脚落地的同时,两手握棍棒向外绞压对方双臂,迫使歹徒松手丢棍,从而解脱危险。也可采取侧身躲闪,或者双手曲臂成交叉状,架挡其打来的棍棒,顺势握棒或抓住歹徒手腕猛力前拽,使其靠近自己,同时抬脚踢击其腹部或蹬踹其膝关节。还可在侧身的同时,一手抓住棍棒一端,另一手抓住棍身,紧接着上步,旋转棍棒,横压于歹徒胸前,并勾腿摔倒对方。

当歹徒持棍棒向你拦腰从左向右横扫时,应该立即左脚向前跨一大步,右脚要迅速跟进,身体靠近歹徒,两手同时抓握棍棒,右手顺势将棍棒推至歹徒右侧,双手松棍,并迅速用左手抓握对方右手腕,右手回扳对方的右肘,迫使歹徒松手丢棍,从而解脱危险。也可侧身跨步贴近对手,用拳击打其面部,或用拳上推击其下颌,同时用膝撞击其裆部,重伤歹徒。

当歹徒用棍棒向你的胸腹部刺捅时,可迅速侧身躲闪,或抬腿护腹,随即双手紧紧握住木棍,抬腿踹击其手腕。如是短棍,与对方距离较近,应直接踢击其身体要害部位。

当歹徒用棍棒横扫你的腿部时,应跳躲过扫来的棍棒,迅速闪身至其背后,一手压其颈,一手掏裆,将对方摔倒,后踢打其要害部位。

遭遇持枪歹徒袭击怎么办

与持枪歹徒搏斗时,千万不可草率行事、优柔寡断或者惊慌失措,要小心谨慎地与歹徒进行周旋,寻找和利用歹徒露出破绽的机会,运用“攻其不备,出其不意”的防卫策略,稳、准、狠地击打歹徒的要害部位,使歹徒在短时间内丧失反抗能力,从而摆脱危险。

【应急措施】 当歹徒持枪从正面对准你时,如果距离较近,可以突然跳跃闪躲过枪口,同时用一只手快速准确地握住歹徒持枪的手腕,另一只手迅速抓握枪管,然后双手用力拧转,使枪口指向歹徒,同时用脚或腿踢撞其要害部位,以躲过危险。也可趁歹徒疏忽之际迅速扑向歹徒,并用双手紧紧抓住其握枪的手腕,然后用力拧转上提,同时屈膝猛击歹徒下裆部,也可躲过危险。

当歹徒持枪从后面对准你时,应该立即转身,一手拨击其握枪手臂,一手用拳猛击其太阳穴,并连续上抬膝关节撞击歹徒下裆部或腹部,动作要迅速有力,在歹徒还未反应过来时缴获其枪支。

当歹徒将枪口对准你头部,随即伸出左手对你进行搜身时,应立即向右闪身,避开枪口,同时就近用右手推抓歹徒持枪的手腕臂内侧,使其枪口向外偏移。左手迅速补抓歹徒右手或者枪身。突然用力上托,随即速用右脚踢裆制敌。

当歹徒持枪向你靠近,用左手进行搜身时,应立即向外闪身,迅速避开枪口,同时迅速用左手侧抓歹徒枪身或者右手顺势前推,这时歹徒枪口自然会向右移,偏离你的胸部。闪身侧抓后,右手迅速由下反抓歹徒手腕,身体迅速左转,同时旋转枪口对准歹徒。并以右膝顶裆,折腕外扳的动作夺枪制敌。再如遇歹徒持枪威胁,然后近身对你搜身时,以同样的躲闪方法避开歹徒枪口。与此同时,左手可抓住歹徒右腕臂,右手则上抓其枪身。随即推折,这时,枪口必会对准歹徒的身体。

【友情提醒】 如果你的体力及反应能力都不够好,还是不要有任何动作,最好顺从歹徒,不要激怒对方;拖延时间,等待救援才是上策。

身处歹徒设置爆炸物的现场怎么办

一旦发现爆炸装置,应该立即撤出现场,同时阻止他人进入现场,并立即报告治安机关派专门人员排除状况。

【应急措施】 面对电源爆炸装置,应阻断电路通路,迅速取出电池,并将雷管、炸药分离,就可以排除危险(注:一般民众应报警处理,勿擅自动手以免造成伤害)。

面对导火索(外露)已经点燃的爆炸物,应该果断迅速地用剪刀从导火索的根部剪断;或者迅速甩手将导火索拉出,把雷管和导火索分离;或者迅速将炸药包转移到一个较安全地带,减少爆炸伤害。如果这一切措施都来不及实施时,现场人员应该紧急避开爆炸物,选择有利的环境躲避;当躲避也来不及时,应该就地卧倒,以减轻爆炸冲击的伤害。

面对导火索藏在伪装物内的爆炸物,贸然打开包装是十分危险的,最好立即报警处理,现场人员应迅速躲避。

躲过第一次爆炸后,应该迅速撤离现场,因为现场可能还有歹徒设置的未爆炸物。

被歹徒用肘部攻击怎么办

俗话说"宁挨十手,不挨一肘",可见肘击的威力大于拳击。当歹徒用肘部击打你时,可根据现场实际情况进行自卫。

【应急措施】 歹徒在用肘法攻击时,防卫时要注意其小臂,只要其小臂内曲就表明要发肘,这时马上利用阻挡、格挡或躲闪来防卫,特别是当双方距离很近时要尽量用自己的肘臂护住面部。

在防肘的同时要进行适时反击,最好使用肘、膝、摔、踢等方法反击,通常防上击下、防左击右、防下击上等。如防上击下,歹徒用肘击打你时,你格挡住其肘,此时歹徒下部是个空当部位,可及时用顶膝攻其裆部。

又如,歹徒用肘砸击你的面部左侧时,可阻挡住其肘,从右侧使用肘反攻击歹徒面部的左侧,成功率非常高。因其砸击你时,他的肘臂都在右侧,左侧没有手臂防守,则可乘虚而入。

在椅子上被歹徒抓住怎么办

坐在椅子上被歹徒抓住时,可根据现场实际情况力争解脱。

【应急措施】　如果歹徒是从正面抓住胸襟,并被压倒在公园或家里的椅子上,应当双手控制其手腕上推,并用脚猛力踢击其膝关节处,将其踢伤。

假如你跷腿而坐时被歹徒别腿压住,可用着地的脚别住其一脚后跟,另一腿横扫其膝关节,并翻转站立压倒歹徒。

如果歹徒是从侧面锁住脖颈,应用另一侧拳击打其面部,或者用紧贴住歹徒的小臂屈肘击打其肋部,即可解脱。

被两个歹徒劫住怎么办

当你被两个歹徒劫住后,不应胆怯求饶,要善于发挥自己的全部力量达到战胜对手的目的。

【应急措施】　当两个歹徒一左一右从两侧把住你的两臂,应突然身体重心后移,待他们欲向前拖拉时,迅速上前,同时两肘弯曲,双臂上举,随即身体下沉,双肘关节发力向两个歹徒的胸、肋部砸击,待手臂开脱后,抓住两歹徒头发,猛力使其相撞。

如一歹徒从后面抱住你的腰,另一歹徒从前面伤害时,应突然发力用头撞击后者面部,抬脚踢击前者裆部。

如一歹徒从正面抓住你的双肩,另一歹徒从后面实施侵害时,应双手先抓住前面歹徒的手臂,低头咬其手腕,趁其疼痛脱手时,上膝撞击其裆部,后迅速回腿蹬端后面的来犯者裆腹部。

被歹徒偷袭怎么办

如果歹徒从暗处或阻挡物后偷袭你时,应快速反应,根据现场环境的特点,运用适当的防卫反击。

【应急措施】　当歹徒从你背后偷袭而猛扑过来,应随即俯身双手支撑地面,同时抬左腿后蹬其裆腹部,继之落左脚,右后转身,用右脚端击对方要害部位。

如歹徒是从身体一侧突然抓住你的肩膀,可以用同侧的手臂屈肘,转体同时用肘关节击打其胸腔,随后向上提拳,打击其面部,再挥动另一侧拳头击打对方。

旅行时遇到歹徒侵害怎么办

在旅行时由于人生地不熟,可能对当地的治安情况不太了解,误入歹徒经常出没的区域,意外遭到攻击和行凶,引起财产损失,甚至人身的伤害,所以应有防范意识和策略。

【应急措施】 要注意不在公共场所显露现金、贵重物品,不带金制品及宝石。到一个不熟悉的环境,夜间不宜单个人外出,白天也不要到人较少的地方停留,尤其是女性以结伴为好。夜间外出带一个哨子、警笛可备呼救或起到威吓歹徒的作用。

一个人在行人较少,甚至荒野的地方遇到歹徒时,除非直接致命伤害,一般不要与其立即发生争斗,特别是对方在体格等方面明显占有优势或有数人时,要沉着周旋,拖延时间,等有行人路过或引至人多的地方求救,要学会智为。

在与歹徒的斗争中,智为不起效时也应勇为。如单行女性在遭到攻击时,面对歹徒时可用脚踢或膝盖顶男性歹徒下身,或用手重捏其睾丸,歹徒会因剧痛而下蹲和放手;如被歹徒从后面抱住,可一手向后捏其睾丸,或用脚后蹬其膝盖或用力将歹徒的手指迅速扳向背侧等。以上均可使歹徒发生剧痛而放开,乘机摆脱。

【友情提醒】 夜间行走的单身女性无浓妆艳抹的需要,也不要香气扑人,更不可袒露身体或穿戴半透明的服饰。

夜间行走应穿无声响的鞋,硬底鞋敲击马路发出的声响只会给周围别有用心者送去信号,招来歹徒的注意。

夜间行走遇有陌生人询问、伴路应坚决回避,对有明显或潜在恶意的人,应设法引导至治安部门附近,然后主动呼救,不可犹豫。

夜间候车不可站在阴暗处,应注意观察来往行人的动态,遇有图谋不轨分子,应朝有人有灯的地方走。

歹徒入室抢劫怎么办

要看清歹徒的人数,沉着冷静地选择反击时机,不要盲目地与歹徒搏斗,以免造成更大的人身伤害。

【应急措施】 应设法和外界保持联系,或向外界发出信号。如有预防报警装置,千万不要忘记报警,或高声呼叫,或机敏地抓起任何一件硬质东西掷向临街的窗户,打碎玻璃,会引起周围人的注意的。

不能让歹徒近身,如有可能反抗应尽量反抗。如歹徒只有1人,持刀向你逼来时,可以利用身旁的棍棒、刀、锤等实行正当防卫。

假如歹徒有多人,或被害人体力明显不如歹徒时,要在尽可能保证自己人身安全的前提下采取逃离现场的措施,然后大声呼救,并请求群众抓住歹徒。

如无反抗能力又不能逃离现场时,要尽量与其周旋拖延时间,歹徒多半也不敢在现场停留太久。

如遇歹徒持枪抢劫时,被害人可暂时满足其要求,再伺机采取行动。

【友情提醒】　应尽量记清歹徒人数、体貌特征、讲话内容、口音、彼此称呼等,以便报案时提供详细的破案线索。

歹徒欲抢皮包怎么办

当歹徒要抢你的皮包时,可根据现场实际情况采取相应的措施。

【应急措施】　如果在行走时,歹徒从前面抢你的皮包,这时应用力往回拉,同时另一只手抓住其夺包手腕上托;随即上步,拎包手松开,屈肘顶击歹徒肋部,一举将其击倒,再用另一只手取回包来。也可以乘势将包往前送抬,上步屈膝猛力顶击歹徒裆部,将其制服。还可以先用力夺拉包,瞬即突然松手,上步前行,双手搂抱歹徒双腿,俯身用头猛撞歹徒胸、腹部,歹徒就会摔倒,再夺回包来。

如果歹徒从身后抢包,可以迅速回身上步,用手猛力砍击歹徒颈部;或者转身上步、屈膝猛顶歹徒裆部,也可将其制服。

如果在行走时,歹徒骑自行车或摩托车抢你的包,可以用力拉住包带,突然发力向歹徒抢包手一侧猛拽,就可将歹徒从车上拽下。

遇到歹徒徒手攻击怎么办

受到不法侵犯,特别是遇到歹徒意欲行凶时,要保持镇静和头脑清醒,这是保证临场不怯,并最终战胜歹徒的关键。

【应急措施】　与歹徒搏斗时要善于观察形势,避实就虚,充分利用假动作使其失去防备,抓住任何可乘之机给歹徒以关键一击,争取一举将其制服。

如果对手十分强大,自己又无法制服对手时,可利用假动作虚晃一招,摆脱对手的控制,迅速向无障碍的方向撤退,并争取尽早报警或向他人求助;如果双方势均力敌形成对峙局面,或双方纠缠在一起,这时不能仅凭力气死拉硬拽,而应依据歹徒的身体姿势、平衡情况、力量变化,伺机采取不同的解脱方法,争取凭借对方之力破坏其身体平衡,将歹徒制服擒获。

受到两个歹徒攻击时,要根据具体情况,选择有效的反击方法。可首先对付其中一人,使其无力进攻,然后全力反击另一人。

当遇歹徒左脚上步同时出左拳向你头面部直线打来时,应立即用右手由外挡住歹徒左拳臂,同时头迅速向其外侧闪躲。在拍挡其左手臂的同时,左脚迅速上步后绊歹徒左腿,随即用左手臂由其前上侧夹压住对方右侧肩颈或者头部。

【友情提醒】　徒手防卫的主要方法有:

头撞。由于人的头盖骨具有相当的强度,因此撞头是一种简单、方便而又比较有力的武器。可以从正面向歹徒的胸、腹部撞击,从后面向歹徒的腰部撞击,也可以在歹徒从后面抱住自己时用头的后部猛撞击面部。

嘴咬。当与歹徒短兵相接时,可以利用锋利的牙齿做武器来自卫。可根据靠近歹徒的不同部位,咬歹徒耳朵、鼻子、舌头、手等。

爪抓。将手掌屈成爪状,用力抓击歹徒的要害部位,也是一种有效的防卫手段。爪抓的部位主要是面部和裆部。

拳击。将手用力握成拳迅速击打,是徒手防卫中最常用和最有效的方法。拳击的要领是应做到握拳正确、出拳迅速、有力,打击要害部位。主要打击歹徒头部、面部、胸部、腹部等部位。

肘击。俗话说"宁挨十手,不挨一肘",可见肘击的威力大于拳击。在防卫中,可抓住有利机会,充分利用双肘的优势给歹徒以打击。肘击的部位主要是肋部、面部和胸部。

膝击。人的膝关节具有较大的攻击力和隐蔽性强,因而具有很好的防卫作用。膝关节击打的部位主要是裆部。

踢击。踢击是指以肢的尖部及背部打击歹徒,是有力的防卫武器,踢中歹徒的裆部、腹部及腕部,会对歹徒造成一定伤害。

踹击。踹击是指以脚掌猛力作用于歹徒身体的某些部位,如胸部、腹部、裆部以及膝盖内侧,能够增加自我防卫的能力。

孤身一人面对暴徒怎么办

孤身一人,特别是女性,若碰上歹徒袭击,要冷静,不可吓得蜷作一团,任其欺凌,尽量高声求援,一边反抗一边伺机逃跑。

【应急措施】 假如暴徒迎面而来,你已预感到他不怀好意,此时可与他保持3～5步距离,他进你退,拖延时间。

被迎面而来的歹徒扭住时,可将右手五指合拢并伸直,用力以指尖或掌侧猛戳其喉头,然后迅速逃走。

如已被歹徒迎面揪住,歹徒又比你高大,可用力以头部顶撞其鼻梁或下巴,然后挣脱而逃。

如有一手能腾出,可用力拧捏对方阴囊,或捏作拳状,猛击其阴囊部。

可用手使劲地捏住其小指,并向外侧用力扳动,然后乘机逃脱。有时也可用嘴使劲地咬其手指。

【友情提醒】 一有机会立刻报警,即使已逃离危险也必须报警,并详细说明遭袭的全过程、歹徒的特征以及自卫的方式。

被歹徒扭住怎么办

路遇歹徒,逃脱不了,反抗未奏效,已被歹徒抓住时,应该采取智胜的方式。

【应急措施】 如果被歹徒扭住,可先佯装顺从,设法弄清歹徒的真正意图,如果为了钱财,不妨尽数给他,尽快脱身。若是女性,尽可能主动拿出,以免其搜身,受到凌辱,甚至被奸污。

如果是个劫色者,可先虚与周旋,然后提出邀他到自己家中,让他如愿以偿。设法让他跟着你,但不可径直回家。当带他走到灯光明亮、有人走动的地方时突然大声呼救,并尽可能挣脱逃走。也可施展自己的口才,假意说自己乐意陪他过夜,但今天不行,因为月经来潮,或丈夫在家,或另有约会。可给他一个假地址、假电话,约他几天后再联系,甚至可以给他一些无关紧要的东西为凭证。

可编造自己有性病，正在接受治疗，或者自己亲戚朋友在公安部门工作，或是社会知名人士等言语，来蒙骗和恐吓歹徒。在蒙骗中一要花言巧语，装得毫不在乎的样子；另一方面在拖延时间的同时，留意周围有无过路人，有无逃脱机会。

若对方将信将疑，也可大胆邀他去酒吧、舞厅，借此机会走到人多之处，以便呼叫求救或挣脱逃走。

【友情提醒】　脱险后，必须立即向警方报告。在歹徒被抓获以前，尽可能不要在出事地点露面。

骑自行车被歹徒截击怎么办

当你骑自行车外出，歹徒持刀截击时，应相机行事，采取有效手段防卫反击。

【应急措施】　如果你推自行车前行时，歹徒从前面抢拉你的自行车，应立即用力往回拉；歹徒与你相持对拉时，可以突然改变用力方向，猛力前推，将车子前轮撞击歹徒裆部，歹徒可被撞倒。

如果歹徒双手从前方猛拉你的自行车，可以乘其不备，快速用左直拳猛击其面部，或用左勾拳猛击歹徒耳部，均可致歹徒以有效打击。

如果歹徒从侧面袭击你，可以将自行车猛力推向歹徒，撞击其股部，同时右拳直击歹徒面部或耳部。

如果歹徒从后面猛拽你的自行车，可以扶车转身，右脚猛力蹬踹歹徒面部，将其击退。

如果你骑车前行时，歹徒从侧面骑车赶上，并用手抓你肩部，可以用近端手快速打击歹徒面部，将歹徒击退，或者突然刹车，并用近端手掌猛砍歹徒喉部，将歹徒击倒。

如果歹徒骑车用拳猛击你的面部，可以迅速下蹲闪过，随即双手或单脚猛击歹徒的后车座，使其车子失去平衡而使歹徒掉下车来，然后乘势将歹徒制服。

如果歹徒是站在你行驶前方阻截，应佯装服从，准备下车，当接近歹徒时，迅速跳下车，并把车猛的推向对方，用车撞击歹徒，趁机脱身。

假如歹徒所在部位不便于撞击，也可佯将车锁锁上，递上车钥匙，趁其不备，用钥匙猛截歹徒的眼睛，同时抬起右脚踢击其要害部位。

如果歹徒截住你后亲自去锁车，应趁其开锁之际，举肘朝其后脑或颈部猛力砸去。

如果连人带车被歹徒截住，可绕到车另一侧，猛推自行车，压倒歹徒，趁机脱身。

如果歹徒控制着自行车，让你随其行走，可趁其不备之机，右手猛抓其头发下拉，同时用脚蹬踹其膝关节处，待其身体后仰时用拳狠命击打其面部。

两名女性遇到路劫时怎么办

如果是两名女性外出，遇到一歹徒拦劫时，千万不要害怕，要设法制服歹徒。

【应急措施】　假如歹徒是以劫物为目的，其中一人可佯装掏兜取钱、摘表，将其一手引出来，突然抓住其手腕猛往回拉，或迅速回推；另一人趁势从侧面紧紧搂抱住其双腿不放，使其失去平衡，摔倒在地，然后两人分别骑压其腿部和打击其面部。

也可其中一女性挥拳击打歹徒的面部,另一女性重点用腿踢击其裆部,这时歹徒会因疼痛屈体前伏。还可一人趁势抓住其头发用力下撞,另一击打其后心,或抱腿将其摔倒制服。

【友情提醒】 两人防卫时要做到默契配合,上下左右前后站位要适当,打上是虚晃,打下是关键,动作发力要准、快、狠,对歹徒不能手软。

青年女性一人在家遇到歹徒怎么办

青年女性一人在家,如有人撬锁或敲门进入室内时,一定要迅速采取防范措施,以防万一。

【应急措施】 如果是陌生人,言行可疑,估计是想借故骗开门作案,这时要佯装家中有多人,大声呼唤家中人的姓名或称呼,设法吓走歹徒。同时立刻准备好家中的菜刀、锤子、剪刀类工具作为防范武器,防止歹徒破门而入。如果居住的是平房或一层楼房,应设法从后窗跳出,呼喊周围邻居,将其堵截捉拿,扭送公安机关。

假如歹徒已冲入家中,应根据家庭环境和歹徒是否携带凶器见机行事,如呼救法不行,可先佯装顺从,等歹徒搜身、抠摸、解腰带时,右臂屈肘,猛力向其面部击打,随即朝其裆部猛踢一脚,然后快速跑出室外呼救。

若歹徒闯入室内后将女性推向床上试图奸污时,应借势左后转身,左手抓住其右臂回拉,右手拨其左臂,闪身将其摔倒在床上,此时起脚踢击其要害部位,并迅速脱身。

如果歹徒是将女性压倒在床上,双膝跪在女性的两腿之间实施奸污,可将两腿收屈,猛力蹬击歹徒小腹,同时两手用力后推其双手或双肩将其摔倒床下。也可寻找时机,用双手准确抓住其生殖器及睾丸紧紧不放,即可控制住歹徒。

歹徒用手捂你口鼻时怎么办

有的歹徒为了达到犯罪目的,利用化学药物实施犯罪活动,如使用乙醚强行捂住女性的口鼻,企图使其失去知觉。遇到这种情况时,可应用一定的技巧进行防卫。

【应急措施】 如果歹徒是想从正面用左手搂住你的头颈部,右手用化学药品捂嘴,应左手向上推其右臂,随即低头,同时屈膝、弓腰下降重心,左脚向前呈弓步,至于歹徒两腿之间,两手迅速搂抱其两小腿后下方,猛力回拉,同时头顶向前用力顶击,当其摔倒后,左膝向前下跪其裆部。

如果歹徒已经用化学药品捂住你的口鼻,应憋住呼吸。及时右手握拳,竖起小臂挡其胳膊,侧身屈膝下降重心呈马步,用肘向其胸窝迅速顶击,随即用拳头击打歹徒面部,如尚未制服歹徒,退步用脚踢击其裆腹部。

在不同场合遭歹徒围攻怎么办

遭遇歹徒围攻时,重要的是因地制宜,随机应变,巧妙地同歹徒周旋。在不同的场所遭遇歹徒围攻时,应采取不同的自救措施。

【应急措施】　走路途中，如果受到众多歹徒包围攻击，应大声呼喊"救命"，不要向后转，尽可能背对着类似墙壁的东西站着，要先对付最初向你攻击过来的歹徒。反击的技巧是拉对方的手腕，反扭对方的胳膊，或者猛击对方的眼睛、耳朵、下颏、鼻子、太阳穴。第一个向你攻击过来的歹徒，一般都是他们之中最强的一个。如果能打倒这个歹徒的话，其他几个就可能会乖乖地不敢动手。

如果被追赶到一条死胡同里了，不要有逼上绝路的想法而心灰意冷，要设法不让歹徒从背后偷袭你，可与墙保持使膝盖或肘可以弯曲的距离而站，稍微把身体放低或半蹲的姿势，这样即使对方冲过来也容易抵挡，或者使对方打过来反而打到墙壁而受伤。当对方打累的时候，可乘机将身体压低成佝偻状，攻击对方两膝的弯曲部分，对方反而可能被你击倒在地，也许其他歹徒会被你的反击吓呆，说不定会一哄而散。

如果你很不幸地被几个歹徒带到人烟稀少的偏僻处时，最好是向旁边的方向移动，注意将对手分开，然后乘机逃走。对方如果接近你，你可用口水吐（或撒沙子和泥土，或用砖头砸，树枝戳）在对方的眼睛上，使其睁不开眼。如果被另一个人抓住了，只要用你的手背猛撞对方的脸，使对方的眼睛受伤，这样你就有充分的时间逃到安全的地方。

如果被众多歹徒包围在一间平房里，要及时将门关紧，然后轻轻地将后窗打开，快速地突出包围。假如房后也有歹徒，不宜从后窗跳出时，则应设法将屋顶打一个天窗，从天窗爬上房顶，等到歹徒欲上屋顶时，你可用砖块向歹徒砸下去，或乘机从房屋的另一角落上跳下走脱。

如果被众多歹徒包围在田野上，要将身体隐藏于庄稼中，然后弓腰走或匍匐爬行（应防止庄稼晃动过大，以免暴露目标），找一个较为隐蔽、弯曲而通向外面的沟渠，利用沟渠向外突围而走脱。假如没有沟渠，可先躲起来，再伺机突围。

如果被众多歹徒包围在山上时，要充分利用山洞、石洞和树木进行突围。若有极为隐蔽的山洞、山涧等藏身之处藏起来，待歹徒找不到时脱身最好。如歹徒走近身旁时，可利用树干、巨石、草丛躲藏，等待时机走脱而突围。只要方法运用恰当，不暴露目标，一般都可以突围脱身。

如果被众多歹徒包围在平坦的广场上，地形、环境条件都无法运用，这时要边抵抗边观察周围歹徒实力的情况。同时还要边战边走，防止被歹徒搂抱住而扭打在一起，还要注意脚下防止滑倒。交战中，应尽力将近身的歹徒打倒、打伤，哪个角落歹徒稀少，战斗力差，就打向哪里，打到战斗力差的地方要使出全身解数，干净利落地杀出一条"血路"而迅速冲出、走脱。

老年人遇到歹徒怎么办

歹徒作案时与老年人相遇，老年人往往更容易受到伤害。

【应急措施】　平时应保持警惕，关好门窗，上好门锁。一旦歹徒进入宅内，应巧妙地与之周旋，寻机呼唤邻里，协助捉获歹徒。

可利用手中工具进行自卫，特别是可用手杖等物击打、点戳歹徒的眼、鼻、口等要害部位，以击退或制服歹徒。但如果歹徒没有伤害你的意图时，老年人宜设法阻止其犯罪行为，而不要主动打击对方，以免被其伤害。

【友情提醒】 同一居民楼内的老年人应经常互通信息，可以建立小规模的联防组织，用联合起来的力量防止歹徒在本区域活动。

在楼梯上遇到歹徒袭击怎么办

如果在楼梯上遇到歹徒的袭击，可根据现场实际情况进行自卫。

【应急措施】 如歹徒是从上往下推你，就应突然抓住其手腕，同时身体左转，屈膝，上身前倾，一手撑地，俯身将其从背后摔下楼梯，随后打击其要害处，将歹徒制服。

如果歹徒在楼梯上往上拉你时，应趁机一手抄住对方的支撑脚向下方猛拉，接着双手顺势抓住其双腿，由上往下拖拉，当拉到平地时，即用脚猛蹬其下裆部，使其失去反抗能力而被制服。

当歹徒在下方用力拉你下走时，就应利用居高临下的地势，一手抓紧楼梯栏杆，右脚抬起，朝其面部迅速猛踢。如果歹徒仍不松手，趁势换左脚踢其肘部反关节，使其手臂骨折错位从而制服歹徒。

如果在上楼时，歹徒突然从身后抓住腰带或衣服，应马上用手抓住扶梯防止摔倒，迅速转身用另一臂猛击歹徒头部或颈部，随即转身，用脚踹击其胸部，将歹徒踹倒。

如果在上楼时，歹徒突然从身后抱住你的一条腿，试图将你拽倒在台阶上，应马上俯身，用双手扶楼梯，另一腿猛力后蹬歹徒胸部或头部。

如果在上楼时，歹徒下楼行至你的身旁，突然从侧面搂抱你的颈部，欲将你向后摔倒时，应马上用靠近扶梯一侧的手抓紧扶梯，防止摔倒，并顺势转身，换用另一只手抓住扶梯，换下的手臂迅速掐按歹徒脖子，将其推按在扶梯上，从而摆脱困境。

在上楼时，如果歹徒突然从上面用一脚向你蹬踹，应迅速躲过其脚，并趁机抱住歹徒的腿用力下拉，可将歹徒拉倒；或者将其腿扛抱在肩上，用力前行上台阶，歹徒就会后仰摔倒。

在电梯里遭受歹徒侵扰怎么办

如今大厦高楼林立，搭乘电梯已成为生活中不可或缺的一部分，而歹徒常在电梯之内下手，因此搭乘电梯时必须小心谨慎。

【应急措施】 遇到骚扰时一定要严厉拒绝，若见歹徒持有凶器，应尽量拖延时间，并伺机按警铃求救。

【友情提醒】 若有从未见过的陌生人，避免与其搭乘同一班电梯，宁可多等一会儿再搭乘。

进入电梯时，立即站到控制按钮前，这样危险相对较少。

若有可疑、不善男子进入电梯时，立即在下一层楼出电梯。

在树林中受到歹徒袭击怎么办

一个人行走在杂草丛生的树林中，人烟稀少，很容易被歹徒袭击。

【应急措施】 当你在树林中被人追赶马上就要被抓到时，正好前面有棵树，你可以俯身向前,用双手抓握住树干,抬起一脚向后蹬踹,只要掌握好时机,就可以一举将歹徒踹倒。

与歹徒在树林中交手时,可以利用树枝、树干作防卫工具。也可以利用树木灌木丛、草丛等藏身,躲闪歹徒的追打。

如果树林茂密,光线不太好,可以将衣服、书包或其他东西挂在树枝上作掩护,自己从另一方向离开危险地带,然后报警或向人求助。

在外地遇到坏人讹诈怎么办

一人出门在外,人生地不熟,容易受到地头蛇或坏人的讹诈。比如他故意往你身上一撞,然后说你把他的眼镜撞掉地上摔碎了,借此向你勒索钱财。

【应急措施】　在外地遇到坏人讹诈的情况,应该果敢地提出与其到当地公安机关解决问题,这样就可以抑制其气焰,并使其阴谋无法得逞。

如果对方人多势众,行人又不敢多管,他们的气焰便会更加嚣张,稍有不从,便可招致拳打脚踢。这时可暂时屈从他们的淫威,但也应尽量讨价还价,争取少费钱财脱身。同时记住讹诈者的人数、特征,随后到公安部门报案。

【友情提醒】　为防止坏人讹诈,一人出门在外时应尽量远离人多拥挤之处,不随便与人表露自己的情况,对有意靠近自己身体的人更应警惕。

遭遇歹徒捆绑怎么办

被歹徒捆绑解脱法也是重要的一种紧急逃生方法,不管是为了逃脱将你绑在树桩上的人,还是为了抗击将你绑在椅子上的入室盗抢行窃者,了解一些基本的反绑术都是最为紧要的事情。

【应急措施】　当歹徒开始绑你时,可深吸一口气,将肩膀向后收。绷紧胳膊,使其顶住绑绳。想办法通过装疼的样子将胳膊叠起来,这样会留下尽量多的空隙。然后找机会将胳膊向前收缩,使绳子松脱。方法是:呼出气,肩膀向前收。胳膊收进身体里侧,在你缩紧时,绳子应该很松了。

被捆绑后伺机解脱法:交错移动手及手腕,慢慢地让绳子向下滑动,直到手可触及,如果位置合适,可用嘴叼开绳头;大腿、膝盖与小腿要尽力挣脱绳索,如果是绑在脚踝上的,可用脚趾与膝盖一起移动,迫使两个脚踝彼此分开;如果绑在树上或者其他桩上,那意味着不平整的地方捆绑处会更松动,更便于松脱手脚。

请记住,哪怕只有1厘米多的松动,都意味着你可以想办法利用这些技术脱逃。一般来说,你要想办法尽量不要照歹徒希望的样子去做,这样就可留下更多的空间。

用一根长长的绳子在身体上绕上很多圈,这比在身体不同部位如脚踝、手腕、胸部和胳膊上分别用短绳子绑住更容易挣脱些。当你看到长绳子绑你的时候,应该意识到你有松开和逃脱的机会。

在突出物上磨断绳子,这是最常用的办法,因为绳子很容易在各种硬物体上磨断。

被人绑架怎么办

绑架是一种性质相当恶劣的犯罪,其对象大多为政府要员、名人、富翁及其亲属等,其目的多为获取钱财。如果歹徒的要求得不到满足,被绑架者往往有生命危险。即使没有生命危险,歹徒为了藏匿被绑架者和不被人发现,经常东躲西藏,居无定所,被绑架者的身心常常遭受严重摧残。歹徒实施绑架,往往都经过精心策划和充分准备,而且他们为了达到目的往往会孤注一掷,铤而走险。因此一旦被歹徒劫持,一定要沉着应对,不要轻举妄动。

【应急措施】 要保持良好的心理状态,人被绑架后往往与外界隔绝,容易烦躁不安,忧虑焦灼。此时节省精力和体力至关重要。劫持事件对人的心理素质和身体状况都是一种考验。因为人质事件解决起来需要经过长时间的较量,事件的进展也难预测,因此,要尽量进食与活动,维持良好的体力。设法放松心情,以积极向上的态度承受发生的一切。不要害怕,因为歹徒一般只是为了得到钱财而并非要你的性命。

要善于同歹徒周旋,设置圈套,引其上钩。也可以申明大义,说服、规劝歹徒放弃犯罪意图,这对那些偶犯有时是相当有效的。或者表面上附和,服从歹徒,得到其信任,使之放松警戒而设法脱身。

答应条件,要保全生命。遭到绑架后,应有一个原则,那就是积极地保全生命。因为你已陷入虎口,成为这帮绑匪的人质,你若想正面战胜他们,可能性极小。这时,你所能做的就是服从他们的安排,答应他们的条件,做出必要的妥协。没有必要拼死抵抗,以卵击石,置自己于死地。顺从绑匪,才能赢得时间,为警方解救自己提供条件。

被劫持后,要注意观察歹徒的弱点。歹徒劫持人质,自身精神压力很大,并经过长时间的逃窜和躲藏,注意力和判断力都会降低。这时,被劫者就可根据歹徒的言行判断其薄弱点,寻机逃生。

被劫者要坚定逃脱的信念,始终保持冷静与警觉,暗地做逃生的准备,千万不要大吵大闹,激怒歹徒,引来杀身之祸,要降低歹徒的戒心。

不要盲目呼救或同歹徒搏斗。绑架犯罪人多是身强力壮、穷凶极恶的亡命之徒,又多合伙作案,而被绑架者多为女性、儿童。因此若不权衡利弊,鲁莽地与歹徒搏斗,歹徒往往会凶相毕露,引来杀身之祸。另外,当你确知被藏匿地点系人迹罕到之处,无人会来帮助时,不要盲目呼喊求救。

伺机留下求救信号,如在被押途中,给不知情者以眼神、手势、私人物件和字条等,如周围人多,可大声呼救、趁机逃脱。

要求歹徒给予与亲人通话的机会,在电话中应尽量隐蔽地透露所在位置、歹徒人数等,并尽量拖延通话时间,以便使公安部门了解更多的案件情况。

对歹徒的面貌特征、年龄、身高、习惯、衣着、口音等应尽量牢记在心,以便案发后协助公安机关抓获绑匪。

在被劫持后,如发生爆炸事故,应双手护头就地趴下,然后判断情况迅速撤离现场。

在被劫持现场,一旦发生毒气施放事件,要用湿毛巾、手帕或者衣服捂住鼻子和嘴,进行自救,不要呼喊,以防吸进更多的毒气。

在警方实施救助中,要把握时机,适时挣脱歹徒,脱离险境。

要记住出行时带好自己的身份证、工作证、学生证等,这样可以证明自己的身份。

【友情提醒】　待人接物不宜夸耀财富,财不外露。不轻易暴露自己的旅行线路和家庭住址,否则有可能被坏人跟随。

不要与陌生人交往、吃喝,不要沉迷赌博,也不要轻易涉足不良场所。

行路间应注意是否被人跟踪,如有,可绕行至人多处或就近向公安机关报案。

如遇陌生人邀你上车或外出,要警惕,可能是圈套。

走近或离开车辆前应先检视四周,并养成上车后即反锁车门的习惯。停车时车头朝外,遭遇紧急状况时便于脱离。

勿因抄近路而走荒僻处所,对于突发变故应有所准备。夜间行路要走路中,女性最好有人陪同。

不要独自到山野和不熟悉的地方去,这样做一有可能摔伤,二有可能迷路,三有可能遇上蛇虫猛兽,四有可能遭到坏人骚扰。

不要与家人或老师失去联系,每到一处要给家里人打电话。

亲人被绑架怎么办

歹徒绑架的人质多是女性、儿童,其家庭多较为富裕,目的大多是为了勒索财物。因此,当自己的亲人遭绑架后不要惊慌失措,应沉着冷静地采取适当的策略、方法,以保证亲人的人身安全和家庭财产不受损失。

【应急措施】　当发现亲人失踪或接到歹徒的信件和电话后,要迅速到公安机关报案。一般来说,歹徒利用人质亲属为了不使亲人遇害会不吝钱财的心理,在给人质亲属的电话或函告中,除了直接指明所要的赎金、交款地点外,还会恐吓受害人,不让其报警。对此,千万不能被吓倒而不向公安机关报案或延误报案时间。当然,报案前后要保守秘密,决不向公安机关之外的人透露有关案情及报案的任何情况,以防歹徒得知后残害人质和加害人质亲属。

切忌盲目行动。有的受害人家庭认为绑匪要的是钱,不是人质,所以有不惜巨资救人的心理。受害人家庭千万不可自行盲目行动,一定要听从公安人员的安排。公安机关是保护人民生命财产安全的职能部门,破案人员会充分考虑到人质的安全和亲属的意见,会采取最有效的手段来解救人质的。

要尽可能多地了解绑匪及其亲属的情况,歹徒绑架人质后,大多将人质带到某个地点藏匿起来,再通过电话或送信向人质亲属索要赎金,洽谈交款赎人的条件及地点。人质亲属应利用同歹徒交谈的短暂时机,尽量多地了解绑匪的口音,探知亲人被藏匿的地点,约定见面或再次通话的时间等。

被绑架人质的家庭成员,特别是主要家庭成员,应积极协助公安机关开展侦破工作,提供案发前的可疑线索。因为这类案件大多为对人质家庭比较熟悉了解的人所为,如老邻居、老同学、同事、部下及过去的朋友等。所以应当分析绑匪的恐吓信的笔迹,鉴别绑匪电话中的声音及语言习惯,与熟悉自己家庭情况的人相比较,从中辨别出可疑对象,以协助公安机关确定歹徒,及时解救人质,抓获歹徒。

遇到打劫怎么办

歹徒通常向存有大量贵重物品或经常交收大量现款的地方下手,例如银行、解款车、珠宝商店、公司的账房等。这些地方常常人来人往、十分繁忙,劫匪为了保证抢劫得手,往往劫持无辜者作为人质。

【应急措施】 无论歹徒是否持械,都不要逃跑,逃跑会引起歹徒特别注意,徒增受伤甚至丧命危险;要保持冷静,顺从歹徒的要求,一切照办,行动要迅速;不要争辩,不能轻举妄动,不要与歹徒搏斗。

遭遇歹徒,面对刀枪,的确吓人。但细细一想,行抢者是在实施犯罪,做贼心虚,邪不压正。明白了这一点,就不必过于害怕,应稳定情绪,思考对策。

与歹徒斗,不一定非用武力相拼,特别是当对方身强力大时,硬拼更是吃亏。要相信智慧就是力量,靠智慧同样可以战胜歹徒,使自己丝毫不受损失。要与对方巧妙周旋,见机行事,或是稳住对方,或是分散对方注意力,或是顺着对方的要求给钱等。

当歹徒单人抢劫时,如果自己身强力壮,可寻找机会与歹徒拼斗,但应防歹徒的凶器。拼斗前最好先把歹徒的凶器打掉,两人徒手相斗,再寻机制服对方或逃脱报警。

遭歹徒挟持为人质的情况虽然极少出现,但也并非全无可能。身为人质,随时有丧命之虞,这种精神压力可能令人不知所措,陷入惊恐万状中。但一味恐惧,只会更加危险。要记住,歹徒劫持人质的目的不在于伤害人质,只是想借此要挟,达到他们的目的。一旦成为人质,不要反抗,也不要企图逃跑,照歹徒的吩咐去做,但要把歹徒的情况牢记于心,包括年龄、身材、口音、相貌、衣着等,获释后马上报警。

【友情提醒】 在街上目睹行劫,千万不要进入行劫现场,应马上打电话报警,并观察劫匪的车型、车号及逃走方向。

司机遭到歹徒侵袭怎么办

车辆在行驶过程中,歹徒突然持凶器威胁时,司机应尽量保持沉着、冷静。如果司机在遇到来自车内或车外的袭击,可根据现场实际情况进行自卫。

【应急措施】 如车上有防劫持密码开关报警装置时,要偷偷启动汽车后尾灯呈现出交替流水闪烁,可使附近车辆和交通警察及时看到信号前来救援。

司机面对从后座上袭来的打击,要沉着镇定,可一手紧握方向盘,一手招架,随时利用车的惯性和左右曲线行驶的技巧,迫使侵袭者身体失衡,袭击不易得手。如有人从背后勒住自己的脖子,应努力用一只手垫在勒物之下,保护自己在短时间内不要失去知觉,然后利用急刹车的方式,使歹徒身体前倾,趁机抓住对方的头发或脖颈猛向车门、车座上碰磕,使其丧失攻击能力,从而制服歹徒。

面对从车外袭来的打击,司机可迅速侧向副驾驶席(因一般的袭击都是从紧靠车门的司机座上进行的),同时抓牢袭击者的手臂反关节扭拿,或利用车门猛撞其手臂,利用方向盘反扭其手指,或利用车内各种工具打击其手臂、脸部,使其丧失攻击能力,然后打开车门,猛踹车门将其击倒。

如果暴徒为了抢你的汽车,从敞开着的驾驶室旁边的车窗伸手进来抓住你的衣领,可用两只手抓住他伸进来抓住你衣领的手腕,然后将身体倒向副驾驶席,同时抓住对方那一只手猛一拉,对方的脸必然撞在车顶的边缘。但要注意用右脚牢牢踏在车内的地板上,用全身的力量抓住对方的手臂。对方的脸部受到这一重击,其臂力一定会消失,此时可将其这只手插进汽车的方向盘内,再用两手将对方的手腕压在方向盘的圆杆上,用左手抓住对方拇指以外的四只手指,向上用力压即可。这样对方必会惨叫求饶。

如果对方从车门里伸进一只手,抓住你的衣领,企图将你拖出车门时,可先深深地坐在座位上,右脚稳稳地踏住地板,用两手抓住对方伸进来的手腕,然后将身体慢慢斜倒在副驾驶席上,左手继续压在对方的手腕上,右手移到对方的肩膀上,此动作可使对方倒卧在你的膝盖上。这时,再抓住对方的手臂搁在自己的肩上,将其紧夹在肩膀与脖子之间,再越过对方的身体抓住换挡装置,用力束紧就可以了,对方的凶势顿时消失。其要点就是决不可离开驾驶车座,把对方引到车的狭窄处。

如歹徒已对你袭击,你在闪躲的同时,车上有报警器立即报警,趁歹徒在警笛声威慑下注意力分散,受惊之际,迅速抓起脚旁、座位边事前准备的防卫工具对歹徒进行反击。

如歹徒惊恐跳车潜逃,要迅即向有关方面报案,以便及时抓到歹徒。为求时效,还可根据客观环境与条件,采取闯红灯、逆行、驶禁行道等方式制造违规,引起交警注意,趁机报警求援,速将歹徒抓住。

如发现乘客可疑,当车驶到空旷无人的路上,不管乘车人用何种借口叫你停车都不要停车,反而还要暗暗加速,尽量与其周旋,拖延时间,争取主动,并牢记乘车人的体貌特征、衣着打扮等。

即使停车,也要停在路边有居民住户、工厂企业门口,或路上有抛锚汽车跟前,以防歹徒趁四下无人车缓行或停下时行凶作案。

充分利用劫车歹徒不敢轻易动手这个特点,采取紧急处置。如你的车子正在公路上飞驶,歹徒开始威胁你,未实施伤害前仍要保持高速度驾车,迫使歹徒怕遇难而不敢轻易对你施加暴力。速将车子开到有警察或者派出所的地方,使歹徒无计可施,只能束手就擒。

车辆行驶时如歹徒突然对你袭击,可采取加速,快速行驶"Z"形道,即左右急转弯行驶,使歹徒坐不安、站不稳,使得歹徒为了防止撞伤,只能用手扶着车椅靠背或扶手,没有办法对你下手,还会引起沿路巡视警车和过往车辆的注意。如遇到巡视警车,就会立即前来临检,歹徒就会被当场捉获;如遇过往车辆司机停车指责批评,就可趁机报案,寻求救援。

切勿将头或手臂的任何部分伸出车门外,防止为歹徒所抓住。

女司机最好能始终与调度保持通讯联络,随时报告自己的位置,夜间工作最好能有人做伴行驶。遭侵犯时可利用闯红灯或其他方式引起周围人的注意,以便救援。

【友情提醒】　司机最好不要在副驾驶位上带人,应让其到后排就座;出租车内最好加装防护栏,在行进中,司机要时刻从车内后反光镜中观察乘客的一举一动,若发现异常,提早刹车,让其下车,以防不测。

如遭歹徒劫持,其目的只是要钱,你就给他,因为命比钱更重要。但要记住其体貌、衣着、口音、凶器等特征,及时向附近公安机关报案。

在被劫持途中要想方设法逃脱,如故意闯红灯,引起交通警察注意,等警车追上来时你就有了救援。

如有条件可在车内安装无线报警装置,或在车内安装金属隔离网。

有无线通讯设备的出租车拉到客后,要及时告诉调度去什么地方,如果路途较长,要随时与调度取得联系。

搭车者不告诉你目的地或吞吞吐吐、前后矛盾,应立即让其下车。

形迹可疑、随身行李很少的外地客人不要让其搭车。

如顾客要去僻静的远郊应设法拒绝,不要贪图钱多。

开车遇到路障时不要立即下车,应先观察周围的动静,然后再下车排除路障。

在街头遇袭怎么办

在街头遇袭的第一对策便是逃跑,如果不幸被歹徒缠上的话,需衡量自己的实力。歹徒的动机若单纯只为了抢钱,则宁可花钱消灾,保住生命。若是怀有杀机,则一定要攻其不备,并高声喊叫求救。

【应急措施】 如欲反抗,事前不要让歹徒察觉,一定要攻其不备,出手迅猛有力。与歹徒搏斗时要高声喊叫,不断变换招式,直至可以脱身或制服歹徒为止。

如果歹徒从背后袭击你,脖子被其双臂勒住,你可稍微转身,紧握拳头,举起手臂还击。也可用肘使劲向后撞击歹徒的腹部,使歹徒喘不过气来,逼其双臂松开,自己便可脱身了。如果此法不奏效,可把脚提起,然后用鞋跟猛蹬歹徒的胫骨前部,高跟鞋尤其有用。

见形迹可疑的陌生人走近,及早防备,或尽量高声喊叫,并朝附近灯光明亮的大街上逃跑,那里会有较多的人来往,或跑到附近的居民家敲门求救。

【友情提醒】 平时(尤其是晚上)走路时要昂首挺胸,即使心里害怕也要装得满怀信心,使企图袭击的人望而却步。天黑外出要携带手电筒,万一遇击,可用手电筒照射歹徒面部,使其眼花缭乱,自己可乘机逃走,手电筒也可用做短棒以自卫。

出行在外遭遇抢劫怎么办

出门在外,偶尔会遇到抢劫。此类歹徒往往出其不意,抢了就逃,而且常有搭档暗中阻拦你追赶。因此,一旦遭抢劫,往往很难挽回损失。

【应急措施】 如果劫匪从背后袭击,脖子被其双臂勒住,可转身,用肘部向后猛击劫匪的肋部、腹部或用脚猛踩其脚面和小腿,迫使其松开双臂,脱身逃离。

如果与劫匪正面遭遇,可以靠近劫匪,抬起膝盖向其胯下猛击。

如果持有伞或者其他带尖的棍棒,可以用尖头部分狠刺劫匪头部,还可以两指叉开成"V"字形,攻击劫匪的眼睛。

遇到手持匕首和菜刀的劫匪,要与劫匪保持一定距离,寻找时机,打掉劫匪的凶器。

当发现劫匪随身携带凶器,可在其靠近自己身边时乘其不备夺得凶器,将劫匪制服。

在与歹徒搏斗中应利用地形地物,如可用地上的石头、砖瓦块打击对方,用泥土、沙灰撒向对方的眼睛等。

如力量悬殊,自认为无力抵抗劫匪则要迅速逃离现场。假如劫匪快速追上,可以仰面倒地,双腿不停地交替踹蹬,这样既可防劫匪下手行刺,又可以趁机踢掉劫匪的凶器。

对于拦路抢劫图财害命的歹徒，如果每个公民都具备防卫意识和防身知识，就会形成防劫的屏障，阻止罪恶的产生。

【友情提醒】 出行在外要看管好自己的财物，钱放在容易控制、贴身的地方。存款取款不要露财，尽量不要让别人看到自己取了多少钱。不在大庭广众之下取钱、数钱、放钱。在火车、轮船上或行走途中少谈钱财之事，特别不要摆出阔佬气派，以免听者有心，产生歹意。皮包中不能放置大笔钱款，因为皮包最易被人抢劫或遭偷窃。一旦遭抢劫，应大声喊叫、追捕。

如果在旅途或逗留之地稍不小心露了财，就会被歹徒盯上。歹徒一般以伪造身份，在旅店等地以谈生意、交朋友等手段骗取被害人的信任，然后慷慨解囊，劝喝酒吃东西，用掺有安眠药等麻醉药物的啤酒、食品、罐头或其他饮料盛情款待，当被害人药效发作失去反抗能力，歹徒便乘机抢劫，然后逃之夭夭。

途经偏僻路段时，不要只顾低头赶路，要多环顾左右前后。到一个不熟悉的环境时，夜间不要一个人外出，白天也不要到行人稀少的地方停留。单身女性更应警惕，不要搭理主动和你打招呼的陌生人。在治安较差的街区或地段行走尤其要小心。女性脖子上戴的较粗的金项链等会成为抢劫的目标，应隐蔽地佩戴，不要挂在胸前，免得被歹徒一把抓住拉断即逃。入夜后尤须小心。

在外地尽量少凑热闹，少说话，不要让人轻易看出你是个外地人而被坏人盯上。不要随便搭理街上不相识的人，不管他们提出多么诱人的买卖条件，比如说"因有人生病急需钱，忍痛贱卖"或"挖掘出（捡到）钱币，愿与你分享"等，都不可理会，你走你的路。有时你稍一动心，他就吃准你身上有钱，会连骗带抢掠夺你。

在夜间通过地下通道、过街天桥或街头拐角、林荫小道时，要与陌生人保持距离，途经拐角要特别小心，快速通过。

一旦遭劫，歹徒已逃走，应赶快就近报案，详述被抢经过、抢劫者特征、逃窜方向，以及被抢财物的特点、数额等。

▷ 有陌生人敲门怎么办

听见有人敲门，要先从窥孔内看看是谁，如果不认识，切勿匆忙开门；对于突然到来的不速之客，一定要弄清其身份才能开门。如果对方表现得不耐烦或紧张不安，此时要警惕对方有不轨企图的可能。

【应急措施】 来人说出其电话号码供查验身份，或者找出名片作证时，不可轻易相信，要亲自查阅电话簿，再打电话，以防他跟同谋弄虚作假。要记住查证对方身份越久，越容易吓走心怀不轨的人。

对于名片上的头衔可不予理睬，因为名片是最容易以假乱真的东西。

来人托辞找楼下或楼上某姓人家，因没有找到想借用你的电话或纸笔留言，切勿轻易将其引入你家。应先查验他的身份，并让他提供所找人家的详情后方可相信。

如住在大厦里，有陌生人通过对讲机要求开门，无论其借口多么像样，也不要轻易打开楼下大门。

只要对对方身份的真实性有所怀疑就不要开门，他若赖着不走，就打电话报警。

想出门时,如门外碰巧有陌生人站在那里,这时不要开门,以免他乘机突然闯入室内,应等他离开后再开门外出。

【友情提醒】 如果孩子一个人在家,千万不要随便给陌生人开门,应该及时把门锁好。就像父母在家一样,喊爸爸妈妈,说有不认识的人敲门,把坏人吓跑。如果陌生人说自己是煤、水、电、气等的修理工或来收各种费用时也不要开门。如果来人声称是你父母的同事并能叫出你的名字,也要提高警惕不能开门,但可以问他有什么事,记下来告诉父母亲。

在家中或商店遇劫怎么办

无论歹徒是否持械,逃跑会引起歹徒特别注意,徒增受伤甚至丧命危险,要保持冷静,顺从歹徒的要求,一切照办,行动要迅速,不要争辩。把耳闻目睹的一切谨记于心,包括歹徒的口音。事后尽可能用笔记录下来,以免因慌乱而忘记了案情细节。

【应急措施】 在街上目睹抢劫,例如从橱窗中看见歹徒打劫商店,本身没有危险,则千万不要走进店内。马上打电话报警,但不要太快挂断电话,如离得不远,很可能看见劫匪车辆的外形及逃走方向,立即告知警方。如找不到电话,尽快写下所见一切并记下日期,然后签名。日后在法庭上审讯时,这份笔记就是有力的证据。尽快把笔记交给办案的公安人员。

深夜醒来,听见房子里有窃贼,应付方法视房子大小及盗贼是否进了卧室而定。假如窃贼还没有进屋,马上开亮接近自己的所有电灯,并且唤醒他人,窃贼见有动静一般宁愿空手而逃,也不敢与户主正面相遇。若是窃贼已进卧室,不要惹他,随机应变,甚至假装熟睡。

如果是在进门后发现室内有贼,尽可能悄悄退回门外,报警求助,并尽快求得周围邻居或过往行人的帮助,手持必要的自卫工具围堵窃贼;若案犯可能发现自己而来不及求得他人的帮助,自己有能力对付歹徒的,要就地寻找必要的防卫工具,采用巧妙的方法制服歹徒,同时注意提防歹徒突然反击,造成人身伤亡。若周围邻居都去上班,又无行人过往,自己又无力制服歹徒时,就要善于隐蔽自己,躲在不易被盗贼发现的角落,注意观察,牢记案犯的衣着打扮、身高、体态以及面貌特征、案犯逃跑的方向及其所盗物品的特点。在有条件的情况下对案犯进行跟踪,看其究竟逃往何处。一旦时机成熟,即可求得保安及行人的帮助,抓获盗贼。

一旦劫匪入室,不要盲目呼喊或与其对抗而激怒歹徒。没有足够的力量和充分的准备,不要贸然攻击劫匪。要寻找时机,用力击打劫匪的太阳穴、两眉间的印堂部位、颈部、阴部,或者打击歹徒的眼睛、鼻梁等部位。菜刀、铁锹、拖把、茶具、花瓶、凳子都可当自卫武器。

在家中遭遇抢劫时一定不要慌张,要稳定好自己的情绪,主动反抗,并抓住有利的时机,随机应变将歹徒制服。被害人主动制造一些有利于反抗的时机,这是被害人智慧和力量的体现,以智取胜当然是对付抢劫犯的上策,也是对付一切犯罪的上策。

如果抢劫犯用刀威迫你,你很难反抗,但当他的视线移向箱柜时,这一瞬间就是一次良好的反抗时机,你可乘机猛力打击他的手腕,使刀落地,然后再与其搏斗。

如果抢劫犯指令索要某物时,被害人可以将东西拿来放在地上,这时犯罪分子见到索要的物品就会迫不及待地弯腰伸手去拿,丧失对被害人看护的戒心,被害人乘机就可猛击抢劫犯头部,使其昏厥就擒。

如果案犯闯入室内面对被害人时，被害人可假装门口又有一个人进来，与其打招呼，或者使用眼色、表情等，案犯必定会回过头去观察。当他回头的瞬间，就是一次反击机会。

如果案犯在搜取你的衣袋，夺手表、项链和戒指过程中，案犯距离被害人极近，眼睛、头部的要害部位就在眼前，这时你以迅雷不及掩耳之势拳击对方，也能治他个半死。

【友情提醒】 当你回家后发现门锁被撬或院门从里面插上，首先想到的就应是家中可能被盗，这时要保持镇静，不要急于推门入室或翻墙入院去看个究竟，而要尽可能在不暴露自己的前提下判明案犯是否逃离了现场。若案犯已逃离现场，就要求得周围邻居的帮助，请他们尽快向当地的居委会或村委会的治保组织报告或直接向当地的派出所报案，自己则要严密保护现场。

报案是被害人处置家庭遭抢案的正确方法，应及时拨打"110"电话报案。及时报案能使公安侦察人员立即赶赴现场，迅速部署侦察工作，开展现场勘查和调查访问。由于距发案时间近，现场痕迹特征遭到人为和自然因素破坏少，有利于发现问题，为揭露犯罪、证实犯罪提供更多更为可靠的证据材料。

在遇到陌生人送花、送邮件、抄水电表等要求开门时要慎重小心。一是要确认对方身份后再开门。如电表在室外，遇到突然断电时，应该先观察屋外有没有危险情况或可疑人员，然后再出门查看。给家里的老年人和保姆留下住宅区保安的电话号码、报警电话。孩子独自在家，要告诫他不要随意给不认识的人开门。邻里之间要建立一种互相照顾的友好关系。

大笔现金不要放在家里，一定要存入银行，因为现金是犯罪分子抢劫的首要目标。贵重物品要妥善保管，如金银首饰、钻石、贵重工艺品、文物、名人字画、珍贵邮票等，可将此类物品存入银行保险箱。

睡觉或出门前要锁好门窗，拉上窗帘。如果有陌生人打来电话，不要透露你是否独自在家。购买新房的家庭应尽量选择有完善防范措施的小区。

不要冒险去捉拿窃贼，卧室里有电话就拨电话报警。随手拿梳子、花瓶、织针等作自卫武器，迫不得已才动武。

如只有自己一人，就虚张声势，大声喊叫："老王，有贼闯进来啦！"

不要在人群拥挤的购物场所挑选商品。（1）采取妥善的办法保管好自己的钱物，有人认为带拉锁的挎包保险，其实盗窃犯是专门找挎包作案的，因为犯罪分子常常会很快地在拥挤的人群中轻易地把挎包割破把钱物盗走。因此，应该随时留意你的挎包，当听到身旁或身后有异常响声时，应立即查看自己的挎包是否被窃。（2）当你在柜台前挑选商品或试衣时更应提高警惕，尤其是一旦发现有人在你的身边挤来挤去时，说明你已被窃贼盯上了，此时应先查看自己的钱包或物品有否被盗，一旦发现自己的东西被盗，应立即向公安人员或商店保卫人员检举揭发，以免使犯罪分子逍遥法外。

乘公共汽车遇上扒手怎么办

扒手在车上作案时的惯用手段，往往选择上下班乘车高峰、人多拥挤的时候，或者用报纸、杂志、衣帽等物遮住乘客的视线，然后伺机下手；或者故意在人群中制造拥挤、混乱，浑水摸鱼；还有的则结伙用高声谈笑、打闹的方法分散乘客的注意力，互相掩护作案。扒手一且将财物偷到手便迅速下车逃离,而当乘客发觉时扒手多数已逃之夭夭。

【应急措施】 上、下车之前要仔细检查自己所携带的财物、钱包等,一定要收藏好,不要乱掏乱放。如果带有数量较多的现金,应该和买车票的零钱分别放置。带有挎包或照相机等物,上车后要尽量放在胸前并把拉锁、带子等扣好、系好,尤其注意不要背到身后或被挤到身后。

有些乘客因为带的钱较多,上车后总不放心,时不时用手摸摸或掏出看看,这样做往往更不安全。对周围发生的异常现象要保持警觉,如感到有人故意在你身边挤来挤去时就要注意查看自己的财物。特别是一些女青年更要提高警惕,不要以为这只是一般的行为不轨,躲一下或置之不理就可以了,扒手此时很可能正在把手伸向你的口袋或挎包,或者已经下过手了,因为一些扒手正是利用女青年这种羞怯心理进行扒窃活动。

在汽车启动、刹车、转弯、上坡、下坡时也要提高警惕,发现车上有异常情况时,有必要检查一下自己的钱款是否被盗。在车上还要注意避免长时间聊天、看书或打盹睡觉,这种情况正是扒手求之不得的。

在外发现被盗怎么办

发现被盗或看到别人被盗时不要慌乱,要等到时机成熟时突然行动,将扒手抓获,尽量做到人证、物证、旁证齐全。当然,犯罪分子有时会狗急跳墙,拼死抵赖。如果出现这种情况,也不要害怕。犯罪分子做贼心虚,表面嚣张,但内心是很虚弱的。

【应急措施】 在车上如果察觉被窃,但不知何时被窃,那么应立即告诉汽车司机和其他乘客,求得帮助,将车开到派出所,请他们协助解决。同时注意是否有人往车地板上或车窗外扔赃款、赃物。如果下车后发现被窃,要及时去当地派出所或打电话报案,报案时尽可能详细地将乘车经过的路线,被窃的财物和大概时间、地点,是否发生过争吵和拥挤现象,是否遇到过形迹可疑的人等讲清,并讲清自己的工作单位、家庭住址和电话号码。千万不要认为丢失后没希望找回来而不去报案,及时报案,不仅仅是为了破案后能找回被窃财物,更重要的是为了配合公安机关及时立案侦查,迅速抓获犯罪分子,从而使更多的人免受损失。

假如犯罪分子在行窃时被你察觉到了,应当立即向公安人员或保安人员检举,或与群众一起抓获犯罪分子,将其扭送到附近派出所,切不可怕报复或嫌麻烦私下了事而"放虎归山",要坚信多数群众会挺身而出共同制服犯罪分子的。

如果在离开柜台或走出商店甚至回到家时才发现被窃,应向附近派出所报案,讲清自己曾在哪个商店的哪个柜台停留过,被窃财物的名称、数量、特征,形迹可疑人的情况,以及有无在场群众可能提供线索等。另外,别忘了留下自己的姓名、单位及地址、电话号码。因为窃贼得手后,通常会把证件等东西扔掉,如果你没有及时报案或报案时未讲清情况,会给公安机关破案及破案后的发还工作带来困难。

【友情提醒】 有人认为被窃钱物数量不大,不必报案。这样做不仅自己遭受损失,而且会使犯罪分子不能受到及时惩罚而更加猖狂,同时也不利于公安机关及时准确地掌握某一地区的治安情况,从而不便有效地制定防范和打击措施。所以,不论被窃钱物的数量多少都要及时报案。

不论在什么地方、什么时候,遇有扒窃行为都应挺身而出,尤其是受害人自己。

第十章 核化武器篇

遇到空袭怎么办

在遇到空袭时，采用相应的防护措施，能有效地保护自己，提高自我生存能力。

【应急措施】 预先警报是即将遭受空袭的早期预报，听到警报后如在室内应立即关闭煤气、熄灭炉火、拉断电闸、关好门窗，携带简单的随身用品（如洗漱工具、手电筒）进入人防工事；路上行人、车辆和公共场所中的人应听从交警或民防人员指挥，迅速到指定地点隐蔽。

当我们突然发现有不明原因的尖锐啸鸣声、爆炸声以及强光、热浪甚至大地颤动时，也许就是导弹等现代武器击中了目标，此时来不及进入人防工事的人，应立即就近利用地形地物隐蔽；室内人员应立即避开门窗，卧倒在靠近墙角的桌下或床下。采取防护动作有专用的姿势，重点要保护头部。背向卧倒，双手交叉垫于胸下，脸部夹于两臂之间，闭眼、闭口、腹部微收，两腿靠拢，感到有热空气要屏气暂停呼吸。

【友情提醒】 在室外利用地形地物隐蔽时，应注意避开易碎物体（如玻璃幕墙）、易倒塌建筑物以及易燃易爆物，如高楼和油库、高压线等。

遭遇原子武器爆炸怎么办

据测定，在原子弹爆炸中心的温度高达 10 000℃，形如一团火球，其扩散范围可达 450米。在其杀伤范围内，任何物体均可引起燃烧，金属也会完全熔解。所以它的热力损伤是非常可怕的。另一方面，原子武器所产生的爆炸波（也称冲击波）力量也很大，它可使 1 000米范围的建筑物全部摧毁。在距离爆炸区 1 000～2 000 米范围内的人，均可遭受震荡伤。

【应急措施】 发现空袭时不要慌忙奔跑，要注意隐蔽，立即俯卧，不要面对闪光，以免伤害眼睛。将衣服的袖子和裤脚放下，以减少皮肤暴露面，并要遮好脸部，这样可以减少放射性辐射和光辐射的损害。

要立即戴防毒面具，或用湿手巾遮挡口鼻，尽快穿上雨衣和橡皮长靴，戴好橡皮手套，扎紧袖口和裤脚管，避免皮肤暴露，减少与外界接触。

将爆炸区的一定范围内划为禁区，在禁区内任何人不得出入，通过禁区时行动要迅速，不能在禁区内带回一草一木，不吃禁区内的水和食物，因为这些东西都带有放射性物质。

离开灾区时要进行个人消毒工作，可用水和肥皂水刷洗身上的暴露部分，包括鼻和口腔。

【友情提醒】 如果遭受原子武器的伤害，如发生休克、出血、昏迷、呼吸困难等，应及时使伤者脱离现场，并送到附近医院积极进行抢救。

遭遇重大核事件怎么办

如果附近的核设施出现泄漏或爆炸,当务之急是避免急性损伤致死。

【应急措施】 最好在储备有空气、水和食物的深的地下掩体里躲过核冲突及其灾难。但如果缺少掩体,最好的防护办法是躲在壕沟里,在壕沟的顶部覆盖上 1 米或更厚的泥土。如爆炸离此相当远,不发生整体毁灭,则壕沟和泥土将能抵挡冲击波、热量和辐射的冲击。寻找能够提供天然蔽护的地势,如深谷、溪沟和露出地面的岩石或事先挖一个壕沟做掩体。如在野外遭遇辐射,则尽可能快地找一掩体。一旦得到遮蔽,脱下外面的衣服,把它掩埋起来,除非迫不得已必须出去,否则不要冒险,不要再使用遗弃的衣服。无论情况怎样,在最初的 48 小时内绝不要跑出掩体。

如果你的衣服甚至身体曾暴露在辐射中,必须去除放射性物质的污染。如在掩体内,从掩体底部刮出土壤揉擦身体的暴露部分和外衣,然后刷去泥土,将其扔到外面,用干净的布擦皮肤。如果有水就可以用肥皂和水彻底洗净身体,这样会更有效。

所有伤口都必须遮盖起来,以防止粒子进入。如果被灼伤,无论是由粒子还是射线或者火风暴引起,都应该用干净的水冲洗和用东西盖住伤口。如果没有未受污染水,就使用尿液。注意遮盖眼睛,防止微粒进入,用湿布捂住口鼻,防止粒子进一步入侵。辐射影响血液,增加受传染的易感性,千万要小心。

迅速就地利用各种坚固的防护工事或隐蔽地形保护自己,免受直接辐射。如有可能,躯体(包括头部)还可裹上任何遮掩之物,以减少损伤。但一般房屋或建筑物中不宜躲藏,万一倒下会将人压死压伤。

有可能要迅速撤离现场,最好能搭乘交通工具。一旦远离现场,立即脱去外衣外裤,以免所沾染的放射粉尘继续伤害人体,并把所有衣裤集中起来,统一深埋或装入密闭铁箱处理。同时,尽快用清水反复冲洗裸露部位,包括头发。

撤离时,应尽可能逃到核泄漏现场的上风地段,以免继续遭受粉尘中放射性物质的伤害。

不要试图带出家中贵重物品或替换衣裤,在没有作检测以前,这些物品都有受污染的可能。

即使安全撤离现场后也不能随意走动,应静心等待救援人员的统一营救和安顿、治疗。因为即使是急性损伤,其严重症状也是在 10 天甚至一个月后出现。

室内工作人员不能停留在窗口、门前和房间中央,应立即卧倒在墙角或坚固楼梯下,避免受到光辐射和冲击波震碎的玻璃或碎砖瓦损伤。

街上行人迅速进入就近的钢筋混凝土建筑物底层或卧倒在车辆下。

车辆驾驶员如果来不及隐蔽,应立即扑卧在驾驶室,注意保护头部,避免车窗玻璃碎片伤害。

在空旷地带的人,可利用各种地形、地物背面隐蔽(如矮墙、土丘等),如就近无地形、地物可利用,亦可背向爆炸方向迅速扑倒。两手交叉放在胸前,腹部不贴地,以防震伤,脸朝下,双眼紧闭。

核爆炸时会造成严重的放射性落下灰污染,因此参加救援和组织群众转移时应向群众宣传:做好个人防护,在污染区严禁吸烟、饮水、进食,禁止乱摸物品;被污染的各种抢救器材和工具未经去污染严禁使用;严重污染区暂不入内,必须入内时,人员须定时轮班进入,以减少受照射时间;离开污染区的人员以及带出的物品均要进行除污染处理。

核爆炸时会有放射性烟云沉降,暴露在外的人员应该立即戴上口罩、手套,披上雨衣、斗篷等进行全身的防护并且要把食品、饮用水及一些重要物资、器材等遮盖起来,防止核污染。核爆炸时应闭嘴(堵耳)、憋气(当感到有热空气时),能防止冲击波扬起的泥沙从口腔灌入,并可防止热空气灼伤呼吸道。

【友情提醒】　在到达较安全地段以前,各种食物或水都不宜饮用。长有块茎根的蔬菜最安全,如胡萝卜、土豆、白萝卜,把它们洗净去皮。表皮光滑的水果和蔬菜是次安全的,带皱叶的植物最难除去辐射污染,应该避开它们。不要饮用任何未经保护的水,至少爆炸后48小时内必须这样。

遭遇炸弹爆炸怎么办

不法分子时常会制造各种恐怖事件,扰乱社会治安,炸弹是最难预防的,并且会引起较大的恐慌,爆炸混乱时的场合,受伤者的呼叫会令人惊慌失措。遇到此类恐怖事件,首先要保持镇静,有序地离开现场,避免相互拥挤而造成踩伤、挤压伤等。

【应急措施】　尽可能压低身体,最好俯卧于地上,张口捂耳,背向爆炸物方向。最好藏于高出地面的掩饰物后,如墙后、屋角或低洼处。作为非专业人员,在爆炸物现场,应帮助维持秩序,以最快的速度报警。

在建筑物外,应该尽量利用墙壁的角落或紧靠墙角卧倒,要注意避开建筑物易倒塌和土块易崩塌的地区,避开易燃、易爆物体,以免受到间接伤害。建筑物外有沟渠等各种低于地平面的地形时,应该迅速跳(滚)入坑内,身体蜷缩跪或坐于坑内,两肘置于两腿上,两手掩耳,闭眼闭嘴,暂停呼吸。如果坑大底宽,可以迅速卧倒。

山洞、桥洞、涵洞、下水道等都可以用来藏身;有时还可以利用树木、丛林或者潜入水中,也会有一定的防护作用。

室内的人员,应该立即卧倒或蹲在屋内床或桌子等坚固且不易倒塌的物体下。要远离门窗,以避免震碎的玻璃片或碎木片飞射击伤身体,并要避开易燃易爆物品。应该充分利用地下建筑,如地下室、坑道等进行就地掩护。

如果坐在行驶的车中,见到闪光,司机应该立即停车,将身体弯伏或卧伏于驾驶室内;乘客也要尽量卧倒,不能卧倒时,要使自己的姿势力求低下,并要紧紧抓住车内的固定物体。炸弹爆炸时,应该微微张口,有助于耳鼓室内外的气压平衡,以减少鼓膜穿孔或裂伤的机会。

【友情提醒】　如果有照相机,应在安全情况下立刻把可疑的人物和包裹拍下来。就算模糊的背景也能协助警方辨认歹徒,而炸弹原来的模样将会是爆炸后警方调查的重要线索,可以帮助警方追缉疑犯。

遭遇化学武器袭击怎么办

化学武器是以化学毒剂杀伤人员的武器。由于化学武器的毒剂通常使用的是毒性极大的化学剂,因此对人体生存的威胁是巨大的。

【应急措施】 注意敌机在布洒毒剂时是否飞得很低,机翼下有无喷下烟雾,与农药近似。在敌机飞洒过的地面和植物上可看到油状滴液。毒剂炮弹、炸弹在爆炸时有烟雾团,弹片大,弹坑小而浅。附近地面,植物上有时有滴液。动物有异常变化,如水中有鱼虾突然死亡;昆虫飞行困难或大量死去;家畜家禽眨眼、瞳孔放大或缩小,流口水,站立不稳,呼吸困难,抽筋等症状。

在发觉可能遭到化学武器袭击时,配有防毒服、防毒面具的人员,立即穿好防毒服,闭眼,停止呼吸,将面具迅速戴好,在睁眼前要深呼一口气;没有防毒服、防毒面具的人员,可使用事先自制的浸水、浸碱和包土颗粒的口罩、纱布、毛巾、手帕等简易器材,做好呼吸道防护。并利用器材,如防风眼镜、雨衣、雨靴、油布、塑料布、帆布或毯子等对全身进行防护。

集体人员防护,主要是进入人防工事。当接到化学武器袭击警报时,在人防工事附近的人员,除留少数值班人员外,其他人员应迅速而有序地进入人防工事,并关闭防护门和各种孔口。

为防护氯气的呼吸道侵入,可以用碱水把口罩浸透,捂住鼻子和嘴,如果没有口罩,可以取一块毛巾,叠成12层,将上端两个角折回,按照自己脸形缝成鼻垫,装上带子即可。还可以利用20~30层的纱布、12层旧布缝制。口罩必须用碱水浸湿才具有防毒作用。碱水口罩可防染毒蒸气,但不能防毒烟。当敌人用毒烟攻击时,在口罩外再加上些棉花或者加上毛巾效果更好。

眼部的防护,可用胶布把风镜、平光镜透气部位密合起来,注意眼镜与脸、眼部的气密性。

【友情提醒】 化学武器袭击后一定要严格消毒。首先,用纱布角轻轻吸去皮肤上的毒剂液滴,不要来回擦,以免扩大染毒范围。用过的纱布立即密封或掩埋;其次,取出皮肤消毒液瓶摇匀,将浸有消毒液的纱布在染毒部位由外向内擦拭,擦拭一次后,翻动纱布或再浸消毒液,重复消毒2~3次;再次,用纱布或毛巾等浸上干净水,将皮肤消毒部位擦净,没有水时,也可用干纱布、纸等擦拭。

遭遇生物武器袭击怎么办

生物武器是以生物制剂杀伤人员的武器,如病毒粉、带病毒的昆虫等。由于能给战区带来疫情,因此杀伤力极大而持久。

【应急措施】 如果没有制式的防毒面具,使用从市场上购置的8层纱布口罩或防尘口罩,都能有效地防止气溶胶的吸入。紧急情况下,用自制的5层毛巾口罩,或用衣襟、帽子、多层手帕等捂住口鼻也能达到同样效果。戴口罩时要注意鼻梁两侧缝隙及口罩周围要压紧。

对人体表面的防护,除穿戴制式防护服外,还可采取一些简易措施,如戴好帽子,扎紧袖口、领口、裤脚口,将上衣塞入裤腰,脚穿胶靴,戴上防风眼镜,脸部用毛巾围好,外穿雨衣、塑料布等,都能起到良好的防护效果。

可在房屋、帐篷等处装上纱门、纱帘或悬挂浸有杀虫剂和驱避剂的门帘、设驱虫网,对墙壁、地面、门口喷洒杀虫剂。

【友情提醒】 将食物贮存在密闭的地方,如密闭容器、可封口的塑料袋等;将水源加盖紧闭,原先贮存的水要倒掉;不要进入污染区。

遭遇突发事件怎么办

遭遇突发事件,主要任务是抢救生命,减少患者痛苦,减少和预防加重伤情和并发症,正确而迅速地把伤者转送到医院。就地抢救的原则就是在保证维持伤者生命的前提下,应分清主次、有条不紊地进行,切忌忙乱,以免延误病情,丧失有利时机。

【应急措施】 一旦灾祸突然降临,不要惊慌失措,如果现场人员较多,要一面马上分派人员迅速呼叫 110 和 120,请他们迅速赶至现场,一面对伤者进行必要的处理。

迅速排除致命和致伤因素,如搬开压在身上的重物,撤离中毒现场,如果是触电意外,应立即切断电源;清除伤者口鼻内的泥沙、呕吐物、血块或其他异物,保持呼吸道通畅等。

检查伤者呼吸、心跳、脉搏情况,如有呼吸心跳停止,应就地立刻进行心脏按压和人工呼吸。

有创伤出血者,应就地取材,迅速包扎止血,可用加压包扎、上止血带或指压止血等,同时尽快送往医院。

如有腹腔脏器脱出或颅脑组织膨出,可用干净毛巾、软布或搪瓷碗等加以保护。

有骨折者用木板等临时固定。

神志昏迷者,未明了病因前,注意心跳、呼吸、两侧瞳孔大小。

按不同的伤情和病情,按轻重缓急选择适当的工具进行转运。运送途中随时注意伤者病情变化。

附　录

人工呼吸急救法

人工呼吸就是人为地帮助患者进行被动呼吸，达到气体交换，促使患者恢复自主呼吸的目的。人工呼吸对于外伤、触电、溺水、中暑或中毒等意外事故引起的呼吸骤停的抢救非常重要。实践表明，患者呼吸停止后，若能及时采用人工呼吸，往往会收到起死回生的效果。

人工呼吸最简便的方法是：先清除患者口腔、鼻腔里的痰涕及异物，取出假牙以保持呼吸道畅通；让患者平躺，头向后仰；一手托起患者下巴，一手紧捏患者鼻孔，急救者先深呼吸一口气，用口紧对患者的口缓慢均匀地吹气。如患者牙关紧闭，也可对着患者的鼻孔吹气。吹完气，急救者放松捏鼻子的手，让患者的胸部回缩呼气，亦可由另一人的两手压患者的两胸，帮助呼气。就这样反复进行，一般每分钟吹气 16 次左右。

如果患者的心脏也停止了跳动，还要同时做心脏按压。如果只有 1 个人在现场抢救，应先进行口对口呼吸 2 次，紧接着做心脏按压 10 次，并反复进行。有两人参与抢救时，则 1 人做人工呼吸，另一人做心脏按压。就是在 1 次口对口人工呼吸后，进行 5 次胸外心脏按压。

心脏按压急救法

心脏按压是指发生心跳骤停时依靠外力挤压心脏来暂时维持心脏排送血液功能的方法。此法较简便，效果较好，不需要任何器械。一旦发现患者心脏停跳，应立即在患者心前区胸骨体上急速叩击 2～3 次，若无效则应立即胸外心脏按压。

先让患者仰卧，背部垫上一块硬木板，或者将患者连床褥一起移到地上，抢救者站在或跪在患者侧面（左侧或右侧均可）；两手相叠，将手掌根部放在患者的胸骨下方、剑突之上，借自己身体的重量，以手掌根部用力向下作适度压陷，然后放松压力，让胸廓自行弹起。如此有规律地以每分钟 60～80 次的速度按压，向下按压和松开的时间必须相等。按压的间歇不再使胸部受压，便于心脏充盈。但手掌根不要抬起离开胸壁，以免改变按压的正确位置。

在进行心脏按压时，一定要把一只手掌放在胸骨中央下 1/3 处，用另一只手放在前一只手的上面加强力量。不能用力太猛，以防骨折，将胸骨压下 4 厘米左右，然后松开手腕（手不离开胸骨）使胸骨复原，反复有节律地（每分钟 60～80 次）进行，直到心跳恢复为止。

患者给氧抢救法

危重患者（如挤压伤、车祸、心力衰竭、一氧化碳中毒等）出现呼吸困难等危急情况时就必须给患者输氧。呼吸困难表现为气急、气短、呼吸费力、发绀、脉搏增快、心慌等。

　　使用氧气袋时,先将袋上的橡皮管连接上湿化瓶。湿化瓶内装 1/3～1/2 的凉开水,瓶塞上有两个孔,经孔插入长、短玻璃管各一根。长管的下端插到瓶颈部,与水面保持一定距离,上端依次连接一段皮管、玻璃管及鼻导管。湿化瓶的作用是将氧气加以湿润,以免患者吸入干燥的气体,同时又可根据瓶内水面气泡的大小以估计氧流量。没有湿化瓶时也可将氧气袋上的橡皮管直接连接鼻导管吸氧。

　　选择消毒过的 10～14 号鼻导管,检查一下是否通畅。用湿棉签清洁患者的鼻腔,并用干净的水润滑鼻导管(注意不要用油)。打开螺旋夹调节氧流量,调好后将鼻导管轻轻插入患者的一侧鼻孔,插入的长度约为患者鼻尖至耳垂的长度,然后用胶布将鼻导管固定在鼻旁。

　　给氧过程中应注意观察患者缺氧情况有否改善,鼻导管是否被分泌物堵塞,如有堵塞应及时冲洗或更换新导管。当氧气袋内压力降低时,可用手加压或让患者枕于氧气袋上,以使氧气排出。

　　实施输氧术时,室内不能放火盆,不能吸烟、点火,以防爆炸。在连接湿化瓶时,两根玻璃管切勿颠倒。若将鼻导管连接的皮管与水瓶中的长玻璃管相连接,输氧时,由于湿化瓶内压力大,就可能使水直接喷入患者的呼吸道,有窒息危险。患者饮水或进食时应暂停吸氧,待饮水、进食结束后再给氧。

掌握洗胃抢救法

　　误服药物、农药以及有毒食物中毒时,首先应采取的措施是洗胃和催吐。令中毒者自行饮入或灌入大量的清水或解毒液体,然后使其排出,反复灌饮,将毒物冲洗干净,以避免吸收中毒,使中毒程度降低。

　　对神志清醒的患者,应尽量采用口服洗胃法。让中毒者坐在凳子上,胸前挂上塑料围裙,身前放个水桶(或木盆),说服中毒者多喝洗胃液(食物中毒的原因不同,所使用的洗胃液也不尽相同,详见各种食物中毒),最少 2～3 碗(200～300 毫升),然后用压舌板、牙刷柄、筷子或手指刺激舌根和咽部引起呕吐。如此反复多次,直至吐出来的液体澄清为止。

　　如果用漏斗式胃管洗胃,需将中毒者坐着或仰卧床上,头向一侧,稍后仰。将消毒过的洗胃管涂上润滑油,叫患者张开口,急救者右手持胃管站在患者的右侧,将胃管从患者的口腔插入。当管子到了咽部时,即叫患者做吞咽动作,同时急救者将胃管慢慢送入,深度 50～60 厘米(成人)。这时用注射器接在胃管上回抽,如有胃内容物抽出,表明胃管已在胃内。如果不能肯定胃管是不是在胃内,可用注射器向管内注入少量空气(约 10 毫升),同时另一个人用听诊器放在患者的上腹部听,如果在注气时听到很大的响声,即证明胃管已在胃内。此外,还可将胃管末端放在装有冷水的杯子里,如果水中有气泡出现,并与患者的呼吸一致,表示胃管在气管内(或缠绕在咽喉部)而不在胃内,应立即拔出重插。证明胃管确实在胃内后,急救者举高漏斗(要高于患者的头部),将洗胃液倒入漏斗内,让洗胃液流入胃内。到一定数量后(一般每次 500 毫升左右)将漏斗放下倒置,使其低于患者的胃平面以下,胃内的液体就会流出。当漏斗中不再有液体流出时,再举高漏斗,倒入洗胃液。如此反复进行,直到洗出的液体澄清为止。洗胃完毕后将管子捏紧,慢慢拔出。

　　如果中毒者昏迷,最好送到医院洗胃。患者如有假牙,要先取下。必须肯定胃管在胃内，方可进行洗胃。洗胃时如患者感觉疼痛，或洗出的液体里含有血液，应停止洗胃。插胃管时动作不可粗暴，不要误插入气管内。如患者出现呛咳、呼吸急促、面色青紫等现象，说明可能插入气管，应立即拔除，然后重插。服腐蚀性毒物（如强酸、强碱）的患者不应进行洗胃。

掌握急救止血法

居家或在野外经常会遇到外伤出血情况，伤口小、出血量少时，患者一般无碍。失血量大时，就会出现脸色苍白、手脚发凉等休克表现。当外伤后失血1 000毫升就有生命危险。在急救现场应根据伤口的部位、大小、深度以及出血的颜色、速度，迅速判断出血的原因，决定止血方法，这是挽救患者生命的关键。

日常生活中，常可遇到各种意外导致出血。动脉出血呈喷射状，血液鲜红；静脉出血呈涓流状，血液暗红。如发生在四肢，尽可能提高出血部位。

用清洁纱布、绷带或毛巾等压迫出血部位，并可进行简易包扎。

有条件者可用止血带止血，紧急情况下可用绳索、领带、布带等，于出血部位的上端进行活扣结扎止血，并应每隔1小时放松5分钟，以避免发生肢体坏死。

如果伤口表浅部位有异物，应取出来；如果伤口是裂开的，应想办法将伤口对合拉拢。如有可能，应使出血部位抬高，高过心脏，有利于止血。

经过上述处理后，要用干净的纱布、绷带或手绢、毛巾等厚实垫布放在伤口上，用力压迫伤口，直到出血停止。也可在垫布外再用布条、毛巾等加压包扎止血。注意压力不要过大，以免肢体缺血。

伤口过大，或用上述方法难以止血时，可在出血伤口的上端即近心端找到搏动的动脉血管，用手指或手掌将血管压迫在所在部位的骨头上即可止血。如果是手或前臂出血，可压迫上臂内侧肱动脉搏动处，肱动脉是沿上臂内侧纵向下行，救助者在患者上臂内侧将肱动脉贴住肱骨施压。如果是大腿出血，可压迫大腿根部股动脉。股动脉是越过腹股沟后下行，救助者可在患者大腿腹股沟中部股动脉搏动处用双手拇指相叠向下施压，股动脉搏动力很大，必须用大力气压迫方能起到指压止血作用。脚和小腿出血可压迫膝窝的腘动脉，头部出血可根据分布情况压迫相应部位的血管。

人们有时会遇到奇怪的事情，那就是有一点小刀伤，可是血液却会大量流出，无法止血。遇到这种情形绝不可置之不理。将一些干净的纸点火使其燃烧，制造一些纸灰。然后将纸灰撒在伤口上，以纸灰来止血。一次不能收到效果的话，可多做几次。由于新的纸灰具有吸收力，会吸血，形成血清而堵住伤口，能有效地止血。如果伤口较大的话，不妨先把伤口的上方，接近心脏的部分，用带子绑住，然后再用纸灰止血。

在野外发生意外伤害，如果伤口不大、表浅、血液流出速度缓慢，可直接用干净柔软的敷料或手巾压在伤口上止血。

在现场急救中最快速、最有效的止血法是指压动脉止血法。根据人体主要动脉的位置，用单个或多个手指向骨骼方向加压，以压闭动脉来止住伤口的大量出血。指压止血只要摸准位置，压迫力度够，就能起到立竿见影的止血效果。此法的缺点是效果有限不能持久，但是在发生大出血时，能为寻找急救材料或使用其他止血方法赢得时间。

对于损伤面积较大、肌肉断端出血等指压止血效果不理想者，可采用加压包扎止血。方法是用无菌敷料或棉垫填塞覆盖伤口，再用绷带加压包扎。包扎时压力要均匀，同时抬高伤肢，也可用口罩、衣物、被单等。

难以制止的较大量出血、反复发作的出血、不明原因的出血等在经过上述处理后应及时到医院就医。

掌握急救包扎法

迅速而准确地将伤口应用纱布、绷带、三角巾包扎起来，对于外伤救护很重要。一般是用医用纱布与绷带，以缠绕环形加压进行包扎。

头部伤口用回反法包扎，即左手持绷带，右手持绷带卷，从头后向前额，然后左手固定前额处绷带向后反折。如此反复，直至伤口完全包严。如系大出血，应急也可应用纱布或绷带随意加压包扎后急送医院。

"8"字绷带包扎，手和关节宜用"8"字包扎法，如包扎手时应从腕部开始，即先将绷带缠绕2圈，然后经手和腕呈"8"字形包扎。

头部外伤如备有三角巾或干净的三角形白布等，进行头顶式、面具式或风帽式包扎应急。眼部损伤可选择单眼或双眼包扎。

肩部、胸部外伤，可进行单肩、双肩、侧胸包扎或胸背部包扎。

腹部外伤，可进行腹部包扎。如发生肠管脱出，不必及时纳还腹腔，可用清洁纱布等敷盖，用饭碗、茶缸等扣住，再以三角巾等包扎。

臀部、四肢、小腿、膝部等外伤也多用三角巾包扎，常有很好的保护作用。紧急情况下，以保护创面为目的，可随意进行包扎。

正确搬运患者法

当身边有人受到伤害或患急重症时，除在现场采取相应的急救措施外，还要尽快将患者运送到医院救治。搬运的过程虽短暂，但关系到患者途中的安全，处理不当会前功尽弃。如脑出血患者搬运不当可使出血加重形成脑疝死亡；脊椎损伤患者，随便抱扶行走，可导致损伤脊髓，引起瘫痪。

担架是运送患者最常用的工具。制式普通担架多用帆布作面，铝合金作杆，两杆之间连有活动关节的横挡，用时可将担架撑开支平，不用时可收拢。简易担架可临时制作，常用门板、木板、竹床、衣服、椅子等代用。

将一般患者搬上担架时，一人用一只手托住患者的头部和肩部，另一只手托住腰部；另一人用一只手托住患者的臀部，另一只手托住患者的膝下，两人同时将患者搬起轻放于担架上。行走时，抬担架的人脚步要协调、行动要一致，前面的人迈左脚，后面的人则迈右脚，平稳前进。

对疑有胸、腰椎骨折的患者，禁止一人抱胸、一人搬腿的双人搬抬法，因为这样搬运易加重脊髓损伤。应由三人配合搬抬，一人托住肩胛部，一人扶住腰部和臀部，另一人扶住伸直和并拢的两下肢，三人同时行动把患者轻轻"滚"到硬板担架上。取仰卧位时，在胸腰部用一个高约 10 厘米的小垫或衣服垫起。

对颈椎受伤的患者要格外当心，搬运中不小心可能会造成立即死亡。向担架上搬动时，应由 3~4 人一起搬动，其中一人专管头部的牵引固定，使头部始终保持与躯干部成直线的位置，维持颈部不动。另有 2 人托住躯干，1 人托住下肢，大家以协调的动作将患者平直抬到担架上，并在其颈下放一小枕，头部左右两侧用软垫或沙袋固定。

用机动车辆运送患者速度快，受气候影响小，尤其适合较长距离运送。轻患者可坐在车上，重患者可躺在车里的担架上，比较方便。

最理想的车辆是救护车，车上装有必需的急救器材和护理用具，而且医护人员可随车护送，因此，重患者最好用救护车转送。缺少救护车的地方可用汽车转送。上车前要准备好急救、止痛、防晕车等药品及便盆、尿壶等。长途转运时还需准备饮用水、食品、手电筒等，冬天注意防寒，夏天注意防风吹、雨淋和阳光暴晒。

上车后，胸部患者用半卧位，一般患者用仰卧位，颅脑受伤患者应使其头部偏向一侧。途中行车要平稳，注意观察患者的脸色、表情、呼吸、脉搏及伤口敷料浸染程度，发现异常情况应及时处理。

一个人单独搬运患者（如果有援手，不要独立移动严重的患者），如搬运体重较轻的患者时，可将一臂放在其大腿下，另一臂环抱住腰部以上的躯体，然后抱起。患者无法站起，而又必须迅速离开危险地带时，可蹲在患者头部上方，使患者的双臂交叉在胸前，双手由上抓住患者双肩下方的腋窝处，以前臂托住患者的头。如果患者穿夹克或大衣，可以松开纽扣，并拉到患者头下，移动时只需要拉动衣物即可。意识清醒且能在协助下行走（如患者上肢受伤不可用）的患者，可站在患者的患侧，让患者一手绕过你的颈后，你用一手握住患者的手；也可将你的另一只手绕过患者腰部，抓住患者臀部的衣物；还可以另外给患者一根手杖或支柱，增加支持力。如果患者意识清楚，个小体轻，并能有力地抓住你，可以用背负的方式搬运。如果患者已失去意识或无法站立，可使其面向下，你站在患者的头旁，以双手自腋窝处将患者拉起。可让患者先以膝跪地，再站立起来，或以左手抓住患者右腕。你将头向前倾，放在患者伸长的右臂下，然后以肩膀顶住患者下腹，让患者轻轻地伏在你的肩上。右臂抱住患者的双腿，将重心放在右肩，站起，轻轻地将重量移在两肩上。将患者的右手交给你右手，你可以空出左手来。

如果两个人共同搬动意识清醒的患者，患者可一手或双手抱住搬运者。两人面对面，用右手抓住左腕，左手抓住对方右腕，形成一个座椅，弯下身。指导患者坐在四手座上，并以一手或双手抱在搬运者的肩头部，以便保持稳定与平衡。一起站立起，同时以外侧脚先行。对于搬动无法抱住搬运员的患者，急救者彼此面对面蹲坐在患者两侧，伸出靠近患者背部的手，环抱在患者肩下方，抓住患者的衣物。用另一只手轻轻抬起患者的腿，然后彼此握住手腕。将手臂放在患者大腿中段，一起抬起，外侧脚先行，以普通步伐行走。如果要将患者移入座椅中，两人协助患者坐起，将患者双臂交叉放在胸前。一人从患者背后将双手伸过腋窝，抓住患者的手腕。如果无法抓住患者的手腕，不要用这种方法。另一人站在患者一侧，一手放在患者大腿下，一手扶住患者的背，共同将患者抬进座椅或担架上。没有严重伤害，而必须上下楼梯或沿通道行走时，可以让患者坐在普通椅子上，抬动患者。不过，在开始前需先清除通道中的障碍物。先试试座椅能否支撑患者，然后让患者坐下，用宽绷带固定患者的姿势。一人站在椅后，一人站在椅前，两人面对面。站在椅后的人需支持椅背和患者,另一人则握住座椅的前腿,使座椅略向后仰,然后合力抬起。让患者面向前方,慢慢移动。如果楼梯和通道够宽,两人可以同时站在椅侧,一手支持椅背,一手握住座椅的前腿。

搬运患者时应注意:必须妥善处理好患者(如患者的止血、止痛、包扎、固定)才能挪动。除非立即有生命危险或救护人员无法在短时间内赶到,都应等救护人员先处理,待病情稳定后再转送医院。在人员、器材未准备妥当时切忌搬运患者,尤其是搬运体重过重和神志不清者。否则,途中可能因疲劳而发生滚落、摔伤等意外。在搬运过程中要随时观察患者的病情变化,如气色、呼吸等,注意保暖,但也不要将头面部包盖太严,影响呼吸。在火灾现场浓烟中搬运患者,应匍匐前进,离地面约 30 厘米以内,这里烟雾稀薄,否则容易被浓烟呛住。

发病的应急姿势

意识清醒的患者,宜尽量予以舒适的体位,并应保持半静。

对失去意识的患者,以平躺为宜,不必加枕。

脸色青紫的患者,以头低脚高位为好。

脸色潮红的患者,以头高脚低位为好。

对于恶心、呕吐的患者,应侧伏卧位,以避免呕吐物进入气管而发生窒息。

哮喘发作,心脏衰弱的患者,可使其伏在软椅上,在床上应取半卧位或其他舒适位置。

摔伤疑有骨折,尤其是脊柱、股骨等部位,在医生未来到前最好原位勿动。

腹部损伤或腹内容物脱出的患者,可用三角巾或软布条等物固定双膝,不可强行将腹内容物纳还。

患者的手足出血时,包扎后宜将患者的伤部垫高。

急救巧用人中穴

人中穴位于人体鼻唇沟的中点,是一个重要的急救穴位。手掐或针刺该穴位,可用于救治中风、中暑、中毒、过敏以及手术麻醉过程中出现的昏迷、呼吸停止、血压下降、休克等。刺激人中穴为何有急救作用呢? 这是因为节律性、连续弱性或强性刺激人中能使动脉血压升高,而在危急情况下,升高血压可以保证机体各个重要脏器的血液供应,维持生命活力。

刺激人中穴位还可影响人的呼吸活动。然而,人中穴对呼吸的影响并非都是有利的。如连续刺激引起的吸气兴奋或抑制均可导致呼吸活动暂停,因此,在实际应用中要注意刺激手法的应用。研究表明,适当地节律性刺激最为合适。在实际操作中用拇指尖掐或针刺人中穴,以每分钟按压或捻针 20~40 次,每次持续 0.5~1 秒钟为佳。

人体的要害部位

人体的要害部位是指人体受到外力打击和压迫,可造成伤残以至死亡的部位。

头部:是人体中最为重要的部位,控制和协调人体各部位的行动。头部一旦受到打击,可导致昏迷，甚至死亡。

喉部：包括呼吸道和食道及其两侧附有的颈脉血管。对其用力卡、压、掐，会导致人头昏、四肢无力、呼吸困难，直至窒息死亡。

胸部：受到打击或压迫后，可使心脏受损，严重者会引起死亡。

肋部：肋骨细长，受到打击或压迫后容易发生骨折或引起内脏器官损伤。

腹部：内有肝、脾、膀胱等器官，壁腹膜神经末梢丰富，感觉非常灵敏，腹部受打击后容易出现肝、脾破裂，进而发生大出血。

腰部：是维持身体正常姿势的部位，起着重要的重力支撑作用。腰部受到拳击、脚踢、肘击等外力作用时，可使腰椎损伤。

裆部：这是人体中神经末梢非常丰富的地方，如果受到外力的顶、挡、抓、踢，会感到剧烈疼痛，若受猛烈打击可置人于死地。

正确掌握冷敷法

冷敷可使局部毛细血管收缩，减轻局部血管充血，有消炎、止血、减轻疼痛、控制炎症与化脓、降低体温的作用。

冷敷的方法有两种：一种是用冰袋冷敷，在冰袋里装入 1/2 或 1/3 袋碎冰或冷水，把袋内的空气排出，用夹子把袋口夹紧，放在病人的额头、腋下、大腿根等处。没有冰袋时，用塑料袋也可。若用于降体温，也可用毛巾或纱布包上冰块。另一种是冷湿敷法，把毛巾或敷布在冷水或冰水内浸湿，拧干后敷在患处，最好用 2 块布交替使用。每 3～5 分钟更换一次敷布，共做 15～20 分钟。冷敷可在四肢、背部、腋窝、肘窝和腹股沟等处进行，敷后应用毛巾擦干敷处。

冷敷时要注意观察局部皮肤颜色，检查局部是否发红或出现灰白斑点。当皮肤出现发紫、烧灼感、麻木时要立即停止。冷敷时间不宜过长，以免影响血液循环。老、幼、衰弱患者不宜做全身冷敷。冷敷时，时间一长，毛巾或敷布等会变热，就失去了治疗作用，因此要经常更换。挫伤、肌肉撕裂伤、内出血等病患，开始时可用冷敷，2～3 天后处于恢复期，局部有水肿形成，为了促进血液循环，应改用热敷。

正确掌握热敷法

热敷能使肌肉松弛，血管扩张，促进血液循环，因此，具有消炎、消肿、减轻疼痛、减轻深部组织充血及维持体温、增加人体舒适感的作用。

热敷的方法有两种：一种是干热疗法，用热水袋进行热敷，水温为 60～70℃，以手背试温不太烫为宜。昏迷或局部感觉麻痹的患者及老人、小孩，热敷时水温应调至 50℃。将热水灌至热水袋的 1/2 或 1/3 处即可，排出袋内气体，拧紧螺旋盖，装进布套内或用毛巾裹好，放在患病部位。对于老年人和小孩，热水袋不可直接接触其皮肤，可把盐、米或沙子炒热后装入布袋内，代替热水袋热敷。一般每次热敷 20～30 分钟，每天 3～4 次。另一种热敷法是湿热疗法，即把毛巾在热水中浸湿，拧至半干后折叠，用手测毛巾温度，以不烫为度，敷于患病部位。在热毛巾外面可以再盖一层毛巾或棉垫，以保持热度。一般每 3～5 分钟更换一次毛巾,最好用两条毛巾交替使用。每次热敷时间为15~20分钟,每天敷3~4次。冬季湿敷后,患者应过半小时后再外出,以防感冒。

不管用哪一种热敷方法,都应防止烫伤,尤其是小孩、昏迷患者和老年人,以及有瘫痪、糖尿病、肾炎等血液循环不好或感觉不灵敏的患者。使用热敷时,应随时检查局部皮肤的变化,如发红起泡时应立即停止。热敷作为配合疗法适用于初期的疖肿、麦粒肿、关节炎、痛经、风寒引的腹痛及腰腿痛等。但是,当急腹症未确诊时,如急性阑尾炎、面部或口腔感染化脓、各种内脏出血、关节扭伤初期、软组织挫伤初期(48小时内)有水肿时,都禁用热敷。休克的患者禁用热敷。

掌握酒精擦浴法

用酒精擦浴高热患者的身体,并借酒精的挥发作用带走体表的热量而使体温降低,这种方法又称物理降温法。

用酒精擦浴降温,擦浴前先用冰袋放在患者头部以助降温,并可防止擦浴时表浅血管收缩,血液在头部集中过多引起脑充血。用一块小纱布蘸浸30%~50%酒精200~300毫升,从颈部一侧开始沿上臂外侧擦至手背,再自同侧胸部经腋窝擦至掌心;下肢自髋部沿大腿外侧擦至脚部,再自腹股沟沿大腿内侧擦至脚跟。擦时要在大血管丰富之处如腹股沟、腋窝处重点按摩,促进血管扩张以促散热。同样方法擦对侧,再帮助患者擦背部。四肢背部各擦35分钟。全身擦浴时间为15~20分钟。擦浴后用毛巾擦干皮肤。

高热寒战或伴出汗的小儿一般不宜用酒精擦浴。因寒战时皮肤毛细血管处于收缩状态,散热少,如再用冷酒精刺激会使血管更加收缩,皮肤血流量减少,从而妨碍体内热量的散发。高热无寒战又无汗的小儿,采用酒精擦浴降温,能收到一定的效果。但应注意受凉及并发肺炎。擦浴部位不能全部一次裸露,擦某部位露出某部位。擦浴过程中,由于皮肤很快冷却,可引起周围血管收缩及血流淤滞。必须按摩患者四肢及躯干,以促进血液循环,加快散热。一般不宜在胸腹部进行酒精擦浴,以防止内脏器官充血,引起不适和并发其他疾病。如擦胸部可引起反射性心率减慢;腹部受凉可导致腹泻、胃肠痉挛的疼痛;枕后部调节心跳、呼吸、血压中枢,过冷将引起严重后果;脚心对冷敏感,可引起产热增多,影响散热。

正确急救八注意

一旦家中发生危重患者,家庭成员及时而正确的救护,对患者的安全与预后至关重要。家庭急救时要注意以下事项:

切忌慌张处置。如发现有人触电,一定要迅速切断电源或用木棍等绝缘物挑开电线,而后才能抢救,不可在没有切断电源的情况下直接用手去拉触电者。

不可舍本逐末。遇到外伤急病,第一是着眼于有无生命危险,先看看患者的心跳、血压、呼吸以及瞳孔反应如何,发现心跳呼吸停止的,应立即做人工呼吸和胸外心脏按压,不要只忙于包扎伤口和止血。

不要随意推摇患者。在活动中突然跌倒或昏迷不醒的,或已见瘫痪的,很可能是脑出血,此时应让其平卧,抬高头部就地治疗,而不要随意搬动患者。随意推摇和搬动骨折病人也容易加重病情。

严禁滥进饮料。胃肠外伤患者不可以喝水进食，烧伤患者不宜喝白开水，急性胰腺炎患者应禁食。昏迷患者不可强灌饮料，以防吸入气管，引起窒息及肺炎。

防范错误止血。外伤止血是常见的急救措施，止血带最好是橡皮管、绷带、领带等物。使用止血带时，记得隔段时间要松解片刻。

不要还纳脱出物。对于严重外伤患者，不可勉强还纳脱出来的脏器（如肠子），宜用干净的纱布覆盖在脱出物上，并立即送医院处理。

谨防草率从事。对于小而深的外伤伤口切忌马虎包扎，要尽快消毒，清洗伤口，仔细检查有无异物，最好能注射预防破伤风的药或抗生素。

不要乱服药物。急性腹痛者忌立即服止痛药，以免掩盖病情，延误诊断，对家中药物，要了解其作用及用法、用量，不可乱来。

急救护理十要点

注意家中存放急救敷料、急救药品的有效期，口服药则应在说明书中指明的期限内服用。

四肢血管损伤时，扎止血带前应抬高受伤肢体，促使静脉充分回流，并注意止血带结扎的有效性，一般以远端动脉搏动刚好消失为标准。

发生急腹症时，不可自行服用麻醉止痛药，以免掩盖病情，延误诊断和治疗。

腹泻患者不可乱服止泻药（如易蒙停），应与消炎药（如黄连素）联合应用，否则会使肠道炎症加剧。

有高血压病史者若突然跌倒昏迷，则可能发生脑出血，急救时应注意不可随意摇动头部呼叫，以免使脑出血加剧，应使患者平卧，轻抬轻放，迅速送往医院治疗。

小切割伤、锈钉或木刺扎伤、玻璃划伤的伤口，要注意对创面彻底消毒后再予以包扎，以防感染。

如发现有人触电，应立即切断电源，用干木棍、竹竿等挑拨开电线。如果发现触电人心脏骤停，一定要立即就地进行心肺复苏。

神志恍惚、昏睡、昏迷的患者不要勉强喂食，以免吞咽不畅造成误吸而窒息。

昏迷患者无吞咽能力，应注意使其侧卧或将头偏向一侧，防止分泌物、呕吐物吸入呼吸道引起窒息。

若皮肤接触到农药（有机磷、敌敌畏等），注意不可用热水、肥皂（碱）及酒精擦洗，否则会促进毒物的吸收，使中毒加深。

患者的饮食要求

根据病情调节饮食，变换食品种类，讲究色、香、味，并保证足够的营养成分。

糖尿病患者应严格按照医疗食谱进食，不随便食用其他食品。使用胰岛素治疗者，饭前15～30分钟应按量注射胰岛素。

发热、体弱、咀嚼困难、分娩初期和消化系统功能障碍等患者，宜食米粥、面条、蛋羹、菜泥、肉末、果酱、豆奶制品等半流质食物。

高热、术后不久、急性传染病、消化系统疾病、吞咽困难、病重等患者，宜食牛奶、豆浆、炼乳、肉汤、米汤、果汁、菜汁等流质食物。

肝炎、胆囊炎、高脂血症、肥胖症、腹泻等患者，宜食低脂肪食物，并以蒸、煮、烩烹制法为好，每日摄入脂肪总量不应低于 40 克。

冠心病、高脂血症、高血压、动脉粥样硬化的病人，宜食蔬菜、新鲜水果、核桃、去脂牛乳、瘦肉、蛋清、豆制品、海带、紫菜、粗粮等低胆固醇食物。

肾功能不全、肝昏迷的患者，宜食奶类、蛋类、瘦肉等低蛋白质饮食。但每日也应进食少量蛋白质，总量为 20～40 克。

高热、甲状腺功能亢进、产妇、消瘦等患者，宜食肉类、禽类、牛奶、豆浆、鸡蛋、奶油、巧克力、蜂蜜点心等高热量饮食。

心脏病合并右心衰竭、肾病伴有水肿、肝硬化有腹水患者，宜根据医嘱选用低盐饮食。

重症患者应住院治疗，饮食由营养医生配膳为好。

按摩的指法种种

按摩疗法是指用医生的双手或肢体其他部位在患者体表某一部位或穴位上做各种特定技巧性动作的一种治疗疾病方法，又称推拿疗法。

推拿疗法是一种物理疗法，它有健身强体、治病延年的作用。

揉法。用指、掌紧贴于体表的治疗部位，作柔和的旋转运动。

滚法。用手掌小鱼际的背侧紧贴治疗部位，作来回的滚动。

推法。用指、掌或肘着力治疗部位，进行单方向的直线移动。

摩法。以掌或指贴附在治疗部位，作环旋抚摩。

按法。用指、掌或其他部位垂直向下按压治疗部位。

擦法。用手掌附着于治疗部位，进行急速轻快的直线来回摩擦。

拿法。以拇指和其余四指相对用力向上提捏肌肉或穴位。

捏法。用拇指和食、中二指或拇指和其余四指的螺纹面，相对用力，将治疗部位的皮肤及皮下组织按照捏住、提起、放下、移动的规律进行连续性操作。

搓法。用双手掌面夹住治疗部位，相对用力，作快速搓揉，同时作上下往返移动。

抖法。用双手握住患者上肢或下肢的远端，用力作小幅度的上下颤动。

拍法。将手指自然并拢，手背微凸，用指腹、大小鱼际和掌根部，平稳而有节奏地拍打患处。

击法。根据用力部位和工具的不同，可分为指尖击（用指端轻轻打击体表）、拳击（握空拳，腕关节伸直，用拳背平击体表）、掌击（手指自然松开，腕关节伸直，用掌根打击体表）、侧击（将手指自然伸直，用单手或双手的小鱼际部位击打体表）及棒击（将细嫩的桑树枝编成棒叩击体表）五种方法。用一只手固定患者关节近端的肢体，另一只手握住关节远端肢体，作缓和的由小到大逐渐增加的环状摇动。

拔法。用一只手固定关节近端，另一只手固定关节的远端，然后用双手向相反方向或同一方向用力，使关节缓慢地拨动。活动到有阻力时，再作一短促、稍增大幅度、突发的扳动。

拔伸法。握住患部关节的两端,沿关节的中轴方向相对用力牵拉。

推拿过程中应注意:患者在饥、饱胀、疲劳或酒后不宜进行推拿。对骨折、肿痛患者不宜推拿治疗。对孕妇的小腹部、腰骶部不宜推拿。对于有感染、溃疡或伤口的皮肤不宜推拿。

需要掌握的穴位

1. 头颈部腧穴

[天突]　在颈部,当前正中线上,胸骨上窝中央处。

[廉泉]　在颔下,当前正中线上,喉结上方,舌骨上缘凹陷处。

[承浆]　在面部,当颏唇沟的正中凹陷处。

[四神聪]　在头顶部,当百会穴前后左右各1寸,共4穴。

[印堂]　在额部,当两眉头之中间。

[鱼腰]　在额部,瞳孔直上,眉毛中。

[上明]　(提睑)眉弓上中点,眶上缘下。

[球后]　在面部,当眶下缘外1/4与内3/4交界处。

[太阳]　在颞部,当眉梢与目外眦之间,向后约1横指的凹陷处。

[阙上]　印堂穴上0.5寸。

[鼻通]　鼻唇沟上端尽处。

[定神]　上唇人中沟下1/3与中2/3连线上。

[牵正]　耳垂前0.5寸至1寸。

[翳明]　在项部,当翳风穴后1寸。

[安眠]　翳风穴与风池穴连线的中点。

[迎香]　在鼻翼外缘终点旁,当鼻唇沟中。

[承泣]　在面部,瞳孔直下,当眼球与眶下缘之间。

[四白]　在面部,瞳孔直下,当眶下孔凹陷处。

[巨髎]　在面部,瞳孔直下平鼻翼下缘处,当鼻唇沟外侧。

[地仓]　在面部,口角外侧,巨髎直下方。

[大迎]　在下颌角前方,咬肌附着部的前缘,当面动脉搏动处。

[颊车]　在面颊部,下颌角前上方约1横指(中指),当咀嚼时咬肌隆起、按之凹陷处。

[下关]　在面部耳前方,当颧弓与下颌切迹所形成的凹陷中。

[头维]　在头侧部,当额角发际上0.5寸,头正中线旁4.5寸。

[人迎]　在颈部喉结旁,当胸锁乳突肌的前缘,颈总动脉搏动处。

[水突]　在颈部胸锁乳突肌的前缘,当人迎穴与气舍穴连线的中点。

[气舍]　在颈部,当锁骨内侧端的上缘,胸锁乳突肌的胸骨头与锁骨头之间。

[瞳子髎]　在面部,目外眦旁,当眶外侧缘处。

[听会]　在面部,当耳屏间切迹的前方,下颌骨髁状突的后缘,张口有凹陷处。

[上关]　在耳前,下关直上,当颧弓的上缘凹陷处。

〔天冲〕 在头部，当耳根后缘直上入发际2寸，率谷穴后0.5寸。

〔浮白〕 在头部，当耳后乳突的后上方，天冲穴与完骨穴的弧形连线的中1/3与上1/3交点处。

〔头窍阴〕 在头部，当耳后乳突的后上方，天冲穴与完骨穴的中1/3与下1/3交点处。

〔本神〕 在头部，当前发际上0.5寸，神庭穴旁开3寸，神庭穴与头维穴连线的内2/3与外1/3的交点处。

〔阳白〕 在前额部，当瞳孔直上，眉上1寸。

〔头临泣〕 在头部，当瞳孔直上入前发际0.5寸，神庭穴与头维穴连线的中点处。

〔风池〕 在项部，当枕骨之下，与风府穴相平，胸锁乳突肌与斜方肌上端之间的凹陷处。

〔翳风〕 在耳垂后方，当乳突与下颌角之间的凹陷处。

〔颅息〕 在头部，当角孙穴至翳风穴之间，沿耳轮连线的上、中1/3的交点处。

〔角孙〕 在头部，折耳郭向前，当耳尖直上入发际处。

〔耳门〕 在面部，当耳屏上切迹的前方，下颌骨髁状突后缘，张口有凹陷处。

〔和髎〕 在头侧部，当鬓发后缘平耳郭根之前方，颞浅动脉的后缘。

〔丝竹空〕 在面部，当眉梢凹陷处。

〔天窗〕 在颈外侧部，胸锁乳突肌的后缘，扶突穴后，与喉结相平。

〔天容〕 在颈外侧部，当下颌角的后方，胸锁乳突肌的前缘凹陷中。

〔颧髎〕 在面部，当目外眦直下颧骨下缘凹陷处。

〔听宫〕 在面部，耳屏前，下颌骨髁状突的后方，张口呈凹陷处。

〔睛明〕 在面部，眼内角上方凹陷处。

〔攒竹〕 在面部，当眉头陷中，眶上切迹处。

〔眉冲〕 在头部，当攒竹穴直上入发际0.5寸，神庭穴与曲差穴连线之间。

〔曲差〕 在头部，当前发际正中直上0.5寸，旁开1.5寸，即神庭穴与头维穴连线的内1/3与中1/3交点上。

〔通天〕 在头部，当前发际正中直上4寸，旁开1.5寸。

〔玉枕〕 在后头部，当后发际正中直上2.5寸，旁开1.3寸，平枕外隆凸上缘的凹陷处。

〔天柱〕 在项部，大筋（斜方肌）外缘之后，发际凹陷中，约当后发际正中直上0.5寸，旁开1.3寸。

〔哑门〕 在项部，当后发际正中直上0.5寸，第一颈椎下。

〔风府〕 在项部，当后发际正中直上1寸，枕外隆凸直下，两侧斜方肌之间凹陷中。

〔脑户〕 在头部，后发际正中直上2.5寸，风府穴上1.5寸，枕外隆凸上缘凹陷处。

〔强间〕 在头部，当后发际正中直上4寸（脑户穴上1.5寸）。

〔后顶〕 在头部，当后发际正中直上5.5寸（脑户穴上3寸）。

〔百会〕 在头部，当前发际正中直上5寸，或两耳尖连线的中点处。

〔前顶〕 在头部，当前发际正中直上3.5寸（百会穴前1.5寸）。

〔囟会〕 在头部，当前发际正中直上2寸（百会穴前3寸）。

〔上星〕 在头部，当前发际正中直上1寸。

〔神庭〕 在头部，当前发际正中直上0.5寸。

　〔素髎〕　在面部,当鼻尖的正中央。

　〔水沟〕　在面部,当人中沟的上 1/3 与中 1/3 交点处。

　〔兑端〕　在面部,当上唇的尖端,人中沟下端的皮肤与唇红移行部。

　〔龈交〕　在上唇内,唇系带与上齿龈相接处。

2. 胸腹部腧穴

　〔中府〕　在胸前壁的上方,云门下 1 寸,平第一肋间隙,距前正中线 6 寸。

　〔云门〕　在胸前壁的上方,肩胛喙突上方,锁骨下窝凹陷处,距前正中线 6 寸。

　〔日月〕　在上腹部,当乳头直下,第七肋间隙,前正中线旁开 4 寸。

　〔京门〕　在侧腰部,章门穴后 1.8 寸,当第十二肋骨游离端的下方。

　〔带脉〕　在侧腹部,章门穴下 1.8 寸,当第十一肋骨游离端下方垂线与脐水平线的交点上。

　〔五枢〕　在侧腹部,当髂前上棘的前方,横平脐下 3 寸处。

　〔维道〕　在侧腹部,当髂前上棘的前下方,五枢穴前下 0.5 寸。

　〔居髎〕　在髋部,当髂前上棘与股骨大转子最凸点连线的中点处。

　〔冲门〕　在腹股沟外侧,距耻骨联合上缘中点 3.5 寸,当髂外动脉搏动处外侧。

　〔天溪〕　在胸外侧部,当第四肋间隙,距前正中线 6 寸。

　〔极泉〕　在腋窝正中,腋动脉搏动处。

　〔急脉〕　在耻骨结节的外侧,当气冲穴外下方腹股沟股动脉搏动处,前正中线旁 2.5 寸。

　〔章门〕　在侧腹部,当第十一肋游离端的下方。

　〔期门〕　在胸部,当乳头直下,第六肋间隙,前正中线旁开 4 寸。

　〔气户〕　在胸部,当锁骨中点下缘,距前正中线 4 寸。

　〔乳中〕　在胸部,当第四肋间隙乳头中央,距前正中线 4 寸。

　〔乳根〕　在胸部,当乳头直下,乳房根部,第五肋间隙,距前正中线 4 寸。

　〔梁门〕　在上腹部,当脐中上 4 寸,距前正中线 2 寸。

　〔关门〕　在上腹部,当脐中上 3 寸,距前正中线 2 寸。

　〔太乙〕　在上腹部,当脐中上 2 寸,距前正中线 2 寸。

　〔滑肉门〕　在上腹部,当脐中上 1 寸,距前正中线 2 寸。

　〔天枢〕　在腹中部,距脐中 2 寸。

　〔水道〕　在下腹部,当脐中下 3 寸,距前正中线 2 寸。

　〔气冲〕　在腹股沟稍上方,当脐中下 5 寸,距前正中线 2 寸。

　〔横骨〕　在下腹部,当脐中下 5 寸,前正中线旁开 0.5 寸。

　〔气穴〕　在下腹部,当脐中下 3 寸,前正中线旁开 0.5 寸。

　〔四满〕　在下腹部,当脐中下 2 寸,前正中线旁开 0.5 寸。

　〔中注〕　在下腹部,当脐中下 1 寸,前正中线旁开 0.5 寸。

　〔肓俞〕　在腹中部,当脐中旁开 0.5 寸。

　〔商曲〕　在上腹部,当脐中上 2 寸,前正中线旁开 0.5 寸。

　〔石关〕　在上腹部,当脐中上 3 寸,前正中线旁开 0.5 寸。

　〔阴都〕　在上腹部,当脐中上 4 寸,前正中线旁开 0.5 寸。

［通谷］　在上腹部，当脐中上 5 寸，前正中线旁开 0.5 寸。

［幽门］　在上腹部，当脐中上 6 寸，前正中线旁开 0.5 寸。

［神封］　在胸部，当第四肋间隙，前正中线旁开 2 寸。

［神藏］　在胸部，当第二肋间隙，前正中线旁开 2 寸。

［俞府］　在胸部，当锁骨下缘，前正中线旁开 2 寸。

［天池］　在胸部，当第四肋间隙，乳头外 1 寸，前正中线旁开 5 寸。

［会阴］　在会阴部，男性当阴囊根部与肛门连线的中点，女性当大阴唇后联合与肛门连线的中点。

［曲骨］　在下腹部，前正中线上，耻骨联合上缘的中点处。

［中极］　在下腹部，前正中线上，当脐中下 4 寸。

［关元］　在下腹部，前正中线上，当脐中下 3 寸。

［石门］　在下腹部，前正中线上，当脐中下 2 寸。

［气海］　在下腹部，前正中线上，当脐中下 1.5 寸。

［阴交］　在下腹部，前正中线上，当脐中下 1 寸。

［神阙］　在上腹中部，脐中央。

［水分］　在上腹部，前正中线上，当脐中上 1 寸。

［下脘］　在上腹部，前正中线上，当脐中上 2 寸。

［中脘］　在上腹部，前正中线上，当脐中上 4 寸。

［上脘］　在上腹部，前正中线上，当脐中上 5 寸。

［巨阙］　在上腹部，前正中线上，当脐中上 6 寸。

［鸠尾］　在上腹部，前正中线上，当胸骨剑突结合部下 1 寸。

［中庭］　在胸部，当前正中线上，平第五肋间，即胸骨剑突结合部。

［膻中］　在胸部，当前正中线上，平第四肋间，两乳头连线中点。

［玉堂］　在胸部，当前正中线上，平第三肋间处。

［紫宫］　在胸部，当前正中线上，平第二肋间处。

［华盖］　在胸部，当前正中线上，平第一肋间处。

3. 背腰部腧穴

［长强］　在尾骨端下，当尾骨端与肛门连线的中点处。

［腰俞］　在骶部，当后正中线上适对骶管裂孔。

［腰阳关］　在腰部，当后正中线上第四腰椎棘突下凹陷中。

［命门］　在腰部，当后正中线上第二腰椎棘突下凹陷中。

［悬枢］　在腰部，当后正中线上第一腰椎棘突下凹陷中。

［脊中］　在背部，当后正中线上第十一胸椎棘突下凹陷中。

［中枢］　在背部，当后正中线上第十胸椎棘突下凹陷中。

［筋缩］　在背部，当后正中线上第九胸椎棘突下凹陷中。

［至阳］　在背部，当后正中线上第七胸椎棘突下凹陷中。

［灵台］　在背部，当后正中线上第六胸椎棘突下凹陷中。

［神道］　在背部，当后正中线上第五胸椎棘突下凹陷中。

［身柱］　在背部，当后正中线上第三胸椎棘突下凹陷中。

[陶道]　在背部,当后正中线上第一胸椎棘突下凹陷中。

[大椎]　在后正中线上,第七颈椎棘突下凹陷中。

[膏肓]　在背部,当第四胸椎棘突下,旁开3寸。

[神堂]　在背部,当第五胸椎棘突下,旁开3寸。

[膈关]　在背部,当第七胸椎棘突下,旁开3寸。

[魂门]　在背部,当第九胸椎棘突下,旁开3寸。

[阳纲]　在背部,当第十胸椎棘突下,旁开3寸。

[意舍]　在背部,当第十一胸椎棘突下,旁开3寸。

[胃仓]　在背部,当第十二胸椎棘突下,旁开3寸。

[肓门]　在腰部,当第一腰椎棘突下,旁开3寸。

[志室]　在腰部,当第二腰椎棘突下,旁开3寸。

[胞肓]　在臀部,当平第二骶后孔,骶正中嵴旁开3寸。

[肩井]　在肩上,前直乳中,当大椎穴与肩峰端连线的中点上。

[大杼]　在背部,当第一胸椎棘突下,旁开1.5寸。

[风门]　在背部,当第二胸椎棘突下,旁开1.5寸。

[肺俞]　在背部,当第三胸椎棘突下,旁开1.5寸。

[厥阴俞]　在背部,当第四胸椎棘突下,旁开1.5寸。

[心俞]　在背部,当第五胸椎棘突下,旁开1.5寸。

[督俞]　在背部,当第六胸椎棘突下,旁开1.5寸。

[膈俞]　在背部,当第七胸椎棘突下,旁开1.5寸。

[肝俞]　在背部,当第九胸椎棘突下,旁开1.5寸。

[胆俞]　在背部,当第十胸椎棘突下,旁开1.5寸。

[脾俞]　在背部,当第十一胸椎棘突下,旁开1.5寸。

[胃俞]　在背部,当第十二胸椎棘突下,旁开1.5寸。

[三焦俞]　在腰部,当第一腰椎棘突下,旁开1.5寸。

[肾俞]　在腰部,当第二腰椎棘突下,旁开1.5寸。

[气海俞]　在腰部,当第三腰椎棘突下,旁开1.5寸。

[大肠俞]　在腰部,当第四腰椎棘突下,旁开1.5寸。

[关元俞]　在腰部,当第五腰椎棘突下,旁开1.5寸。

[膀胱俞]　在骶部,当骶正中嵴旁1.5寸,平第二骶后孔。

[白环俞]　在骶部,当骶正中嵴旁1.5寸,平第四骶后孔。

[上髎]　在骶部,当髂后上棘与后正中线之间,适对第一骶后孔处。

[次髎]　在骶部,当髂后上棘与后正中线之间,适对第二骶后孔处。

[中髎]　在骶部,当次髎下内方,适对第三骶后孔处。

[下髎]　在骶部,当中髎下内方,适对第四骶后孔处。

[会阳]　在骶部,尾骨端旁开0.5寸。

4. 上肢部腧穴

[天府]　在上臂内侧面,肱二头肌桡侧缘,腋前纹头下3寸。

[侠白]　在上臂内侧面,肱二头肌桡侧缘,腋前纹头下4寸。

　［尺泽］　在肘横纹中，肱二头肌腱桡侧凹陷处。

　［孔最］　在前臂桡侧，当尺泽穴与太渊穴连线上，腕横纹上 7 寸。

　［列缺］　在前臂桡侧，桡骨茎突上方，腕横纹上 1.5 寸，肱桡肌腱与拇长展肌腱之间。

　［经渠］　在前臂掌面桡侧，桡骨茎突与桡动脉之间凹陷处，腕横纹上 1 寸。

　［太渊］　在腕掌横纹桡侧，桡动脉搏动处。

　［鱼际］　在手拇指本节（第一掌指关节）后凹陷处，约当第一掌骨中点桡侧，赤白肉际处。

　［少商］　在手拇指末节桡侧，距指甲角 0.1 寸（指寸）。

　［天泉］　在臂内侧，当腋前纹头下 2 寸，肱二头肌的长、短头之间。

　［曲泽］　在肘横纹中，当肱二头肌腱的尺侧缘。

　［郄门］　在前臂掌侧，当曲泽穴与大陵穴的连线上，腕横纹上 5 寸。

　［间使］　在前臂掌侧，当曲泽穴与大陵穴的连线上，腕横纹上 3 寸，掌长肌腱与桡侧腕屈肌腱之间。

　［内关］　在前臂掌侧，当曲泽穴与大陵穴的连线上，腕横纹上 2 寸，掌长肌腱与桡侧腕屈肌腱之间。

　［大陵］　在腕掌横纹的中点处，当掌长肌腱与桡侧腕屈肌腱之间。

　［劳宫］　在手掌心，当第二、三掌骨之间偏于第三掌骨，握拳屈指时中指尖处。

　［中冲］　在手中指末节尖端中央。

　［少海］　屈肘，在肘横纹内侧端与肱骨内上髁连线的中点处。

　［通里］　在前臂掌侧，当尺侧腕屈肌腱的桡侧缘，腕横纹上 1 寸。

　［神门］　在腕部，腕横纹尺侧端，腕屈肌腱的桡侧凹陷处。

　［少府］　在手掌面，第四、五掌骨之间，握掌时，当小指尖处。

　［少冲］　在手小指末节桡侧，距指甲角 0.1 寸。

　［少泽］　在手小指末节尺侧，距指甲角 0.1 寸。

　［前谷］　在手尺侧，微握拳，当小指本节前的掌指横纹头赤白肉际处。

　［后溪］　在手掌尺侧，微握拳，当小指本节后的远侧掌横纹头赤白肉际处。

　［腕骨］　在手掌尺侧，当第五掌骨基底与钩骨之间的凹陷的赤白肉际处。

　［阳谷］　在手腕尺侧，当尺骨茎突与三角骨之间的凹陷处。

　［小海］　在肘内侧，当尺骨鹰嘴与肱骨内上髁之间凹陷处。

　［天宗］　在肩胛部，当冈下窝中央凹陷处，与第四胸椎相平。

　［肩外俞］　在背部，当第一胸椎棘突下，旁开 3 寸。

　［肩中俞］　在背部，当第七颈椎棘突下，旁开 2 寸。

　［关冲］　在手环指末节尺侧，距指甲角 0.1 寸。

　［阳池］　在腕背横纹中，当指伸肌腱的尺侧缘凹陷处。

　［外关］　在前臂背侧，当阳池穴与肘尖的连线上，腕背横纹上 2 寸，尺骨与桡骨之间。

　［支沟］　在前臂背侧，当阳池穴与肘尖的连线上，腕背横纹上 3 寸，尺骨与桡骨之间。

　［会宗］　在前臂背侧，当腕背横纹上 3 寸，支沟穴尺侧，尺骨的桡侧缘。

　［天井］　在臂外侧，屈肘时，当肘尖直上 1 寸凹陷处。

　［肩髎］　在肩部，肩髃穴后方，当臂外展时，于肩峰后下方呈现凹陷处。

　　[天髎]　在肩胛部,肩井穴与曲垣穴的中间,当肩胛骨上角处。

　　[商阳]　在手食指末节桡侧距指甲角 0.1 寸。

　　[合谷]　在手背,第一、二掌骨间当第二掌骨桡侧的中点处。

　　[阳溪]　在腕背横纹桡侧,手拇指向上翘起时,当拇短伸肌腱与拇长伸肌腱之间的凹陷中。

　　[下廉]　在前臂背面桡侧,当阳溪穴与曲池穴连线上,肘横纹下 4 寸。

　　[上廉]　在前臂背面桡侧,当阳溪穴与曲池穴连线上,肘横纹下 3 寸。

　　[手三里]　在前臂背面桡侧,当阳溪穴与曲池穴连线上,肘横纹下 2 寸。

　　[曲池]　在肘横纹外侧端,屈肘,当尺泽穴与肱骨外上髁连线中点。

　　[肘髎]　在臂外侧,屈肘,曲池穴上方 1 寸,当肱骨边缘处。

　　[手五里]　在臂外侧,当曲池穴与肩髃穴连线上,曲池穴上 3 寸。

　　[臂臑]　在臂外侧,三角肌止点处,当曲池穴与肩髃穴连线上,曲池穴上 7 寸。

　　[肩髃]　在肩部三角肌上,臂外展,或向前平伸时,当肩峰前下方凹陷处。

　　5. 下肢部腧穴(甲)

　　[大敦]　在足拇趾末节外侧,距趾甲角 0.1 寸。

　　[行间]　在足背侧,当第一、二趾间,趾蹼缘的后方赤白肉际处。

　　[太冲]　在足背侧,当第一跖骨间隙的后方凹陷处。

　　[中封]　在足背侧,当足内踝前,商丘穴与解溪穴连线之间,胫骨前肌腱的内侧凹陷处。

　　[蠡沟]　在小腿内侧,当足内踝尖上 5 寸,胫骨内侧面的中央。

　　[中都]　在小腿内侧,当足内踝尖上 7 寸,胫骨内侧面的中央。

　　[膝关]　在小腿内侧,当胫骨内上髁的后下方,阴陵泉穴后 1 寸,腓肠肌内侧头的上部。

　　[曲泉]　在膝内侧,屈膝,当膝关节内侧面横纹内侧端,股骨内侧髁的后缘,半腱肌、半膜肌止端的前缘凹陷处。

　　[阴包]　在大腿内侧,当股骨内上髁上 4 寸,股内肌与缝匠肌之间。

　　[五里]　在大腿内侧,当气冲穴直下 3 寸,大腿根部,耻骨结节的下方,长收肌的外缘。

　　[阴廉]　在大腿内侧,当气冲穴直下 2 寸,大腿根部,耻骨结节的下方,长收肌的外缘。

　　[隐白]　在足大趾末节内侧,距趾甲角 0.1 寸。

　　[太白]　在足内侧缘,当足拇趾本节后下方赤白肉际凹陷处。

　　[公孙]　在足内侧缘,当第一跖骨基底的前下方。

　　[商丘]　在足内踝前下方凹陷中,当舟骨结节与内踝尖连线的中点处。

　　[三阴交]　在小腿内侧,当足内踝尖上 3 寸,胫骨内侧缘后方。

　　[漏谷]　在小腿内侧,当内踝尖与阴陵泉穴的连线上,距内踝尖 6 寸,胫骨内侧缘后方。

　　[地机]　在小腿内侧,当内踝尖与阴陵泉穴的连线上,阴陵泉穴下 3 寸。

　　[阴陵泉]　在小腿内侧,当胫骨内侧髁后下方凹陷处。

　　[血海]　屈膝,在大腿内侧,髌骨内上缘上 2 寸,当股四头肌内侧头的隆起处。

　　[然谷]　在足内侧缘,足舟骨粗隆下方,赤白肉际处。

　　[太溪]　在足内侧,内踝后方,当内踝尖与跟腱之间的凹陷处。

　　[大钟]　在足内侧,内踝后下方,当跟腱附着部内侧的前方凹陷处。

　　[水泉]　在足内侧,内踝后下方,当太溪穴直下 1 寸(指寸),跟骨结节的内侧凹陷处。

［照海］　在足内侧,内踝尖下方凹陷处。

［阴谷］　在腘窝内侧,屈膝时,当半腱肌肌腱与半膜肌肌腱之间。

［梁丘］　屈膝,在大腿前面,当髂前上棘与髌骨外缘的连线上,髌骨外缘上 2 寸。

［犊鼻］　屈膝在膝部,髌骨髌韧带外侧凹陷中。

［足三里］　在小腿前外侧,当犊鼻穴下 3 寸,距胫骨前缘 1 横指(中指)。

［丰隆］　在小腿前外侧,当外踝尖上 8 寸,条口穴外,距胫骨前缘 2 横指。

［冲阳］　在足背最高处,当拇长伸肌腱与趾长伸肌腱之间,足背动脉搏动处。

［陷谷］　在足背,当第二、三跖骨结合部前方凹处。

［内庭］　在足背,当第二、三趾间,趾蹼缘后方赤白肉际处。

［厉兑］　在足第二趾末节外侧,距趾甲角 0.1 寸。

6. 下肢部腧穴(乙)

［环跳］　在股外侧部,侧卧屈股,当股骨大转子最凸点与骶管裂孔连线的外 1/3 与中 1/3 交点处。

［风市］　在大腿外侧部的中线上,当腘横纹上 7 寸或直立垂手时,中指尖处。

［中渎］　在大腿外侧,当风市穴下 2 寸,或腘横纹上 5 寸,股外侧肌与股二头肌之间。

［膝阳关］　在膝外侧,当阳陵泉穴上 3 寸,股骨外上髁上方的凹陷处。

［阳陵泉］　在小腿外侧,当腓骨头前下方凹陷处。

［阳交］　在小腿外侧,当外踝尖上 7 寸,腓骨后缘。

［外丘］　在小腿外侧,当外踝尖上 7 寸,腓骨前缘平阳交穴。

［光明］　在小腿外侧,当外踝尖上 5 寸,腓骨前缘。

［阳辅］　在小腿外侧,当外踝尖上 4 寸,腓骨前缘稍前方。

［悬钟］　在小腿外侧,当外踝尖上 3 寸,腓骨前缘。

［丘墟］　在足外踝的前下方,当趾长伸肌腱的外侧凹陷处。

［足临泣］　在足背外侧,当足第四趾本节的后方,小趾伸肌腱的外侧凹陷处。

［地五会］　在足背外侧,当足第四趾本节的后方,第四、五跖骨之间,小趾伸肌腱的内侧缘。

［侠溪］　在足背外侧,当第四、五趾间,趾蹼缘后方赤白肉际处。

［足窍阴］　在足第四趾末节外侧距趾甲角 0.1 寸(指寸)。

［承扶］　在腿后面,臀下横纹的中点。

［殷门］　在大腿后面,当承扶穴与委中穴的连线上,承扶穴下 6 寸。

［浮郄］　在腘横纹外侧端,委阳穴上 1 寸,股二头肌腱的内侧。

［委阳］　在腘横纹外侧端,当股二头肌腱的内侧。

［委中］　在腘横纹外中点,当股二头肌腱与半腱肌肌腱中间。

7. 专用特殊穴位

［颈臂］　(臂丛)锁骨内 1/3 与外 2/3 交界处直上 1 寸。

［定喘］　大椎穴旁开 0.5 寸。

［提托］　关元穴旁开 4 寸。

［子宫］　在下腹部,当脐中下 4 寸,中极穴旁开 3 寸。

［十宣］　手十指尖端,距指甲游离缘 0.1 寸,左右共 10 穴。

〔落枕〕 手背,第二、三掌骨间,掌指关节后约 0.5 寸。

〔腰痛〕 手背,指总伸肌腱的两侧,腕背横纹下 1 寸处,一手 2 穴。

〔中泉〕 阳溪穴与阳池穴之间凹陷中。

〔四强〕 髌骨上缘中点直上 4.5 寸。

〔膝中〕 髌骨下缘髌韧带正中。

〔膝眼〕 屈膝,在髌韧带两侧凹陷处,在内侧的称内膝眼,在外侧的称外膝眼。

〔胆囊〕 在小腿外侧上部,当腓骨小头前下方凹陷处(阳陵泉穴)直下 2 寸。

〔八风〕 在足背侧,第一至五趾间,趾蹼缘后赤白肉际处,一侧 4 穴。

〔独阴〕 在足第二趾的跖侧远侧趾间关节的中点。

〔里内庭〕 足底,第二、三趾间,与内庭穴相对处。

说明:本书中所涉及的简易便方,一般均为食物且作食疗之用,使用时要根据各人的病情、体质以及适应等情况,如试用后效果不太理想,请尽快到医院检查医治,以免延误病情。

参考文献

[1] 陈敏生. 生命求助手册[M]. 广州：广东科技出版社，2008.

[2] 何裕民. 实用应急应变手册[M]. 上海：上海科技教育出版社，1997.

[3] 蔡狄秋. 救命逃生手册[M]. 珠海：珠海出版社，2006.

[4] 王莉，钟成. 家庭应急与急救全书[M]. 青岛：青岛出版社，2005.

[5] 赵珊，纪义国，孙守卫. 求生术——自救与救人[M]. 青岛：青岛出版社，2005.

[6] 汪华，张宪安. 绝境求生术[M]. 北京：人民卫生出版社，1994.

[7] 钱黎晓，刘博. 生活急救100招[M]. 济南：黄河出版社，2003

[8] 赵丽，洪昭光. 家庭急救顾问[M]. 北京：农村读物出版社，2000.

[9] 张彧. 家庭急救自救手册[M]. 北京：中国友谊出版公司，2004.

[10] 周远清. 灾害事件的预防与自救[M]. 北京：高等教育出版社，1995.

[11] 憨氏. 生存蓝皮卷[M]. 珠海：珠海出版社，2004.

[12] 李宗浩，金辉. 成人意外伤害救护图解[M]. 北京：化学工业出版社，1999.

[13] 编写组. 防灾应急百便[M]. 北京：中国发展出版社，1991.

[14] 冯同军，邢志刚. 当生命遭遇危险——自救 互救 急救[M]. 呼和浩特：内蒙古人民出版社，2005.

[15] 生活健康专家组. 野外生存指南[M]. 兰州：兰州大学出版社，2001.

[16] 朱立新. 意外灾祸的急避与自救[M]. 南京：南京出版社，1996.

[17] 憨氏. 应急应变术[M]. 北京：新华出版社，1993.

[18] 杨硕. 险境求生[M]. 成都：四川科学技术出版社，2003.

[19] 武玉芳，李汝修. 天灾人祸 自我救助[M]. 济南：山东画报出版社，1997.

[20] 舒丹. 自我救助手册[M]. 呼和浩特：内蒙古人民出版社，2003.

[21] 思勤. 危急应变指南[M]. 北京：华龄出版社，1994.

[22] 阎循，范文. 生存指南[M]. 北京：蓝天出版社，1999.

[23] 杨硕. 险境求生[M]. 成都：四川科学技术出版社，2003.

[24] 岳茂华，张方，郑卫平. 危急解救指南[M]. 北京：警官教育出版社，1997.

[25] 李洪涛，秦云峰. 安全保健指南针[M]. 北京：中国医药科技出版社，2001.

[26] 王其先. 百病应急自救自助手册[M]. 呼和浩特：内蒙古人民出版社，2002.

[27] 张南. 家庭急救完全应变手册[M]. 呼和浩特：内蒙古人民出版社，2002.

[28] 黄建民. 小伤小病的家庭防治[M]. 合肥:安徽科学技术出版社,2004.

[29] 朱泰来,姜钰峰. 家庭急救[M]. 南京:江苏科学技术出版社,1988.

[30] 辰宇. 现代家庭急救指南[M]. 北京:经济日报出版社,1999.

[31] 许槐,毕尚宏. 家庭医疗应急图解[M]. 北京:农村读物出版社,2002.

[32] 叶建珏. 家庭急救[M]. 大连:大连出版社,1999.

[33] 吕红. 家庭急救120——老年人家庭及户外急救要点[M]. 北京:中国人民军医出版社,2006.

[34] 报刊文摘编辑部. 健康与养生(1~3册)[M]. 上海:上海远东出版社,2003.

[35] 潘承荣,姜其河,杨光宏. 家庭医疗自助[M]. 上海:上海科学技术出版社,2003.

[36] 周范林. 新世纪女性保健自助[M]. 北京:科学出版社,2005.

[37] 良石. 百病自测自疗秘诀[M]. 北京:中医古籍出版社,2003.

[38] 郑霄阳. 生活应急救治妙法[M]. 北京:人民军医出版社,2007.

[39] 潇苒. 图解紧急救命速查手册[M]. 长春:吉林出版集团有限责任公司,2010.

[40] (英)约翰·怀斯曼;张万伟,于靖蓉,译. 怀斯曼生存手册(最新版)[M]. 哈尔滨:北方文艺出版社,2009.